Springer-Lehrbuch

Günter Fandel

Produktions- und Kostentheorie

Achte, vollständig überarbeitete und erweiterte Auflage

 Springer

Prof. Dr. Dr. h.c. Günter Fandel
Lehrstuhl für Produktions- und
Investitionstheorie
Fakultät für Wirtschaftswissenschaft
FernUniversität in Hagen
Universitätsstr. 41
58084 Hagen
Deutschland
Guenter.Fandel@FernUni-Hagen.de

ISSN 0937-7433
ISBN 978-3-642-15366-2   e-ISBN 978-3-642-15367-9
DOI 10.1007/978-3-642-15367-9
Springer Heidelberg Dordrecht London New York

Die Deutsche Nationalbibliothek verzeichnet diese Publikation in der Deutschen Nationalbibliografie;
detaillierte bibliografische Daten sind im Internet über http://dnb.d-nb.de abrufbar.

Frühere Auflagen erschienen im Springer-Verlag unter dem Titel „Produktion I".

Einbandentwurf: WMXDesign GmbH, Heidelberg

Gedruckt auf säurefreiem Papier

Springer ist Teil der Fachverlagsgruppe Springer Science+Business Media (www.springer.com)

Meinen Eltern und meiner Familie
in Dankbarkeit gewidmet

Vorwort zur achten Auflage

Mit dieser Auflage erscheint das Buch zur Produktions- und Kostentheorie in erweiterter, überarbeiteter und neu gestalteter Form.

Die bewährten Lerninhalte sind beibehalten worden. Allerdings sind die Inhalte des Kapitels 3 neu in das Buch hineingenommen worden. Sie betreffen Erweiterungen der Aktivitätsanalyse, die in neuerer Zeit entwickelt worden sind.

Die Data Envelopment Analysis (DEA) erlaubt es, für verschiedene Technologien die Produktionen auf ihre relative Ineffizienz hin zu bewerten und damit Verbesserungspotentiale in Input-Output-Kombinationen explizit auszudrücken. Zugleich bietet sie Ansatzpunkte für die Herleitung von Input- und Outputpreisen, bei deren Geltung effiziente Produktionen gewinnmaximal sind.

Die Einbeziehung von Aspekten des Umweltschutzes in die Produktion stellt die traditionelle Effizienzanalyse vor neue Herausforderungen. Outputs und Inputs können nicht mehr so ohne Weiteres maximiert bzw. minimiert werden, wenn es sich dabei um Abfälle oder Redukte handelt. Der Übergang zum Konzept der Funktionaleffizienz bietet hier eine erfolgversprechende Erweiterung von Effizienzüberlegungen.

In gewissen Entscheidungssituationen kann es vorkommen, dass gewinnmaximale Produktionen ineffizient sind, also eine Beschränkung auf effiziente Alternativen zu Fehlentscheidungen führen würde. Dies eröffnet Überlegungen zur Rationalität der Ineffizienz, die in Kapitel 3 vorgetragen werden.

Oft wird behauptet, die Aktivitätsanalyse, die sich zur Untersuchung von Sachgüterproduktionen bewährt hat, könne nicht für die Analyse von Dienstleistungsproduktionen und die Ableitung dort geltender Produktionsfunktionen genutzt werden. Die neu aufgenommenen inhaltlichen Erörterungen hierzu im Kapitel 3 legen dar, dass man sich dieser Auffassung nicht anschließen kann, da es vielfältige Ansatzpunkte gibt, Dienstleistungsproduktionen durch die Aktivitätsanalyse zu modellieren.

Die Erweiterung und Überarbeitung der Auflage hat es erforderlich gemacht, die gesetzte Version des Buches über die Textverarbeitung in eine neue Datei zu überführen und alle Abbildungen und Tabellen erneut anzufertigen. Für diesen ersten Schritt der technischen Umsetzung bin ich Herrn Prof. Dr. Michael Lorth sehr dankbar, der sich federführend dieser Aufgabe angenommen hat. Frau Dr. Heike Raubenheimer hat dann auf dieser Grundlage die redaktionellen Tätigkeiten übernommen, die zur inhaltlichen Erweiterung, Überarbeitung und Fertigstellung des Buches notwendig waren. Für ihre sehr engagierte Unterstützung, eigenständige Überarbeitung des Literaturverzeichnisses und die zahlreichen Korrekturläufe bin ich Frau Dr. Raubenheimer sehr dankbar. Zugleich danke ich auch allen Mitarbeitern meines Lehrstuhls, die an der Anfertigung von Vorlagen für dieses Buch beteiligt waren.

Den Lesern, die das Buch zum Studium zur Hand nehmen, wünsche ich viel Freude bei der Lektüre und viel Erfolg bei der Durcharbeitung der Stoffinhalte. Für Korrekturhinweise bin ich sehr dankbar. Alle Fehler gehen allein zu Lasten des Autors.

Hagen, im Juni 2010   GÜNTER FANDEL

Vorwort zur ersten Auflage

Die Produktions- und Kostentheorie gehört zu den zentralen Gebieten der Betriebswirtschaft, da alle Überlegungen zu einer wirtschaftlichen Gestaltung industrieller Fertigungsvorgänge von hier aus ihren Ausgang nehmen. Zwei für dieses Gebiet gravierende Entwicklungen der letzten 30 Jahre haben die Struktur und Schwerpunktbildung des Buches maßgeblich geprägt. Es handelt sich dabei um die Erkenntnisse der von KOOPMANS begründeten Aktivitätsanalyse und um die Formulierung des in besonderem Maße auf industrielle Erzeugungsvorgänge zugeschnittenen Konzepts einer Produktionsfunktion durch GUTENBERG. Durch die Aktivitätsanalyse ist es möglich geworden, verschiedene Typen von Produktionsfunktionen, welche die konkreten produktiven Gesetzmäßigkeiten in Produktionsbereichen von Unternehmen beschreiben, aus einem einheitlichen Ansatz heraus zu entwickeln; dies hat allen betriebswirtschaftlichen Produktionsmodellen eine gemeinsame Basis geschaffen. Die Gutenberg-Produktionsfunktion mit ihren verschiedenen Anpassungsformen an veränderte Beschäftigungen hat den produktionstheoretischen und fertigungspraktischen Überlegungen eine Flexibilität eröffnet, die Anlass zu vielfältigen weitergehenden Studien auf diesem Gebiet war. Insbesondere bedurften dadurch auch die kostentheoretischen Betrachtungen erheblicher Erweiterungen in Richtung kostenminimaler kombinierter Anpassungsprozesse. Das vorliegende Buch will den beiden Ansätzen durch seine inhaltliche Stoffgestaltung in gebührender Weise Rechnung tragen. Es unterscheidet sich damit wesentlich von Büchern gleicher Thematik.

Selbstverständlich machen auch die tradierten Analysemethoden und Denkstrukturen einen großen Teil des Buches aus. Sie sind in einem erheblichen Maße ergänzt um Ansätze, die sich erweiternd um eine stochastische, dynamische und empirische Bertachtungsweise von Produktionsvorgängen aus ökonomischer Sicht bemühen. Darüber hinaus wird auch auf Konzepte der technischen Fundierung von Fertigungsprozessen Rückgriff genommen, soweit sie die üblicherweise güterbezogenen Input-Output-Analysen der Produktionstheorie verständlicher werden lassen.

Das Buch ist zu einem großen Teil aus Studienbriefen entwickelt worden, die ich zu diesem Gebiet für die Lehre an der Fernuniversität verfasst habe. Insofern konnte ich eine Vielzahl positiver Anregungen der Lehrtextkritik durch Studenten in diese Buchfassung einfließen lassen. Dafür bin ich dankbar und hoffe, dass das nun den Studenten nutzt, die das Buch zur Lehre in die Hand nehmen.

Ich danke aber auch allen Mitarbeitern meines Lehrstuhls, die durch ihr Mitwirken zur Erstellung dieses Buches beigetragen haben. Meinen Assistenten Dr. DYCKHOFF und Dr. REESE danke ich ganz besonders für ihre stete Bereitschaft, mit der sie mir für vielfache Diskussion über den Inhalt und die stoffliche Gestaltung dieses Buches zur Verfügung gestanden haben. Ihre Kritik und Anregungen waren mir stets fruchtbare Beiträge. Meiner Sekretärin, Frau KUTSCHINSKI, gebührt schließlich herzlicher Dank für die Geduld und Ausdauer, mit der sie aus meinem Manuskript die Druckvorlage erstellt hat.

Hagen, Juli 1986   GÜNTER FANDEL

Inhaltsverzeichnis

Wichtige Symbole

$k = 1, \ldots, K$	Güterart
$j = 1, \ldots, J$	Outputart
$s = 1, \ldots, S$	Zwischenproduktart
$i = 1, \ldots, I$	Inputart
$m = 1, \ldots, M$	Aggregattyp (Gebrauchsfaktorart)
$n_m = 1, \ldots, N_m$	Aggregat des Typs m
v_k	Gütermenge
x_j	Outputmenge
y_s	Zwischenproduktmenge
r_i	Inputmenge
b_{n_m}	Leistungsabgabe des Aggregats
$v = (v_1, \ldots, v_K)$	Aktivität
T	Technologie
$\pi = 1, \ldots, \Pi$	Prozessart
a, d	Produktionskoeffizienten
λ	Leistungsintensität
$a(\lambda), \rho(\lambda)$	Verbrauchsfunktion
t, T	Zeit, Zeitintervall
q_i	Faktorpreis
K	Gesamtkosten
k	Durchschnittskosten

1 Einführende Übersicht zum Gebiet der Produktion

1.1 Einordnung der Produktion in die Betriebswirtschaftslehre

1.1.1 Zum Begriff der Produktion

Produktionsvorgänge sind dadurch gekennzeichnet, dass durch die Kombination bzw. Umwandlung von Gütern neue Güter erzeugt werden. Dieser Kombinationsprozess der Fertigung, der in Unternehmen stattfindet – die Begriffe Unternehmen und Betrieb werden im Weiteren gleichbedeutend verwendet –, wird von Menschen bewusst und planerisch handelnd in Gang gesetzt und ausgeführt. Die sich hierdurch offenbarende Tätigkeit von Unternehmungen, die sich an bestimmten übergeordneten Kriterien und Leitmaximen orientiert, bezeichnet man als Wirtschaften. Es dient schließlich dazu, andere Wirtschaftssubjekte wie Haushalte, Unternehmungen und den Staat mit den Gütern zu versorgen, die diese nachfragen. Betriebliche Fertigungsprozesse besitzen insofern also keinen Selbstzweck. Sie sind vielmehr ihrem Sinn nach in den gesamtwirtschaftlichen Ablauf der Gütererzeugung und des Güteraustausches eingebunden.

Güter, die zur Produktion eingesetzt werden, heißen Inputgüter, Ressourcen oder Produktionsfaktoren, auch kurz Input genannt. Güter, die als Ergebnis des Kombinations- und Umwandlungsprozesses der Produktion entstehen, werden als Outputgüter oder Produkte bezeichnet; man spricht auch hier kurz von Output. Der einem Produktionsvorgang zugrunde liegende Transformationsprozess, der nach bestimmten technischen Gesetzmäßigkeiten abläuft, lässt sich durch Abb. 1.1 skizzieren.

Abb. 1.1. Produktion als Kombinationsprozess

Die technischen Gesetzmäßigkeiten können physikalischer, chemischer, biologischer oder anderer Art sein. Als Input- und Outputgüter der Produktion kommen Sachgüter und Dienstleistungen in Betracht. Sachgüter sind Güter materieller Art. Hierzu gehören Nutzungs- und Gebrauchsgüter (Grundstücke, Gebäude, Maschinen und Einrichtungsgegenstände) sowie Umsatzgüter in der Form von Rohstoffen, Materialien, Hilfsstoffen, Waren und Fertigfabrikaten. Dienstleistungen stellen dagegen Güter immaterieller Art dar. Sie treten in der Form von Transporten,

Versicherungen, Bankleistungen, Vermittlungen, Handel und menschlicher Arbeitsleistung oder in ähnlicher Gestalt auf. Üblicherweise bezeichnet man in der Betriebswirtschaftslehre die menschlichen Arbeitsleistungen, Betriebsmittel und Werkstoffe, die bei der Produktion als Inputgüter zum Einsatz gelangen, als Elementarfaktoren. Dabei ist die menschliche Arbeitsleistung aber nur insoweit mit erfasst, als sie sich auf ausführende Tätigkeiten im Betrieb bezieht. Der Teil der menschlichen Arbeitsleistung, der in die planerische Gestaltung und Kontrolle der Betriebsabläufe einfließt, wird hingegen als dispositiver Faktor bezeichnet.

Der Begriff der Produktion erstreckt sich damit auf alle Vorgänge, bei denen mit Hilfe von Sachgütern und Dienstleistungen andere Sachgüter und Dienstleistungen hergestellt werden. Die Produktion beinhaltet also in diesem weiten Sinne jegliche Art der Leistungserstellung, sei es, dass sie sich in Verarbeitungs-, Veredelungs-, Gewinnungsbetrieben der Rohstofferzeugung oder in Dienstleistungsbetrieben vollzieht. Diese weite Begriffsauslegung der Produktion war allerdings in der Betriebswirtschaftslehre nicht immer gebräuchlich; sie hat sich vielmehr erst in der neueren Zeit allmählich herausgebildet und ist in engem Zusammenhang mit der zwischenzeitlich erfolgten Verschiebung der Perspektive zu sehen, unter der die Betriebswirtschaftslehre die Untersuchung von Produktionsvorgängen als Teilgebiet ihrer Disziplin nahe legt.

1.1.2   Institutionelle Gliederung der Betriebswirtschaftslehre

In der Vergangenheit hat sich die Gliederung von Teilgebieten der Betriebswirtschaftslehre an Wirtschaftszweigen orientiert. Hieraus sind spezielle Betriebswirtschaftslehren als so genannte Institutionenlehren entwickelt worden, die sich mit einzelwirtschaftlichen Problemen von Unternehmen in jeweils ganz bestimmten Sektoren der Wirtschaftspraxis beschäftigen. Diese Vorgehensweise war von dem Grundgedanken geleitet, dass Unternehmen desselben Wirtschaftszweiges gleichartige Tätigkeiten zu verrichten haben und von daher eine mehr oder minder starke Gleichförmigkeit in ihrer Aufbaustruktur und ihrem Betriebsablauf aufweisen, wodurch die einzelwirtschaftliche Analyse betrieblicher Vorgänge unter einheitlichen Gesichtspunkten erleichtert würde. Entsprechend dieser Institutionenlehre ist die Betriebswirtschaftslehre in folgende Teilbereiche aufgegliedert worden (KERN 1976, S. 756 ff.):

- Industriebetriebslehre (HEIDEBROEK 1923; KALVERAM 1960)
- Handwerksbetriebslehre (RÖSSLE 1952)
- Handelsbetriebslehre (SCHÄR 1921; SEYFFERT 1972)
- Bankbetriebslehre (HASENACK 1925; KALVERAM 1950)
- Versicherungsbetriebslehre (HILBERT 1914; PATZIG 1925)
- Verkehrsbetriebslehre (PIRATH 1949; LECHNER 1963)
- Land- und forstwirtschaftliche Betriebslehre (AEREBOE 1917; DIETERICH 1941, 1942, 1948).

Unter diesem Blickwinkel der institutionellen Gliederung der Betriebswirtschaftslehre machten die Industriebetriebs- und Handwerksbetriebslehre am ehesten die Betrachtung produktionswirtschaftlicher Zusammenhänge erforderlich. (zur Abgrenzung von Industriebetriebslehre und Produktionswirtschaft siehe CORSTEN und GÖSSINGER 2009, S. 21 ff.) Beide Betriebstypen sind dadurch charakterisiert, dass sie Produktionsmittel kombinieren, um daraus Sachgüter herzustellen. Gerade die Erzeugung von Sachgütern erlaubt jedoch im Gegensatz zur Herstellung von Dienstleistungen, welche die vorwiegende Aufgabe der übrigen Betriebsinstitutionen ist, eine relativ einfache Messung des Produktionsergebnisses. Damit ist eine Voraussetzung geschaffen, um Gesetzmäßigkeiten zwischen den hergestellten Produktmengen und den eingesetzten Mengen an Produktionsfaktoren untersuchen zu können. Die daraus abgeleiteten Erkenntnisse bilden dann eine wichtige Grundlage für weitere produktionswirtschaftliche Überlegungen in diesen Unternehmen, die sich über die Beschaffung von Produktionsfaktoren und den Absatz von Produkten letztlich auch auf die anderen betrieblichen Teilbereiche auswirken.

Mit der zunehmenden Mechanisierung und Automatisierung im Erzeugungsbereich der industriellen Unternehmen hat jedoch der Handwerksbetrieb für die Untersuchung produktiver Zusammenhänge an Bedeutung verloren. Während sich die Fertigung dort noch hauptsächlich manuell vollzieht, gestatten die häufig wiederholten und gleichmäßig ablaufenden Erzeugungsvorgänge im industriellen Leistungsbereich einen leichteren Zugang zur empirischen Ableitung von Regeln, denen die Produktion unterliegt. Insofern ist es nicht verwunderlich, dass die meisten produktionswirtschaftlichen Modellbeschreibungen auf Erzeugnisstrukturen industrieller Unternehmen basieren. Aus der Betonung des wesentlichsten Tätigkeitsmerkmals dieser Industriebetriebe heraus ergab sich bei der institutionellen Gliederung der Betriebswirtschaftslehre die Notwendigkeit, sich mit Produktionsvorgängen eingehender zu befassen.

Unterschiedliche Betätigungsfelder und stark differierende Größen von Umsatz- und Beschäftigtenzahlen industrieller Unternehmen lassen aber vermuten, dass es den Industriebetrieb schlechthin nicht gibt. Ebenso wenig werden die produktionswirtschaftlichen Bedingungen und Zusammenhänge in diesen Unternehmen stets generelle Aussagen ermöglichen. Für spezielle Untersuchungszwecke schien es daher zudem sinnvoll, gleiche Erscheinungsformen unter sachbezogenen Gesichtspunkten zusammenzufassen. Dies geschah mit Hilfe der Typisierung von Industriebetrieben (SCHÄFER 1969, 1971). Gebräuchliche Gliederungsmerkmale zur Charakterisierung von Industriebetrieben sind:

- Die Art der betrieblichen Betätigung mit der Einteilung nach Branchen, Industriezweigen oder Wirtschaftsgruppen.
- Die Größe der Betriebe gemessen an Umsatz, Beschäftigtenzahl und Bilanzsumme.
- Die Rechtsform der Betriebe, d. h. ob sie als Aktiengesellschaften, GmbH's oder Genossenschaften geführt werden.

- Die beabsichtigte Verwendung der Erzeugnisse; dies führt zur Unterscheidung zwischen Betrieben der Investitionsgüterindustrie und der Konsumgüterindustrie.
- Die vorherrschenden Einsatzgüter: material-, arbeits- und anlagenintensive Betriebe.
- Die Organisation der Fertigung: Betriebe mit Werkstatt-, Fließ- und Baustellenfertigung.
- Die Stellung im volkswirtschaftlichen Güterkreislauf: Betriebe der Gewinnung, Aufbereitung, Verarbeitung, Weiterverarbeitung und Wiedergewinnung.

Weitere Typisierungen wie die Einteilung nach der Absatzstruktur (auftragsorientiert oder absatzorientiert), der Größe des Erzeugnisprogramms oder der Anzahl der Produktionsstufen (Ein- und Mehrproduktbetriebe, ein- und mehrstufige Fertigung), der Auflagengröße und anderes mehr sind möglich. Bei den meisten Typisierungen ergeben sich Überschneidungen, Zweifelsfälle der Einordnung und Abgrenzungsschwierigkeiten. Andererseits können sie jedoch bei vielfältigen Überlegungen hilfreich sein. Interessiert man sich etwa für die Auswirkungen von Lohnerhöhungen auf die Kostenstruktur der Betriebe, so wird man die Einteilung nach dem vorherrschenden Produktionsfaktor wählen. Typisierungen von Industriebetrieben können so zur Strukturierung bei der Untersuchung produktionswirtschaftlicher Probleme herangezogen werden. Die jeweils ausgewählte Form der Typisierung richtet sich dabei meist nach der Art der Fragestellung.

1.1.3   *Funktionsbezogene Gliederung der Betriebswirtschaftslehre*

Bedingt durch unterschiedliche Entwicklungen auf einzelnen Problembereichen und die Möglichkeit, aus anderen Wissenschaftsdisziplinen bereitgestellte Lösungsansätze für ähnlich gelagerte Entscheidungsfälle nutzbar zu machen, hat sich die Betriebswirtschaftslehre bei der Auffächerung ihrer Teilgebiete in neuerer Zeit mehr und mehr von dem durch die Institutionenlehren vorgegebenen Gliederungsschema abgewendet und im Rahmen der Allgemeinen Betriebswirtschaftslehre verstärkt der Frage zugewendet, welche Aufgabenbereiche allen Unternehmen unabhängig von dem Wirtschaftszweig, dem sie angehören, gemeinsam sind. Dies führte schließlich zu einer Gliederung der Problembereiche nach betrieblichen Funktionen (GUTENBERG 1958).

Die Frage nach solchen Funktionen lässt sich am einfachsten aus dem Tätigkeitskatalog der Unternehmen heraus beantworten. Zum Zweck der Befriedigung menschlicher Bedürfnisse werden von den Unternehmen die Produktionsmittel Arbeitskräfte, Betriebsmittel und Werkstoffe beschafft, in einem Transformationsprozess miteinander kombiniert und die hergestellten Sachgüter und Dienstleistungen am Markt abgesetzt. Hieraus leiten sich die betrieblichen Teilfunktionen der Beschaffung, Investition, Produktion und des Absatzes her. Für die Beschaffung der Produktionsmittel müssen die entsprechenden Geldmittel zur Verfügung stehen bzw. besorgt werden. Die Lösung dieses Problems fällt in den Aufgabenbereich der Finanzierung. In der Regel werden die beschafften Güter nicht alle direkt in die Produktion eingesetzt, und die hergestellten Güter lassen sich nicht alle unmittelbar absetzen. Daraus ergeben sich die eng mit dem Produktionsbereich der Unternehmung zusammenhängenden Aufgaben der Materialwirtschaft und Lagerhaltung.

Zur Bewältigung dieser betrieblichen Teilaufgaben, die in irgendeiner Form für das Kleinunternehmen im Lebensmittelbereich ebenso anstehen wie für das Großunternehmen in der Stahlbranche und die mit zunehmender Unternehmensgröße an Komplexität gewinnen, bedarf es des Einsatzes der Führungsinstrumente Planung, Organisation und Kontrolle, deren Handhabung der Geschäftsleitung des Betriebes als dispositivem Faktor obliegt. Während sich die Planung mit der Frage beschäftigt, welche Aufgaben in welcher zeitlichen Reihenfolge im Hinblick auf den Unternehmenszweck gelöst werden müssen, dient die Organisation der Umsetzung des Geplanten in den realen Vollzug. Durch die Kontrolle wird schließlich überprüft, ob der Vollzug der Planung auch tatsächlich den erwarteten Erfolg gebracht hat.

Dieser kurze Abriss unternehmerischer Tätigkeiten und Aufgabenbereiche lässt die Gliederung der Betriebswirtschaftslehre in funktionsbezogene Teilbereiche erkennen, so wie sie heute in den folgenden Funktionenlehren zum Ausdruck kommt:

- Unternehmensführung (Planung, Organisation, Kontrolle),
- Beschaffung (Beschaffung von Roh-, Hilfs- und Betriebsstoffen),
- Personalwesen (Bedarf an Arbeitskräften, Arbeitskräftebeschaffung, Personaleinsatzplanung),
- Investition und Finanzierung (Beschaffung von Betriebsmitteln, Lizenzen, Kapitalbeschaffung, Finanzplanung, Finanzanalyse),
- Produktion (Planung der Produktionsmengen, Bereitstellung der Faktoren, Produktionsablauf, Lagerhaltung),
- Absatz (Absatzplanung, Marktforschung, Werbung, Produkt- und Preisgestaltung, Absatzorganisation).

Das hierauf aufbauende Funktionenmodell eines Unternehmens ist durch Abb. 1.2 skizziert.

Damit drängt sich ebenso aus der funktionalen Gliederung der Betriebswirtschaftslehre die Beschäftigung mit produktionswirtschaftlichen Vorgängen aufgrund der Tatsache auf, dass alle Unternehmen im Rahmen ihrer Leistungserstellung Produktionsfaktoren miteinander kombinieren müssen, um die erwünschten Güter herstellen zu können. So kann der Prozess der Kombination von Produktionsfaktoren denn auch als ein konstituierendes Merkmal eines jeden Betriebes bzw. Unternehmens angesehen werden.

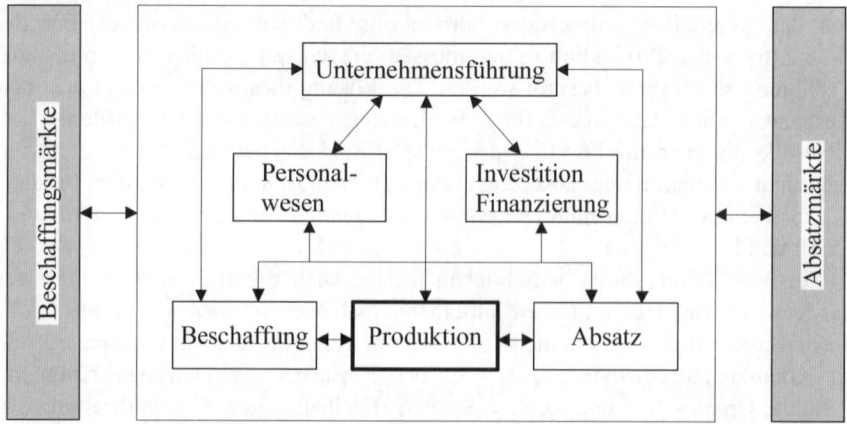

Abb. 1.2.   Funktionenmodell der Unternehmung

Die Ergänzung der speziellen Institutionenlehren durch die Funktionenlehren hat für die wissenschaftliche Weiterentwicklung der Betriebswirtschaftslehre fruchtbare Anstöße geliefert. Hierdurch wurde der Weg geöffnet, in Form von Analogieschlüssen theoretische Erkenntnisse über die Lösung von Problemen, die für Unternehmen bestimmter Wirtschaftszweige charakteristisch sind, auch auf entsprechende Aufgabenbereiche anderer Unternehmenstypen zu übertragen bzw. dort anzuwenden.

Bei der Einlagen- und Kreditvergabepolitik im Bankgewerbe verwendete Entscheidungskriterien wie beispielsweise die Bank- und Bilanzregel sind so für die Finanzierungsentscheidungen industrieller Unternehmen nutzbar gemacht worden. Demzufolge handeln diese Unternehmen im Finanzbereich oft nach der Maxime, das weniger schnell liquidierbare Anlagevermögen möglichst durch Eigenkapital oder langfristig zur Verfügung stehendes Fremdkapital zu finanzieren bzw. die kurzfristigen Fremdmittel nur für das Umlaufvermögen einzusetzen (Bankregel) und das Verhältnis von Eigen- zu Fremdkapital nicht unter einen gesetzten Zahlenwert absinken zu lassen (Bilanzregel). Umgekehrt dienen heute Lösungskonzepte, die für den Erzeugungsbereich industrieller Unternehmen entwickelt worden sind, gleichermaßen dazu, produktive Zusammenhänge in Unternehmen des Dienstleistungssektors oder in der öffentlichen Verwaltung theoretisch in den Griff zu bekommen. Diese Versuche haben gerade in der letzten Zeit häufig ihren Niederschlag darin gefunden, dass betriebswirtschaftliche Produktionsmodelle für Bereiche der Hochschulplanung (ALBACH et al. 1978) und des Gesundheitswesens (FANDEL und PRASISWA 1982; MEYER 1979) konzipiert worden sind, welche die Verteilung der Produktionsmittel durch die öffentliche Hand oder die Ausstattung einer Arztpraxis mit Personal und Einrichtungsgegenständen auf eine rationale Basis stellen sollen.

1.2   Rahmenbedingungen und Aufgaben unternehmerischer Tätigkeit

Der Sinn der betrieblichen Tätigkeit besteht in der Leistungserstellung, d. h. in der Produktion von Sachgütern oder der Bereitstellung von Dienstleistungen, die von anderen Wirtschaftssubjekten nachgefragt werden. Hieraus leitet sich eine Reihe von Grundtatbeständen her, die für jedes Unternehmen charakteristisch sind. Die Kombination von Produktionsmitteln zum Zweck der Leistungserstellung ist einer dieser Grundtatbestände. Jedes Unternehmen muss in irgendeiner Form die Produktionsfaktoren beschaffen und miteinander kombinieren, die zur Gütererzeugung erforderlich sind. Eine Automobilfabrik braucht Grundstücke, Fertigungshallen, Produktionsbänder, Personal, Werkstoffe und Verwaltungsgebäude ebenso wie das Steuerberatungsbüro Mitarbeiter, Räumlichkeiten, Büroeinrichtungen und Schreibmittel oder die Arztpraxis medizinische Geräte und Sprechstundenhelfer benötigen. Die Kombination von Inputgütern ist also eine Eigenheit, die allen Betrieben gemein ist.

Da die Leistungserstellung andererseits aber keinen Wert an sich darstellt, sondern stets an dem Ziel ausgerichtet ist, die menschlichen Bedürfnisse mit Hilfe der hergestellten Güter zu befriedigen, müssen sich die Unternehmen im Rahmen ihres wirtschaftlichen Handelns mit der Produktion nach der Nachfrage richten. Für sie bedeutet Wirtschaften daher, unter Verwendung der vorhandenen und knappen Ressourcen und mit den daraus erzeugten Gütern die menschlichen Bedürfnisse soweit wie möglich zu befriedigen. Dieses Prinzip der Wirtschaftlichkeit verlangt also von den Betrieben den sparsamen Umgang mit den Produktionsfaktoren bei der Güterherstellung. Das Wirtschaftlichkeitsprinzip ist der zweite Grundtatbestand, der für alle Betriebe gleichermaßen Gültigkeit besitzt. In Anbetracht der unbegrenzten Bedürfnisse der Menschen und der Knappheit der Produktionsmittel ist die Forderung eines solchen Verhaltens auch sicherlich vernünftig, d. h. rational. Das Wirtschaftlichkeitsprinzip wird deshalb auch oft als Rationalprinzip bezeichnet. Es lässt sich oft alternativ in zwei einander entsprechenden Versionen formulieren. In der ersten Version wird verlangt, dass eine vorgegebene Menge von Gütern, d. h. Produkten, mit dem geringsten möglichen Einsatz an Produktionsfaktoren hergestellt wird; man spricht in diesem Fall auch von der technischen Minimierung, der die Faktorkombination unterworfen ist. In der zweiten Version lautet dagegen die parallele Forderung, dass mit einem gegebenen Einsatz von Produktionsfaktoren eine möglichst große Menge an Erzeugnissen erzielt werden soll; diesen Fall bezeichnet man auch als technische Maximierung des Outputs. Wird das Prinzip der Wirtschaftlichkeit von den Unternehmen bei der Faktorkombination bzw. dem Transformationsprozess der Fertigung eingehalten, so sagt man auch, dass diese Betriebe effizient produzieren.

Die Gründung und der Aufbau eines Unternehmens erfolgen in der Regel nicht unter dem Aspekt einer nur recht kurzfristigen betrieblichen Betätigung, die dann wieder eingestellt werden soll, sondern sind vielmehr meist auf einen längerfristigen Fortbestand des Unternehmens angelegt. Damit dieser Fortbestand eines

Unternehmens oder, was dasselbe bedeutet, die Fortdauer der betrieblichen Tätigkeit gesichert sind, ist es erforderlich, dass sich das Unternehmen um die Aufrechterhaltung seines finanziellen Gleichgewichts bemüht, also dafür Sorge trägt, dass jederzeit die vorhandenen und zusätzlich kurzfristig beschaffbaren finanziellen Mittel ausreichen, um die fälligen Verbindlichkeiten abzudecken. Dieser Grundsatz der Aufrechterhaltung des finanziellen Gleichgewichts ist ebenfalls für alle Unternehmen verbindlich, die um ihre Existenzsicherung bemüht sind, und kennzeichnet daher den dritten Grundtatbestand.

Die Kombination von Produktionsfaktoren, das Wirtschaftlichkeitsprinzip und die Aufrechterhaltung des finanziellen Gleichgewichts sind Tatbestände, die für jedes Unternehmen charakteristisch sind, gleich in welchem Wirtschaftssystem es sich befindet. Sie gelten für Betriebe in marktwirtschaftlichen Wirtschaftssystemen ebenso wie für solche in Staaten mit zentralverwaltungswirtschaftlicher Ordnung. Daher bezeichnet man diese Tatbestände auch als systemindifferent (GUTENBERG 1983, S. 457 ff.).

Im Unterschied zu den aufgezählten systemindifferenten Tatbeständen gibt es aber sehr wohl auch systembezogene Tatbestände, denen das wirtschaftliche Handeln von Betrieben unterworfen ist und die von der jeweiligen Wirtschafts- und Gesellschaftsordnung vorgegeben bzw. abhängig sind, in denen die Unternehmen tätig sind. Derartige systembezogene Tatbestände oder Prinzipien sind in engem Zusammenhang mit der Philosophie eines Staates zu sehen, die dieser hinsichtlich des besten Weges der Güterversorgung seiner Bevölkerung bzw. seiner Mitglieder vertritt und wie er sich demzufolge in seiner Wirtschaftsordnung die Abstimmung zwischen Gütererzeugung und Güterverwendung bzw. kurz zwischen Angebot und Nachfrage vorstellt. Solche systembezogenen Tatbestände sind das erwerbswirtschaftliche Prinzip und das Prinzip der plandeterminierten Leistungserstellung, die von unterschiedlichen Anschauungen darüber ausgehen, wie der gesamtwirtschaftliche Prozess der Güterversorgung organisiert sein soll.

Das erwerbswirtschaftliche Prinzip ist so maßgebend für die Handlungsweise von Unternehmen in kapitalistisch-marktwirtschaftlichen Wirtschaftsordnungen. Es besagt, dass sich hier die Betriebe bei der Planung der Produktion und des Absatzes von der Maxime leiten lassen, mit dem Verkauf der hergestellten Güter einen möglichst hohen Gewinn zu erzielen. In diesem Sinne ist das Prinzip der Gewinnmaximierung also Ausfluss des erwerbswirtschaflichen Prinzips und Richtschnur für das Handeln marktwirtschaftlicher Unternehmungen. Diese Maxime unterstellt, dass die Gesellschaft als Ganzes am besten versorgt wird, wenn jedes einzelne Wirtschaftssubjekt und damit eben auch die Unternehmen in individualistischer Weise ihre eigenen wirtschaftlichen Interessen verfolgen und diese dann zwischen den Beteiligten durch den Güteraustausch am Markt abgestimmt werden. Das Prinzip der plandeterminierten Leistungserstellung ist dagegen bestimmend für die betriebliche Betätigung von Unternehmen in sozialistisch-zentralverwaltungswirtschaftlichen Systemen. In diesen Systemen wird von der Annahme ausgegangen, dass die Versorgung der Gesellschaft am besten gewährleistet ist, wenn die Unternehmen den vom Staat für die gesamte Volkswirtschaft zentral aufgestellten Wirtschaftsplan bestmöglich dadurch erfüllen, dass sie die Produktionsvorgaben möglichst gut erreichen oder sogar übertreffen.

Die beiden angesprochenen idealtypischen Wirtschaftsordnungen stellen allerdings nur die Endpunkte eines breiten Spektrums realtypischer Erscheinungs- und Ausprägungsformen von Wirtschaftssystemen dar. Sie sind in realen Wirtschafts- und Gesellschaftssystemen moderner Staaten in dieser reinen Form kaum vorzufinden; es sind vielmehr Mischformen und von Staat zu Staat differierende Abwandlungen anzutreffen. Manche marktwirtschaftliche Ordnung kann in der Realität durchaus auch planwirtschaftliche Elemente aufweisen, insbesondere dort, wo der Staat meint, reglementierend in den Wirtschaftsprozess eingreifen zu müssen und dies dann beispielsweise zu einer Vergesellschaftung bestimmter Industriezweige der Grundversorgung führt. Andererseits sind aber auch in planwirtschaftlichen Systemen durchaus in Teilbereichen, wenn auch oft nur in sehr begrenztem Umfang, marktwirtschaftliche Elemente anzutreffen. Sie können darin bestehen, dass der Staat private Dienstleistungsbetriebe bzw. den privaten Verkauf landwirtschaftlicher Produkte zulässt.

In Unternehmen treten zu den systemindifferenten Tatbeständen und den von der Wirtschaftsordnung abhängigen Prinzipien in der Regel noch weitere Ziele hinzu, die sich aus der Unternehmenspolitik ergeben und für die Erledigung der betrieblichen Teilaufgaben und die Ausübung der damit in Zusammenhang stehenden Funktionen gleichermaßen maßgeblich sind. So können in marktwirtschaftlichen Unternehmen neben der Gewinnmaximierung die Erreichung einer angemessenen Rentabilität, die Stabilisierung der Preise und Gewinnspannen, die Sicherung oder Verbesserung des Marktanteils sowie die Anpassung an die Wettbewerbsmaßnahmen der Konkurrenten oder andere Kriterien als alternative oder zusätzliche Ziele in Frage kommen und im Vordergrund der Unternehmenspolitik stehen (FANDEL 1979). Solche Handlungsmaximen sind gewöhnlich im Zielkatalog eines Unternehmens, eventuell nach Prioritäten geordnet oder gewichtet, zusammengestellt, wobei diese Ziele von der Unternehmensleitung und sonstigen Zentren der betrieblichen Willensbildung formuliert worden sind. Vereinfachend wird im Folgenden aber meist nur von der Gewinnmaximierung als Ziel ausgegangen, da es am stärksten das erwerbswirtschaftliche Prinzip zum Ausdruck bringt. Dabei soll unter dem Gewinn eines Unternehmens, der ihm aus der Produktion und dem Verkauf der Güter zufällt, die Differenz zwischen den Erlösen aus dem Absatz der hergestellten Produkte und den Kosten der dafür verbrauchten Ressourcen verstanden werden.

Die vielfältigen betrieblichen Aufgabenstellungen der Unternehmen, die sich ja nicht nur auf den Transformationsprozess der Produktion allein beziehen, sondern ebenso auf die Finanzierung und Organisation sowie auf den Einkauf und Absatz, unterliegen unmittelbar den genannten Prinzipien und Zielen. Zwischen den Prinzipien, Zielen und Aufgaben besteht gewissermaßen eine hierarchisch strukturierte Beziehung, wie man sie sich mit Abb. 1.3 veranschaulichen kann. Die Hauptaufgabe der Unternehmen besteht aber in der Leistungserstellung; darauf sind auch die übrigen betrieblichen Teilaufgaben ausgerichtet, um den Prozess der Gütererzeugung möglichst gut zu gestalten, wobei sich die marktwirtschaftlichen Unternehmen bei ihrer Produktion an den Absatzmöglichkeiten und den Erlösen bzw. dem Gewinn orientieren. Hieraus bestimmen sich Art und Menge der zu beschaffenden Mittel. Bei der Entscheidung über die herzustellenden Güter sind jedoch auch stets gewisse einschränkende Bedingungen zu beachten. Sie liegen beispielsweise in den technischen Möglichkeiten der Kombination von Produktionsfaktoren und dem Wissen des Unternehmens darum sowie in den Kapazitäten der einzelnen betrieblichen Teilbereiche und eventuellen Besonderheiten von Beschaffungs- und Absatzmärkten. Der eigentliche Prozess der Güterherstellung findet im Produktionsbereich des Unternehmens statt. Er ist Teil des Gesamtbetriebes, so dass die Erledigung und Bewältigung der einzelnen produktionswirtschaftlichen Aufgaben in die gesamtbetrieblichen Vorstellungen eingebettet sind. Die gesamtbetrieblichen Leitlinien werden von der Unternehmensführung als dispositivem Faktor festgelegt. Zur Erfüllung der sich hieraus ergebenden Aufgaben bedient sich die Betriebsleitung der Führungsinstrumente Planung, Organisation und Kontrolle.

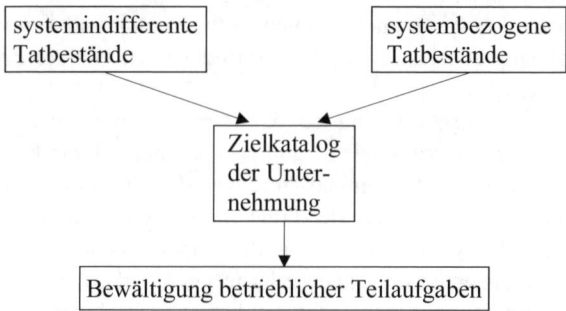

Abb. 1.3.   Beziehungen zwischen Grundtatbeständen, Zielen und Aufgaben unternehmerischer Tätigkeit

1.3   Eingrenzung des Untersuchungsgegenstandes

Die Untersuchung von Produktionsvorgängen, die Erörterung produktiver Gesetzmäßigkeiten, nach denen sich die Fertigung vollzieht, und die Behandlung nachgelagerter Probleme der Produktionsplanung werden im Folgenden vornehmlich auf Phänomene der industriellen Gütererzeugung beschränkt, also auf solche Betriebe, die Sachgüter weitgehend mechanisiert, maschinell bzw. automatisiert herstellen. Mit diesen Betrieben wird ein Wirtschaftsbereich erfasst, der im Rahmen der Gesamtwirtschaft von Industrienationen eine erhebliche Bedeutung besitzt. Eine Erweiterung der Betrachtungen auf die Dienstleistungsproduktion erfolgt in Abschnitt 3.2.

Eine weitere Einschränkung der nachfolgenden Überlegungen und Ausführungen soll zusätzlich in dem Sinne erfolgen, dass hier hauptsächlich und nahezu ausschließlich die Aufgaben, Fragestellungen und Problembereiche interessieren, die unmittelbar mit der Güterproduktion in Zusammenhang stehen. Die Darstellungen und Erörterungen werden sich daher im Wesentlichen auf den Produktionsbereich industrieller Betriebe und das damit verbundene Aufgabengebiet konzentrieren. Soweit es zum Verständnis und zur Ergänzung der Ausführungen sinnvoll erscheint, wird natürlich gelegentlich auch auf andere betriebliche Teilprobleme eingegangen, die von Überlegungen im Produktionsbereich tangiert werden.

Die Eingrenzung des Interesses auf Fragenkomplexe aus dem Erzeugungsbereich industrieller Betriebe und der dort ablaufenden Vorgänge lässt sich durch die Annahme rechtfertigen, dass die Entscheidungen in den übrigen unternehmerischen Aufgabenbereichen, die der Produktion über- oder gleichgeordnet sind, als gegeben und vollzogen hingenommen werden können. Sie bilden zusammen mit der vorgegebenen Unternehmenspolitik das Umfeld an Daten, in das sich die produktionswirtschaftlichen Überlegungen einzuordnen haben. Diesem Umstand soll durch die folgenden Annahmen Rechnung getragen werden:

- Es wird ein marktwirtschaftlich orientiertes Produktionsunternehmen betrachtet, welches sich bei der Gütererzeugung nach dem erwerbswirtschaftlichen Prinzip, ausgedrückt durch die Gewinnmaximierung, richtet. Im Allgemeinen wird dieses Unternehmen damit bei der Güterproduktion nach dem Prinzip der Wirtschaftlichkeit handeln.
- Marktausrichtung und Markteinbettung des Unternehmens sollen gegeben sein. Damit ist die Wahl der Branche erfolgt, in der das Unternehmen tätig ist, und die Beschaffungs- und Absatzmärkte sowie die Konkurrenten sind dem Unternehmen bekannt.
- Die Wahl des Produktionsstandortes ist getroffen, so dass die örtliche Ansiedlung des Unternehmens festliegt.
- In der Unternehmensleitung sind die Positionen besetzt, und eine Abgrenzung der Kompetenzen bezüglich der verschiedenen unternehmerischen Aufgabenbereiche hat bereits stattgefunden.
- Die finanziellen Mittel zur Beschaffung der erforderlichen Produktionsfaktoren stehen zur Verfügung, und die hergestellten Güter können am Markt bis zu gewissen Absatzhöchstmengen abgesetzt werden. Damit bleiben die mit der Produktion zusammenhängenden Finanzierungs- und Absatzprobleme des Industrieunternehmens weitgehend unberücksichtigt. Hiermit beschäftigen sich andere Teildisziplinen der Betriebswirtschaftslehre.

Auf der Grundlage dieser Annahmen über die übrigen Aufgabenbereiche des Produktionsunternehmens gilt das Interesse fortan den Lösungen von Problemen, die im Rahmen der Gütererzeugung unmittelbar im Produktionsbereich anstehen.

Für diesen Problembestand der betriebswirtschaftlichen Lehre von der Produktion hat sich auch unter dem in neuerer Zeit vertretenen funktionalen Einteilungskriterium kein einheitliches oder allgemein akzeptiertes Gliederungsschema herausgebildet. Vielmehr können die Fragestellungen auf dem Gebiet der Produktion durchaus nach unterschiedlichen Gliederungsgesichtspunkten aufgefächert werden

(GUTENBERG 1951; WITTMANN 1975; LASSMANN 1975; KERN 1976), zumal die hier zu behandelnden Einzelprobleme aus verschiedenen Interessensrichtungen zusammengetragen worden sind. Für den hier verfolgten Untersuchungszweck mag deshalb folgende Vorüberlegung hilfreich sein. Bevor Planungsprobleme der Produktion, die den optimalen Vollzug der Erzeugung betreffen, sinnvoll formuliert, behandelt und gelöst werden können, müssen die Gesetzmäßigkeiten der Produktion bekannt sein, und es müssen Bewertungsmaßstäbe zur Verfügung stehen, die es erlauben, die Vorteilhaftigkeit eines Produktionsvorganges gegenüber einem anderen zu beurteilen. Dies führt zu einer groben Einteilung der Probleme in solche der Produktions- und Kostentheorie und solche der Produktionsplanung. Diese Grobgliederung wird hier zugrunde gelegt. Das vorliegende Buch der Produktionslehre ist Fragestellungen der Produktions- und Kostentheorie gewidmet; die Beschäftigung mit Problemen der Produktionsplanung und ihrer Lösung mit Unterstützung der elektronischen Datenverarbeitung bleibt gesonderten Ausführungen vorbehalten (FANDEL et al. 2009). Dennoch sollen die Problembereiche der Produktion in ihrer Gesamtheit mit den Aspekten und Teilaufgaben in einer Übersicht vorweg kurz skizziert werden.

1.4   Anliegen der Produktions- und Kostentheorie

Da sich jede industrielle Produktion auf der Grundlage technologischer Regeln vollzieht, wird sich ein Industrieunternehmen als Ausgangspunkt für alle weiteren produktionswirtschaftlichen Überlegungen zunächst einmal dafür interessieren müssen, welche Beziehungen zwischen den mengenmäßig ausgebrachten Produkten und den eingesetzten Mengen an Produktionsfaktoren bestehen und wie sich diese Zusammenhänge beschreiben lassen. Die Ermittlung und Darstellung solcher mengenmäßiger Relationen fällt in das Aufgabengebiet der Produktionstheorie. Zur Behandlung dieser Fragestellung bedient sich die Produktionstheorie der Formulierung von Produktionsmodellen, in denen die Beziehungen zwischen den Faktoreinsatzmengen und den Produktausbringungsmengen formal durch Technologien oder durch hieraus abgeleitete Produktionsfunktionen explizit aufgezeigt werden. Solche Produktionsfunktionen, deren Ableitung eine der Hauptaufgaben der Produktionstheorie ist, können nur insofern Gültigkeit für die Produktionsbereiche industrieller Unternehmen besitzen, als sie die dort ablaufenden realen Erzeugungsvorgänge auch tatsächlich in geeigneter formaler Weise abbilden. Eine Produktionsfunktion schlechthin mit dem Anspruch der Allgemeingültigkeit gibt es also nicht. Diese Tatsache drückt sich darin aus, dass die Produktionstheorie im Laufe der Zeit eine Vielzahl von Produktionsfunktionstypen entwickelt hat, die sich in den Aussagen über die Gesetzmäßigkeiten zwischen Faktoreinsatzmengen und den hergestellten Produktmengen unterscheiden. Allerdings ist es das Charakteristikum einer jeden Produktionsfunktion, dass durch sie entsprechend dem Prinzip der Wirtschaftlichkeit stets nur die effizienten Input-Output-Relationen für einen Produktionsbereich beschrieben werden.

Aus diesem Anliegen der Produktionstheorie folgen einige speziellere Aufgaben und Anforderungen, welche die betriebswirtschaftliche Produktionstheorie zu erfüllen hat (ADAM 1974, S. 1 ff.).

- Durch die abgeleiteten Produktionsfunktionen muss eine möglichst vollständige Beschreibung der produktiven Zusammenhänge erfolgen. Allerdings zwingt die Komplexität der Erzeugungsvorgänge in Industrieunternehmen mit ihrer Vielzahl von Produkten und qualitativ unterschiedlichen Produktionsfaktoren zu der Notwendigkeit, sich zur praktischen und analytischen Behandlung produktionswirtschaftlicher Probleme in den Produktionsmodellen bzw. Produktionsfunktionen auf die wichtigsten Einflussgrößen zu beschränken, die sich bei der Ausbringung der Produktion auf den Faktorverbrauch auswirken. Sie müssen als Variable in den Produktionsfunktionen enthalten sein.
- Der Einsatz unterschiedlich qualifizierter Arbeitskräfte und technisch verschieden weit entwickelter Maschinen macht – insbesondere zum Zweck einer differenzierten Kostenentwicklung – eine Einteilung der Produktionsfaktoren in der Weise erforderlich, dass die unter einer Faktorart zusammengefassten Ressourcen untereinander weitgehend homogen sind.
- Die Produktionsfunktionen müssen die technischen Gesetzmäßigkeiten, die der Umwandlung von Produktionsfaktoren in Produkte zugrunde liegen, explizit zum Ausdruck bringen.
- Den realen Erscheinungsformen im Produktionsbereich muss die Theorie dadurch Rechnung tragen, dass sie die Leistungserstellung sowohl in Einproduktunternehmen als auch in Mehrproduktunternehmen gleichermaßen modellmäßig erfasst.
- Die Mehrstufigkeit von Leistungsprozessen muss bei der Aufstellung von Produktionsfunktionen oder -modellen beachtet werden, denn häufig genügt zur Herstellung von Endprodukten nicht die einmalige Kombination von Produktionsfaktoren. Vielmehr erfolgt die Produktion oft über mehrere Stufen unter Verwendung von Zwischenprodukten, die auf weiteren Stufen mit anderen Faktoren kombiniert werden müssen, um die Fertigprodukte entstehen zu lassen.
- Die Produktionstheorie muss bei der Formulierung von Produktionsfunktionen der Vielfalt empirisch feststellbarer Produktionsprozesse Rechnung tragen. Sie darf nicht auf die Betrachtung bestimmter Typen von Leistungsprozessen beschränkt sein. Entsprechend werden verschiedene Typen von Produktionsfunktionen zu behandeln sein.

Vernachlässigt man für einen Moment einmal den Typ der Produktionsfunktion als Klassifikationsmerkmal, so ergeben sich allein aus der Tatsache ein- oder mehrstufiger Fertigungsprozesse in Industrieunternehmen mit einem oder mehreren Produkten eine Vielzahl von Betrachtungsmöglichkeiten modelltheoretischer Probleme innerhalb der Produktionstheorie, wie dies Abb. 1.4 veranschaulicht.

| Anzahl der Produkte | Anzahl der Fertigungsstufen | |
	eine	mehrere
eins	einstufige Ein-produktmodelle	mehrstufige Ein-produktmodelle
mehrere	einstufige Mehr-produktmodelle	mehrstufige Mehr-produktmodelle

Abb. 1.4.   Klassifikation produktionstheoretischer Modelle

Die formale Charakterisierung der produktiven Beziehungen zwischen Faktor-einsatzmengen und hergestellten Gütermengen auf der Grundlage von Produkti-onsfunktionen geschieht neben der graphischen Darstellungsweise auch häufig durch die Verwendung von technisch-mathematischen Ausdrücken (KRELLE 1969). Hierfür sind beispielsweise Begriffe wie Substitutivität und Komplementa-rität der Produktionsfaktoren, Produktionskoeffizient, Produktivität, partielle Grenzproduktivität und totales Grenzprodukt, Niveauvariation sowie Produktions- und Skalenelastizität gebräuchlich.

Die Erfassung der technisch effizienten Produktionen durch Produktionsfunkti-onen reicht jedoch im Allgemeinen nicht aus, wenn man produktionswirtschaft-liche Entscheidungen letztlich am erwerbswirtschaftlichen Prinzip messen bzw. nach dem Kriterium der Gewinnmaximierung beurteilen will. In den Fällen bei-spielsweise, in denen sich eine bestimmte Produktmenge durch unterschiedliche Kombinationen von Einsatzmengen derselben Faktoren herstellen lässt, wird man sich überlegen müssen, welche Faktorkombination schließlich gewählt werden soll. Hier ergänzt die Kostentheorie die Produktionstheorie. Ihr Anliegen ist es, die produktionstheoretischen Gesetzmäßigkeiten für ökonomische Fragestellungen fruchtbar zu machen. Zu diesem Zweck gliedert sie dem Mengengerüst der Pro-duktionstheorie durch die Einbeziehung der Faktorpreise ein Wertgerüst an. Aus dem Mengen- und dem Wertgerüst zusammen können dann die Kosten der Pro-duktion ermittelt werden. Dadurch lassen sich aus den Produktionsmodellen ent-sprechende Kostenmodelle ableiten, in denen die Kosten der Produktion je nach der vorgenommenen Faktorkombination dem mengenmäßigen Output gegenüber-gestellt werden. Nach dem Grundsatz der Gewinnmaximierung ist dann für die Herstellung einer bestimmten Produktmenge die kostenminimale Faktorkombi-nation zu wählen.

Damit berühren die kostentheoretischen Überlegungen auch die Aufgabenstel-lungen in anderen Teilbereichen des Unternehmens. So wirkt sich die Kostentheo-rie auf die Teilbereiche Finanzierung und Rechnungswesen dadurch aus, dass einerseits der Kapital- und Finanzierungsbedarf durch die Zusammensetzung der Kosten beeinflusst wird; andererseits liefern die kostentheoretischen Zusammen-hänge die Grundlage für die Kostenrechnung, durch die eine sinnvolle Planung der wesentlichen Kostengrößen erfolgen kann.

In diesem Rahmen kommen der Kostentheorie eine Erklärungs- und eine Gestaltungsaufgabe zu (ADAM 1974, S. 19).

– In der Erklärungsaufgabe der Kostentheorie geht es darum, die Kosteneinflussgrößen sichtbar zu machen, diese systematisch zu erfassen und ihre Auswirkungen auf die Höhe der Kosten aufzuzeigen. Die Untersuchung der Abhängigkeit der Kostenhöhe von verschiedenen Einflussgrößen geschieht auf der Grundlage von Kostenfunktionen, wobei sich die Kosteneinflussgrößen sowohl auf das Mengengerüst (Faktoreinsätze) als auch auf das Wertgerüst (Faktorpreise) der Kosten beziehen können. Insbesondere zählen damit auch die hergestellten Produktmengen zu den Kosteneinflussgrößen. Hier hat die Kostentheorie also die Aufgabe, auf der Grundlage der ermittelten Produktionsfunktionen innerhalb von Kostenfunktionen die Gesetzmäßigkeiten zu untersuchen, die zwischen den hergestellten Produktmengen und den Kosten für den Faktorverbrauch bestehen. Insofern bauen Kostenmodelle in logischer Weiterführung unmittelbar auf Produktionsmodellen auf.

– Die Gestaltungsaufgabe der Kostentheorie besteht dagegen darin, die Kosteneinflussgrößen so zu bestimmen und gegeneinander festzulegen, dass die Produktionsentscheidung im Hinblick auf die unternehmerische Zielsetzung optimal ausfällt. Hieraus folgen zwei spezielle Teilaufgaben. Inhalt der ersten Teilaufgabe ist es, unter den möglichen Kombinationen von Produktionsfaktoren stets die zu ermitteln, die ein nach Art und Menge festgelegtes Produktionsergebnis mit den geringsten Kosten verwirklicht. Eine solche Faktorkombination wird entsprechend als Minimalkostenkombination bezeichnet. In diesem Fall eines vorgegebenen Produktionsprogramms wird also das Prinzip der Gewinnmaximierung äquivalent durch das Ziel der Kostenminimierung ersetzt. Gegenstand der zweiten Teilaufgabe ist es, für die eingesetzten Produktionsfaktoren jene innerbetrieblichen Wertansätze zu bestimmen, welche die Verwendung der knappen Ressourcen im Unternehmen in der Weise gewährleisten, dass das Ziel der Unternehmung, nämlich der maximale Gewinn, bestmöglich erreicht wird. Das führt zu dem Problem der Ermittlung geeigneter Verrechnungspreise, die eine gewinnmaximale Ressourcenallokation im Betrieb ermöglichen.

Diese Aufgaben der Kostentheorie verdeutlichen, dass die mengenorientierte Produktionstheorie erst durch die wertorientierte Kostentheorie ein ökonomisches Korsett erhält; darin liegen Unterschied und Abgrenzung zwischen diesen beiden Theorien.

Je nach dem Ziel kostentheoretischer Betrachtungen interessiert sich das Industrieunternehmen für bestimmte Kostenverläufe. Sie werden ebenso wie bei den Produktionsfunktionen durch verschiedene Begriffe erfasst und durch entsprechende formale Ausdrücke charakterisiert. So unterscheidet man etwa bezüglich einer produzierten Gütermenge zwischen Gesamtkosten, variablen und fixen Kosten sowie Grenzkosten und Durchschnittskosten bzw. Stückgesamtkosten.

Die Stückgesamtkosten bilden beispielsweise die Grundlage für die Berechnung von Preisuntergrenzen, d. h. von Mindestpreisen für einzelne Güterausbringungsmengen, die das Unternehmen am Markt wenigstens erlösen muss, damit die Produktion profitabel ist. Erreicht das Unternehmen gerade das Produktionsniveau mit den minimalen Stückgesamtkosten, so befindet es sich sozusagen im Betriebsoptimum. Ist der Absatzpreis eines Gutes zeitweilig niedriger als die Stückgesamtkosten, jedoch für bestimmte Ausbringungsmengen höher als die variablen Kosten pro Stück, so kann sich für das Unternehmen trotz des vorübergehenden Verlustes unter Umständen doch die Produktion empfehlen. Der Überschuss der Erlöse über die variablen Kosten könnte nämlich dann kurzfristig zur teilweisen Abdeckung der fixen Kosten genutzt werden, die ohnehin entstehen, auch ohne dass produziert wird. Eine solche Situation tritt ein, wenn bei sinkenden Absatzpreisen die vorhandenen maschinellen Produktionskapazitäten und die damit verbundenen Unterhaltungskosten nicht entsprechend abgebaut werden können. Diese Hinweise mögen genügen, um zu zeigen, wie wichtig die Betrachtung von Kostenverläufen, die aus den Produktionsfunktionen abgeleitet werden, für die Entscheidungen im Produktionsbereich des Industrieunternehmens ist.

Eine zusätzliche Erweiterung der Überlegungen wird erforderlich, wenn eine ganze Palette von Produkten gleichzeitig mit verschiedenen Kombinationen von Faktoreinsatzmengen produzierbar ist. Zur Bestimmung der gewinnmaximalen Produktion müssen dann nämlich noch die hergestellten Produktmengen wertmäßig vergleichbar gemacht, d. h. mit ihren Absatzpreisen bewertet werden; dadurch erfolgt der Übergang zu den Erlösen. Das erwerbswirtschaftliche Prinzip verlangt dann nicht allein, dass nur kostenminimale Produktionen verwirklicht werden dürfen, vielmehr ist unter diesen diejenige zu realisieren, für die der Gewinn, also die Differenz von Erlösen und Kosten, maximal wird.

Die dargelegten Beziehungen zwischen Produktions- und Kostentheorie und die Einbettung der Entscheidungen im Produktionsbereich in die Prinzipien der Wirtschaftlichkeit und Gewinnmaximierung werden durch Abb. 1.5 zusammenfassend verdeutlicht.

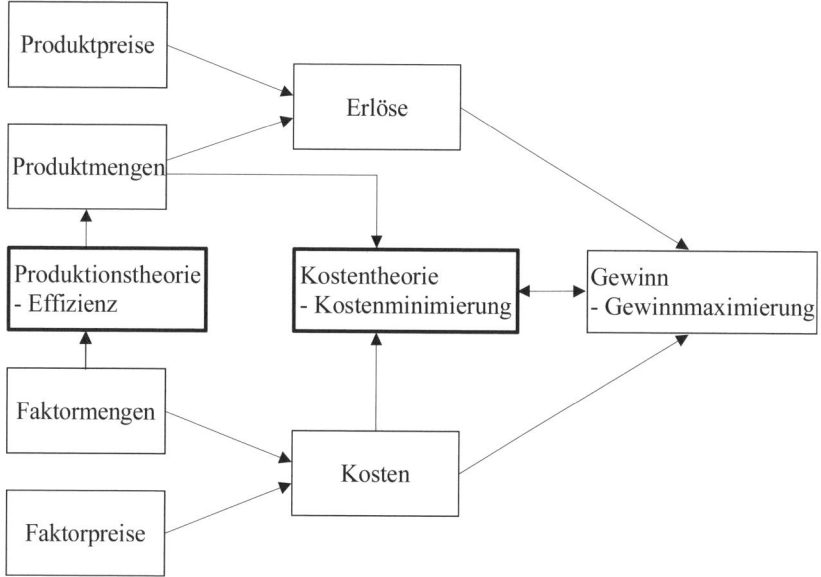

Abb. 1.5.   Beziehungen zwischen Produktions- und Kostentheorie

1.5   Aufgabenbereiche der Produktionsplanung

Sind die Gesetzmäßigkeiten der produktiven Beziehungen zwischen Faktoren und Produkten aufgrund produktionstheoretischer Überlegungen geklärt und durch die Ableitung von Produktionsfunktionen erfasst und lassen sich die entsprechenden Kostenfunktionen, die durch die anschließenden kostentheoretischen Betrachtungen gewonnen worden sind, in ein Kostenmodell einfangen, dann können die nachgelagerten wichtigen Teilaufgaben der Produktionsplanung in Angriff genommen werden. In dieser Produktionsplanung geht es allgemein um Probleme der Art, dass die gewinnmaximale Produktion für eine oder mehrere Planungsperioden bestimmt werden soll oder alternativ dazu die für diese Zeiträume vorgegebenen Endproduktmengen kostenminimal hergestellt werden sollen. Hieraus wiederum ergeben sich einzelne Aufgabenbereiche der Produktionsplanung, die sich gegenüber der Produktions- und Kostentheorie sehr viel stärker unmittelbar aus den jeweiligen Problemstellungen der industriellen Unternehmenspraxis herausgebildet haben und für die sich im betriebswirtschaftlichen Schrifttum mittlerweile weitgehend der Katalog mit der Aufgliederung in Probleme der Programmplanung, Verfahrenswahl, Potentialgestaltung und Prozessplanung durchgesetzt hat. Die Bewältigung dieser Probleme hängt eng mit der Verfügbarkeit entsprechender Lösungsverfahren bzw. geeigneter Rechentechniken zusammen; hier haben sich erst in jüngster Zeit im Anschluss an die von DANTZIG (1951) entwi-

ckelte Simplex-Methode mit der linearen Programmierung vielfältige Ansatz-
möglichkeiten eröffnet.

1.5.1   Planung des Produktionsprogramms

Produktionsunternehmen können in der Regel mit den zur Verfügung stehenden
Faktoren eine Reihe von Gütern herstellen, die für die menschliche Bedürfnisbefriedigung geeignet sind. Ein Automobilunternehmen produziert so beispielsweise
Lastwagen, Personenwagen und Spezialfahrzeuge in der Form von Kehrmaschi-
nen oder Schneeräumern; eine Schokoladenfabrik erzeugt Tafelschokolade,
Blockschokolade, Pralinen und Saisonprodukte wie Osterhasen oder Weihnachts-
männer. Diese Unternehmen bieten also nicht nur ein Produkt an, sondern sie
halten unter Umständen eine breite Produktpalette bereit. Folglich ist hier die
Frage zu lösen, welche Produkte durch die Kombination der vorhandenen Pro-
duktionsfaktoren hergestellt werden sollen. Diese Aufgabe wird durch das Problem der Planung des Produktionsprogramms beschrieben. Es besteht darin, die zu
erzeugenden Güterarten und deren Mengen so zu wählen, dass der Gewinn des
Unternehmens für eine betrachtete Planungsperiode möglichst groß wird. Die
Suche nach dem gewinnmaximalen Produktionsprogramm enthält damit für jede
Produktart zwei Bestimmungskomponenten. Zum einen ist zu klären, ob ein
Erzeugnis im Rahmen des optimalen Produktionsprogramms überhaupt hergestellt
werden soll, und wenn ja, mit welcher Menge.

1.5.2   Wahl des Produktionsverfahrens

Mit der Aufgabe der Auswahl des Produktionsverfahrens wird das Entscheidungsproblem angesprochen, welche technische Möglichkeit der Faktorkombination das
Unternehmen zur Herstellung der Produkte anwenden soll bzw. wie die Produktion auf die im Erzeugungsbereich vorhandenen Anlagen aufgeteilt werden soll.
Die Lösung dieses Problems ist für ein Produktionsunternehmen insofern von
besonderer Bedeutung, als gerade bei den Betriebsmitteln häufig die Tatsache zu
beobachten ist, dass Anlagen, die für die Produktion geringer Stückzahlen vorgesehen sind, geringere Anschaffungskosten verursachen als solche Maschinen, mit
denen man höhere Leistungen erzielen kann. Dagegen bedingen die leistungs-
schwächeren Maschinen oft höhere Produktionskosten pro Gütereinheit. Die Entscheidung über den Einsatz leistungsstärkerer und damit teurerer Betriebsmittel im
Produktionsbereich kann daher nur auf der Grundlage eines Verfahrensvergleichs
getroffen werden. Entscheidungskriterium zur Auswahl eines Produktionsverfahrens sind dabei oft die Gesamt- oder Stückkosten der Produkte bei den betreffenden alternativen technischen Verfahrensmöglichkeiten. Die Festlegung des Übergangs von einem zum anderen Produktionsverfahren erfolgt beim Vorstoß in den

Bereich größerer Produktionsmengen durch die Bestimmung der kritischen Ausbringungsmengen. Hierunter sind diejenigen Produktionsmengen zu verstehen, für welche die Kosten der Verfahren gerade noch gleich groß sind, bei deren Unter- bzw. Überschreiten jedoch das eine oder andere Verfahren kostengünstiger wird.

Die Untersuchungen zum kostenminimalen Anlageneinsatz im einstufigen Einproduktunternehmen auf der Grundlage von Anpassungsprozessen nehmen einen wichtigen Platz innerhalb der Klasse der Verfahrenswahlprobleme ein. Sie werden oft durch einen Verfahrensvergleich bei vorgegebener Endproduktmenge in der Weise durchgeführt, dass man eine Reihe von Verfahrenskombinationen als alternative Faktorkombinationen auffasst und unter diesen die kostengünstigste auswählt. Diese Vorgehensweise besitzt dann noch nicht so sehr den Charakter der Planung; sie ähnelt vielmehr eher einer kostentheoretischen Betrachtung, weshalb Anpassungsprozesse bei einstufiger Einproduktfertigung auch hier am Ende der Kostentheorie behandelt werden.

Anders liegt der Fall beim verallgemeinerten Verfahrenswahlproblem, das meist zusammen mit dem Problem der optimalen Produktionsprogrammplanung gelöst wird. Gegenstand dieses allgemeinen Verfahrenswahlproblems in der mehrstufigen Mehrproduktfertigung ist die Fragestellung, welche Produktionsteilmengen der verschiedenen Erzeugnisarten eines gewinnmaximalen Produktionsprogramms mit welchen der auf mehreren Fertigungsstufen zur Verfügung stehenden gleichartigen Bearbeitungsverfahren hergestellt werden sollen.

1.5.3 Gestaltung des Produktionspotentials

Die Aufgabe der planerischen Gestaltung des Produktionspotentials bedarf der Lösung, um das optimale Produktionsprogramm auf der Grundlage der gewählten Produktionsverfahren auch tatsächlich verwirklichen zu können. Sie zielt als Vollzugs- bzw. Bereitstellungsplanung darauf ab, die für die Herstellung von Gütern erforderlichen Produktionsfaktoren nach Menge, Art und Qualität zur rechten Zeit verfügbar zu haben. Entsprechend der Einteilung des Produktionspotentials in Betriebsmittel bzw. Anlagen, Arbeitskräfte bzw. Personal und Werkstoffe bzw. Material untergliedert sich die Bereitstellungsplanung in die drei Teilfunktionen:

- Planung der Bereitstellung von Betriebsmitteln bzw. Anlagen (Aufgabe der Anlagenwirtschaft),
- Planung der Bereitstellung von Arbeitskräften bzw. Personal (Aufgabe der Personalwirtschaft),
- Planung der Bereitstellung von Werkstoffen bzw. Material (Aufgabe der Materialwirtschaft).

Die Aufgabe der Anlagenwirtschaft, den Betriebsmittelbestand in Form von Maschinen und maschinellen Anlagen den Erfordernissen des Produktionsprogramms anzupassen, wird durch investitionstheoretische Modellüberlegungen angegangen. Für diese Modelle sind die produktiven Zusammenhänge die Ausgangsbedingungen, unter denen die Probleme der Anschaffung, des Ersatzes und Verkaufs von Maschinen, die als langlebige Gebrauchsgüter dem Unternehmen längerfristig zur Verfügung stehen, nach Rentabilitätsgesichtspunkten behandelt und entschieden werden. Diese investitionstheoretischen Aufgabenstellungen der Anlagenwirtschaft fallen so mehr in den Aufgabenbereich des Rechnungswesens als unmittelbar in den Produktionsbereich.

Aus ähnlichen Gründen wird die Aufgabe der Personalwirtschaft mit ihren detaillierten Teilaspekten hier vernachlässigt, da sie vornehmlich dem Gebiet der Personalplanung zuzurechnen ist. Sie hat dafür Sorge zu tragen, dass die zur Produktion benötigten Arbeitskräfte nach Menge und Eignung im richtigen Verhältnis zu den übrigen Produktionsfaktoren bereitgestellt werden. Maßgeblich für die Ausklammerung dieses Aufgabengebietes ist aber auch, dass Entscheidungen im Personalbereich, die in Einstellungen, Entlassungen oder Umbesetzungen von Arbeitstellen bestehen, selten unter solchen operationalisierbaren Kriterien behandelt werden können, wie dies im Produktionsbereich der Fall ist. Daher bleibt auch der Versuch einer Verknüpfung personalwirtschaftlicher Probleme mit Produktionsproblemen, von wenigen Ansätzen abgesehen, oft unbefriedigend.

In der Bereitstellungsplanung wird daher hauptsächlich die Aufgabe der Materialwirtschaft zu behandeln sein. Ihr obliegt die Zuordnung der Werkstoffe zu den Betriebsmitteln; sie umfasst damit die Materialbeschaffung und die zugehörige Lagerwirtschaft sowie den Materialfluss innerhalb des Erzeugungsbereichs von den Beschaffungslägern über die Produktion bis hin zur Anlieferung der Fertigprodukte im Absatzbereich. Entsprechend dieser Aufgabeneinteilung sind in der Materialwirtschaft die Funktionen der Materialbeschaffung, Lagerwirtschaft und der Materialflussplanung zu untersuchen und zu behandeln.

1.5.4   *Planung des Produktionsprozesses*

Mit der Planung des Produktionsprozesses wird schließlich der Problemkreis des Produktionsbereiches angesprochen, der sich auf die Durchführung der Güterherstellung bezieht. Im Rahmen der Produktionsprozessplanung ist die Abfolge der zur Herstellung der beabsichtigten Güterarten und -mengen erforderlichen Teilverrichtungen unter zeitlichen und räumlichen Aspekten optimal zu gestalten. Die hieraus resultierenden Aufgaben werden wesentlich durch die im Produktionsbereich eines industriellen Unternehmens jeweils anzutreffenden Produktions- und Organisationstypen der Fertigung bestimmt. Zu diesen Aufgaben zählen die Leistungsabstimmung in der Fließfertigung, die Bestimmung optimaler Fertigungslose sowie die Reihenfolge- und Terminplanung.

1.6   Produktions- und Unternehmensplanung

Die Aufzählung der einzelnen Planungsprobleme im Produktionsbereich könnte den Eindruck erwecken, dass jedes Teilplanungsproblem für sich einen abgeschlossenen Aufgabenkreis bildet und die Entscheidungen im Erzeugungsbereich optimal gefällt sind, wenn für die einzelnen Teilplanungen eine bestmögliche Lösung erzielt worden ist. Die vielseitigen Verflechtungen und Beziehungen innerhalb des industriellen Fertigungsvorgangs zeigen aber, dass die Teilplanungsprobleme nicht unabhängig voneinander sind, sondern zwischen ihnen vielmehr wechselseitige Einflüsse, so genannte Interdependenzen bestehen, die sich auf die optimale Gestaltung der Teillösungen auswirken.

Für die Bestimmung des optimalen Produktionsprogramms wird oft von den Voraussetzungen ausgegangen, dass die Wahl der besten Produktionsverfahren zur Herstellung der gewünschten Erzeugnismengen bereits getroffen ist, die erforderlichen Produktionsfaktoren nach Art und Menge bereitstehen und der geplante Produktionsprozess die kostengünstigste Realisierung des optimalen Produktionsprogramms gewährleistet. Andererseits ist aber bei der Behandlung des Problems der optimalen Verfahrenswahl klar geworden, dass diese eventuell von der Größenordnung der auszubringenden Erzeugnismengen abhängt und daher erst erfolgen kann, wenn die durch das Produktionsprogramm bestimmten Gütermengen erkennen lassen, ob sie unter- oder oberhalb der für einen Verfahrensvergleich entscheidenden kritischen Mengen liegen werden.

Nach der Festlegung der zu produzierenden Gütermengen durch das Produktionsprogramm stellt sich die Frage, in welchen Fertigungslosen und Reihenfolgen diese Mengen im Produktionsprozess unter kosten- und zeitoptimalen Gesichtspunkten hergestellt werden sollen. Die optimale Planung des Produktionsprozesses wirkt sich so unmittelbar auf die Stückkosten und Stückgewinne der Erzeugnisse aus, deren Kenntnis zur Ermittlung des gewinnmaximalen Produktionsprogramms vorausgesetzt wird.

Verfahrenswahl und Produktionsprozessplanung bedingen ihrerseits, dass das Produktionspotential nach Umfang und zeitlichem Einsatz optimal gestaltet wird, damit das Produktionsprogramm störungsfrei vollzogen werden kann. Ausfallzeiten von Maschinen und nicht ausreichend zur Verfügung stehende Werkstoffe führen dazu, dass Arbeitskräfte zeitweise untätig bleiben und die dadurch anfallenden Personalkosten sich in einer Erhöhung der Stückkostensätze für die Erzeugnisse niederschlagen. Dadurch erfolgen Rückwirkungen auf die Planung des Produktionsprogramms.

Diese Abhängigkeiten zwischen den einzelnen Teilplanungsproblemen im Produktionsbereich müssen gleichzeitig berücksichtigt werden, wenn die Planungen aller Aufgaben in der Produktion insgesamt optimal aufeinander abgestimmt sein sollen und dadurch ein Gesamtoptimum in der betrieblichen Leistungserstellung erreicht werden soll. Die notwendige gleichzeitige Koordinierung all dieser Teilplanungsprobleme mit dem Ziel, im Produktionsbereich ein Gesamtoptimum bei der Lösung aller mit der Gütererstellung verbundenen Teilaufgaben zu erhalten, kann nur mit Hilfe der Simultanplanung geschehen.

Die Simultanplanung ist dabei jedoch nicht allein auf die Aufgaben im Produktionsbereich beschränkt. Da der Produktionsbereich in die übrigen Unternehmensbereiche eingebettet ist, stellt sich das Problem der Simultanplanung allgemein bei der planerischen Gestaltung aller Unternehmensbereiche und deren Abstimmung aufeinander. So ist denn auch der Tatsache, dass zwischen den Entscheidungen im Produktionsbereich und denen in den anderen unternehmerischen Teilbereichen gewisse Interdependenzen bestehen, die im Hinblick auf eine optimale Planung die Koordination der verschiedenen Aktionsvariablen erforderlich machen, durch eine Reihe von bereichsübergreifenden Simultanplanungsansätzen Rechnung getragen worden. Sie beziehen sich vornehmlich auf die Versuche, die Investitions- und Finanzplanung sowie die Absatzplanung in die Produktionsplanung zu integrieren.

Eine solche Simultanplanung kann aber allein schon im Produktionsbereich und vielmehr noch für das Gesamtunternehmen zu erheblichem Aufwand führen, der sich nur schwerlich oder sogar überhaupt nicht bewältigen lässt. Das Unternehmen wird bei solchen Schwierigkeiten zunächst einmal danach trachten, dasjenige Teilproblem vorab soweit wie möglich optimal zu lösen, welches ihm im Rahmen seiner Tätigkeiten am dringlichsten erscheint. Ist die Betätigung des Unternehmens beispielsweise am stärksten von der Aufnahmefähigkeit des Marktes her begrenzt, so wird es zuerst den Absatzplan und dann das Produktionsprogramm festlegen, welches verwirklicht werden soll. In einem nächsten Schritt folgt dann etwa die Auswahl des Produktionsverfahrens, das langfristig angewendet werden soll, und im Anschluss daran wird es sich erst um die Bereitstellung der Produktionsfaktoren und die Planung des Produktionsprozesses kümmern. Diese schrittweise Planung einzelner miteinander verbundener Teilplanungsprobleme bezeichnet man als Sukzessivplanung.

1.7   Zusammenfassende Übersicht

Versucht man nun, diese in groben Zügen skizzierten Aufgabengebiete der betriebswirtschaftlichen Lehre von der Produktion überblicksmäßig zusammenzufassen, so bietet sich das in Abb. 1.6 dargelegte Gliederungsschema an (FANDEL 1980), das als Grundlage zur Strukturierung des Stoffgebietes dienen soll. Allerdings muss darauf aufmerksam gemacht werden, dass sich die Behandlung von Problemen der Produktionsplanung normalerweise nicht mit der Deutlichkeit von der produktionstheoretischen Analyse trennen lässt, wie es aufgrund des Eindrucks aus Abb. 1.6 erscheinen mag. Vielmehr gehen in die Formulierung von Produktionsplanungsproblemen meist auch Annahmen über die jeweils zugrunde liegenden Produktionsstrukturen ein; insofern stellen die Produktions- und die nachgelagerte Kostentheorie die Grundlage für die Produktionsplanung dar.

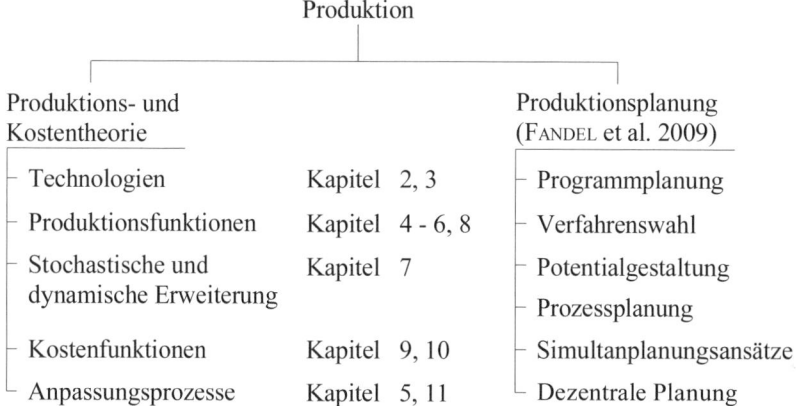

Abb. 1.6.   Gliederung zum Stoffgebiet der betriebswirtschaftlichen Lehre von der Produktion

Das vorliegende Buch ist allein den Betrachtungen der Produktions- und Kostentheorie gewidmet. Es enthält elf Kapitel. Nach diesen Einführungen befasst sich Kapitel 2 mit den Grundlagen der Produktionstheorie. Es wird dabei insbesondere um die Frage gehen, wie die im Produktionsbereich industrieller Unternehmen beobachtbaren und ermittelbaren produktiven Zusammenhänge durch Technologien beschrieben werden können und wie sich daraus spezielle Produktionsfunktionen ergeben. Später erfolgt eine Einschränkung auf lineare Technologien, da sie in der Regel für die meisten betriebswirtschaftlichen Produktionsfunktionen und die Behandlung von Teilproblemen der Produktionsplanung den Ausgangspunkt bilden. Kapitel 3 ist Erweiterungen aktivitätsanalytischer Betrachtungen gewidmet. Im Anschluss daran werden die Möglichkeiten erörtert, unterschiedliche Produktionsfunktionen in ihren Gesetzmäßigkeiten formal zu charakterisieren. In den Kapiteln 4 bis 6 werden spezielle Typen von Produktionsfunktionen behandelt. Kapitel 8 nimmt zur empirischen Geltung von Produktionsfunktionen Stellung. In Kapitel 7 sind Überlegungen zusammengetragen, die sich auf Unsicherheiten und zeitliche Veränderungen in den produktiven Zusammenhängen beziehen; dies führt zu den dort angesprochenen stochastischen und dynamischen Erweiterungen. Die Kapitel 2 bis 8 machen zusammen den ersten Teil aus, der mit Produktionstheorie überschrieben ist.

Die Ausführungen zur Kostentheorie im zweiten Teil des Buches sind in die Kapitel 9 bis 11 aufgeteilt. Gegenstand von Kapitel 9 sind die Grundlagen der Kostentheorie. Hier wird mit der Einführung verschiedener Kostenbegriffe und der Aufzählung von Kosteneinflussgrößen die Plattform zur Behandlung der kostentheoretischen Aufgabenstellungen geschaffen. Der Brückenschlag zwischen bestimmten Produktionsfunktionen und den daraus ableitbaren Kostenfunktionen erfolgt durch die Bestimmung der Minimalkostenkombination; zu ihrer Charakterisierung werden unter gewissen mathematischen Voraussetzungen bezüglich der Produktionsfunktion notwendige Optimalitätsbedingungen angegeben. Spezielle

Kostenfunktionen auf der Basis der im ersten Teil diskutierten Produktionsfunktionen werden dann in Kapitel 10 behandelt. Kapitel 11 befasst sich mit den Möglichkeiten, die Produktion einer sich im Zeitablauf verändernden Beschäftigung, gemessen in Ausbringungsmengen, anzupassen. Verschiedene Anpassungsformen werden aufgezählt und insbesondere deren Kombinationsmöglichkeiten modellmäßig erörtert, wobei die Auswirkungen einzelner Anpassungsformen auf die Kostenverläufe im Mittelpunkt der Überlegungen stehen.

Erster Teil

Produktionstheorie

2 Grundlagen der Produktionstheorie

2.1 Übersicht über Entwicklungen in der Produktionstheorie

2.1.1 Erfassung produktiver Gesetzmäßigkeiten durch Technologien

Mit der von KOOPMANS (1951) entwickelten und von DEBREU (1959) und HILDENBRAND (1966) erweiterten Aktivitätsanalyse steht ein allgemeines und vergleichsweise modernes Konzept zur Verfügung, um die produktionsmäßigen Zusammenhänge, die in einem Unternehmen zwischen den eingesetzten Faktormengen und hergestellten Endproduktmengen bestehen, auf der Grundlage von Technologiemengen eingehend formal zu untersuchen und zu charakterisieren. Dabei ist die Technologie als Menge aller Produktionspunkte – man spricht hier auch von Aktivitäten oder Input-Output-Kombinationen – definiert, die aufgrund des technischen Wissens des Unternehmens alternativ realisierbar sind; sie wird im Allgemeinen durch die erfügbaren Ressourcen beschränkt.

Je nachdem wie sich das Niveau zulässiger Aktivitäten innerhalb der Technologie verändern lässt, können drei Grundformen von Technologien (WITTMANN 1968) unterschieden werden, die durch Größenproportionalität, Größendegression bzw. Größenprogression gekennzeichnet sind. Die meisten Technologien können als Kombinationen dieser drei Grundformen angesehen und daher bereichsweise entsprechend behandelt werden. Lässt man die Additivität von Aktivitäten zu, was in der betrieblichen Praxis der gleichzeitigen Durchführung verschiedener Produktionen entspricht, dann scheiden Technologien mit Größendegression aus der Betrachtung aus. Demgegenüber verstoßen Technologien mit Größenprogression gegen die häufig zu beobachtende mögliche Reduzierbarkeit von Produktionsniveaus. Technologien, die zugleich der Additivität und der Größenproportionalität genügen, werden als lineare Technologien bezeichnet; sie stellen den weitaus größten Teil der in der Literatur diskutierten Technologieformen dar (HILDENBRAND und HILDENBRAND 1975). Alternativ zu dieser Art der Erfassung produktiver Gesetzmäßigkeiten mit Hilfe von Technologien lassen sich hieraus abgeleitet als mengenwertige Abbildungen auch so genannte Korrespondenzen betrachten (SHEPHARD 1970), die entweder einem Vektor vorhandener Faktoreinsatzmengen die Menge aller damit erzeugbaren Endproduktkombinationen oder aber einem gegebenen Endproduktvektor die Menge aller Faktorvektoren zuordnen, mit denen dieser herstellbar ist.

Sowohl bei den Technologien als auch bei den Korrespondenzen interessieren unter Wirtschaftlichkeitsgesichtspunkten jedoch vornehmlich die effizienten Aktivitäten. Aus ihrer formalen Beschreibung erhält man unmittelbar die implizite

Formulierung der jeweils geltenden Produktionsfunktion. Eine explizite funktionale Darstellungsweise lässt sich für einfache lineare Produktionsstrukturen meist relativ leicht durchführen, kann aber in nicht-linearen Fällen mit erheblichen Schwierigkeiten verbunden sein (ALBACH 1962a).

2.1.2   Typen von Produktionsfunktionen

Produktionsfunktionen können je nachdem, ob die Mengen der eingesetzten Faktoren bei der Produktion gegeneinander austauschbar sind oder in festen Verhältnissen zueinander stehen müssen, zunächst ganz allgemein in substitutionale und limitationale Produktionsfunktionen unterschieden werden. Im Rahmen dieser traditionellen Grobstrukturierung lassen sich darüber hinaus die Besonderheiten bestimmter Produktionsfunktionstypen unter der Annahme, dass die Einsatz- und Ausbringungsmengen der Faktoren und Endprodukte beliebig teilbar sind, mit Hilfe spezieller produktionstheoretischer Grundbegriffe der Partial- oder Totalanalyse charakterisieren (KRELLE 1969).

Das für die landwirtschaftliche Erzeugung von TURGOT (1766) beschriebene und von v. THÜNEN (1842) überprüfte Ertragsgesetz stellt die historisch gesehen erste Formulierung einer klassischen Produktionsfunktion dar. Sie unterstellt, dass bei partieller Faktorvariation auf den Bereich steigender Grenzerträge ein Bereich mit fallenden Grenzerträgen folgt. Die Kritik an der allgemeinen Verbindlichkeit einer derartigen Produktionsgesetzlichkeit hat dann zur Formulierung neoklassischer Produktionsfunktionstypen geführt, die bei partieller Faktorvariation von Anfang an nur noch fallende Grenzerträge aufweisen; eine Übersicht hierzu findet sich bei KRELLE (1969). Im Gegensatz zu diesen substitutionalen Produktionsfunktionen ist LEONTIEF (1951) bei dem von ihm konzipierten Typ der limitationalen Produktionsfunktionen von der These ausgegangen, dass industrielle Erzeugungsverfahren in der Regel durch konstante Produktionskoeffizienten charakterisiert sind.

Die Formulierung und Bedeutung der zuvor skizzierten Typen von Produktionsfunktionen sind hauptsächlich im Hinblick auf die Zwecke einer Analyse der gesamtwirtschaftlichen Produktion zu sehen; für die betriebswirtschaftliche Produktionstheorie bilden sie zunächst nur den historischen Hintergrund. Das Ertragsgesetz und die neoklassischen Produktionsfunktionen haben für die Erklärung einzelwirtschaftlicher Erzeugungsvorgänge nie eine besondere Rolle gespielt, auch wenn gelegentlich versucht worden ist, die Vereinbarkeit von Erfahrungen aus dem betrieblichen Erzeugungsbereich mit den Annahmen der neoklassischen Produktionstheorie nachzuweisen (SCHREIBER 1968). Dagegen hat sich mit der Begründung der Leontief-Produktionsfunktion offenbar erstmals die Chance geboten, die betriebswirtschaftliche Produktionstheorie von der volkswirtschaftlichen Produktionstheorie abzukoppeln und eigenständigen Entwicklungsmöglichkeiten zuzuführen. Diese Anregung zur Neuorientierung und Weiterentwicklung ist im deutschsprachigen Raum zuerst von GUTENBERG (1951) aufgegriffen worden.

Ausgehend von limitationalen Produktionsverhältnissen werden die unmittelbaren Beziehungen zwischen den Einsatzmengen der Produktionsfaktoren und der Ausbringungsmenge, wie sie den bisher angesprochenen makroökonomischen Produktionsfunktionen zugrunde liegen, in der Gutenberg-Produktionsfunktion für einen Teil der Ressourcen aufgegeben. Während die zur Herstellung erforderlichen Leistungsabgaben der Gebrauchsfaktoren in einem direkten proportionalen Verhältnis zur Ausbringungsmenge stehen, sind die Einsatzmengen der Verbrauchsfaktoren an den einzelnen Aggregaten nur mittelbar von der Endproduktmenge abhängig, da deren Produktionskoeffizienten von den technischen Eigenschaften der Potentialfaktoren beeinflusst werden. Von diesen technischen Eigenschaften hebt GUTENBERG besonders die Leistungsintensität hervor, mit der die Aggregate betrieben werden. Die Abhängigkeiten der Produktionskoeffizienten der an einem Aggregat zum Einsatz kommenden Verbrauchsfaktoren von der Leistungsintensität dieses Aggregats werden mit Hilfe technischer Verbrauchsfunktionen erfasst. Für sie unterstellt man in dem beschränkten Bereich der stetig variierbaren Leistungsintensität meist einen u-förmigen Funktionsverlauf. Für fest vorgegebene Leistungsintensitäten, die konstante Produktionskoeffizienten implizieren, weist die Gutenberg-Produktionsfunktion ebenso wie die Leontief-Produktionsfunktion limitationale Produktionsprozesse auf. Bei Intensitätsvariation erhält man dagegen aufgrund der variablen Produktionskoeffizienten durch den Übergang von einem limitationalen Produktionsprozess zum anderen eine begrenzte Substituierbarkeit der Verbrauchsfaktoren.

Eine Erweiterung der Gutenberg-Produktionsfunktion ist in zweifacher Hinsicht von HEINEN (1965) dadurch vorgenommen worden, dass er zur Analyse der limitationalen Produktionsbeziehungen an den Potentialgütern zusätzlich ökonomische Verbrauchsfunktionen betrachtet und zugleich den Produktionsvorgang in Elementarkombinationen zergliedert, für die eine eindeutige Beziehung zwischen technischer und ökonomischer Leistung gewährleistet ist. Die Verbindung zwischen den Ausbringungsmengen pro einmaligem Vollzug einer Elementarkombination und den zu erstellenden Endproduktmengen erfolgt mit Hilfe so genannter Wiederholungsfunktionen, in welche die Verhältnisse der zu produzierenden Endproduktmengen zu den erzeugten Mengen pro Elementarkombination, die Verteilung der Endproduktmengen auf die einzelnen Elementarkombinationen sowie die Ausschusskoeffizienten als Parameter eingehen.

Mit dieser von HEINEN durchgeführten weitgehenden Auflösung des Produktionsprozesses in elementare Teilerzeugungsvorgänge ist eine interessante Verbindungslinie zwischen dem traditionellen Konzept der Produktionsfunktionen und der modernen betriebswirtschaftlichen Input-Output-Analyse aufgezeigt, die sich am besten zur Untersuchung der Produktionsstrukturen in Betrieben der industriellen mehrstufigen Mehrproduktfertigung eignet und deren Ergebnisse sich unmittelbar an die Gedankenführung der Aktivitätsanalyse anbinden lassen.

Einen wichtigen Schritt in die Richtung solcher einzelwirtschaftlichen Input-Output-Modelle hat KLOOCK (1969a, b) mit dem von ihm vorgetragenen produktionstheoretischen Ansatz getan, in dem er den Produktionsbereich des Unternehmens in einzelne übersehbare Teilbereiche aufgliedert. Diese Teilbereiche können Beschaffungs- oder Fertigungsstellen sein, wobei jede Stelle jeweils nur eine Produktart liefern bzw. herstellen soll. Die Input-Output-Beziehungen an den verschiedenen Stellen des Produktionsbereichs werden durch die Matrizen der entsprechenden Produktionskoeffizienten erfasst, für deren Herleitung unterschiedliche Typen von Produktionsfunktionen zum Ansatz kommen können.

Eine inhaltlich und in etwa auch zeitlich parallele Entwicklung zu den Ansätzen von GUTENBERG bis KLOOCK ist von PICHLER (1953a, 1953b, 1954) in Gang gesetzt worden. In Erweiterung der Ideen von LEONTIEF und KOOPMANS hat PICHLER in seinen Überlegungen versucht, Gesetzmäßigkeiten der Produktion mit Hilfe so genannter Durchsatzfunktionen zu erfassen und auf der Grundlage eines substitutionalen Produktionsmodells abzubilden. Diese Möglichkeit der Darstellung von Produktionszusammenhängen, die Anfang der 50er Jahre entwickelt wurde, hat später insbesondere im Bereich der chemischen Industrie Anerkennung gefunden. Wesentliche Leitgrößen des von PICHLER entworfenen Produktionsmodells sind die Güterdurchsätze – Inputs oder Outputs – während einer Produktionsperiode und die betrieblichen Nebenbedingungen. Dabei werden die im Fertigungsprozess auftretenden Güterquantitäten durch lineare Durchsatzfunktionen erfasst, deren Koeffizienten die technologischen Verflechtungskoeffizienten darstellen. Das System von Durchsatzfunktionen für die verschiedenen Produktionsstellen eines Industriebetriebs führt dann zu einem Verflechtungsmodell im Sinne PICHLERs.

An diese Entwicklungen anknüpfend lassen sich mit Hilfe der Methoden der Teilebedarfsermittlung in der mehrstufigen Mehrproduktfertigung aus den Primärbedarfen der End- und Zwischenprodukte die Sekundärbedarfe an Zwischenerzeugnissen und Rohstoffen bestimmen, die zusammen mit den ersteren die Gesamtbedarfsmengen der Produktion ergeben. Bei einfacheren Erzeugnisstrukturen kommt dafür das von VAZSONYI (1962) ausgearbeitete graphische Verfahren der „Gozinto-Graphen" in Frage, welches sich des Prinzips der retrograden Mengenberechnungen von der letzten bis zurück zur ersten Produktionsstufe bedient. Dieses Verfahren führt bei komplexeren vernetzten Erzeugnisstrukturen jedoch rasch zur Unübersichtlichkeit in der Auswertung der Mengenbeziehungen und versagt zudem gänzlich, wenn Schleifen innerhalb der Erzeugnisstrukturen auftreten. In solchen Fällen muss die analytische Teilebedarfsrechnung mit Hilfe linearer Gleichungssysteme vorgenommen werden, wobei Verflechtungs- bzw. Gesamtbedarfsmatrizen die Input-Output-Relationen zwischen allen am Produktionsprozess beteiligten Güterarten wiedergeben. Solche Gesamtbedarfsmatrizen, deren Inversen die Technologiematrizen darstellen, die sich spaltenweise aus den im Erzeugungsbereich anwendbaren Produktionsverfahren zusammensetzen, besitzen einen unmittelbaren Bezug zur betrieblichen Praxis, da ihre Spalten bzw. Zeilen den dort üblicherweise geführten Mengenübersichtsstücklisten bzw. Teileverwendungsnachweisen entsprechen.

Etwa zeitlich parallel zur Gutenberg-Produktionsfunktion wurden in den Vereinigten Staaten die Engineering Production Functions entwickelt, die sich im

Vergleich zu den bisher skizzierten Typen von Produktionsfunktionen weniger für die direkten ökonomischen Input-Output-Beziehungen zwischen Faktoreinsatz- und Ausbringungsmengen interessieren, als vielmehr um die Erfassung der diesen Transformationen zugrunde liegenden technisch-naturwissenschaftlichen Gesetzmäßigkeiten bemühen (CHENERY 1949; FERGUSON 1950). Die Aufstellung solcher Engineering Production Functions erfordert zunächst eine Zerlegung des Produktionsprozesses in seine einzelnen chemischen und physikalischen Elementarvorgänge, um daraus beispielsweise auf die wechselseitigen Einwirkungen und Transformierungen von mechanischen, thermischen, elektrischen und chemischen Energien schließen zu können. Dabei müssen vor allen Dingen diejenigen technischen Eigenschaften der beteiligten Produktionsfaktoren herausgefunden werden, die für die betreffenden Produktionsvorgänge bedeutsam sind, da jene von den Technikern ausschließlich auf der Grundlage derartiger technischer Größen – auch Engineering Variables genannt – beschrieben werden. Die Anwendungsgebiete solcher Funktionen sind so vielfältig wie die Verschiedenartigkeiten der Technologien, auf die sie sich beziehen, da sie lediglich singuläre Aussagen für bestimmte technische Variablen liefern. Dennoch lassen sich diese Ansätze danach systematisieren, ob sie sich auf einzelne Aggregate oder Wirtschaftsbereiche beziehen. Im Hinblick auf die Anwendung der Engineering Production Functions auf einzelne Aggregate sind Phänomene der elektrischen Energieübertragung und des Massentransports von Flüssigkeiten und Gasen sowie chemische, physikalische und metallurgische Grundprozesse untersucht worden. Einen umfassenden Überblick über diese Anwendungsbereiche gibt SMITH (1961). Anwendungen auf Wirtschaftsbereiche haben im Bergbau, der verarbeitenden Industrie sowie in der Energie- und Transportwirtschaft stattgefunden; sie sind von SCHWEYER (1955) übersichtlich zusammengestellt worden.

2.1.3   Empirische Geltung von Produktionsfunktionen

Der empirische Gehalt bestimmter Produktionsfunktionstypen für die industrielle Fertigung ist Gegenstand zahlreicher Erörterungen in der Literatur. Aus historisch bedingten Gründen beschäftigen sich dabei naturgemäß die weitaus meisten Arbeiten mit der Gültigkeit des Ertragsgesetzes und der neoklassischen Produktionsfunktionen (KRELLE 1969), wobei sich jedoch trotz recht kontroverser Ansichten zunehmend herausgestellt hat, dass diese Ansätze für die Produktion in Industriebetrieben weniger bedeutsam sind. Zur Geltung der Gutenberg-Produktionsfunktion ist in neuerer Zeit von SCHAEFER (1978) positiv Stellung genommen worden. SCHWEITZER und KÜPPER (1974) haben die angesprochenen Produktionsfunktionstypen mit Ausnahme der neoklassischen Ansätze und der Engineering Production Functions einer umfangreichen formalen Überprüfung im Hinblick auf einen Katalog sowohl theoretisch als auch praktisch relevanter Anforderungen unterzogen und herausgefunden, dass der steigende Bewährungsgrad eines Typs meist mit einer zunehmenden Einschränkung seines Geltungsbereichs einhergeht und die für die empirische Geltung wesentliche faktische Überprüfbarkeit die Allgemeingültigkeit einengt. Hebt man dagegen stärker auf die technologische Fundierung als Kriterium für die praktische Güte eines Produktionsfunktionstyps ab, so erweisen sich hauptsächlich die Produktionsfunktionen von GUTENBERG und HEINEN sowie die Engineering Production Functions als brauchbare Konzepte zur Beschreibung betrieblicher Produktionszusammenhänge (ZSCHOCKE 1974; BEA und KÖTZLE 1975a, b). Darüber hinaus hat sich mit der Übertragung von auf Leontief-Prozessen basierenden einzelwirtschaftlichen Input-Output-Modellen auf Produktionsvorgänge im Dienstleistungsbereich ein weites Feld von neuen Anwendungsmöglichkeiten aufgetan.

2.1.4   Stochastische und dynamische Erweiterungen

Die bislang angesprochenen Typen von Produktionsfunktionen sind dadurch gekennzeichnet, dass sie deterministischer und statischer Natur sind. Deterministische Produktionsmodelle unterstellen, dass sich die Produktionsabläufe unter sicheren Erwartungen bezüglich der geltenden produktiven Gesetzmäßigkeiten vollziehen. In statischen Produktionsmodellen werden derartige Gesetzmäßigkeiten nur für einen bestimmten Zeitpunkt betrachtet.

Die stochastische Produktionstheorie zur Erfassung zufallsbedingter Eigenschaften des produktionswirtschaftlichen Transformationsprozesses ist im Gegensatz zu den dargelegten deterministischen Konzepten vergleichsweise recht schwach ausgeprägt. Bei den wenigen Ansätzen, die auf diesem Gebiet existieren, lassen sich im Wesentlichen zwei unterschiedliche Vorgehensweisen feststellen. Zum einen liegt es nahe, die für die produktiven Gesetzmäßigkeiten relevanten Größen der Endprodukt- und Faktoreinsatzmengen oder aber die Produktionskoeffizienten alternativ als Zufallsvariablen aufzufassen und für sie Wahrscheinlichkeitsverteilungen zu ermitteln (ZSCHOCKE 1974). Dabei hat das Interesse zunächst der Behandlung von zufallsbedingten Produktionskoeffizienten gegolten (TINTNER 1941), nachdem man durch empirische Untersuchungen herausgefunden hatte, dass die Schwankungen der Produktionskoeffizienten je nach Wirtschaftszweig, Fertigungsverfahren und Qualitätsanforderungen an die Ressourcen unterschiedlich stark ausfallen. Ein geschlossener Ansatz einer stochastischen Produktionsfunktion mit zufallsabhängigen Endproduktmengen, der auf dem Ertragsgesetz basiert, ist dagegen erstmals von SCHWARZE (1972) vorgestellt worden. In beiden Fällen dieser erstgenannten Vorgehensweise lässt sich das jeweilige stochastische Produktionsmodell unter Verwendung statistischer Maße wie zum Beispiel des Erwartungswertes oder des Fraktil- bzw. Aspirationskriteriums in ein äquivalentes Modell unter Sicherheit überführen (DINKELBACH 1973). Allerdings erweist sich hierbei, da die zu betrachtenden Produktionspunkte infolge der Unsicherheit auf Isoquantenbänder verstreut sind, gerade die Benutzung des Erwartungswertes insofern als nicht ganz unproblematisch, als eingehende Analysen der Produktionszusammenhänge gezeigt haben, dass das für deterministische Produktionsfälle definierte Effizienzkriterium unter stochastischen Bedingungen bei Erhöhungen des Sicherheitsniveaus bezüglich der Endproduktmengen wegen der dadurch zusätzlich erforderlichen Faktoreinsatzmengen erheblich abgeschwächt werden muss (SCHWARZE 1972). Wie dagegen allgemeiner und eleganter im Rahmen des Konzeptes der Produktionskorrespondenzen stochastische Produktionsmodelle behandelt werden können, hat KRUG (1983) in seiner maßtheoretisch orientierten Schrift vorgeführt. Die andere Vorgehensweise zur Formulierung eines stochastischen Produktionsmodells besteht darin, die deterministische Produktionsfunktion um Fehlervariablen zu ergänzen (ZSCHOCKE 1974), die in unterscheidbarer Form die technische und ökonomische Effizienz der Unternehmen erfassen sollen, welche sich im technischen Wissen einerseits und im unternehmerischen Können andererseits ausdrückt (MARSCHAK und ANDREWS 1944). Mit Hilfe von Zeitreihenanalysen kann man so produktionsspezifische Jahreseffekte eines Unternehmens hinsichtlich dieser beiden Effizienzbegriffe untersuchen, während auf dieser Vorgehensweise aufbauende Querschnittanalysen bezüglich der Fehlervariablen Auskunft darüber geben, inwieweit sich die Produktionsbetriebe durch wirtschaftsbereichstypische Unternehmenseffekte unterscheiden.

Bei der Behandlung dynamischer Produktionsfunktionen beziehen sich die betrachteten Endprodukt- und Faktoreinsatzmengen im Gegensatz zu den statischen Ansätzen auf mehrere Zeitpunkte. Die explizite Berücksichtigung dynamischer Produktionsbeziehungen erfolgt meist in der Weise, dass man zeitliche Änderungen in den Produktionstechnologien oder mehrperiodige Transformationsprozesse betrachtet. Beruhen die Technologieänderungen auf Innovationen, die sich für die Unternehmen in der Form des exogenen technischen Fortschritts niederschlagen, so kann man diese im Rahmen einer dynamischen Produktionsfunktion durch zeitabhängige Input-Output-Relationen (LÜCKE 1976) oder durch die Einführung eines gesonderten Fortschrittsterms (KRELLE 1969) erfassen. Sind die zeitlichen Veränderungen der Technologien dagegen durch betriebliche Lernprozesse induziert, dann bietet sich das Instrumentarium der auf unterschiedlichen Verhaltenshypothesen basierenden Lernkurven zur Beschreibung solcher dynamischer Produktionszusammenhänge an. Hierbei wird häufig unterstellt, dass gewisse Produktionskoeffizienten aufgrund bestimmter Übungserfolge des Faktors Arbeit mit zunehmender Ausbringungsmenge sinken oder aber verschiedene Auswirkungsmöglichkeiten von Lerneffekten durch im Zeitablauf fallende Faktoreinsätze bzw. Verbrauchsfunktionen dargestellt werden können (SCHNEIDER 1965; IHDE 1970). Einen alternativen Versuch, die Zeitinterdependenzen zwischen den Technologien unterschiedlicher Perioden auf der Grundlage systemtheoretischer Beziehungen zu analysieren, hat STÖPPLER (1975) unternommen, nachdem bereits zuvor von FÖRSTNER und HENN (1957) für den einfachen dynamischen Produktionsfall Optimalitätsbedingungen abgeleitet worden waren. Von KÜPPER (1979) ist ein Ansatz einer dynamischen Produktionsfunktion vorgestellt worden, der auf der Input-Output-Analyse fußt und bei entsprechend erweiternden Modifikationen die zusätzliche Integration ablauforganisatorischer Probleme der Produktionsplanung erlaubt. Je nach der Verweildauer der Einsatzgüter in den Teilprozessen der mehrstufigen Fertigung kommen dabei die zeitlich unterschiedlich gestuften Produktionsvorgänge durch die wahlweise statische oder dynamische Formulierung so genannter Transformationsfunktionen zum Ausdruck, die sich nach der jeweiligen Länge der Verweilzeiten übersichtlich ordnen lassen. Aus der Kritik an diesem Ansatz heraus, die sich im Wesentlichen auf die ausschließliche Mengenorientierung des zugrunde liegenden Input-Output-Modells bezieht, und unter Hinweis auf das Erfordernis, die prozess- und strukturbedingten Merkmale der betrieblichen Produktion bei einer Modellformulierung stärker explizit zu berücksichtigen, entwickelt MATTHES (1979) seinen Vorschlag einer dynamischen einzelwirtschaftlichen Produktionsfunktion, wobei – allerdings schon im Rahmen eines Gesamtplanungsansatzes – die Rekurrierung auf Elementarkombinationen, die Verfügbarkeit von Anpassungsformen sowie die Einbeziehung von Netzwerken zur Offenlegung der mit der Erzeugung zusammenhängenden Produktions-, Termin- und Zahlungsstrukturen die wichtigsten Grundelemente des Modells darstellen.

Gerade die letztgenannten Ansätze zeigen jedoch, dass die Einbringung des Zeitaspektes in der Produktionstheorie rasch zu recht komplexen Problemstrukturen führen kann, die sich im Hinblick auf eine praktische Lösbarkeit nur noch sehr schwer bewältigen lassen. Dieser Umstand gilt in etwas abgemilderter Form gleichfalls für die stochastischen Ansätze und wirkt sich daher dort ebenso für die Entwicklung neuerer Konzepte hemmend aus.

2.2   Grundelemente der Produktion

2.2.1   *Produkte, Produktionsfaktoren, Güter*

Die Produktionstheorie beschäftigt sich mit der Umwandlung von Gütern; sie untersucht die Zusammenhänge zwischen den eingesetzten Gütern, Produktionsfaktoren genannt, und den daraus hergestellten Gütern, den Produkten. Produktionsfaktoren und Produkte sind so zwei wesentliche Elemente der Produktionstheorie, da sie Bestandteile der Leistungserstellung sind.

Die Verschiedenartigkeit der Produkte einerseits und der Produktionsfaktoren andererseits legen es nahe, die Produkte nach ihrer Verwendbarkeit und die Produktionsfaktoren nach ihrer Wirkungsweise im Produktionsprozess zu klassifizieren. Die hierbei zugrunde gelegten Einteilungsschemata sind in Abb. 2.1 und 2.2 dargelegt.

Als Endprodukte bezeichnet man jene Produkte, die vom Unternehmen hergestellt und an andere Wirtschaftssubjekte abgegeben werden. Es kann sich dabei sowohl um Konsumgüter als auch um Produktionsgüter handeln. Konsumgüter wie Speiseeis, Zigaretten, Kämme oder Möbel werden unmittelbar zum Ge- oder Verbrauch verwendet. Investitionsgüter wie Maschinen, Werkzeuge und Schmieröl dienen dagegen dazu, um mit ihrer Hilfe andere Produkte herzustellen. Der

Verwendungszweck entscheidet also für ein bestimmtes Endprodukt darüber, ob es als Konsum- oder Investitionsgut anzusehen ist. Für eine Maschinenfabrik beispielsweise sind Lampen ein Investitionsgut, für den Haushalt dagegen ein Konsumgut.

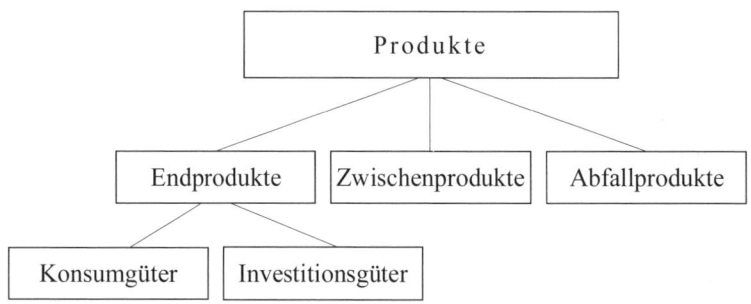

Abb. 2.1.   Einteilung der Produkte

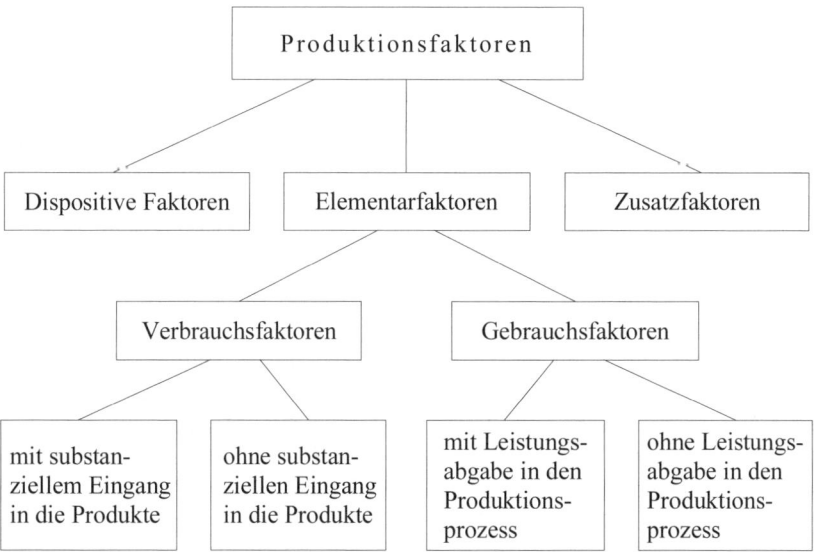

Abb. 2.2.   Einteilung der Produktionsfaktoren

Zwischenprodukte sind Produkte, die in einem Unternehmen mit mehrstufiger Fertigung als Produktionsfaktoren weiterverwendet werden. Stuhlbeine und Tischplatten sind in einer Möbelfabrik als derartige Zwischenprodukte aufzufassen. Die Kennzeichnung von Zwischenprodukten zeigt, dass gelegentlich die Trennung zwischen Produkten und Produktionsfaktoren schwer fällt und nur die Stellung der Güter innerhalb des Produktionsablaufs über ihre Klassifizierung entscheidet.

Abfallprodukte sind solche Produkte, die bei der Güterherstellung oder -verwertung anfallen und nicht mehr als Konsum- oder Produktionsgüter genutzt werden können. Beispiele dafür sind leere Streichholzschachteln oder Stoffreste bei der Kleiderproduktion. An dieser Kennzeichnung ändert auch die Tatsache nichts, dass Abfallprodukte gelegentlich wieder aufgearbeitet werden, um sie dann anderen Verwendungszwecken zuzuführen, da dazu ein neuer Produktionsgang erforderlich ist.

Bei der Einteilung der Produktionsfaktoren, die für die Fertigung und den Absatz von Produkten sowie für die dazu notwendige Erhaltung der Betriebsbereitschaft eingesetzt werden, kann man die folgende, heute weithin übliche Klassifizierung (BUSSE V. COLBE und LASSMANN 1991, S. 83) zugrunde legen.

Als dispositiven Faktor bezeichnet man denjenigen Teil des Produktionsfaktors menschliche Arbeitsleistung, der für die leitende Tätigkeit im Unternehmen verwendet wird. Die leitende Tätigkeit erstreckt sich auf alle Unternehmensbereiche. Im Allgemeinen drückt sie sich durch die dispositiven Aufgaben der Planung, Organisation und Kontrolle aus; im Besonderen obliegt ihr damit auch die Beschaffung und Kombination aller übrigen Produktionsfaktoren sowie der Absatz der hergestellten Produkte. Wegen dieser besonderen Merkmale ist der dispositive Faktor den übrigen Faktoren übergeordnet und seine Leistung lässt sich nicht den einzelnen Produkten oder Produktionsprozessen zurechnen.

Unter dem Begriff Zusatzfaktoren wird eine Reihe von kostenverursachenden Faktoren zusammengefasst, die für die Leistungserstellung und -verwertung benötigt werden, denen aber im Rahmen des Produktionsprozesses meistens keine Mengengrößen zugeordnet werden können. Hierunter fallen beispielsweise Steuern, Abgaben oder Zinsen, sofern sie in Verbindung mit der Produktion als dem Betriebszweck industrieller Unternehmen anfallen.

Die Elementarfaktoren sind im Verhältnis zu dem dispositiven Faktor und den Zusatzfaktoren für die Formulierung von Produktionsfunktionen insofern von größerer Bedeutung, als sich ihr Zusammenwirken im Produktionsprozess und die dadurch bedingten Verbräuche am ehesten mengenmäßig quantifizieren lassen und sie so am leichtesten das Aufstellen funktionaler Beziehungen zum Output gestatten. Allgemein lassen sich drei Arten von Elementarfaktoren unterscheiden: Die menschliche Arbeitsleistung, die produktionsbezogen, aber nicht dispositiv ist, die Betriebsmittel und die Werkstoffe. Eine feinere Untergliederung der Elementarfaktoren erhält man dadurch, dass man diese entsprechend den Merkmalen ihres Beitrages zur Leistungserstellung einteilt in Verbrauchsfaktoren und Potentialfaktoren, wobei man letztere auch als Gebrauchs- oder Bestandsfaktoren bezeichnet.

Verbrauchsfaktoren sind dadurch charakterisiert, dass sie bei einmaligem Einsatz als selbständige Güter entweder in der Produktion untergehen, wie dies bei Schmierstoffen, schnell verschleißenden Werkzeugen oder der Antriebsenergie der Fall ist, oder ihre Eigenschaften im Produktionsprozess dadurch ändern, dass sie zu Gütern anderer Art oder Bestandteil eines neuen Gutes werden. Zum Beispiel werden Stoffe nach Mustern geschnitten, die einzelnen Stoffteile maschinell zusammengenäht und aus ihnen zusammen mit Knöpfen und Reißverschlüssen Kleider und Röcke hergestellt.

Bei den Verbrauchsfaktoren gibt es nun weiter solche, die substanziell in die Produktion eingehen. Das sind die Roh- und Hilfsstoffe. Zu ihnen zählen bei der Kleiderproduktion der Stoff, die Knöpfe und Reißverschlüsse sowie das Nähgarn. Eine andere Kategorie bilden die Verbrauchsfaktoren, die nicht substanziell in die Produkte eingehen. Sie dienen dem Produktionsablauf, ohne selbst Bestandteil der Produkte zu werden. Hierzu zählen die Betriebsstoffe. So benötigt man bei der Kleiderherstellung die Betriebsstoffe Strom zum Antrieb der Nähmaschinen und Öle und Fette zum Schmieren ihrer Laufteile, um deren Funktionsfähigkeit zu erhalten.

Gebrauchsfaktoren stellen Nutzungspotentiale dar, die Leistungen in den Produktionsprozess abgeben. Hierzu zählen Maschinen, die menschliche Arbeitskraft oder längerlebige Werkzeuge. In der Kleiderfabrikation sind beispielsweise die Schneide- und Nähmaschinen sowie Schraubschlüssel solche Potentialfaktoren und werden in ihrer Eigenschaft als betriebliche Gebrauchsgegenstände auch als Betriebsmittel bezeichnet. Die Potentialfaktoren kann man noch weiter aufteilen, je nachdem, ob sie durch Leistungsabgaben an der Produktion mitwirken oder nur deren Aufrechterhaltung gewährleisten.

Zum einen gibt es Potentialfaktoren mit Leistungsabgabe in den Produktionsprozess. Dazu zählen die geistig und körperlich arbeitenden Menschen, deren ausführende Tätigkeiten sich auf die Herstellung bestimmter Produkte oder die Bewältigung von Produktionsvorgängen beziehen, sowie die Maschinen, Werkzeuge und Hilfsmittel, die zur Güterherstellung benutzt werden und dabei einem allmählichen Verbrauch oder Verzehr unterliegen. Andererseits kommen auch Potentialfaktoren ohne Leistungsabgabe in den Produktionsprozess vor. Hierzu gehören geistig und körperlich arbeitende Menschen, deren ausführende Tätigkeiten nicht unmittelbar bestimmten Produkten oder Herstellungsprozessen zurechenbar sind, wie dieses beispielsweise für das Verwaltungspersonal gilt. Weiter fallen darunter Grundstücke und Gebäude, allgemeine Einrichtungsgegenstände, die nicht in Beziehung zur Produktion stehen, sowie Apparate und Vorrichtungen, die dem Unternehmen als Ganzem oder Teilbereichen zur Verfügung stehen.

Produkte und Produktionsfaktoren sind Güter. Ein Gut wird durch seine Eigenschaften und durch Ort und Zeitpunkt seiner Verfügbarkeit eindeutig beschrieben. Ist bei einem Vergleich in einem der drei Kriterien ein Unterschied festzustellen, so liegen streng genommen verschiedene Güter vor. Im praktischen Fall ist aber meistens eine derart exakte Unterscheidung der Güter nicht erforderlich. Beispielsweise ist es für einen Butterproduzenten, der verschiedene Sorten Butter herstellt, notwendig, jede dieser Sorten als ein gesondertes Gut anzusehen. Ein Unternehmen, das Kühlhäuser betreibt und Butter lagert, braucht dagegen diese Unterscheidung nicht vorzunehmen, wenn für alle Sorten Butter die gleichen Lagerbedingungen gelten sollen. Es betrachtet nur das Gut Butter. Die Festlegung der im Produktionsprozess auftretenden Güter hängt also vom Einzelfall ab.

Allgemein kann für die Festlegung der Güter gefordert werden, dass gleiche Quantitäten eines Gutes in jedem für das Unternehmen relevanten Gebrauch austauschbar sind. Das heißt, steht dem Unternehmen eine bestimmte Menge eines Gutes zur Verfügung, so sind alle gleich großen Teilmengen für das Unternehmen gleich wertvoll. Trifft für ein Gut diese Bedingung zu, so heißt das Gut homogen. Dann lässt sich als erstes die vereinfachende Forderung zur Beschreibung von Produktionsvorgängen aufstellen, dass alle Güter, die in ein Produktionsmodell zur Darlegung der produktiven Beziehungen eingehen, homogen sein sollen.

Die Produktionstheorie benutzt für ihre Betrachtungsweise in der Regel mathematische Konzepte. Um einige dieser Konzepte überhaupt anwenden zu können, ist es erforderlich, dass jede positive reelle Zahl die Quantität eines jeden Gutes darstellen kann, d. h. dass jedes Gut beliebig teilbar ist. Für einige Güter, zum Beispiel Schüttgut, ist diese zweite Forderung nicht restriktiv; so kann das Gut Sand in beliebigen Mengen auftreten. Andere Güter aber, zum Beispiel Maschinen und Schrauben, treten in der Praxis nur in ganzzahligen Mengen auf. Dennoch gibt es auch da Möglichkeiten, solche Güter ebenfalls als beliebig teilbar anzusehen. Einmal kann die Stückzahl des in ein Modell eingehenden Gutes sehr groß sein. Dann ist die Ungenauigkeit, die sich ergibt, wenn man das Gut als beliebig teilbar ansieht, sehr klein. Führt zum Beispiel die optimale Produktionsplanung einer Lampenfabrik zur Produktionsmenge von 5.325,5 Lampen, so produziert das Unternehmen entweder 5.325 oder 5.326 Lampen. Der Unterschied zur theoretisch optimalen Menge ist dabei unwesentlich. Die zweite Möglichkeit besteht darin, dass der ursprünglich in Stückzahlen gemessene Einsatz eines Gutes durch die Nutzungsdauer ersetzt wird, welche die verfügbare Leistung des Gutes für eine bestimmte Zeit angibt. So lässt sich dann der Einsatz von Arbeitskräften und Betriebsmitteln in Arbeitsstunden umrechnen, welche als Maßgrößen die Forderung nach beliebiger Teilbarkeit erfüllen.

Wenn im Weiteren nichts gesondert angemerkt ist, so wird davon ausgegangen, dass die bei den produktionstheoretischen Überlegungen auftretenden Güter homogen und beliebig teilbar sind.

2.2.2   Aktivität und Technologie

In der Praxis spielen für die Erzeugungsprozesse industrieller Unternehmen nur endlich viele Güter eine Rolle. Deshalb gehen in ein Produktionsmodell auch nur endlich viele Güter ein, deren Anzahl K sei. Sind von den K am Transformationsprozess der Produktion beteiligten Gütern J Endprodukte, S Zwischenprodukte und I Produktionsfaktoren, so gehört jedes Gut zu genau einer dieser Kategorien, und es gilt daher

$$K = J + S + I .$$

Jede in der Fertigung auftretende Input-Output-Kombination mit ihren Mengen an End- und Zwischenprodukten sowie Produktionsfaktoren lässt sich nun als Gütervektor der Form

$$v = \begin{pmatrix} v_1 \\ \vdots \\ v_K \end{pmatrix} = (v_1, \ldots, v_K)'$$

mit K Komponenten darstellen. Hierbei gibt v_k die Menge des jeweiligen Gutes k, $k = 1, \ldots, K$, an, das bei der Input-Output-Kombination vorkommt. In dieser Schreibweise sind die Gütervektoren folglich Elemente des K-dimensionalen reellen Zahlenraumes; man schreibt dafür auch kurz $v \in \mathbb{R}^K$. $\mathbb{R}^K$ kann als Güterraum bezeichnet werden.

Inputs und Outputs bedürfen im Rahmen solcher Gütervektoren einer qualitativ unterschiedlichen Handhabung, da die einen mit bestimmten Mengen in die Produktion eingehen und die anderen mit bestimmten Mengen aus der Fertigung hervorgehen. Dieser Notwendigkeit der Differenzierung wird durch die Konvention in der Schreibweise Rechnung getragen, dass Ausbringungsmengen innerhalb eines Gütervektors ein positives Vorzeichen erhalten, Einsatzmengen dagegen mit einem negativen Vorzeichen versehen werden. Im allgemeinen Fall mit K Gütern lässt sich jede Komponente k, $k \in \{1, \ldots, K\}$, eines Gütervektors $v \in \mathbb{R}^K$ also wie folgt interpretieren:

- wenn $v_k < 0$, dann werden $|v_k|$ Einheiten von Gut k als Input benötigt. $|v_k|$ gibt den positiven Betrag von v_k an;
- wenn $v_k > 0$, so werden v_k Einheiten von Gut k erzeugt;
- wenn $v_k = 0$, so spielt das Gut k für die Input-Output-Kombination keine Rolle.

Jeder Gütervektor $v \in \mathbb{R}^K$ mit diesen Eigenschaften zur Kennzeichnung von Produktionsvorgängen wird als Aktivität oder Produktionspunkt bezeichnet. Eine Aktivität beschreibt damit also eine mögliche produktionsmäßige Realisation des technischen Wissens, das einem industriellen Fertigungsunternehmen zur Erzeugung von Produkten zur Verfügung steht. Die technischen Einzelheiten, auf denen der Produktionsvorgang fußt, werden dabei nicht angeführt, sondern nur die Quantitäten der Güter aufgezeigt, die das jeweilige Produktionsverfahren charakterisieren, das durch die Aktivität repräsentiert wird. Für das Wort Aktivität ist so gelegentlich auch das Wort Produktionsverfahren gebräuchlich. Eine Aktivität gibt durch ihre Mengenkomponenten zugleich auch immer an, auf welchem Niveau die Produktion ausgeführt worden ist. Für eine Aktivität $v \in \mathbb{R}^5$ mag beispielsweise gelten

$$v = (2,5, \quad 0, \quad -5, \quad 0, \quad -3)',$$

d. h. mit Hilfe von 3 Einheiten von Gut 5 und 5 Einheiten von Gut 3 lassen sich 2,5 Einheiten von Gut 1 herstellen, wobei die Güter 2 und 4 bei dieser Produktion mengenmäßig nicht auftreten bzw. keine Rolle spielen.

Die Menge aller Aktivitäten, die einem Unternehmen bekannt sind, beschreibt die technischen Möglichkeiten, die das Unternehmen besitzt. Diese Menge wird als Technologie bezeichnet; für sie wird das Symbol T benutzt.

Technologien erlauben, wie sich jetzt zeigt, eine recht allgemeine und systematische Erfassung der produktiven Gesetzmäßigkeiten und Strukturen eines Unternehmens durch die entsprechenden Gütervektoren bzw. Aktivitäten, die möglicherweise realisierbar sind. Die Technologien sind Teilmengen des $\mathbb{R}^K$, so dass also $T \subset \mathbb{R}^K$ gilt, und sie lassen sich formal schreiben als

$$T = \{v \mid v \text{ ist ein dem Unternehmen bekanntes Produktionsverfahren}\}.$$

Greift man nun auf die eingangs vorgenommene Güterunterscheidung innerhalb eines Gütervektors zurück, so lassen sich die Aktivitäten als Elemente einer Technologie unter gewissen Annahmen auch anders schreiben. Hierzu sei unterstellt, dass die Komponenten einer Aktivität von vorne beginnend schon nach Güterarten geordnet seien, also zunächst die Endprodukt-, dann die Zwischenprodukt- und schließlich die Faktormengen aufgeführt werden. Die Endproduktmengen sollen mit x_j, $j = 1,\ldots,J$, die Zwischenproduktmengen mit y_s, $s = 1,\ldots,S$, und die Faktormengen mit r_i, $i = 1,\ldots,I$, bezeichnet werden. Dann kann die Aktivität $v \in \mathbb{R}^K$ auch geschrieben werden als

$$v = (x_1,\ldots,x_J,y_1,\ldots,y_S,r_1,\ldots,r_I)'$$

mit $v_k = x_j$ für $k = j = 1,\ldots,J$, $v_k = y_s$ für $k = J+s$, $s = 1,\ldots,S$, und $v_k = r_i$ für $k = J+S+i$, $i = 1,\ldots,I$.

Gilt nun $J = 1$ und $S = 0$, so handelt es sich um ein einstufiges Einproduktunternehmen. Das einzige im Unternehmen erzeugte Endprodukt mit der Menge x_1 oder einfach x wird ohne Zwischenschaltung von Zwischenprodukten durch die einmalige Kombination der Faktoreinsatzmengen $|r_1|,\ldots,|r_I|$ in einem Arbeitsgang hergestellt. Für $J > 1$ und $S = 0$ werden durch v Aktivitäten eines einstufigen Mehrproduktunternehmens erfasst. $J = 1$ und $S > 0$ kennzeichnet den Fall der mehrstufigen Einproduktfertigung unter Einschaltung von Zwischenprodukten, und $J > 1$ und $S > 0$ charakterisiert schließlich die Fertigungssituation eines mehrstufigen Mehrproduktunternehmens.

Gehen in ein Produktionsmodell nur zwei oder drei Güter ein, gilt also $K = 2$ oder $K = 3$ so lassen sich der Güterraum, die Aktivitäten und die Technologiemenge noch graphisch veranschaulichen. Betrachtet man beispielsweise den Zwei-Güter-Fall, wobei das erste Gut den Output und das zweite Gut den Input darstellen, und stehen dem Unternehmen zur Produktion folgende fünf Aktivitäten zur Verfügung

$$v^1 = \begin{pmatrix} 3 \\ -5 \end{pmatrix}, \quad v^2 = \begin{pmatrix} 5 \\ -6 \end{pmatrix}, \quad v^3 = \begin{pmatrix} 2 \\ -3 \end{pmatrix}, \quad v^4 = \begin{pmatrix} 4 \\ -4 \end{pmatrix}, \quad v^5 = \begin{pmatrix} 4 \\ -6 \end{pmatrix},$$

dann entspricht der Güterraum $\mathbb{R}^2$ der Ebene, in die sich die Aktivitäten v^1 bis v^5 als Produktionspunkte gemäß Abb. 2.3 eintragen lassen.

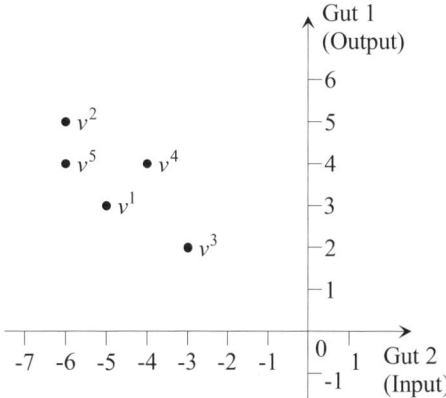

Abb. 2.3.   Güterraum für zwei Güter

Sind die Aktivitäten v^1 bis v^5 die einzigen Aktivitäten, die dem Produktionsunternehmen aufgrund seines technischen Wissens bekannt sind, so lautet die Technologiemenge T ohne weitere zusätzliche Annahmen

$$T = \left\{ v^1, v^2, v^3, v^4, v^5 \right\} \subset \mathbb{R}^2 .$$

2.3   Technologien

2.3.1   Allgemeine Annahmen

Plausibilitätsüberlegungen und aus der Praxis unmittelbar einsichtige Argumente führen zu einzelnen Annahmen, die allgemein für Technologien gelten sollen; sie sind im Folgenden zusammengestellt:

(2.1)   Der Produktionsstillstand gehört zur Technologie.

Er ist dadurch charakterisiert, dass alle Güterquantitäten gleich null sind, d. h. keine Inputmengen eingesetzt und keine Outputmengen hergestellt werden. Formal lässt sich diese Annahme schreiben

$$0 = (0, 0, ..., 0) \in T .$$

(2.2)   Weiter soll für jede Technologie gelten, dass es Produktionen mit positivem Ergebnis gibt, d. h. es existiert eine Aktivität $v \in T$, bei der $v_k > 0$ für mindestens ein k, $k \in \{1, ..., K\}$, ist.

Durch diese zweite Annahme soll sichergestellt werden, dass dem Unternehmen Aktivitäten zur Verfügung stehen, bei denen positive Endproduktquantitäten herauskommen, und die Technologie nicht nur aus Produktionsstillstand oder Gütervernichtung besteht.

(2.3)   Güterverschwendung inklusive Gütervernichtung sind möglich, d. h. formal

$v \in T$ und $w \leq v$, d. h. $w_k \leq v_k$ für alle $k \in \{1,...,K\}$, daraus folgt $w \in T$.

Da Technologien alle technisch möglichen Verfahren der Umwandlung von Faktormengen in Produktmengen beinhalten sollen, müssen auch alle Gütervektoren als Aktivitäten zugelassen werden, die im Vergleich zu einer möglichen Aktivität durch Güterverschwendung gekennzeichnet sind. Diese kann durch Faktor- bzw. Produktverschwendung oder sogar durch Gütervernichtung – falls Endproduktmengen kleiner null auftreten – zum Ausdruck kommen. Ob die Ausführung solcher Aktivitäten sinnvoll ist, ist eine weitergehende Frage, die später noch erörtert wird.

Bezeichne $\varnothing$ die leere Menge, $\mathbb{R}_-^K = \{v \in \mathbb{R} \mid v_k \leq 0$ für alle $k \in \{1,...,K\}\}$ den negativen Orthanten im $\mathbb{R}^K$ und $C\,\mathbb{R}_-^R = \mathbb{R}^K - \mathbb{R}_-^K$ das Komplement von $\mathbb{R}_-^K$, so kann diese Annahme auch in der Weise geschrieben werden, dass

$$C\,\mathbb{R}_-^K \cap T \neq \varnothing$$

gelten soll, d. h. der Durchschnitt des Komplements mit der Technologienmenge nicht leer sein soll. $\mathbb{R}_-^K$ enthält offensichtlich den Produktionsstillstand und die Fälle der Gütervernichtung; und wegen der Annahmen (2.1) und (2.3) gilt $\mathbb{R}_-^K \subset T$.

(2.4)   Produktionen sind nicht umkehrbar, d. h. mit Ausnahme des Produktionsstillstandes gibt es kein $v \in T$, so dass auch $-v \in T$ gilt.

Diese Annahme knüpft an Erwägungen aus der Praxis an, wo es nicht möglich ist, aus den hergestellten Endproduktmengen wieder die Faktorquantitäten zu erzeugen, die zur Fertigung der Endproduktmengen eingesetzt worden sind. Dieser Fall wird auch als Irreversibilität der Produktion bezeichnet. Sei nun $-T = \{-v \in \mathbb{R}^K \mid v \in T\}$, so lautet die dritte Annahme formal

$$T \cap (-T) = \{0\}_{,}$$

d. h. nur der Produktionsstillstand ist die einzig umkehrbare Aktivität einer Technologie.

Diese Annahme schließt zusammen mit den Annahmen (2.1) und (2.3) auch zugleich die Existenz eines Schlaraffenlandes aus, d. h. es gibt keinen Output ohne Input. Bezeichnet nämlich

$$\mathbb{R}_+^K = -\mathbb{R}_-^K = \left\{ w \in \mathbb{R}^K \,|\, w_k \geq 0 \text{ für alle } k \in \{1, \ldots, K\} \right\}$$

den positiven Orthanten des $\mathbb{R}^K$, der alle Gütervektoren enthält, deren Mengenkomponenten größer oder gleich null sind, so hat man wegen $\mathbb{R}_-^K \subset T$, $\mathbb{R}_+^K \subset (-T)$ und $T \cap (-T) = \{0\}$ auch

$$\mathbb{R}_+^K \cap T = \{0\},$$

d. h. im positiven Orthanten des $\mathbb{R}^K$ liegen bis auf den Produktionsstillstand keine Aktivitäten von T.

(2.5)   Die Technologiemenge T ist abgeschlossen, d. h. sie enthält ihren Rand.

Der Rand einer Technologiemenge T sei dabei durch die Menge der Punkte von T definiert, die dadurch charakterisiert sind, dass in jeder noch so beliebig kleinen Umgebung um diese Punkte sowohl Elemente aus T liegen als auch solche aus dem $\mathbb{R}^K$, die nicht zu T gehören. Die Abgeschlossenheit der Technologie ist aus mathematischer und ökonomischer Sicht wesentlich, da sich wirtschaftliche Betrachtungen zur Produktion vornehmlich auf den Rand der Technologie oder Teile davon konzentrieren. Die Annahme der Abgeschlossenheit ist allerdings vom ökonomischen Standpunkt aus nicht sehr restriktiv, da sich eine eventuell offene Technologie stets durch infinitesimale Änderungen in den Faktor- und Produktquantitäten, die in der Praxis ohne Bedeutung sind, abschließen ließe.

Eine Technologie, die den in (2.1) bis (2.5) dargelegten Annahmen genügt, ist in Abb. 2.4 dargestellt.

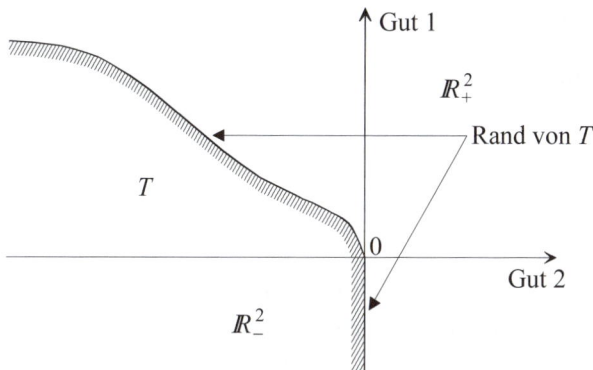

Abb. 2.4.   Beispiel einer Technologie

2.3.2   Spezielle Formen von Technologien

Durch die Annahmen, die allgemein an Technologien gestellt werden, sind die Ausprägungsformen von Technologien eingeschränkt. Dennoch lassen sich viele verschiedenartige Technologien aufzeigen, die alle Annahmen erfüllen. Zur systematischen Untersuchung und Einteilung derartiger Technologien sollen hier drei Grundformen voneinander unterschieden werden:

(2.6)   Eine Technologie T weist die Eigenschaft der Größendegression auf, wenn für jedes $v \in T$ auch $\lambda v \in T$ mit $0 \leq \lambda \leq 1$ gilt.

Interpretiert man den Faktor λ als Niveaugröße, so bedeutet diese Eigenschaft, dass jede Produktion in ihrem Niveau beliebig verringert werden kann. Lassen sich beispielsweise mit 10 m² Leder, 20 Arbeits- und 4 Maschinenstunden 30 Paar Schuhe herstellen, so lassen sich mit 5 m² Leder, 10 Arbeits- und 2 Maschinenstunden 15 Paar Schuhe produzieren. Allerdings kann das Produktionsniveau nicht unbedingt zugleich auch beliebig erhöht werden. Derartige Situationen sind dort anzutreffen, wo, wie zum Beispiel in der Druckindustrie, unter gewissen Bedingungen Produktionssteigerungen ohne zusätzlichen Maschineneinsatz allein durch eine erhöhte Leistungsintensität der Maschinen, d. h. hier durch eine größere Umlaufgeschwindigkeit der Walzen, erzielt werden können. Eine Erhöhung des Produktionsniveaus bei sonst gleichen Input-Output-Relationen mag dann dadurch behindert sein, dass aus technologischen Gründen ein überproportionaler Einsatz einer Ressource, zum Beispiel Schmiermittel, erforderlich wird.

(2.7)   Eine Technologie T ist durch Größenprogression gekennzeichnet, wenn für jedes $v \in T$ auch $\lambda v \in T$ mit $\lambda \geq 1$ gilt.

Hier kann jede Produktion beliebig erhöht werden. Stellt man wie im vorangegangenen Beispiel 30 Paar Schuhe mit 10 m² Leder, 20 Arbeits- sowie 4 Maschinenstunden her, so sind nunmehr etwa auch 60 Paar Schuhe mit 20 m² Leder, 40 Arbeits- und 8 Maschinenstunden produzierbar. Das Produktionsniveau kann jetzt jedoch nicht mehr unbedingt beliebig verringert werden. Ein Beispiel dafür bietet der Energieeinsatz bei der Stahlproduktion, der bei einer Verringerung der Produktionsmenge nicht beliebig reduziert werden kann.

(2.8)   Eine Technologie T besitzt die Eigenschaft der Größenproportionalität, wenn für jede Aktivität $v \in T$ auch die Aktivität λv zu T gehört, wobei λ einen Skalar darstellt, für den $\lambda \geq 0$ gelten soll.

Die Größenproportionalität umfasst beide Fälle der Größendegression und Größenprogression; sie ist oft charakteristisch für industrielle Fertigungsprozesse, die durch eine mehr oder minder starke Koppelung der Faktoreinsatzmengen zueinander gekennzeichnet sind. Hier kann dann häufig ohne Veränderung der Input-Output-Verhältnisse eine Aktivität auf höherem oder niedrigerem Niveau ausgeführt werden.

Diese drei Grundformen von Technologien sind in Abb. 2.5.1-2.5.3 für den Zwei-Güter-Fall (ein Input, ein Output) dargestellt. Betrachtet man die für diese Grundform typischen Verläufe der Ränder der Technologien, so wird deutlich, dass man den Verlauf des Randes einer beliebigen Technologie (Abb. 2.5.4) bereichsweise aus den typischen Randverläufen der Grundformen heraus erklären kann, ohne dass jedoch im Einzelfall die entsprechenden Eigenschaften der Technologiegrundformen auch auf den allgemeinen Fall zutreffen müssen.

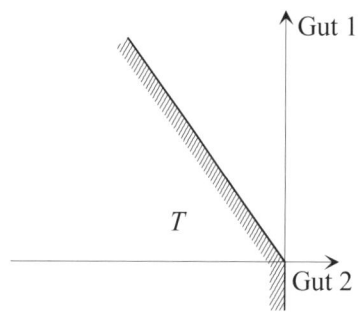

Abb. 2.5.1. Größenproportionalität

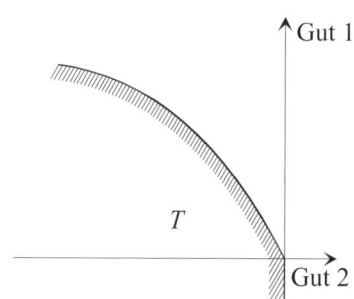

Abb. 2.5.2. Größendegression

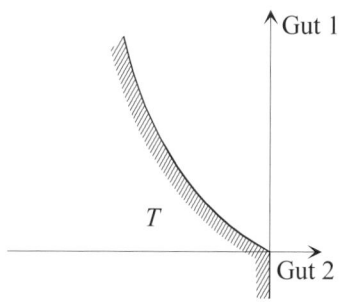

Abb. 2.5.3. Größenprogression

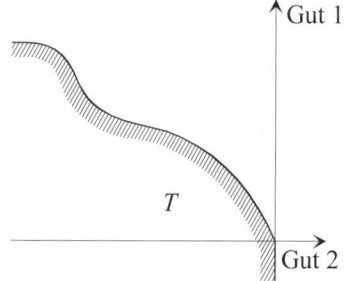

Abb. 2.5.4. Allgemeine Technologieform

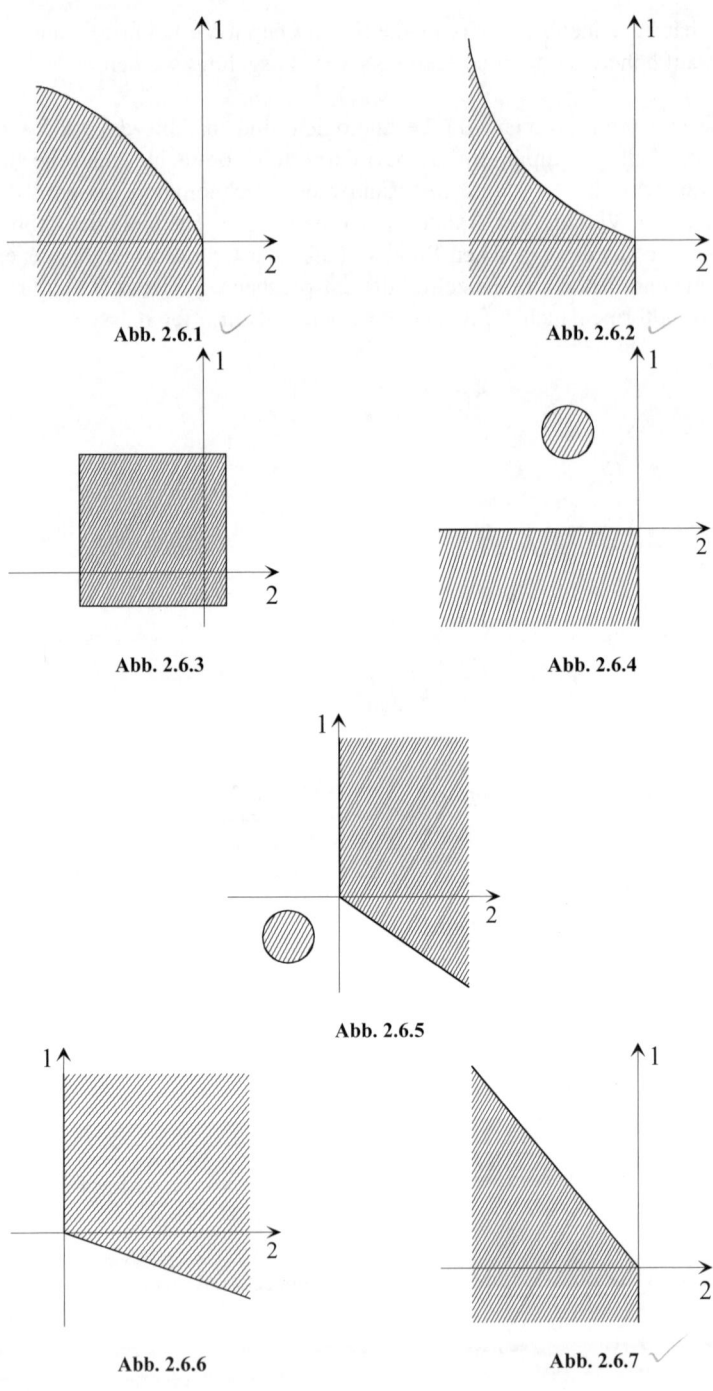

Abb. 2.6.1

Abb. 2.6.2

Abb. 2.6.3

Abb. 2.6.4

Abb. 2.6.5

Abb. 2.6.6

Abb. 2.6.7

Abb. 2.6.   Gütermengen im R^2

Tabelle 2.1.   Erfüllung der Technologieannahmen und -eigenschaften durch die Gütermengen in Abb. 2.6

Charakteristik	Teilabbildung						
	2.6.1	2.6.2	2.6.3	2.6.4	2.6.5	2.6.6	2.6.7
Annahmen							
(2.1) Produktionsstillstand	x	x	x	x	x	x	x
(2.2) Positives Ergebnis	x	x	x	x	x	x	x
(2.3) Verschwendung	x	x					x
(2.4) Nicht-Umkehrbarkeit	x	x		x		x	x
(2.5) Abgeschlossenheit	x	x	x	x	x	x	x
Eigenschaften							
(2.6) Größendegression	x		x			x	x
(2.7) Größenprogression		x				x	x
(2.8) Größenproportionalität						x	x
(2.9) Additivität	x					x	x
(2.10) Linearität						x	x

Für praktische Produktionsvorgänge ist es oft unerheblich, ob zwei Aktivitäten in der Realität gleichzeitig oder nacheinander durchgeführt werden. Im statischen Fall werden alle Aktivitäten des betrachteten Produktionszeitraums als im selben Zeitpunkt ausgeführt angesehen. Deshalb können dann zwei beliebige Aktivitäten zu einer einzigen Aktivität in der Weise zusammengefasst werden, dass man die beiden Gütervektoren addiert. Technologien, für die eine solche Zusammenfassung von Produktionen möglich ist, heißen additiv. Die Eigenschaft der Additivität einer Technologie kann formal wie folgt ausgedrückt werden:

(2.9)   Eine Technologie T heißt additiv, wenn für alle $v, w \in T$ gilt $v + w \in T$, d. h. $T + T \subset T$ erfüllt ist.

(2.10)   Technologien, die die Eigenschaften sowohl der Additivität als auch der Größenproportionalität besitzen, werden als lineare Technologien bezeichnet.

Die linearen Technologien (s. z. B. Abb. 2.5.1) stellen gerade, wie später noch deutlich gemacht und ausführlich dargelegt werden wird, im Hinblick auf die industriellen Fertigungsprozesse der Praxis einen wichtigen Sonderfall aus der Gesamtheit aller möglichen Technologien dar. Daher soll für diesen speziellen Fall im nächsten Abschnitt auch etwas genauer darauf eingegangen werden, wie lineare Technologien aus unterschiedlichen realisierbaren Produktionsplänen eines Industriebetriebs erzeugt werden und inwieweit sie durch Güterbeschränkungen begrenzt sind.

Zum Abschluss der Ausführungen zu den allgemeinen Annahmen über Technologien bzw. ihrer besonderen Formen und Eigenschaften sind in Abb. 2.6.1-

2.6.7 sieben verschiedenartige Gütermengen (schraffiert) graphisch zusammenge-stellt. Die dazugehörige Tabelle 2.1 zeigt auf, inwieweit die Gütermengen die über Technologien getroffenen Annahmen erfüllen und welche Eigenschaften sie dar-über hinaus besitzen. Man sieht, dass nur die Gütermengen der Abb. 2.6.1, 2.6.2 und 2.6.7 als Technologien in Frage kommen; dabei ist nur 2.6.7 eine lineare Technologie.

2.3.3   Produktionsmatrix und Güterbeschränkungen bei linearen Technologien

Im Allgemeinen stehen einem Unternehmen mehrere Möglichkeiten der Produk-tion von Zwischen- und Endprodukten zur Verfügung. Diese werden als Aktivitä-ten gesammelt, zum Beispiel durch Befragung der Ingenieure. Dabei wird ange-nommen, dass das Unternehmen immer nur endlich viele Aktivitäten angibt. Man erhält so eine Liste von Aktivitäten, die Grundaktivitäten genannt werden. Für ein Unternehmen, das J Endprodukte herstellt und für die Produktion jedes Endpro-duktes genau ein Verfahren besitzt, ohne Zwischenprodukte zu benötigen, existie-ren genau J Grundaktivitäten; stehen dem Unternehmen für die Fertigung eines jeden Endprodukts zwei Verfahren zur Verfügung, so existieren $2J$ Grund-aktivitäten. Es ist aber auch denkbar, dass weniger als J Grundaktivitäten vor-handen sind, wenn durch ein Verfahren zwei oder mehrere Endprodukte gleich-zeitig produziert werden. Im Extremfall braucht es nur ein Verfahren zu geben, auf dessen Grundlage alle Endprodukte gefertigt werden. Werden auch Zwischen-produkte betrachtet, so gehören ebenfalls die Verfahren zu deren Produktion mit zu den Grundaktivitäten.

Wird bei einem Verfahren genau ein Endprodukt erzeugt, so kann man die zur Produktion benötigten Faktorquantitäten auf die Produktion von einer Einheit des jeweiligen Endprodukts beziehen. In dem obigen Fall, in dem für die Herstellung eines jeden Endprodukts genau ein Verfahren zur Verfügung steht, erhält man so J Grundaktivitäten, bei denen in der Vektorkomponente für das jeweilige Endprodukt eine eins steht. Eine solche Normierung ist unter Umständen sinnvoll, aber nicht unbedingt erforderlich. Beide Möglichkeiten sollen im Folgenden stets zugelassen sein.

Kennzeichnet man nun die erfragten Grundaktivitäten durch die Indizes 1 bis L, so lauten sie:

$$v^1,\dots,v^L \text{ bzw. } v^l, l = 1,\dots,L \, .$$

Jede dieser Grundaktivitäten v^l, $l = 1,\dots,L$, stellt für sich einen eigenen Güter-vektor dar. Bei den hier betrachteten linearen Technologien stehen diese Grund-aktivitäten stellvertretend für eine Vielzahl von Aktivitäten.

Mathematisch wird diese Tatsache zum einen durch die Größenproportionalität zum Ausdruck gebracht; d. h. allgemein, wenn v^l, $l \in \{1,\dots,L\}$, eine Grundaktivität ist, so ist auch $\lambda_l \cdot v^l$ mit $\lambda_l \geq 0$ eine Aktivität. Aufgrund der für lineare Technologien geltenden Additivität ist aber zum anderen auch jeder Gütervektor eine Aktivität, der aus einer Linearkombination der Grundaktivitäten gewonnen werden kann; es gilt also:

$$v = \lambda_1 v^1 + \ldots + \lambda_L v^L \in T$$

mit

$$\lambda_l \geq 0 \text{ für alle } l \in \{1, \ldots, L\}.$$

Umgekehrt lässt sich auch jede Aktivität v einer linearen Technologie T als Linearkombination von Grundaktivitäten darstellen. So kann man zusammenfassend sagen, dass mit der Menge $V = \{v^1, \ldots, v^L\}$ der Grundaktivitäten in Verbindung mit den zusätzlichen Annahmen der Größenproportionalität und Additivität eine lineare Technologie eindeutig definiert ist. Sie lässt sich formal in der folgenden Weise vollständig beschreiben:

$$T = \left\{ v \middle| v = \sum_{l=1}^{L} \lambda_l v^l, \lambda_l \geq 0 \text{ und } v^l \in V \text{ für alle } l \in \{1, \ldots, L\} \right\}.$$

Bei diesen Überlegungen können Gütervektoren aus $\mathbb{R}_-^K$ mit Ausnahme der null als Aktivitäten unberücksichtigt bleiben, da sie für die durchzuführenden Produktionen praktischerweise keine Rolle spielen. Denn statt Faktoren einzusetzen, ohne Output zu erzielen, legt man den Betrieb besser still, d. h. realisiert man günstigerweise den Nullvektor.

Sind K Güter an der Produktion beteiligt, dann besteht jede Aktivität aus K Komponenten; eine Grundaktivität v^l hat also folgendes Aussehen:

$$v^l = \left(v_1^l, v_2^l, \ldots, v_K^l \right)', \ l \in \{1, \ldots, L\}.$$

Schreibt man die Grundaktivitäten nebeneinander auf, so können alle Grundaktivitäten zusammen als Matrix A aufgefasst werden mit

$$A = \begin{pmatrix} v_1^1 & \cdots & v_1^L \\ \vdots & & \vdots \\ v_K^1 & \cdots & v_K^L \end{pmatrix} = \left(v^1, \ldots, v^L \right).$$

Sei ferner $\lambda = (\lambda_1, \ldots, \lambda_L)'$ mit $\lambda \in \mathbb{R}_+^L$ wegen $\lambda_l \geq 0$ für alle $l \in \{1, \ldots, L\}$, dann gilt für die Definition der linearen Technologie alternativ in Vektorschreibweise:

$$T = \left\{ v \middle| v = A\lambda, \ \lambda \in \mathbb{R}_+^L \right\}.$$

Die Matrix A heißt hierbei Produktionsmatrix. Die Komponente λ_l des Vektors $\lambda \in \mathbb{R}_+^L$ gibt an, auf welchem Niveau die Grundaktivität v^l ausgeführt wird, um v zu erhalten. Deshalb nennt man den Vektor λ auch Intensitätsvektor. Der

Vektor v heißt Nettoproduktion, da er die Nettoquantitäten der Güter angibt, die als Outputs bei der Produktion netto anfallen bzw. als Inputs netto benötigt werden. $v_k = 0$ bedeutet so z. B. nicht unbedingt, dass das Gut k bei der Produktion keine Rolle spielt. Es ist nämlich auch möglich, dass durch ein Produktionsverfahren $\lambda_l v^l$ eine bestimmte Menge von Gut k als Zwischenprodukt hergestellt wird, die dann als Input wieder Eingang in ein anderes Produktionsverfahren $\lambda_{l'} v^{l'}$ findet. Nach Durchführung der Produktion würden dann weder Einheiten von Gut k als Output anfallen, noch würden vor der Durchführung der Produktion Einheiten von Gut k als Input bereitgestellt werden müssen. In der Beziehung $v = A\lambda$ ist die Matrix A konstant. Die Nettoproduktion v hängt also vom Intensitätsvektor λ ab.

Bisher wurde die Technologie unabhängig von den tatsächlich dem Unternehmen zur Verfügung stehenden Quantitäten an Inputgütern betrachtet. Für das Unternehmen sind aber nur die Aktivitäten in der Praxis von Bedeutung, bei deren Anwendung nicht mehr Güter verbraucht werden, als vorhanden sind. Es müssen also die Produktionen in T gesucht werden, die für das Unternehmen durchführbar bzw. zulässig sind. Sind K Güter in die Überlegungen einzubeziehen, wovon J Endprodukte, S Zwischenprodukte und I Produktionsfaktoren sind, also $K = J + S + I$ gilt, so ergeben sich die Güterbeschränkungen und damit auch die Beschränkungen für die Technologie durch Verfügbarkeitsschranken b_k für die Güter k. Sie unterliegen den folgenden Bedingungen, die sich aus einfachen Überlegungen ableiten. Ist k ein Endprodukt, d. h. $k \in \{1,...,J\}$, so soll die Verfügbarkeitsschranke mit $b_k \geq 0$ gegeben sein. Für ein Zwischenprodukt k, $k \in \{J+1,...,J+S\}$, lautet die Verfügbarkeitsschranke $b_k \in I\!R$, und für einen Produktionsfaktor k, $k \in \{J+S+1,...,J+S+I\}$, von dem dem Unternehmen $|b_k|$ Einheiten zur Verfügung stehen, muss wegen der Konvention, Inputgrößen durch negative Vorzeichen zu charakterisieren, $b_k \leq 0$ gelten.

Eine Produktion heißt nun hinsichtlich dieser Güterbeschränkungen durchführbar, wenn von jedem Produktionsfaktor bzw. per Saldo von jedem Zwischenprodukt mit $b_k < 0$ höchstens so viele Mengeneinheiten verbraucht werden, wie im Unternehmen vorhanden sind, sowie von jedem Zwischenprodukt mit $b_k \geq 0$ per Saldo die benötigten Mindestmengen und von jedem Endprodukt nicht-negative Einheiten produziert werden. Schreibt man die Verfügbarkeiten b_k, $k \in \{1,...,K\}$, als Spaltenvektor, d. h.

$$b = \begin{pmatrix} b_1 \\ \vdots \\ b_K \end{pmatrix} ; \ b \in I\!R^K ,$$

mit den dargelegten Komponenteneigenschaften, so muss für eine durchführbare bzw. zulässige Produktion $v \in T$ gelten:

$$v = A\lambda \geq b .$$

Der Tatbestand der Begrenzung einer linearen Technologie durch die Güterbeschränkungen $b_1 = 0$ und $b_2 = -3$ ist in Abb. 2.7 veranschaulicht. Die bisher angestellten Überlegungen sollen durch das folgende Beispiel noch etwas vertieft werden.

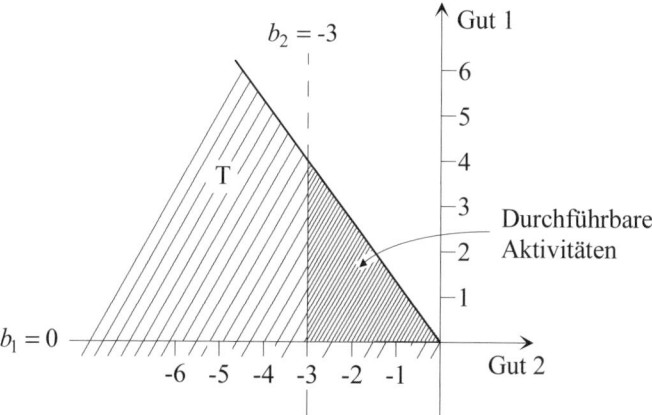

Abb. 2.7.   Lineare Technologie mit Güterbeschränkungen

Einem Leder verarbeitenden Unternehmen, das auf der Grundlage einer linearen Technologie Schuhe und Taschen produziert, stehen als Produktionsfaktoren Arbeit, Leder und Nähmaschine zur Verfügung. Schuhe und Taschen sind Endprodukte; Zwischenprodukte kommen nicht vor. Für die Produktion von Schuhen und Taschen gibt es je ein Verfahren: Zur Produktion von 1 Paar Schuhen werden 5 Einheiten Arbeit, 3,75 Einheiten Leder und 5 Einheiten Nähmaschinenleistung benötigt. Entsprechend sind für die Fertigung einer Tasche 5 Einheiten Arbeit, 10 Einheiten Leder und 1,875 Einheiten Nähmaschinenleistung erforderlich. Diese beiden Verfahren ergeben die Grundaktivitäten:

$$
v^1 = \begin{pmatrix} 1 \\ 0 \\ -5 \\ -3,75 \\ -5 \end{pmatrix}
\begin{matrix} \ldots \\ \ldots \\ \ldots \\ \ldots \\ \ldots \end{matrix}
\begin{matrix} \text{Schuhe} \\ \text{Taschen} \\ \text{Arbeit} \\ \text{Leder} \\ \text{Nähmaschine} \end{matrix}
\begin{matrix} \ldots \\ \ldots \\ \ldots \\ \ldots \\ \ldots \end{matrix}
\begin{pmatrix} 0 \\ 1 \\ -5 \\ -10 \\ -1,875 \end{pmatrix} = v^2.
$$

Hier liegt also der Spezialfall vor, dass die beiden Verfahren auf die Produktion von 1 Einheit des jeweiligen Endprodukts bezogen sind. Die Produktionsmatrix A lautet:

$$
A = \begin{pmatrix} 1 & 0 \\ 0 & 1 \\ -5 & -5 \\ -3,75 & -10 \\ -5 & -1,875 \end{pmatrix}.
$$

Die lineare Technologie besteht dann aus der Menge

$$T = \left\{ v \mid v = A \cdot \lambda, \ \lambda = (\lambda_1, \lambda_2)' \in I\!R_+^2 \right\}.$$

Im betrachteten Zeitraum stehen dem Unternehmen 500 Einheiten Arbeitsleistung, 750 Einheiten Leder und 375 Einheiten Nähmaschinenleistung zur Verfügung. Das ergibt den Verfügbarkeitsvektor

$$b = \begin{pmatrix} 0 \\ 0 \\ -500 \\ -750 \\ -375 \end{pmatrix}.$$

Für eine durchführbare bzw. zulässige Aktivität muss gelten

$$v \quad = \quad A\lambda \qquad \geq \quad b$$

bzw.

$$
\begin{aligned}
x_1 &= & \lambda_1 & & &\geq & 0 \\
x_2 &= & & \lambda_2 & &\geq & 0 \\
r_1 &= -& 5\lambda_1 &-& 5\lambda_2 &\geq & -500 \\
r_2 &= -& 3{,}75\lambda_1 &-& 10\lambda_2 &\geq & -750 \\
r_3 &= -& 5\lambda_1 &-& 1{,}875\lambda_2 &\geq & -375.
\end{aligned}
$$

Die lineare Technologie und die durchführbaren Aktivitäten lassen sich in diesem 5-Güter-Fall nicht mehr in der gewohnten Weise veranschaulichen. Wohl aber kann man im Rahmen der Outputkorrespondenz die dazugehörige Menge der Produktionsmöglichkeiten hier noch graphisch darstellen. Sie entspricht der Projektion der Menge der durchführbaren Aktivitäten in den Endproduktraum – hier in den $I\!R^2$ – und gibt alle Outputkombinationen von Schuhen und Taschen an, die mit den verfügbaren Ressourcenmengen an Arbeitskräften, Leder und Nähmaschinen hergestellt werden können. Diese Menge der Produktionsmöglichkeiten ist in Abb. 2.8 aufgezeigt. Dabei können die Achsen des Koordinatensystems und die Begrenzungen dieser Menge durch die Ungleichungsbedingungen für die durchführbaren Aktivitäten statt in λ_1 und λ_2 in diesem Falle unmittelbar durch die Endproduktquantitäten x_1 für Schuhe und x_2 für Taschen ausgedrückt werden. Denn erstens entsprechen diese Endproduktquantitäten den ersten beiden Vektorkomponenten einer Aktivität und zweitens gilt $\lambda_1 = x_1$ und $\lambda_2 = x_2$, da die Grundaktivitäten in normierter Form angegeben sind und für jedes Endprodukt nur jeweils ein Fertigungsverfahren existiert.

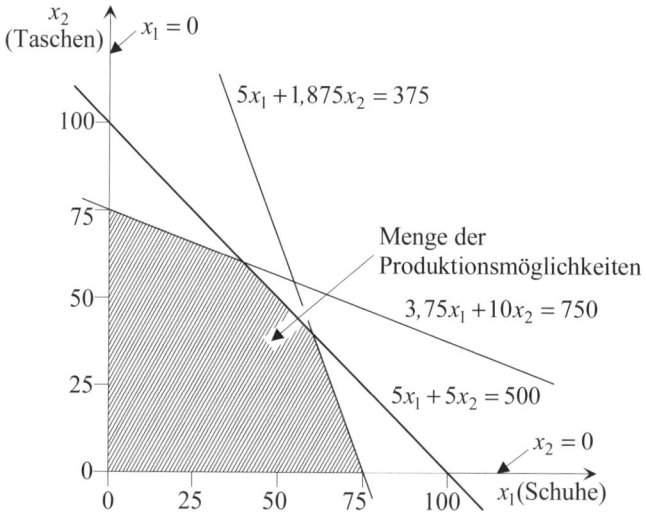

Abb. 2.8. Darstellung der Menge der Produktionsmöglichkeiten

2.4 Das Effizienzkriterium

Durch die Menge der durchführbaren Aktivitäten einer Technologie sind die Wahlmöglichkeiten eines Industriebetriebs im Produktionsbereich im Sinne der zulässigen Input-Output-Kombinationen vollständig beschrieben. Bei der Betrachtung der realisierbaren Produktionsalternativen $v \in T$ stellt sich für das Unternehmen dann aber die Frage, welche Aktivitäten denn nun tatsächlich verwirklicht werden sollen. In diesem Entscheidungsfall wird das Unternehmen jedoch darum bemüht sein, Produktionen, die als offensichtlich schlecht anzusehen sind, von vorneherein auszusondern und die Wahlmöglichkeit auf die guten Produktionen zu beschränken. Ein erster Schritt, schlechte von guten Aktivitäten zu trennen, besteht in der Anwendung des Wirtschaftlichkeitsprinzips bzw. des daraus hergeleiteten Effizienzkriteriums. Demnach kommen für die Produktionsdurchführung nur solche Produktionen in Betracht, die wirtschaftlich bzw. effizient sind.

Um den Effizienzbegriff in der Vielfalt seiner Ausprägungsformen und Anwendungsaspekte ausbreiten zu können und dann auch entsprechend zu formulieren, seien hier zunächst einige Vorüberlegungen vorangestellt, denen Abb. 2.9 zugrunde liegt. Ausgegangen werden soll von den Produktionspunkten v^1, v^4 und v^5. Der Produktionspunkt $v^4 = (0, -4)$ ist dadurch gekennzeichnet, dass mit dem Einsatz von 4 Einheiten des Produktionsfaktors $(r = -4)$ keine Menge des Endproduktes $(x = 0)$ hergestellt wird; der Produktionsfaktor wird bei der Produktion v^4 also lediglich verschwendet. Dagegen können mit dem Produktionspunkt $v^5 = (2, -4)$ durch den Einsatz derselben Faktormengen $r = -4$ zwei Einheiten des Endproduktes $(x = 2)$ erzeugt werden. v^5 ist also v^4 aus wirtschaftlichen Gründen vorzuziehen, da mit demselben Faktoreinsatz eine größere Produktmenge erreicht werden kann.

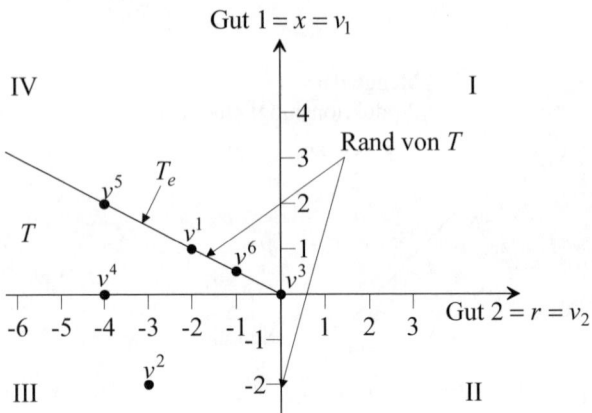

Abb. 2.9.   Veranschaulichung der Effizienzüberlegungen

Es gilt also für die beiden Vektoren $v_2^5 \geq v_2^4$ und $v_1^5 > v_1^4$. Man sagt dann auch, dass der Produktionspunkt v^5 den Produktionspunkt v^4 dominiert. Ebenso ist der Produktionspunkt $v^1 = (1, -2)$ dem Produktionspunkt $v^4 = (0, -4)$ wirtschaftlich überlegen, da mit dem Einsatz einer kleineren Faktormenge $\left(v_2^1 > v_2^4\right)$ eine höhere Produktionsmenge $\left(v_1^1 > v_1^4\right)$ erzielt wird. Es gilt also für diese beiden Vektoren $v^1 \geq v^4$ und $v_1^1 > v_1^4$ bzw. $v_2^1 > v_2^4$. Ähnliche Dominanzbeziehungen können aufgestellt werden, wenn man wahlweise die Produktionen v^1, v^3 oder v^6 mit der Aktivität v^2 vergleicht; ja alle Produktionen im $\mathbb{R}_-^2$ werden sogar schließlich durch den Produktionsstillstand v^3 dominiert. Beim Vergleich der Produktionspunkte v^1 und v^5 lässt sich aber keine wirtschaftliche Überlegenheit des einen über den anderen mehr feststellen. Denn in der Produktion v^5 wird zwar eine größere Produktmenge $\left(v_1^5 > v_1^1\right)$ hergestellt, dafür ist aber auch mehr Faktoreinsatz $\left(v_2^5 < v_2^1\right)$ nötig. Umgekehrt gilt für v^1, dass hier mit dem Einsatz einer kleineren Faktormenge auch die Herstellung einer kleinen Produktmenge erfolgt. Für die Beziehung der beiden Vektoren v^1 und v^5 hat man also nicht mehr $v^1 \geq v^5$ oder $v^5 \geq v^1$. Darüber hinaus lässt sich aber auch für diese beiden Produktionen v^1 und v^5 keine von ihnen verschiedene andere Produktionen $w \in T$ finden mit $w \geq v^1$ oder $w \geq v^5$, d. h. es gibt für v^1 und v^5 keine Produktion w, die mit demselben oder einem kleineren Faktoreinsatz eine größere oder dieselbe Produktmenge erzielt bzw. es gibt keine Produktionspunkte $w \in T$, die v^1 oder v^5 dominieren. v^1 und v^5 heißen deshalb effiziente Produktionen. Entsprechendes gilt für v^3 und v^6.

Verallgemeinert man diese Überlegungen für den Güterraum $I\!R^K$, so lässt sich der Begriff der Effizienz in die folgenden Formulierungen kleiden, die vom Aussagegehalt her als gleichwertig angesehen werden können.

(2.11)   Eine Produktion $v \in T$ ist effizient, wenn bei gegebenen Faktoreinsatzmengen maximale Produktmengen erzielt werden und dabei keine Faktormengen verschwendet werden. In dieser Version des Effizienzkriteriums spricht man auch von dem Postulat der technischen Maximierung.

(2.12)   Eine Produktion $v \in T$ heißt effizient, wenn die vorgegebenen Produktmengen durch minimale Faktoreinsatzmengen hergestellt werden und dabei keine Produktquantitäten verschenkt werden. Hier wird durch das Effizienzkriterium das Postulat der technischen Minimierung zum Ausdruck gebracht.

Während die technische Maximierung outputorientiert ist, ist die technische Minimierung inputorientiert. Eine alternative Formulierung des Effizienzbegriffs, welche die Input- und Outputseite gleichzeitig im Sinne einer technischen Optimierung zu erfassen versucht, lautet:

(2.13)   Eine Produktion $v \in T$ heißt effizient, wenn es keine andere Produktion $w \in T$ mit $w \neq v$ gibt, welche dieselben bzw. mehr Produktmengen mit geringeren bzw. denselben Faktoreinsatzmengen herstellt.

Diese verbalen Formulierungen der Effizienzdefinition lassen sich durch die Vektorschreibweise formal präziser fassen. Das ist allerdings für die Versionen (2.11) und (2.12) recht umständlich und hier auch nicht unbedingt erforderlich, da in der formalen Schreibweise eine Beschränkung auf (2.13) genügt. Bedeutet nun $w \geq v : w_k \geq v_k$ für alle k, $k = 1, \ldots, K$, dann lässt sich (2.13) auch so schreiben:

(2.13') Eine Produktion $v \in T$ heißt effizient, wenn es keine andere Produktion $w \in T$ gibt mit $w \geq v$ und $w_k > v_k$ für mindestens ein $k \in \{1, \ldots, K\}$.

$w_k > v_k$ bedeutet hierbei für $k \in \{1, \ldots, J+S\}$ eine größere End- oder Zwischenproduktmenge und wegen der Konvention eines negativen Vorzeichens für Inputmengen für $k \in \{J+S+1, \ldots, J+S+I\}$ eine kleinere Faktoreinsatzmenge. In der Formulierung (2.13') steckt implizit die Dominanzdefinition drin, mit deren Hilfe sich die Effizienzdefinition eleganter herleiten lässt. Zu diesem Zweck sei hier die Dominanzdefinition nachgeholt:

(2.14)   Eine Produktion $w \in T$ dominiert eine Produktion $v \in T$, wenn $w \geq v$ und $w_k > v_k$ für mindestens ein $k \in \{1, \ldots, K\}$ gilt.

Das bedeutet in Umkehrung der Aussage in (2.13), dass in einer dominanten Produktion mit denselben Faktoreinsatzmengen höhere Endproduktmengen erzielt werden oder dieselben Endproduktmengen mit geringeren Faktoreinsatzmengen hergestellt werden können. Mit Bezug auf die Dominanzdefinition kann nun (2.13) bzw. (2.13') kurz so ausgedrückt werden:

(2.13'') Eine Produktion $v \in T$ heißt effizient, wenn sie von keiner anderen Produktion $w \in T$ dominiert wird.

Bildlich gesprochen im $I\!R^2$ bedeutet die Dominanz, dass ein Produktionspunkt – zum Beispiel v^2 in Abb. 2.9 – dominiert wird, wenn rechts oberhalb von ihm noch ein anderer Produktionspunkt der Technologie liegt. Ist das nicht der Fall, so ist der Produktionspunkt effizient. Zum Beispiel gibt es rechts oberhalb von v^1 in Abb. 2.9 keinen anderen Produktionspunkt der Technologie mehr, der bezüglich v^1 dominant sein könnte. Aus der Effizienzdefinition sowie der bildlichen Erklärung heraus wird unmittelbar klar, dass effiziente Produktionspunkte nie im Inneren, sondern immer nur auf dem Rand einer Technologie liegen können. Andererseits sind nicht alle Randpunkte einer Technologie effizient, wie die Produktionspunkte auf der negativ gerichteten Koordinatenachse für Gut 1 in Abb. 2.9 verdeutlichen; denn sie werden alle vom Produktionsstillstand v^3 dominiert, der stets effizient ist.

Bezeichnet man die Teilmenge einer Technologie bzw. genauer die Teilmenge des Randes einer Technologie, welche alle effizienten Produktionen enthält, mit T_e – man nennt sie auch den effizienten Rand –, so gilt unter Verwendung von (2.13') offensichtlich

(2.15) $T_e = \{ v \in T \,|\, w \in T \text{ und } w \geq v \Rightarrow w = v \}$.

In Abb. 2.9 wird T_e durch den Teil des Randes repräsentiert, der vom Nullvektor ausgehend im IV. Quadranten verläuft; entsprechendes gilt für die Technologiemengen der Abb. 2.5.1-2.5.4.

Ausführliche Übungsmöglichkeiten zu den obigen Ausführungen zur Aktivitätsanalyse, den Technologien und dem Effizienzkriterium bieten FANDEL et al. (2008, S. 25 ff.).

2.5   Produktionsfunktionen

2.5.1   Herleitung der Produktionsfunktion aus der Technologie

Anders als in dem bislang erörterten modernen Konzept der aktivitätsanalytischen Überlegungen auf der Grundlage von Technologien sind in der traditionellen

Sichtweise der Betriebswirtschaftslehre die Untersuchungen von produktiven Gesetzmäßigkeiten zwischen Input- und Outputmengen stets im Rahmen funktionstheoretischer Betrachtungen auf der Basis so genannter Produktionsfunktionen durchgeführt worden. Hier soll die Verbindung zwischen der traditionellen und modernen Denkweise aufgezeigt werden, d. h. es soll dargelegt werden, wie sich aus einer Technologie die dazugehörige Produktionsfunktion herleiten lässt, die dann Ausgangspunkt für weitere produktionstheoretische Erörterungen ist und der Erläuterung praktischer Produktionsfälle dient.

Die Technologie stellt die Menge der einem Unternehmen bekannten Produktionsaktivitäten dar. Das sind Gütervektoren, bei denen Outputmengen ein positives und die Inputmengen ein negatives Vorzeichen erhalten. Unter diesen Produktionen sind aus Wirtschaftlichkeitsgründen die effizienten Aktivitäten, bei denen keine Produkt- und Inputquantitäten verschwendet werden, von besonderem Interesse. Sie liegen auf dem effizienten Rand T_e. Produktionsfunktionen erfassen und beschreiben dagegen von vornherein nur effiziente Produktionsmöglichkeiten im Sinne von Input-Output-Kombinationen. Dabei werden aber sowohl die Produkt- als auch die Faktorquantitäten in positiven Einheiten gerechnet. Das heißt, Produktionsfunktionen verlaufen stets nur im $\mathbb{R}_+^K$. Betrachtet man die unterschiedliche Vorzeichenhandhabung bei den Inputmengen in den beiden verschiedenen Konzepten, die jedoch nur für die graphische Darstellungsform von Bedeutung ist, so lässt sich zwischen Technologie und Produktionsfunktion die folgende einfache formale Beziehung aufstellen:

(2.16)   Sei $f : \mathbb{R}^K \to \mathbb{R}$ eine Abbildung vom Güterraum in die Menge der reellen Zahlen, dann heißt f Produktionsfunktion zur Technologie T, wenn sie genau die effizienten Aktivitäten in die null abbildet, d. h. also wenn gilt:

$$f(v) = 0 \text{ genau dann, wenn } v \in T_e,$$

$$v = (v_1, \ldots, v_K)' = (x_1, \ldots, x_J, y_1, \ldots, y_S, r_1, \ldots, r_I)'.$$

Die Produktionsfunktion ist also nichts anderes als eine geeignete funktionale Beschreibung des effizienten Randes der ihr zugrunde liegenden Technologie T. $f(v) = 0$ wird auch als Produktionsgleichung oder implizite Produktionsfunktion bezeichnet. Dagegen wählt man die explizite Schreibweise, falls man die Produktionsfunktion $f(v) = 0$ nach einer Komponente v_k, $k \in \{1, \ldots, K\}$, des Vektors v auflösen kann; dann stellt

$$v_k = f_k(v_1, \ldots, v_{k-1}, v_{k+1}, \ldots, v_K)$$

die Produktfunktion oder Ertragsfunktion des k-ten Produktes dar, wenn $k \in \{1, \ldots, J+S\}$, bzw. die Faktorfunktion oder Aufwandsfunktion des k-ten Inputs dar, wenn $k \in \{J+S+1, \ldots, J+S+I\}$ gilt. Die graphische Darstellung der Ertragsfunktion heißt Ertragsfläche; eine Ertragsfläche im $\mathbb{R}^2$ bezeichnet man als

Ertragskurve. Ähnliches gilt für die Aufwandsfläche bzw. Aufwandskurve. Oft wird in der Produktionstheorie der Fall betrachtet, dass in einem einstufigen Produktionsprozess durch die einmalige Kombination von Faktoreinsatzmengen ohne Zwischenschaltung von Zwischenprodukten nur ein Endprodukt erzeugt wird. Dann lässt sich die Ertragsfunktion in der einfachen Form schreiben:

$$x = f\left(r_1, \ldots, r_I\right).$$

Abweichend von der Darstellungsweise der Aktivitätsanalyse herrscht im traditionellen Konzept der Produktionsfunktion die Konvention vor, Inputmengen in positiven Einheiten zu messen. Aus der funktionalen Beschreibung des effizienten Randes T_e in Abb. 2.9

$$T_e = \left\{ v = (x, r) \middle| x + \tfrac{1}{2}r = 0, r \le 0 \right\}$$

erhält man so die Produktionsgleichung bzw. Produktionsfunktion

$$x - \frac{1}{2}r = 0, \ r \ge 0$$

und hieraus die Produkt- bzw. Aufwandsfunktion

$$x = \frac{1}{2}r, \ r \ge 0, \text{ bzw. } r = 2x, \ x \ge 0.$$

Die Ertragskurve der Produktionsfunktion zur linearen Technologie T in Abb. 2.9 ist in Abb. 2.10.1 dargestellt. Entsprechend repräsentieren die Produktfunktionen in Abb. 2.10.2 und 2.10.3 die Produktionsfunktionen zu den Technologien in Abb. 2.5.2 und 2.5.3.

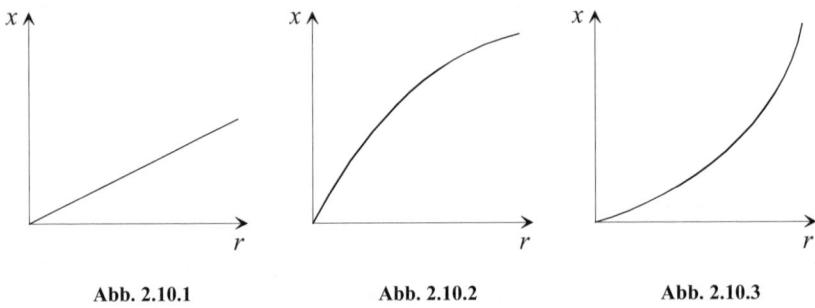

Abb. 2.10.1   Abb. 2.10.2   Abb. 2.10.3

Abb. 2.10. Produktionsfunktionen

Produktionsfunktionen werden im $\mathbb{R}^2$ oder $\mathbb{R}^3$ üblicherweise durch ihre Ertragskurven oder Ertragsflächen graphisch veranschaulicht. Eine Darstellung in Form von Aufwandsfunktionen ist weniger gebräuchlich. Gelegentlich bedient man sich zur Veranschaulichung der Produktionsfunktion auch der Isoquantendarstellung in Parameterform. Dabei sind die Faktoreinsatzmengen die Parameter der Produktionsfunktion, und als Isoquante bezeichnet man dabei den geometrischen Ort aller Faktormengenkombinationen, die zur selben Ausbringungsmenge führen. Eine analoge Darstellung der Produktionsfunktion kann auch durch die Transformationskurve erfolgen. Die Transformationskurve ist der geometrische Ort aller Outputkombinationen, die mit denselben Faktoreinsatzmengen produzierbar sind. Die angegebenen Darstellungsformen werden wahlweise verwendet.

2.5.2 Beziehungen zwischen den Faktoren und zwischen den Produkten

Hinsichtlich der Beziehungen zwischen den Faktoren innerhalb einer Produktionsfunktion lassen sich zwei Fälle unterscheiden.

Kann ein bestimmtes Produktionsergebnis aus technischen Gründen nur durch eine einzige effiziente Kombination von Faktormengen verwirklicht werden, d. h. stehen zur Herstellung einer Produktion die effizienten Faktoreinsatzmengen in einem technisch bindenden Verhältnis zueinander und zur Produktmenge, so spricht man von limitationalen Produktionsfaktoren oder auch von der Limitationalität der Produktionsfunktion. Montageprozesse stellen häufig derartige limitationale Produktionsvorgänge dar.

Benötigt man zur Herstellung eines Fahrrades (x) zwei Räder (r_1) und einen Sattel (r_2), so lauten die Aufwandsfunktionen für die beiden Ressourcen

$$r_1 = 2x \text{ und } r_2 = 1x.$$

In diesen Aufwandsfunktionen sind die $a_i = r_i/x$, $i = 1, 2$, die Produktionskoeffizienten der Faktoren; sie geben an, welche Menge des Faktors i erforderlich ist, um eine Einheit des Endproduktes in effizienter Weise herzustellen. Das für limitationale Produktionsfunktionen typische feste Verhältnis der erforderlichen Faktoreinsatzmengen r_1 bzw. r_2 zur Produktionsmenge x wird durch diese Produktionskoeffizienten $a_1 = 2$ bzw. $a_2 = 1$ angezeigt; das bindende Einsatzverhältnis $r_1 : r_2$ zwischen den Faktoren spiegelt sich im Quotienten der Produktionskoeffizienten $a_1 : a_2 = 2$ wider. Die auf den Aufwandsfunktionen basierende Produktionsfunktion ist in der Form der Isoquantendarstellung in Abb. 2.11 veranschaulicht. Die effizienten Produktionen liegen auf den Eckpunkten der Isoquanten bzw. auf der Geraden durch den Ursprung, deren Steigung durch den Quotienten $a_2 : a_1 = 1/2$ der Produktionskoeffizienten gegeben ist.

Wie man sieht, ist Limitationalität dadurch gekennzeichnet, dass ohne den vermehrten Einsatz aller Faktoren keine höhere Produktmenge erzielt werden kann. Geht man beispielsweise davon aus, dass bei der Fahrradherstellung nur zwei Räder $(r_1 = 2)$ zur Verfügung stehen, so kann durch die Erhöhung des Satteleinsatzes r_1 von einem auf fünf Stück (Punkt A in Abb. 2.11) keine zusätzliche Menge des Produktes Fahrrad erzielt werden; diese bleibt vielmehr mit $x = 1$

konstant. Daher liegt der Punkt A $(r_1 = 2, r_2 = 5)$ ebenfalls auf der Isoquante $x = 1$, ist jedoch nicht effizient.

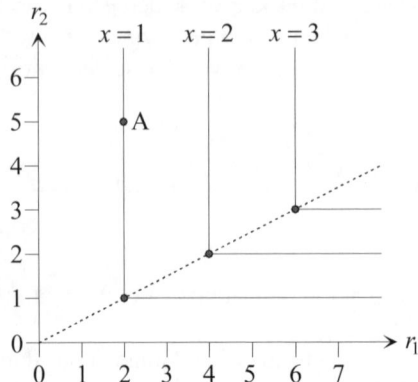

Abb. 2.11. Limitationalität der Produktionsfaktoren

Bei limitationalen Produktionsfunktionen stehen die Faktoreinsatzmengen zwar stets in einem eindeutigen Verhältnis zur Produktmenge, die Limitationalität bedingt damit aber nicht notwendigerweise konstante Produktionskoeffizienten. So gibt es limitationale Produktionsfunktionen mit konstanten Produktionskoeffizienten und solche mit variablen Produktionskoeffizienten.

Lässt sich eine bestimmte Ausbringungsmenge im Rahmen einer Produktionsfunktion durch unterschiedliche effiziente Kombinationsmöglichkeiten von Faktoreinsatzmengen herstellen, so handelt es sich um substitutionale Produktionsfaktoren oder auch um Substitutionalität der Produktionsfunktion (s. Abb. 2.12). Zur Erläuterung der Substitutionalität diene folgendes Beispiel. Zum Teeren eines Straßenstücks von 200 m Länge können entweder 4 Arbeiter und zwei Teermaschinen oder 20 Arbeiter und nur eine Teermaschine eingesetzt werden.

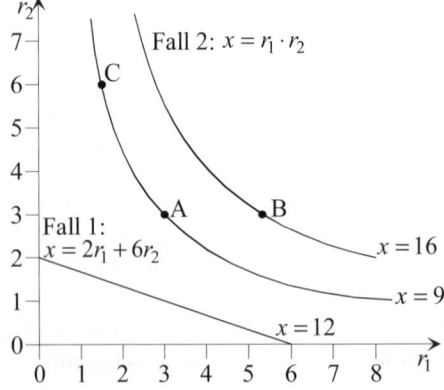

Abb. 2.12. Substitutionalität der Produktionsfaktoren

Im Gegensatz zu limitationalen Produktionsfunktionen kann in substitutionalen Produktionsfunktionen möglicherweise durch die Erhöhung der Einsatzmenge nur eines Faktors bei Konstanz der Einsatzmengen aller übrigen Faktoren die Ausbringungsmenge erhöht werden. In Abb. 2.12 gelangt man für den Fall 2 beispielsweise von dem Produktionsniveau $x = 9$ zum Produktionsniveau $x = 16$, indem man von der Faktormengenkombination A ($r_1 = 3, r_2 = 3$) durch alleinige Vermehrung der Faktoreinsatzmenge r_1 (von 3 auf $5\frac{1}{3}$ Einheiten) zur Faktorkombination B ($r_1 = 5\frac{1}{3}, r_2 = 3$) übergeht. Bei der Substitution ändern sich dabei – anders als im limitationalen Fall – die Produktionskoeffizienten.

Zwei Formen der Substitutionalität lassen sich gegeneinander abgrenzen: die periphere und die alternative Substitution. Von peripherer Substitution spricht man, wenn zur Herstellung einer bestimmten Produktmenge die Einsatzmengen der Faktoren nur in einem solchen Ausmaß begrenzt ausgetauscht werden können, dass von jedem Faktor stets eine positive Einsatzmenge verwendet werden muss. Alternative Substitution liegt vor, wenn ein Produktionsfaktor durch eine endliche Erhöhung eines anderen Produktionsfaktors völlig ersetzbar ist.

Die Produktionsfunktion $x = r_1 \cdot r_2$, die in Abb. 2.12 als Fall 2 für die Produktionsniveaus $x = 9$ und $x = 16$ graphisch veranschaulicht ist, besitzt das Merkmal der peripheren Substituierbarkeit der Produktionsfaktoren. Mann kann die Produktmenge $x = 9$ durch die Faktorkombination $r_1 = 3$ und $r_2 = 3$ (Punkt A) oder $r_1 = 1\frac{1}{2}$ und $r_2 = 6$ (Punkt C) erzeugen. In diesem Sinne besteht Substituierbarkeit zwischen diesen beiden Faktoren. Allerdings werden zur Herstellung einer Produktmenge $x \neq 0$ stets Faktoreinsatzmengen beider Faktoren benötigt. Aus $r_1 = 0$ oder $r_2 = 0$ folgt nämlich immer $x = 0$.

Die Produktionsfunktion $x = 2r_1 + 6r_2$ ist als Fall 1 für das Produktionsniveau $x = 12$ in Abb. 2.12 eingezeichnet. Sie zeichnet sich durch alternative Substituierbarkeit der Faktoren aus, da zur Herstellung von $x = 12$ beispielsweise sowohl die Kombination $r_1 = 6$ und $r_2 = 0$ als auch $r_1 = 0$ und $r_2 = 2$ gewählt werden können. Jeder der beiden Faktoren kann also durch den anderen vollkommen ersetzt werden.

Bei den substitutionalen Produktionsfunktionen unterscheidet man zwischen den klassischen und neoklassischen Produktionsfunktionen. Während eine klassische Produktionsfunktion durch den ertragsgesetzlichen Verlauf charakterisiert ist, d. h. bei der Variation einer Faktoreinsatzmenge einen Bereich zunehmender Grenzerträge besitzt, sind neoklassische Produktionsfunktionen dadurch gekennzeichnet, dass sie bei partieller Faktorvariation von Anfang an abnehmende Grenzerträge aufweisen.

Bezüglich der dargelegten Beziehungen zwischen den Faktoren lassen sich die Produktionsfunktionen gemäß Abb. 2.13 einteilen. Erweiterungen bauen auf diesen Grundformen auf.

In ähnlicher Weise lassen sich nun, was die Beziehungen zwischen den Produkten innerhalb einer Produktionsfunktion anbelangt, hinsichtlich der produktiven Zusammenhänge einige Unterscheidungen treffen.

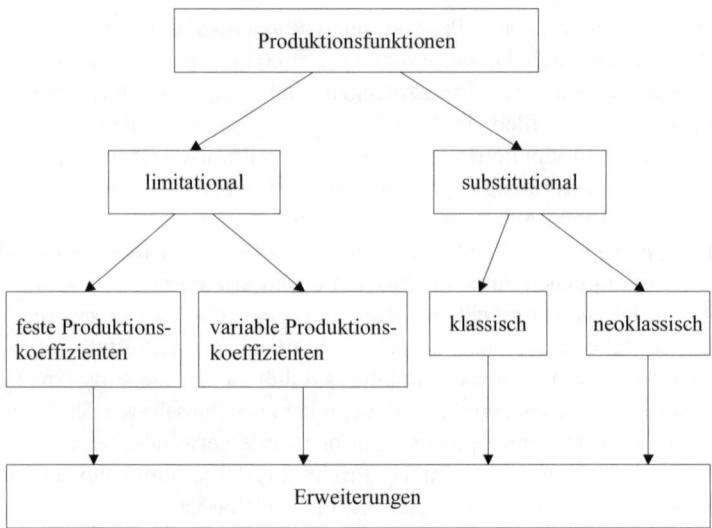

Abb. 2.13. Einteilung der Produktionsfunktionen

Benötigt man zur Herstellung mehrerer Produkte dieselben Faktoren, so liegt verbundene – oder auch gemeinsame – Produktion vor. Bedenkt man, dass das wirtschaftliche Handeln – und damit auch die Produktion – in einem industriellen Unternehmen stets unter dem Einsatz der Aktionen Planung, Entscheidung und Kontrolle des dispositiven Faktors Geschäftsleitung erfolgt, dann dürfte man zumindest mit Blick auf diesen Faktor streng genommen immer nur von Fällen der verbundenen Produktion sprechen. Dieser technologische Begriff wird allerdings in der Regel nicht so eng gefasst; er beschreibt vielmehr normalerweise die Tatsache, dass bestimmte Elementarfaktoren, insbesondere die Potentialfaktoren Betriebsmittel und Arbeitskräfte, für die Produktion der verschiedenen Güterarten innerhalb einer Planungsperiode entweder zur gleichen Zeit oder hintereinander gemeinsam gebraucht werden. Praktisch kommt dieser Fall beispielsweise vor, wenn in einer Großlackiererei verschiedene Wagentypen bearbeitet werden; in der mehrstufigen Papierproduktion tritt er dadurch auf, dass bei der Herstellung von Holzschliff und Zellulose dieselben Wässerungsmaschinen oder für die Erzeugung von Zellstoff und Lumpenhalbstoffen dieselben Bleichmaschinen mit jeweils dem entsprechenden Bedienungspersonal eingesetzt werden können.

Ein Spezialfall der verbundenen Produktion ist die Kuppelproduktion. Bei ihr fallen meist aus verfahrenstechnischen Gründen der Produktion bestimmte End- oder Zwischenprodukte in einem festen oder beschränkt variablen Mengenverhältnis zueinander an. So entstehen bei der Erdöldestillation neben den Benzinen zusätzlich verschiedene Arten von Leicht- und Schwerölen. Bei fester linearer Koppelung gilt dann für die End- und Zwischenprodukte

$$v_k = c_{kk'} \cdot v_{k'}, \ k, k' \in \{1, \dots, J + S\},$$

wobei die Koeffizienten $c_{kk'}$ die Koppelungsverhältnisse zwischen den Produkten anzeigen.

Treten Engpässe bei der gemeinsamen Nutzung verfügbarer Ressourcen auf, so wird die verbundene Produktion zur Alternativproduktion. Dann können zusätzliche Mengeneinheiten eines End- bzw. Zwischenproduktes nur noch auf Kosten einer Mengenreduktion bei den übrigen End- bzw. Zwischenprodukten hergestellt werden. Die hergestellte Menge eines Endproduktes ist dann also nicht mehr nur von den eingesetzten Faktor- und Zwischenproduktmengen abhängig, sondern auch davon, wie viel von den anderen End- und Zwischenprodukten hergestellt wird. Solche alternativen Produktkombinationen lassen sich durch Transformationskurven darstellen, wie sie zum Beispiel für den Fall zweier Produkte in Abb. 2.14 veranschaulicht ist. Der nordöstliche Rand der Produktionsmöglichkeitenmenge in Abb. 2.8 stellt eine andere Form einer Transformationskurve dar.

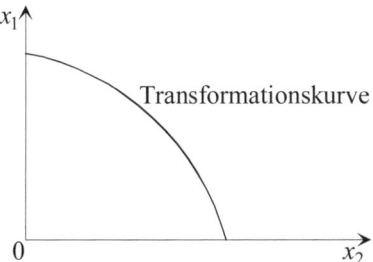

Abb. 2.14. Alternativproduktion zweier Produkte

Von unverbundener – oder auch unabhängiger – Produktion ist dann die Rede, wenn zur Herstellung verschiedener Produkte nicht dieselben Produktionsfaktoren gemeinsam beansprucht werden. Trotz des Hinweises, dass diese Situation mit Rücksicht auf den Einsatz des dispositiven Faktors Geschäftsleitung streng genommen nie vorkommt, lassen sich Modelle der unabhängigen Fertigung dennoch zur realitätsnahen Beschreibung der Produktionsvorgänge heranziehen. Dies gilt einmal, wenn die Herstellung der verschiedenen Produktarten in einer integrierten Fertigungsorganisation weder bei dem dispositiven Faktor noch bei den Elementarfaktoren zu Engpässen führt, also die eingesetzten Ressourcen ihre Kapazitätsauslastung noch nicht erreicht haben. Zum anderen besteht diese Möglichkeit, wenn gewisse Produktarten einen zumindest teilweise organisatorisch selbständigen Fertigungsbereich besitzen, so dass die in diesem Bereich zur Verfügung stehenden Elementarfaktoren ausschließlich zur Erzeugung der betreffenden Güter benutzt werden. Dies ist der Fall, wenn in der Automobilproduktion für verschiedene Wagentypen unterschiedliche Fertigungshallen eingerichtet werden. Der dispositive Faktor darf bei der geschäftsmäßigen Koordination der Teilbereiche dann aber nicht zum Engpassfaktor werden. Bei unverbundener Produktion lässt sich die Produktionsfunktion für jede unabhängige Produktart wie im Falle des Einproduktunternehmens gesondert formulieren.

2.5.3 Produktionstheoretische Grundbegriffe zur Charakterisierung von Produktionsfunktionen

Aus den mathematischen Eigenschaften von Produktionsfunktionen lässt sich eine Reihe produktionstheoretischer Grundbegriffe herleiten, die in ihrer ökonomischen Interpretation zur Charakterisierung der produktiven Beziehungen zwischen Input und Output dienen und damit eine Typisierung der Produktionsfunktionen ermöglichen. Viele dieser Begriffe setzen voraus, dass die Produktions-, Ertrags- und Aufwandsfunktionen in den jeweils betrachteten Punkten oder Bereichen stetig und differenzierbar sind, was für ökonomische Überlegungen aber vielfach keine Einschränkung darstellt.

Unterstellt man eine einstufige Einproduktfertigung ohne Zwischenprodukte und geht man von einem bestimmten Produktionspunkt $\left(x^0, r_1^0, \ldots, r_I^0\right)$ der entsprechenden Produktionsfunktionen aus, dann interessieren den Entscheidungsträger im Produktionsbereich vor allem die beiden Aspekte:

– Wie ändert sich die Ausbringungsmenge x, wenn die Einsatzmenge r_i, $i \in \{1, \ldots, I\}$, nur eines Faktors verändert wird und die Einsatzmengen der übrigen Produktionsfaktoren unverändert bleiben? In einem solchen Untersuchungsfall spricht man von einer Partialanalyse.
– Wie verändert sich die Produktmenge x, wenn die Einsatzmengen r_i, $i \in \{1, \ldots, I\}$, aller Produktionsfaktoren variiert werden? Bei der Klärung dieser Frage handelt es sich um eine Totalanalyse.

Im Folgenden werden die produktionstheoretischen Grundbegriffe nach diesen Analysezwecken geordnet vorgestellt und erläutert. Ein anschließendes Beispiel soll die Begriffsinhalte verdeutlichen.

Begriffe der Partialanalyse

(2.17)   Die Produktivität bzw. das Durchschnittsprodukt eines Faktors i ist durch das Verhältnis

$$\frac{x}{r_i}$$

von Ausbringungsmenge zu Einsatzmenge des Faktors i definiert. Es gibt an, wie viele Einheiten des Endprodukts pro Einheit der eingesetzten Menge von Faktor i produziert werden. Der Kehrwert der Produktivität ist der Produktionskoeffizient des Faktors i :

$$a_i = \frac{r_i}{x}.$$

(2.18)   Die partielle Grenzproduktivität zwischen dem Output und dem Input i lautet

$$\frac{\partial x}{\partial r_i} \, ;$$

sie zeigt an, wie sich eine beliebig kleine Veränderung der Einsatzmenge von Produktionsfaktor i auf die Produktmenge auswirkt. Hierbei können drei Fälle auftreten:

$\dfrac{\partial x}{\partial r_i} > 0$;	eine Erhöhung (Senkung) der Einsatzmenge r_i führt zu einer größeren (kleineren) Ausbringungsmenge.
$\dfrac{\partial x}{\partial r_i} = 0$;	durch eine Erhöhung (Senkung) der Einsatzmenge r_i bleibt die Ausbringungsmenge unberührt.
$\dfrac{\partial x}{\partial r_i} < 0$;	eine Erhöhung (Senkung) der Einsatzmenge r_i schlägt sich in einer Verminderung (Vergrößerung) der Ausbringungsmenge nieder.

Bei steigendem Faktoreinsatz r_i spricht man in diesen drei Fällen auch von positiven Grenzerträgen, Grenzerträgen gleich null und negativen Grenzerträgen. Die durch den Differentialquotienten ausgedrückte Grenzproduktivität kann graphisch dahingehend interpretiert werden, dass sie am betrachteten Produktionspunkt die Steigung der Ertragsfunktion bezüglich der Inputmenge r_i angibt.

Die Änderung des Grenzertrags erhält man, wenn man die Grenzproduktivität nach der Faktormenge r_i ableitet; sie lautet

$$\frac{\partial^2 x}{\partial r_i^2} = \frac{\partial\left(\dfrac{\partial x}{\partial r_i}\right)}{\partial r_i} \, .$$

Je nachdem, ob $\partial^2 x / \partial r_i^2$ größer, gleich oder kleiner null ist, liegt der Fall zunehmender, konstanter oder abnehmender Grenzerträge vor.

(2.19)   Das partielle Grenzprodukt zwischen Faktor i und dem Output ist gegeben durch

$$dx = \frac{\partial x}{\partial r_i} \cdot dr_i \, ;$$

es zeigt für hinreichend kleine Mengenänderungen an, wie sich die Produktmenge verändert, wenn die Einsatzmenge des Faktors i eine tatsächliche Veränderung um dr_i erfährt. Das partielle Grenzprodukt bezüglich Faktor i erhält man also, indem man die Grenzproduktivität des Faktors i mit dieser tatsächlichen Mengenveränderung dr_i multipliziert.

Bei der Definition der bisher eingeführten Begriffe der Partialanalyse lag das Augenmerk der Analyse auf absoluten Mengenänderungen des Outputs bezüglich absoluter Mengenänderungen des Inputs. Gelegentlich ist man jedoch auch daran interessiert, die relativen Mengenänderungen zu beschreiben. Dies geschieht häufig mit Hilfe von Elastizitäten, welche die relativen Mengenänderungen zweier Größen ins Verhältnis zueinander setzen. Ein konkretes Beispiel dafür ist der hier noch nachzutragende Begriff der Produktionselastizität:

(2.20)   Die Produktionselastizität

$$\varepsilon_i = \frac{\partial x}{x} \bigg/ \frac{\partial r_i}{r_i} = \frac{\partial x}{\partial r_i} \cdot \frac{r_i}{x}$$

von x bezüglich r_i drückt aus, um wie viel Prozent sich die Outputmenge ändert, wenn die Einsatzmenge um einen bestimmten marginalen Prozentsatz variiert wird. Die Produktionselastizität ist – wie vorstehende Beziehung verdeutlicht – gleich dem Produkt aus Grenzproduktivität und Produktionskoeffizient.

Begriffe der Totalanalyse

(2.21)   Das totale Grenzprodukt gibt an, um wie viele Einheiten sich die Ausbringungsmenge verändert, wenn die Einsatzmengen aller Produktionsfaktoren um bestimmte marginale Beträge vergrößert oder verkleinert werden. Formal lässt sich das totale Grenzprodukt schreiben:

$$dx = \frac{\partial x}{\partial r_1} dr_1 + \ldots + \frac{\partial x}{\partial r_I} dr_I = \sum_{i=1}^{I} \frac{\partial x}{\partial r_i} dr_i .$$

Das totale Grenzprodukt ist also gleich der Summe der partiellen Grenzprodukte.

(2.22)   Die Formulierung des Begriffs der Niveauvariation basiert auf der Überlegung, wie sich die Ausbringungsmenge verhält, wenn alle Faktoreinsatzmengen mit demselben Faktor proportional variiert werden. Dabei bleiben die Einsatzverhältnisse der Faktoren zueinander konstant. Die Niveauvariation besteht demnach darin, dass man von der Produktion

$$x^0 = f\left(r_1^0, \ldots, r_I^0\right)$$

zur Produktion

$$x^1 = f\left(\lambda r_1^0, \ldots, \lambda r_I^0\right)$$

übergeht, wobei $\lambda, \lambda > 0$, den Proportionalitätsfaktor anzeigt, mit dem alle Faktoreinsatzmengen verändert werden.

Spezialfälle der Niveauvariation werden durch den Begriff der Homogenität von Produktionsfunktionen erfasst. Allgemein heißt eine Produktionsfunktion

$$x = f\left(r_1, \ldots, r_I\right)$$

homogen vom Grade t, wenn es eine Zahl $t \geq 0$ gibt, so dass für jeden Proportionalitätsfaktor $\lambda > 0$ gilt:

$$\lambda^t x = f\left(\lambda r_1, \ldots, \lambda r_I\right).$$

Das heißt, werden alle Faktoreinsatzmengen mit der Zahl λ multipliziert, so verändert sich die Ausbringungsmenge um den Faktor λ^t.

Hinsichtlich des Homogenitätsgrades einer Produktionsfunktion unterscheidet man drei Fälle. Für

$t = 1$ heißt die Produktionsfunktion homogen vom Grade eins oder linearhomogen. Die Produktmenge verändert sich proportional (linear) zur Niveauvariation.

$t > 1$ spricht man davon, dass die Produktionsfunktion überlinearhomogen ist. Die Produktmenge verändert sich überproportional (progressiv) zur Niveauvariation.

$t < 1$ sagt man, dass die Produktionsfunktion unterlinearhomogen ist. Die Produktmenge verändert sich unterproportional (degressiv) zur Niveauvariation.

Als vereinfachende Faustregel kann man hier festhalten, dass homogene Produktionsfunktionen im Ursprung des Koordinatensystems beginnen, d. h. also kein Absolutglied in der Produktionsfunktion enthalten sein darf.

(2.23)   Die verschiedenen relativen Auswirkungen von Niveauvariationen innerhalb von Produktionsfunktionen werden gelegentlich durch den Begriff der Skalenelastizität zum Ausdruck gebracht. Er lautet

$$t = \frac{dx}{x} \bigg/ \frac{d\lambda}{\lambda} = \frac{dx}{d\lambda} \cdot \frac{\lambda}{x}.$$

Die Skalenelastizität stimmt bei homogenen Produktionsfunktionen also mit dem Homogenitätsgrad überein; sie gibt entsprechend an, um wie viel Prozent sich die Produktion verändert, wenn die Einsatzmengen aller Produktionsfaktoren um einen bestimmten marginalen, aber gleichen Prozentsatz verändert werden. Gemäß den verschiedenen Homogenitätsgraden spricht man bei t größer, gleich oder kleiner eins von zunehmenden, konstanten oder abnehmenden Skalenerträgen.

Die Niveauvariation bzw. Skalenelastizität stehen in enger Beziehung zu den Eigenschaften von Technologien bezüglich bestimmter zulässiger Niveauveränderungen ihrer Produktionspunkte. Bei Größenproportionalität spricht man in der Literatur auch oft von konstanten Skalenerträgen. Ebenso werden die Größendegression bzw. Größenprogression üblicherweise mit nicht-zunehmenden bzw. nicht-abnehmenden Skalenerträgen identifiziert.

Auf einen weiteren Zusammenhang sei hier noch hingewiesen, der zwischen der Skalenelastizität t und den Produktionselastizitäten ε_i der Faktoren besteht. Das totale Grenzprodukt der Funktion

$$x = f(r_1, \ldots, r_I)$$

lautet

$$dx = \frac{\partial x}{\partial r_1} dr_1 + \ldots + \frac{\partial x}{\partial r_I} dr_I \,.$$

Geht man nun zudem von einer proportionalen Veränderung aller Faktoreinsatzmengen aus, dann stehen die Änderungen in den Faktoreinsatzmengen aufgrund der Niveauvariation in demselben Verhältnis zueinander wie die Ausgangsmengen, d. h. es gilt dann

$$\frac{dr_i}{dr_{\hat{i}}} = \frac{r_i}{r_{\hat{i}}} \quad \text{bzw.} \quad dr_i = r_i \frac{dr_{\hat{i}}}{r_{\hat{i}}} = r_i \frac{d\lambda}{\lambda} \,, \; i, \hat{i} \in \{1, \ldots, I\} \,.$$

Setzt man diese Beziehung in das totale Grenzprodukt ein, so erhält man

$$dx = \frac{\partial x}{\partial r_1} \cdot r_1 \cdot \frac{d\lambda}{\lambda} + \ldots + \frac{\partial x}{\partial r_I} \cdot r_I \cdot \frac{d\lambda}{\lambda}$$

bzw.

$$t = \frac{dx}{x} \bigg/ \frac{d\lambda}{\lambda} = \frac{\partial x}{\partial r_1} \cdot \frac{r_1}{x} + \ldots + \frac{\partial x}{\partial r_I} \cdot \frac{r_I}{x} = \varepsilon_1 + \ldots + \varepsilon_I \,.$$

Diese auch als Wicksell-Johnson-Theorem bezeichnete Skalenelastizitätsgleichung besagt also, dass die Skalenelastizität gleich der Summe aller Produktionselastizitäten ist.

Die zuvor definierten produktionstheoretischen Grundbegriffe sind in Tabelle 2.2 für zwei verschiedene Produktionsfunktionen, die periphere bzw. alternative Substitutionalität aufweisen, durch numerische Berechnungen verdeutlicht. Für beide Produktionsfunktionen wird dabei der Produktionspunkt unterstellt, der sich aus den Faktoreinsatzmengen $r_1^0 = 2$ und $r_2^0 = 3$ ergibt. Dort, wo Veränderungen dieser Faktoreinsatzmengen mit in den Kalkül einzubeziehen sind, wird ebenfalls stets für beide Produktionsfunktionen $dr_1 = 1$ und $dr_2 = 2$ angenommen.

Tabelle 2.2.   Numerische Beispiele für produktionstheoretische Grundbegriffe

Grundannahmen	$r_1^0 = 2, \ r_2^0 = 3, \ dr_1 = 1, \ dr_2 = 2$	
Produktionsfunktion $x = f(r_1, r_2)$	$x = r_1 \cdot r_2$	$x = 2r_1 + 3r_2$
Produktionspunkt (x^0, r_1^0, r_2^0)	(6, 2, 3)	(13, 2, 3)
Produktionskoeffizient $a_i = \dfrac{r_i}{x}$	$a_1 = \dfrac{1}{3}, \ a_2 = \dfrac{1}{2}$	$a_1 = \dfrac{2}{13}, \ a_2 = \dfrac{3}{13}$
Grenzproduktivität $\dfrac{\partial x}{\partial r_i}$	$\dfrac{\partial x}{\partial r_1} = r_2 = 3, \ \dfrac{\partial x}{\partial r_2} = r_1 = 2$	$\dfrac{\partial x}{\partial r_1} = 2, \ \dfrac{\partial x}{\partial r_2} = 3$
Partielles Grenzprodukt $dx = \dfrac{\partial x}{\partial r_i} \cdot dr_i$	$\dfrac{\partial x}{\partial r_1} \cdot dr_1 = 3, \ \dfrac{\partial x}{\partial r_2} \cdot dr_2 = 4$	$\dfrac{\partial x}{\partial r_1} \cdot dr_1 = 2, \ \dfrac{\partial x}{\partial r_2} \cdot dr_2 = 6$
Produktionselastizität ε_i	$\varepsilon_1 = 1, \ \varepsilon_2 = 1$	$\varepsilon_1 = \dfrac{4}{13}, \ \varepsilon_2 = \dfrac{9}{13}$
Totales Grenzprodukt $dx = \sum\limits_{i=1}^{I} \dfrac{\partial x}{\partial r_i} dr_i$	$dx = 7$	$dx = 8$
Homogenitätsgrad/ Skalenelastizität t	$t = 2$	$t = 1$

3 Erweiterungen aktivitätsanalytischer Betrachtungen

3.1 Erweiterungen der Effizienzbetrachtung

3.1.1 Vorbemerkungen

Die im Unterkapitel 2.4 vorgenommene Formulierung des Effizienzkriteriums und die daran anknüpfenden Effizienzanalysen haben zur Erkenntnis geführt, dass

(1) Produktionsaktivitäten einer Technologie aus absoluter Perspektive entweder effizient sind oder nicht. Dafür wird aber für ineffiziente Produktionspunkte keine Aussage darüber gemacht, wie sie im Vergleich zu effizienten Aktivitäten in ihrer relativen Ineffizienz zu beurteilen sind.

(2) der Effizienzbegriff auf der Dominanzdefinition fußt und insofern Produktionen mit höheren Outputmengen bei sonst gleichen Mengenkomponenten eines Gütervektors als vergleichsweise besser eingestuft werden. Im Fall der Kuppelproduktion ist das für anfallende Abfallmengen unter dem Gesichtspunkt des Umweltschutzes nicht sinnvoll.

(3) nur effiziente Produktionen unter Wirtschaftlichkeitsaspekten für weitere Betrachtungen in Frage kommen. Das kann zu Fehlentscheidungen führen, falls sich unter speziellen Bewertungsfunktionen beispielsweise herausstellen sollte, dass gerade nichteffiziente Produktionen zum Gewinnmaximum oder zum Kostenminimum im Unternehmen führen.

In solchen Fällen müssen die aus traditioneller Sicht angestellten Effizienzüberlegungen modifiziert bzw. sogar ganz revidiert werden. Dem ist in neuerer Zeit durch die Formulierung innovativer Analysekonzepte in besonderer Weise Rechnung getragen worden.

Die von CHARNES et al. (1978) entwickelte Data Envelopment Analysis (DEA) nutzt das von DEBREU (1951) und FARRELL (1957) dargestellte Radialmaß, um die relative Effizienz von Aktivitäten zu bestimmen. Zu diesem Analysekonzept ist im Laufe der Zeit eine Reihe von Erweiterungen oder Verallgemeinerungen vorgenommen worden. Einen umfassenden und klaren Überblick darüber gibt KLEINE (2002).

Die Idee, Umweltschutzaspekte der Produktion in der Effizienzanalyse dadurch zu berücksichtigen, dass man die Kategorien der Input- und Outputarten erweitert

und die Menge der Güter je nach dem Maß ihrer Erwünschtheit oder Unerwünschtheit differenziert bzw. bewertungsmäßig mit anderen Vorzeichen versieht,
hat eine lange Tradition. So hat KOOPMANS (1951) schon selbst auf die Möglichkeit hingewiesen, unerwünschte Güter durch Multiplikation ihrer Mengen mit
(-1) in der Aktivitätsanalyse zu erfassen. Um in solchen Fällen aber nicht dau-
ernd zwischen der Objektebene (Gütermengen der Produktion) und der Ergebnisebene (Bewertung dieser Gütermengen mit $+1$ oder -1) unterscheiden zu
müssen, haben CHARNES und COOPER (1961) den Begriff der Funktionaleffizienz
eingeführt, für den DINKELBACH (1969) bereits früh darauf hingewiesen hat, dass
die technische Effizienz der Aktivitätsanalyse ein Spezialfall dieser Funktionaleffizienz ist. In Erweiterung dieses Gedankengangs hat FANDEL (1981) einen
Programmplanungsansatz für Kuppelproduktion vorgestellt, in dem die Zulässigkeit von Überschuss- und Vernichtungsmengen unter Umweltschutzgesichtspunkten im Lichte der unternehmerischen Gewinnmaximierung bewertet wird.
Mit der Einbeziehung ökologischer Aspekte in die Aktivitätsanalyse haben sich
dann systematisch schwerpunktmäßig Anfang der 90er Jahre des vorigen Jahrhunderts KISTNER (1989), DYCKHOFF (1991), STEVEN (1994) sowie DINKELBACH
und ROSENBERG (1996) beschäftigt.

Die zweistufige Vorgehensweise, aus Wirtschaftlichkeitsgründen zunächst einmal unter allen möglichen Produktionsaktivitäten die effizienten zu bestimmen
und dann nur noch aus diesen die gewinnmaximalen Produktionen zu ermitteln,
kann unter Umständen zu suboptimalen Ergebnissen führen, die von ineffizienten
Produktionen übertroffen werden. Sich allein auf effiziente Produktionen zu stüt-
zen, würde also die Gefahr von unternehmerischen Fehlentscheidungen in sich
bergen. Auf eine derartige Rationalität der Ineffizienz haben BOGETOFT und
HOUGAARD (2003) aufmerksam gemacht. FANDEL und LORTH (2009a) haben die
zugrunde liegenden Bedingungen näher analysiert und gezeigt, dass unter
speziellen technologischen Voraussetzungen ineffiziente Aktivitäten in Kombination mit effizienten Produktionen unter Umständen wieder zu effizienten, d. h.
nichtdominierten Produktionspunkten führen können. Neueste Forschungsergeb-
nisse zur Rationalität der Ineffizienz sind in FANDEL (2009) zusammengetragen.

Die angesprochenen Modifikationen werden im Folgenden in ausgewählter
Form teilweise näher erläutert.

3.1.2 Data Envelopment Analysis (DEA)

Grundlagen der DEA

In der Praxis kommt es mitunter vor, dass Inputs und Outputs nicht bewertet
werden können, wenn z. B. aufgrund von unvollkommener Information keine
Preise bekannt sind oder sogar keine Preise existieren. Dies ist in Universitäten,
Verwaltungen, Krankenhäusern und Energieversorgungsunternehmen der Fall
(siehe z. B. FANDEL 2006). Um die Wirtschaftlichkeit bzw. Effizienz solcher

Entscheidungseinheiten miteinander vergleichen zu können, ist die DEA konzipiert worden, deren Anwendung auf die Effizienzanalyse unternehmerischer Produktion hier betrachtet werden soll. Im Folgenden wird also unterstellt, dass es sich um Produktionen desselben Unternehmens auf der Grundlage derselben Technologie handeln soll. Die DEA gehört zu den nichtparametrischen Methoden der Effizienzanalyse, welche es gestatten, eine empirische Randproduktionsfunktion ohne vorherige Kenntnis einer funktionalen Beziehung zwischen Input- und Outputmengen allein aus tatsächlich realisierten Produktionspunkten zu bilden.

Die Effizienzmessung bzw. die Definition oder Bestimmung eines Effizienzmaßes kann immer nur im Zusammenhang mit der zugrundeliegenden Technologie erfolgen. Dabei versucht man, den Abstand eines Produktionspunktes zum (effizienten) Rand der Technologie zu messen. Dazu benötigt man Angaben, auf welche Weise dieser Abstand gemessen werden soll. Als Effizienzwert bezeichnet man dann den Funktionswert eines Effizienzmaßes, welcher das Verbesserungspotential einer ineffizienten Aktivität im Vergleich zu einer effizienten Aktivität angibt. Auf der Grundlage des Radialmaßes von DEBREU (1951) und FARRELL (1957) verwendet man meist äquiproportionale Effizienzmaße, die das Verbesserungspotential prozentual in Dezimalzahlen messen. Am gebräuchlichsten sind dabei das inputorientierte und das outputorientierte Radialmaß. Das inputorientierte äquiproportionale Effizienzmaß gibt an, um wie viel Prozent alle Inputmengen bei vorgegebenen Outputmengen gesenkt werden können, um auf den (effizienten) Rand der Technologie zu gelangen. Effiziente Produktionspunkte erhalten dann einen Effizienzwert von null, da ihre Inputmengen nicht mehr verringert werden können. Der Effizienzwert ineffizienter Aktivitäten ist dagegen im Allgemeinen positiv. Oft ist auch die komplementäre Messung gebräuchlich, die einer effizienten Aktivität den Effizienzwert von eins, einer ineffizienten Aktivität dagegen einen Effizienzwert zwischen null und eins zuordnet. Das outputorientierte äquiproportionale Effizienzmaß gibt entsprechend an, um wie viel Prozent alle Outputmengen bei gegebenen Inputmengen erhöht werden müssen, damit man auf den effizienten Rand der Technologie gelangt. Effiziente Aktivitäten erhalten dabei einen Effizienzwert von null, da ihre Outputmengen nicht mehr erhöht werden können. Ineffiziente Aktivitäten weisen dagegen wieder positive Effizienzwerte auf. Hier liegen bei komplementärer Messung die Effizienzwerte effizienter Aktivitäten bei eins und die ineffizienter Aktivitäten bei größer eins. Die effizienten Aktivitäten, in Hinblick auf welche die Verbesserungspotentiale berechnet werden, stellen also Benchmarks für die ineffizienten Aktivitäten dar. Die angesprochenen Effizienzmaße lassen sich bei vorgegebenen Produktionspunkten mit Hilfe der Lösung linearer Planungsprobleme berechnen (CHARNES et al. 1978; BANKER et al. 1984).

Um die Vorgehensweise verschiedener DEA-Ansätze für unterschiedliche Technologien beispielhaft graphisch aufzuzeigen, werden sieben Aktivitäten $v^n \in \mathbb{R}^2$, $n = 1, ..., 7$, mit je einem Input und einem Output betrachtet, die in der Form $v^n = \left(r^n, x^n \right)'$ beschrieben seien, wobei r^n die (positiv gerechnete) Inputmenge und x^n die Outputmenge der Aktivität v^n seien. Die sieben Aktivitäten lehnen sich an CHARNES et al. (1994) an und sind in der Tabelle 3.1 zusammengestellt.

Tabelle 3.1.   Input-Output-Werte von sieben Aktivitäten

v^n	v^1	v^2	v^3	v^4	v^5	v^6	v^7
r^n	2	3	6	9	5	4	10
x^n	2	5	7	8	3	1	7

Im Hinblick auf die Charakteristik der Technologie, der diese sieben Aktivitäten angehören, werden die drei verschiedenen Ausprägungen betrachtet

(3.1)   die Technologie sei durch konstante Skalenerträge gekennzeichnet, d. h. sie sei größenproportional,

(3.2)   die Technologie sei konvex und durch variable Skalenerträge charakterisiert, d. h.

$$T = \left\{ v \in I\!R^2 \mid \begin{pmatrix} -r \\ x \end{pmatrix} \leq \sum_{n=1}^{7} \mu^n \cdot \begin{pmatrix} -r^n \\ x^n \end{pmatrix}, \right.$$

$$\left. 0 \leq \mu^n \leq 1, \sum_{n=1}^{7} \mu^n = 1, n = 1,...,7 \right\},$$

(3.3)   die Technologie sei nur durch die sieben Aktivitäten und die von ihnen dominierten Produktionspunkte beschrieben, also durch die beliebige Verschwendung bezüglich der gegebenen Aktivitäten.

Anwendung der DEA auf den Fall konstanter Skalenerträge

Die von den sieben Aktivitäten der Tabelle 3.1 unter Einbeziehung der Verschwendung und unter der Annahme konstanter Skalenerträge aufgespannte Technologie ist in Abb. 3.1 bzw. in Abb. 3.2 dargestellt.

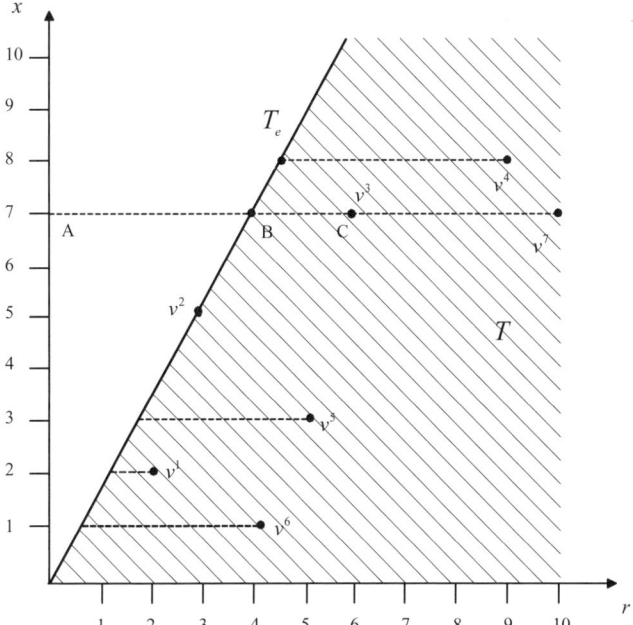

Abb. 3.1.   Inputorientiertes Radialmaß

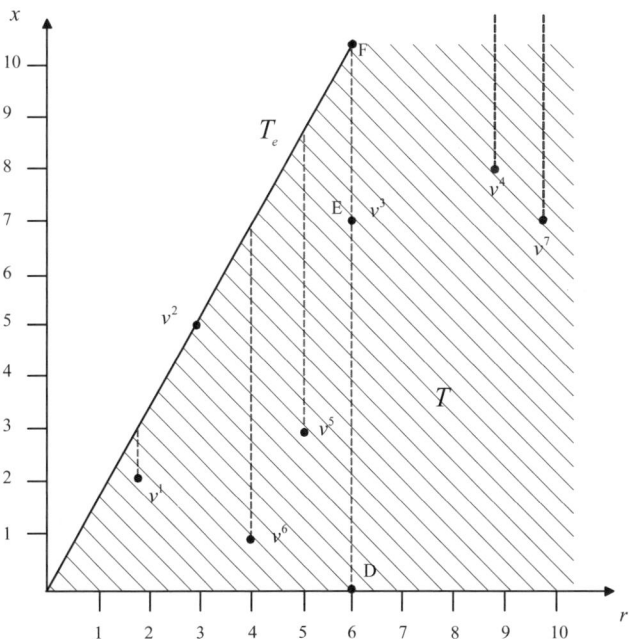

Abb. 3.2.   Outputorientiertes Radialmaß

Wie man sieht, wird die Technologie T bzw. ihr effizienter Rand T_e im Falle konstanter Skalenerträge bzw. der Größenproportionalität allein durch Vielfache der effizienten Aktivität v^2 erzeugt. Alle Benchmarks oder – wie man auch sagt – alle Peers für die Berechnung der Effizienzmaße ergeben sich damit sowohl für das inputorientierte als auch für das outputorientierte Radialmaß aus Vielfachen von v^2. Offensichtlich folgt hier der Verlauf des effizienten Randes T_e der Funktion

$$x = \frac{5}{3} \cdot r, \; r \geq 0 \,.$$

Die input- bzw. outputorientierten Radialmaße erhält man in dem einfachen Fall nur eines Inputs bzw. nur eines Outputs durch horizontale bzw. vertikale Projektionen der Aktivitäten auf den effizienten Rand T_e. So beträgt das inputorientierte Effizienzmaß für Aktivität v^3 (siehe Abb. 3.1)

$$\Theta^{3i} = \frac{\overline{\mathrm{AB}}}{\overline{\mathrm{AC}}} = \frac{7 \cdot \dfrac{3}{5}}{\dfrac{6}{\dfrac{30}{5}}} = \frac{\dfrac{21}{5}}{\dfrac{30}{5}} = \frac{21}{30} = \frac{7}{10},$$

d. h. die Inputmenge $r^3 = 6$ der ineffizienten Aktivität v^3 müsste bei Beibehaltung der Outputmenge $x^3 = 7$ auf das $7/10$-fache, also auf $\hat{r}^3 = 7/10 \cdot r^3 = 42/10 = 4{,}2$ (Punkt B in Abb. 3.1) reduziert werden, damit das in Aktivität v^3 steckende (inputorientierte) Verbesserungspotential von $\left(1 - \Theta^{3i}\right) = 1 - 0{,}7 = 0{,}3$ ausgeschöpft und der Benchmark am effizienten Punkt B erreicht wird. Für die Koordinaten $\left(\hat{r}^3, \hat{x}^3\right)$ des Benchmark B gilt offensichtlich $\hat{r}^3 = 4{,}2$ und $\hat{x}^3 = 7$. Man erhält sie, indem man die effiziente, die gesamte Technologie aufspannende Aktivität v^2 um das 1,4-fache erhöht:

$$1{,}4 \cdot v^2 = 1{,}4 \cdot (3,\, 5)' = (4{,}2,\; 7)' = \left(\hat{r}^3,\, \hat{x}^3\right)'.$$

Der outputorientierte Effizienzwert der Aktivität v^3 ergibt sich aus den Streckenverhältnissen (siehe Abb. 3.2)

$$\Theta^{3o} = \frac{\overline{\mathrm{DF}}}{\overline{\mathrm{DE}}} = \frac{6 \cdot \dfrac{5}{3}}{7} = \frac{30}{21} = \frac{10}{7},$$

d. h. die Outputmenge $x^3 = 7$ müsste bei gleichbleibender Inputmenge $r^3 = 6$ auf das $10/7$-fache erhöht werden, damit v^3 am Punkt F mit den Koordinaten $\left(r^3, \hat{x}^3\right) = (6, 10)$ kein Verbesserungspotential mehr hat. Benchmark bzw. Peer wäre v^2 mit $2 \cdot v^2 = 2 \cdot (3, 5)' = (6, 10)'$.

Nach entsprechenden Berechnungen ergeben sich bei der hier zugrunde gelegten Technologie die folgenden input- und outputorientierten Effizienzmaße für die sieben Aktivitäten, wie sie in Tabelle 3.2 zusammengestellt sind. Man erkennt, dass bei gleicher Technologie die input- und outputorientierten Effizienzmaße der sieben Aktivitäten unterschiedlich ausfallen.

Tabelle 3.2.   Effizienzmaße bei konstanten Skalenerträgen

v^n	v^1	v^2	v^3	v^4	v^5	v^6	v^7
Θ^{ni}	$\dfrac{3}{5}$	1	$\dfrac{7}{10}$	$\dfrac{8}{15}$	$\dfrac{9}{25}$	$\dfrac{3}{20}$	$\dfrac{21}{50}$
Θ^{no}	$\dfrac{5}{3}$	1	$\dfrac{10}{7}$	$\dfrac{15}{8}$	$\dfrac{25}{9}$	$\dfrac{20}{3}$	$\dfrac{50}{21}$

Anwendung der DEA auf den Fall variabler Skalenerträge

In dem Falle, dass die sieben Aktivitäten aus Tabelle 3.1 eine konvexe Technologie mit variablen Skalenerträgen markieren, nimmt diese Technologie die Gestalt wie in den Abb. 3.3 und 3.4 an. Der effiziente Teilrand der Technologie ist in fett durchgezogenen Linien dargestellt.

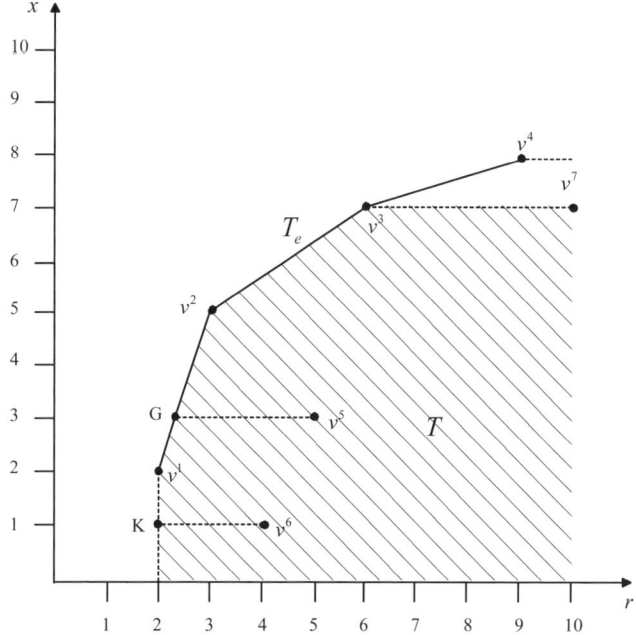

Abb. 3.3.   Inputorientiertes Radialmaß

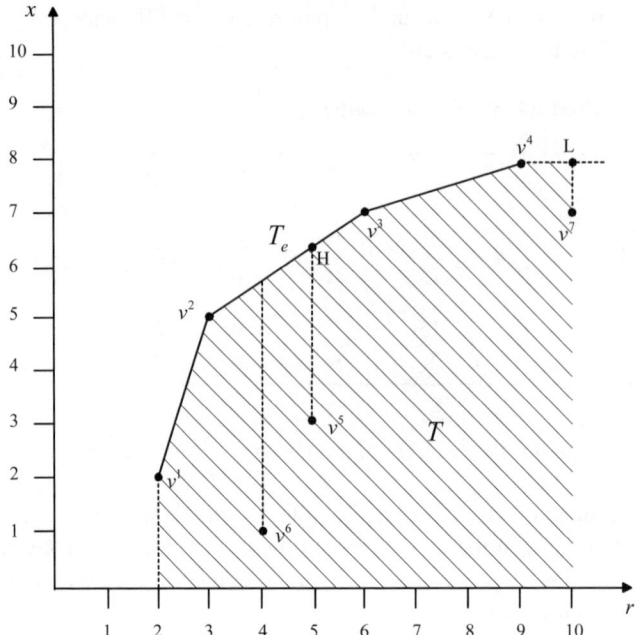

Abb. 3.4.   Outputorientiertes Radialmaß

Aus den Abbildungen erkennt man, dass für das inputorientierte Effizienzmaß für Aktivität v^5 die Aktivitäten v^1 und v^2 die Peers sind, da der Benchmarkpunkt G auf einer Strecke der Linearkombination der effizienten Aktivitäten v^1 und v^2 liegt. Für das outputorientierte Radialmaß für Aktivität v^5 sind dagegen die effizienten Aktivitäten v^2 und v^3 die Peers, da der Punkt H auf der Linearkombination dieser beiden Aktivitäten liegt. Durch Auswertung der entsprechenden Geradengleichungen berechnet man für das inputorientierte Effizienzmaß von v^5 $\hat{\Theta}^{5i} = 7/15$ und für das outputorientierte Effizienzmaß $\hat{\Theta}^{5o} = 19/9$.

Die Abbildungen erklären zugleich, warum die hier diskutierte Methode der Effizienzanalyse Data Envelopment Analysis heißt: Die Technologiemenge ergibt sich durch die Einhüllung der realisierten und beobachteten Aktivitäten.

Aus den Abb. 3.3 und 3.4 wird eine Schwäche dieses Ansatzes, die relative Effizienz von Aktivitäten durch das Radialmaß zu bestimmen, ersichtlich. Beim inputorientierten Radialmaß ist der Punkt K Benchmark für Aktivität v^6 und beim outputorientierten Radialmaß der Punkt L für v^7. Die Punkte K und L sind aber beide ineffizient, so dass in beiden Fällen die Ineffizienz von v^6 bzw. v^7 nicht gänzlich identifiziert wird. Dazu müssten sie auf die Aktivitäten v^1 bzw. v^4 bezogen werden, was man durch die entsprechende Hinzunahme der Abstände von K zu v^1 bzw. von L zu v^4 erfassen könnte. Solche Modifizierungen sind in der Literatur vorgenommen worden und werden als slack-erweiterte Modelle bezeichnet (BANKER et al. 2004; BAUER und HAMMERSCHMIDT 2006).

Für den Fall variabler Skalenerträge sind die input- und outputorientierten Radialmaße der sieben Aktivitäten in der Tabelle 3.3 aufgeführt.

Tabelle 3.3.   Effizienzmaße bei variablen Skalenerträgen

v^n	v^1	v^2	v^3	v^4	v^5	v^6	v^7
$\hat{\Theta}^{ni}$	1	1	1	1	$\dfrac{7}{15}$	$\dfrac{1}{2}$	$\dfrac{3}{5}$
$\hat{\Theta}^{no}$	1	1	1	1	$\dfrac{19}{9}$	$\dfrac{17}{3}$	$\dfrac{8}{7}$

Anwendung der DEA auf den Fall beliebiger Verschwendung

Ein Ansatz, die Effizienz verschiedener Produktionen vergleichend zu messen, wobei man keine weiteren speziellen Eigenschaften der Technologie unterstellt, sondern sich vielmehr auf die tatsächlich beobachteten Input-Output-Kombinationen und die sich im Verhältnis zu ihnen durch beliebige Verschwendung ergebenden Aktivitäten stützt, ist erstmals von DEPRINS et al. (1984) vorgestellt worden. Es wird also im Folgenden davon ausgegangen, die durch die sieben Aktivitäten erzeugte Technologie sei durch Abb. 3.5 bzw. 3.6 illustriert. Der effiziente Rand dieser Technologie ist allein durch die Aktivitäten v^1, v^2, v^3 und v^4 bestimmt, Die Radialmaße besitzen hier die schon zuvor angesprochene defizitäre Eigenschaft, dass die Benchmarks ineffizienter Aktivitäten selbst ineffizient sind, wie dies beispielsweise für das outputorientierte Radialmaß für die Aktivitäten v^5, v^6 und v^7 der Fall ist. Ein Ausweg besteht dann darin, das von CHARNES et al. (1985) konzipierte additive DEA-Modell anzuwenden, das ein unorientiertes additives Effizienzmaß verwendet. Man erhält es, indem man zu jeder Aktivität den effizienten Peer auswählt, für den die Summe der Differenzen (Schlüpfe) der Inputreduktion und der Outputerhöhung maximal wird. Die Schlupfsumme ist dann das relative Effizienzmaß, wobei effiziente Aktivitäten das Effizienzmaß null und ineffiziente Aktivitäten ein Effizienzmaß größer null erhalten. So ist der effiziente Referenzpunkt für v^6 nicht v^1 sondern v^2, denn die Summe der Schlüpfe ist im ersten Fall $s^- + s^+ = 2+1 = 3$ (siehe Abb. 3.5), im zweiten Fall aber $s^- + s^+ = 1+4 = 5$ (siehe Abb. 3.6).

Die radialen Effizienzmaße $\tilde{\Theta}^{ni}$ bzw. $\tilde{\Theta}^{no}$ sowie die additiven Effizienzmaße $\bar{\Theta}^n$ sind für den Fall beliebiger Verschwendung in der Tabelle 3.4 zusammengefasst.

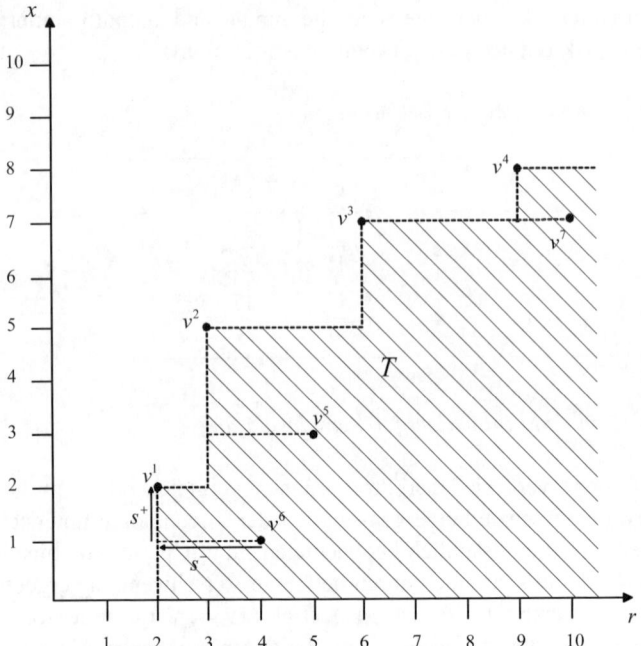

Abb. 3.5.   Inputorientiertes Radialmaß

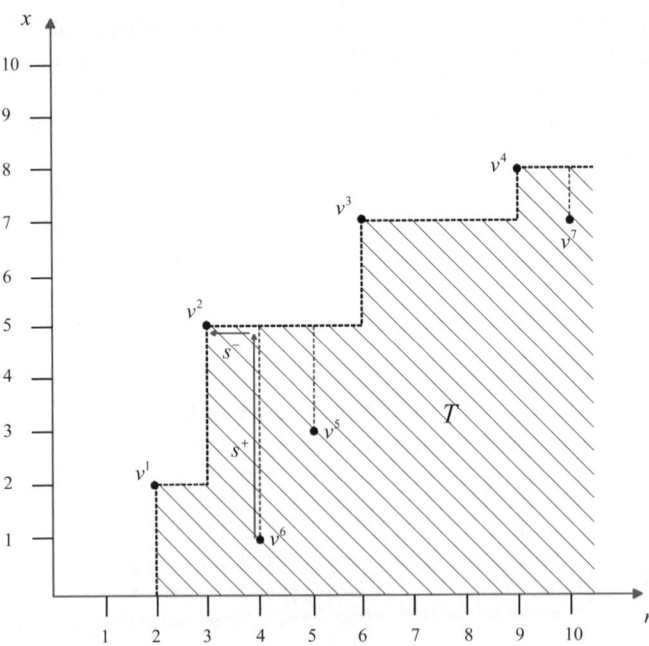

Abb. 3.6.   Outputorientiertes Radialmaß

Tabelle 3.4. Radiale und additive Effizienzmaße bei beliebiger Verschwendung

v^n	v^1	v^2	v^3	v^4	v^5	v^6	v^7
$\tilde{\Theta}^{ni}$	1	1	1	1	$\dfrac{3}{5}$	$\dfrac{1}{2}$	$\dfrac{9}{10}$
$\tilde{\Theta}^{no}$	1	1	1	1	$\dfrac{5}{3}$	5	$\dfrac{8}{7}$
$\overline{\Theta}^{n}$	0	0	0	0	4	5	2

Zusammenfassung und Kritik

Die Ausführungen haben gezeigt, dass die DEA in der Lage ist, ineffiziente Produktionen durch ein Effizienzmaß zu bewerten und dadurch sogar in eine Rangfolge der Beurteilung zu bringen. Dabei hängt die Effizienz einer Aktivität davon ab, welche zusätzlichen Eigenschaften der Technologie unterstellt werden. Die Aktivitäten v^1 und v^3 sind so beispielsweise unter der alleinigen Annahme beliebiger Verschwendbarkeit und unter den Annahmen der Konvexität und variabler Skalenerträge effizient, unter der Annahme konstanter Skalenerträge aber ineffizient (vg. Abb. 3.5 und 3.3 mit Abb. 3.1). Zudem wird die Bewertung ineffizienter Aktivitäten stark durch das verwendete Effizienzmaß beeinflusst, so dass sich die Bewertungsrangfolgen erheblich verändern können. Das zeigt in schneller Übersicht bereits ein Blick auf die Bewertung der ineffizienten Aktivitäten v^5, v^6 und v^7 in Tabelle 3.3.

Beleuchtet man die Grundannahmen der DEA-Technologie etwas näher, dann treten einige Kritikpunkte der Analysemethode zutage. Ein Problem ergibt sich aus der den Basismodellen zugrunde gelegten Annahme der Konvexität, die es kaum erlaubt, Produktionen in Fällen der Güterprogression entsprechend zu untersuchen. Diese Annahme impliziert zudem, dass die Technologiemenge nicht diskret sein darf, also nur ganzzahlige Input- und Outputgrößen in Betracht kommen dürften. Konvexität unterstellt weiterhin, dass die durch die Technologie erfassten Produktionsverfahren in bestimmtem Umfang kombinierbar sind und zwischen den Inputs Substitutionsmöglichkeiten bestehen. Trifft das aber nicht zu, so könnte die unbefriedigende Situation auftreten, dass eine effiziente Aktivität als ineffizient deklariert wird, wenn sie von einer effizienten Konvexkombination dominiert wird, die aber im Hinblick auf die tatsächlichen Produktionsbedingungen unrealistisch ist. Das würde zu wenig sinnvollen Effizienzbetrachtungen führen. Ein solcher Fall ist in der Abb. 3.7 skizziert.

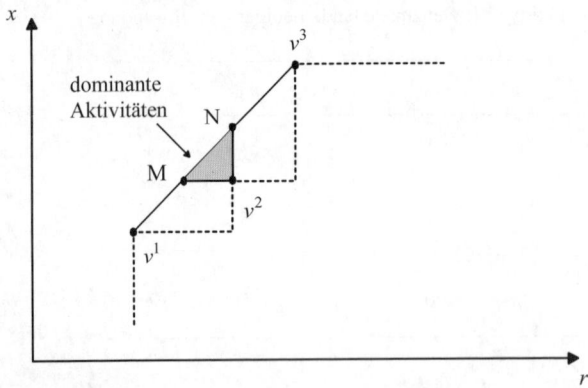

Abb. 3.7.   Dominiertheit einer effizienten Produktion v^2 durch Konvexkombinationen von v^1 und v^3

Die Aktivitäten v^1, v^2 und v^3 sind effizient. Durch Konvexkombinationen von v^1 und v^3 zwischen den Punkten M und N wird v^2 dominiert und insoweit als ineffizient deklariert. Dieser unbefriedigende Umstand hat zur Formulierung von Modellen der freien Verschwendbarkeit geführt, wie sie zuvor diskutiert worden sind.

Die Konvexitätsannahme bzw. die mit ihr einhergehende Kombinierbarkeit von Aktivitäten bedeutet aber auch, dass Aktivitäten proportional beliebig reduzierbar sind. Das muss nicht realistisch sein, weil in der Praxis die wenigsten Produktionsprozesse in ihrem Niveau beliebig heruntergefahren werden können (z. B. Hochöfen oder Dienstleistungen, die ein bestimmtes Grundniveau des Ressourceneinsatzes erfordern). Mit der Annahme variabler Skalenerträge werden unter Umständen Größeneffekte vernachlässigt, die bei einer Niveauerhöhung von Aktivitäten erreichbar wären. Schließlich besteht ein Nachteil der additiven Effizienzmessung darin, dass die Ergebnisse nicht invariant gegenüber Skalentransformationen der Input- bzw. Outputmengen sind. Diesem Umstand könnte man zwar durch die verschiedenartige Gewichtung der Gütermengen Rechnung tragen. Dieser Weg ist aber insofern zweifelhaft, als man fragen muss, woher denn die Gewichte kommen, wenn es schon keine Anhaltspunkte für Knappheitspreise der Güter gibt. Wenn es die aber gibt, kann man sie auch unmittelbar als Gewichte benutzen.

Trotz der genannten Schwächen hat sich die Anwendung der DEA in Bereichen, für die sie konzipiert worden ist, durchgesetzt und liefert nützliche Ergebnisse der Effizienzanalyse.

3.1.3   Erweiterungen der Effizienzanalyse durch die Einbeziehung des Umweltschutzes

Vorbemerkungen

Die zunehmende Gefährdung der Umwelt durch Ausbeutung ihrer Ressourcen sowie der unkontrollierte Ausstoß von schädlichen Emissionen haben in den vergangenen Jahren zu einer immer stärker werdenden Sensibilisierung hinsichtlich des Umweltschutzes in Politik, Wirtschaft und Öffentlichkeit geführt. Während eine ständig wachsende industrielle Produktion zur Befriedigung der Bedürfnisse der weltweit zunehmenden Bevölkerung erforderlich ist, wird die absehbare Erschöpfung wichtiger natürlicher Ressourcen immer mehr zum Problem der Unternehmen, da die Versorgung mit Rohstoffen und Energie sowie die Entsorgung von Abfällen zu bedeutenden Aufgabenstellungen werden. Aufgrund der von der Produktion ausgehenden Umweltbelastungen ergibt sich die Notwendigkeit, den Umweltschutz in die produktionsanalytischen Betrachtungen einzubeziehen. Formulierungsansätze zur umweltorientierten Erweiterung der Aktivitätsanalyse durch den Umweltschutz geben hier wertvolle Empfehlungen, die im Folgenden überblicksmäßig dargelegt und kritisch erörtert werden sollen. Dabei sollen die Ausführungen auf die Aspekte beschränkt werden, wie die analytische Behandlung von Aktivitäten als zentrale Elemente der Darstellung produktionstheoretischer Zusammenhänge durch die Einbeziehung des Umweltschutzes modifiziert werden muss, um diese einer geeigneten Effizienzüberlegung zuzuführen.

Modifikationen der aktivitätsanalytischen Beschreibungen

Während in traditionellen produktionstheoretischen Beschreibungen jedes beteiligte Gut eindeutig als Produktionsfaktor, Zwischenprodukt oder Endprodukt eingestuft werden kann, ist die Umwelt Rohstofflieferant und zugleich Aufnahmemedium für die aufgrund naturgesetzlicher Gegebenheiten entstehenden unerwünschten Güter in Form von Abfällen, Schadstoffen und Emissionen. Allerdings können auch erwünschte Güter, deren Herstellung der eigentliche Zweck der Produktion ist, in Abhängigkeit ihrer anfallenden Quantitäten als umweltbelastend eingestuft werden, wenn sie nur bis zu einer bestimmten Menge am Markt abgesetzt werden können, darüber hinaus produzierte Mengen also entsorgt werden müssten. Das trifft beispielsweise für die Situation zu, dass bei der Rauchgasentschwefelung in Kraftwerken REA-Gips anfällt, der in kleineren Mengen von der Bauindustrie zur Fertigung von Gipsplatten nachgefragt wird, bei Überschreiten einer kritischen Obergrenze aber bezüglich der überschüssigen Gipsmengen entsorgt werden muss und daher dann als Abfallprodukt zu klassifizieren ist. Zur Integration solcher Umweltwirkungen auf die produktionstheoretischen Beschreibungen der Leistungserstellung in einem Unternehmen verwenden Autoren durchaus unterschiedliche Terminologien, die im Weiteren überblicksmäßig skizziert werden.

Ausgangspunkt der produktionstheoretischen Analyse bei DINKELBACH und ROSENBERG (1996) ist die Knappheit der Güter, die zur Bedürfnisbefriedigung dienen. Sie nehmen eine differenzierte Klassifikation der Güterarten auf der Input-seite in Faktoren und in erwünschte sowie unerwünschte Nebenfaktoren und auf der Outputseite in Produkte und erwünschte sowie unerwünschte Nebenprodukte vor. DYCKHOFF (1991) erweitert dagegen das traditionelle Produktionssystem der Faktoren und Produkte um Umweltaspekte durch Einführung der Begriffe des Redukts als Übelinput, des Abproduktes als Übeloutput sowie der Beifaktoren und -produkte zur Erfassung der neutralen Inputs und Outputs. Produkte sind erwünschter und Abprodukte unerwünschter Output, Faktoren unerwünschter und Redukte erwünschter Input. Beifaktoren und -produkten steht der Produzent indif-ferent gegenüber. KISTNER (1993) erweitert das traditionelle Produktionssystem auf der Inputseite um Abfallstoffe und Umweltgüter und auf der Outputseite um Abfallprodukte und Emissionen. Während Umweltgüter kostenlos aus der Natur entnommen werden können, um als Inputs eingesetzt zu werden, stellen Emissio-nen unerwünschte Ergebnisse der Produktion dar, die kostenlos an die Natur abgegeben werden können. Unter Abfällen werden die unerwünschten Ergebnisse der Produktion verstanden, die beseitigt werden müssen. In die Produktion einge-setzte Abfälle werden von ihm als Abfallstoffe bezeichnet. Eine ähnliche Termi-nologie verwendet STEVEN (1994). Sie setzt dabei voraus, dass vor der Erfassung der Umweltwirkungen der Produktion durch Maßnahmen der Umweltpolitik bereits festgelegt wird, welche zuvor freien Güter mit Preisen belastet oder durch Vorgabe von Emissions- und Entnahmeraten einzelwirtschaftlich knapp werden, so dass sich die Erfassung der Umweltwirkungen der Produktion auf die mit Kosten bzw. Opportunitätskosten verbundenen Güterarten beschränkt. Kostenlos aus der Natur entnommene und an diese abgegebene Güter bleiben unberücksich-tigt.

Die ausschnittsweise Behandlung der in der Literatur verwendeten Terminolo-gien ist noch einmal übersichtsmäßig in Tabelle 3.5 zusammengestellt. Die Über-sicht zeigt, wie weit das Spektrum der zur Berücksichtigung von Umweltaspekten im Produktionssystem verwendeten Begrifflichkeiten reicht. Unterschiedliche Begriffe werden mit gleichen Inhalten verwendet, aber auch gleiche Begriffe mit unterschiedlichem Inhalt belegt. Vor allem die Begriffe der Erwünschtheit bzw. Unerwünschtheit werden unterschiedlich definiert. Ferner besteht in der Literatur keine Einigkeit darüber, ob so genannte freie Güter im umweltorientierten Produktionssystem Berücksichtigung finden sollen oder nicht.

Tabelle 3.5.   Übersicht der zur Darstellung umweltorientierter Produktionssysteme verwendeten Terminologien

Autor	Input	Output
DINKELBACH, ROSENBERG (1996)	- Faktoren - nicht erwünschte Nebenfaktoren - erwünschte Nebenfaktoren	- Produkte - nicht erwünschte Nebenprodukte - erwünschte Nebenprodukte
DYCKHOFF (1991)	- Faktoren (i. e. S.) (unerwünscht) - Beifaktoren (indifferent) - Redukte (erwünscht)	- Produkte (i. e. S.) (erwünscht) - Beiprodukte (indifferent) - Abprodukte (unerwünscht)
KISTNER (1993)	- Faktoren - Abfallstoffe - Umweltgüter	- Produkte - Abfallprodukte - Emissionen
STEVEN (1994)	- traditionelle Einsatzfaktoren - eingesetzte Abfälle oder Schadstoffe	- Produkte - entstehende unerwünschte Schadstoffe und Abfälle

Die Vorgehensweise, die Definition von umweltbelastenden bzw. umweltentlastenden Gütern an ihrer Erwünschtheit bzw. Unerwünschtheit auszurichten, ist allerdings insoweit problematisch, als die Einordnung an ein und demselben Produktionsprozess beteiligter Güterarten aus der Sicht zweier Wirtschaftssubjekte je nach deren Entledigungswillen und subjektiver Einschätzung sowie aufgrund unterschiedlicher Informationsstände völlig unterschiedlich ausfallen kann (HOUTMAN 1998). Insoweit fällt die juristische Bestimmung des Abfallbegriffs im Kreislaufwirtschafts- und Abfallgesetz vom 27. September 1994 präziser aus, als die subjektive Teilkomponente der Abfallbegriffs so gefasst wird, dass das Kriterium für den Entledigungswillen der auch für Dritte nachvollziehbare jeweilige Verwendungszweck ist.

Die konkrete Fassung der Komponenten eines Aktivitätenvektors unter Umweltschutzgesichtspunkten

KOOPMANS (1951) wies bereits auf die Möglichkeit hin, unerwünschte Güter durch Multiplikation mit −1 in den Mengenkomponenten der Aktivitäten zu erfassen. Die zuvor angesprochenen neueren Ansätze gehen bei der Berücksichtigung von Umweltwirkungen in Gütervektoren unterschiedlich vor.

DINKELBACH und ROSENBERG (1996) führen die mit der Erwünschtheit bzw. Unerwünschtheit von Gütern verbundene allgemeine Wertung in eine Präferenzaussage über, nach der alle Gütermengen, die erwünscht sind, im Gütervektor mit einem positiven Vorzeichen versehen werden und alle Gütermengen, die nicht erwünscht sind, ein negatives Vorzeichen erhalten. Demzufolge werden sowohl der Input an Faktoren im engeren Sinne als auch nicht erwünschte Nebenfaktoren und -produkte mit negativem Vorzeichen erfasst. Der Output sowie erwünschte Nebenfaktoren und -produkte werden dagegen mit einem positiven Vorzeichen versehen. DYCKHOFF (1993) unterteilt dagegen die analytische Beschreibung der Produktion unter Berücksichtigung von Umweltaspekten in die drei Ebenen Objektebene, Ergebnisebene und Erfolgsebene. Auf der Objektebene entscheidet der Produzent, welche Güter für die Beschreibung der Produktionszusammenhänge relevant sind, und erfasst sie in ihren Quantitäten als Input und Output. Nach dem Nettoprinzip werden Inputmengen mit negativem Vorzeichen und Outputmengen mit positivem Vorzeichen gerechnet. Auf der Ergebnisebene werden Input und Output in die Kategorien Gut (Faktoren und Produkte im engeren Sinne), Neutrum (Beifaktoren und -produkte) und Übel (Redukte und Abprodukte) unterteilt und die Erwünschtheit bzw. Unerwünschtheit der Güter durch die Einführung einer Präferenzfunktion, der so genannten Ergebnisfunktion, bewertet. Dabei kann eine spezielle Präferenzfunktion der Form zugrunde gelegt werden, dass Faktormengen bzw. Produktmengen im engeren Sinne mit einem negativen bzw. positiven Vorzeichen erfasst werden. Sämtliche Übel (Redukte und Abprodukte) werden hingegen mit -1 multipliziert. Mengen von Beifaktoren und Beiprodukten, der so genannten Neutra, spielen für die weitere Beurteilung keine Rolle und werden infolge dessen durch die Mutliplikation mit null aus der Analyse eliminiert. Folglich werden auf der Ergebnisebene erwünschte Güterarten – erwünschte Outputs und Übelinputs (Redukte) – mengenmäßig mit einem positiven Vorzeichen belegt und unerwünschte Güterarten – Inputs und Übeloutputs (Abprodukte) – in ihren Mengen durch ein negatives Vorzeichen erfasst. Auf der Erfolgsebene kann dann betrachtet werden, inwieweit eine Produktion kostenminimal bzw. gewinnmaximal ist.

KISTNER (1993) und STEVEN (1994) nehmen bei der Berücksichtigung der Umweltwirkungen auf die Beschreibung von Aktivitäten keine differenzierende Modifikation der Gütermengen durch Vorzeichenkonventionen vor, alle Gütermengen einer Aktivität werden vielmehr mit einem positiven Vorzeichen erfasst. Die Tabelle 3.6 gibt eine Übersicht zu den von den Autoren gewählten Vorzeichenkonventionen.

Tabelle 3.6.   Übersicht über die in der Literatur gewählten Vorzeichenkonventionen zur Erfassung der Güterarten in umweltorientierten Aktivitäten

	DINKELBACH, ROSENBERG (1996)		KISTNER (1993)		DYCKHOFF (1991)	Objektebene	Ergebnisebene	STEVEN (1994)	
Input	Faktoren	−	Produktions-faktoren	+	Faktoren i. e. S.	−	−	Produktions-faktoren	+
	erwünschte Nebenfaktoren	+	Umweltgüter	+	Beifaktoren	−	⊗	freie Güter	⊗
	nicht erwünschte Nebenfaktoren	−	Abfallstoffe	+	Redukte	−	+	eingesetzte Abfälle und Schadstoffe	+
Output	Produkte	+	Produkte i. e. S.	+	Produkte i. e. S.	+	+	Produkte i. e. S.	+
	erwünschte Nebenprodukte	+	Emissionen	+	Beiprodukte	+	⊗	freie Güter	⊗
	nicht erwünschte Nebenprodukte	−	Abfallstoffe	+	Abprodukte	+	−	entstehende Abfälle und Schadstoffe	+

Erläuterungen der verwendeten Symbole	
Symbol	Erläuterung
+	positives Vorzeichen
−	negatives Vorzeichen
⊗	keine Berücksichtigung der Güterarten in den Aktivitäten

Die Gegenüberstellung der Vorgehensweisen in Tabelle 3.6 zeigt deutlich, dass sich zur Erfassung von Faktor- bzw. Produktmengen im engeren Sinne sowie der bei der Produktion entstehenden und in die Produktion eingehenden Abfall- und Schadstoffmengen zwei unterschiedliche Vorzeichenkonventionen herauskristallisiert haben:

(1) neben der Erfassung von Faktormengen im engeren Sinne mit negativem und Produktenmengen im engeren Sinne mit positivem Vorzeichen werden bei der Produktion entstehende Abfälle und Schadstoffe mit negativem und in die Produktion eingehende Schadstoffe mit positivem Vorzeichen berücksichtigt; oder

(2) alle Gütermengen werden mit positivem Vorzeichen erfasst.

Freie Güter, deren Einsatzmengen nicht mit einem Wertverzehr verbunden sind bzw. für deren Outputmengen es keine Preise bzw. Kosten gibt, werden entweder von vornherein nicht berücksichtigt, durch Multiplikation mit null aus der weiteren Betrachtung eliminiert oder sowohl auf der Input- als auch auf der Outputseite mit positivem Vorzeichen oder je nach Erwünschtheit oder Unerwünschtheit mit positivem bzw. negativem Vorzeichen im Gütervektor erfasst. Insofern werden in beiden Vorgehensweisen unter vorzeichengleichen Komponenten des Gütervektors sowohl Output als auch Input beschrieben und im Fall (2) erwünschte und unerwünschte Güter gleichermaßen dargestellt. Damit aber geben die Vorzeichen der Komponenten des Gütervektors keinen unmittelbaren Aufschluss mehr darüber, ob es sich um Einsatz- oder Ausbringungsmengen handelt. Die eindeutige Differenzierung zwischen Prozessinput und -output ist folglich nicht mehr gewährleistet, so dass die signalgebende Natürlichkeit der aktivitätsanalytischen Theorieformulierung verloren geht (ZELEWSKI 1992). Auch die von DYCKHOFF (1994) eingeschlagene Vorgehensweise des Übergangs von der Objektebene zur Ergebnisebene ermöglicht schließlich keine eindeutige Differenzierung mehr zwischen Input- und Outputmengen. Vielmehr lässt sich danach jeder Input von Gütern (Faktoren im engeren Sinne) aber auch jeder Output an Abfallstoffen als realer oder mengenmäßiger Aufwand und jeder Output an Produkten im engeren Sinne sowie jeder Input an Abfallstoffen als realer bzw. mengenmäßiger Ertrag bezeichnen. Zudem kann die Verwendung der Begriffe Aufwand und Ertrag zu Verwechslungen mit den gleichlautenden monetären Ausdrücken des externen Rechnungswesens führen.

Aufgrund der dargelegten Schwierigkeiten wird hier dafür plädiert, die natürliche Signalwirkung der aktivitätsanalytischen Theorieformulierung beizubehalten, in der Inputmengen – gleich welcher Art – mit einem negativen Vorzeichen und Outputmengen – gleich welcher Art – mit einem positiven Vorzeichen versehen werden. Dafür gibt es zudem zwei inhaltlich gewichtige Gründe. Zum einen sollen die negativ gerechneten Inputmengen und die positiv bewerteten Outputmengen dem Umstand Rechnung tragen, dass der Produktionsvorgang im Unternehmen durch eine Änderung der vorhandenen Güterbestände charakterisiert ist. Negative Mengen bedeuten Bestandsreduktionen und positive Mengen Bestandserhöhungen. Gerade hier ist es aus Umweltschutzgesichtspunkten unabdingbar, diese methodische Vorgehensweise beizubehalten, da nach dem Kreislaufwirtschafts- und Abfallgesetz von den Unternehmen Schadstoffbilanzen zur Erfassung der Umweltbelastungen durch die Produktion geführt werden müssen, wobei in natürlicher Weise Schadstoffanfall Mengenerhöhung und Schadstoffbeseitigung Mengenreduktion bedeuten. Zum anderen ist das Einziehen einer Ergebnisebene zwischen Objektebene und Erfolgsebene zum Zwecke der Aufrechterhaltung traditioneller Effizienzbetrachtungen entscheidungstheoretisch doch als ziemlich künstlich zu bewerten, da man von der Objektebene unmittelbar zur Ergebnisebene unter Verwendung von Präferenzaussagen übergehen könnte. Dies haben CHARNES und COOPER (1961) bereits so gesehen und einen Ausweg aus dem Dilemma, die Betrachtung der originären Effizienz nicht mehr beibehalten zu können, in der Form gewiesen, dass sie den Begriff der technischen Effizienz um die Definition der Funktionaleffizienz ergänzt haben. Er kann die aktivitätsanalytische Betrachtung unter Einbeziehung von Umweltschutzgesichtspunkten sinnvoll bereichern.

Sei $z : T \subset \mathbb{R}^K \to \mathbb{R}^L$ eine reell- und vektorwertige Funktion $z(v) = (z_1(v), z_2(v), ..., z_L(v))'$, die jeder Aktivität $v \in T$ gemäß den zu maximierenden Zielfunktionen $z_l(v)$, $l = 1, ..., L$, den Zielvektor $z(v) \in \mathbb{R}^L$ zuordnet und die Technologiemenge $T \subset \mathbb{R}^K$ auf die Zielmenge $Z = z(T) \subset \mathbb{R}^L$ abbildet, dann heiße der Vektor $v \in T$ genau dann funktionaleffizient, wenn kein $w \in T$ existiert mit $z_l(w) \geq z_l(v)$ für alle $l \in \{1, ..., L\}$ und $z_l(w) > z_l(v)$ für mindestens ein $l \in \{1, ..., L\}$.

Eine Aktivität $v \in T$ ist also genau dann funktionaleffizient, wenn der Vektor der Zielfunktionswerte $(z_1(v), ..., z_L(v))'$ bezüglich

$$Z = \{(z_1(v), ..., z_L(v))' \mid v \in T\}$$

effizient ist.

Zum näheren Verständnis in dem hier behandelten Kontext des Umweltschutzes seien Aktivitäten $v = (v_1, v_2, v_3, v_4)'$ betrachtet, wobei v_1 die Inputmenge, v_2 die Outputmenge, v_3 die Menge eines eingesetzten Redukts und v_4 die Menge eines anfallenden Abfallprodukts bezeichnen. Konkret seien nun nur zwei Aktivitäten v^1 und v^2 zu beurteilen, die durch

$$v^1 = (-3, 9, -3, 6)' \text{ und}$$

$$v^2 = (-5, 15, -5, 10)'$$

gegeben seien. Bei Anwendung der üblichen Effizienzdefinition sind beide Aktivitäten effizient, da keine die andere dominiert. Die Produktion in v^2 geht aber mit einer höheren Einsatzmenge des Redukts und einer höheren Abfallmenge einher, und man würde kaum bei Anwendung der Effizienzdefinition die Einsatzmenge des Redukts minimieren und den Ausstoß des Abfalls maximieren wollen. So führt also der übliche Effizienzbegriff hier bei der Bewertung der Aktivitäten zu nicht sinnvollen Überlegungen, was die Behandlung von Input- und Outputkomponenten betrifft.

Unterstellt man nun im Weiteren Zielfunktionen des Unternehmens in der Form

$$z_1(v) = z_1(v_1, v_2, v_3, v_4) = (10 + v_1) \cdot v_1 + (20 - v_2) \cdot v_2 - (v_3 + 3)^2 - (v_4 - 6)^2$$

bzw.

$$z_2(v) = z_2(v_1, v_2, v_3, v_4) = (10 + v_1) \cdot v_1 + (20 - v_2) \cdot v_2 - (v_3 + 5)^2 - (v_4 - 10)^2,$$

dann gilt

$$z(v^1) = (z_1(v^1), z_2(v^1))' = (78, 58)'$$

$$z(v^2) = (z_1(v^2), z_2(v^2))' = (30, 50)'.$$

Man sieht nun, dass die Aktivität v^1 im Vergleich mit v^2 funktionaleffizient ist, v^2 aber nicht, da ihre Zielfunktionswerte von denen der Aktivität v^1 dominiert werden. Durch den unmittelbaren Übergang von der Ebene der Gütermengen auf die Bewertungs- bzw. Erfolgsebene wird die Einziehung einer zusätzlichen Ergebnisebene verzichtbar. Man kann die originären Effizienzüberlegungen auf Gütervektorebene unmittelbar auf der Ebene der Zielvektoren anstellen. Die Überlegungen vereinfachen sich natürlich, wenn das System der Zielfunktionen nur aus einer Funktion besteht. Die ursprüngliche Effizienzdefinition ist ein Spezialfall der Funktionaleffizienz. Für die von DYCKHOFF (1994) vorgeschlagene Ergebnisebene hätte man nämlich dann

$$z(v) = (v_1, v_2, v_3, v_4)' \text{ mit } v_1 \leq 0,\ v_2 \geq 0,\ v_3 \geq 0,\ v_4 \leq 0.$$

3.1.4   Notwendigkeit der Beachtung ineffizienter Produktionen

Problematik der Beschränkung auf effiziente Aktivitäten

Ansätze zur Analyse wirtschaftlichen Entscheidungsverhaltens unterstellen im Allgemeinen, dass für die Nutzen- bzw. Gewinnmaximierung in Unternehmungen nur technisch effiziente Alternativen der Leistungserstellung in Betracht kommen. Insofern finden technisch ineffiziente Produktionen als mögliche Ergebnisse optimaler Entscheidungen meist keine Berücksichtigung. Im Folgenden werden Situationen diskutiert, in denen die technische Ineffizienz von Produktionen das Ergebnis rationaler ökonomischer Entscheidung sein kann. Insofern würde eine Vorfestlegung der Betrachtung auf ausschließlich technisch effiziente Aktivitäten zu ökonomischen Fehlentscheidungen führen. Unter Gewinn wird im Folgenden die Differenz von Erlösen und Kosten verstanden. Eine Nutzenfunktion drückt allgemein die Präferenz eines Entscheidungsträgers in der Weise aus, dass er für zwei beliebige Produktionsalternativen angeben kann, ob er eine der anderen vorzieht oder sie gleich beurteilt. Technisch ineffiziente Alternativen können für Entscheidungen durchaus relevant werden, wenn – wie LEIBENSTEIN (1966, S. 397 ff.; 1978a, S. 203 ff., und 1978b, S. 330 f.) durch das von ihm entworfene Konzept der X-Effizienz bzw. X-Ineffizienz gezeigt hat – eine Abkehr vom Maximierungsverhalten von Entscheidungsträgern in Unternehmen dadurch stattfindet, dass ein Entscheidungsträger als Mitglied einer Organisationseinheit bzw. eines Unternehmens aufgrund seiner individuellen Nutzenfunktion in der Regel nicht die Verwirklichung von aus der Sicht der übergeordneten Organisationseinheit technisch effizienten Produktionen verfolgt. Diese Sichtweise ist von manchen Autoren (STIGLER 1976; DE ALESSI 1983, S. 69 ff.) scharf kritisiert worden. Sie wenden ein, dass entweder die Nutzenfunktion nicht richtig spezifiziert ist, nicht sämtliche relevante Inputs und Outputs berücksichtigt werden, die psychologischen Parameter des Konzepts nicht operationalisierbar sind oder aber der Zielkonflikt zwischen der individuellen Nutzenmaximierung des Entscheidungsträgers und der Gewinnmaximierung des Unternehmens durch geeignete Steuerungsinstrumente aufgehoben werden müsste.

Um derartige Defizite von vornherein zu vermeiden, haben BOGETOFT und HOUGAARD (2003) einen Nutzenmaximierungsansatz formuliert, der die bedeutsamen individuellen und unternehmerischen Entscheidungsvariablen integriert und Rationalität technisch ineffizienter Produktionen dadurch erklärt, dass es – ausgehend von einem technisch effizienten Basiseinsatz der Ressourcen – aus beispielsweise organisatorischen Gründen oder auch zum Zwecke einer nichtmonetären Mitarbeiterentlohnung innerhalb des Unternehmens eine Präferenz für positive Schlüpfe gibt, welche einen aus rein technologischer Sicht übermäßigen Faktoreinsatz und damit – scheinbar – die Verschwendung von Ressourcen zum Ausdruck bringen (BOGETOFT und HOUGAARD 2003, S. 247 ff.). Dadurch dass der technischen Ineffizienz ein eigenständiger positiver Wert zugemessen wird, kann es also geschehen, dass bei gegebenem Output die Gewinne aufgrund geringerer Faktoreinsätze durch die positive Bewertung von Schlüpfen infolge höherer Inputmengen überkompensiert werden, so dass ein Entscheidungsträger – in rationaler Weise seiner Bewertungsfunktion folgend – eine technisch ineffiziente einer technisch effizienten Lösung vorzieht. Für diese Übertragung des Konzepts der allokativen (Bewertungs-) Effizienz auf die Situation technisch ineffizienter Produktionen haben BOGETOFT et al. (2006, S. 450 ff.) einen allgemeinen formalen Rahmen entwickelt.

Doch selbst ohne eine dem Entscheidungsträger inhärente implizite Präferenz für technische Ineffizienzen kann es ökonomisch sinnvoll (rational) sein, eine technisch ineffiziente Produktionsmöglichkeit ihren technisch effizienten Alternativen vorzuziehen, weil Erstere in Bezug auf die übergeordnete ökonomische Bewertung der Produktionsalternativen (Zielfunktion) des betrachteten Unternehmens einen höheren Zielfunktionswert erreicht als Letztere. In einem solchen Fall wäre das rein auf dem Vergleich von Gütermengen basierende Auswahlkonzept der technischen Effizienz offensichtlich nicht kompatibel zu der übergeordneten ökonomischen Bewertung der Gütermengenkombinationen (Produktionsalternativen), und seine unreflektierte Anwendung könnte dazu führen, dass gerade solche Produktionsalternativen als technisch ineffizient gekennzeichnet und infolgedessen aus der weiteren Betrachtung ausgeschlossen werden, welche sich im Hinblick auf die übergeordnete Bewertungsfunktion als optimal erweisen würden (BOGASCHEWSKY und STEINMETZ 1999, insb. S. 12 ff.). Dies macht deutlich, dass für die Auswahl einer optimalen Produktionsalternative allein die Zielfunktion des Entscheidungsträgers maßgeblich ist und ihre technische Effizienz bzw. Ineffizienz keine Rolle spielt.

Dies wirft die Frage auf, unter welchen Bedingungen eine bewertungsoptimale Auswahlentscheidung notwendigerweise technisch effizient ist und wann nicht. Nur im ersten Fall wäre das Kriterium der technischen Effizienz sinnvoll als Selektionsinstrument einsetzbar; im zweiten Fall bestünde die Gefahr, eine zwar bewertungsoptimale, aber technisch ineffiziente Produktionsalternative vorschnell zu verwerfen. Die Antwort auf die Frage hängt im Wesentlichen davon ab, ob die übergeordnete Bewertungsfunktion (Zielfunktion) monoton in den Mengen der an einem Produktionsprozess beteiligten Güter ist oder nicht.

Für den Fall eines gewinnmaximierenden Unternehmens kann man zeigen (FANDEL und LORTH 2006, S. 14 ff.), unter welchen Bedingungen technisch ineffiziente Produktionspunkte auch gewinnmaximal sein können und umgekehrt. Zu diesem Zweck wurden in der Praxis auftretende ökonomische Konstellationen vorgetragen und erläutert, bei deren Geltung sich die technisch ineffizienten Produktionen allein aus den speziellen Eigenschaften des Bewertungskalküls ergeben; sie resultieren also weder aus einer Abkehr vom Maximierungsprinzip noch aus einer impliziten Präferenz des Entscheidungsträgers für technische Ineffizienzen.

Darüber hinaus eröffnet die eingehendere Betrachtung der Gutenberg-Produktionsfunktion (GUTENBERG 1979, S. 326 ff.) mit ihren unterschiedlichen Anpassungsformen zur Erzeugung bestimmter Produktionsmengen die Möglichkeit, Ineffizienzen der Leistungserstellung bei den in der täglichen Wirtschaftspraxis beobachtbaren langen Arbeitszeiten von Führungskräften in Beratungsberufen (LOLL 2007) aus ihren entsprechenden Nutzenkalkülen heraus zu erklären.

In den folgenden Abschnitten werden die Ansätze von LEIBENSTEIN (1966), BOGETOFT und HOUGAARD (2003) sowie die Überlegungen von FANDEL und LORTH (2006) skizziert. Danach wird ein Ansatz auf der Grundlage einer Gutenberg-Produktionsfunktion vorgetragen, aus dem technische Ineffizienzen in der Erstellung von Dienstleistungen als Ergebnisse rationalen Entscheidungsverhaltens begründet werden können.

Ursachen für X-Ineffizienzen nach LEIBENSTEIN

Grundlagen für die Bestimmung des Leistungsbeitrags eines Mitarbeiters zur Leistungserstellung (Produktion) in Unternehmen bzw. dabei möglicherweise auftretende technische Ineffizienzen sind nach dem Konzept von LEIBENSTEIN (1966, S. 397 ff.; 1978a, S. 203 ff., und 1978b, S. 330 f.) die Nutzenfunktion des Individuums, seine Leistungsbeitragsfunktion bezüglich des Outputs der Unternehmung und der Trägheitsbereich des Mitarbeiters, der sich aus dem Verlauf der Nutzenfunktion und der Höhe der Wechsel- bzw. Veränderungskosten ergibt, die den Mitarbeiter im Vergleich zum eventuell erreichbaren Nutzenzuwachs veranlassen, das von ihm einmal gewählte Anstrengungsniveau nicht zu verändern. Abbildung 3.8 veranschaulicht diesen Sachverhalt.

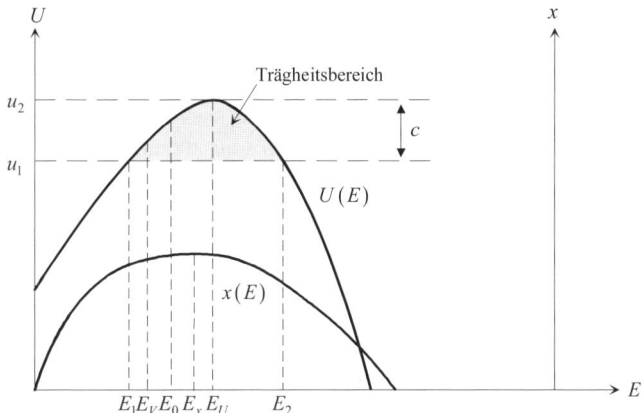

Abb. 3.8. Leistungsverhalten des Mitarbeiters nach LEIBENSTEIN (1966)

Die Nutzenfunktion $U(E)$ des Mitarbeiters ist abhängig vom Anstrengungsniveau E, verläuft streng konkav und hat ein Maximum beim Anstrengungsniveau E_U. Diese Nutzenfunktion fußt auf intrapersonellen Gleichgewichten des Mitarbeiters, in denen der Druck von innen und von außen (durch Vorgesetzte oder andere Mitarbeiter) mit der Zweckrationalität zum Ausgleich gebracht werden und zu bestimmten Anstrengungsniveaus führen. Das vertraglich vereinbarte, durch Kontrollen überprüfbare und damit auch garantierte Anstrengungsniveau liegt bei E_V. Der Trägheitsbereich des Individuums ist durch das Intervall $[E_1, E_2]$ definiert, in dem die Vornahme einer Änderung des vom Mitarbeiter einmal als komfortabel eingenommenen Anstrengungsniveaus (in Abb. 3.8 zum Beispiel beim Punkt E_0) im Hinblick auf die Erreichung seines Nutzenmaximums deshalb unterbleibt, weil die Veränderungskosten c höher sind als der erreichbare maximale Nutzenzuwachs, d.h. $c > u_2 - u_1$ gilt mit $u_2 = U(E_U)$ und $u_1 = U(E_1) = U(E_2) < U(E_U)$.

Der Leistungsbeitrag des Mitarbeiters zum Output x in Abhängigkeit seines Anstrengungsniveaus E sei durch die Leistungsbeitragsfunktion $x(E)$ gegeben, die ebenfalls umgekehrt u-förmig verläuft und ihr Maximum beim Anstrengungsniveau E_x annimmt. Wie man aus Abb. 3.8 leicht erkennt, liegt das vom Mitarbeiter selbst als komfortabel eingestufte Leistungsniveau E_0, das er gewählt hat, unterhalb von E_x ($E_0 < E_x$) und führt damit nicht zu einem maximalen Leistungsbeitrag des Mitarbeiters zum Output x. Insofern ist sein Einsatz ineffizient. Von sich heraus wird sich der Mitarbeiter auch nicht bemühen, sein Anstrengungsniveau von E_0 zu E_x hin zu verschieben, auch wenn dadurch gleichzeitig sein Nutzen steigt, weil die erzielbare Nutzenerhöhung geringer als die durch den Wechsel vom Anstrengungsniveau E_0 zum Anstrengungsniveau E_x bedingten Veränderungskosten ausfällt.

Eine Motivation des Mitarbeiters zu höheren Anstrengungsniveaus bzw. zur Einnahme der outputmaximalen Position E_x gelingt nur, wenn sein Trägheitsbereich durch geeignete Maßnahmen in den Bereich höherer Anstrengungsniveaus verschoben werden kann. Dies kann durch vertikale Einflussnahme durch den Vorgesetzten mit Hilfe von Befehlen und Signalen geschehen oder aber auch durch einen horizontalen Leistungsdruck anderer Mitarbeiter bewirkt werden, die das geringere Anstrengungsniveau im Team nicht akzeptieren. In beiden Fällen engt sich der Trägheitsbereich ein und wird im ersten Fall zudem in den Bereich höherer Werte von E verschoben, so dass das Anstrengungsniveau E_0 des Mitarbeiters durch eine Erhöhung der Untergrenze E_1 an E_x angenähert werden kann.

Meist finden Individuen selbst durch mehrfaches Ausprobieren ihre optimalen Trägheitsbereiche, in denen sie ein einmal gewähltes Anstrengungsniveau beibehalten wollen. Dies entspricht im Allgemeinen nicht dem outputmaximalen Niveau und bedingt insoweit, dass technisch ineffizient produziert wird. Bei jeder Tätigkeit wird also ein Kompromiss gesucht, wie sich Mitarbeiter verhalten möchten, wenn sie keine Vorgesetzten hätten und nicht unter Zwang stehen würden, und wie sie reagieren werden, wenn sie den Druck durch Vorgesetzte und andere Mitarbeiter fühlen.

Neben dem grundsätzlichen Wirkungszusammenhang, der zuvor beschrieben worden ist, gibt es nach LEIBENSTEIN noch eine Reihe weiterer Bestimmungsfaktoren, welche die technische Ineffizienz der beschriebenen Form erzeugen bzw. darüber hinaus noch verstärken und denen man mit entsprechenden Maßnahmen zur Steigerung der Effizienz entgegenwirken muss. Dazu gehören beispielsweise die folgenden Aspekte:

– Unvollständige Arbeitsverträge schaffen Handlungsspielräume des Individuums hinsichtlich seines Leistungsgrades. Diesem Umstand kann nur durch exakte Aufgabenbeschreibungen und klare Anweisungen durch den Vorgesetzten im Rahmen der vertraglichen Regelung abgeholfen werden.
– Fehlende Leistungskontrollen lassen ebenfalls Handlungsspielräume der beschriebenen Art mit der Folge ineffizienter Leistungserstellung entstehen. Die Kontrolle durch den Vorgesetzten ist also eine wesentliche Determinante, technische Ineffizienz zu reduzieren.
– Die Relation von Entlohnung zu erbrachter Leistung beeinträchtigt das Ausmaß der technischen Ineffizienz. Ist die Entlohnung leistungsabhängig, so kann sie die Nutzenfunktion des Mitarbeiters nach rechts in den Bereich höherer Anstrengungsniveaus verschieben und zudem im Verlauf ihrer Äste stärker nach innen krümmen. Dadurch werden der Trägheitsbereich enger und der Grad der technischen Ineffizienz reduziert.
– Fehlende Aufstiegsmöglichkeiten und unzureichende materielle Absicherungen der Mitarbeiterstellen können die Motivation unterlaufen und das Anstrengungsniveau eines Individuums mit der Zeit einbrechen lassen. Innerbetriebliche Karrieresysteme und externe materielle Sicherungskonzepte (Lohnnebenleistungen) können die technische Ineffizienz verkleinern.
– Schließlich müssen Defizite der technischen Effizienz behoben werden, die durch unklare Zielformulierungen, Unkenntnisse bezüglich der Produktionszusammenhänge und unbeherrschbare Produktionsprozesse bedingt sind.

Das Konzept der X-Ineffizienz von LEIBENSTEIN ist von Anhängern der neo-klassischen Theorie im Wesentlichen deshalb kritisiert und verworfen worden, weil der Ansatz eine gewisse Abkehr vom Entscheidungsprinzip der Nutzenma-ximierung vornimmt und – so die Kritik insbesondere von STIGLER (1976) – keinerlei Versuch unternimmt, die allokativen Aspekte ineffizienter Ressourcen-einsätze zu erklären oder die X-Ineffizienz konkreter Inputs (Ressourcen) im Leistungserstellungsprozess zuzuordnen. Ein gewichtigerer Kritikpunkt liegt aber unabhängig davon darin, dass die verhaltenswissenschaftlichen Komponenten im Ansatz von LEIBENSTEIN kaum operationalisierbar sind und daher der Erklärungs-gehalt seiner Theorie aufgrund der Erschwernis empirischer Messungen nicht überprüft werden kann. Gleichwohl aber – so wird später noch näher auszuführen sein – enthält der Ansatz von LEIBENSTEIN Beschreibungselemente, wie sie aus der betriebswirtschaftlichen Produktionstheorie bekannt und feste Erklärungsbe-standteile von Produktionsfunktionen sind. Insoweit kann man bei der Darstellung ähnlicher Erklärungsversuche der technischen Ineffizienz als Ergebnis rationalen Entscheidungsverhaltens an die bisherigen Ausführungen unmittelbar anknüpfen.

Rationale Ineffizienzen im Ansatz von BOGETOFT *und* HOUGAARD *(2003)*

Während X-Ineffizienzen nach dem Konzept von LEIBENSTEIN eher durch geeig-nete Maßnahmen vermieden werden sollten, betrachten BOGETOFT und HOUGAARD (2003, S. 243 ff.) technische Ineffizienzen nicht per se als schädlich. Vielmehr sind sie der Überzeugung, dass technische Ineffizienzen durchaus nütz-lich sein können und dass infolgedessen die Vermeidung solcher Ineffizienzen Nachteile oder Kosten verursacht. Den Nutzen bzw. Wert technischer Ineffizien-zen sehen sie in der Verfügbarkeit von Überschussressourcen (Schlüpfen), die für alternative Zwecke eingesetzt werden können, beispielsweise zur Verstärkung von Anreizen für die Mitarbeiter des Unternehmens oder zur Gewinnung von Freiräu-men, um die unternehmensinterne Planung und Koordination zu erleichtern bzw. zu verbessern, ferner zur Erhöhung der Innovationskraft, zur Absicherung gegen Unsicherheiten, zur Erschließung zukünftiger Marktchancen oder zur Aufrechter-haltung oder Erhöhung der nachhaltigen Ertragskraft des Unternehmens, kurz gesagt: zur Erzeugung von Outputs, die üblicherweise nicht explizit in der Produktionsfunktion eines Unternehmens erfasst werden. Die hierfür verwendeten Überschussressourcen werden nach Ansicht von BOGETOFT und HOUGAARD also keineswegs verschwendet, sondern besitzen einen eigenständigen Wert für das Unternehmen und können auf der Grundlage einer optimalen (rationalen) Entscheidungsfindung des Entscheidungsträgers in effizienter Weise auf die verschiedenen Inputs (Ressourcen) aufgeteilt werden.

Bei der Modellierung gehen BOGETOFT und HOUGAARD nun so vor, dass die technische Ineffizienz für die an der Produktion beteiligten Faktoren durch (posi-tive) Schlupfvariablen erfasst wird, die explizit die aus den oben genannten Grün-den gewollte Verschwendung als Differenz zwischen dem tatsächlichen Ressourcenverbrauch und der technisch effizienten Kombination zur Herstellung vorgegebener Outputmengen beschreiben. Diese Schlupfvariablen werden neben dem aus der Produktion erzielbaren Gewinn explizit Bestandteile der Nutzen- bzw. Bewertungsfunktion des Entscheidungsträgers. Damit erhält Verschwendung – ausgedrückt durch die Werte der bei der Produktion auftretenden Schlupfvariablen – einen eigenständigen Nutzen bzw. Wert; technische Ineffizienz wird damit zum Ergebnis rationalen Entscheidens.

Weiterhin geht der Ansatz von BOGETOFT und HOUGAARD von den Annahmen aus, dass die Produktionstechnologie bekannt ist und die üblichen Annahmen erfüllt. Die Nutzen- bzw. Bewertungsfunktion des Entscheidungsträgers ist im Hinblick auf alle einbezogenen Argumente, also den Gewinn und die Schlupfvariablen, streng monoton steigend und separabel, d.h. die relativen Austauschverhältnisse (trade-offs) zwischen den verschiedenen Schlupfvariablen werden nicht vom gewählten Gewinnniveau beeinflusst.

Betrachtet sei nun konkret eine Entscheidungssituation, in der unter Einsatz der Produktionsfaktoren bzw. des Inputvektors $r = (r_1,...,r_I)'$ auf der Grundlage der bekannten Technologie – hier beschrieben durch die entsprechenden Inputkorrespondenzen L – ein Outputvektor $x = (x_1,...,x_J)'$ erzeugt wird, also gilt

$$r \in I\!R_+^I, \ x \in I\!R_+^J \ \text{und} \ L(x) = \left\{ r \in I\!R_+^I \middle| r \ \text{produziert} \ x \right\}.$$

Der effiziente Rand der Inputkorrespondenz, der die technisch effizienten Produktionen enthält, wird beschrieben durch

$$L_{eff} = \left\{ r \in L \middle| \tilde{r} \in L \wedge \tilde{r} \leq r \Rightarrow \tilde{r} = r \right\}.$$

Definiert sei weiterhin ein Basiseinsatz $\hat{r} \in L$ der Ressourcen, der die Produktion des Outputs x erlaubt. Wählt nun der Entscheidungsträger zur Herstellung der Outmenge x ein Inputbündel $r \in L$ mit $r \geq \hat{r}$ und $r \neq \hat{r}$, welches vom Basiseinsatz $\hat{r}$ schwach dominiert wird, so entsteht eine Menge von Schlupfvariablen $S(r)$ mit

$$S(r) = \left\{ s \in I\!R_+^I \middle| s = r - \hat{r}, \ \hat{r} \in L, \ \hat{r} \leq r \right\}.$$

Bezeichnet zudem Q den Gewinn, b ein vorgegebenes Budget zur Ressourcenbeschaffung und $q \in I\!R_+^I$ den Vektor der Faktorpreise $(q_1,...,q_I)$, dann möge die in den beiden Argumenten $Q = b - q \cdot r$ und $s = r - \hat{r}$ streng monoton steigende Nutzen- bzw. Bewertungsfunktion formal durch

$$U(Q,s)$$

ausgedrückt sein. Verwendet das Unternehmen das von BOGETOFT und HOUGAARD alternativ zum so genannten restriktionenbasierten Planungssystem (restriction based regime) vorgeschlagene preisbasierte Planungssystem (price-based regime), dann lässt sich das Problem der Maximierung der Nutzen- bzw. Bewertungsfunktion des Entscheidungsträgers wie folgt beschreiben:

$$\max_{Q,s,r} U(Q,s)$$

unter Beachtung der Nebenbedingungen

$$Q \leq b - q \cdot r,$$

$$r - s \in L,$$

$$r \geq 0, s \geq 0.$$

Der Produzent – beispielsweise die Unternehmensleitung – maximiert also den Nutzen bzw. den Wert für das Unternehmen durch die Auswahl des Gewinnniveaus Q und des Schlupfvektors (Verschwendungsvektors) s, wobei die Produktion x durch den Inputvektor r hergestellt werden können muss.

Im Hinblick auf die angesprochene Separabilitätsannahme zwischen der Bewertung des Gewinns und der Schlupfvariablen kann die Nutzen- bzw. Bewertungsfunktion auch umgeschrieben werden zu

$$U(Q,s) = V(Q, g(s)),$$

wobei die Funktion $g: \mathbb{R}_+^I \to \mathbb{R}_+$ eine monoton steigende Funktion ist, die den Schlupfvektor s in eine skalare Größe transformiert und eine von der Schlupfkombination s unabhängige Wahl des Gewinnniveaus Q erlaubt. Beispielsweise könnte die Unternehmensleitung die additive Nutzen- bzw. Bewertungsfunktion

$$U(Q,s) = \alpha \cdot Q + (1-\alpha) \cdot g(s)$$

mit

$$g(s) = \sum_{i=1}^{I} \alpha_i \cdot s_i \ \text{ oder } \ g(s) = \prod_{i=1}^{I} s_i^{\alpha_i}, \ \ 0 \leq \alpha_i \leq 1, \ \ \sum_{i=1}^{I} \alpha_i = 1,$$

maximieren. Insbesondere im Fall mehrerer Entscheidungsträger sind auch Aggregations- bzw. Bewertungsfunktionen für die Schlupfvariablen denkbar, wie sie aus der Entscheidung bei mehrfacher Zielsetzung bekannt sind.

Für den Fall der Schlupfaggregationsfunktion

$$g(s) = \prod_{i=1}^{I} s_i^{\alpha_i}$$

und zweier Inputs ist das Entscheidungsproblem in Abb. 3.9 graphisch dargestellt. Hierbei kann man sich die Bestimmung des Basiseinsatzes $\hat{r}$ so vorstellen, dass zunächst auf der Grundlage des Preisvektors q der Ressourcen die Minimalkostenkombination (siehe Kapitel 9) zur Erzeugung des Outputvektors x gesucht wird. Danach entscheidet der Entscheidungsträger, auf welchen Gewinn er zu verzichten bereit ist, um eine bestimmte Kombination von Schlupfvariablen zu verwirklichen. Dazu würden beispielsweise für das Gewinnniveau Q alle Inputbündel auf der Geraden gleichen Gewinns zwischen den Inputkombinationen r^1 und r^2 in Frage kommen. Welche Inputkombination der Entscheidungsträger tatsächlich auswählt, das hängt von den relativen Gewichten bzw. Bewertungen der einzelnen Schlupfvariablen ab.

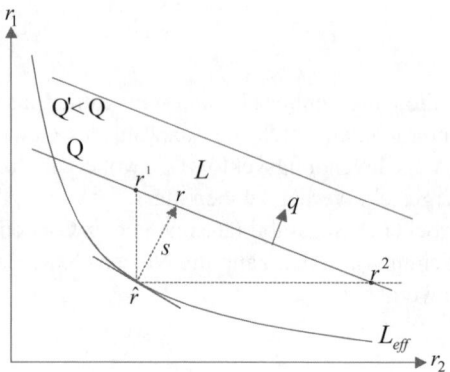

Abb. 3.9.   Rationale Wahl der Schlupfvariablen nach BOGETOFT und HOUGAARD (2003)

Der Bogetoft-Hougaard-Ansatz zur Erklärung technischer Ineffizienzen als Ergebnis rationalen Entscheidungsverhalten wurde inzwischen mehrfach empirisch angewandt. So haben ASMILD, BOGETOFT und HOUGAARD Untersuchungen zur Entscheidung rationaler technischer Ineffizienzen in der Praxis anhand eines Effizienzvergleichs von 267 Filialen einer kanadischen Großbank vorgenommen (ASMILD et al. 2004, S. 9 ff.). Hierzu haben die Autoren eine deterministische Data Envelopment Analysis (DEA) durchgeführt, bei der man – was die Ergebnisse betrifft – insofern vorsichtig sein muss, als hier die technischen Ineffizienzen durch die Annahme einer gemeinsamen konvexen Technologie für alle Filialen bedingt sein können, was methodisch keine Rückschlüsse auf rationale technische Ineffizienzen zulässt. Dennoch sind einzelne Ergebnisse dieser Studie für die weiteren Erörterungen nicht uninteressant.

Aufgrund des harten globalisierten Wettbewerbs werden die Bankfilialen durch straff gestaltete und kontrollierte Geschäftsprozesse geführt, wobei das Kostenmanagement mit Hilfe eines Personalschlüssels erfolgt, der von der Zentrale für die anfallenden Aufgaben vorgegeben wird. Dieser Personalschlüssel wird über Standardzeiten für die diversen Dienstleistungsoutputs ermittelt. Insofern – so unterstellen die Autoren – wird es keine X-Ineffizienzen infolge offensichtlicher Verschwendung durch Nachlässigkeit gemäß LEIBENSTEIN geben, sondern nur rationale technische Ineffizienz.

Die Ergebnisse auf der Grundlage einer DEA offenbaren allerdings eine Reihe methodischer Defizite. Da die Mittelwerte der Absolutbeträge der Schlupfvariablen der Bankfilialen stark von den einfachen arithmetischen Mittelwerten abweichen, treten offensichtlich negative Schlupfgrößen auf, welche die Methodik der rationalen Ineffizienz nach BOGETOFT und HOUGAARD empfindlich stören. Nur 83 von 267 Bankfilialen weisen keine negativen Schlüpfe auf. Zudem sind Filialen mit ausschließlich positivem Schlupf signifikant ineffizienter, was bereits aufgrund des allgemeinen Dominanzkriteriums unmittelbar einleuchtend ist und doch keineswegs ein Anhaltspunkt für rationale technische Ineffizienz sein muss. Weiterhin abstrahiert die DEA von der Formulierung einer konkreten Nutzenfunktion und der darin enthaltenen Budgetrestriktion, was einen erheblichen Mangel der Anwendung dieser Analyse auf das Konzept der rationalen technischen Ineffizienz darstellt. Weitere Resultate der durchgeführten DEA sind zwar im Hinblick auf eine allgemeine Effizienzanalyse interessant, helfen aber in dem hier behandelten theoretischen Kontext nicht weiter.

Darüber hinaus wurde der Ansatz zur Erklärung technischer Ineffizienzen in der Leistungserstellung in der dänischen Fischerei herangezogen (ANDERSON und BOGETOFT 2005, S. 93 ff.; ANDERSON und BOGETOFT 2009, S. 7 ff., hier insb. S. 19 ff.). Dieser Untersuchungsfall bezieht sich konkret auf die überschüssige Ressourcenbereithaltung von Schiffsbesatzung (Crew), Treibstoff (Diesel) und Eis, um das Risiko eines unzureichenden Fangs zu minimieren, und gehört insofern wohl eher in den Bereich der stochastischen Produktionstheorie, in der technische Ineffizienzen weniger aus Rationalität als mehr aus der Natur der Produktionstechnologie heraus gang und gäbe sind.

Technisch ineffiziente Gewinnmaxima in den Betrachtungen von FANDEL *und* LORTH *(2006)*

FANDEL und LORTH untersuchen in ihrem Beitrag die Frage, ob es ökonomisch relevante Situationen gibt, in denen ein technisch ineffizienter Produktionspunkt als Ergebnis gewinnmaximierenden (rationalen) Verhaltens des Entscheidungsträgers ausgewählt wird. Zur Vereinfachung der Überlegungen wird angenommen, dass das Unternehmen nur ein Endprodukt unter Einsatz eines einzigen Produktionsfaktors produziert. Absatz- und Faktorpreis seien mengenabhängig; dann lautet das Gewinnmaximierungsproblem formal

$$\max_{(x,r)\in T} Q[p(x),q(r),x,r] = p(x)\cdot x - q(r)\cdot r,$$

wobei Q den Gewinn, x die Outputmenge, r die Inputmenge, $p(x)$ den von der Absatzmenge abhängigen Absatzpreis, $q(r)$ den von der Faktoreinsatzmenge abhängigen Faktorpreis und T die Technologiemenge bezeichnen. Setzt man Differenzierbarkeit voraus, so lässt sich das obige Gewinnmaximierungsproblem als nichtlineares Programmierungsproblem formulieren und im Hinblick auf die Eigenschaften in Frage kommender Gewinnoptima näher untersuchen.

Für strikt positive und konstante Güterpreise ist ein Gewinnmaximum stets technisch effizient (FÄRE und GROSSKOPF 2003, S. 5). Ein technisch ineffizientes Gewinnmaximum kann also nur dann auftreten, wenn man die Wertebereiche der Output- und Inputpreise nicht bereits a priori einschränkt und auch mengenabhän-

gige Preise in die Betrachtung mit einbezieht. Zudem sind nur jene Fallkonstella-
tionen interessant, in denen die Erlösfunktionen $E(x) = p(x) \cdot x$ und die Kostenfunktion $K(r) = q(r) \cdot r$ nicht durchgehend monoton ansteigen. Diese Fälle sind
in der ökonomischen Praxis keineswegs irrelevant, wie die nachfolgenden Überlegungen zeigen (FANDEL und LORTH 2009b).

Es gibt typische Fälle, in denen Faktorpreise von null oder gar negative Preise
auftreten können. So kann es vorkommen, dass unerwünschte Nebengüter, die bei
einem anderen Unternehmen im Produktionsprozess anfallen und die dieses
Unternehmen aufgrund von Umweltauflagen mehr oder wenig aufwändig auf
eigene Kosten entsorgen müsste, bei dem hier betrachteten Unternehmen als
Inputs in den Produktionsprozess eingehen.

Ein in dieser Hinsicht prominentes Beispiel ist der so genannte REA-Gips, der
in sehr großen Mengen bei der Entschwefelung von Rauchgas in Großfeuerungs-
anlagen – beispielsweise von Kohlekraftwerken und Müllverbrennungsanlagen –
anfällt und als Input unter anderem in der Gips- und der Zementindustrie verwendet wird. Mit dem Aufkommen der Rauchgasentschwefelung in Japan und
Deutschland Ende der siebziger Jahre des letzten Jahrhunderts stiegen beispielsweise in Deutschland die Mengen des Nebenproduktes REA-Gips rasch an und
führten in den nachfolgenden Jahren zu einem ernsten Entsorgungsproblem bei
den Kraftwerken. Die Kraftwerksbetreiber unternahmen infolgedessen erhebliche
Bemühungen, den aus ihrer Sicht als Abfall zu betrachtenden Gips möglichst
kostengünstig zu entsorgen und dabei insbesondere die kostspielige Deponierung
zu vermeiden, indem sie REA-Gips zu besonders „attraktiven" Konditionen, z.T.
durch umfangreiche Subventionierung, am Markt unterzubringen versuchten.
Infolgedessen wies REA-Gips über längere Zeiträume einen negativen Marktpreis
auf. Erst durch die zwischenzeitlich stark gestiegene Nachfrage in der Baustoffin-
dustrie konnte REA-Gips in Deutschland einen niedrigen positiven Marktpreis
erreichen. Allerdings deuten Langzeitprognosen für den deutschen Markt für die
Jahre bis 2020 wieder auf ein Überschussangebot an REA-Gips hin (ARENDT
2000, S. 184 ff.).

Negative Marktpreise können sich aber auch für allgemein erwünschte Güter
bzw. Ressourcen ergeben, wenn die Herstellung dieser Güter zumindest temporär
zu einem Überschuss des Angebots über die Nachfrage auf den Märkten führt und
die Märkte bei nichtnegativen Preisen nicht hinreichend schnell geräumt werden
können. Als Paradebeispiel sei hier die Erzeugung elektrischer Energie genannt.
Da elektrische Energie derzeit noch nicht in signifikanten Mengen gespeichert
werden kann, müssen das Stromangebot der Energieerzeuger und die Stromnach-
frage der Energieverbraucher zur Aufrechterhaltung der Funktion des Stromnetzes
stets ausgeglichen sein. Die Energieerzeuger nutzen daher oftmals die Möglichkeit, kurzfristige Lieferkontrakte zu negativen Preisen auf dem Markt anzubieten,
um das teure Abschalten der Kraftwerke während nachfrageschwacher Zeiten zu
vermeiden. Infolgedessen kommen auf den Spotmärkten bzw. „Ausgleichsmärk-
ten" der Strombörsen relativ häufig negative Preise für kurzfristige Kontrakte
zustande.

Schließlich soll an dieser Stelle noch auf die vielfältigen Möglichkeiten hingewiesen werden, mit Hilfe von offenen oder versteckten Subventionen den Marktpreis von Ressourcen zugunsten einiger Unternehmen zu „korrigieren". So können
beispielsweise Staatsgarantien für Banken, die sich in öffentlicher Hand befinden,
die Refinanzierung dieser Institute insofern vergünstigen, als ein Teil der sonst
marktüblichen Risikoprämien auf den Kapitalzins für die Refinanzierungsmittel
aufgrund der Staatshaftung entfällt. Aus Sicht des Kreditinstituts wirkt sich dies so
aus, als würde ihm ein Teil der Refinanzierungsmittel kostenlos zur Verfügung
gestellt werden. Auf der anderen Seite verzerren staatlich gewährte Lohnzu-
schüsse oder Kurzarbeitergelder – und in analoger Weise auch Lohnkonzessionen
der Mitarbeiter eines Unternehmens – die wahren Marktpreise für Arbeitskräfte in
der Weise, dass solche Regelungen nutzende Unternehmen nicht im vollen Umfang für die Kosten ihrer Belegschaft aufkommen müssen. Dies wirkt sich im
Grunde so aus, als müsste das Unternehmen nur für einen Teil der Belegschaft den
vollen Faktorpreis bezahlen, während ihm der übrige Teil quasi zum Nulltarif zur
Verfügung gestellt wird. Im Gegensatz zu den möglicherweise ungewollten allokativen Verzerrungen in der Mitarbeiterstruktur dürften die technischen Ineffizienzen, die sich aus der Aufrechterhaltung einer zu großen Zahl von Beschäftig-
ten ergeben könnten, vor allem in so genannten Krisenzeiten durchaus
beabsichtigt sein.

Unterstellt man nun einen negativen Faktorpreis für einen bestimmten Bereich
$\left[\tilde{r}, \tilde{\tilde{r}}\right)$ der Faktormengen, so erhält man einen Kostenverlauf $K(r)$, wie er in
Abb. 3.10 beispielhaft für den Fall einer abschnittsweise linearen Kostenfunktion
veranschaulicht ist.

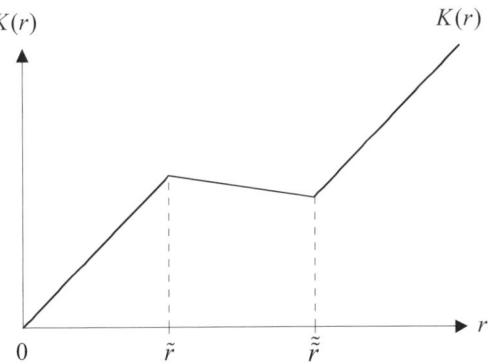

Abb. 3.10. Kostenfunktion für den Fall eines im Bereich $r \in \left[\tilde{r}, \tilde{\tilde{r}}\right)$ negativen Inputpreises

Aus theoretischen Überlegungen (FANDEL und LORTH 2006, S. 16 ff.) weiß
man, dass für ein Gewinnmaximum in einem solchen Fall nur noch die Über-
gangs- bzw. Knickstellen der Kostenfunktion und hier aus nahe liegenden Gründen vor allem die Knickstelle bei $r = \tilde{\tilde{r}}$ in Frage kommen; darüber hinaus muss
das gesuchte Gewinnmaximum Grenzerlöse von null aufweisen. Entsprechend

veranschaulicht Abb. 3.11 eine Situation, in der das technisch realisierbare Gewinnmaximum $B = \left(r^*, x^* \right) = \left(\tilde{\tilde{r}}, \hat{x} \right)$ (mit dem Gewinn Q^*) im Inneren der Technologiemenge T liegt und folglich technisch ineffizient ist. Dagegen weist der technisch effiziente Produktionspunkt $A = (\hat{r}, \hat{x})$ zwar den höchsten Gewinn aller technisch effizienten Produktionspunkte auf, da gilt: $Q^* > \overset{\approx}{Q} > \bar{Q}_3 > \bar{Q}_2 > \bar{Q}_1$, jedoch fällt dieser Gewinn niedriger aus als im technisch ineffizienten, aber gewinnmaximalen Produktionspunkt B (siehe insbesondere Abb. 3.11 (b)).

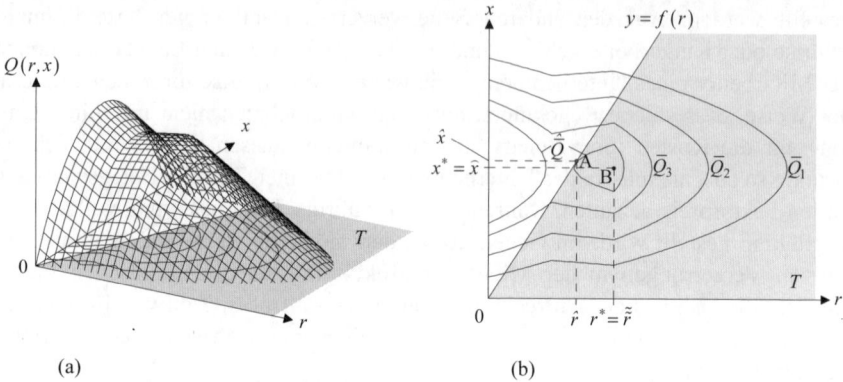

(a)   (b)

Abb. 3.11. Gewinnmaximierung im Falle nicht monotoner Kosten und Erlöse

Würde das Unternehmen also in einem solchen Fall versuchen, die technische Effizienzgrenze zu erreichen, dann wäre dies nicht rational, weil ein solches Verhalten gegen das Gewinnmaximierungsprinzip verstieße. Vielmehr lohnt es sich für das Unternehmen, eine größere als die technisch effiziente Menge des Faktors einzusetzen – und zwar so lange, bis durch den zusätzlichen Faktoreinsatz bei gegebenem Output die Gewinne des Unternehmens nicht mehr gesteigert werden können, d.h. bis in dem hier gezeigten Beispiel die Grenzkosten den Wert null erreichen bzw. positiv werden. Angewandt auf unser Energiebeispiel bedeutet dies, dass es sich für das Unternehmen möglicherweise nicht nur auszahlen würde, die Produktion in nachfrageschwache Zeiten zu verlegen, weil dann die Faktorpreise niedriger sind als zu nachfragestärkeren Zeiten, sondern auch Energie über die Effizienzgrenze hinaus zu verbrauchen. Ein solches Verhalten wäre sogar aus der Perspektive des Gesamtsystems sinnvoll, wenn auf diese Weise die kostspielige Abschaltung von Kraftwerken in nachfrageschwachen Zeiten verhindert werden kann.

Schließlich sei noch einmal der oben beschriebene Fall aufgegriffen, in dem durch die Gestaltung der Faktorpreise bzw. -kosten bewusst auf die Auswahlentscheidung des Unternehmens Einfluss genommen werden kann, technisch ineffiziente Produktionen zu realisieren. Nimmt man an, dass zur Erreichung eines technisch effizienten Gewinnmaximums ein Teil der Mitarbeiter in einem Unternehmen entlassen werden müsste, weil man nur noch eine geringere Zahl an Personalarbeitstagen benötigt, dann könnten die Mitarbeiter zur Beibehaltung des ursprünglichen Faktoreinsatzniveaus der Unternehmensleitung anbieten, die zusätzlichen Kosten für jeden über einen geeignet gewählten Schwellenwert $\tilde{r}$ hinausgehenden Faktoreinsatz bis zu einer Maximalgrenze von beispielsweise $\tilde{\tilde{r}}$ durch einen entsprechenden Gehaltsverzicht (negative Lohnsätze) aller Mitarbeiter überzukompensieren. Würde ein solcher Plan umgesetzt, dann ergäben sich aus Sicht des Unternehmens ein Kostenfunktionsverlauf wie in Abb. 3.10 und eine Gewinnsituation, die analog zu Abb. 3.11 (b) ist. Bei einer geeigneten Subventionierung technisch ineffizienten Faktoreinsatzes auf der Grundlage einer konditionalen Gehaltskürzung für alle Mitarbeiter wäre es demnach für das Unternehmen gewinnoptimal, sämtliche Arbeitsplätze zu erhalten.

Die Nutzbarkeit subventionierter technischer Ineffizienzen als beschäftigungspolitische Instrumente haben inzwischen auch die Tarifparteien in Deutschland erkannt. So werden im Rahmen der Standortdiskussion immer öfter Fälle bekannt, in denen Gehaltskürzungen entweder von der Unternehmensführung als Gegenleistung für Beschäftigungsgarantien eingefordert oder von den Mitarbeitern im Falle eines Verzichts auf Entlassungen oder Verlagerung der Produktion ins kostengünstigere Ausland angeboten werden (vgl. z.B. LAMPARTER 2004, S. 15).

Rationale Ineffizienzen in der Dienstleistung aufgrund von Anpassungsprozessen

In diesem Abschnitt sollen die konzeptionellen Überlegungen von LEIBENSTEIN aufgenommen und in einem neuen methodischen Rahmen der Dienstleistungsproduktion erörtert werden. Als analytisches Instrument bietet sich die Produktionsfunktion von GUTENBERG (1951/1983, S. 326 ff.) an, da auch in ihr Parameter wie Leistungsintensitäten als Erklärungsgrößen des Outputs auftreten, die formale Ähnlichkeiten zu den Anstrengungsniveaus bei LEIBENSTEIN besitzen. Der methodische Vorteil besteht allerdings darin, dass für die Geltung der Gutenberg-Produktionsfunktion valide empirische Ergebnisse zur Sachgüterproduktion vorliegen, die hier in modifizierter Weise auf die Dienstleistungsproduktion übertragen werden sollen.

Betrachtet sei eine Führungskraft als Potentialfaktor im Sinne GUTENBERGs, die ihren Beitrag b zur Produktion x mit einer bestimmten Leistungsintensität $\lambda = x/t$ erbringt, wobei t für die von der Führungskraft aufgewandte Arbeitszeit steht. Der Einfachheit halber gelte ohne Beschränkung der Allgemeinheit

$$\lambda \cdot t = b = d \cdot x = x \,, \text{ mit } d = 1$$

als Produktionskoeffizienten. Nachdem die Führungskraft ihren Beitrag erbracht hat, seien anschließend Nachbearbeitungen von einem untergebenen Sachbearbeiter vorzunehmen, dessen Produktionskoeffizient $a(\lambda)$ in Abhängigkeit der Leistungsintensität λ der Führungskraft, die in den Grenzen λ_{min} und λ_{max} variiert werden kann, u-förmig verlaufe und ein Minimum für die Leistungsintensität λ^* annehme.

Der Sachverhalt möge durch die beiden Abb. 3.12 (a) und (b) veranschaulicht sein. Der u-förmige Verlauf des Produktionskoeffizienten $a(\lambda)$ lässt sich einleuchtend dadurch begründen, dass der Sachbearbeiter bei einer zu langsamen Einlastung von Aufträgen seitens des Vorgesetzten, d.h bei einer relativ geringen Leistungsintensität $(\lambda < \lambda^*)$, dazu neigt, sich einem einzelnen Auftrag mit einem Übermaß an Anstrengung und Sorgfalt zu widmen, um nicht gegenüber dem Vorgesetzten als untätig zu erscheinen. Werden die Aufträge dagegen in zu schneller Abfolge $(\lambda > \lambda^*)$ an den Sachbearbeiter weitergeleitet, dann wird die Anzahl der Fehler und Nachlässigkeiten aufgrund der Überforderung des Sachbearbeiters zunehmen und entsprechende Anstrengungen des Sachbearbeiters zu ihrer Behebung erfordern. Im Ergebnis steigt also mit zunehmender Entfernung von der optimalen Bearbeitungsgeschwindigkeit λ^* der zur Bearbeitung der Aufträge erforderliche Arbeitsaufwand $a(\lambda)$ des Sachbearbeiters pro Outputmengeneinheit.

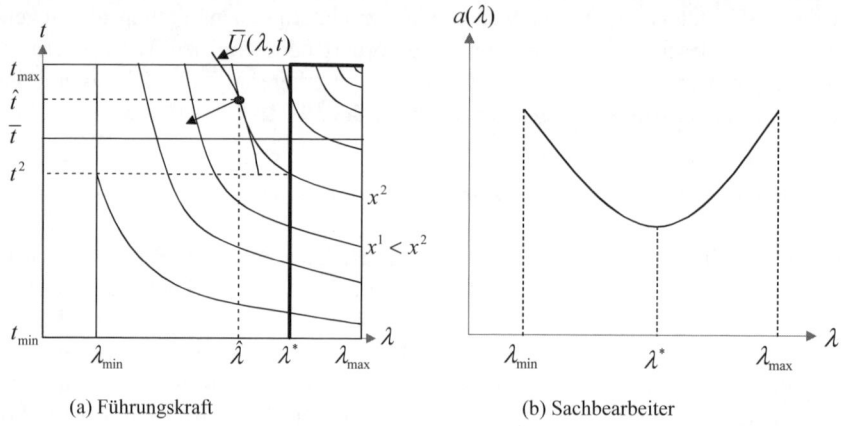

(a) Führungskraft   (b) Sachbearbeiter

Abb. 3.12. Leistungsdiagramme für die Führungskraft und den nachbearbeitenden Sachbearbeiter

Nun weiß man aus entsprechenden Betrachtungen von Anpassungsprozessen auf der Grundlage der Gutenberg-Produktionsfunktion (sie werden in Kapitel 5 näher ausgeführt), dass die technisch effizienten Erstellungen der Leistungsmengen x bei steigendem Output zunächst durch reine zeitliche Anpassung bei optimaler Leistungsintensität λ^* erstellt werden, also $x = \lambda^* \cdot t$, $t_{min} \leq t \leq t_{max}$, gilt und danach in der Weise rein intensitätsmäßig mit maximaler Einsatzzeit t_{max} angepasst wird, dass $x = \lambda \cdot t_{max}$ für $\lambda^* \cdot t_{max} < x \leq \lambda_{max} \cdot t_{max}$ erfüllt ist. Der Anpassungspfad effizienter Produktionen ist in der Abb. 3.12 (a) fett schwarz gekennzeichnet.

Die Frage ist nun, was die Führungskraft veranlassen könnte, von dem Pfad der technisch effizienten Produktionen bzw. Anpassungskombinationen von λ und t abzuweichen. Zur Klärung dieser Frage sei von der Dienstleistungsmenge x^2 ausgegangen, die effizient durch die Kombination (λ^*, t^2), also gemäß $x^2 = \lambda^* \cdot t^2$, hergestellt wird. Dann wäre zunächst einmal aus ganz praktischer Sicht festzuhalten, dass die Führungskraft diese Kombination im Allgemeinen nur zufällig genau treffen wird. Wählt sie eine andere Kombination (λ, t) zur Herstellung von x, so handelt sie – möglicherweise unbewusst – technisch ineffizient.

Zur Untersuchung der Rationalität einer solchen technischen Ineffizienz sei nun weiterhin angenommen, dass auch Führungskräfte prinzipiell zusätzliche frei verfügbare Zeiten und geringere Arbeitsgeschwindigkeiten individuell wertschätzen, so dass höhere individuelle Nutzenniveaus typischerweise mit geringeren Einsatzzeiten im Unternehmen und geringeren Anstrengungsniveaus aufgrund eines niedrigeren Arbeitstempos verbunden sind (siehe Pfeilrichtung in Abb. 3.12 (a) für ein exemplarisch gewähltes Nutzenniveau $\bar{U}$). Wählt nun die Führungskraft aus einem individuell rationalen Kalkül heraus – z.B. aus Imagegründen, weil gesellschaftlich von einer Führungskraft erwartet (LOLL 2007) – eine längere als die für die effiziente Erstellung der Dienstleistungsmenge x^2 erforderliche Arbeitszeit $\hat{t} > t^2$ und verlangsamt im Gegenzug die Geschwindigkeit der Leistungserstellung, also die Leistungsintensität λ, auf ein zu niedriges Niveau $\hat{\lambda} < \lambda^*$, dann handelt sie zwar individuell rational, aber die von ihr präferierte Anpassungskombination $(\hat{\lambda}, \hat{t})$ wäre im Vergleich zu der für das Unternehmen optimalen Anpassungskombination (λ^*, t^2) technisch ineffizient.

Würde dagegen die Führungskraft das Arbeitsleid längerer Einsatzzeiten relativ stärker einschätzen als die zu erbringende Leistungsintensität, dann würden sich die Nutzenisoquanten der Nutzenfunktion $U(\lambda, t)$ weiter nach rechts unten drehen, und es könnte dann eine technisch ineffiziente Anpassung an x^2 individuell rational sein, die rechts vom optimalen Anpassungspfad liegt – mit analogen Konsequenzen im Hinblick auf die technische Effizienz bzw. Ineffizienz der resultierenden Anpassungskombination.

Eine ebenfalls auf dem Gutenberg-Produktionsmodell fußende Modellvariante mit einem u-förmigen Verlauf des von einer Führungskraft zu erbringenden Überwachungs- und Steuerungsaufwandes pro Outputmengeneinheit liefert weitere Anhaltspunkte zur Erklärung rationaler Ineffizienzen bei Anpassungsprozessen in hierarchischen Organisationen (FANDEL und LORTH 2009a, S. 110 ff.).

Erkenntnisse

Die vorgetragenen Befunde machen deutlich, dass das in der Produktionstheorie vorherrschende Auswahlkonzept der technischen Effizienz nur bedingt zur Identifikation bzw. Ausscheidung tatsächlich nicht in Frage kommender Produktionsmöglichkeiten taugt. Auch die verschiedenen Ansätze, die Defizite des traditionellen, auf den bloßen Vergleich von Mengengrößen abstellenden Effizienzkonzeptes zu beheben, indem die mehr oder weniger komplexe Topologie der übergeordneten Bewertungsfunktion (Zielfunktion) eines Entscheidungsträgers auf eine „Zwischenebene" übertragen wird, die beispielsweise durch die Überführung der Gütermengenvektoren in so genannte Ergebnisvektoren und eine entsprechende Modifikation des Effizienzbegriffes entsteht, sind vor allem im Fall von Nichtmonotonien entweder zum Scheitern verurteilt oder aber so aufwändig, dass sie zu keiner Vereinfachung des Auswahlprozesses führen.

Im Ergebnis bewahrheitet sich einmal mehr der aus der Entscheidungstheorie bekannte Grundsatz, dass für die rationale Entscheidungsfindung letztlich allein die vom Entscheidungsträger verfolgte Zielfunktion maßgeblich ist.

3.2 Erweiterungen aktivitätsanalytischer Betrachtungen in der Dienstleistungsproduktion

3.2.1 Vorbemerkungen

In entwickelten Ökonomien ist die Dienstleistungsproduktion ein bedeutsamer Sektor. Von diesem – auch als tertiärem Sektor bezeichneten – Wirtschaftsbereich wird oft gesagt, er werde die Landwirtschaft und die industrielle Sachgüterproduktion ablösen, was den Beitrag zum Volkseinkommen, zur Belebung des Arbeitsmarktes und zum wirtschaftlichen Wachstum insgesamt betrifft.

Die Notwendigkeit zur Kostendämpfung im Gesundheitswesen, die eingeforderten Überlegungen zur Effizienz und Sparsamkeit von Hochschulen, Massenentlassungen bei Finanzdienstleistern, Einbrüche in der Telekommunikation und die dramatischen Insolvenzen von Unternehmungen am Neuen Markt haben zu Ernüchterungen geführt. Geblieben ist die Erkenntnis, dass die Erstellung von Dienstleistungen ebenso wie die Erzeugung von Sachgütern, also jede betriebliche Produktion auf ihre Wirtschaftlichkeit hin überprüft werden muss. Die hieraus resultierende Notwendigkeit der Entwicklung einer Theorie der Dienstleistungsproduktion wird neuerlich auch wieder von DYCKHOFF (2003) betont.

Die nachfolgenden Ausführungen zeigen, wie die Aktivitätsanalyse den Besonderheiten der Dienstleistungsproduktion Rechnung tragen kann (FANDEL und BLAGA 2004). Da Aktivitäten Input-Output-Kombinationen darstellen, die zu Technologien zusammengefasst werden, wird hier die Diskussion einen breiten Raum einnehmen, wie man Output und Input der Dienstleistungsproduktion spezifizieren kann.

3.2.2 Anwendung der Aktivitätsanalyse auf die Dienstleistungsproduktion

Bei der Beurteilung von Aktivitäten und Technologien bzw. der Beschreibung von effizienten Produktionen durch Produktionsfunktionen hat sich die Aktivitätsanalyse in Fällen der Sachgüterproduktion bestens bewährt. Ansätze, sie auch auf die Dienstleistungsproduktion anzuwenden, sind dagegen spärlich, wenn auch keineswegs erfolglos geblieben (FANDEL und PRASISWA 1988; FANDEL 2001a und 2001b). Jedoch hat die eher stiefmütterliche Behandlung der Erzeugung von

Dienstleistungen durch die Produktionstheorie dazu geführt, dass sich manche Autoren dazu haben verleiten lassen, in diesem Zusammenhang von einer Verspätung der Betriebswirtschaftslehre zu sprechen. Sie haben einen Paradigmenwechsel gefordert, bei dem man sich von der Outputorientierung bzw. der Input-Output-Analyse der Dienstleistungsproduktion abkehren und stattdessen mehr einer prozessorientierten bzw. vertragstheoretischen Sichtweise zuwenden solle (RÜCK 2000; SCHNEEWEISS 2002). Abgesehen davon, dass man angesichts des schon länger existierenden Konzepts der Aktivitätsanalyse statt einer Verspätung auch ein Versäumnis der betriebswirtschaftlichen Forschung zum Gebiet der Erstellung von Dienstleistungen konstatieren könnte, werden Effizienz- bzw. Produktivitätsbetrachtungen auch bei der Dienstleistungsproduktion nicht von Input-Output-Relationen loskommen.

Wie schwer sich die betriebswirtschaftliche Forschung zur Dienstleistungsproduktion tut, wenn sie sich von der strikten Input-Output-Analyse der Produktionstheorie abwendet, sieht man daran, dass zusätzlich zu oder anstelle einer Ergebnisorientierung eine potential-, prozess- oder phasenorientierte Sichtweise vorgeschlagen wird (CORSTEN 1988, 1990; HILKE 1989). Die einzelnen Sichtweisen sind dabei folgendermaßen gekennzeichnet:

- Ergebnisorientierte Sichtweise (MALERI 1973; GERHARDT 1987): Dienstleistungen werden als immaterielle Wirtschaftsgüter durch die Kombination produktiver Faktoren erzeugt (Haarschnitt).
- Potentialorientierte Sichtweise (MEYER 1987): Dienstleistungen sind Leistungsfähigkeiten (Friseurbereitschaft).
- Prozessorientierte Sichtweise (BEREKOVEN 1974; ROSADA 1990): Dienstleistungen entstehen durch Prozesse, in denen das Leistungspotential des Produzenten mit dem Nachfrager oder von diesem eingebrachten Objekten als externe Faktoren kombiniert wird und der externe Faktor eine Veränderung erfährt (Haare schneiden). Die Kombinationsprozesse erfordern eine sachliche, räumliche und zeitliche Koordination zwischen Leistungsersteller und Leistungsnehmer.
- Phasenorientierte Sichtweise (HILKE 1989; CORSTEN 1990; MEYER 1991): Sie betrachtet zur Charakterisierung von Dienstleistungen die zuvor dargelegten Sichtweisen isoliert oder integriert.

Output, Inputkombinationen, Aktivitäten bzw. Produktionsprozesse und Modellierungen der ein- oder mehrstufigen Fertigung sind aber gebräuchliche Elemente bzw. Prozeduren der Aktivitätsanalyse. So bietet es sich an, die Aktivitätsanalyse als leistungsfähiges Instrument zur Modellierung der Dienstleistungsproduktion einzusetzen. Die Beziehungen zwischen den in der Literatur gegenteilig formulierten Sichtweisen einer Dienstleistungsproduktion und den Konstruktionselementen der Aktivitätsanalyse verdeutlicht Tabelle 3.7. Im Folgenden wird dargestellt, wie sich Begriffe der Aktivitätsanalyse inhaltlich sinnvoll für eine Produktionstheorie der Dienstleistungen ausfüllen lassen.

Tabelle 3.7.   Beziehungen zwischen Sichtweisen der Dienstleistungsproduktion und Elementen der Aktivitätsanalyse

Sichtweisen der Dienstleistungs-produktion	Elemente der Aktivitätsanalyse
ergebnisorientiert	Output
potentialorientiert	Inputkombinationen
prozessorientiert	Aktivität / Technologie
phasenorientiert	Stufigkeit der Fertigung
- eindimensional	- einstufig
- mehrdimensional	- mehrstufig

Die Ausweitung der Dienstleistungsproduktion um Personal-, Marketing-, Management- und Agency-theoretische Aspekte stellt gegenüber der Einbettung der Sachgüterproduktion in die vielfältigen Unternehmungsfunktionen keine grundsätzlich innovative Entwicklung dar. So greift das zum Dienstleistungsmanagement eingesetzte Blueprinting (SHOSTACK 1982; ALLERT und FLIEß 1999) auf Verfahren der Netzplantechnik zurück, die geradezu ergänzend in die Aktivitätsanalyse und die Untersuchung von Korrespondenzen (FANDEL 2001a; SHEPHARD 1970) zur Erfassung von ablauforganisatorischen Vorgängen eingebaut werden können. Daher kann man kaum behaupten, produktionstheoretische Ansätze zur Modellierung der Sachgüterproduktion wären nur wenig geeignet, Zusammenhänge der Dienstleistungsproduktion zu beschreiben und zu untersuchen. Produktionsmodelle für spezielle Dienstleistungen (FARNY 1975; ALBACH et al. 1978; STIEGER 1980; HAAK 1982) widerlegen diese These. Zudem bleibt bei Veröffentlichungen von Autoren, die der ablehnenden Meinung anhängen, unklar, welche einheitlichen Analyseinstrumente genau an die Stelle der bewährten produktionstheoretischen Konzepte treten sollen.

Gegen eine Polarisierung von Sachgütererzeugung und Dienstleistungsproduktion sprechen ganz praktische Erwägungen. Sachgüterproduktionen weisen in der Regel auch Elemente der Dienstleistungserstellung auf, wenn man allgemein an die betrieblichen Funktionen der Verwaltung und der Materialwirtschaft und speziell an die logistischen Teilprozesse des Transports und der Lagerhaltung von Teilen, Baugruppen, Zwischen- und Endprodukten denkt. Diese Elemente werden bei der expliziten Modellierung der Sachgüterproduktion mit Hilfe der traditionellen produktionstheoretischen Ansätze oft ungerechtfertigterweise übergangen, da von ihnen unterstellt wird, dass sie implizit in den betrachteten Input-Output-Kombinationen der Aktivitäten enthalten sind. Nur wenn sie ablauforganisatorisch relevant werden, treten sie als eigenständige Aktivitäten in entsprechenden Netzplänen auf (NEUMANN und MORLOCK 2002). Andererseits kommen bei der Erzeugung von Dienstleistungen mitunter Aktivitäten der Sachgütererstellung vor, wenn es beispielsweise um die Leistungserstellung von Handwerksbetrieben oder Kliniken der medizinischen Orthopädie geht. Manche Autoren weisen sogar auf die enge Analogie hin, dass ein und derselbe Fertigungsvorgang in Industriebetrieben bei Eigenfertigung Sachgüterproduktion darstellt, bei Auftragsfertigung aber als Dienstleistung aufgefasst werden kann (ENGELHARDT 1989, ENGELHARDT et al. 1993, 1995). Dass die Übergänge in der Charakterisierung von Sachgütern gegenüber Dienstleistungen tatsächlich fließend sind, das hat SHOSTACK (1982) sehr überzeugend anhand einer Graphik vorgetragen, in der Güter danach geordnet werden, inwieweit bei ihnen die Anteile materieller oder immaterieller Elemente dominieren (siehe auch: RUSHTON und CARSON 1985).

Aufgrund der voraufgegangen Überlegungen liegt der Reiz geradezu darin, Dienstleistungs- und Sachgüterproduktion zu verbinden und auf eine gemeinsame methodische Basis zu stellen. Diese Idee ist nicht neu (PRÉEL und DE LA ROCHEFORDIÈRE 1988).

3.2.3   Erläuterungen aktivitätsanalytischer Elemente einer Dienstleistungsproduktion

Spezifizierung des Outputs

Ziel jeder Produktion ist es, erwünschte Güter herzustellen, die als Outputs bezeichnet werden. Sie werden durch ihre Eigenschaften definiert (LANCASTER 1971, 1972). Handelt es sich bei diesen Gütern um immaterielle Objekte, dann heißen sie Dienstleistungen. Damit ist die ergebnisorientierte Definition von Dienstleistungen markiert, die im Weiteren maßgeblich sein soll.

Für diesen Standpunkt gibt es genügend Gründe. Ohne Orientierung am Ergebnis kann die Wirtschaftlichkeit einer Dienstleistungsproduktion nicht überprüft werden. Schließlich geht es darum, eine Dienstleistung oder bestimmte Mengen davon mit möglichst wenig Input zu erzeugen. Das macht es erforderlich, den Output Dienstleistung in jedem Einzelfall genau zu spezifizieren und ihn nicht durch andere Sichtweisen ersatzweise zu umschreiben. Noch zwingender wird dieses Argument, wenn am Markt Preise für das Ergebnis der Dienstleistungsproduktion bestimmt werden müssen.

Aus der ergebnisgerichteten Charakterisierung von Dienstleistungen als immaterielle Wirtschaftsgüter erwächst zugleich eine Fülle von Schwierigkeiten, die Zweifel daran aufkommen ließen, ob die mikroökonomische Produktionstheorie, die sich vornehmlich mit der Sachgüterherstellung beschäftigt, überhaupt zur Untersuchung der Dienstleistungsproduktion verwendbar ist. Gewisse Unzufriedenheiten rührten zunächst einmal aus dem vermeintlichen Defizit, der Begriff der Dienstleistung müsse detaillierter gefasst und schärfer gegen den der Sachgüter abgegrenzt werden. Das hat zahlreiche Versuche ausgelöst, den Begriff der Dienstleistung zu definieren, die sich teilweise sogar von der ergebnisorientierten Begriffsbestimmung abgewendet haben. Diese Versuche lassen sich wie folgt klassifizieren.

- Enumerative Definitionen (SCHÄR 1923; RÖSSLE 1954): Dienstleistungen werden durch das Aufzählen von Beispielen charakterisiert. Hieraus lassen sich keine allgemein gültigen Anhaltspunkte für eine Theorie der Dienstleistungsproduktion entwickeln, weil die Untersuchung zugrundeliegender gemeinsamer Merkmale von Dienstleistungen vernachlässigt wird.

- Negativdefinitionen (ALTENBURGER 1980): Sie fassen alle Unternehmensleistungen, die nicht eindeutig dem primären oder sekundären Sektor der traditionellen volkswirtschaftlichen Leistungssystematik zugeordnet werden können, unter Dienstleistungen als tertiärem Sektor zusammen. Diese Verlegenheitslösung (CORSTEN 1988) unterliegt derselben kritischen Bewertung wie die enumerativen Definitionen.

- Auf konstruktiven Merkmalen der Dienstleistungen basierende Definitionen (GERHARDT 1987; CORSTEN 1988; RÜCK 2000): Sie beschreiben Dienstleistungen durch ihre Immaterialität und den dadurch bedingten Tatbestand, sie nicht lagern zu können, sowie die Notwendigkeit, einen externen Faktor einzubeziehen, über den der Nachfrager und nicht der Produzent die Dispositionsgewalt besitzt (MALERI 1973). Beschreibungselemente sind zudem die Vorhaltung einer Leistungsbereitschaft, die Parallelität von Produktion und Absatz und die Synchronisation von Leistungsangebot und Leistungsnachfrage. Hier wird deutlich, dass sich diese Definitionen zunehmend vom Outputbegriff entfernen und Aspekte des Inputsystems, der Inputkombination und des Produktionsprozesses aufnehmen, die in dieser Weise aber auch für die Sachgüterproduktion gelten können. Die graduelle Abkehr vom Outputbegriff im engeren Sinne offenbart die Betonung spezieller Sichtweisen.

Die weiteren Überlegungen konzentrieren sich auf die Outputdefinition der Dienstleistung und damit verbundene Besonderheiten.

Unter Dienstleistungen sollen hier immaterielle Güter verstanden werden, die als Ergebnisse von Produktionsprozessen hervorgebracht werden. Ergebnis solcher Produktionsvorgänge ist also die erstellte Dienstleistung – nicht die Erstellung der Dienstleistung, die analog der Erzeugung von Sachgütern einem prozessorientierten Verständnis folgen würde. Aus der Immaterialität ist hergeleitet worden, die Produktion von Dienstleistungen müsse dem uno-actu-Prinzip gehorchen (MALERI 1973, 1998), d. h. Leistungserstellung und Leistungsabnahme müssten gleichzeitig vonstatten gehen. Vor allem ergebe sich aus der Immaterialität, dass Dienstleistungen standortgebunden seien und nicht gelagert, transportiert und gehandelt werden könnten. Bezieht man in die Dienstleistungserzeugung aber auch die Erstellung von Informationen ein (WILD 1970a, 1970b, 1971; SENG 1989), wofür es sowohl aus der innerbetrieblichen Sicht der Disposition (FANDEL 1994; FANDEL und FRANÇOIS 1994) als auch aus der außerbetrieblichen Sicht der nachgefragten Güter (FANDEL 2001c; FANDEL und FRANÇOIS 2001) gute Argumente geben kann, so lassen sich diese vollbrachten Erstellungen von Informationen sehr wohl speichern, also lagern. Das gilt für Informationen in Produktionsplanungs- und -steuerungssystemen ebenso wie für erstellte Lehre und deren Betreuung im Fernstudium, die von den Studenten online nachgefragt werden können. Dabei ist ebenfalls das uno-actu-Prinzip aufgehoben. Gegenüber der Sachgüterproduktion besteht eine Besonderheit des Dienstleistungsoutputs in diesem speziellen Fall sogar darin, dass er beliebig oft genutzt und vervielfältigt werden kann, ohne dass es dazu noch eines weiteren aufwändigen Prozesses der Ressourcenkombination bedürfte, aus dem der Output ursprünglich hervorgegangen ist.

Ein anderes Problemfeld, das eng mit der Eigenschaft der Immaterialität zusammenhängt, wird in der mangelnden Operationalisierbarkeit des Outputs Dienstleistung gesehen (CORSTEN 1986; MALERI 1998). Sie differenziert sich in die Teilaspekte der unzureichenden Konkretisierbarkeit, Qualitätsmessung, Determiniertheit und Messbarkeit.

Zur Begründung der mangelnden Konkretisierbarkeit der Dienstleistung wird oft die Informationsarmut über das Produkt im Gegensatz zum Sachgut angeführt. Dadurch werde dem Abnehmer die Qualitätsbeurteilung erschwert. Diesen Einwänden kann dadurch begegnet werden, dass man sich darauf besinnt, dass Güter gerade durch ihre Eigenschaften als Ausdruck von objektiven Qualitäten definiert werden und man insofern zur Spezifizierung von Dienstleistungen genaue Leistungsbeschreibungen fordert, die Art, Umfang und Qualität der Dienstleistung weitgehend zweifelsfrei festlegen. Bei Bauleistungen sowie Dienstleistungen von Arzt-, Rechtsanwalts- und Steuerberatungspraxen geschieht dies anhand von Formularen und Spezifizierungen nach Gebührenordnungen. Soweit jedoch die Qualität der Erstellung der Dienstleistung gemeint ist, unterscheidet sich dieser Problemaspekt nicht von dem der Sachgüterproduktion. Dort wird die Qualitätskontrolle zur Vermeidung von Ausschuss eingesetzt, die auch für eine Dienstleistungsproduktion installiert werden müsste. Die in der Industrie vorgenommenen Zertifizierungen von Geschäftsprozessen nach ISO-Normen gehen in diese Richtung (SCHEER 1995; FANDEL 2001c). Die Analogie zur Dienstleistungsproduktion ist offenkundig. In der Fokussierung auf Gütereigenschaften anstatt auf die Güter selbst kommt gerade der Unterschied zwischen entwickelten und einfachen Konsumwirtschaften zum Ausdruck, weil dadurch die Vielfalt der Güter im Hinblick auf die Bedürfnisbefriedigung größer wird.

Die Ursachen für die mitunter auftretende Indeterminiertheit einer Dienstleistung werden darin gesehen, dass der Nachfrager selbst (Haare schneiden) oder von ihm eingebrachte Objekte (reparaturbedürftiges Auto) als externe Faktoren in den Kombinationsprozess der Dienstleistungserstellung einbezogen werden müssen (STUHLMANN 1998), deren Qualität oder Zustand aber zu Beginn des Erstellungsprozesses nicht hinreichend bekannt sind. Ist die Indeterminiertheit auf objektiv ermittelbare Qualitätsdefizite des externen Faktors zurück zu führen (z. B. Studenten unterschiedlichen Schulausbildungsniveaus an den Universitäten), so ist die Überraschung über die schwierige Spezifizierung des Outputs nicht anders zu werten als die eines Sachgutproduzenten, der sich in der Qualität seines Materials geirrt hat. Liegt die Indeterminiertheit des Outputs dagegen in Unsicherheiten über die Art und Qualität des Inputs „externer Faktor" oder des Herstellungsprozesses, so handelt es sich bei der Modellierung um ein klassisches Problem der stochastischen Produktionstheorie. Rührt die Indeterminiertheit der Dienstleistung aber daher, dass man wegen des Zustands des externen Faktors erst im Laufe ihrer Erstellung zunehmende Klarheit darüber gewinnt, welche Art und Umfänge sie schließlich annehmen wird (z. B. klinische Diagnostik HEGEMANN 1986; FANDEL und HEGEMANN 1986), so lassen sich bei entsprechender Detailliertheit auch für Teilprozesse der Dienstleistungsproduktion weniger mächtige Outputgrößen definieren (Teiluntersuchungen, aus denen sich schrittweise die endgültige Diagnose ergibt (HEGEMANN 1986)).

Konzeptionelle Schwierigkeiten bei der Messbarkeit des Outputs der Dienstleistungsproduktion resultieren daraus, dass man ihn wegen der fehlenden Materialität nicht wie bei Sachgütern wiegen, messen und zählen kann (MALERI 1998). Hat man allerdings eine Dienstleistung einmal hinreichend genau als Gut beschrieben – wie vorhin erörtert –, dann kann man sie als Output sehr wohl in ganzzahligen Einheiten messen. Hier gibt es unmittelbare Gemeinsamkeiten zur Erfassung von Outputmengen der Sachgüterproduktion wie Automobilen oder Maschinen. Beispiele sind in der Literatur für BMÄ-bezifferte Arztleistungen (PRASISWA 1979) sowie für Leistungen in der Universitätslehre (FANDEL und PAFF 2000; FANDEL 2001a) zu finden.

Als besonderes Merkmal von Dienstleistungen wird gelegentlich die Auftragsindividualität angesprochen (CORSTEN 1985, 1986), die es bedingt, dass es wegen mangelnder Standardisierbarkeit der Outputs nur heterogene bzw. keine homogenen Güter gibt, die in größeren Einheiten als eins gemessen werden können. Dieses Phänomen tritt bei der Herstellung von Spezialmaschinen, die sich in die besondere Produktionstechnologie des investierenden Unternehmens einfügen sollen, ebenso auf. Automobilhersteller weisen in ihrem Marketing sogar darauf hin, dass sich jeder Kunde aufgrund der Variantenvielfalt sein ganz unverwechselbares individuelles Fahrzeug zusammenbauen lassen kann. Hier wird die Heterogenität des Gutes als Kundenvorteil propagiert, was dem Charakteristikum entwickelter Konsumwirtschaften entspricht, den eigentlichen Konsumnutzen eines Gutes darin zu sehen, dass seine Eigenschaften bestmöglich zum Bedürfnisprofil des Nachfragers passen (LANCASTER 1972). Was für die Vielfalt bzw. Heterogenität von Sachgütern spricht, kann der Ergebnisdefinition von Dienstleistungen aber nicht als Gegenargument entgegen gehalten werden.

Eine Abgrenzung der Dienstleistung gegenüber der Haushaltsleistung (RAFFÉE 1966) scheint kaum erforderlich, da Güter ohnehin nur als Outputs bezeichnet werden, wenn sie aus einer Produktion entstehen. Insoweit Haushalte also produzieren und ihre Güter vermarkten, treten sie wie Unternehmen auf (COWELL 1986; MAS-COLELL et al. 1995). So kann auch der Überlegung nicht gefolgt werden, unternehmensinterne Dienstleistungen nicht als Dienstleistungen zu begreifen (RÜCK 1995). Generell würde dies mit dem Umstand übereinstimmen, Zwischenprodukte nicht als Outputs aufzufassen, was der üblichen Vorgehensweise der Produktionstheorie widerspricht. Zudem – würde man sich dieser Meinung anschließen – stünden unternehmerische Planungsabteilungen und innerbetriebliche EDV-Zentren ohne Output da, und man könnte die Leistungen der innerbetrieblichen Logistik nicht darauf überprüfen, ob sie günstiger sind, als den innerbetrieblichen Transport durch ein Fremdunternehmen vornehmen zu lassen.

Erörterungen eines Outsourcings innerbetrieblicher Dienstleistungen (SCHÄTZER 1999) würde jede Basis einer wirtschaftlich rationalen Ausrichtung entzogen.

Vor dem Hintergrund der bisherigen Ausführungen wird vielmehr der Standpunkt eingenommen, dass Dienstleistungen als Outputs aktivitätsanalytisch ähnlich behandelt werden können wie Sachgüterprodukte. Aus diesem Blickwinkel scheint es nicht notwendig, vom ökonomisch bewährten Einteilungsschema für Produkte abzurücken. Outputorientierte Dienstleistungstypologien (SHOSTACK 1982; MCDOUGALL und SNETSINGER 1990) ließen sich darin als fruchtbare Erweiterungen integrieren.

Ein letztes Argument gegen die ergebnisorientierte Definition von Dienstleistungen soll hier noch beleuchtet werden. Es besteht darin, bestimmte Dienstleistungen wie ein Konzert, eine Tiershow oder ähnliche Veranstaltungen könnten nicht durch ein Ergebnis, sondern vielmehr nur durch ihren Herstellungsprozess selbst definiert werden. Dem wird hier widersprochen. Man stelle sich vor, der Prozess einer Theaterveranstaltung würde nur zur Hälfte dargeboten und koste den Besucher auch entsprechend weniger. Die Proteste dagegen sind greifbar. So haben Theaterbetreiber den Schauspielern und Opernsängern früher traditionell in der Pause der Veranstaltung die Gagen bezahlt, damit sie zu Ende spielen bzw. singen. Das möglichst fehlerfrei erstellte Schauspiel, Konzert oder Sportereignis ist der Output Dienstleistung, den der Nachfrager verlangt. Sogar für einen Zoobesuch lässt sich die outputbezogene Sichtweise geltend machen: Es ist die durchgeführte Zurschaustellung der Tiere während bestimmter Öffnungszeiten, für welche die Besucher zahlen, unabhängig davon, wie viel sie zeitlich davon in Anspruch nehmen wollen. Naheliegend ist es auch hier, den Vergleich zum Prozess der Sachgüterproduktion zu ziehen. Der Käufer würde nicht für den Herstellungsprozess des Autos, sondern für das hergestellte Auto zahlen. SHEPHARD et al. (1977) haben für den Schiffbau den kontinuierlichen Produktionsprozess durch Input- und Outputintensitäten beschrieben und darauf ihre Effizienzanalyse mit Hilfe des Konzepts der Korrespondenzen – eine der Aktivitätsanalyse analoge Vorgehensweise – angewandt. Die tatsächlichen Input- und Outputmengen werden schließlich über die zeitlichen Integrale der Intensitäten berechnet (FANDEL 1996). Diese Prozedur kann unmittelbar auch auf die Erstellung von Dienstleistungen als Prozess übertragen werden und würde den Gegensatz zwischen prozess- und ergebnisorientierter Sicht der Dienstleistungsproduktion aufheben.

Ausgestaltung des Inputsystems

Die Meinungen über die Ausgestaltung eines Faktorsystems bei Dienstleistungsproduktionen gehen weit auseinander. Einige Autoren glauben, dass die Faktoreinteilung der Sachgüterproduktion keinesfalls geeignet ist, sich daran auch bei der Erzeugung von Dienstleistungen zu orientieren. Manche vertreten sogar die extreme Auffassung, gerade GUTENBERGS (1983) Faktoreinteilung sei nur für die industrielle Sachgüterproduktion konzipiert und das Weiterdenken in diesen Kategorien sei eher hinderlich für einen unbefangenen Neubeginn, eine Faktoreinteilung für die Dienstleistungsproduktion vorzunehmen. Diese Überlegungen gipfeln in der Forderung, für Dienstleistungsproduktionen müssten arteigene Faktorsysteme entwickelt werden. Eher randständig ist in diesem Zusammenhang die Ansicht, in die Sachgüterproduktion gingen nur Sachgüter ein und bei der Erstellung von Dienstleistungen als immaterielle Wirtschaftsgüter dürften folglich keine materiellen Güter verzehrt werden. Sachgüter kämen also in diesen Fällen als Inputs nicht in Betracht, da sie die Abgrenzungsprobleme zwischen den materiellen und immateriellen Bestandteilen einer Dienstleistung verursachten und damit einer exakten Fassung des Dienstleistungsbegriffs im Wege stünden. DIEDERICH (1966) nimmt dagegen die Position ein, das Faktorsystem von GUTENBERG könne sehr wohl bei einigen Modifikationen auch grundlegend für die Dienstleistungsproduktion sein.

Bei näherer Betrachtung spricht mehr für die Harmonisierungstendenz als für die Polarisierung. Es ist zwar richtig, dass der externe Faktor als arteigener Input der Dienstleistung im Faktorsystem von GUTENBERG nicht vorkommt und auch Dienstleistungen als Inputs nicht explizit aufgeführt sind, allerdings implizieren der dispositive Faktor in seinem Schema und die damit verbundenen Erledigungen der Geschäftsführungsfunktionen, dass Dienstleistungen sehr wohl Bestandteile seiner Faktoreinteilung sein können! Zudem müssen sie integriert werden, da sie auch bei der Sachgüterproduktion als Inputs auftreten. Andererseits ist der Blick auf GUTENBERGS Inputsystem unzulässig verengt, wenn man meint, bei der von ihm in seinen Büchern (GUTENBERG 1958, 1983) schwerpunktmäßig behandelten Sachgüterproduktion gingen als Inputs nur Sachgüter ein. Potentialfaktoren sind nicht an sich die Inputs der Produktion, sondern die von ihnen abgegebenen Leistungen. Das gilt für die operative (wie auch für die dispositive) Arbeitsleistung ebenso wie für die Leistungsabgabe der Maschinen als Elementarfaktoren. Wenn GUTENBERG (1983) von den subjektiven Fähigkeiten von Arbeitskräften und in Erweiterung seines Konzepts der Verbrauchsfunktionen von der z-Situation technischer Eigenheiten von Aggregaten spricht, durch die die Produktivität der Faktorkombination maßgeblich bestimmt wird, dann erkennt man, wie die Guteigenschaften der Inputs (CHASE et al. 2000; HAKSEVER et al. 1999) denen der Outputs moderner Konsumwirtschaften entsprechen. So ließe sich über GUTENBERG eine vertikale Linie von den Engineering Production Functions (CHENERY 1949, 1953; SMITH 1961; ZSCHOCKE 1974) mit ihrer Fokussierung auf die Auswirkungen ingenieurwissenschaftlicher Variablen des Inputs und Outputs auf die Produktion hin zu den für Sachgüter und Dienstleistungen gleichermaßen relevanten Gütereigenschaften ziehen.

Den folgenden Ausführungen zu einem erweiterten Faktorsystem wird hier ein Einteilungsschema gemäß Abb. 3.13 zugrunde gelegt. Diese Systematisierung baut auf GUTENBERGS Ideen auf und könnte gleichermaßen für die Dienstleistungs- wie für die Sachgüterproduktion verwendbar sein und die bislang vernachlässigten Eigenheiten der Dienstleistungsproduktion mit aufgreifen und integrieren. Der Schwerpunkt der nachstehenden Erläuterung soll dabei auf der Dienstleistungsproduktion liegen; Beziehungen zur Sachgüterproduktion werden nur dort gesondert in die Beschreibungen aufgenommen, wo sie im Vergleich zur traditionellen Sichtweise neue Aspekte aufwerfen.

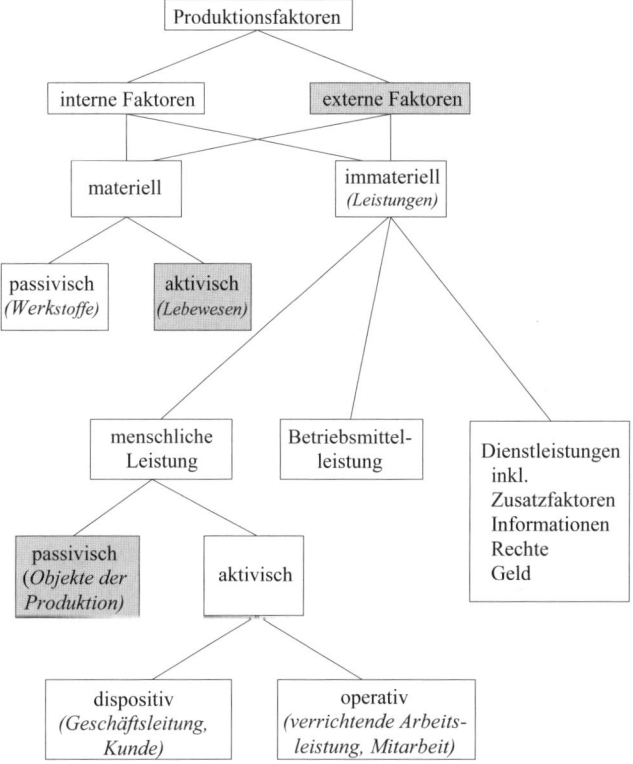

Abb. 3.13.   Erweiterung des GUTENBERGschen Schemas zur Einteilung von Produktions-faktoren für die Sachgüter- und Dienstleistungsproduktionen

Die Notwendigkeit der Einbeziehung externer Faktoren in das System der Ressourcen bei der Erzeugung von Dienstleistungen gegenüber der Sachgüter-produktion ist erstmals von MALERI (1973) aufgezeigt worden. Unter den externen Faktoren versteht man dabei im Gegensatz zum Begriff der internen Faktoren solche Inputarten, deren Auftreten und Mitwirken im Kombinationsprozess der Dienstleistungserzeugung in zeitlicher, artmäßiger, mengenmäßiger und örtlicher Hinsicht nicht der Dispositionsgewalt des Dienstleistungsproduzenten unterliegen, vielmehr durch den Nachfrager der Dienstleistung festgelegt werden (MALERI 1973). Externe Faktoren sind Personen (der Kunde selbst als Weiterbildungs-williger, vom Kinderarzt zu untersuchende Kinder) oder Objekte (ein zu pflegen-des Tier oder zu galvanisierende Werkstücke), die vom Nachfrager der Dienst-leistung in den Erstellungsprozess eingebracht werden (MALERI 1998). Personen, deren Produktionsbeitrag als immaterieller Faktor durch Leistungseinheiten (z. B. Verrichtungen oder Zeiteinheiten) erfasst werden, können am Kombinationsprozess der Dienstleistungsherstellung passivisch (Operation eines Patienten, Haare schneiden) oder aktivisch (Student, Rehabilitationsmaßnahme) beteiligt sein. Bei aktivischer Beteiligung einer Person als externer Faktor lässt sich weiterhin unterscheiden, ob diese aktivische Teilnahme operativ (Inhalieren, Selbstbedienung) oder dispositiv (Entwicklung einer bestimmten Bauausführung zusammen mit dem Architekten) in Erscheinung tritt. An dieser Stelle erkennt man, dass der Übergang zu Dienstleistungen, die vom Nachfrager als externe Faktoren in die Dienstleistungsproduktion eingebracht werden können, fließend ist. Wenn unter der ergebnisorientierten Sicht geklärt ist, wie man einen Output Dienstleistung misst, dann ist damit die für das Ressourcensystem erforderliche Lösung des Problems, wie Dienstleistungen als Inputs gemessen werden sollen, ebenfalls mit erarbeitet. Sofern durch den Nachfrager Betriebsmittelleistungen (Zurverfügungsstellung der eigenen Bohrmaschine an Handwerker) beigesteuert werden, sind sie ebenso wie die menschliche Leistung und die Dienstleistungen unter der Kategorie der immateriellen Ressourcen einzuordnen.

Sind die externen Faktoren Objekte, dann weisen sie Ähnlichkeiten zu materiellen Inputs der Sachgüterproduktion auf. In Fremdarbeit zu galvanisierende Werkstücke, ein zu reparierendes Auto oder ein beim Tierarzt zu operierender Hund sind, da sie passivisch dem Herstellungsprozess unterworfen sind, wie Werkstoffe der Sachgüterproduktion aufzufassen. Als Lebewesen können nichtmenschliche externe (aber auch interne) Faktoren aktivisch zur Produktion beitragen (Rehabilitationsmaßnahme für eine Katze, Hefepilze beim Backen oder Mikroorganismen in der Biotechnologie). Hier ist die Unterscheidung zwischen passivischem und aktivischem Beitrag schon eher etwas künstlich, weil die Bestimmung des Inputs und seiner Einheiten keine prinzipiellen Probleme aufwirft. Der Meinung, dass bei der Dienstleistungsproduktion keine Rohstoffe eingesetzt werden, kann man wohl kaum folgen, wenn man Haarfärbungsmittel beim Friseur, Zink bei der Eindeckung eines Garagendachs durch den Klempner oder Gips bei der Schienung eines gebrochenen Beins in Betracht zieht.

Bevor auf einige Besonderheiten des Wirkungsbeitrags externer Faktoren bei der Dienstleistungsherstellung eingegangen wird, soll hier zunächst noch kurz die Frage erörtert werden, ob jede Dienstleistung der Einbeziehung eines externen Faktors bedarf. Keineswegs soll hier so weit gegangen werden, dass jeder Nachfrager durch kooperatives Handeln im Sinne einer Kunden-Organisations-Beziehung schon zum Teil der Ressourcenkombination des Unternehmens wird. Das mag bei der Individualausstattung eines Autos oder einer Yacht zutreffen, beim Kauf eines PKWs mit Standardausstattung oder eines Kilos Salz aber schon nicht mehr. Doch selbst bei einem engeren Blick auf die Dienstleistungserstellung scheint es genügend Fälle zu geben, bei denen die Integration eines externen Faktors nicht zwingend ist. Dazu gehören beispielsweise die Distributionsleistung eines Handelsunternehmens, Güter in bestimmten Stellagen für Kunden zum Kauf verfügbar zu machen. Ähnlich verhält es sich mit dem verpflichtenden Leistungsangebot öffentlicher Verkehrsbetriebe, ohne dass konkret eine Person befördert wird. Und schließlich ist die Dienstleistungserstellung einer maschinellen Telefonnummernauskunft bei einem Telekommunikationsunternehmen kaum anders einzustufen als die Produktion von Sachgütern auf Lager, ohne uno-actu den Nachfrager als externen Faktor einzubeziehen.

Von den in der Literatur aufgezählten Besonderheiten externer Faktoren muss nach der Darlegung seiner Arten und Erscheinungsformen sowie der Messung des Verzehrs seiner Inputquantitäten im Wesentlichen nur noch ein Aspekt beleuchtet werden, der seine Qualität und damit zusammenhängende Leistungsprofile betrifft. Im Hinblick auf die Qualität und der dadurch bedingten Wirkungsweise im Kombinationsprozess kann prinzipiell auf entsprechende Überlegungen verwiesen werden, die über die Leistungsfähigkeit von Mitarbeitern, die Produktivität der Betriebsmittel und die Ergiebigkeit der Werkstoffe in der Sachgüterproduktion angestellt werden. Allerdings tut sich bezüglich der Möglichkeit, Qualitäten des externen Faktors Mensch zu erklären bzw. unzureichende Qualitäten in der Dienstleistungsproduktion durch den zusätzlichen Einsatz interner Faktoren zu kompensieren, eine neue Perspektive der Substitutionalität auf, die auf die Untersuchung von Isoleistungsprofilen bzw. Isoqualitätsprofilen (CORSTEN 1986) abzielt. Diese Profilarten sollen in Ansehung unterschiedlicher Erklärungsversuche durchaus abweichend von in der Literatur vorzufindenden Begriffsbestimmungen im Folgenden so definiert sein: Ein Isoleistungsprofil erklärt für einen externen menschlichen Faktor gegebener Qualität, welche Outputs erreicht werden können, wenn Leistungsinputs des externen Faktors durch andere Leistungsinputs des externen Faktors oder interner Faktoren im Rahmen desselben Leistungsbudgets ersetzt werden. Es handelt sich hierbei also um eine Inputeigenschaft. Das Isoqualitätsprofil erfasst dagegen, in welchen Mengen Leistungen interner Faktoren und externer Faktoren aufgebracht werden müssen, um eine bestimmte Qualität zu erreichen. Hierbei geht es um eine Outputeigenschaft. Der Sachverhalt möge durch die Abb. 3.14 für einen Studenten als externen Faktor der Dienstleistung „durchgeführte Lehrveranstaltung" an der Universität veranschaulicht sein. Die internen Faktoren sind die Vorlesungsleistungen des Professors und begleitende Tutorien. Die Vorlesungs-(V) und Tutorienleistungen (T) werden für den externen und die internen Faktoren gleichermaßen in Stunden gemessen; dasselbe gilt für die Selbststudiumsleistungen (S) des Studenten. Das Isoleistungsprofil gibt alle Zeitaufteilungen in Vorlesungs-, Selbststudiums- und Tutorienzeiten an, die dasselbe Zeitbudget ergeben. Reicht dieses Budget zum Bestehen der Lehrveranstaltung nicht aus oder möchte der Student ein höheres Qualitätsprofil $Q^2 > Q^1$ zur Erzielung eines besseren Ergebnisses verwirklichen, bliebe ihm nur die Möglichkeit, sein Zeitbudget für Vorlesung, Selbststudium und Tutorium zu erhöhen, so dass er auf das höhere Qualitätsniveau Q^2 käme, das er mit seinem alten Zeitbudget nicht erreichen könnte.

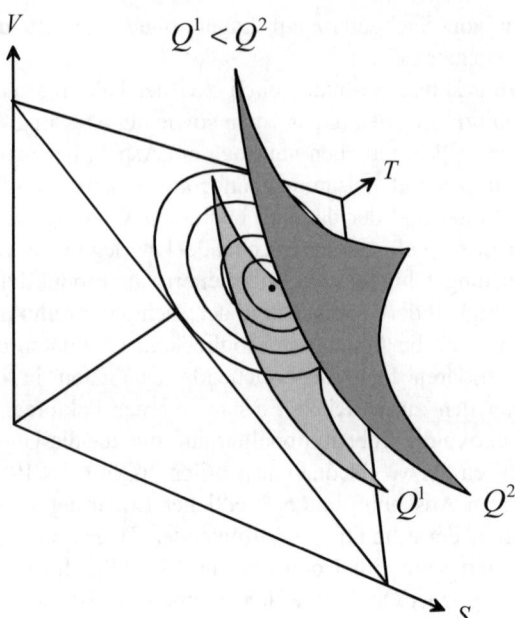

Abb. 3.14. Isoleistungs- und Isoqualitätsprofile des externen Faktors Student im Universitätsstudium

Ein Beispiel der Substitution der Leistungsabgabe der internen Faktoren durch die des externen Faktors wäre die Mischung von Bedienung und Selbstbedienung in Restaurants. Weitere Beispiele sind offenkundig und bedürfen keiner Erwähnung mehr.

Schaut man nun nach den vorangegangenen Ausführungen aus neuer Position auf die Einteilung des Faktorsystems in Abb. 3.13, so fällt auf, dass die grau hinterlegten Kategorien bei GUTENBERG fehlen, da seine Betrachtungen produktiver Gesetzmäßigkeiten nicht so sehr auf die Dienstleistungserzeugung als Endprodukt unternehmerischer Tätigkeit konzentriert waren. Wie sehr sich sein Ressourcenschema aber in ein solches einbauen lässt, das sowohl der Sachgüter- wie der Dienstleistungsproduktion genügen mag, überrascht doch angesichts der oft wiederholten Auffassung, man könne seine Faktoreinteilung im Fall der Dienstleistungsproduktion kaum verwenden. Man sieht, dass die Potentialfaktoren (Arbeitskräfte, Betriebsmittel) dabei in den für die Produktion relevanten Leistungsabgaben erfasst werden, wie dies nach GUTENBERG auch von SCHWEITZER und KÜPPER (1974) beschrieben worden ist.

Zum Schluss der Erörterung des Inputsystems soll noch auf den Gedanken eingegangen werden, Dienstleistungen durch Leistungspotentiale zu charakterisieren. Wie sehr gerade diese Leistungspotentiale auch die Sachgüterproduktion kennzeichnen bzw. bedrücken, erfährt man, wenn die vorgehaltenen Kapazitäten in den Unternehmungen – ihre so genannten Leistungsbereitschaften (KERN 1975, 1992) – nicht ausgelastet sind. Die Montagestraßen eines Automobilherstellers werden dann zu einer größeren Bedrückung als das Leistungspotential einer Pommes-Bude. So ist dieser Aspekt des Auftretens und Vorhaltens von Leistungspotentialen sehr wohl in der Dienstleistungserzeugung wie in der Sachgüterproduktion zu finden. Sie können im Kontext des Inputsystems als eine Kombination von Potentialfaktorarten bzw. ihrer möglichen Leistungsabgaben beschrieben werden.

Aktivität, Technologie, Effizienz und Produktionsfunktion

Die bisherigen Erörterungen hatten zum Ziel darzulegen, dass die Outputs und Inputs der Dienstleistungsproduktion mengenmäßig beschrieben werden können und dafür, wie bei der Sachgüterproduktion, reelle Zahlen – wenn auch beim Output vornehmlich ganze Zahlen – in Frage kommen. Dann aber lässt sich die Input-Output-Kombination einer Dienstleistungsproduktion nach der Aktivitätsanalyse von KOOPMANS (1951) durch eine Aktivität darstellen; und die Menge aller Aktivitäten, die ein Dienstleistungsunternehmen auf der Grundlage seines Wissens und Könnens durchführen kann, kann entsprechend als Technologie bezeichnet werden – vorbehaltlich der Tatsache, dass diese Menge von Produktionspunkten bestimmte Annahmen erfüllt. Solche Aktivitäten werden in der Produktionstheorie mitunter auch als Produktionsprozesse bezeichnet (WITTMANN 1968; KRELLE 1969). Hier wird deutlich, dass die Vertreter einer prozessorientierten Sicht von Dienstleistungserzeugungen unmittelbar in der Produktionstechnologie ihre inhaltliche Verortung finden und aus produktionstheoretischer Perspektive keine Widersprüche zu anderen Sichtweisen existieren müssen.

Auch die Diskussion, ob die Dienstleistungsproduktion als zeitpunktueller Vorgang (Aktivität) beschrieben werden kann oder nicht vielmehr als Zeitraum bezogener Prozess modelliert werden muss, führt nicht aus dem gewohnten Gebiet produktionstheoretischer Analyseinstrumente heraus. Entweder definiert man die Prozessdauer als Produktionsperiode, dann lassen sich die kontinuierlichen Input- und Outputintensitäten durch ihre Zeitintegrale zu Mengen berechnen, von denen dann im Rahmen der statischen Produktionstheorie unterstellt wird, sie seien zum Ende der Periode als Produktionspunkt verwirklicht worden. Oder man bildet die Dienstleistungserzeugung als im Zeitablauf stattfindenden Prozess in Form eines Ansatzes der dynamischen Produktionstheorie durch Chroniken bzw. dynamische Korrespondenzen ab (SHEPHARD und FÄRE 1980).

Unterschiede in der Gesetzlichkeit der Dienstleistungsproduktion gegenüber jener der Sachgüterproduktion auszumachen, liegt schon darin begründet, dass mit dem externen Faktor als arteigenem Input eine Ressourcenkategorie auftritt, die bislang nicht so im Gesichtsfeld der traditionellen Produktionstheorie lag. Eine darüber hinaus gehende Eigengesetzlichkeit kommt dagegen wohl kaum in Frage. Auf Möglichkeiten der Modellierung einer zeitraumbezogenen Produktion ist schon eingegangen worden. Dienstleistungsproduktionen werden möglicherweise personalintensiver als Sachgüterproduktionen sein; doch das ist für die Bildung von Aktivitäten kein Hinderungsgrund. Der Aspekt der Verrichtungsqualität tritt bei der Sachgütererzeugung ebenso auf. Das Problem der Indeterminiertheit, wenn

es in den noch unklaren Vorstellungen des Nachfragers über die von ihm nachge-
fragte Dienstleistung und nicht generell in stochastischen Elementen der Produktion begründet liegt, kann man in der Weise behandeln, dass man eine Dienstleistung in Teileinheiten zerlegt, die dann erst nacheinander erstellt werden (beispielsweise ein Stufenkonzept bei der Beratung der Einführung eines PPS-Systems
(FANDEL und FRANÇOIS 2001)). Anderenfalls muss man eine stochastische
Produktionsanalyse vornehmen. Lernprozesse, die durch den externen Faktor
Mensch zustande kommen, können durch Ansätze der dynamischen Produktionstheorie ebenso behandelt werden wie Lernprozesse des internen Faktors „menschliche Arbeitsleistung" bei der Sachgüterproduktion. Die unter Umständen erforderliche Synchronisation von Produktion und Absatz bzw. die Koordination von
Leistungsgeber und Leistungsnehmer stellt für die Produktion der Dienstleistung,
wie sie hier befürwortet wird, methodisch keine Schwierigkeit dar; sie kann organisatorisch bewältigt werden. Und dass gelegentlich sogar der Absatz vor der
Produktion liegen mag, kommt auch bei der Auftragsproduktion der Sachgütererzeugung vor. Mehrstufige Fertigungsprozesse, wie sie wegen des externen Faktors
und aufgrund von Leistungspotentialen auftreten können, sind reale empirische
Phänomene der Aktivitätsanalyse.

Meint man dagegen, die Eigengesetzlichkeit sei dadurch begründet, dass man
für Dienstleistungsproduktionen keine expliziten Produktionsfunktionen der traditionellen Typologie (GUTENBERG 1983) ansetzen könne, dann liegt ein methodi-
sches Missverständnis vor. Die Stärke der KOOPMANSschen Aktivitätsanalyse und
ihre Eignung, zugleich eine formale Fundierung für alle Arten von Produktionsfunktionen zu sein, besteht darin, dass sie als implizite Produktionsfunktion eine
Abbildung definiert, die gerade den effizienten Produktionspunkten die Null
zuordnet. Dies ist ebenso für diskrete (und nur endlich viele) effiziente Produktionen möglich; dazu bedarf es keiner expliziten Produktionsfunktion.

Der Begriff der Effizienz kann unmittelbar auf Aktivitäten der Dienstleistungsproduktion angewendet werden, wenn Input- und Outputgrößen – wie vorhin aufgezeigt – reelle Zahlen sind. Die Möglichkeit der expliziten Modellierung von
dispositiven Aktivitäten als unternehmensintern produzierte Dienstleistungen und
ihrer Aufnahme als Zwischenprodukte in das erweiterte Inputschema eröffnen
jedoch neue Perspektiven, beim Effizienzbegriff zwischen der üblichen Allokati-
onseffizienz und einer Planungseffizienz bzw. (verallgemeinert) einer Manage-
menteffizienz zu unterscheiden (FANDEL 2001a).

Viele Ansätze sind formuliert worden, um spezielle Dienstleistungsproduktionen durch Produktionsfunktionen empirisch zu beschreiben (FARNY 1975;
ALBACH et al. 1978; STIEGER 1980; HAAK 1982; BODE 1993). Sie sind ein Indiz
dafür, dass es reizvoll ist, auf Pfaden einer erfolgreichen Anwendung mikroökono-
mischer Produktionstheorie auf die Dienstleistungsproduktion weiter voran zu
schreiten. Allerdings muss man sich vor Fehlspezifikationen hüten, wenn man die
Irritation durch die Gesetzlichkeit vermeiden will, den Zusammenhang zwischen
der Kredithöhe und dem Vergabeaufwand durch eine klassische Produktionsfunktion zu beschreiben (HAAK 1982). Denn die Höhe des Kredits ist nicht selbst der
Output, sondern eine Eigenschaft der Dienstleistung „durchgeführte Kreditgewäh-

rung". Dabei könnten Kredite derselben Eigenschaften als homogene Güter betrachtet werden. Dies geschieht regelmäßig bei Kreditentscheidungen der Banken, bei denen die Kredite in Größen- und Risikoklassen eingeteilt werden.

Ein Aspekt, der durchaus zeitweise in der Literatur zur Handelsbetriebslehre erörtert worden ist, ob Produktionsfunktionen der Dienstleistungsproduktion substitutional oder limitational sind (GERHARDT 1987), ist in den nachfolgenden Jahren bei der Behandlung der Dienstleistungsproduktion leider wieder vernachlässigt worden. Der mögliche Ausgleich unbefriedigender Aktivitätsniveaus des externen Faktors bei Dienstleistungserstellungen, bei denen es auf seine Interaktion ankommt, durch den Mehreinsatz der Mengen interner Faktoren legt die Vermutung substitutionaler Gesetzmäßigkeiten nahe. Dafür spricht auch die größere Personalintensität der Dienstleistungsproduktion gegenüber der industriellen Sachgüterproduktion. Diese kann freilich aufgrund erforderlicher Qualifikation – wie bei der Behandlung in Krankenhäusern – von den unteren Niveaus her zu den höheren eingeschränkt sein. So könnten Ärzte wohl die Verrichtungen von Pflegern übernehmen, aber nicht umgekehrt. Es läge also unter Umständen nur eine sehr begrenzte periphere Substitutionalität vor. Allerdings würden in solchen Beschreibungsfällen die klassische und die neoklassischen Produktionsfunktionen eine Renaissance betriebswirtschaftlicher Attraktivität erleben, die sie als Erklärungsmodelle zugunsten der limitationalen Produktionsmodelle bei stärkerer Betonung der industriellen Sachgüterproduktion eingebüßt hatten.

4 Substitutionale Produktionsfunktionen

4.1 Grenzrate der Substitution, Komplementarität, Substitutionselastizität

In diesem Kapitel werden verschiedene substitutionale Produktionsfunktionen vorgestellt und auf ihre Eigenschaften hin näher untersucht. Dabei lassen sich die Möglichkeiten substitutiver Zusammenhänge zwischen den Produktionsfaktoren meist am besten bei fest vorgegebener Ausbringungsmenge durchleuchten. Die Menge aller Faktorkombinationen, die zur selben Produktionsmenge führen, wird als Isoquante bezeichnet. Isoquanten sind daher als Parameterdarstellungen von Produktionsfunktionen im Faktorraum für die Betrachtung substitutiver Gesetzmäßigkeiten von Interesse. Hierbei kann man sich jedoch auf die effizienten Faktorkombinationen einer Isoquanten beschränken, da eine Substitution nur so lange ökonomisch sinnvoll ist, wie durch den vermehrten Einsatz eines Faktors Einheiten eines anderen Faktors eingespart werden können. Geht die Produktion einer bestimmten Ausbringungsmenge mit der Erhöhung der Einsatzmengen von Faktoren einher, ohne dass sich nicht wenigstens bei einem Faktor eine Einsatzmengenreduktion erzielen lässt, so verstößt dies gegen die Wirtschaftlichkeit und ist für Substitutionsvorgänge unerheblich. Im Fall 2 der Abb. 4.1 sind also nur die Faktorkombinationen auf der Isoquanten zwischen den Punkten B und C für die Substitution von Bedeutung. Im Fall 1 kommen dagegen alle Faktorkombinationen auf der Geraden, die im $\mathbb{R}_+^2$ liegen, für eine Substitution in Frage.

Wie die verschiedenen Fälle in Abb. 4.1 bereits zeigen, kann die substitutionale Beziehung zwischen den Faktoren je nach der zugrunde liegenden Produktionsfunktion recht unterschiedlich sein. Es liegt daher nahe, sich auf eine Konvention zur Messung der Substitutionalität zwischen den Faktoren festzulegen. Dies geschieht auf den Vorschlag von v. STACKELBERG (1951) mit Hilfe der Grenzrate der Substitution. Die Grenzrate der Substitution $s_{i\hat{i}}$ ist stets für eine konstante Ausbringungsmenge zwischen je zwei Faktoren definiert; sie gibt ausgehend von einem festen Produktionspunkt auf der Isoquante – zum Beispiel A in Abb. 4.1 – an, um wie viel Einheiten die Einsatzmenge des Faktors i erhöht werden muss (bzw. erniedrigt werden kann), wenn der Einsatz des Faktors $\hat{i}$ um eine – infinitesimal kleine – Einheit reduziert (bzw. vermehrt) wird und bei Konstanz aller übrigen Faktoreinsatzmengen dieselbe Produktionsmenge erzielt werden soll. Geht man von der differenzierbaren Produktionsfunktion

$$x = f\left(r_1,\ldots,r_i,\ldots,r_{\hat{i}},\ldots,r_I\right)$$

aus, so lautet die positiv definierte Grenzrate der Substitution $s_{i\hat{i}}$ zwischen den Faktoren i und $\hat{i}$ am Produktionspunkt $(\overline{x},\overline{r}_1,\ldots,\overline{r}_I)$ formal:

$$s_{i\hat{\imath}} = -\frac{dr_i}{dr_{\hat{\imath}}} \geq 0.$$

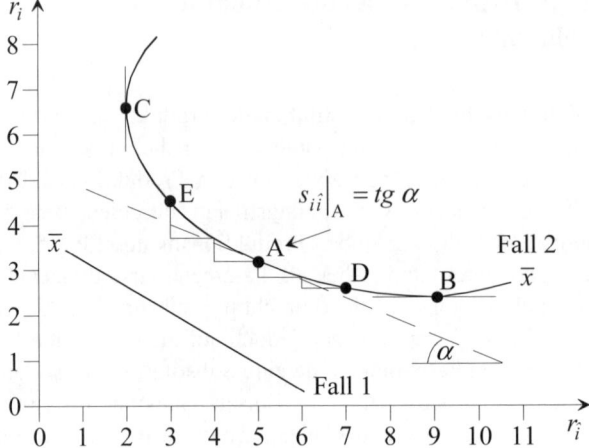

Abb. 4.1.   Schaubild zur Grenzrate der Substitution

Die Grenzrate der Substitution stimmt bis auf das Vorzeichen mit der Steigung der Isoquanten im betrachteten Produktionspunkt überein. In Abhängigkeit vom jeweils diskutierten Produktionspunkt lassen sich dann zwei Fälle gegeneinander abgrenzen. Die Grenzrate der Substitution zwischen zwei Faktoren bleibt unabhängig vom betrachteten Produktionspunkt über den gesamten Substitutionsbereich der Isoquante konstant, d. h. $s_{i\hat{\imath}} = \text{const.}$; dies gilt, wenn die Isoquante linear in den Beziehungen zwischen r_i und $r_{\hat{\imath}}$ ist (Fall 1). Oder die Grenzrate der Substitution variiert mit dem Produktionspunkt auf der Isoquante, an dem sie bestimmt wird (Fall 2). Für den letzten Fall kann hieraus bei streng konvexem Verlauf der Isoquante das „Gesetz von der abnehmenden Grenzrate der Substitution" abgeleitet werden. Die Isoquante $r_i = f_i\left(\bar{x}, \bar{r}_1, \ldots, \bar{r}_{\hat{\imath}-1}, r_{\hat{\imath}}, \bar{r}_{\hat{\imath}+1}, \ldots, \bar{r}_I\right)$ für Fall 2 ist im Bereich zwischen den Punkten B und C streng konvex, denn greift man zwei beliebige Faktorkombinationen, die auf der Isoquante liegen, heraus, so liegen die Punkte ihrer Verbindungslinie stets oberhalb der Isoquante. Erhöht man ausgehend von A die Einsatzmenge des Faktors $\hat{\imath}$ sukzessiv um eine Einheit bis Punkt D, so lassen sich dadurch bei fester Produktion stets weniger Einheiten des Faktors i ersetzen. Reduziert man umgekehrt von A aus schrittweise bis E den Einsatz des Faktors $\hat{\imath}$ je um eine Einheit, so benötigt man zur Kompensation immer mehr Einheiten von Faktor i. Demnach ergibt sich zur Charakterisierung des Gesetzes der abnehmenden Grenzrate der Substitution die folgende Änderung der Grenzrate bei Variation der Einsatzmenge $r_{\hat{\imath}}$

$$\frac{ds_{i\hat{i}}}{dr_i} = -\frac{d^2 r_i}{dr_i^2} < 0,$$

d. h. die Grenzrate der Substitution nimmt mit zunehmendem Einsatz von $\hat{i}$ ab. Diese Tendenz lässt sich anschaulich leicht anhand Abb. 4.1 überprüfen. Das Gesetz von der abnehmenden Grenzrate der Substitution kann bei praktischer Auswertung in seinem Aussagegehalt dahingehend interpretiert werden, dass bei zunehmender Disproportionalität der Faktoreinsätze die Substitution aufgrund der veränderten Produktivitätsbeiträge der einzelnen Faktoren fortlaufend schwerer wird. Die Substitution zwischen zwei Faktoren ist nur so lange sinnvoll, wie deren Grenzrate $s_{i\hat{i}}$ größer null ist. Die Grenzen des Substitutionsbereichs der Isoquante werden daher durch die Punkte markiert, für die $s_{i\hat{i}} = 0$ bzw. $s_{\hat{i}i} = 0$ gilt. Sie entsprechen für den Fall 2 den Punkten B und C in Abb. 4.1.

Auf den Zusammenhang zwischen der Grenzrate der Substitution $s_{i\hat{i}}$ zwischen den beiden Faktoren i bzw. $\hat{i}$ und deren Grenzproduktivitäten $\partial x/\partial r_i$ bzw. $\partial x/\partial r_{\hat{i}}$ sei noch kurz eingegangen. Auf der Isoquante $\bar{x} = f(\bar{r}_1, \ldots, \bar{r}_I)$ ergibt die implizite Ableitung

$$s_{i\hat{i}} = -\frac{dr_i}{dr_{\hat{i}}} = \frac{\partial x/\partial r_{\hat{i}}}{\partial x/\partial r_i}.$$

Das heißt, die Grenzrate der Substitution zwischen Faktor i und $\hat{i}$ entspricht dem Quotienten aus den Grenzproduktivitäten der Faktoren $\hat{i}$ und i. $s_{i\hat{i}}$ ist also positiv, solange die Grenzproduktivitäten größer null sind. Sind die beiden Produktionsfunktionen

Fall 1: $x = 3r_1 + 2r_2 + 5r_3$ bzw.

Fall 2: $x = r_1 \cdot r_2 \cdot r_3$

gegeben, wobei die erste durch alternative und die zweite durch periphere Substitution gekennzeichnet ist, so erhält man beispielsweise für die Grenzrate der Substitution zwischen Faktor 1 und 3

Fall 1: $s_{13} = -\dfrac{dr_1}{dr_3} = \dfrac{5}{3}$ bzw.

Fall 2: $s_{13} = -\dfrac{dr_1}{dr_3} = \dfrac{r_1}{r_3}$.

Man sieht sofort, dass im ersten Fall diese Grenzrate der Substitution konstant, d. h. unabhängig vom jeweils betrachteten Produktionspunkt ist; die Isoquanten der Produktionsfunktion im Fall 1 verlaufen linear und weisen überall dieselbe Steigung auf. Im Fall 2 ist die in Rede stehende Grenzrate der Substitution dagegen vom jeweiligen Einsatzverhältnis r_1/r_3 des aktuell vorliegenden Produktionspunktes abhängig. Am Produktionspunkt $(\bar{x}, \bar{r}_1, \bar{r}_2, \bar{r}_3)' = (24, 2, 4, 3)'$

würde sie $s_{13} = 2/3$ lauten. Da im Fall 1 die Grenzrate der Substitution konstant ist, kann lediglich für Fall 2 das Gesetz von der abnehmenden Grenzrate der Substitution in Frage kommen; und in der Tat erhält man hier:

$$\frac{ds_{13}}{dr_3} = \frac{d\left(\frac{r_1}{r_3}\right)}{dr_3} = \frac{d\left(\frac{\overline{x}}{r_2 \cdot r_3^2}\right)}{dr_3} = -2\frac{\overline{x}}{r_2 \cdot r_3^3} = -\frac{2r_1}{r_3^2} < 0 .$$

Den geometrischen Ort aller Punkte im Faktorraum, an denen dieselbe Grenzrate der Substitution zwischen zwei Faktoren vorliegt, bezeichnet man als Isokline. Bei stetig differenzierbaren Produktionsfunktionen werden die Isoklinen durch folgende Gleichungen charakterisiert:

$$s_{i\hat{i}} = \frac{\partial x/\partial r_{\hat{i}}}{\partial x/\partial r_i} = c_{i\hat{i}} = \text{const.}, \ i \neq \hat{i} .$$

Für $I = 2$ sind in Abb. 4.2 drei Isoklinen für $s_{12} = 2, s_{12} = 1, s_{12} = 1/2$ eingetragen.

Besitzt eine Produktionsfunktion $x = f(r_1, \ldots, r_I)$ eine konstante Skalenelastizität

$$\frac{dx}{x} \bigg/ \frac{d\lambda}{\lambda} = t = \text{const.},$$

d. h. ist sie homogen vom Grade t, so dass $\lambda^t x = f(\lambda r_1, \ldots, \lambda r_I)$ gilt, dann sind die Isoklinen Geraden durch den Nullpunkt, wie man aus Abb. 4.3 für $x = r_1 \cdot r_2$, d. h. $\lambda^2 x = \lambda r_1 \cdot \lambda r_2 = f(\lambda r_1, \lambda r_2)$ bzw. $t = 2$ erkennt. Diese Behauptung lässt sich dadurch überprüfen, dass man von einem Produktionspunkt mit den Faktoreinsätzen $r_1, \ldots, r_I$ ausgeht, diese Einsätze aller Faktoren proportional um denselben Prozentsatz λ variiert – das entspricht einer Veränderung im Faktorraum entlang einer Geraden durch den Nullpunkt – und die Grenzrate der Substitution $\tilde{s}_{i\hat{i}}$ am neuen Produktionspunkt mit den Faktoreinsätzen $\lambda r_1, \ldots, \lambda r_I$ mit der Grenzrate der Substitution $s_{i\hat{i}}$ am alten Produktionspunkt vergleicht. Dann hat man

$$\tilde{s}_{i\hat{i}} = \frac{\partial f(\lambda r_1, \ldots, \lambda r_I)/\partial \lambda r_{\hat{i}}}{\partial f(\lambda r_1, \ldots, \lambda r_I)/\partial \lambda r_i}$$

$$= \frac{\lambda^t \partial f(r_1, \ldots, r_I)/\partial \lambda r_{\hat{i}}}{\lambda^t \partial f(r_1, \ldots, r_I)/\partial \lambda r_i}$$

$$= \frac{\partial x/\partial r_{\hat{i}}}{\partial x/\partial r_i} = s_{i\hat{i}} .$$

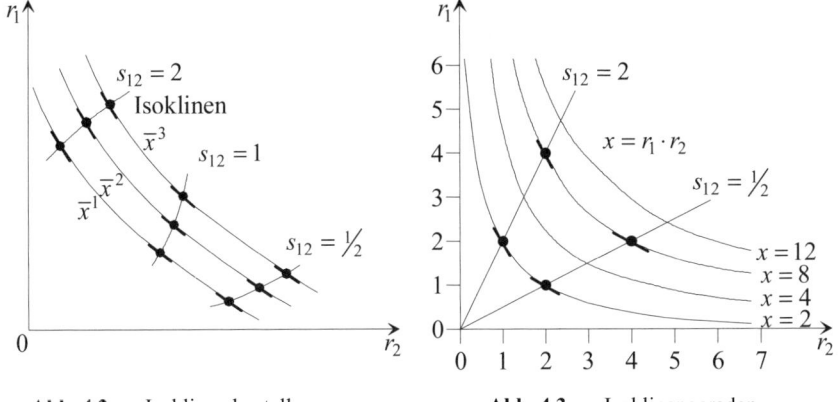

Abb. 4.2.   Isoklinendarstellung   **Abb. 4.3.**   Isoklinengeraden

Im Zusammenhang mit der Betrachtung des Verhaltens der Grenzrate der Substitution ist bereits darauf hingewiesen worden, dass diese je nach Produktionsfunktion unabhängig vom betrachteten Produktionspunkt konstant bleiben oder sich aber auch mit der Variation des Produktionspunktes auf der Isoquante verändern kann. Diese Reaktion der Substitutivität zwischen zwei Faktoren bei verändertem Einsatz eines Faktors und konstanter Produktmenge kann als Maß dafür gewertet werden, inwieweit eine Ergänzungsbedürftigkeit (Komplementarität) der beiden Faktoren vorliegt. Die negative Veränderung der Grenzrate der Substitution bei Faktoreinsatzmengenänderungen auf einer Isoquanten möge als Komplementaritätsgrad $k_{i\hat{i}}$ zwischen den Faktoren i und $\hat{i}$ bezeichnet werden, d. h. es gelte

$$k_{i\hat{i}} = -\frac{ds_{i\hat{i}}}{dr_{\hat{i}}} = \frac{d^2 r_i}{dr_{\hat{i}}^2} \geq 0 \,.$$

Da der Komplementaritätsgrad für ein festes Produktionsniveau $\bar{x}$ durch die zweite Ableitung des Faktors i nach dem Faktor $\hat{i}$ ausgedrückt wird, ist er ebenfalls ein Maß für die Krümmung der betreffenden Isoquante im betrachteten Produktionspunkt. Folglich ist der Komplementaritätsgrad $k_{i\hat{i}}$ gleich null bei linearen Produktionsfunktionen, die Geraden als Isoquanten besitzen, gleich unendlich am effizienten Punkt der limitationalen Produktionsfunktion, und er liegt zwischen null und unendlich bei den übrigen in der Regel als konkav unterstellten Produktionsfunktionen. Einen graphischen Eindruck hierzu vermittelt Abb. 4.4.

Komplementarität und Substitutivität von Faktoren sind keine kontradiktorischen Begriffe; wie die Isoquante $\bar{x}^2$ in Abb. 4.4 zeigt, können Faktoren komplementär – aufeinander angewiesen $(0 < k_{i\hat{i}} < \infty)$ – und trotzdem substituierbar $(s_{i\hat{i}} \neq 0)$ sein. Wohl aber nimmt der Grad der Substitutivität bei zunehmendem Komplementaritätsgrad ab und umgekehrt.

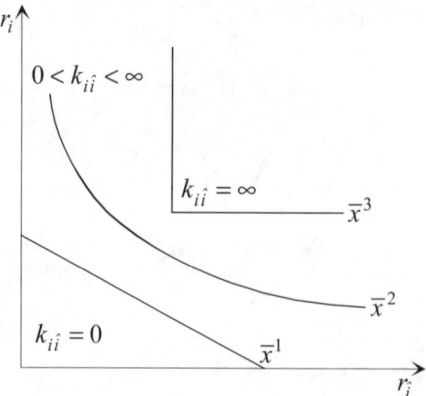

Abb. 4.4.   Komplementaritätsgerade von Produktionsfunktionen

Ergänzend soll hier noch der Begriff der Substitutionselastizität angesprochen werden. Die Substitutionselastizität $\sigma_{i\hat{i}}$ zwischen zwei Faktoren i und $\hat{i}$ gibt bei Konstanz der übrigen Faktoreinsatzmengen und der Endproduktmenge an, um wie viel Prozent sich das Verhältnis der Einsatzmengen $r_i/r_{\hat{i}}$ der beiden Faktoren ändert, wenn das Verhältnis ihrer Grenzproduktivitäten $\partial x/\partial r_i : \partial x/\partial r_{\hat{i}}$ um einen bestimmten Prozentsatz variiert, d. h.

$$\sigma_{i\hat{i}} = -\frac{d(r_i/r_{\hat{i}})}{r_i/r_{\hat{i}}} \left/ \frac{d\left(\dfrac{\partial x/\partial r_i}{\partial x/\partial r_{\hat{i}}}\right)}{\dfrac{\partial x/\partial r_i}{\partial x/\partial r_{\hat{i}}}}\right.$$

$$= -\frac{d(r_i/r_{\hat{i}})}{d(x_i'/x_{\hat{i}}')} \cdot \frac{x_i'/x_{\hat{i}}'}{r_i/r_{\hat{i}}}$$

mit

$$x_i' = \frac{\partial x}{\partial r_i} \quad \text{und} \quad x_{\hat{i}}' = \frac{\partial x}{\partial r_{\hat{i}}}.$$

Da jedoch $x_i'/x_{\hat{i}}' = s_{i\hat{i}}$ ist, also gleich der Grenzrate der Substitution zwischen $\hat{i}$ und i, lässt sich $\sigma_{i\hat{i}}$ auch schreiben als

$$\sigma_{i\hat{i}} = -\frac{d(r_i/r_{\hat{i}})}{r_i/r_{\hat{i}}} \left/ \frac{ds_{i\hat{i}}}{s_{i\hat{i}}}\right.,$$

d. h. die Substitutionselastizität zeigt an, wie sich das Einsatzverhältnis der Faktoren i und $\hat{i}$ ändert, wenn sich die Grenzrate der Substitution zwischen $\hat{i}$ und i um 1 % ändert.

Die ökonomische Bedeutung und Verwendbarkeit der Substitutionselastizität ergibt sich daraus – wie später noch näher ausgeführt werden wird –, dass bei kostenminimaler Produktion die Faktoreinsätze zweier Faktoren i und $\hat{i}$ in einer substitutionalen Produktionsfunktion dann optimal sind, wenn sich die Faktorpreise q_i und $q_{\hat{i}}$ proportional zu den Grenzproduktivitäten der Faktoren verhalten bzw. ihr Quotient umgekehrt proportional zur Grenzrate der Substitution ist, d. h. wenn

$$\frac{q_i}{q_{\hat{i}}} = \frac{\partial x / \partial r_i}{\partial x / \partial r_{\hat{i}}} = s_{\hat{i}i} \; ;$$

setzt man dies in die Gleichung von $\sigma_{i\hat{i}}$ ein, so erhält man

$$\sigma_{i\hat{i}} = -\frac{d\left(r_i / r_{\hat{i}}\right)}{r_i / r_{\hat{i}}} \bigg/ \frac{d\left(q_i / q_{\hat{i}}\right)}{q_i / q_{\hat{i}}} \, .$$

Dieser Ausdruck ist der ökonomischen Interpretation unmittelbar zugänglich; die Substitutionselastizität gibt demnach an, um wie viel Prozent das Einsatzverhältnis der substitutionalen Faktoren i und $\hat{i}$ variiert, wenn sich deren Preisverhältnis bei kostenoptimaler Produktion um einen bestimmten Prozentsatz verändert und die Einsatzmengen der übrigen Faktoren sowie die Endproduktmenge konstant bleiben.

Gilt für einen industriellen Fertigungsvorgang unter Einsatz von Arbeitskräften (Faktor 1) und angemieteten Maschinen (Faktor 2) die Produktionsfunktion

$$x = r_1 \cdot r_2^2 \, ,$$

so kann man hier insbesondere der Frage nachgehen, wie sich das Einsatzverhältnis von Arbeitskräften und Maschinen prozentual ändert, wenn das Lohn-Mietzins-Verhältnis um 1 % sinkt. Zur Klärung dieser Frage, über die die Substitutionselastizität Auskunft gibt, berechnet man σ_{12} am besten in drei Schritten:

- Schritt 1: Berechnung von $\dfrac{\partial x / \partial r_1}{\partial x / \partial r_2}$

$$\left. \begin{array}{l} \dfrac{\partial x}{\partial r_1} = r_2^2 \\[2mm] \dfrac{\partial x}{\partial r_2} = 2 r_1 r_2 \end{array} \right\} \Rightarrow \frac{\partial x / \partial r_1}{\partial x / \partial r_2} = \frac{x_1'}{x_2'} = \frac{r_2^2}{2 r_1 r_2} = \frac{r_2}{2 r_1} \, .$$

- Schritt 2: Berechnung von $\dfrac{d\left(r_1 / r_2\right)}{d\left(x_1' / x_2'\right)}$ über den Kehrwert von $\dfrac{d\left(x_1' / x_2'\right)}{d\left(r_1 / r_2\right)}$

$$\frac{x_1'}{x_2'} = \frac{r_2}{2r_1} = \frac{1}{2}\left(\frac{r_1}{r_2}\right)^{-1} \Rightarrow \frac{d\left(x_1'/x_2'\right)}{d\left(r_1/r_2\right)} = -\frac{1}{2}\left(\frac{r_1}{r_2}\right)^{-2} = -\frac{1}{2}\frac{r_2^2}{r_1^2}$$

$$\Rightarrow \frac{d\left(r_1/r_2\right)}{d\left(x_1'/x_2'\right)} = -2\frac{r_1^2}{r_2^2}.$$

- Schritt 3: Einsetzen der Ergebnisse von Schritt 1 und 2 in die Gleichung für σ_{ii}

$$\sigma_{12} = (-1)(-2)\frac{r_1^2}{r_2^2} \cdot \frac{r_2}{2r_1} \cdot \frac{r_2}{r_1} = 1.$$

Das heißt wegen des negativen Vorzeichens in der Definitionsgleichung für σ_{ii}, dass sich unter den genannten Bedingungen des Absinkens des Lohn-Zins-Verhältnisses um 1 % das Einsatzverhältnis von Arbeitskräften zu Maschinen um 1 % erhöhen würde. Insbesondere ist also in dem hier betrachteten Fall der Produktionsfunktion die Substitutionselastizität σ_{12} unabhängig vom betrachteten Produktionspunkt. σ_{12} ist nämlich von r_1 bzw. r_2 unabhängig und stets gleich eins.

4.2   Die klassische Produktionsfunktion (das Ertragsgesetz)

Die für die landwirtschaftliche Produktion im 18. Jahrhundert von TURGOT formulierte und dann im 19. Jahrhundert zuerst von v. THÜNEN überprüfte Ertragsgesetzlichkeit hat man später analog auf die industrielle Fertigung unter der Annahme zu übertragen versucht, dass das Ertragsgesetz für jeden Produktionsvorgang eine allgemeingültige Grundregel darstelle. Dabei ist die klassische Produktionsfunktion auf der Grundlage des Ertragsgesetzes durch zwei Merkmale charakterisiert.

- Die für die Herstellung einer bestimmten Ausbringungsmenge erforderlichen Produktionsfaktoren sind peripher substituierbar.
- Bei vermehrtem Einsatz eines Faktors und konstanten Einsatzmengen aller übrigen Faktoren treten zunächst steigende und dann fallende Grenzerträge (Ertragszuwächse) auf, d. h. an einen Bereich zunehmender Grenzproduktivitäten schließt sich ein Bereich abnehmender Grenzproduktivitäten an.

Des Weiteren wird bei der ertragsgesetzlichen Produktionsfunktion vorausgesetzt, dass

- die Produktionsdauer konstant bleibt, also keine zeitliche Anpassung der Faktoren möglich ist,
- die Faktoreinsatzmengen beliebig teilbar bzw. variierbar sind,

– ein qualitativ gleich bleibendes Produkt hergestellt wird, d. h. ein Einprodukt-unternehmen betrachtet wird.

Geht man von der Produktionsfunktion $x = f(r_1,...,r_I)$ aus und nimmt man an, dass nur die Einsatzmenge r_i des Faktors i stetig vermehrt wird und nun die Einsatzmengen $r_{\hat{i}}$ der übrigen Faktoren $\hat{i}$ konstant bleiben – $i \in \{1,...,I\}$, $\hat{i} = 1,...,I$, $i \neq \hat{i}$ –, so veranschaulicht Abb. 4.5 den Verlauf einer ertragsgesetzli-chen Produktionsfunktion bei partieller Faktorvariation. Gleichzeitig sind die Kurven des Durchschnittsprodukts x/r_i und der Grenzproduktivität $\partial x/\partial r_i$ in dasselbe Schaubild eingezeichnet. Gemäß der in Abb. 4.5 vorgenommenen Ein-teilung in die Phasen I-IV lassen sich dann über die einzelnen ökonomischen Grö-ßen folgende Aussagen machen bzw. aus ihnen die nachstehenden Schluss-folgerungen ziehen.

Die Produktion x steigt zunächst mit vermehrtem Einsatz des Faktors i und erreicht für $r_i = r_i^3$ am Punkt C ihr Maximum; ein weiterer Einsatz dieses Faktors $\left(r_i > r_i^3\right)$ wäre ökonomisch unsinnig, da er zur Reduktion der Endproduktmenge führt. Der Punkt C wird daher als Sättigungspunkt bezeichnet.

Das Durchschnittsprodukt bzw. die Produktivität x/r_i des Faktors i – gra-phisch aufzufassen als die Steigung des Fahrstrahls vom Nullpunkt an den ent-sprechenden Produktionspunkt – ist so lange positiv, wie der vermehrte Faktorein-satz von i zu einer positiven Endproduktmenge x führt: Dies ist in allen vier Phasen von Abb. 4.5 der Fall.

Zunächst steigt das Durchschnittsprodukt mit zunehmendem Faktoreinsatz bis zur Einsatzmenge $r_i = r_i^2$. Dort erreicht es am Punkt B sein Maximum und stimmt mit der Grenzproduktivität des Faktors i überein. Bei weiterem Faktoreinsatz $r_i > r_i^2$ nimmt das Durchschnittsprodukt kontinuierlich ab.

Die Grenzproduktivität $\partial x/\partial r_i$ des Faktors i – sie entspricht der Steigung der Produktionsfunktion am jeweiligen Produktionspunkt – ist in den Phasen I-III, also im Bereich $0 \leq r_i < r_i^3$, größer null. Folglich ist in diesem Bereich auch das partielle Grenzprodukt $dx = (\partial x/\partial r_i) \cdot dr_i$ positiv, sofern der Einsatz des Faktors i erhöht wird; d. h. eine Vermehrung des Faktoreinsatzes r_i führt hier stets zu einer Erhöhung der Endproduktmenge x. Am Wendepunkt A der Ertragsfunktion erreicht die Grenzproduktivität ihr Maximum. Am Punkt C des Produktions-maximums ist die Grenzproduktivität des Faktors i gleich null; für $r_i > r_i^3$ wird sie negativ.

Im Bereich positiver Grenzproduktivitäten, d. h. in den Phasen I-III, fallen jedoch nicht stets dieselben Ertragszuwächse an, wenn der Faktoreinsatz r_i sukzessive je um eine weitere Einheit erhöht wird. Wie der Verlauf der Grenzpro-duktivitäten-Kurve in Abb. 4.5 zeigt, nehmen die Grenzproduktivitäten in der Phase I, also für $0 \leq r_i^1$, bis zum Wendepunkt A der Produktionsfunktion zu, d. h. in diesem Bereich treten dann wegen $\partial^2 x/\partial r_i^2 > 0$ zunehmende Ertragszuwächse auf. Das erkennt man auch an der Treppendarstellung im Bereich I. Im Punkt A ist die Grenzproduktivität des Faktors i am höchsten; bis dorthin steigt die Produk-tionsfunktion überproportional bei vermehrtem Faktoreinsatz, bzw. ihre Steigung nimmt bis zu diesem Punkt A zu. Wird nun der Faktoreinsatz über r_i^1 hinaus vergrößert, so nehmen die Grenzproduktivitäten vom Punkt A an wieder ab; d. h. die Phasen II-IV sind wegen $\partial^2 x/\partial r_i^2 < 0$ durch abnehmende Ertragszuwächse charakterisiert. Dies zeigt auch die Treppendarstellung im Bereich III. In den Bereichen II und III wächst die Produktion unterproportional bei erhöhtem Faktoreinsatz. Der Punkt A, an dem der Übergang von den zunehmenden zu den abnehmenden Ertragszuwächsen erfolgt, wird als Schwelle des Ertragsgesetzes bezeichnet. Hier gilt $\partial^2 x/\partial r_i^2 = 0$.

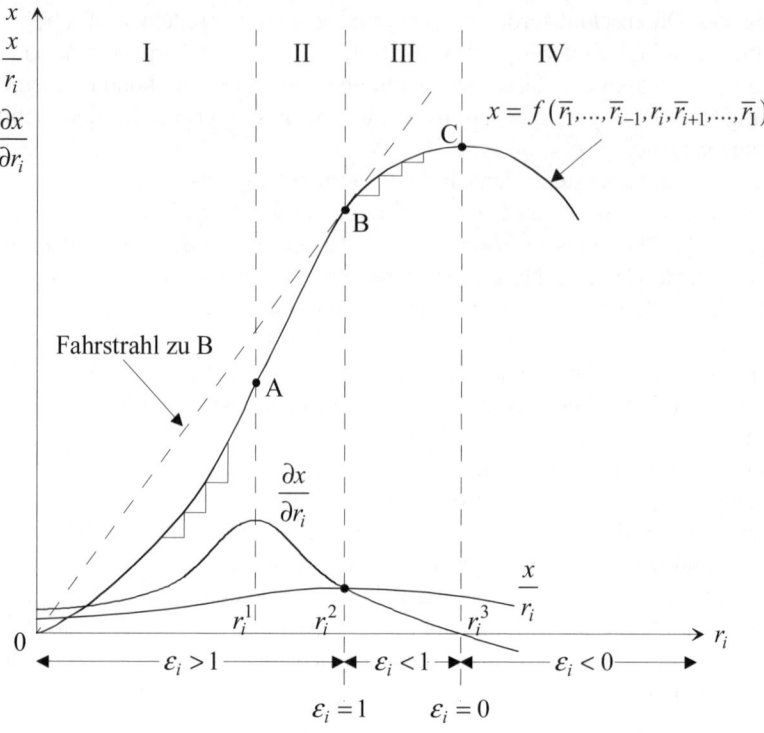

Abb. 4.5.   Ertragsgesetzliche Produktionsfunktion

Solange Faktoreinsätze r_i im Bereich $0 \le r_i < r_i^2$ realisiert werden, liegt die Grenzproduktivität des Faktors i über seinem Durchschnittsprodukt. Die Produktionselastizität ε_i – sie entspricht dem Quotienten aus Grenzproduktivität und Durchschnittsprodukt – ist in diesem Bereich daher größer als eins. Man spricht dann auch davon, dass der Faktor i in diesem Bereich technisch suboptimal eingesetzt ist, da seine Produktivität mit weiterer Einsatzmengenerhöhung noch gesteigert werden kann. Für $r_i = r_i^2$, also am Punkt B, stimmen Grenzproduktivität und Durchschnittsprodukt überein; die Produktionselastizität ε_i ist gleich eins, der Faktor i technisch optimal eingesetzt. Für $r_i > r_i^2$ verläuft die Grenzproduktivität unterhalb des Durchschnittsprodukts; die Produktionselastizität ist kleiner eins. Bei $r_i = r_i^3$ am Punkt C wird die Produktionselastizität gleich null und danach schließlich kleiner null, da die Grenzproduktivität im Punkt C null bzw. anschließend negativ wird.

Bislang ist der ertragsgesetzliche Verlauf der Produktionsfunktion allein für den Fall partieller Faktorvariation betrachtet worden. Lockert man diese Annahme und geht man davon aus, dass alle in der Produktionsfunktion auftretenden Faktoreinsätze der I Faktoren frei variierbar sein sollen, so erfolgt durch diese totale Faktorvariation der Übergang von der Ertragsfunktion der Abb. 4.5 zum Ertragsgebirge, wie es für $I = 2$ in Abb. 4.6 dargestellt ist.

Für $I-1$ konstante Faktoreinsätze und einen variablen Faktor ergeben sich zweidimensionale Schnitte parallel zur Achse des variablen Faktors durch das Ertragsgebirge, die zu Ertragsfunktionen mit den Eigenschaften führen, wie sie anhand der Abb. 4.5 besprochen worden sind. In Abb. 4.6 sind drei solcher Schnitte eingezeichnet; zweimal wird der Faktoreinsatz r_2 bei $r_2 = r_2^1$ bzw. $r_2 = r_2^2$ konstant gehalten und r_1 variiert, im letzten Fall bleibt der Faktoreinsatz r_1 mit $r_1 = r_1^1$ unverändert, und r_2 ist variabel. Die Menge aller Faktorkombinationen (r_1, r_2), die auf der Fläche des Ertragsgebirges zur selben Ausbringungsmenge x führen – also die Isoquanten –, sind als Höhenlinien auf dem Ertragsgebirge in Abb. 4.6 erkennbar. Projiziert man diese Höhenlinien in den Faktorraum, speziell hier auf die (r_1, r_2)-Ebene – veranschaulicht man also die Produktionsfunktion in Parameterform –, so ergibt sich daraus die übliche Isoquantendarstellung, wie sie in Abb. 4.7 vorzufinden ist.

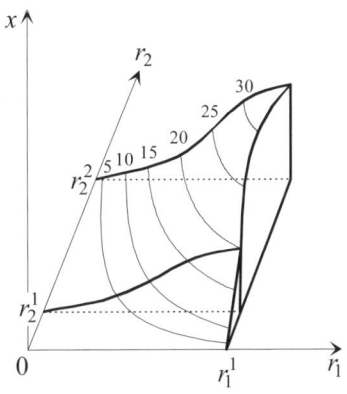 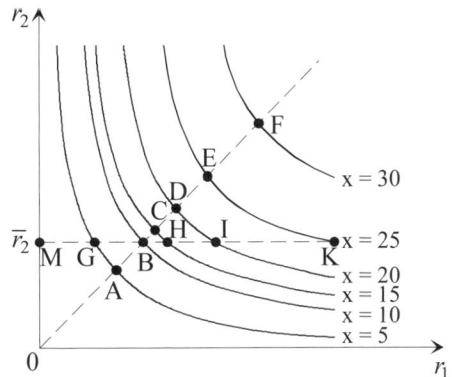

Abb. 4.6. Ertragsgebirge   **Abb. 4.7.** Isoquanten des Ertragsgebirges

Anhand der Isoquanten in Abb. 4.7 lässt sich ebenfalls die Ertragsgesetzlichkeit der Produktionsfunktion bei partieller Faktorvariation ablesen. Die Einsatzmenge des Faktors 2 sei mit $r_2 = \bar{r}_2$ konstant; der Faktor 1 werde nun sukzessiv entlang der Geraden durch $\bar{r}_2$ parallel zur r_1-Achse vermehrt. Dann treten zunächst zunehmende und dann abnehmende Ertragszuwächse auf; denn bei einer Erhöhung der Endproduktmenge x um je weitere fünf Einheiten gelten für die entsprechenden Geradenabschnitten zunächst $\overline{MG} > \overline{GB} > \overline{BH}$ (zunehmende Ertragszuwächse) und dann $\overline{BH} < \overline{HI} < \overline{IK}$ (abnehmende Ertragszuwächse). Diese Änderung der Ertragszuwächse kann dann anschaulich so interpretiert werden, dass die Grenzproduktivität und damit auch der Ertragszuwachs eines Faktors zuerst so lange steigen, wie dieser anteilmäßig am eingesetzten Ressourcenpaket unterrepräsentiert ist, und dann wegen zunehmender Überrepräsentation fallen.

In klassischen Produktionsfunktionen ist neben dem Postulat eines Bereichs zunehmender Ertragszuwächse bei partieller Faktorvariation darüber hinaus nichts über das Verhalten der Funktionen bei proportionaler Vermehrung aller Faktoreinsätze ausgesagt. Sie müssen nicht notwendigerweise homogen von einem gewissen Grade t oder sogar linearhomogen sein, sondern können durchaus verschiedene Skalenelastizitäten aufweisen. Allerdings muss eine klassische Produktionsfunktion auf jeden Fall im Bereich zunehmender Grenzerträge eine Skalenelastizität t von größer eins besitzen, da nach der Skalenelastizitätsgleichung bzw. dem Wicksell-Johnson-Theorem die Skalenelastizität gleich der Summe der Produktionselastizitäten ε_i ist. Bei zunehmenden Ertragszuwächsen ist jedoch die Produktionselastizität mindestens eines Faktors größer eins, wie man aus Abb. 4.5 erkennt. Dann ist auch die Summe der Produktionselastizitäten größer eins, da die übrigen Faktoren bei effizienter Produktion positive Produktionselastizitäten besitzen müssen. Das heißt, eine klassische Produktionsfunktion ist im Bereich zunehmender Grenzerträge auch ebenfalls durch zunehmende Skalenerträge charakterisiert. Dieses Phänomen ist in Abb. 4.7 graphisch festgehalten. Erfolgt die Niveauvariation entlang der Geraden OF, so treten zunächst zunehmende Skalenerträge $\left(\overline{OA} > \overline{AB} > \overline{BC}\right)$ und dann abnehmende Skalenerträge $\left(\overline{CD} < \overline{DE} < \overline{EF}\right)$ auf.

Die klassische Produktionsfunktion $x = f(r_1, \ldots, r_I)$ mit ertragsgesetzlichem Verlauf lässt sich zusammenfassend, sofern sie stetig und zweimal differenzierbar ist, im Wesentlichen folgendermaßen kennzeichnen. Bei partieller Variation der Einsatzmenge r_i des Faktors $i, i \in \{1, \ldots, I\}$, existieren Werte $\overline{r_i}$ (Schwelle des Ertragsgesetzes) und $\hat{r_i}$ (Sättigungsmenge) mit $0 \leq \overline{r_i} < \hat{r_i} \leq \infty$, so dass

$\dfrac{\partial x}{\partial r_i} > 0$, falls $0 \leq r_i < \hat{r_i}$;   d. h. bis zur Sättigungsmenge sind die Grenzerträge positiv;

$\dfrac{\partial^2 x}{\partial r_i^2} > 0$, falls $0 \leq r_i < \overline{r_i}$;   d. h. bis zur Schwelle des Ertragsgesetzes liegen zunehmende Grenzerträge vor;

$\dfrac{\partial^2 x}{\partial r_i^2} < 0$, falls $r_i > \overline{r_i}$;   d. h. nach Überschreiten der Schwelle des Ertragsgesetzes treten abnehmende Grenzerträge auf.

Für ein Industrieunternehmen, das durch den Einsatz zweier Produktionsfaktoren in einem einstufigen Fertigungsprozess ein Endprodukt herstellt, gelte die Produktionsfunktion

$$x = 4 \cdot \frac{r_1^2 \cdot r_2^2}{(r_1 + r_2)^2} \, .$$

Man erkennt sofort, dass diese Produktionsfunktion wegen

$$4\frac{(\lambda r_1)^2 \cdot (\lambda r_2)^2}{(\lambda r_1 + \lambda r_2)^2} = 4\frac{\lambda^4 \cdot r_1^2 \cdot r_2^2}{\lambda^2 \cdot (r_1 + r_2)^2} = \lambda^2 \cdot 4\frac{r_1^2 \cdot r_2^2}{(r_1 + r_2)^2} = \lambda^2 x$$

homogen vom Grade $t = 2$ ist. Um weiterhin zu überprüfen, ob es sich hierbei auch um eine klassische Produktionsfunktion handelt, die der Ertragsgesetzlichkeit gehorcht, sei im Folgenden der Fall untersucht, wie sich die Produktionsmenge x verhält, wenn die Einsatzmenge des ersten Faktors mit $\bar{r}_1 = 2$ konstant gehalten und die des zweiten Faktors, also r_2, von null ausgehend erhöht wird. Tabelle 4.1 enthält die für diesen Untersuchungsfall wesentlichen Zahlenwerte; die zugehörige Ertragsfunktion $x = f(\bar{r}_1, r_2)$ mit $\bar{r}_1 = 2$ ist in Abb. 4.8 eingezeichnet.

Tabelle 4.1.   Zahlenwerte zur Produktionsfunktion $x = 4 \cdot \dfrac{4 \cdot r_2^2}{(2_1 + r_2)^2}$ mit $\bar{r}_1 = 2$

(jeweils auf 2 Stellen nach dem Komma gerundet)

r_2	0	0,25	0,50	0,75	1	2	3	4	5
Δr_2	-	0,25	0,25	0,25	0,25	1	1	1	1
x	0	0,20	0,64	1,19	1,78	4	5,76	7,11	8,16
Δx	-	0,20	0,44	0,55	0,59	2,22	1,76	1,35	1,05
$\dfrac{\Delta x}{\Delta r_2}$	-	0,79	1,77	2,20	2,35	2,22	1,76	1,35	1,05

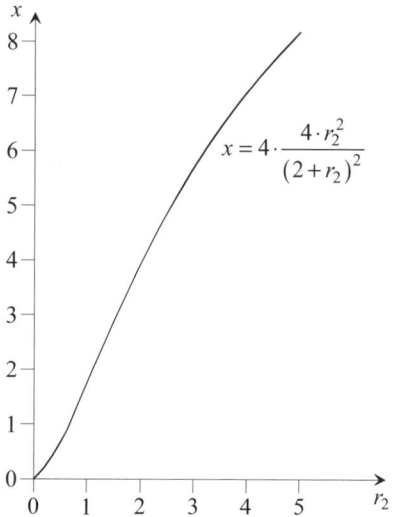

Abb. 4.8.   Schaubild zu den Zahlenwerten der Produktionsfunktion in Tabelle 4.1.

Wie man aus den Tabellenwerten und der zugehörigen Graphik ersieht, wächst bei Vermehrung der Einsatzmenge r_2 zunächst die Grenzproduktivität des Faktors 2, und dann nimmt sie wieder ab. Die betrachtete Produktionsfunktion weist also zuerst zunehmende und anschließend abnehmende Ertragszuwächse bei steigendem r_2 auf. Dies bedeutet, dass es sich um eine Produktionsfunktion handelt, welche die Merkmale der Ertragsgesetzlichkeit besitzt, also als klassische Produktionsfunktion bezeichnet werden kann. Im Übrigen hat man in der Literatur den allgemeinen Ansatz

$$x = c \frac{r_1^{\alpha} r_2^{\beta}}{\left(r_1 + r_2 \right)^{\gamma}}$$

häufig zum Ausgangspunkt genommen, um durch eine geeignete Parameterwahl für die Konstanten α, β und γ im Drei-Güter-Fall mit zwei Produktionsfaktoren bestimmte Klassen von ertragsgesetzlichen Produktionsfunktionen zu formulieren. Auf die in diesem Zusammenhang besonders interessanten Fragen nach der empirischen Geltung des Ertragsgesetzes und danach, ob der Klasse der klassischen Produktionsfunktionen für den Fall der industriellen Fertigung überhaupt eine praktische Bedeutung zukommt, soll in einem späteren Kapitel noch näher eingegangen werden. Es ist sinnvoll, diese Diskussion erst dann aufzugreifen, wenn die verschiedenen Produktionsfunktionstypen und ihre Erweiterungsmöglichkeiten dargelegt worden sind und dann eine systematische Erörterung aus einem zusammenfassenden Überblick heraus erfolgen kann.

4.3   Neoklassische Produktionsfunktionen

In neoklassischen Produktionsfunktionen existieren keine Bereiche zunehmender Grenzerträge; sie sind vielmehr dadurch gekennzeichnet, dass bei ihnen für den Fall der partiellen Faktorvariation von Anfang an das Gesetz der abnehmenden Ertragszuwächse gilt und die Grenzproduktivität jedes Faktors über den gesamten Variationsbereich der Einsatzmenge positiv ist. Neoklassische Produktionsfunktionen können insofern als Sonderfälle klassischer Produktionsfunktionen aufgefasst werden, als für sie nur ein Verlauf wie in den Phasen II und III des Ertragsgesetzes (s. Abb. 4.5) zulässig ist. Bei partieller Faktorvariation lässt sich also generell der Verlauf einer neoklassischen Produktionsfunktion

$$x = f \left(r_1, \ldots, r_I \right)$$

für die einstufige Einproduktfertigung wie folgt formal charakterisieren:

$$\frac{\partial x}{\partial r_i} > 0 \quad \text{für} \quad 0 < r_i < \infty \text{ und}$$

$$i \in \{1,...,I\}$$

$$\frac{\partial^2 x}{\partial r_i^2} < 0 \text{ für } 0 < r_i < \infty \;.$$

Die erste Bedingung drückt die über den gesamten Geltungsbereich der Produktionsfunktion positiven Grenzerträge aus; die zweite Bedingung weist auf die von Anbeginn abnehmenden Grenzerträge hin. Spezielle Ansätze aus der Klasse derartiger Produktionsfunktionstypen sollen im Weiteren eingehend erörtert werden.

4.3.1   *Die Produktionsfunktion von* COBB *und* DOUGLAS

COBB und DOUGLAS (1928) haben Ende der zwanziger Jahre des letzten Jahrhunderts einen Typ neoklassischer Produktionsfunktionen – nach den Begründern auch kurz C-D-Produktionsfunktion genannt – formuliert, der in der Folgezeit von ihnen und anderen Autoren oft mit positivem Ergebnis empirisch überprüft werden konnte. Dieser Produktionsfunktionstyp lautet:

$$x = a_0 r_1^{a_1} r_2^{a_2} ... r_I^{a_I} = a_0 \prod_{i=1}^{I} r_i^{a_i}$$

$$0 < a_0 = \text{const.} \;,\; 0 \le a_i = \text{const.} < 1 \;,\; i \in \{1,...,I\} \;,$$

d. h. das Endprodukt x ergibt sich aus dem Produkt der potenzierten Faktoreinsätze, wobei die Exponenten a_i nicht negativ und kleiner eins sind, multipliziert mit einer positiven Konstanten a_0. Die C-D-Produktionsfunktion ist also für eine Produktmenge x definiert und setzt beliebige Teilbarkeit der Faktoreinsatzmengen r_i voraus.

Zur Diskussion der ökonomischen Eigenschaften dieser Produktionsfunktion soll zunächst von der Partialanalyse ausgegangen werden. Wird allein die Einsatzmenge r_i des Faktors i variiert, d. h. bleiben die Einsatzmengen $r_{\hat{i}} = \overline{r}_{\hat{i}}$ der übrigen Faktoren $\hat{i}, \hat{i} = 1,...,I$, $\hat{i} \neq i$, konstant, so lässt sich nach der Substitution

$$c = a_0 \overline{r}_1^{a_1} ... \overline{r}_{i-1}^{a_{i-1}} \quad \overline{r}_{i+1}^{a_{i+1}} ... \overline{r}_m^{a_m}$$

mit $c = \text{const.}$ die Ertragsfunktion in Abhängigkeit der Faktormenge r_i wie folgt schreiben

$$x = c r_i^{a_i} \;.$$

Wegen $0 \le a_i < 1$ verläuft diese Ertragsfunktion unterproportional bei vermehrtem Faktoreinsatz r_i; sie ist in Abb. 4.9 graphisch veranschaulicht. Für $r_i = 0$ beginnt die partielle Ertragsfunktion im Ursprung des Koordinatensystems, also bei null, und steigt mit zunehmendem Faktoreinsatz r_i.

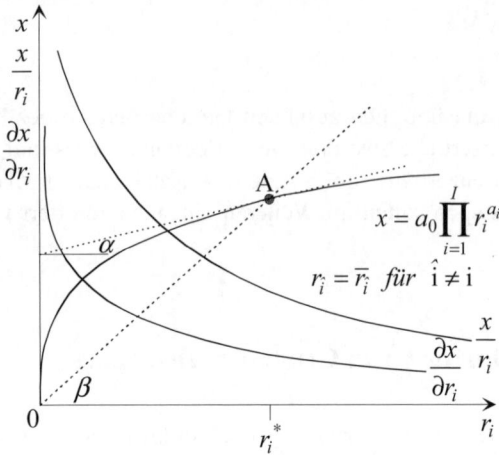

Abb. 4.9.   C-D-Produktionsfunktion bei partieller Faktorvariation

Das Durchschnittsprodukt ergibt sich mit

$$\frac{x}{r_i} = \frac{cr_i^{a_i}}{r_i} = cr_i^{a_i-1} = \frac{c}{r_i^{1-a_i}}.$$

Da $c = $ const. und $0 < 1 - a_i \le 1$, folgt aus dem positiven Exponenten $1 - a_i$ des Faktoreinsatzes r_i im Nenner des Bruches, dass das positive Durchschnittsprodukt bei erhöhtem Faktoreinsatz r_i gegen null fällt und gegen unendlich geht, wenn der Faktoreinsatz r_i kontinuierlich auf null zurückgeführt wird (s. auch Abb. 4.9). Die Grenzproduktivität des Faktors i, die mit der Steigung der partiellen Ertragsfunktion für den jeweiligen Faktoreinsatz r_i übereinstimmt, lässt sich formal ausdrücken durch

$$\frac{\partial x}{\partial r_i} = a_i cr_i^{a_i-1} = a_i \frac{c}{r_i^{1-a_i}} = a_i \frac{x}{r_i}.$$

Betrachtet man die beiden letzten Ausdrücke in dieser Gleichungsfolge, so erkennt man, dass bei der C-D-Produktionsfunktion die Grenzproduktivität eines Faktors i proportional zu seinem Durchschnittsprodukt ist, wobei der Exponent a_i als Proportionalitätsfaktor auftritt. Wegen $0 \le a_i < 1$ liegt die Grenzproduktivität bzw. der Grenzertrag $\partial x / \partial r_i$ des Faktors i jedoch stets unterhalb des Durchschnittsprodukts x / r_i dieses Faktors. In Abb. 4.9 ist dies für den Faktoreinsatz r_i^* verdeutlicht. Das Durchschnittsprodukt x / r_i^* kann durch die Steigung des Fahrstrahls vom Nullpunkt an den Punkt A der Ertragskurve veranschaulicht werden;

die Grenzproduktivität entspricht der Steigung $\partial x/\partial r_i$ der Ertragsfunktion im Punkt A. Wegen tg $\beta >$ tg α hat man die behauptete Eigenschaft.

Da Grenzproduktivität und Durchschnittsprodukt bis auf den multiplikativen Faktor a_i übereinstimmen, gilt für den Verlauf der Grenzproduktivitäts-Kurve dasselbe, was bereits für den Verlauf der Durchschnittsprodukt-Kurve ausgeführt worden ist. Die Grenzproduktivitäts-Kurve fällt bei fortlaufender Erhöhung von r_i gegen null und geht für r_i gegen null nach unendlich. Letzteres besagt insbesondere, dass die Ertragskurve x mit der Steigung unendlich im Nullpunkt beginnt und dann immer mehr abflacht. Diese Eigenschaft der Ertragskurve, die abnehmende Ertragszuwächse impliziert, lässt sich durch die zweite Ableitung der Ertragskurve oder – was dasselbe ist – durch die erste Ableitung der Grenzproduktivitäts-Kurve nach r_i belegen. Man hat dann für $a_i \neq 0$

$$\frac{\partial^2 x}{\partial r_i^2} = \frac{\partial\left(\dfrac{\partial x}{\partial r_i}\right)}{\partial r_i} = \frac{\partial\left(a_i c r_i^{a_i-1}\right)}{\partial r_i} = \left(a_i - 1\right) a_i c r_i^{a_i-2} < 0\,,$$

da der letzte Ausdruck der Gleichungsfolge wegen $\left(a_i - 1\right) < 0$ negativ ist; d. h. die C-D-Produktionsfunktion ist bei partieller Faktorvariation dadurch gekennzeichnet, dass sie dem in neoklassischen Produktionsfunktionen als Bedingung geforderten „Gesetz abnehmender Grenzerträge" folgt.

Aus der Beziehung zwischen Grenzproduktivität und Durchschnittsprodukt des Faktors i

$$\frac{\partial x}{\partial r_i} = a_i \frac{x}{r_i}$$

folgt für die Produktionselastizität des Faktors i

$$\varepsilon_i = \frac{\partial x}{\partial r_i} \frac{r_i}{x} = a_i\,,$$

d. h. der Exponent a_i des Faktors i in der C-D-Produktionsfunktion ist in der Weise ökonomisch zu interpretieren, dass er die Produktionselastizität des Faktors i angibt; diese ist dann wegen der Bedingungen für a_i konstant, nicht negativ und kleiner eins.

Von den Produktionsfunktionen

1) $x = 6 + \displaystyle\prod_{i=1}^{I} r_i^{a_i}\,,$

2) $x = 6 \cdot r_1^{3/4} \cdot r_2^{3/4}\,,$

3) $x = a \cdot r_1^{5/4} \cdot r_2^{-1/4}\,,$

4) $x = a_0 \cdot \sum_{i=1}^{I} r_i^{a_i}$,

5) $x = 2 \cdot r_1^{1/2} \cdot r_2^{1/2}$,

sind offensichtlich nur die unter 2) und 5) aufgeführten Produktionsfunktionen vom C-D-Typ. Hält man in 5) die Einsatzmenge des ersten Faktors mit $\bar{r}_1 = 4$ konstant, so erhält man

– die Ertragsfunktion $x = 4r_2^{1/2}$,

– die Funktion des Durchschnittsprodukts $x/r_2 = 4r_2^{-1/2}$,

– die Grenzproduktivitätsfunktion $\dfrac{\partial x}{\partial r_2} = 2r_2^{-1/2}$.

Die Graphen dieser drei Funktionen sind in Abb. 4.10 dargestellt. Aus dem Durchschnittsprodukt und der Grenzproduktivität ergibt sich für die Produktionselastizität des Faktors 2

$$\varepsilon_2 = \frac{\partial x}{\partial r_2}\frac{r_2}{x} = \frac{1}{2} = a_2.$$

Die Zahlenwerte für die Funktionendarstellungen in Abb. 4.10 sind Tabelle 4.2 zu entnehmen.

Geht man nun über zur Totalanalyse, bei der alle Faktoreinsatzmengen frei variierbar sind, so erhält man das Ertragsgebirge für die C-D-Produktionsfunktion, wie es in Abb. 4.11 mit den eingezeichneten Höhenlinien für zwei Faktoren dargestellt ist. Für konstante Einsatzmengen eines Faktors, zum Beispiel $r_1 = \bar{r}_1$ oder $r_2 = \bar{r}_2$, führt die partielle Variation des anderen Faktors zu Schnitten durch das Ertragsgebirge, die parallel zur Achse des variablen Faktors verlaufen. In Abb. 4.11 sind zwei solcher Schnitte erkennbar; sie entsprechen in ihrer Form den Darstellungen der Ertragsfunktionen in Abb. 4.9 und 4.10.

Projiziert man die Höhenlinien des Ertragsgebirges auf die (r_1, r_2)-Ebene, so ergibt sich daraus die übliche Isoquantendarstellung der Produktionsfunktion, wie sie in Abb. 4.12 für den Fall des linearhomogenen C-D-Typs $x = r_1^{1/2} \cdot r_2^{1/2}$ mit zwei Faktoren wiedergegeben ist. Ist die C-D-Produktionsfunktion linearhomogen, so folgen ihre Isoquanten für die je um eine Einheit erhöhte Endproduktmenge x in gleichen Abständen aufeinander. So gilt beispielsweise in Abb. 4.12 für die Geradenabschnitte $\overline{OA} = \overline{AB} = \overline{BC}$. Bei Über- bzw. Unterlinearhomogenität der Produktionsfunktion, also bei $t > 1$ bzw. $t < 1$, rücken die Isoquanten dagegen mit steigendem Produktionsniveau immer dichter zusammen bzw. weiter auseinander. Die Lage der gesamten Isoquantenschar hängt darüber hinaus vom Verhältnis der Exponenten zueinander ab.

Tabelle 4.2.   Zahlenwerte zur C-D-Produktionsfunktion $x = 2r_1^{1/2} \cdot r_2^{1/2}$ mit $\bar{r}_1 = 4$

r_2	$\dfrac{1}{4}$	1	2	3	4
x	2	4	5,64	6,93	8
$\dfrac{x}{r_2}$	8	4	2,82	2,31	2
$\dfrac{\partial x}{\partial r_2}$	4	2	1,41	1,15	1

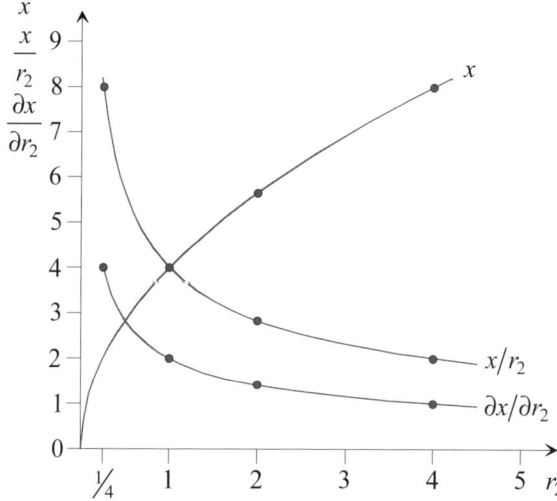

Abb. 4.10.   Ertrags-, Durchschnittsprodukts- und Grenzproduktivitätsfunktion zur C-D-Produktionsfunktion $x = 2r_1^{1/2} \cdot r_2^{1/2}$ mit $\bar{r}_1 = 4$

Dieser Sachverhalt lässt sich leicht demonstrieren, wenn man im Vergleich zur Produktionsfunktion $x = r_1^{1/2} \cdot r_2^{1/2}$ in Abb. 4.12 die Isoquanten der Produktionsfunktion $x = r_1^{1/3} \cdot r_2^{2/3}$ in Abb. 4.13 für die Niveaus $\bar{x} = 1, \bar{x} = 2$ und $\bar{x} = 3$ betrachtet.

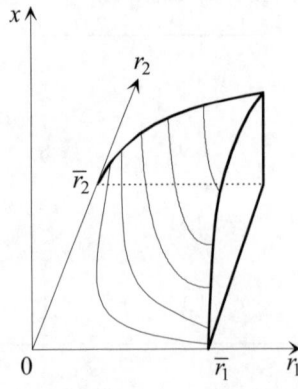

Abb. 4.11. Ertragsgebirge der C-D-Produktionsfunktion

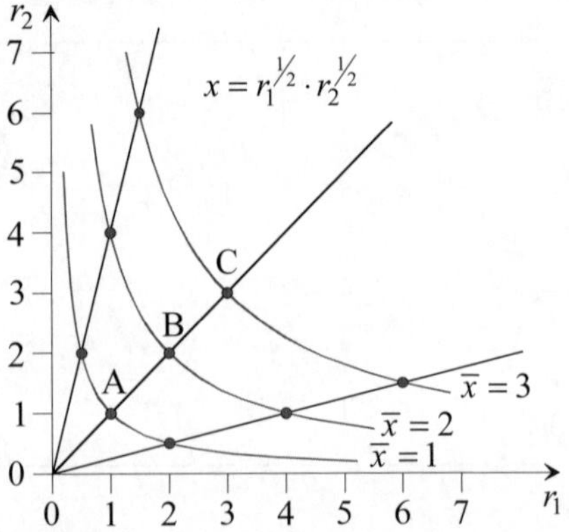

Abb. 4.12. Isoquanten der C-D-Produktionsfunktion

Aus

$$x = r_1^{1/3} \cdot r_2^{2/3} \quad \text{bzw.} \quad x^3 = r_1 \cdot r_2^2$$

folgen nämlich die Isoquantengleichungen

$$r_2 = \sqrt{\frac{1}{r_1}} \quad \text{für } \bar{x} = 1,$$

$$r_2 = \sqrt{\frac{8}{r_1}} \quad \text{für } \bar{x} = 2 \text{ und}$$

$$r_2 = \sqrt{\frac{27}{r_1}} \quad \text{für } \bar{x} = 3.$$

Die entsprechenden Isoquanten sind in Abb. 4.13 eingezeichnet. Vergleicht man die Lage dieser Isoquantenschar nun mit der in Abb. 4.12, so sieht man, dass sich die Isoquanten entsprechend den Veränderungen in den Exponenten der Faktoreinsätze von der r_1-Achse weg zur r_2-Achse hin verschoben haben. Für gegebene Faktoreinsätze (r_1, r_2) ist die Grenzrate der Substitution mit

$$s_{21} = -\frac{dr_2}{dr_1} = \frac{\partial x/\partial r_1}{\partial x/\partial r_2} = \left(\frac{1}{3} \frac{x}{r_1} \middle/ \frac{2}{3} \frac{x}{r_2} \right) = \frac{1}{2} \frac{r_2}{r_1}$$

nunmehr nur noch halb so groß wie im Vergleich zuvor, d. h. die Steigung der Isoquanten in diesen Punkten ist flacher.

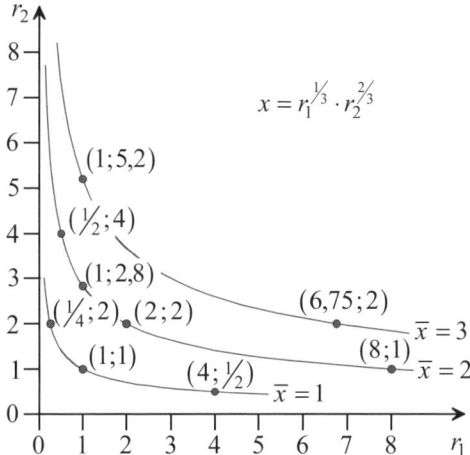

Abb. 4.13. Isoquanten zur C-D-Produktionsfunktion $x = r_1^{1/3} \cdot r_2^{2/3}$

Dass die C-D-Produktionsfunktion überhaupt homogen ist, lässt sich aus ihrer Formulierung unschwer erkennen. Ihr Homogenitätsgrad und damit auch ihre Skalenelastizität entspricht wegen

$$f(\lambda r_1,\ldots,\lambda r_I) = a_0 (\lambda r_1)^{a_1} \ldots (\lambda r_I)^{a_I} = \lambda^{\sum\limits_{i=1}^{I} a_i} f(r_1,\ldots,r_I)$$

der Summe der Exponenten a_i, die zugleich die Summe der Produktionselastizitäten ist, d. h. es gilt

$$t = \frac{dx}{x} \Big/ \frac{d\lambda}{\lambda} = \sum_{i=1}^{I} a_i \ .$$

Die C-D-Produktionsfunktion ist also für

$$\sum_{i=1}^{I} a_i$$

größer, gleich oder kleiner eins durch zunehmende, konstante bzw. abnehmende Skalenerträge gekennzeichnet.

Die Substitutionselastizität $\sigma_{i\hat{i}}$ ist für alle Faktoren i und $\hat{i}$ dieses Produktionsfunktionstyps stets konstant gleich eins.

Dieser Tatbestand ist sicherlich im Hinblick auf die praktische Relevanz der C-D-Produktionsfunktion nicht ganz unkritisch, da die in der industriellen Produktion eingesetzten Faktoren auch dann schon, wenn es sich nur um eine einstufige Einproduktfertigung handelt, oft in Art und Qualität stark differieren können.

4.3.2   Die CES-Produktionsfunktion

ARROW et al. (1961) haben einen anderen Ansatz einer neoklassischen Produktionsfunktion vorgestellt, den sie zunächst nur für zwei Faktoren formuliert und getestet haben. Dieser Ansatz ist dann von anderen Autoren auf mehr als zwei Faktoren verallgemeinert und empirisch überprüft worden. In den folgenden Überlegungen soll hier vorerst von der einfachen Erweiterung ausgegangen werden. Später werden zusätzliche Erweiterungsmöglichkeiten und deren Konsequenzen diskutiert.

In ihrer einfachen Erweiterung auf I Faktoren lautet die CES-Produktionsfunktion

$$x = \left(c_1 r_1^{-\rho} + \ldots + c_I r_I^{-\rho} \right)^{-1/\rho},$$

wobei $c_i, i = 1, \ldots, I$, und ρ Konstanten mit der Eigenschaft $c_i > 0$ und $\rho > -1$, $\rho \neq 0$ sind. Das Endprodukt ergibt sich also nach dieser Produktionsfunktion aus der Potenzierung einer Summe, wobei die einzelnen Summanden aus dem Vielfachen eines potenzierten Faktoreinsatzes r_i bestehen. Dabei sind die Konstanten c_i multiplikative Größen, und ρ ist der hier für die Faktoreinsatzmengen und die Summe gleiche konstante Exponent. Die CES-Produktionsfunktion gilt ihrer Formulierung nach nur für den Fall der einstufigen Einproduktfertigung.

Für die Betrachtung der einzelnen Aspekte bei partieller Faktorvariation seien die Einsatzmengen $r_{\hat{i}} = \overline{r}_{\hat{i}}$, $\hat{i} \in \{1, \ldots, I\}$, $\hat{i} \neq i$, konstant, und die Einsatzmenge r_i des Faktors i werde als variabel angenommen. Unter diesen Bedingungen lassen sich die Produktionsbeiträge der konstanten Faktoreinsätze $\overline{r}_{\hat{i}}$ in der CES-Funktion durch die Konstante

$$c = \sum_{\substack{\hat{i}=1 \\ \hat{i} \neq i}}^{I} c_{\hat{i}} \overline{r}_{\hat{i}}^{-\rho}$$

zusammenfassen, so dass sich für die partielle Ertragsfunktion in Abhängigkeit der variablen Einsatzmenge r_i die Formel

$$x = \left(c + c_i r_i^{-\rho} \right)^{-1/\rho}$$

ergibt. Will man den graphischen Verlauf dieser Ertragsfunktion (s. Abb. 4.14) analytisch nachvollziehen, so ist es zweckmäßig, die beiden Fälle

Fall 1: $-1 < \rho < 0$

Fall 2: $\rho > 0$

zu unterscheiden. Für beide Fälle lässt sich die partielle Ertragsfunktion folgendermaßen schreiben:

Fall 1: $x = \left(c + c_i r_i^{|\rho|} \right)^{1/|\rho|}$

Fall 2: $x = \dfrac{1}{\left(c + c_i \dfrac{1}{r_i^\rho} \right)^{1/\rho}}$.

$|\rho|$ bezeichnet in Fall 1 den Absolutbetrag der Zahl ρ. Sind die Produktionsbeiträge der konstanten Faktoreinsatzmengen $\overline{r_{\hat{i}}}$, $\hat{i} \neq i$, ungleich null, d. h. ist $c \neq 0$, dann geht die partielle Ertragsfunktion

- im Fall 1: für gegen null fallende Einsatzmengen r_i gegen die Konstante $c^{-1/\rho} > 0$ und mit steigenden Einsatzmengen r_i gegen unendlich. Dies ist durch die in Abb. 4.14 in durchgezogener Linienform dargestellte Ertragsfunktion veranschaulicht.
- im Fall 2: gegen null für r_i gegen null und monoton steigend gegen die Konstante $c^{-1/\rho}$ für r_i gegen unendlich. Für diesen Fall ist die partielle Ertragsfunktion in Abb. 4.14 in gestrichelter Form dargestellt.

$c = 0$ ist im ersten Fall nur für alle $\overline{r_{\hat{i}}} = 0$ möglich; $\overline{r_{\hat{i}}} = 0$ für ein $\hat{i}$ ist dagegen im zweiten Fall unzulässig, da dann die Produktionsfunktion nicht mehr definiert ist, d. h. im Fall 2 muss c stets ungleich null sein. Aus den beiden Fallunterscheidungen ist ersichtlich, dass die CES-Produktionsfunktion im Gegensatz zur multiplikativen C-D-Produktionsfunktion bei partieller Faktorvariation für r_i gegen null nicht unbedingt gegen null und für r_i gegen unendlich nicht unbedingt gegen unendlich gehen muss.

Das Durchschnittsprodukt lautet:

$$\frac{x}{r_i} = \left(c + c_i r_i^{-\rho} \right)^{-1/\rho} \cdot \frac{1}{r_i} = \left(\frac{c}{r_i^{-\rho}} + c_i \right)^{-1/\rho} = \left(c r_i^\rho + c_i \right)^{-1/\rho}$$

und geht

- im Fall 1: für r_i gegen null gegen unendlich und für r_i gegen unendlich gegen die Konstante $c_i^{-1/\rho} > 0$.
- im Fall 2: für r_i gegen null gegen die Konstante $c_i^{-1/\rho}$ und für r_i gegen unendlich gegen null.

Die Verläufe der jeweils fallenden Durchschnittsprodukte x/r_i sind in Abb. 4.14 für die beiden diskutierten Fälle eingetragen.

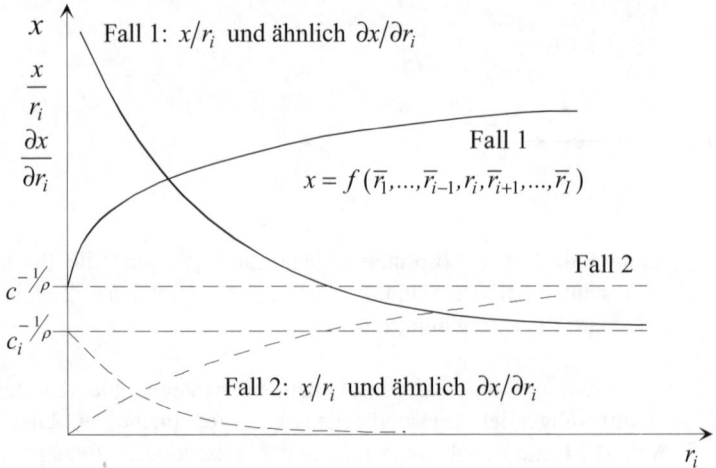

Abb. 4.14. CES-Produktionsfunktion bei partieller Faktorvariation

Aus der partiellen Ertragsfunktion ergibt sich die Grenzproduktivität des Faktors i mit

$$\frac{\partial x}{\partial r_i} = \left(\frac{-1}{\rho}\right)\left(c + c_i r_i^{-\rho}\right)^{-1/\rho-1}(-\rho)c_i r_i^{-\rho-1}$$

$$= \left[\left(c + c_i r_i^{-\rho}\right)^{-1/\rho}\right]^{(1+\rho)} c_i r_i^{-(1+\rho)}$$

$$= c_i \frac{x^{1+\rho}}{r_i^{1+\rho}} = c_i \left(\frac{x}{r_i}\right)^{1+\rho} > 0,$$

d. h. die Grenzproduktivität und damit das partielle Grenzprodukt des Faktors i sind positiv, d. h. jede weitere Erhöhung der Einsatzmenge r_i des Faktors i erhöht das Endprodukt. Um den Verlauf der Grenzproduktivitäts-Kurven ermitteln zu können, bildet man deren Ableitungen nach r_i; dadurch erhält man

$$\frac{\partial\left(\frac{\partial x}{\partial r_i}\right)}{\partial r_i} = \frac{\partial^2 x}{\partial r_i^2} = c_i(1+\rho)\left(\frac{x}{r_i}\right)^{\rho}\frac{(\partial x/\partial r_i)r_i - x}{r_i^2}.$$

Soll die CES-Produktionsfunktion als neoklassische Produktionsfunktion nun tatsächlich abnehmende Grenzerträge haben, so müsste $\partial^2 x/\partial r_i^2 < 0$ für $r_i > 0$ gelten. Um dies nachzuweisen, genügt es wegen $\rho > -1$ und damit also auch wegen $c_i(1+\rho)(x/r_i)^{\rho} > 0$ zu zeigen, dass

$$(\partial x/\partial r_i)r_i - x < 0.$$

Unter Beachtung der Grenzproduktivitäten- und der Durchschnittsprodukt-Formel gilt die Äquivalenzkette

$$(\partial x/\partial r_i)r_i - x < 0 \quad \Leftrightarrow \quad c_i\left(\frac{x}{r_i}\right)^{1+\rho} < \frac{x}{r_i} \quad \Leftrightarrow \quad c_i\left(\frac{x}{r_i}\right)^{\rho} < 1$$

$$\Leftrightarrow c_i\left[\left(cr_i^{\rho} + c_i\right)^{-1/\rho}\right]^{\rho} < 1 \quad \Leftrightarrow \quad c_i\left(cr_i^{\rho} + c_i\right)^{-1} < 1 \quad \Leftrightarrow \quad \frac{c_i}{cr_i^{\rho} + c_i} < 1$$

$$\text{bzw.} \quad \frac{1}{\dfrac{cr_i^{\rho}}{c_i} + 1} < 1.$$

Die letzte Ungleichung gilt jedoch stets für $c, r_i > 0$, da der Nenner dann wegen $c_i > 0$ größer als eins ist. Man erhält also im Rückschluss, dass $\partial^2 x/\partial r_i^2 < 0$ und damit abnehmende Grenzerträge vorliegen; die Grenzproduktivitäten-Kurve fällt und verhält sich, wie in Abb. 4.14 angemerkt, grundsätzlich ähnlich wie die Durchschnittsproduktivitäten-Kurve.

Die Produktionselastizität des Faktors i erhält man, wie bereits mehrfach ausgeführt, unmittelbar aus der Division der Grenzproduktivität durch das Durchschnittsprodukt, d. h.

$$\varepsilon_i = \frac{\partial x}{\partial r_i}\bigg/\frac{x}{r_i} = c_i\left(\frac{x}{r_i}\right)^{1+\rho}\bigg/\frac{x}{r_i} = c_i\left(\frac{x}{r_i}\right)^{\rho}.$$

Verfolgt man die obige Äquivalenzkette rückwärts bis zu dem dritten Glied, so ergibt sich hier $0 < \varepsilon_i < 1$.

Zur Bestimmung des Homogenitätsgrades bzw. der Skalenelastizität im Rahmen der Totalanalyse geht man von der allgemeinen Formulierung der CES-Produktionsfunktion aus und erhöht alle Faktoreinsatzmengen $r_i, i = 1, \ldots, I$, um das λ-fache. Für diese Niveauvariation gilt dann

$$x = f(\lambda r_1, \ldots, \lambda r_I) = \left[c_1(\lambda r_1)^{-\rho} + \ldots + c_I(\lambda r_I)^{-\rho}\right]^{-1/\rho}$$

$$= \left[\lambda^{-\rho}\left(c_1 r_1^{-\rho} + \ldots + c_I r_I^{-\rho}\right)\right]^{-1/\rho} = \lambda f(r_1, \ldots, r_I) = \lambda x.$$

Die CES-Produktionsfunktion ist also in der bislang vorgestellten einfachen Erweiterung linearhomogen; die Skalenelastizität ist

$$t = \frac{dx}{d\lambda}\frac{\lambda}{x} = 1.$$

Die Substitutionselastiztität $\sigma_{i\hat{i}}$ zwischen je zwei Faktoren i und $\hat{i}$ lautet:

$$\sigma_{i\hat{i}} = \frac{1}{1+\rho}.$$

Sie ist also für alle Faktoren i und $\hat{i}$ abhängig von dem konstanten Exponenten ρ, der als Substitutionsparameter bezeichnet wird. Ist ρ gegeben, dann ist die Substitutionselastizität zwischen allen Faktoren i und $\hat{i}$ gleich groß und konstant. Aus dieser Eigenschaft (**C**onstant **E**lasticity of **S**ubstitution = CES) leitet die CES-Produktionsfunktion ihre Bezeichnung her. Hier gilt die kritische Anmerkung zur konstanten Substitutionselastizität der C-D-Produktionsfunktion analog.

Die CES-Produktionsfunktion besitzt allerdings noch einige weitere, interessante Eigenschaften in Abhängigkeit der Parameterwahl von ρ, auf die noch ergänzend hingewiesen werden muss und deren Kenntnis erst die Überlegungen der Totalanalyse vervollständigen.

1)   Für ρ gegen unendlich geht σ_{ii} gegen null; die substitutionale CES-Funktion geht dann in eine linear-limitationale Produktionsfunktion über.

2)   Für ρ gegen null geht σ_{ii} gegen eins; die CES-Funktion geht in die Cobb-Douglas-Produktionsfunktion über.

3)   Für ρ gegen -1 nähert sich die CES-Funktion einer linearen Produktionsfunktion mit alternativer Substitution an.

Für diese drei Fälle sind die Ertragsgebirge und Isoquantenverläufe im Drei-Güter-Fall mit einem Endprodukt und zwei Produktionsfaktoren in Abb. 4.15.1-4.15.3 illustriert.

4.3.3   *Erweiterungen zur CES-Produktionsfunktion*

Die CES-Produktionsfunktion ist in ihrer einfachen Erweiterung auf m Faktoren durch Linearhomogenität bzw. konstante Skalenerträge charakterisiert. Sie lässt sich jedoch durch die folgende Modifikation

$$x = \left(c_1 r_1^{-\rho_1} + \ldots + c_I r_I^{-\rho_1} \right)^{-1/\rho_2}$$

ρ_1, ρ_2 vorzeichengleich,

$\rho_1, \rho_2 > -1$ und $\rho_1, \rho_2 \neq 0$,

so allgemein formulieren, dass sie ebenfalls die Fälle zu- und abnehmender Skalenerträge beinhaltet. Bei Niveauvariation der Faktoreinsatzmengen r_i mit λ erhält man in der modifizierten Form nämlich

$$x = f\left(\lambda r_1, \ldots, \lambda r_I \right) = \left[c_1 \left(\lambda r_1 \right)^{-\rho_1} + \ldots + c_I \left(\lambda r_I \right)^{-\rho_1} \right]^{-1/\rho_2}$$

$$= \left[\lambda^{-\rho_1} \left(c_1 r_1^{-\rho_1} + \ldots + c_I r_I^{-\rho_1} \right) \right]^{-1/\rho_2} = \lambda^{\rho_1/\rho_2} f\left(r_1, \ldots, r_I \right) = \lambda^{\rho_1/\rho_2} x$$

und damit für den Homogenitätsgrad bzw. die Skalenelastizität

$$t = \rho_1/\rho_2.$$

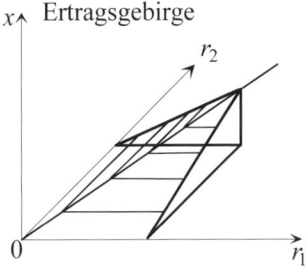
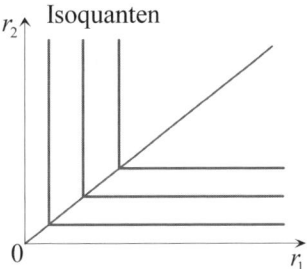

Abb. 4.15.1. Fall 1) $\rho \to \infty$; linear-limitationale Produktionsfunktion

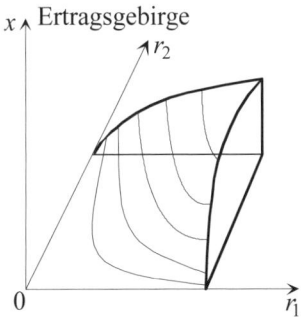
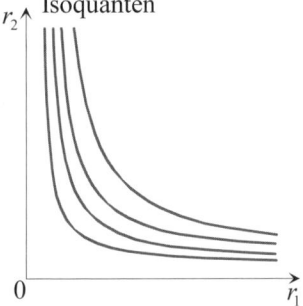

Abb. 4.15.2. Fall 2) $\rho = 0$; C-D-Produktionsfunktion

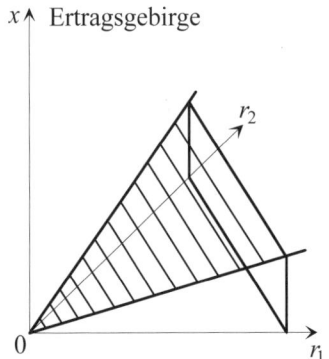
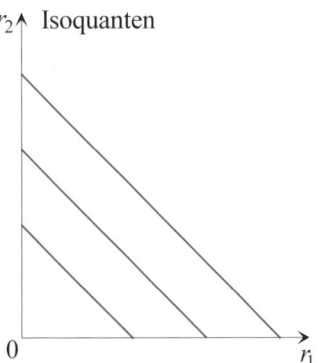

Abb. 4.15.3. Fall 3) $\rho \to -1$; linear-substitutionale Produktionsfunktion

Abb. 4.15. Sonderfälle der CES-Produktionsfunktion

Die Skalenelastizität variiert nun in Abhängigkeit der Werte, die für ρ_1 bzw. ρ_2 gewählt werden; dabei gilt für $\rho_1, \rho_2 > 0$ die Beziehung

$$t \left\{ \begin{matrix} = \\ > \\ < \end{matrix} \right\} 1 \quad \Leftrightarrow \quad \rho_1 \left\{ \begin{matrix} = \\ > \\ < \end{matrix} \right\} \rho_2 \,,$$

d. h. die so erweiterte CES-Produktionsfunktion besitzt für

$\rho_1 = \rho_2$ konstante Skalenerträge,

$\rho_1 > \rho_2$ zunehmende Skalenerträge und

$\rho_1 < \rho_2$ abnehmende Skalenerträge.

Die Substitutionselastizität zwischen allen Faktoren i und $\hat{i}$ bleibt jedoch weiterhin konstant und gleich, lautet aber nun:

$$\sigma_{i\hat{i}} = \frac{1}{1 + \rho_1} \,.$$

Setzt man diese Ergebnisse in die Formel für die Substitutionselastizität $\sigma_{i\hat{i}}$ ein, so ergibt sich:

$$\sigma_{i\hat{i}} = (-1) \frac{1}{-\rho_1 - 1} \frac{c_{\hat{i}}}{c_i} \left(\frac{r_i}{r_{\hat{i}}} \right)^{2 + \rho_1} \frac{c_i}{c_{\hat{i}}} \left(\frac{r_i}{r_{\hat{i}}} \right)^{-\rho_1 - 1} \frac{r_{\hat{i}}}{r_i}$$

$$= (-1) \frac{1}{-\rho_1 - 1} = \frac{1}{1 + \rho_1} \,.$$

Sicherlich ist die Tatsache, dass die CES-Produktionsfunktion in den bislang betrachteten Formulierungen zwischen allen Faktoren i und $\hat{i}$, wenn zwar auch eine im Gegensatz zur C-D-Produktionsfunktion von eins verschiedene und über die Parameter ρ bzw. ρ_1 variierbare, so aber doch mit der Wahl von ρ und ρ_1 letztlich konstante und gleiche Substitutionselastizität aufweist, im Hinblick auf die im Allgemeinen auftretenden qualitativen Unterschiede der eingesetzten Produktionsfaktoren Werkstoffe, Betriebsmittel und Arbeitskräfte ökonomisch unbefriedigend. Das hat zu einer Reihe von weiteren Ansätzen geführt, welche diesen Mangel zu beheben versuchen. Hier sollen einige dieser Ansätze und ihre Eigenheiten kurz skizziert werden, ohne jeweils stets auf die explizite Formulierung der einen oder anderen Erweiterung der CES-Produktionsfunktion einzugehen.

(1) MUKERJI (1963) geht in seinem Erweiterungsvorschlag der CES-Funktion davon aus, dass die Exponenten der Faktoreinsätze in der Regel verschieden voneinander sind und einen anderen Wert aufweisen als der Klammerexponent. Die Formulierung seiner Produktionsfunktion lautet:

$$x = \left(c_1 r_1^{-\rho_1} + \ldots + c_I r_I^{-\rho_I} \right)^{-1/\rho}$$

$$c_i > 0 \,, \ \sum_{i=1}^{I} c_i = 1 \,, \ \rho_i, \ \rho > -1 \,, \ \rho, \rho_i \neq 0 \,, \ i = 1, \ldots, I \,.$$

Hier verändern sich die Substitutionselastizitäten zwischen den Faktoren i und $\hat{i}$, sofern die Exponenten ρ_i und $\rho_{\hat{i}}$, $i, \hat{i} \in \{1, \ldots, I\}$, $i \neq \hat{i}$, unterschiedlich sind.

(2) Zur Erweiterung der CES-Funktion auf den Fall verschiedener Substitutionselastizitäten nimmt UZAWA (1962) an, dass sich die I Produktionsfaktoren in H Gruppen einteilen lassen. Innerhalb jeder Faktorgruppe gehorchen die produktiven Gesetzmäßigkeiten einer bestimmten gruppenspezifischen CES-Funktion der einfachen Form. Dagegen liegt der produktiven Verknüpfung der Faktorgruppen zur Herstellung des Endprodukts die Gesetzmäßigkeit einer Cobb-Douglas-Produktionsfunktion zugrunde. Die Produktionsfunktion lautet also in verkürzter Schreibform:

$$x = \prod_{h=1}^{H} \left[\left(\sum_{i_h = I_{h-1}+1}^{I_h} c_{i_h} r_{i_h}^{-\rho_h} \right)^{-1/\rho_h} \right]^{a_h} \quad \text{mit}$$

$$H < I \,; \ i_h, I_h \in \{1, \ldots, I\} \,; \ I_{h-1} < I_h < I_{h+1} \,; \ I_0 = 0 \,; \ I_H = I \,;$$

$$\sum_{h=1}^{H} a_h = 1 \,, \ a_h > 0 \,, \ \rho_h > -1 \,; \ \rho_h \neq 0 \,, \ h \in \{1, \ldots, H\} \,.$$

Entsprechend ist die Substitutionselastizität $\sigma_{i\hat{i}}$

1) zwischen Faktoren derselben Faktorgruppe h gleich und konstant,
2) von Faktorgruppe zu Faktorgruppe verschieden, d. h.

$$\sigma_{i\hat{i}}^{h} \neq \sigma_{uv}^{h'} \text{ für } h \neq h' \text{ und } i, \hat{i} \in \{I_{h-1}+1, \ldots, I_h\} \text{ bzw.}$$

$$u, v \in \{I_{h'-1}+1, \ldots, I_{h'}\} \,,$$

3) zwischen Faktoren aus verschiedenen Faktorgruppen gleich eins (Eigenschaft der C-D-Funktion), d. h. $\sigma_{i\hat{i}} = 1$ für i aus der Gruppe h und $\hat{i}$ aus Gruppe h' und $h \neq h'$.

(3) Andere, kompliziertere Erweiterungen der CES-Funktion sind von MCFADDEN (1963), SCHEPER (1965) und SATO (1967) vorgenommen worden. MCFADDEN hat seinen Produktionsfunktionsansatz so formuliert, dass die Substitutionselastizität zwischen den Faktoren i und $\hat{i}$ zwar stets

konstant bleibt, jedoch für Faktoren innerhalb derselben Faktorgruppe gleich eins wird und sonst $1/(1+\rho)$ beträgt. SCHEPERs Erweiterung läuft auf generell verschiedene Substitutionselastizitäten zwischen den Faktoren hinaus; dagegen hat SATO ähnlich wie bei der von UZAWA vorgenommenen Erweiterung eine Aufteilung der Faktoren in verschiedene Gruppen verfolgt, wodurch eine zweistufige Produktionsfunktion entsteht. In der ersten Stufe ergeben sich durch die Kombination der Faktoren einer Gruppe gewisse Zwischenprodukte $y_s, s = 1,\ldots,S$, aus deren Kombination dann in der zweiten Stufe auf der Grundlage der einfach erweiterten CES-Funktion das Endprodukt x hergestellt wird, d. h.

1. Stufe (Zwischenprodukte y_s)

$$y_s = \left(\sum_{i_s=I_{s-1}+1}^{I_s} d_{i_s} r_{i_s}^{\rho_s} \right)^{-1/\rho_s} ;$$

$$d_{i_s} = \text{const.} > 0, s \in \{1,\ldots,S\} .$$

2. Stufe (Endprodukt x)

$$x = \left(\sum_{s=1}^{S} c_s y_s^{-\rho} \right)^{-1/\rho} .$$

In diesem Fall ist die Substitutionselastizität zwischen zwei Faktoren derselben Gruppe konstant, von Gruppe zu Gruppe unterschiedlich und für Faktoren verschiedener Gruppen abhängig von den Parametern ρ, ρ_s und den Faktoreinsätzen.

(4) Eine im Vergleich zu den bisher besprochenen und in ihrem Komplexitätsgrad zunehmenden Erweiterungen der CES-Produktionsfunktion relativ einfache Formulierung einer Produktionsfunktion mit variablen Substitutionselastizitäten (Variable Elasticity of Substitution = VES-Produktionsfunktion) haben LU und FLETCHER (1968) entwickelt. Hier wird die Substitutionselastizität zwischen zwei Faktoren in der einfachsten Form von den Einsatzmengen oder dem Verhältnis der Einsatzmengen dieser beiden Faktoren linear abhängig gemacht.

Zusammenfassend lässt sich hier festhalten, dass die vielfältigen Erweiterungsansätze zur CES-Produktionsfunktion aus dem Bemühen heraus entstanden sind, diesen Produktionsfunktionstyp flexibel zu gestalten, um ihn für die Erklärung der produktiven Gesetzmäßigkeiten in praktischen Fällen der Fertigung verwendbar zu machen.

5 Limitationale Produktionsfunktionen

5.1 Die Leontief-Produktionsfunktion

5.1.1 Betrachtungen auf der Grundlage nur eines Produktionsverfahrens

Die Leontief-Produktionsfunktion (LEONTIEF 1953, 1966) ist im Wesentlichen durch zwei Merkmale gekennzeichnet: Zum einen sind die Beziehungen zwischen den Produktionsfaktoren limitational; zum anderen wird unterstellt, dass zwischen den Einsatzmengen der Ressourcen und der Ausbringungsmenge lineare Beziehungen bestehen. Man sagt daher häufig auch, dass es sich bei der Leontief-Produktionsfunktion um eine linear-limitationale Produktionsfunktion handelt.

Die Limitationalität der Faktoren ist hier in deutlichem Gegensatz zur Substituierbarkeit der Ressourcen bei den klassischen und neoklassischen Produktionsfunktionen zu sehen. Sie soll anzeigen, dass es bei der Leontief-Produktionsfunktion keine Substitutionsmöglichkeiten gibt, und besagt genau ausgedrückt, dass eine bestimmte Endproduktmenge jeweils nur durch ein festes Verhältnis der Faktoreinsatzmengen zueinander effizient hergestellt werden kann bzw. die sich auf der Grundlage dieser geltenden Input-Output-Relationen als Engpassfaktor herausstellende Ressourcenmenge die Produktion nach oben streng limitiert. Die zwischen den Faktoreinsatz- und Ausbringungsmengen bestehende Linearität kommt durch konstante Produktionskoeffizienten zum Ausdruck.

Aufgrund dieser speziellen Charaktereigenschaft der Leontief-Produktionsfunktion leuchtet es unmittelbar ein, dass für sie entgegen der bisher oft gewählten Formulierungs- und Darstellungsweise keine Ertragskurven bei partieller Faktorvariation angegeben werden können, die streng genommen nämlich höchstens aus einem Punkt bestünden, in dem die limitationalen Produktionsfaktoren gerade gemäß den vorherrschenden Input-Output-Relationen zum Einsatz gelangen, um die gewünschte Endproduktmenge effizient zu produzieren. Alle anderen Input-Output-Kombinationen bei partieller Faktorvariation und Konstanz der übrigen Faktoren wären nämlich ineffizient, da bei ihnen stets entweder Mengen der übrigen Faktoren oder des partiell variierten Faktors verschwendet würden. Solche Produktionspunkte gehören aber definitionsgemäß nicht zur Produktionsfunktion und sind folglich auch nicht durch eine entsprechende partielle Ertragsfunktion darstellbar, die zum Beispiel im $I\!R^3$ einem Schnitt durch die Ertragsfläche gleichkommt. Denn die effizienten Input-Output-Kombinationen liegen allein auf einer Prozessgeraden, die das Produktionsverfahren repräsentiert und deren Richtung im Güterraum nur durch den Gradienten bestimmt ist, der sich als Vektor aus den geordneten Produktionskoeffizienten ergibt.

Hier muss also für die Betrachtungen zur Leontief-Produktionsfunktion eine andere Vorgehensweise eingeschlagen werden, die von vornherein garantiert, dass nur effiziente Produktionen auf ihre Gesetzmäßigkeiten hin diskutiert werden. Dies erreicht man dadurch, dass man anstatt von Ertragsfunktionen nun die entsprechenden Aufwands- bzw. Faktorfunktionen zur Grundlage der Überlegungen macht. Sie geben für eine Endproduktmenge die Faktoreinsatzmengen an, die man zur effizienten Produktion braucht. Im Hinblick auf die Limitationalität der Produktionsfaktoren impliziert das zugleich, dass mit einer Endproduktvariation eine totale Faktorvariation einhergehen muss. Unterstellt man zunächst, dass die Leontief-Produktionsfunktion im linear-limitationalen Fall nur aus einem Produktionsverfahren besteht, so lässt sie sich für die einstufige Einproduktfertigung formal durch das folgende System von Faktorfunktionen beschreiben:

$$r_1 = a_1 x$$
$$\vdots \qquad \vdots \quad \text{bzw. } r_i = a_i x \,; \; a_i = \text{const.} > 0 \,, \; i = 1, \dots, I \,.$$
$$r_I = a_I x$$

Hierbei sind die a_i die konstanten Produktionskoeffizienten. Die zugehörige Produktionsfunktion lautet:

$$x = \frac{r_i}{a_i} \; \text{mit} \; \frac{r_i}{a_i} = \frac{r_{\hat{i}}}{a_{\hat{i}}} \; \text{für alle } i, \hat{i} \in \{1, \dots, I\} \,.$$

Benötigt man in einer Textilfabrik beispielsweise zum Herstellen eines Kleidungsstücks 1,8 qm Stoff (r_1), 0,4 Nähmaschinenstunden (r_2) und einen Reißverschluss (r_3), wobei andere Faktoreinsätze vernachlässigt werden sollen, so ergeben sich für einen linear-limitationalen Fertigungsvorgang die Faktorfunktionen:

$$r_1 = 1,8 x \,, \; r_2 = 0,4 x \,, \; r_3 = 1,0 x \,.$$

Als Produktionsfunktionen hat man hieraus abgeleitet:

$$x = \frac{r_i}{a_i} \,, \; i = 1, 2, 3 \,, \; \text{mit} \; \frac{r_1}{1,8} = \frac{r_2}{0,4} = \frac{r_3}{1,0} \,.$$

Man ersieht aus der vorstehenden Schreibweise sehr deutlich, dass die Leontief-Produktionsfunktion aus einer linearen Technologie resultiert, die im vorliegenden Fall durch ein Produktionsverfahren bzw. einen Prozessstrahl – auf ihm liegen alle Produktionspunkte, die durch Niveauvariationen effizient hergestellt werden können – erzeugt wird. Für die effizienten Faktor-Endprodukt-Kombinationen auf einem solchen Produktionspfad, der die Produktionsfunktion repräsentiert, können im Einzelnen die folgenden Überlegungen angestellt werden; und sie gelten auch nur dort.

Da die Produktionskoeffizienten a_i, $i \in \{1, \dots, I\}$, konstant sind, gilt dasselbe auch für die Produktivität $x/r_i = 1/a_i$ der zum Einsatz gelangenden Betriebsmittel, Arbeitskräfte und Werkstoffe. Die Einsatzgüter werden effizient nur in einem konstanten Einsatzverhältnis zueinander und zum Endprodukt genutzt. Während letzteres an dem konstanten Produktionskoeffizienten liegt, erhält man ersteres aus der folgenden Bedingung und Beziehung:

$$\frac{r_i}{a_i} = \frac{r_{\hat{i}}}{a_{\hat{i}}} \text{ oder } \frac{r_i}{r_{\hat{i}}} = \frac{a_i}{a_{\hat{i}}} \text{ für alle } i, \hat{i} \in \{1,\dots,I\} \,.$$

Die Einsatzmengen der Faktoren stehen also im selben Verhältnis zueinander wie ihre Produktionskoeffizienten. Im obigen Beispiel ist so das Einsatzverhältnis zwischen Stoff und Nähmaschinenstunden $1,8 : 0,4 = 4,5$, Stoff und Reißverschluss $1,8 : 1 = 1,8$ sowie Reißverschluss und Nähmaschinenstunden $1 : 0,4 = 2,5$. Sind die einsetzbaren Faktormengen nur bis zur Höhe $\bar{r}_i$, $i = 1,\dots,I$, maximal verfügbar, so kann damit nur maximal die Produktionsmenge

$$x = \min\left\{\frac{\bar{r}_i}{a_i}, i = 1,\dots,I\right\}$$

hergestellt werden. Die erreichbare Outputmenge richtet sich also stets nach dem jeweiligen Engpassfaktor; das ist der Faktor, von dem in Bezug auf die Input-Output-Verhältnisse relativ am wenigsten zur Verfügung steht. Sind in dem Fall der Textilherstellung $\bar{r}_1 = 40$ qm Stoff, $\bar{r}_2 = 8$ Nähmaschinenstunden und $\bar{r}_3 = 15$ Reißverschlüsse als Höchsteinsatzmengen verfügbar, dann erhält man für die maximal mögliche Produktion

$$x = \min\left\{\frac{40}{1,8}, \frac{8}{0,4}, \frac{15}{1}\right\} = 15 \,.$$

Die Reißverschlüsse sind hier der einzige Engpassfaktor; die davon maximal vorhandenen Ressourcenmengen determinieren den maximalen Output. Eine höhere Produktionsmenge ergibt sich daher zunächst nur, wenn mehr Reißverschlüsse verfügbar wären, bis dann entweder eine andere oder dieselbe Ressource wieder zum Engpassfaktor wird. Denkbar ist selbstverständlich auch, dass mehrere Faktoren aufgrund der vorgegebenen Verfügbarkeitsschranken gleichzeitig zum Engpass werden. Das wäre der Fall, wenn anstatt $\bar{r}_2 = 8$ nun $\bar{r}_2 = 6$ gelten würde. Dann sind die Reißverschlüsse und die Nähmaschinenstunden Engpassfaktoren; Stoff wäre reichlich verfügbar. Eine Steigerung der Endproduktmenge durch die Erhöhung der Verfügbarkeitsmenge nur eines Engpassfaktors wäre hier nicht erreichbar; dazu müssten vielmehr die Verfügbarkeitsmengen aller Engpassfaktoren gleichermaßen steigen. Dass die effizienten Einsatzmengen der Ressourcen zur Herstellung einer bestimmten und möglichen Endproduktmenge nicht mit den maximalen Verfügbarkeitsmengen der Inputs identisch sein müssen, ergibt sich aus der Tatsache, dass die effizienten Faktoreinsätze zur Herstellung von 15 Textilstücken lauten

$$r_1 = 27 \,, \; r_2 = 6 \,, \; r_3 = 15 \,;$$

sie stimmen nur für die Engpassfaktoren mit den angegebenen Verfügbarkeitsmengen überein.

Die obige Darstellung der maximal möglichen Produktmenge anhand der Minimum-Funktion ist streng genommen keine Produktionsfunktion, da sie auch ineffiziente Faktorkombinationen zulässt. Eine Darstellung als Produktfunktion der Form $x = f(r_1,...,r_I)$ ist bei der Leontief-Produktionsfunktion nicht möglich, da die Faktormengen bei effizienter Produktion nicht unabhängig voneinander sind. Dementsprechend sind Begriffe wie Grenzproduktivität und Produktionselastizität, die auf einer partiellen Faktorvariation beruhen, nicht definiert.

Dagegen lässt sich anhand der Faktorfunktionen $r_i = a_i x$, $i = 1,...,I$, der Grenzaufwand

$$\frac{\partial r_i}{\partial x} = a_i, \ i = 1,...,I,$$

bestimmen, der hier dem jeweiligen Produktionskoeffizienten entspricht. Der Kehrwert $1/a_i$ lässt sich nur dann als eine Grenzproduktivität des Faktors i interpretieren, wenn i der alleinige Engpassfaktor in der gegebenen Situation ist. Sobald ein anderer Faktor zum Engpass wird, ist das Grenzprodukt des Faktors i gleich null (vgl. Abb. 5.1, rechtes Bild). In dem Beispiel der Textilfabrikation lautet eine so verstandene Grenzproduktivität für Nähmaschinenstunden

$$\frac{1}{\partial r_2/\partial x} = \frac{1}{a_2} = \frac{1}{0,4} = 2,5 \ .$$

Jede zusätzliche Nähmaschinenstunde erlaubt die Fertigung weiterer 2,5 Textilstücke, vorausgesetzt, die anderen Ressourcen sind in entsprechendem Maße vorhanden.

Wie man sieht, entspricht der Kehrwert des Grenzaufwands für den Faktor i der Produktivität bzw. dem Durchschnittsertrag dieses Faktors, d. h. man hat also

$$1\Big/\frac{\partial r_i}{\partial x} = \frac{x}{r_i} = \frac{1}{a_i}, \ i = 1,...,I \ .$$

Aufgrund der Linearitätseigenschaft zeichnet sich die Leontief-Produktionsfunktion bei totaler Faktorvariation durch Linearhomogenität aus; d. h. sie hat wegen

$$\lambda x = \frac{\lambda r_i}{a_i} \text{ für alle } i = 1,...,I$$

konstante Skalenerträge. In dem betrachteten Beispiel kann so nämlich mit der doppelten Menge an Stoff, Nähmaschinenstunden und Reißverschlüssen auch die doppelte Anzahl von Kleidungsstücken hergestellt werden.

Einen optischen Eindruck von den bislang diskutierten Sachverhalten und Eigenschaften der Leontief-Produktionsfunktion bei der Existenz nur eines Produktionsverfahrens vermitteln Abb. 5.1-5.3 für den Fall, dass ein Endprodukt mit zwei Faktoren erzeugt wird. Abbildung 5.1 zeigt im linken Bild eine Faktorfunktion der Leontief-Produktionsfunktion im (x, r_i)-Koordinatensystem und im rechten Bild die zugehörige Umkehrfunktion. Das rechte Bild ist hier aus einer teilweisen Projektion des Prozessstrahls in die (r_i, x)-Ebene entstanden. Sie impliziert totale Faktorvariation entlang des Prozessstrahls der effizienten Input-Output-Kombinationen. Am Endpunkt seien andere Faktoren nicht mehr vermehrbar, so dass die alleinige Steigerung der Einsatzmenge r_i zu keiner weiteren Endproduktmengenerhöhung mehr führt. Eine weitere separate Erhöhung der Einsatzmenge r_i würde dann vielmehr zu ineffizienten Produktionen führen. Die Steigungen von Faktor- und Umkehrfunktion ergeben sich aus der Produktivität bzw. dem Produktionskoeffizienten des Faktors i.

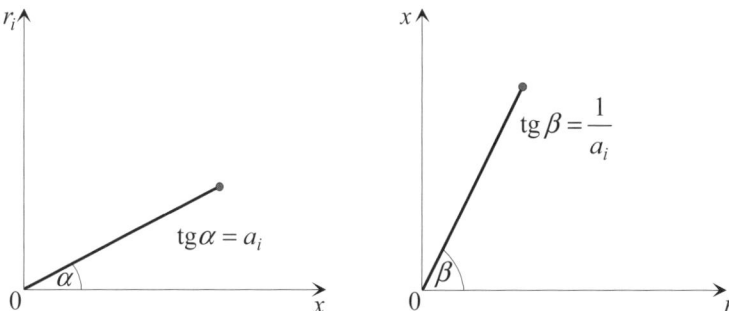

Abb. 5.1.   Faktorfunktion der Leontief-Produktionsfunktion und ihre Umkehrfunktion im (r_i, x)-Koordinatensystem

In Abb. 5.2 ist das Ertragsgebirge der Leontief-Produktionsfunktion veranschaulicht; die zugehörige Isoquantendarstellung findet sich in Abb. 5.3. Die Steigung des in Abb. 5.3 in die Ressourcenebene projizierten Prozessstrahls ergibt sich aus dem Quotienten a_2/a_1 der Produktionskoeffizienten der beiden Faktoren. Die Linearhomogenität der linear-limitationalen Leontief-Produktionsfunktion schlägt sich in der Graphik der Abb. 5.3 in der Weise nieder, dass die Isoquanten bei Outputsteigerungen in gleich großen Schritten auch in gleichen Abständen aufeinander folgen, d. h. die allein effizienten Eckpunkte der Isoquanten auf dem Prozessstrahl liegen beispielsweise bei dreifachem Produktionsniveau dreimal so weit vom Ursprung des (r_1, r_2)-Koordinatensystems entfernt wie bei dem Einfachen des Produktionsniveaus. Der Prozessstrahl ist eine Ursprungsgerade. Die Analogie zur linearen Technologie ist offenkundig. Limitationale Produktionsfunktionen müssen nicht notwendigerweise linearhomogen sein bzw. konstante Skalenerträge aufweisen; es sind durchaus auch andere Formen denkbar, die aber dann nicht mehr vom Leontief-Typ sind. Hierbei könnte man zwei Erweiterungsmöglichkeiten unterscheiden.

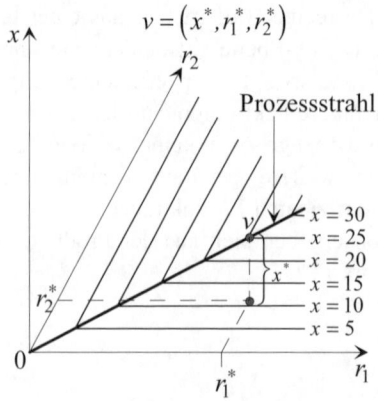

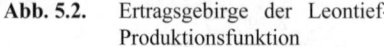

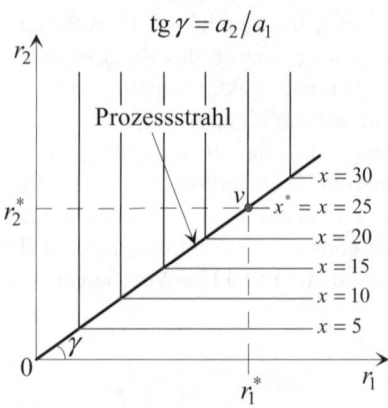

Abb. 5.2. Ertragsgebirge der Leontief-Produktionsfunktion

Abb. 5.3. Isoquantenschar   zur Leontief-Produktionsfunktion

Im ersten Fall bleiben trotz nicht-linearer Beziehungen und damit auch veränderlicher Produktionskoeffizienten die Einsatzverhältnisse der Faktoren zueinander konstant. Der Prozessstrahl verläuft dann zwar weiterhin in der Form einer Geraden, obwohl die Isoquanten mit dem zunehmenden Vielfachen eines Produktionsniveaus immer mehr auseinander (abnehmende Skalenerträge) oder zusammen (zunehmende Skalenerträge) rücken können. Ein solcher Sachverhalt mit abnehmenden Skalenerträgen und den Faktorfunktionen

$$r_1 = \frac{1}{2}x^2, \ r_2 = 1x^2$$

ist in Abb. 5.4 dargestellt. Das doppelte bzw. dreifache Produktionsniveau erfordert hier einen vierfachen bzw. neunfachen Ressourceneinsatz; dennoch bleibt das Einsatzverhältnis der Faktoren für $x \neq 0$ mit $r_1/r_2 = 1/2$ stets konstant.

Im zweiten Fall mag sich mit dem Produktionsniveau auch das Einsatzverhältnis der Faktoren verändern. Der Prozessstrahl verläuft nicht mehr linear. Diesen Tatbestand illustriert Abb. 5.5. Ihm liegen die Faktorfunktionen

$$r_1 = x^3, \ r_2 = x^2$$

zugrunde. Hier nimmt mit steigendem Output das Einsatzverhältnis der Faktoren zugunsten von Faktor 2 ab. In beiden Fällen handelt es sich um Isoquanten einer limitationalen Produktionsfunktion, da zwischen den Faktoren 1 und 2 keine Substitution möglich ist. Andere Erweiterungsformen als die hier angesprochenen sind vorstellbar.

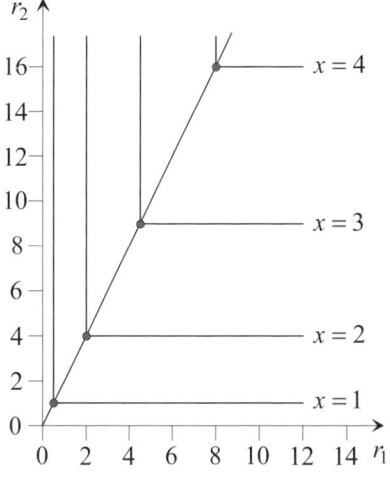

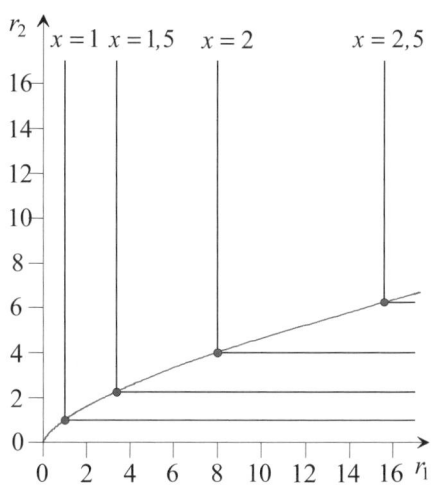

Abb. 5.4. Erster Erweiterungsfall einer limitationalen Produktionsfunktion

Abb. 5.5. Zweiter Erweiterungsfall einer limitationalen Produktionsfunktion

5.1.2   *Untersuchung des Falls mehrerer Produktionsverfahren*

Im Rahmen praktischer Überlegungen auf der Grundlage von Leontief-Produktionsfunktionen ist oft zu beobachten, dass zur Herstellung eines Endproduktes im Industriebetrieb auch mehrere effiziente Produktionsverfahren bzw. Produktionsprozesse existieren können. In dem schon betrachteten Beispiel der Textilfabrikation könnte sich eine weitere effiziente Aktivität dadurch ergeben, dass ein weniger zeitaufwendiger Nähvorgang gewählt wird, bei dem dann allerdings ein etwas höherer Stoffverbrauch zu registrieren ist. Bei der Stahlproduktion können unterschiedliche Verfahren zum Einsatz gelangen, bei denen sich die Einsatzverhältnisse von Kohle und Erz verändern. Schließlich können Fertigungsvorgänge der chemischen Industrie auf der Grundlage verschiedenartiger Leontief-Produktionsprozesse bewerkstelligt werden, je nachdem wie die Beschaffenheit der Faktoren ausfällt.

Auch bei der Existenz mehrerer Produktionsverfahren ist jeder dieser Prozesse wieder im Sinne LEONTIEFs durch konstante Produktionskoeffizienten gekennzeichnet. Stehen nun einem Industriebetrieb zur Fertigung eines Endprodukts mit denselben Produktionsfaktoren insgesamt Π, $\Pi \in \mathbb{N}$, reine Prozesse zur Verfügung, so ist die Leontief-Produktionsfunktion durch Π Systeme von Faktorfunktionen in der folgenden Weise formuliert:

$$
\begin{aligned}
r_1^\pi &= a_1^\pi x^\pi \\
&\vdots \qquad\qquad\quad \pi = 1,\dots,\Pi \ \text{und}\ a_i^\pi = \text{const.} > 0 \\
r_I^\pi &= a_I^\pi x^\pi \qquad \text{für alle}\ i = 1,\dots,I\ \text{und}\ \pi = 1,\dots,\Pi.
\end{aligned}
$$

x^π ist dabei die gleich bleibende Endproduktmenge, die mit Hilfe des Prozesses π hergestellt wird, r_i^π ist die dazu benötigte Einsatzmenge des Faktors i im Prozess π und a_i^π gibt den Produktionskoeffizienten dieses Faktors in diesem Prozess an.

Im Hinblick auf die vollständige Beschreibung aller Produktionspunkte der Leontief-Produktionsfunktion bei der Existenz mehrerer effizienter Produktionsprozesse muss man nun weiter zwei Fälle unterscheiden. Sind die Π Prozesse zur Herstellung des Endprodukts nur jeweils in ihrer reinen Form ausführbar und aus verfahrenstechnischen Gründen nicht miteinander kombinierbar, so ist in diesem ersten Fall die Menge der effizienten Produktionen durch die Π Prozesse vollständig beschrieben. Im zweiten Fall, in dem beispielsweise durch eine geeignete Aufteilung der Produktionszeiten zudem eine konvexe Kombination der reinen Prozesse zulässig ist, kommen die aus derartigen Linearkombinationen der reinen Prozesse zusätzlich gewonnenen Mischprozesse zur Beschreibung der Produktionsfunktion noch hinzu, sofern sie nicht gegenüber den reinen Prozessen oder anderen Mischprozessen ineffizient sind; umgekehrt fallen reine Prozesse heraus, falls sie von Mischprozessen dominiert werden. Für die beiden Fälle sind die Ertragsgebirge und Isoquantendarstellungen in Abb. 5.6-5.9 veranschaulicht. Dabei ist davon ausgegangen worden, dass in den beiden Fällen jeweils $\Pi = 2$ reine Prozesse existieren. Zugrunde liegt wieder die Drei-Güter-Situation mit einem Endprodukt und zwei Faktoren. Aus Abb. 5.6 und 5.8 erkennt man sehr gut, dass im ersten Fall nur die reinen Prozesse $\pi = 1, 2$ die effizienten Produktionspunkte repräsentieren. Im zweiten Fall führen auch alle Mischprozesse, die sich durch eine konvexe Kombination aus den beiden reinen Prozessen erzeugen lassen, zu effizienten Produktionspunkten. Für die Produktionskoeffizienten eines solchen Mischprozesses $\hat{\pi}$ gilt hier speziell im Zwei-Faktoren-Fall

$$
\begin{aligned}
a_1^{\hat{\pi}} &= \lambda a_1^1 + (1-\lambda) a_1^2 \\
a_2^{\hat{\pi}} &= \lambda a_2^1 + (1-\lambda) a_2^2
\end{aligned}
\qquad 0 \le \lambda \le 1.
$$

Verallgemeinert auf I Faktoren und Π reine Prozesse ist ein Mischprozess $\hat{\pi}$ zur Herstellung eines Endprodukts im $I\!R^{I+1}$ charakterisiert durch die Produktionskoeffizienten

$$
a_i^{\hat{\pi}} = \sum_{\pi=1}^{\Pi} \lambda_\pi a_i^\pi \ ; \quad 0 \le \lambda_\pi \le 1, \quad \pi = 1,\dots,\Pi \ \text{und}
$$

$$
\sum_{\pi=1}^{\Pi} \lambda_\pi = 1 \ , \ i = 1,\dots,I \ .
$$

Ob ein solcher Mischprozess jedoch effizient ist, also auch zur Produktionsfunktion gehört, muss stets noch gesondert geprüft werden. Er ist immer effizient, wenn es nur maximal zwei reine Prozesse gibt, aus denen er hergeleitet werden könnte (s. so auch $\hat{\pi}$ in Abb. 5.9).

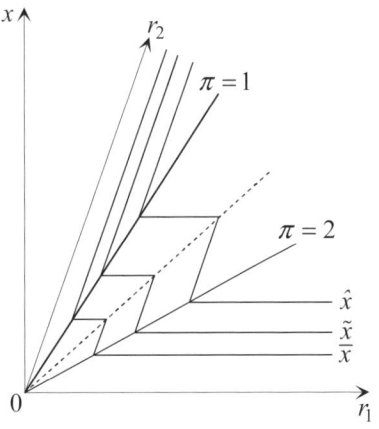

Abb. 5.6. Ertragsgebirge bei zwei nicht kombinierbaren Prozessen

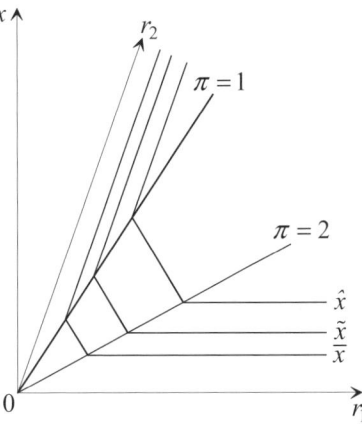

Abb. 5.7. Ertragsgebirge bei zwei kombinierbaren Prozessen

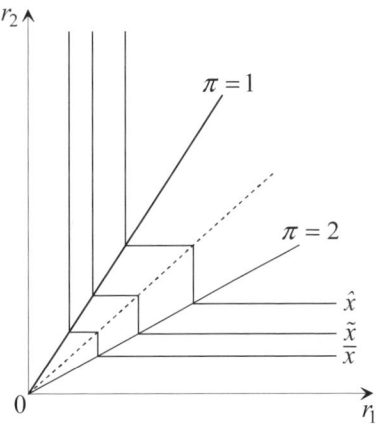

Abb. 5.8. Isoquanten bei zwei nicht kombinierbaren Prozessen

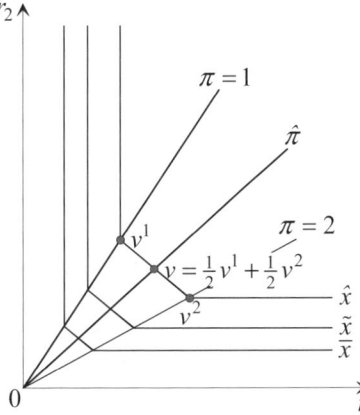

Abb. 5.9. Isoquanten bei zwei kombinierbaren Prozessen

Existieren mehr als zwei reine Prozesse, gilt dies im Allgemeinen nicht mehr. Abbildung 5.10 macht das augenfällig. Jede Linearkombination der Prozesse 1 und 3 für das Produktionsniveau $\overline{x}$ (Verbindungslinie zwischen den Punkten A und C) wird entweder durch eine Linearkombination der Prozesse 1 und 2 (Verbindungslinie zwischen den Punkten A und B) oder 2 und 3 (Verbindungslinie zwischen den Punkten B und C) dominiert. Man beachte dabei aber, dass sehr wohl alle reinen Prozesse $\pi = 1, 2, 3$ effizient sind, also nicht-dominierte Produktionspunkte repräsentieren. In der Isoquantendarstellung der Abb. 5.9 ergibt sich dagegen der effiziente Produktionspunkt v auf dem effizienten Mischprozess $\hat{\pi}$ mit dem Outputniveau $\hat{x}$ dadurch, dass die reinen Prozesse 1 und 2 jeweils auf der Hälfte dieses Outputniveaus zeitlich nacheinander oder gleichzeitig durchgeführt und die daraus resultierenden Produktionsergebnisse addiert werden. Bei den Produktionspunkten v^1 bzw. v^2 erreichen die reinen Prozesse 1 bzw. 2 das Outputniveau $\hat{x}$. Zusätzlich muss in diesem Zusammenhang noch darauf aufmerksam gemacht werden, dass die Leontief-Produktionsfunktion mit mehreren effizienten kombinierbaren Prozessen eine lineare Technologie zur Grundlage hat. Das ist nicht mehr der Fall, wenn die Prozesse nicht kombinierbar sind, da dann das Erfordernis der Additivität nicht erfüllt ist.

Schließlich soll hier noch etwas eingehender die Frage untersucht werden, wie die Faktor- und ihre Umkehrfunktionen im (r_i, x)-Koordinatensystem aussehen, wenn mehrere effiziente Leontief-Prozesse existieren, und wie die produktiven Beziehungen zwischen Input und Output dabei davon abhängen, ob die Produktionsprozesse kombinierbar sind oder nicht. Der Einfachheit halber sei ohne Beschränkung der Allgemeinheit der hier angestellten Überlegungen davon ausgegangen, Grundlage der Betrachtungen würden weiterhin die drei Prozesse in Abb. 5.10 sein, die einmal nicht kombinierbar und im anderen Fall – wie dort bereits unterstellt – kombinierbar sein mögen.

Ordnet man die zur Verfügung stehenden Leontief-Prozesse nun jeweils bezüglich des Faktors 2 durch eine geeignete Umnummerierung der Prozesse entsprechend ihrer Vorteilhaftigkeit im Hinblick auf die erforderlichen Mengeneinsätze von Faktor 2 in einer Reihenfolge nicht fallender Produktionskoeffizienten, d. h.

$$a_2^{\rho^2} \leq a_2^{\hat{\rho}^2} \text{ für } \hat{\rho}^2 > \rho^2,$$

so erhält man aus den drei Prozessen der Abb. 5.10 für den Faktor 2 eine Darstellungsform der Faktor- und ihrer Umkehrfunktion, wie sie in Abb. 5.11 und 5.12 skizziert sind, wobei analog zur Abb. 5.1 unterstellt ist, dass die Knickpunkte durch einen absoluten Engpass des Faktors 1 verursacht sind.

Bezüglich der erforderlichen Einsatzmenge des Faktors 2 ist zur Erreichung eines bestimmten Outputs der Prozess $\rho^2 = 1$ ($\pi = 3$) stets besser als $\rho^2 = 2$ ($\pi = 2$) und der wiederum stets besser als $\rho^2 = 3$ ($\pi = 1$). Stehen also von der anderen Ressource (hier Faktor 1) genügend Einsatzmengen zur Verfügung, so ist aus der Sicht des Faktors 2 immer Prozess 3 gegenüber 2 und der wieder gegenüber 1 zu bevorzugen. Ein Übergang von dem bezüglich Faktor 2 günstigsten Prozess zu den schlechteren wird aber immer dann erforderlich sein, wenn die Einsatzmenge der anderen Ressource beschränkt ist (wie z. B. in Abb. 5.10 durch $r_1 = r_1^*$), man also höhere Endproduktmengen erzielen will. Im Fall der nicht kombinierbaren Leontief-Prozesse erfolgt dann, wenn der Faktor 1 zum Engpass wird, sprunghaft ein Übergang zum nächst schlechteren Prozess (z. B. von D auf

E' und von E auf F' in Abb. 5.11), wobei höhere Outputs nur mit einem zunächst schlagartig und dann wieder für eine gewisse Zeit kontinuierlich steigenden Ressourcenmengeneinsatz von Faktor 2 herstellbar sind. Können dagegen die Prozesse kombiniert werden, so erfolgt die Anpassung an höhere Outputs mit der Verfügbarkeitsschranke von r_1^* in Abb. 5.10 kontinuierlich durch steigende Inputmengen von Faktor 2 (Streckenzug über die Punkte D, E, F in Abb. 5.11). Hierbei kommt es zu Mischprozessen, die den diskontinuierlichen Übergang zu den reinen Prozessen wie im ersten Fall stets dominieren. Eine analoge Erläuterung gilt für die Umkehrfunktionen in Abb. 5.12.

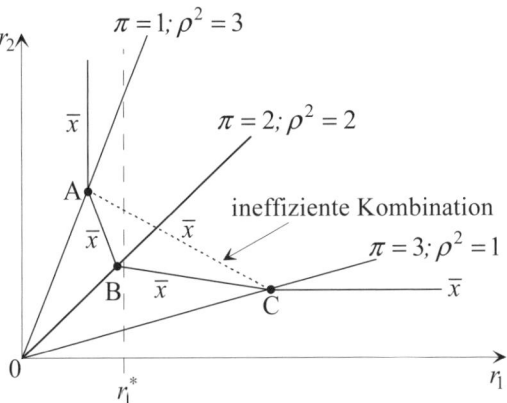

Abb. 5.10. Drei kombinierbare effiziente Produktionsprozesse

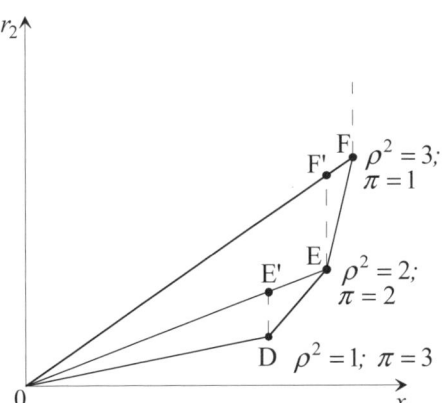

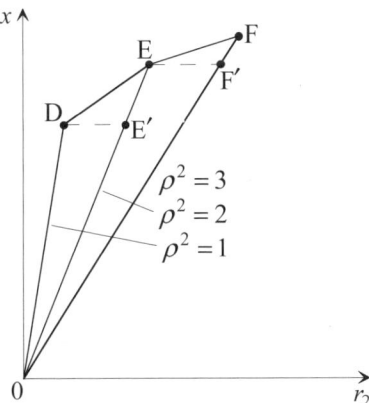

Abb. 5.11. Faktorfunktion in der (x, r_2)-Ebene

Abb. 5.12. Zugehörige Umkehrfunktion in der (r_2, x)-Ebene

Was die Charakterisierung der produktiven Gesetzmäßigkeiten durch die produktionstheoretischen Grundbegriffe anbelangt, so kann man für die betrachtete Situation folgende Feststellungen treffen. Im Falle der nicht kombinierbaren Prozesse und bei aktivitätsanalytischen Bewegungen auf den reinen und gemischten Prozessen bei kombinierbaren Leontief-Produktionsverfahren bleiben die Aussagen über die Produktionskoeffizienten, Produktivität, Grenzaufwand und Skalenelastizität, so wie sie für die Existenz nur eines Produktionsprozesses im letzten Abschnitt hergeleitet worden sind, auch hier für den jeweils einzelnen Prozess voll erhalten. Findet im Rahmen der kombinierbaren Prozesse jedoch infolge der Mischung ein kontinuierlicher Übergang von einem effizienten Prozess zum anderen statt (Streckenzüge D, E, F in Abb. 5.11 bzw. 5.12), so ändern sich damit auch fortlaufend der Produktionskoeffizient und die Produktivität eines Faktors. Die Eigenschaft der Linearhomogenität der Produktionsfunktion bleibt aber auch hierbei voll gewahrt. Der Grenzaufwand ändert sich allerdings im Allgemeinen auch; so ist nämlich die Steigung der Strecke $\overline{DE}$ in Abb. 5.11 eine andere als die der Strecke $\overline{EF}$. Jedoch bleibt der Grenzaufwand (partiell) so lange konstant, wie die effizienten Mischprozesse aus einer konvexen Kombination derselben reinen Prozesse resultieren. In Abb. 5.11 erkennt man das beispielsweise daran, dass in allen Produktionspunkten der Strecke $\overline{DE}$ die Steigung – sie entspricht dem Grenzaufwand $\partial r_2 / \partial x$ – gleich ist.

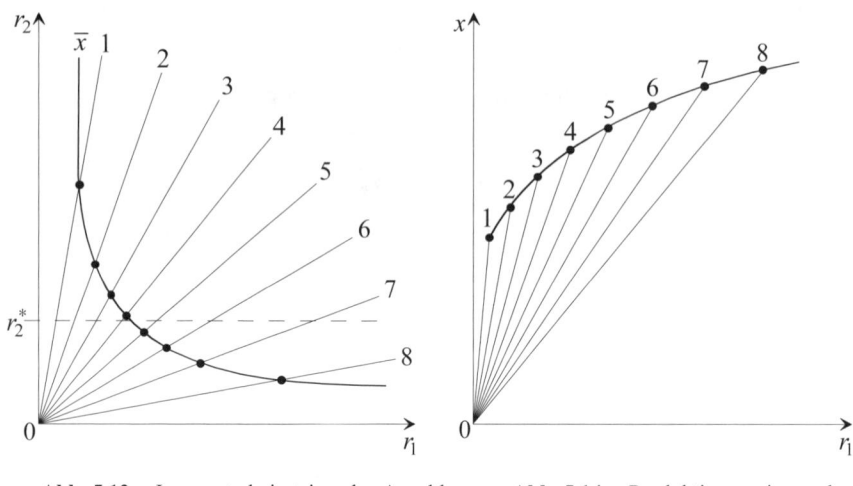

Abb. 5.13. Isoquante bei steigender Anzahl kombinierbarer Prozesse

Abb. 5.14. Produktion in der (r_1, x)-Ebene bei steigender Anzahl kombinierbarer Prozesse

Bei mehreren kombinierbaren Produktionsverfahren besitzen die Isoquanten (s. Abb. 5.10), Faktorfunktionen (s. Abb. 5.11) und Umkehrfunktionen (s. Abb. 5.12) so viele Knickstellen, wie reine Prozesse existieren. Durch den kontinuierlichen Übergang von einem zum anderen Produktionsverfahren wird in diesen Bereichen ein Substitutionseffekt erzielt. Dies wird erst recht deutlich, wenn die Anzahl der reinen Prozesse größer wird und schließlich gegen unendlich strebt. Dann nehmen die vielfach geknickten Isoquanten und Faktorfunktionen zunehmend eine Gestalt an, wie sie von der Behandlung der substitutionalen Produktionsfunktionen her bekannt ist. Ein Vergleich der Abb. 5.13 und 5.14 mit Abb. 4.9 und 4.12 demonstriert dies eindrucksvoll. Denn dass die partielle Erhöhung der Einsatzmengen eines Faktors an der Engpassstelle eines anderen Faktors noch zur Outputerhöhung führen kann, ist ein typisches Merkmal substitutionaler Produktionsfunktionen.

5.2   Die Gutenberg-Produktionsfunktion

5.2.1   Ausgangsbedingungen und Grundüberlegungen

Die Grundüberlegungen, auf denen die Gutenberg-Produktionsfunktion fußt (GUTENBERG 1983), bedeuten im Vergleich zu den bisher erörterten Produktionsmodellen eine gewisse Umorientierung in der methodischen Vorgehensweise zur Ermittlung der produktiven Zusammenhänge in einem industriellen Fertigungsunternehmen. Sie knüpfen in mehr oder minder starkem Maße an Kritikpunkte an, die aus praktischer Sicht berechtigterweise oft gegen die Leontief-Produktionsfunktion vorgetragen werden. Dabei geht die Gutenberg-Produktionsfunktion ebenfalls grundsätzlich von der Limitationalität der Produktionsfaktoren aus; in einem bestimmten Umfang können sich aber auch hier Substitutionsmöglichkeiten zwischen Faktoren ergeben. Die Beziehungen zwischen einer gewünschten Endproduktmenge und den dazu erforderlichen Faktoreinsatzmengen werden jedoch auf einer in vielen Aspekten modifizierten und damit teilweise neuen Basis untersucht.

Zur Ermittlung der im Zusammenhang mit einer Produktion im Betrieb anfallenden Faktorverbräuche nimmt GUTENBERG zunächst eine Aufteilung der Ressourcen in Gebrauchs- und Verbrauchsfaktoren vor. Die Gebrauchsfaktoren – vornehmlich Maschinen und Betriebsmittel – können jeweils für sich oder zu Gruppen zusammengefasst als Aggregate oder andere betriebliche Teileinheiten aufgefasst werden. Sie dienen als die betrieblichen Orte, an denen jeweils getrennt die Faktorverbräuche im Sinne von Faktorfunktionen erhoben werden. Dabei beziehen sich diese Verbrauchserhebungen sowohl auf die Leistungsabgaben der Gebrauchsfaktoren im Sinne des produktionsbedingten Potentialgüterverzehrs als auch auf die Mengen der Verbrauchsfaktoren – hier hauptsächlich Werkstoffe –, die bei der Produktion an den verschiedenen Aggregaten des Betriebs zum Einsatz gelangen. Für die produktionstheoretische Analyse wird so der Komplex der Produktionsfunktion in eine Vielzahl einzelner Aufwandsfunktionen aufgelöst, die jeweils für den Einsatz eines Aggregats bzw. einer Verbrauchsfaktorart an einem

Aggregat gelten. Erst aus der Gesamtheit dieser Aufwandsfunktionen ergibt sich gemäß dem Zusammenwirken aller Aggregate und betrieblichen Teilbereiche die Gutenberg-Produktionsfunktion.

Aus der zuvor dargelegten Aufteilung in Gebrauchs- und Verbrauchsfaktoren ergeben sich weitere Konsequenzen. Während bei der Leontief-Produktionsfunktion die Einsatzmengen aller Produktionsfaktoren in einer unmittelbaren Beziehung zur Endproduktmenge stehen, ist dies bei der Gutenberg-Produktionsfunktion nicht mehr unbedingt der Fall. Zwar wird nach wie vor unterstellt, dass der Faktorverbrauch bzw. die Leistungsabgabe eines Potentialfaktors ähnlich wie bei LEONTIEF direkt abhängig von der herzustellenden Endproduktmenge ist, aber bei den Verbrauchsfaktoren durch ihren Einsatz an den Aggregaten oft nur eine mittelbare Beziehung zwischen ihrem Verbrauch und der Ausbringung besteht. Dies trägt den Beobachtungen industrieller Fertigungsvorgänge Rechnung. Denn besonders die technische Arbeitsweise der Aggregate bewirkt meist, dass der Bedarf an Verbrauchsfaktoren nicht direkt von der Outputmenge abhängt, sondern auch von den technischen Eigenschaften der Potentialfaktoren beeinflusst wird. Ein gutes Beispiel für eine solche mittelbare Input-Output-Beziehung zwischen Ausbringungsmenge und Verbrauchsfaktormengeneinsatz liefert der Energie- bzw. Stromverbrauch in der industriellen Produktion. Die eingesetzten Energiemengen werden nämlich zunächst in eine technische Leistung der betreffenden Aggregate transformiert, die durch Arbeitseinheiten pro Zeiteinheit ausgedrückt werden kann. Mit Hilfe der abgegebenen technischen Leistung stellt das Aggregat dann Produktmengen her, welche die ökonomische Leistung des Aggregats verkörpern. Die Umsetzung des Energieverbrauchs in ökonomische Leistung ist damit ebenso durch die technischen Eigenschaften des Aggregats bestimmt, der Energieverbrauch also nur mittelbar von der Endproduktmenge abhängig. Ähnliches gilt auch für den Verbrauch anderer Betriebsstoffe, wie Benzin und Schmieröl bzw. Schmierfette, aber mitunter auch für den Verbrauch an Rohstoffen. Häufig ist dabei, wie beispielsweise beim Kraftstoffverbrauch bei Verbrennungsmaschinen, ein Zusammenhang in der Form zu beobachten, dass der Produktionskoeffizient eines Verbrauchsfaktors bei steigender technischer Leistung des Aggregats zuerst fällt und dann wieder steigt. Man hat also bei einer Veränderung der technischen Eigenschaften eines Aggregats in der Regel keine konstanten Produktionskoeffizienten der Verbrauchsfaktoren mehr.

Als technische Eigenschaften von Potentialfaktoren kommen in Betracht: Druck, Temperatur und Beschickungsdichte eines Hochofens; Drehzahl, Kompressionsdichte und Verbrennungsgrad eines Benzinmotors; Arbeitsgeschwindigkeit, Nadelbettbreite und Schlossanzahl einer Strickmaschine. Weitere Beispiele, die zeigen, dass jedes Betriebsmittel seine individuellen technischen Eigenheiten besitzt, lassen sich leicht finden. Bezeichnet man diese technischen Eigenschaften eines Aggregats mit $z_1, \ldots, z_E$, so spricht man auch bei der technischen Charakterisierung eines Aggregats von seiner spezifischen z-Situation. Eine weitere wesentliche Einflussgröße des Verbrauchs ist die Leistungsintensität eines Aggregats, mit der die für die Produktion erforderlichen maschinellen Arbeitsoperationen erbracht werden; sie möge mit λ bezeichnet werden und zeigt an, wie viele Arbeitseinheiten pro Zeiteinheit von dem Aggregat vollzogen werden. Diese Leistungsintensität – sie könnte auch als Komponente der z-Situation eines Aggregats aufgefasst werden – wird von GUTENBERG als Verbrauchsdeterminante besonders hervorgehoben. Unter Berücksichtigung der Leistungsintensität und der z-Situation eines Aggregats kann dann für jede funktionsgleiche Maschine n_m, $n_m = 1,\ldots,N_m$, desselben Potentialfaktortyps m, $m = 1,\ldots,M$, bei M funktionsverschiedenen Aggregattypen eine Transformationsfunktion

$$\rho_{in_m} = \rho_{in_m}\left(z_{1n_m},\ldots,z_{En_m},\lambda_{n_m}\right),$$

$$i = 1,\ldots,I, n_m = 1,\ldots,N_m, m = 1,\ldots,M,$$

aufgestellt werden, welche die Einsatzmenge der Verbrauchsfaktorart i pro Arbeitseinheit der Potentialfaktorart n_m in Abhängigkeit der technischen Eigenschaften und der Leistungsintensität dieses Aggregats zum Ausdruck bringt. Der Begriff der Transformationsfunktion deutet darauf hin, dass am Potentialgut n_m die Faktoreinsatzmengen ρ_{in_m} mitunter erst in technische Arbeitseinheiten des Aggregats umgewandelt, also transformiert werden, bevor damit die ökonomische Leistung erbracht wird. Ist die z-Situation eines Aggregates gegeben und konstant, so kann man den Transformationsprozess allein in Abhängigkeit der gewählten Leistungsintensität darstellen, d. h.

$$\rho_{in_m} = \rho_{in_m}\left(\lambda_{n_m}\right), \; i = 1,\ldots,I, \; n_m = 1,\ldots,N_m, \; m = 1,\ldots,M.$$

Von dieser einschränkenden Annahme der Formulierung von Transformationsfunktionen soll bei den weiteren Betrachtungen ausgegangen werden.

Die vorangegangenen Überlegungen lassen sich für eine Maschine eines Aggregattyps folgendermaßen beispielhaft veranschaulichen (s. Abb. 5.15). Der Verbrauch an elektrischer Energie ρ_1 pro 1.000 Auf- und Abwärtsbewegungen – gleich eine Arbeitseinheit – bei einer Nähmaschine hängt von der Geschwindigkeit der Nadel ab. Bei geringen Geschwindigkeiten ist der Stromverbrauch relativ hoch, weil der Elektromotor für eine höhere Drehzahl konstruiert worden ist. Bei der Leistungsintensität $\lambda = \lambda*$ ist der Verbrauchskoeffizient für den Stromeinsatz minimal; für höhere Beanspruchungen steigt der Verbrauch pro Arbeitseinheit wieder an. Die Leistungsintensität der Nähmaschine kann nicht beliebig, sondern nur innerhalb des Bereichs zwischen der Minimalintensität $\underline{\lambda}$ und der Maximalintensität $\overline{\lambda}$ des Aggregats variiert werden. Der Verbrauch ρ_2 an Stoffen pro 1.000 Auf- und Abwärtsbewegungen der Nadel steigt linear mit zunehmender Leistung, weil der Ausschussanteil bei erhöhter Produktionsgeschwindigkeit zunimmt. Die Verbrauchsfunktion $\rho_1(\lambda)$ ist demnach eine u-förmige Kurve, $\rho_2(\lambda)$ wird durch eine ansteigende Gerade repräsentiert. Es ist aber auch denkbar, dass $\rho_2(\lambda)$ ebenfalls u-förmig verläuft; nämlich dann, wenn bei zu kleinen Drehzahlen der Stoffverbrauch wegen fehlerhafter Nähleistung größer ist.

Aus der Definition der Transformationsfunktion und Abb. 5.15 ist unmittelbar ersichtlich, dass die Verbrauchskoeffizienten und damit natürlich auch die Produktionskoeffizienten der Verbrauchsfaktoren nicht mehr wie bei Leontief konstant sind, sondern mit sich ändernder Leistungsintensität der Aggregate variieren. Wird allerdings die Leistungsintensität eines Potentialgutes konstant gehalten, so erhält man hier ebenfalls konstante Produktionskoeffizienten. Die Gutenberg-Produktionsfunktion enthält also als Sonderfall die Leontief-Produktionsfunktion. Durch die Leistungsintensität als Aktionsparameter geht zugleich auch – entgegen den bisherigen Produktionsmodellen – explizit die Zeit als Bestimmungsgröße mit in die Gutenberg-Produktionsfunktion ein. Etwas Analoges klang aber bereits bei der Mischbarkeit mehrerer Leontief-Prozesse an, wo der Kombinationsvorgang ebenfalls zeitwirksam sein kann. Diese hier bislang summarisch angedeuteten Zusammenhänge sollen nun etwas eingehender untersucht und dargelegt werden.

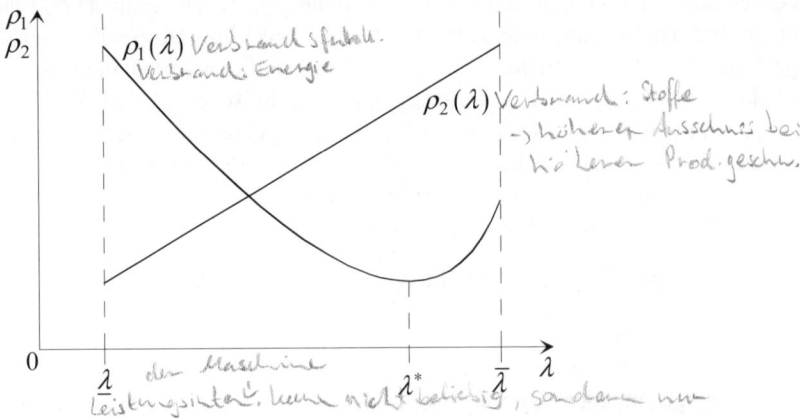

Abb. 5.15. Verbrauchsfunktionen für zwei Faktoren an einem Aggregat

5.2.2   Verschiedene Anpassungsformen als Aktionsparameter

Die nähere Analyse der produktiven Zusammenhänge zwischen Endproduktmenge und Faktoreinsatzmengen soll gemäß den Eigenschaften der verschiedenen Faktorarten zunächst nach Gebrauchs- und Verbrauchsfaktoren getrennt erfolgen.

Gebrauchsfaktoren wie Betriebsmittel, Gebäude und Arbeitskräfte gehen selbst nicht physisch in die Produktion ein, werden also bei der Erzeugung nicht aufgezehrt. Sie geben vielmehr Leistungen in der Form von Werkverrichtungen bzw. Arbeitseinheiten in den Produktionsprozess ab, die im Allgemeinen proportional zur herzustellenden Endproduktmenge anzusetzen sind. Die Leistungsabgabe eines Betriebsmittels hängt von seiner Einsatzzeit und der von ihm in dieser Zeit abverlangten Leistungsintensität ab. Leistungsintensität und Einsatzzeit eines Aggregats lassen sich normalerweise in Grenzen variieren, so dass damit auf die Leistungsabgabe Einfluss genommen werden kann. Müssen beispielsweise zur

Herstellung einer Menge x von Montageplatten von einer Bohrmaschine jeweils vier Löcher gedrillt werden, wobei für jedes Loch 200 Umdrehungen des Bohrers erforderlich sind, so lautet die produktive Beziehung zwischen der Leistungsabgabe b der Bohrmaschine, gemessen in der Anzahl der Umdrehungen, und der Endproduktmenge x

$$dx = b \text{ bzw. } 800x = b$$

mit $d = 800$ als Produktionskoeffizient; er gibt die erforderlichen Bohrumdrehungen pro Montageplatte an. Die Leistungsabgabe b der Bohrmaschine erhält man ihrerseits, indem man die Leistungsintensität λ, gemessen z. B. in Umdrehungen pro Minute, mit der Einsatzzeit t der Maschine multipliziert:

$$b = \lambda \cdot t .$$

Kann die Bohrmaschine stufenlos zwischen 0 und 2.000 Umdrehungen pro Minute $(0 \leq \lambda \leq 2.000)$ geschaltet und bis zu 8 Stunden (480 Minuten) täglich $(0 \leq t \leq 480)$ eingesetzt werden, so lassen sich bei einer Leistungsintensität von $\lambda = 1.000$ Umdrehungen/Minute und einer Einsatzzeit von $t = 480$ Minuten

$$x = \frac{1}{d}b = \frac{1}{d} \cdot \lambda \cdot t = \frac{1.000 \cdot 480}{800} = 600$$

Montageplatten herstellen; dieselben 600 Montageplatten können bei gleicher Leistungsabgabe der Bohrmaschine erzeugt werden, wenn diese $t = 300$ Minuten (5 Stunden) mit der Leistungsintensität $\lambda = 1.600$ Umdrehungen/Minute läuft:

$$x = \frac{1.600 \cdot 300}{800} = 600 .$$

Richtet man die Messung der Leistungsabgabe b einer Maschine in ihren Arbeitseinheiten an den Endprodukten aus, d. h. wählt man in dem Beispiel als Maßeinheit für die Leistungsabgabe b die Anzahl der zur Herstellung einer Montageplatte erforderlichen Bohrumdrehungen, so wird der Produktionskoeffizient d gleich eins. Die Gutenberg-Produktionsfunktion für Gebrauchsfaktoren in einem Einproduktunternehmen mit nur einem Aggregat lautet dann

$$x = b = \lambda \cdot t, \quad \underline{\lambda} \leq \lambda \leq \overline{\lambda} \atop \underline{t} \leq t \leq \overline{t} ,$$

wobei $\underline{\lambda}, \overline{\lambda}$ bzw. $\underline{t}, \overline{t}$ die Unter- und Obergrenze der Bereiche anzeigen, über welche die Leistungsintensität bzw. Einsatzzeit der Aggregate variieren können.

Verbrauchsfaktoren wie Material, Roh-, Hilfs- und Betriebsstoffe werden bei der Produktion aufgebraucht; sei es, dass sie als Bestandteile in das Endprodukt eingehen oder aber als Betriebsstoffe lediglich der Produktion dienen, ohne selbst im Endprodukt substanziell verkörpert zu sein. Bei manchen Verbrauchsfaktoren stehen die Einsatzmengen in direkter Beziehung zur Endproduktmenge. Dies ist zum Beispiel bei der Anzahl von Autorädern, Jackenknöpfen oder Radiotransistoren in der Auto-, Textil- oder Elektroindustrie der Fall und wird meist durch feste Produktionskoeffizienten angezeigt. Für die Verbrauchsmengen anderer Faktorarten, die über Betriebsmittel in die Herstellung eines Erzeugnisses Eingang finden, und für Betriebsstoffe existieren dagegen häufig nur mittelbare Abhängigkeiten von der Endproduktmenge. Diese mittelbaren Faktor-Produkt-Relationen kommen darin zum Ausdruck, dass sich die Produktionskoeffizienten mit einer Intensitätsvariation an den Betriebsmitteln verändern. Formal lässt sich diese indirekte Abhängigkeit für jeden Verbrauchsfaktor i, $i = 1,...,I$, bei einem Aggregat durch die Verbrauchsfunktion

$$\rho_i = \rho_i(\lambda), \ \underline{\lambda} \le \lambda \le \overline{\lambda},$$

bzw., falls die abgegebenen Arbeitseinheiten eines Aggregats mit den von ihm hergestellten Endproduktmengen identisch sind, durch

$$a_i = a_i(\lambda) = \rho_i(\lambda)d, \ \underline{\lambda} \le \lambda \le \overline{\lambda}, \ d = 1,$$

beschreiben, wobei a_i den Produktionskoeffizienten zwischen dem Endprodukt und dem Verbrauchsfaktor i darstellt. Aufgrund empirischer Untersuchungen wird bei modellmäßigen Betrachtungen oft angenommen, dass die Verbrauchsfunktion mit steigender Leistungsintensität λ eines Aggregats zunächst fällt und dann steigt, das heißt einen u-förmigen Verlauf besitzt und damit eine optimale Leistungsintensität $\lambda^* \in \left[\underline{\lambda}, \overline{\lambda} \right]$ existiert, für die der Produktionskoeffizient minimal wird.

Multipliziert man die Endproduktmenge x mit dem Produktionskoeffizienten $a_i(\lambda)$, so erhält man den Verbrauch des Faktors i

$$r_i = a_i(\lambda)x, \ \underline{\lambda} \le \lambda \le \overline{\lambda}, \ i = 1,...,I,$$

in Abhängigkeit von der Endproduktmenge x und der Leistungsintensität λ des Aggregats. Ersetzt man weiter x durch die Beziehung $x = b = \lambda \cdot t$, dann folgt hieraus allgemein nach der Gutenberg-Produktionsfunktion für die Einsatzmenge r_i des Verbrauchsfaktors i in einem Einproduktunternehmen mit einem Aggregat

$$r_i = a_i(\lambda)\lambda \cdot t, \ \underline{\lambda} \le \lambda \le \overline{\lambda}, \ \underline{t} \le t \le \overline{t}, \ i = 1,...,I.$$

In dieser Beziehung ist die Einsatzmenge des Verbrauchsfaktors i nur noch von der Leistungsintensität λ und der Einsatzzeit t des Aggregats abhängig, über welches der Verbrauchsfaktor i zur Herstellung des Endproduktes beiträgt.

Stehen dem Unternehmen nun zur Herstellung eines Endprodukts N funktionsgleiche Maschinen desselben Typs zur Verfügung, die für alle Verbrauchsfaktoren dieselben Verbrauchsfunktionen $a_{in} = a_{in}(\lambda_n) = a_i(\lambda_n)$, $n = 1,...,N$, aufweisen, dann wird die Höhe der Endproduktmenge von der Anzahl der eingesetzten Maschinen und deren Leistungsabgaben bestimmt. Beim Einsatz von $\hat{n}$ Maschinen ergibt sich dann bei gleicher Einsatzzeit und Leistungsintensität die Endproduktmenge

$$x = \lambda \cdot t \cdot \hat{n} = \hat{n}b, \; \underline{\lambda} \leq \lambda \leq \overline{\lambda}, \; \underline{t} \leq t \leq \overline{t}, \; 0 \leq \hat{n} \leq N.$$

Hieraus folgt für die Einsatzmenge des Verbrauchsfaktors i an den $\hat{n}$ Maschinen – unabhängig davon, welche $\hat{n}$ der N Maschinen in Betrieb sind –

$$r_i = a_i(\lambda) \cdot \lambda \cdot t \cdot \hat{n}, \; \underline{\lambda} \leq \lambda \leq \overline{\lambda}, \; 0 \leq \hat{n} \leq N.$$

Damit ist nun unmittelbar ersichtlich, welche Anpassungsformen die Gutenberg-Produktionsfunktion als Aktionsparameter dem Unternehmen bei einer Veränderung der Beschäftigung bereitstellt.

Bei konstanter Anzahl $\hat{n}$ der eingesetzten Potentialgüter eines Typs und gegebener Betriebszeit t kann die Leistungsintensität λ der Maschinen verändert werden; man spricht dann von intensitätsmäßiger Anpassung an die veränderte Beschäftigung. Eine intensitätsmäßige Anpassung lässt sich aufgrund der technischen Eigenschaften der Aggregate normalerweise nur zwischen bestimmten Unter- und Obergrenzen $\underline{\lambda}$ und $\overline{\lambda}$ vornehmen.

Bei fester Anzahl $\hat{n}$ der im Betrieb befindlichen Aggregate und konstanter Leistungsintensität λ kann die Einsatzzeit t der Maschinen variiert werden; dann handelt es sich um eine zeitliche Anpassung an die veränderte Endproduktmenge. Arbeitszeitregelungen, Wartungs- und Reparaturzeiten sowie die begrenzte Länge einer Produktionsperiode bedingen, dass auch die zeitliche Anpassung der Anlagen lediglich zwischen Minimal- und Maximalwerten $\underline{t}$ und $\overline{t}$ erfolgen kann.

Bei vorgegebener Leistungsintensität λ und fester Betriebszeit t kann die Anzahl $\hat{n}$ der eingesetzten Betriebsmittel unterschiedlich gewählt werden; in diesem Fall liegt eine quantitative Anpassung an die veränderte Produktion vor. Die Anzahl N der dem Unternehmen insgesamt zur Verfügung stehenden Aggregate desselben Funktionstyps bildet eine natürliche Obergrenze; bei $\hat{n} = 0$ ist keine Anlage dieses Typs in Betrieb.

Erreicht eine Knopffabrik mit $\hat{n} = 4$ Formpressen bei einer Leistungsintensität von $\lambda = 60$ Stanzungen/Minute und $t = 6$ Stunden eine Tagesproduktion $x = 86.400$ Blechknöpfen, so kann sie eine auf $\hat{x} = 129.600$ Blechknöpfe steigende tägliche Endproduktnachfrage wegen

$$129.600 = 90 \cdot 360 \cdot 4 \quad \text{(intensitätsmäßige Anpassung),}$$
$$\text{bzw.} \quad 129.600 = 60 \cdot 540 \cdot 4 \quad \text{(zeitliche Anpassung),}$$
$$\text{bzw.} \quad 129.600 = 60 \cdot 360 \cdot 6 \quad \text{(quantitative Anpassung)}$$

dadurch bewältigen, dass sie entweder die Leistungsintensität auf $\hat{\lambda} = 90$ Stanzungen/Minute oder die Betriebszeit auf $\hat{t} = 9$ Stunden oder die Anzahl der eingesetzten Formpressen auf $\hat{n}' = 6$ erhöht. Dabei treten bei dieser alternativen Wahl nur reine Anpassungsformen auf.

In der Betriebspraxis werden die Anpassungsformen jedoch häufig gemischt; sie kommen selten isoliert vor. Mögliche Anpassungskombinationen lassen sich dann wie in Abb. 5.16 mit Hilfe von Leistungsisoquanten $\overline{x} = \overline{b} = \lambda t$ für ein Aggregat graphisch skizzieren.

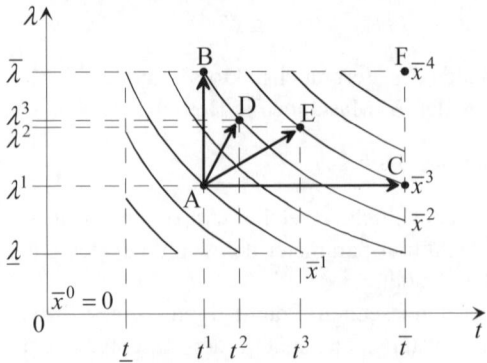

Abb. 5.16. Leistungsanpassungen für ein Aggregat

Mit der Leistungsintensität λ^1 und der Einsatzzeit t^1 stellt die Maschine zunächst in der Produktionsperiode die Menge $\bar{x}^1$ her (Punkt A). Steigt die Produktion nun auf $\bar{x}^2 \left(\bar{x}^3 \right)$, so genügt ausgehend von A vorläufig eine reine intensitätsmäßige (zeitliche) Anpassung auf das Intensitätsmaximum $\bar{\lambda}$ (Einsatzzeitmaximum $\bar{t}$) – Punkt B (C) –. Über $\bar{x}^2 \left(\bar{x}^3 \right)$ hinaus müsste zudem zeitlich (intensitätsmäßig) angepasst werden. Allerdings lassen sich die Produktionsniveaus $\bar{x}^2$ bzw. $\bar{x}^3$ auch von vornherein schon durch eine kombinierte intensitätsmäßige und zeitliche Anpassung des Aggregats erzielen (vgl. Punkte D bzw. E). Dies gilt ebenfalls für alle Produktionsniveaus $\bar{x}$ in dem Rechteck, das durch die Intensitäts- und Betriebszeitgrenzen abgesteckt ist. Soll eine Endproduktmenge $x > \bar{x}^4$ (Punkt F) hergestellt werden, so ist der Einsatz einer weiteren Anlage erforderlich, da die intensitätsmäßige und zeitliche Anpassung der ersten Maschine bis zu den Maximalwerten $\bar{\lambda}$ und $\bar{t}$ ausgeschöpft sind. Eine quantitative Anpassung käme also hinzu. Ebenfalls kann dem Produktionsniveau $\bar{x}^0 = 0$ stets nur durch eine quantitative Anpassung, nämlich durch die Außerbetriebnahme aller Maschinen, entsprochen werden.

Ein anderer Fall der quantitativen Anpassung liegt vor, wenn dem Unternehmen mehrere funktionsgleiche Betriebsmittel zur Verfügung stehen, die sich aber in ihren Verbrauchsfunktionen unterscheiden, so dass also $a_{in}(\lambda_n) \neq a_{in'}(\lambda_{n'})$ für wenigstens ein $\lambda = \lambda_n = \lambda_{n'}$ und einen Verbrauchsfaktor i, $i \in \{1,\ldots,I\}$, und $n, n' \in \{1,\ldots,N\}$, $n \neq n'$ gilt. In solchen Situationen muss dann bei Veränderungen der Endproduktmenge x anhand von Kostenüberlegungen die Reihenfolge der In- und Außerbetriebnahme der Aggregate ermittelt werden. Die quantitative Anpassung wird durch eine selektive Anpassung ersetzt. Richtet sich ein Unternehmen dagegen auf die veränderte Beschäftigung dadurch ein, dass es über die Umgestaltung des Betriebsmittelbestandes auf andere Produktionsverfahren umstellt, so redet man von mutativer Anpassung. Die weiteren Ausführungen beschränken sich jedoch auf die drei zuvor angeführten Grundformen der Anpassung, da die selektive und mutative Anpassung in einem anderen Zusammenhang noch gesondert behandelt werden.

Die intensitätsmäßige, zeitliche und quantitative Anpassung bestimmen die Leistungsabgaben der im Betrieb vorhandenen Potentialgüter und die damit verbundenen Faktorverbräuche. Das Unternehmen steht folglich vor dem Problem, die drei Anpassungsformen bei einer Variation der Ausbringung stets derart optimal zu gestalten, dass die gewünschte Endproduktmenge x effizient hergestellt wird. Das macht die Untersuchung der Produktionszusammenhänge für isolierte und gemischte Anpassungsprozesse erforderlich. Hierbei soll von einem einstufigen Einproduktunternehmen ausgegangen werden.

5.2.3 Produktionszusammenhänge zwischen Endproduktmenge und Gebrauchsfaktoreinsatz bei unterschiedlichen Anpassungen

Bei der Erörterung der produktiven Zusammenhänge sollen zuerst die Beziehungen zwischen der Endproduktmenge und den Leistungsabgaben der Potentialgüter in Abhängigkeit der verschiedenen Anpassungsformen untersucht werden.

Sind zur Herstellung des Enderzeugnisses M funktionsverschiedene Aggregattypen wie z. B. Bohr-, Schneide-, Schleif-, Press- und Schweißmaschinen in der Blechverarbeitung erforderlich, die sich alle in der Art der von ihnen erbrachten Werkverrichtungen voneinander unterscheiden, so lautet die Gutenberg-Produktionsfunktion in ihrem ersten Teilsystem von Faktorfunktionen für die verschiedenen Potentialgüterarten

$$b_m = \lambda_m \cdot t_m = d_m \cdot x_m = d_m \cdot x \, ,$$

$$m = 1, \ldots, M \, , \; \underline{\lambda}_m \leq \lambda_m \leq \overline{\lambda}_m \, , \; \underline{t}_m \leq t_m \leq \overline{t}_m \, .$$

Hierbei wird der Produktionskoeffizient d_m zwischen der Ausbringungsmenge x_m am Aggregattyp m und der Leistungsabgabe b_m des Potentialgutes m als konstant vorausgesetzt; er ist also insbesondere nicht von der Einsatzzeit und den technischen Eigenschaften des Aggregats abhängig. Vereinfachend ist angenommen, dass dem Unternehmen von jedem Betriebsmitteltyp zunächst nur eine Einheit ($N_m = 1$, $m = 1, \ldots, M$) zum Einsatz zur Verfügung steht; da die Produktion annahmegemäß auf jedem Potentialfaktortyp bearbeitet werden muss, impliziert dies $x_m = x$. Da die Diskussion der produktiven Beziehungen für jede Potentialgutart m analog verläuft, möge unter Weglassung des Indexes m eine Beschränkung auf einen Aggregattyp genügen.

Aus der modifizierten Beziehung

$$b = \lambda \cdot t = d \cdot x, \; \underline{\lambda} \leq \lambda \leq \overline{\lambda}, \; \underline{t} \leq t \leq \overline{t} \, ,$$

ergeben sich dann unter der Annahme, dass die Intensität und die Einsatzzeit des Aggregats kontinuierlich von null ($\underline{\lambda}, \underline{t} = 0$) auf $\overline{\lambda}$ und $\overline{t}$ erhöht werden können, die nachstehenden Schlussfolgerungen über die Zusammenhänge zwischen der Ausbringungsmenge x und den alternativen Anpassungen (Leistungsabgaben) hinsichtlich des betrachteten Potentialfaktortyps.

Bei einem Aggregat ($M = 1$ und $N_M = N = 1$) mit fester Einsatzzeit $t = t^2$ steigt die Endproduktmenge x – ebenso wie die Leistungsabgabe b des Aggregats – bei intensitätsmäßiger Anpassung linear mit zunehmender Leistungsintensität λ von null bis zum Maximalwert $x^2 = \overline{\lambda} \cdot t^2$ (s. Abb. 5.17). Wird die fest vorgegebene Einsatzzeit des Aggregats erniedrigt oder erhöht (t^1 bzw. $\overline{t}$), so sind mit der kontinuierlichen Variation der Leistungsintensität λ kleinere oder größere Endproduktmengen x und Maximalwerte $x^1 = \overline{\lambda} \cdot t^1$ bzw. $\overline{x} = \overline{\lambda} \cdot \overline{t}$ verbunden. Die Menge $\overline{x}$ wird bei maximaler Einsatzzeit $\overline{t}$ und Leistungsintensität $\overline{\lambda}$ des einen Aggregats erreicht. Entsprechend sind die Zusammenhänge bei zeitlicher Anpassung, wie Abb. 5.18 zeigt.

Die Endproduktmenge x wächst – ebenso wie die Leistungsabgabe b des Aggregats – bei fest gewählter Leistungsintensität (z. B. $\lambda = \lambda^2$) linear mit kontinuierlicher Erhöhung der Einsatzzeit t der Maschine, bis am Einsatzzeitmaximum $\overline{t}$ die höchste Ausbringungsmenge (z. B. $x^4 = \lambda^2 \cdot \overline{t}$) erzielt wird. Niedrigeren oder höheren konstanten Leistungsintensitäten (λ^1 bzw. $\overline{\lambda}$) sind bei Veränderungen der Einsatzzeit t kleinere oder größere Ausbringungsmengen x bzw. Maximalwerte ($x^3 = \lambda^1 \cdot \overline{t}$ oder $\overline{x} = \overline{\lambda} \cdot t$) zugeordnet.

Eine Enderzeugnismenge $x > \overline{x}$ (Abb. 5.17 oder 5.18) bedarf der zusätzlichen Inbetriebnahme einer oder mehrerer funktionsgleicher Maschinen derselben Potentialgutart. Diese quantitative Anpassung ist für feste alternative Leistungsabgaben b^1 bzw. b^2 aller eingesetzten Maschinen bei konstanten Leistungsintensitäten λ^1 bzw. λ^2 und Betriebszeiten t^1 bzw. t^2 in Abb. 5.19 graphisch skizziert. Wird so beispielsweise mit einer Maschine ($n = 1$) und der Leistungsabgabe b^1 die Ausbringung x^5 produziert, so kann bei konstanter Leistungsabgabe mit drei Maschinen ($n = 3$) die Endproduktmenge $3x^5$ hergestellt werden. Allgemein entspricht dem Einsatz von n Aggregaten desselben Typs bei gleicher Leistungsabgabe b^1 die Endproduktmenge

$$nx^5 = \frac{1}{d} \cdot b^1 \cdot n = \frac{1}{d} \cdot \lambda^1 \cdot t^1 \cdot n .$$

Diese Endproduktmengen sind als Punkte für eine variierende Anzahl von Aggregaten ($n = 1,...,N$, $N = 6$) in Abb. 5.19 eingetragen. Dem Unternehmen sollen hier insgesamt nur $N = 6$ Maschinen des betrachteten Potentialfaktortyps zur Verfügung stehen. Bei höheren Leistungsabgaben (b^2) aller in Betrieb befindlichen Maschinen lassen sich für eine bestimmte Anzahl n größere Outputwerte x erzielen, wie man am Vergleich von $3x^6$ mit $3x^5$ für $b^2 > b^1$ und $n = 3$ in Abb. 5.19 sieht; das kann durch höhere Leistungsintensitäten und/oder längere Einsatzzeiten der arbeitenden Maschinen bedingt sein.

Abbildung 5.20 stellt zusammenfassend die Auswirkungen gemischter Anpassungsformen auf die Beziehung zwischen der Endproduktmenge x und der Leistungsabgabe b der eingesetzten funktionsgleichen Maschinen derselben Potentialfaktorart dar. Durch das Ausschalten oder die Inbetriebnahme einer Maschine (quantitative Anpassung) und die Variation ihrer Leistungsintensität und Einsatzzeit (intensitätsmäßige und zeitliche Anpassung) kann die Leistungsabgabe zwischen null und $\bar{b} = \bar{\lambda} \cdot \bar{t}$ kontinuierlich verändert werden. Jede Leistungsabgabe b ($0 \le b \le \bar{b}$) korrespondiert dabei zu einer Ausbringung $x = b \cdot 1/d$ ($0 \le x \le \bar{x} = \bar{b} \cdot 1/d$). Entsprechend kann sich das Unternehmen umgekehrt an eine Veränderung der Beschäftigung x im Intervall $[0, \bar{x}]$ durch eine geeignete Mischung der Anpassungsformen über die Leistungsabgabe b dieser einen Maschine angleichen. Zur Herstellung von Ausbringungsmengen x, $\bar{x} < x \le 2\bar{x}$ sind dagegen mindestens zwei Maschinen erforderlich (quantitative Anpassung). Läuft die erste Maschine mit maximaler Intensität und Einsatzzeit, so lassen sich ähnlich über die zeitliche und intensitätsmäßige Anpassung der zweiten Maschine auf beiden Maschinen nun insgesamt alle Produktmengen $x \in (\bar{x}, 2\bar{x}]$ erzeugen. Es wäre aber auch denkbar, dass dieselbe Endproduktmenge durch mehr als zwei Maschinen bei kleineren Intensitäten und kürzeren Einsatzzeiten gefertigt würde. Auf jeden Fall aber – d. h. unabhängig von den gewählten Anpassungsformen und ihrer Mischungen – bleibt die Ausbringung x linear in der Summe b der von allen vorhandenen funktionsgleichen Maschinen desselben Potentialfaktortyps abgegebenen Leistungen. Diese Linearitätsbeziehung mit dem reziproken Produktionskoeffizienten $1/d$ als Proportionalitätsfaktor ist in Abb. 5.20 für drei verschiedene Werte von d graphisch veranschaulicht. Die Anpassungsformen wirken sich bei den Potentialfaktoren mittelbar über deren Leistungsabgaben b auf die Endproduktmenge x aus, wobei die unmittelbare Relation zwischen x und b für jeden Potentialfaktor $n_m = 1, \ldots, N_m$ und jeden Potentialfaktortyp m, $m \in \{1, \ldots, M\}$, stets linear ist.

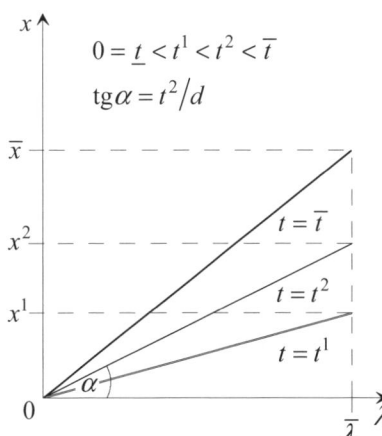 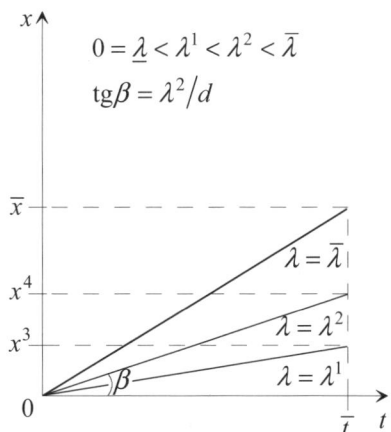

Abb. 5.17. Intensitätsmäßige Anpassung eines Potentialfaktors

Abb. 5.18. Zeitliche Anpassung eines Potentialfaktors

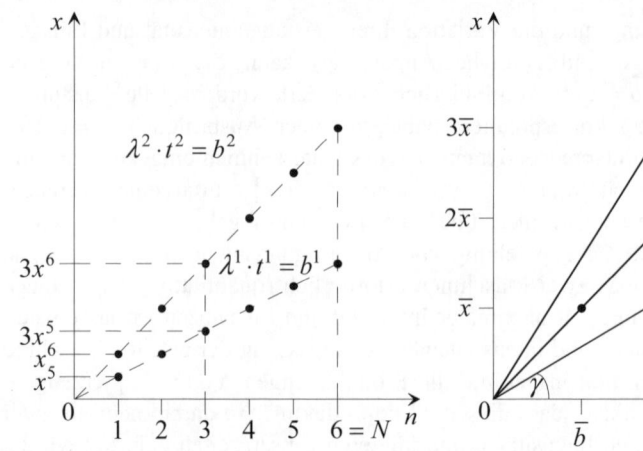

Abb. 5.19. Quantitative Anpassung für eine Potentialfaktorart

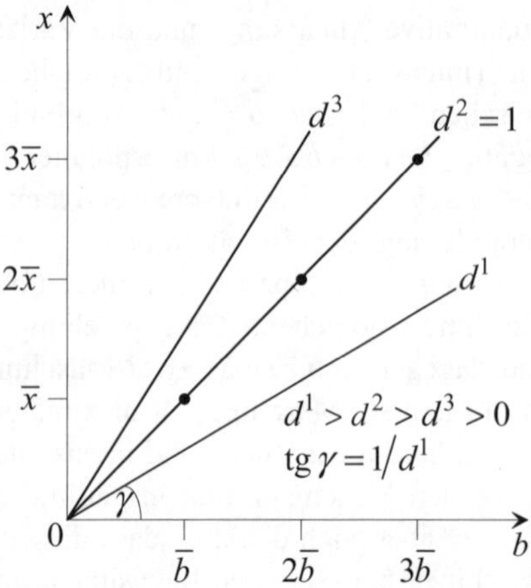

Abb. 5.20. Gemischte Anpassung einer Potentialfaktorart

5.2.4   Das Konzept der Verbrauchsfunktion für Verbrauchsfaktoren

Für die der Gutenberg-Produktionsfunktion eigenen mittelbaren Beziehungen zwischen der Endproduktmenge x und den dafür erforderlichen Einsatzmengen r_{in_m} der Verbrauchsfaktoren i, $i = 1,\ldots,I$, an den funktionsgleichen oder funktionsverschiedenen Aggregaten $n_m, n_m \in \{1,\ldots,N_m\}, m \in \{1,\ldots,M\}$, sind die Verbrauchsfunktionen

$$a_{in_m} = a_{in_m}\left(\lambda_{n_m}\right); \; a_{in_m} > 0, \; \underline{\lambda}_{n_m} \le \lambda_{n_m} \le \overline{\lambda}_{n_m},$$

grundlegend. Sie zeigen die Input-Output-Relationen am Aggregat n_m in Abhängigkeit von dessen Leistungsintensität λ_{n_m} an, wie sie in Abb. 5.21 für zwei Verbrauchsfaktoren i und $\hat{i}$, $i \ne \hat{i}$, veranschaulicht sind. Multipliziert man den Produktionskoeffizienten a_{in_m} mit der Erzeugnismenge x_{n_m} des Aggregats n_m, so erhält man allgemein die Faktorfunktionen für die Verbrauchsfaktoren i am Potentialgut n_m

$$r_{in_m} = a_{in_m}\left(\lambda_{n_m}\right)x_{n_m}, \; \underline{\lambda}_{n_m} \le \lambda_{n_m} \le \overline{\lambda}_{n_m},$$

$$i = 1,\ldots,I, n_m = 1,\ldots,N_m, m = 1,\ldots,M.$$

Sie stellen das zweite Teilsystem der Gutenberg-Produktionsfunktion dar. Feste Leistungsintensitäten λ_{n_m} am Betriebsmittel n_m bedingen konstante Produktionskoeffizienten $a_{in_m}\left(\lambda_{n_m}\right)$ für die Verbrauchsfaktoren i am Aggregat n_m. Mit der Variation der Intensität λ_{n_m} ändern sich jedoch die Koeffizienten; es findet ein Übergang von einem limitationalen Produktionsprozess zum anderen statt. Solange eine Endproduktmenge x_{n_m} bei gegebener maximaler Einsatzzeit $\bar{t}_{n_m}$ des Aggregats n_m noch mit der größten optimalen Leistungsintensität für einen Verbrauchsfaktor i am Aggregat n_m produziert werden kann, also nach Abb. 5.21 noch

$$x_{n_m} \leq \frac{1}{d_{n_m}} \cdot \lambda^*_{n_m}(i) \cdot \bar{t}_{n_m}$$

gilt, führen nur solche Leistungsintensitäten λ_{n_m} zu effizienten Prozessen, die zwischen der kleinsten und größten optimalen Intensität für die Verbrauchsfaktoren i am Aggregat n_m liegen ($\lambda^*_{n_m}(\hat{i}) \leq \lambda_{n_m} \leq \lambda^*_{n_m}(i)$ in Abb. 5.21). Dabei ist die optimale Intensität für jeden Verbrauchsfaktor i am Aggregat n_m dadurch bestimmt, dass dort sein Produktionskoeffizient minimal wird (vgl. $\lambda^*_{n_m}(\hat{i})$ bzw. $\lambda^*_{n_m}(i)$ für $\hat{i}$ bzw. i).
Für kleinere und größere Intensitäten $\lambda_{n_m} < \lambda^*_{n_m}(\hat{i})$ bzw. $\lambda_{n_m} > \lambda^*_{n_m}(i)$ steigen nämlich die Produktionskoeffizienten und damit die Einsatzmengen aller Verbrauchsfaktoren bei konstanter Endproduktmenge. Das würde eine ineffiziente Produktion bedeuten. Soll dagegen eine größere Menge x,

$$\frac{1}{d_{n_m}} \lambda^*_{n_m}(i) \cdot \bar{t}_{n_m} < x \leq \frac{1}{d_{n_m}} \bar{\lambda}_{n_m} \cdot \bar{t}_{n_m} \, ,$$

hergestellt werden, so kann dies bei steigenden Produktionskoeffizienten aller Verbrauchsfaktoren in effizienter Weise nur durch eine höhere Leistungsintensität λ_{n_m} ($\lambda^*_{n_m}(i) < \lambda_{n_m} \leq \bar{\lambda}_{n_m}$) erfolgen.

Unter Verwendung der Beziehung zwischen dem Output eines Aggregats und seiner Leistungsabgabe lassen sich die Faktorfunktionen nun schreiben als

$$r_{i n_m} = a_{i n_m}\left(\lambda_{n_m}\right) \cdot \frac{1}{d_{n_m}} \cdot \lambda_{n_m} \cdot t_{n_m} \, ; \; \underline{t}_{n_m} \leq t_{n_m} \leq \bar{t}_{n_m} \, , \; \underline{\lambda}_{n_m} \leq \lambda_{n_m} \leq \bar{\lambda}_{n_m} \, ,$$

wobei vorerst vereinfachend vorausgesetzt ist, dass von dem jeweiligen Potentialfaktortyp m nur eine Einheit ($N_m = 1$ für alle m) verfügbar sei.

Diese vorstehenden Gleichungen sind geeignet, den Einfluss der verschiedenen Anpassungsformen auf die Einsatzmengen der Verbrauchsfaktoren an den Potentialgütern und damit deren mittelbare Abhängigkeit von der Endproduktmenge x_{n_m},

$$x_{n_m} = \frac{1}{d_{n_m}} \cdot \lambda_{n_m} \cdot t_{n_m} \, ,$$

zu analysieren. Wegen der Parallelität der Argumentation kann man sich auch hier unter vorläufiger Weglassung der Indizes i und n_m auf einen Verbrauchsfaktor an einem Betriebsmittel beschränken, für den also die Faktorfunktion

$$r = a(\lambda) \cdot \frac{1}{d} \cdot \lambda \cdot t = a(\lambda) x \; ; \quad \underline{\lambda} \leq \lambda \leq \overline{\lambda} \, , \text{ mit } x = \frac{1}{d} \cdot \lambda \cdot t$$

und $a(\lambda)$ als Verbrauchsfunktion gelten möge. Die zugrunde gelegte Verbrauchsfunktion ist für $0 = \underline{\lambda} \leq \lambda \leq \overline{\lambda}$ in Abb. 5.22 eingetragen; sie ist konvex und besitzt für $\lambda = \lambda^*$ ein Minimum. Multipliziert man die Verbrauchsfunktion $a(\lambda)$ mit der Leistungsintensität λ, so erhält man die ebenfalls in Abb. 5.22 dargestellte Funktion

$$a(\lambda) \cdot \lambda = \frac{r}{x} \cdot \lambda = \frac{r}{x} \cdot d \cdot \frac{x}{t} = d \cdot \frac{r}{t} \, ,$$

die – speziell für $d = 1$ und dann wegen $\lambda = x/t$, aber auch allgemein – als Zeit-Verbrauchs-Leistungsfunktion bezeichnet werden kann. Sie zeigt den Verbrauch pro Zeiteinheit (r/t) in Abhängigkeit der Endproduktmenge pro Zeiteinheit ($\lambda = x/t$) an. Die Zeit-Verbrauchs-Leistungsfunktion verläuft zunächst konkav, dann konvex. Der Fahrstrahl an ihre Kurve durch den Nullpunkt wird dort zur Tangente, wo $\lambda = \lambda^*$ gilt, also die optimale Leistungsintensität vorliegt. Das lässt sich leicht durch den Vergleich der Steigung der Zeit-Verbrauchs-Leistungsfunktion $f(\lambda) = a(\lambda) \cdot \lambda$ mit der Steigung des Fahrstrahls $g(\lambda) = \left[a(\tilde{\lambda}) \cdot \tilde{\lambda} / \tilde{\lambda} \right] \cdot \lambda = a(\tilde{\lambda}) \cdot \lambda \; (\tilde{\lambda} \neq 0)$ überprüfen. Wegen $f'(\lambda) = a'(\lambda) \cdot \lambda + a(\lambda)$ und $a'(\lambda^*) = 0$ weist die Zeit-Verbrauchs-Leistungsfunktion für die Intensität $\lambda = \lambda^* \neq 0$ eine Steigung auf, die der des Fahrstrahls $g'(\lambda^*) = tg\,\alpha = a(\lambda^*) = f'(\lambda^*)$ entspricht, also mit dem minimalen Durchschnittsverbrauch übereinstimmt. Auf der Grundlage der Zeit-Verbrauchs-Leistungsfunktion lassen sich die Effekte, die von den verschiedenen Anpassungsformen sowohl auf den Faktorverbrauch r als auch auf die Endproduktmenge x ausgehen, leicht veranschaulichen.

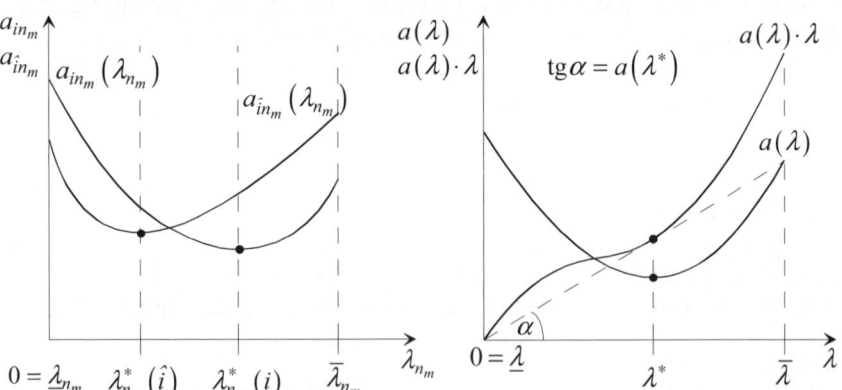

Abb. 5.21. Verbrauchsfunktionen am Aggregat n_m

Abb. 5.22. Verbrauchsfunktion für einen Verbrauchsfaktor an einem Potentialfaktor

5.2.5 Produktionszusammenhänge zwischen Endproduktmenge und Verbrauchsfaktoreinsatz bei unterschiedlichen Anpassungen

Vertauscht man die Achsen in Abb. 5.22, so erhält man die an der 45°-Linie gespiegelte Zeit-Verbrauchs-Leistungsfunktion, wie sie in ihrem s-förmigen Verlauf aus Abb. 5.23 ersichtlich ist. Durch die gleichzeitige Multiplikation der Ordinaten- und Abszissenwerte (λ bzw. $a(\lambda)\lambda$) mit $(1/d)t$ erfolgt eine Transformation der beiden Achsen, so dass auf der Abszisse der Faktorverbrauch r ($= a(\lambda)\cdot\lambda\cdot t\cdot(1/d)$) und auf der Ordinate die bei gegebener Leistungsintensität λ entsprechende Endproduktmenge x ($=\lambda\cdot t\cdot(1/d)$) unmittelbar abgelesen werden können. Diese Transformation ist für $\hat{t}=1$ unter Vernachlässigung des Faktors ($1/d$) ($d=1$) – er wird auch im Weiteren nicht mehr berücksichtigt – in Abb. 5.23 durchgeführt.

Abbildung 5.23 zeigt nun, dass die Endproduktmenge x für fest gewählte Leistungsintensitäten $\hat{\lambda}, \lambda^{*}, \overline{\lambda}$ ($\hat{\lambda}<\lambda^{*}<\overline{\lambda}$) eines Aggregats wegen der damit verbundenen Konstanz der Produktionskoeffizienten bei zeitlicher Anpassung linear in der Einsatzmenge r des Verbrauchsfaktors verläuft. So liegen beispielsweise alle Paare (x,r) bei gegebener Intensität λ^{*} und Variation der Einsatzzeit t (z. B. $\hat{t}<t<\overline{t}$) auf dem der Intensität λ^{*} zugeordneten Strahl zwischen den durch $\hat{t}$ und $\overline{t}$ markierten Punkten. Entsprechendes gilt für alternativ vorgegebene Intensitäten $\hat{\lambda}$ oder $\overline{\lambda}$ der Maschine. Dabei wird erkennbar, dass der durch die Intensität λ^{*} charakterisierte Produktionsprozess aufgrund des minimalen Produktionskoeffizienten (vgl. die Verbrauchsfunktion in Abb. 5.22) alle Prozesse mit anderen Intensitäten dominiert, solange die gewünschte Endproduktmenge x innerhalb der maximalen Einsatzzeit $\overline{t}$ des Aggregats mit der optimalen Intensität λ^{*} hergestellt werden kann, d. h. $x\leq x^{1}=\lambda^{*}\cdot\overline{t}$ erfüllt ist. In diesen Fällen lässt sich jede Endproduktmenge (z. B. x^{2}) bei der Intensität λ^{*} im Vergleich zu anderen Intensitäten (z. B. $\overline{\lambda}$) mit kleineren Einsatzmengen (z. B. $r^{1}<r^{2}$) des Verbrauchsfaktors produzieren. Die Laufzeit des Potentialgutes für $\lambda=\lambda^{*}$ ist hierbei vergleichsweise kleiner (größer), als wenn niedrigere (höhere) Intensitäten gewählt würden; für x^{2} ist $t^{1}>\hat{t}$ bei $\lambda^{*}<\overline{\lambda}$.

Während der Prozess mit der Intensität λ^{*} für alle $x\leq x^{1}$ der einzig effiziente ist, hört seine Dominanz für $x>x^{1}$ auf, da diese Ausbringungsmengen bei jener Intensität und der maximalen Einsatzzeit $\overline{t}$ des Aggregats nicht mehr erzeugbar sind; es muss also intensitätsmäßig angepasst werden. Im Bereich $x^{1}=\lambda^{*}\cdot\overline{t}<x\leq\overline{\lambda}\cdot\overline{t}=\overline{x}$ werden vielmehr bei Intensitätsvariation jene Prozesse effizient, deren Intensität es bei maximaler Einsatzzeit $\overline{t}$ der Maschine gerade noch erlaubt, die gewünschte Endproduktmenge herzustellen. Diese Effizienzordnung in der Reihenfolge der kleinstmöglichen Intensitäten ist durch die gestrichelte Kurve zwischen den Punkten A und B in Abb. 5.23 angedeutet. Auf ihr liegen die Endpunkte der Prozesse, die steigende x mit zunehmenden λ bei konstantem $t=\overline{t}$ effizient produzieren. Die intensitätsmäßige Anpassung ist in Abb. 5.24 für gegebene Einsatzzeiten $\hat{t},\overline{t}$ ($\hat{t}<\overline{t}$) eines Aggregats in ihren

Auswirkungen auf die Beziehung zwischen der Endproduktmenge x und der Einsatzmenge r des Verbrauchsfaktors gesondert graphisch veranschaulicht. Diese Relation ist, wie die beiden s-förmigen Kurvenverläufe für $t = \hat{t}$ und $t = \bar{t}$ zeigen, aufgrund der Änderung der Produktionskoeffizienten in Abhängigkeit der Intensitätsvariation gemäß der Verbrauchsfunktion nicht linear. Die Funktionen der Input-Output-Beziehungen in Abb. 5.24 sind aus den Funktionen in Abb. 5.23 unmittelbar ableitbar, indem man dort die für ein und dieselbe Einsatzzeit (z. B. $\bar{t}$) auf den den verschiedenen Intensitäten zugeordneten Strahlen markierten Punkte (für $\bar{t}$ jeweils die Endpunkte) miteinander verbindet. Abbildung 5.24 macht ebenfalls deutlich, dass der Prozess mit der Intensität λ^* bei zeitlicher Anpassung für alle $x \leq x^1$ auch jede intensitätsmäßige Anpassung dominiert. So kann x^3 mit r^3 bei $\lambda = \hat{\lambda}$ und $t = \bar{t}$ oder mit r^2 bei $\lambda = \lambda^0$ und $t = \hat{t}$ erzeugt werden, wobei die letztere Alternative der ersteren aufgrund des geringeren Faktoreinsatzes $r^2 < r^3$ überlegen ist und bei $\bar{t} > \hat{t}$ $\lambda^0 > \hat{\lambda}$ gilt. Beide Alternativen sind jedoch ineffizient. Für $\lambda = \lambda^*$ wird zur Herstellung von x^3 lediglich die Einsatzmenge $r^1 < r^2$ benötigt, und die Maschine läuft zudem noch kürzer, da aus $x^3 = \lambda^0 \hat{t} = \lambda^* t^3$ und $\lambda^* > \lambda^0 t^3 < \hat{t}$ folgt. Das bedeutet in Übereinstimmung mit dem Kommentar zu Abb. 5.23, dass alle $x \leq x^1$ nur in zeitlicher Anpassung mit $\lambda = \lambda^*$ effizient hergestellt werden können. Wird dann für $x = x^1$ die maximale Einsatzzeit $\bar{t}$ erreicht, so lassen sich größere Ausbringungsmengen $x > x^1$ nur noch durch intensitätsmäßige Anpassung entlang dem Kurvenstück zwischen A und B erzeugen. Zusammenfassend hat man das Ergebnis: Die Gutenberg-Produktionsfunktion als die Darstellung aller effizienten Input-Output-Punkte verläuft hinsichtlich des Verbrauchsfaktoreinsatzes in der (r,x)-Ebene für $x \leq x^1 = \lambda^* \bar{t}$ zunächst linear (zeitliche Anpassung) und anschließend für $x^1 < x \leq \bar{x} = \bar{\lambda} \cdot \bar{t}$ streng konkav (intensitätsmäßige Anpassung).

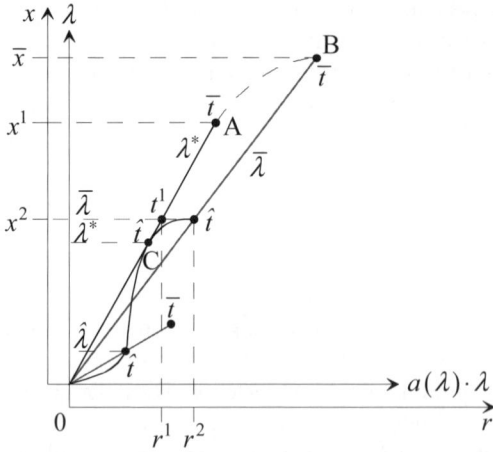

Abb. 5.23. Input-Output-Beziehungen bei zeitlicher Anpassung

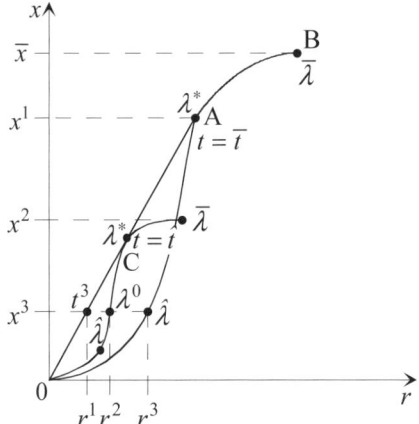

Abb. 5.24. Input-Output-Beziehungen bei intensitätsmäßiger Anpassung

Für gegebene Leistungsintensität und Einsatzzeit mehrerer funktionsgleicher und kostengleicher Aggregate, die also alle gleiche Verbrauchsfunktionen bezüglich desselben betrachteten Verbrauchsfaktors aufweisen, erhöhen sich bei quantitativer Anpassung die Endproduktmenge x sowie gleichermaßen die Einsatzmenge r des Verbrauchsfaktors um das Vielfache $\hat{n}$ der eingesetzten Maschinen. Diese Beziehungen, die sich in diskreten Input-Output-Punkten ausdrücken, sind in Abb. 5.25 für eine Einsatzzeit $t = \overline{t}$ und drei alternative konstante Intensitäten $\hat{\lambda}, \lambda^*, \overline{\lambda}$, dargestellt. Eine Änderung der vorgegebenen Einsatzzeit würde eine Streckung oder Stauchung der Strahlen mit einer entsprechenden Herauf- oder Herabsetzung des Niveaus der Input-Output-Punkte bedingen. Für die Bestimmung der effizienten Kombinationen (x,r) könnten die vorherigen Bemerkungen weitgehend analog verwendet werden.

Dies ändert sich jedoch schon grundlegend, wenn bei der quantitativen Anpassung funktionsgleiche, aber kostenverschiedene Maschinen desselben Betriebsmitteltyps alternativ zum Einsatz kommen, die sich lediglich bezüglich eines Verbrauchsfaktors in den Verbrauchsfunktionen unterscheiden (s. Abb. 5.26). Das trifft oft bei funktionsgleichen Maschinen unterschiedlichen Alters und damit auch unterschiedlichen technischen Standes bzw. Modernitätsgrades zu. Bei gegebener Betriebszeit für zwei Maschinen wird nämlich so zur effizienten Produktion für x, $0 \leq x \leq x^1$, zunächst Maschine 1 zeitlich mit der Optimalintensität λ_1^* und für x, $x^1 < x < x^2$, dann intensitätsmäßig angepasst. Denn sie führt bei ihrer Optimalintensität λ_1^* zu einem kleineren Produktionskoeffizienten des Verbrauchsfaktors, als dies für die Optimalintensität λ_2^* der zweiten Maschine der Fall ist. Für x, $x^2 \leq x \leq \overline{x}$, wird die Maschine 1 durch Maschine 2 ersetzt (quantitative bzw. selektive Anpassung), und zwar so, dass man Maschine 2 für x, $x^2 \leq x \leq x^3$, vorerst zeitlich mit der Optimalintensität λ_2^* und für $x^3 \leq x \leq \overline{x}$ danach intensitätsmäßig anpasst, also entlang des Geraden- und Kurvenstücks OABCD. Das ist der dick ausgezogene Rand in Abb. 5.26. Für x, $\overline{x} < x \leq 2\overline{x}$, müssten sogar beide Maschinen in Betrieb genommen werden, was die Effizienzbetrachtungen zusätzlich erschwert.

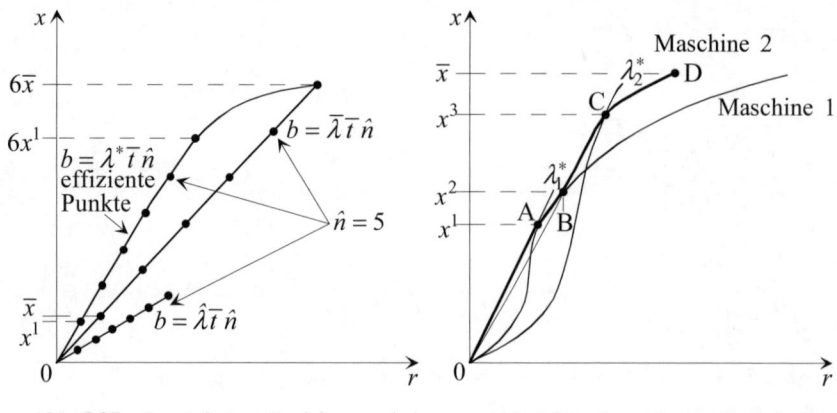

Abb. 5.25. Input-Output-Beziehungen bei quantitativer Anpassung

Abb. 5.26. Input-Output-Beziehungen bei gemischter Anpassung

Die bisher angestellten Effizienzüberlegungen für die Input-Output-Beziehungen der Verbrauchsfaktoren lassen sich allerdings zudem auch aufgrund der Tatsache, dass diese Relationen – anders als bei Leistungsabgabe der Potentialfaktoren – zwar in t und $\hat{n}$ linear, aber in λ nichtlinear sind, nicht mehr so ohne weiteres fortführen, wenn man die Einsatzmengen mehrerer Verbrauchsfaktoren an einem oder sogar mehreren Aggregaten in Abhängigkeit der unterschiedlichen Anpassungsformen (gemischte Anpassung) betrachten muss und die Verbrauchsfunktionen voneinander abweichen, indem sie für verschiedene Optimalintensitäten ihre Minima annehmen (wie z. B. in Abb. 5.21). Die Beschreibung der Gutenberg-Produktionsfunktion weitet sich dann zu einem nichtlinearen parametrischen Programmierungsproblem aus, in dem der effiziente Rand der zugrunde liegenden Technologie bezüglich der Variation der Parameter λ_{n_m}, t_{n_m} und $\hat{n}_m$ ermittelt werden muss. Dieses Problem wird mit steigender Anzahl von Verbrauchsfaktoren und Aggregaten zunehmend kompliziert. Eine Möglichkeit, die Gutenberg-Produktionsfunktion punktweise durch die Lösung linearer parametrischer Programmierungsaufgaben darzustellen, ist von ALBACH (1962) aufgezeigt und von KNOLMAYER (1983) vorgeführt worden. Sie führt aber nicht zur vollständigen Erfassung aller Input-Output-Kombinationen. Eine gewisse Vereinfachung der Betrachtungen lässt sich dann nur noch erzielen, wenn man zur Diskussion der Kostenzusammenhänge übergeht, wie dies später erfolgt.

Wegen der vielfältigen und recht unterschiedlichen Beziehungen zwischen den bei der Fertigung zum Einsatz gelangenden Verbrauchsfaktoren einerseits und den Gebrauchs- und Verbrauchsfaktoren andererseits ist es hier weniger sinnvoll, das Verhalten der Gutenberg-Produktionsfunktion anhand der zahlreichen produktionstheoretischen Begriffe wie Grenzproduktivität, Produktionselastizität oder

Skalenelastizität im Einzelnen zu studieren. Die Aussagen wären ohnehin immer nur bereichsmäßig beschränkt und müssten eine Vielzahl von Spezialfällen einbeziehen. Daher ist es eher geboten, die Charaktereigenschaften der Gutenberg-Produktionsfunktion zum Schluss der analytischen Detailuntersuchungen mehr generell zu skizzieren.

Im Hinblick auf die Beziehungen zwischen den Leistungsabgaben der verschiedenen Potentialfaktoren kann hier ganz allgemein zur Charakterisierung der Gutenberg-Produktionsfunktion auf die Ausführungen verwiesen werden, die für Leontief-Produktionsfunktionen mit einem Produktionsprozess gemacht worden sind. Sie bedürfen keiner Erweiterungen. Zur Kennzeichnung der wesentlichsten Merkmale der Inputbeziehungen zwischen den Gebrauchsfaktoren auf der einen Seite und den Verbrauchsfaktoren auf der anderen Seite kann dagegen auf die graphischen Illustrationen und Erläuterungen der Abb. 5.23-5.25 zurückgegriffen werden. Dabei erhält man die zunächst nicht offenkundig ersichtliche Leistungsabgabe des jeweiligen Potentialfaktors sofort, wenn man bedenkt, dass die Produktion x eines Aggregats wegen $x = \lambda t = b$ linear in bzw. identisch zu seiner Leistungsabgabe ist. Entsprechend wären also stets die Ordinatenwerte in diesen Abbildungen zu interpretieren.

In diesem Erklärungszusammenhang fehlt dann noch der Kommentar zu den Inputbeziehungen zwischen den Verbrauchsfaktoren bei veränderlicher Endproduktmenge. Diese Beziehungen werden ebenfalls kaum übersehbar, wenn man den Einsatz der Verbrauchsfaktoren an verschiedenen Aggregaten betrachtet, die zudem auch noch mit unterschiedlichen Intensitäten und Einsatzzeiten laufen können. Um überhaupt noch vernünftig erklärbare Beziehungen darlegen zu können, ist eine Beschränkung auf die Verbrauchsfaktorbeziehungen am selben Aggregat vonnöten. Den Erläuterungen liegt die Isoquantendarstellung der Abb. 5.27 zugrunde. Die Verbrauchsfunktionen der Faktoren i und $\hat{i}$ mögen sich aus Abb. 5.21 ergeben. Solange eine Produktion x, $0 \leq x \leq x^2 = \lambda_{n_m}^*(i)\bar{t}_{n_m}$, hergestellt werden soll, kann dies nur effizient mit Intensitäten λ_{n_m}, $\lambda_{n_m}^*(\hat{i}) \leq \lambda_{n_m} \leq \lambda_{n_m}^*(i)$, erfolgen, da nur in diesem Bereich die Verbrauchsfunktion des Faktors $\hat{i}$ steigt und die des Faktors i fällt. Eine Fertigung mit Intensitäten $\lambda_{n_m} < \lambda_{n_m}^*(\hat{i})$ bzw. $\lambda_{n_m} > \lambda_{n_m}^*(i)$ wäre für diese Fälle ineffizient, weil dort die Produktionskoeffizienten beider Verbrauchsfaktoren und damit ihre Faktoreinsätze höher liegen als erforderlich (s. auch Abb. 5.21). Gegenläufige Produktionskoeffizienten im Intensitätsintervall $\left[\lambda_{n_m}^*(\hat{i}), \lambda_{n_m}^*(i)\right]$, in dem die intensitätsmäßige Variation bzw. Mischung von Prozessen mit einer entsprechenden zeitlichen Anpassung einhergeht, bedeuten jedoch eine gewisse Substituierbarkeit der Verbrauchsfaktoren. Diese wird allerdings zunehmend eingeschränkt, wenn die Produktionsmenge x^1 übersteigt, $x > x^1 = \lambda_{n_m}^*(\hat{i})\bar{t}_{n_m}$, da dann die Endproduktmenge nicht mehr mit jeder beliebigen Intensität $\lambda_{n_m} \in \left[\lambda_{n_m}^*(\hat{i}), \lambda_{n_m}^*(i)\right]$, zum Beispiel nicht mehr mit $\lambda_{n_m}^*(\hat{i})$ hergestellt werden kann, weil unter Umständen die maximale Einsatzzeit $\bar{t}_{n_m}$ des Aggregats hierzu nicht ausreicht. Die Substitutionsmöglichkeiten werden so mit steigendem x, $x^1 < x \leq x^2$, mehr und mehr reduziert. Das erkennt man am Isoquantenverlauf im Substitutionsfeld OABC in Abb. 5.27. Die das Substitutionsfeld begrenzenden Prozessgeraden entsprechen den Optimalintensitäten

$\lambda_{n_m}^*(i)$ und $\lambda_{n_m}^*(\hat{i})$ der beiden Verbrauchsfaktoren. Außerhalb des Substitutionsfeldes verlaufen die Isoquanten wie bei limitationalen Produktionsfunktionen. Überschreitet die Produktion x^2, $x > x^2 = \lambda_{n_m}^*(i)\overline{t}_{n_m}$, so kommt wegen der maximalen Ausschöpfung der Einsatzzeit des Aggregats nur noch eine intensitätsmäßige Anpassung mit steigenden Verbrauchsfunktionen in Frage. Die Gutenberg-Produktionsfunktion wird bezüglich der beiden Verbrauchsfaktoren i und $\hat{i}$ streng limitational; die Fertigung vollzieht sich nun entlang dem Prozesspfad BD in Abb. 5.27. Dieser erreicht sein Ende am maximalen Produktionspunkt D mit $x = x^3 = \overline{\lambda}_{n_m}\overline{t}_{n_m}$, an dem das Aggregat mit maximaler Intensität und Einsatzzeit läuft. Man sieht, dass sich innerhalb des Substitutionsfeldes von Abb. 5.27 für die Gutenberg-Produktionsfunktion eine ähnliche Erklärungssituation wie für die Leontief-Produktionsfunktion mit mehreren Produktionsverfahren ergibt. Nur dass hier nicht die zwischen den beiden $\lambda_{n_m}^*(i)$ und $\lambda_{n_m}^*(\hat{i})$ zugehörigen Geraden liegenden Prozesse durch eine zeitliche Mischung, sondern durch Intensitätsänderungen zustande kommen.

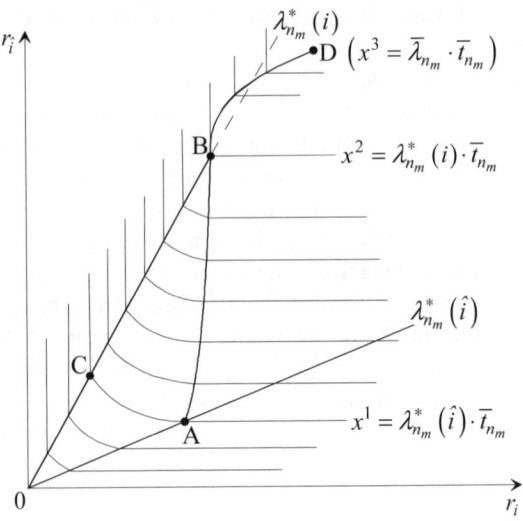

Abb. 5.27. Inputbeziehungen zwischen zwei Verbrauchsfaktoren an einem Aggregat

6 Erweiterungsansätze auf dem Gebiet der statisch-deterministischen Produktionsfunktionen

6.1 Vorbemerkungen

Mit den im vierten und fünften Kapitel dargelegten substitutionalen und limitationalen Produktionsfunktionen sind die grundlegenden Funktionstypen zur traditionellen Beschreibung der ökonomischen Input-Output-Beziehungen von Fertigungsvorgängen behandelt worden. Sie zeichnen sich dadurch aus, dass die in ihnen betrachteten Größen sicher und jeweils auf denselben Zeitpunkt bezogen waren. Es ging dabei also stets um statisch-deterministische Produktionsfunktionen. An ihre Erörterung soll sich nun die Behandlung von einigen Erweiterungsansätzen auf diesem Gebiet anschließen. Hierbei ist es nicht das Ziel, in dieser Darstellung einen möglichst hohen Grad an Vollständigkeit zu erreichen. Vielmehr liegt das Hauptaugenmerk in einer anderen Richtung.

Die bislang diskutierten Produktionsfunktionsansätze sind durch ein hohes Maß an Aggregation hinsichtlich des Produktionsprozesses und der an ihm beteiligten Güter sowie dadurch gekennzeichnet, dass die den ökonomischen Input-Output-Beziehungen zugrunde liegenden technischen Relationen weitgehend vernachlässigt werden bzw. ganz außer acht bleiben. Die einzige Öffnung im Sinne einer zugleich auch stärker technisch orientierten Fragestellung sowie einer gewissen Detaillierung der Produktionsvorgänge stellt die Gutenberg-Produktionsfunktion dar. Ansätze, die eine solche Detaillierung weiter vorantreiben bzw. sich mehr für die technischen Produktionsbeziehungen interessieren, sollen im Folgenden aufgezeigt werden. Sie lassen sich wie folgt skizzieren.

(6.1)   Heinen-Produktionsfunktion: Sie strebt eine hinreichend starke Zerlegung des Produktionsprozesses in Teilvorgänge an, die es erlauben, zwischen der technischen und ökonomischen Leistung von Aggregaten eine eindeutige Beziehung herzuleiten.

(6.2)   Engineering Production Functions: Ihr Anliegen ist es, die Produktionsergebnisse und Faktorverbräuche von bestimmten Teilen des Transformationsprozesses mit Hilfe technisch-physikalischer bzw. naturwissenschaftlicher Gesetzmäßigkeiten zu erklären.

(6.3)   Pichler-Konzept: Es versucht, die Gesetzmäßigkeiten der Produktion auf der Grundlage von so genannten Durchsatzfunktionen zu erfassen.

(6.4)   Kloock-Produktionsfunktion: Sie gliedert den Betrieb in einzelne übersehbare Teilbereiche, um damit in stärkerem Maße organisatorische und fertigungstechnische Gegebenheiten berücksichtigen zu können. Die Lieferverflechtungen und Produktionsbeziehungen werden dabei in der allgemeinen Form einer Input-Output-Analyse erfasst.

6.2   Die Heinen-Produktionsfunktion

Wie bei GUTENBERG basiert auch die Heinen-Produktionsfunktion (HEINEN 1965) auf den Verbrauchsfunktionen zur Darstellung der Input-Output-Beziehungen an Potentialgütern. Jedoch unterscheidet HEINEN zwischen technischen und ökonomischen Verbrauchsfunktionen. Technische Verbrauchsfunktionen geben die quantitativen Beziehungen zwischen Faktoreinsatz und technischer Leistung der Aggregate wieder. Ökonomische Verbrauchsfunktionen stellen dagegen den Zusammenhang zwischen dem Faktoreinsatz und der von den Potentialfaktoren hergestellten Produktmengen dar; allein diese Funktionen sind für wirtschaftliche Überlegungen von Belang.

HEINEN hält es nicht für gerechtfertigt, in allen Fällen von der Hypothese eines eindeutigen Zusammenhanges zwischen technischer und ökonomischer Leistung von Aggregaten auszugehen, wie es in der Gutenberg-Produktionsfunktion durch die Proportionalität zwischen der Leistungsabgabe der Aggregate und der an ihnen gefertigten Produktionsmengen unterstellt wird. Nach HEINEN gelingt die Umrechnung technischer in ökonomische Leistungsgrößen erst dann, wenn man den Produktionsprozess genügend fein in seine Teilkomponenten zerlegt. Eine Elementarkombination ist entsprechend der Teil eines Produktionsprozesses, für den eine eindeutige Beziehung zwischen technischer und ökonomischer Leistung sichergestellt ist. Die Verbindung zwischen der Ausbringung pro einmaligem Vollzug der Elementarkombination und der zu erstellenden Endproduktmenge wird durch Wiederholungsfunktionen hergestellt. Die weiteren Überlegungen werden vereinfachend für ein Endprodukt und ein Aggregat durchgeführt. So ist dann die Relation zwischen der eingesetzten elektrischen Energie an einer Nähmaschine und den dadurch gewonnenen Arbeitseinheiten eine technische Verbrauchsfunktion. Die ökonomische Verbrauchsfunktion trifft Aussagen über die Beziehung zwischen der eingesetzten elektrischen Energie und den mit den technischen Arbeitseinheiten hergestellten Textilien. Ist bei der Erstellung eines Textils der Faktorverbrauch eindeutig, dann ist diese Produktion eines Textils eine Elementarkombination. Andernfalls müssen eventuell der Partialprozess Vernähen einer Naht oder andere Teilkombinationen auf ihre Eignung als Elementarkombination überprüft werden.

Die Mengen von Hilfs- und Betriebsstoffen, die an den Potentialgütern eingesetzt werden, sind von den technischen Eigenschaften der Potentialfaktoren abhängig. Insbesondere wird auch hier die Intensität eines Aggregats herausgestellt, die in den meisten Fällen allein den Faktorverbrauch pro Elementarkombination bestimmt. Jedoch weist HEINEN darauf hin, dass man nicht eine konstante durchschnittliche Intensität λ während der Dauer einer Elementarkombination annehmen kann, sondern vielmehr von in der Zeit laufenden schwankenden Intensitäten ausgegangen werden muss; es gilt also $\lambda = \lambda(t)$. Entsprechend erhält man die während einer Elementarkombination von einem Aggregat geleistete Arbeit b durch Integration der Funktion $\lambda(t)$ nach der Zeit

$$b = \int \lambda(t)\, dt \text{ , d. h. } \lambda = db/dt \text{ .}$$

Die Veränderung der geleisteten Arbeit in der Zeit richtet sich nach der Intensität des Aggregats im jeweiligen Zeitpunkt. Die Beziehung $b = \lambda t$ der Gutenberg-Produktionsfunktion ist hier nicht anwendbar; sie gilt nur bei konstanten Intensitäten λ. Streng genommen ist diese Relation aber auch durch Integration der im Zeitablauf konstanten Funktion λ über t entstanden.

Schwierigkeiten bei der praktischen Bestimmung der von einem Aggregat geleisteten Arbeit entstehen dadurch, dass die Intensität λ nicht in jedem Zeitpunkt t gemessen werden kann, wie es eigentlich theoretisch erforderlich wäre. Praktisch kann nur in Zeitintervallen die erzielte Arbeit gemessen werden. Gute Näherungen für die von der Theorie verlangten Aufzeichnungen bieten technische Hilfsmittel wie Fahrtenschreiber oder Drehzahlmessgeräte, die das Zeitbelastungsbild eines Aggregats mit hinreichender Genauigkeit beschreiben. In Abb. 6.1 ist ein solches Zeitbelastungsbild dargestellt. Man kann dabei die folgenden wichtigen Prozessphasen unterscheiden; Anlauf (a), Leerlauf (l), Fertigung (f), Brems- (b) und Stillstandsphase (s). Beispielsweise mag eine Nähmaschine zunächst angestellt werden. Während die Maschine leer läuft, werden zwei zugehörige Stoffstücke zusammengelegt und in der anschließenden Fertigungsphase durch eine Naht verbunden. Aus dem Zeitbelastungsbild der Abb. 6.1 würde man zudem erkennen, dass drei solcher Nähte für ein Textilstück nötig sind, da auf die drei Leerlaufphasen, in denen die passenden zugeschnittenen Stoffteile zum Vernähen vorbereitet werden, drei gleiche Fertigungsphasen folgen. Erst danach wird die Nähmaschine wieder abgeschaltet (Bremsphase) und wartet während der Stillstandszeit auf den Beginn der nächsten Elementarkombination.

Die zur Produktion gleicher Outputmengen in einer Elementarkombination erforderliche technische Arbeit ist konstant. Um zum Beispiel ein Textil von 1,8 m^2 Stoff zu umnähen, muss sich die Nadel 6.000-mal auf- und abwärts bewegen, unabhängig davon, wie schnell dies geschieht oder wie sich die Geschwindigkeit der Fadenführung im Zeitablauf verändert. Für die zu erbringende technische Leistung hat man also

$$\bar{b} = \int_0^{\bar{t}} \lambda(t)\, dt \text{ ,}$$

wobei $\bar{t}$ die zur Durchführung der Elementarkombination erforderliche Zeitspanne angibt. Eine Elementarkombination kann jedoch über verschieden lange Zeitintervalle gestreckt werden. Die Zeitbelastungsbilder für unterschiedliche Produktionsdauern $\overline{t}^1$ und $\overline{t}^2$ werden aber einander ziemlich ähnlich sein, da prinzipiell bei jeder Elementarkombination die gleichen Phasen durchlaufen und die gleichen Arbeitsgänge ausgeführt werden müssen. Die Funktion $\lambda = db/dt$ ist dann in dem Maße in ihren Ordinatenwerten gestaucht, wie der Definitionsbereich auf der Abszisse gestreckt ist. In Abb. 6.2 gilt zum Beispiel $\lambda^1 = 2\lambda^2$ und $\overline{t}^1 = \overline{t}^2/2$. Die erforderliche Arbeit $\overline{b}$, die Fläche unter der Zeitbelastungskurve, ist für unterschiedliche Produktionsdauern desselben Aggregats bei einer Elementarkombination gleich groß. Allerdings können an ein und demselben Aggregat auch unterschiedliche Elementarkombinationen durchführbar sein. So könnten zum Beispiel an einer Nähmaschine vier Textilien in einem Arbeitsgang bearbeitet werden – dies entspricht dem linken Zeitbelastungsbild in Abb. 6.3 –, oder man könnte die Elementarkombination mit dem Output von je 1 Textil viermal nacheinander ausführen, wozu die Maschine jeweils neu in Gang gesetzt werden müsste – hierzu gehört das rechte Zeitbelastungsbild in Abb. 6.3.

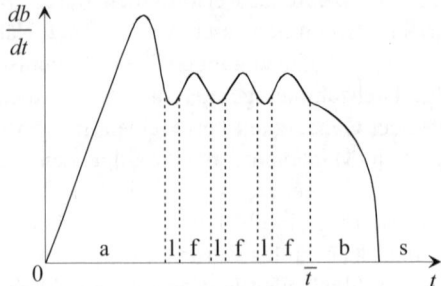

Abb. 6.1.   Zeitbelastungsbild eines Aggregats

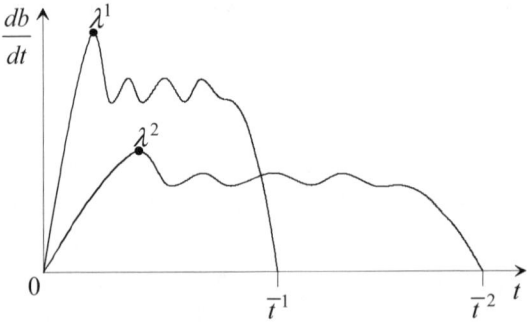

Abb. 6.2.   Zeitbelastungsbilder für verschiedene Laufzeiten

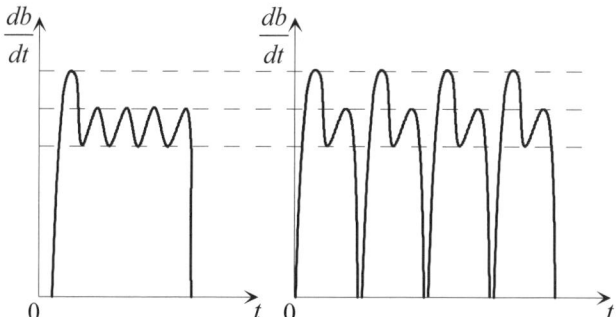

Abb. 6.3.   Zeitbelastungsbilder für verschiedene Elemtarkombinationen

Bei GUTENBERG wird der Verzehr r eines Verbrauchsfaktors an einem Aggregat aus der Verbrauchsfunktion $a(\lambda) = r/b$ ($d = 1$ und $t = $ const.) abgeleitet; diese Verbrauchsfunktionen geben den Input r pro Arbeitseinheit b an. Will man den Verbrauch pro Zeiteinheit $r/t = a(\lambda)\lambda$ ($\lambda = $ const.) beobachten, dann muss die Verbrauchsfunktion $a(\lambda)$ mit der Intensität λ multipliziert werden. Voraussetzung bei dieser Funktion ist allerdings, dass die Intensität λ während der Produktionszeit t konstant bleibt. HEINEN betrachtet jedoch im Zeitablauf schwankende Aggregatsleistungen $\lambda(t)$. Will man den Verbrauch pro Zeiteinheit bei solchen sich verändernden Intensitäten genau beschreiben, dann darf sich die technische Verbrauchsfunktion nur auf sehr kleine Zeiteinheiten Δt beziehen:

$$\frac{\Delta r}{\Delta t} = a[\lambda(\Delta t)]\lambda(\Delta t) = a\left(\frac{\Delta b}{\Delta t}\right) \cdot \frac{\Delta b}{\Delta t} .$$

Hierbei lässt sich nämlich für kurze Zeitintervalle die Intensität $\lambda(\Delta t)$ als relative Veränderung der Menge der physikalischen Arbeitseinheiten $\Delta b/\Delta t$ darstellen. Wird die Bezugszeit Δt unendlich klein, dann ergibt sich ein Zusammenhang zwischen dem Momentanverbrauch dr/dt und der Momentanleistung db/dt. Der Momentanverbrauch ist wie die Momentanleistung als Grenzwert für $\Delta t \rightarrow 0$ definiert, man erhält

$$\frac{dr}{dt} = \lim_{\Delta t \rightarrow 0} \frac{\Delta r}{\Delta t} = a\left(\frac{db}{dt}\right) \cdot \frac{db}{dt} .$$

Der Momentanverbrauch des Verbrauchsfaktors ist also in jedem Zeitpunkt von der gerade realisierten Momentanbelastung des Aggregats abhängig:

$$\frac{dr}{dt} = f\left(\frac{db}{dt}\right) .$$

Mit Hilfe solcher technischer Verbrauchsfunktionen und der Zeitbelastungskurven können die ökonomischen Verbrauchsfunktionen hergeleitet werden. Aus den technischen Verbrauchsfunktionen erhält man den Faktorverbrauch einer Elementarkombination bei gegebener Produktionszeit. Bei jeder Elementarkombi-

nation an einem Aggregat wird außerdem stets eine feste Produktmenge x_l hergestellt. Damit hat man den eindeutigen Zusammenhang zwischen Input und Output
für eine Elementarkombination bei gegebener Produktionszeit erfasst; man kann
auf dieser Grundlage dann die ökonomischen Verbrauchsfunktionen beschreiben.
Aus dem Zeitbelastungsbild $g(t) = db/dt$ einer Elementarkombination und der
technischen Verbrauchsfunktion $dr/dt = f(db/dt)$ lässt sich ein Zeitverbrauchs-
bild ableiten, das die Entwicklung des Momentanverbrauchs im Zeitablauf
$dr/dt = f[g(t)]$ darstellt. In der Abb. 6.4 ist eine solche Herleitung auf graphi-
schem Wege erfolgt. Der Gesamtverbrauch r_l^1 bei einmaliger Durchführung der
l-ten Elementarkombination ergibt sich durch Integration der Verbrauchsfunktion
in den Grenzen $t = 0$ bis $t = t_l$, wenn t_l die Zeitspanne zur Durchführung der E-
lementarkombination ist:

$$ r_l^1 = \int_0^{t_l} \frac{dr}{dt}(t)\, dt. $$

Der Gesamtverzehr ist das Integral des Momentanverzehrs während der Produktionszeit t_l; in Abb. 6.4 entspricht er der schraffierten Fläche unter der Kurve
des Zeitverbrauchs dr/dt.

Das folgende einfache numerische Beispiel soll ergänzend exemplarisch zeigen, wie sich die Input-Output-Beziehungen für eine Elementarkombination der
Heinen-Produktionsfunktion formal berechnen lassen.

Eine Maschine kann auf eine Intensität $\lambda \in \left[\underline{\lambda}, \overline{\lambda} \right] = [0,4]$ eingestellt werden.
Allerdings benötigt sie eine gewisse Anlaufzeit und eine Bremsphase, um eine an-
gestrebte Intensität λ^0 zu erreichen bzw. danach wieder in den Stillstand zurück-
zukehren. In der Anlauf- bzw. Bremsphase kann die Intensität mit einer konstanten Veränderungsrate $\alpha = d\lambda/dt = d^2 b/dt^2 = 2$ variiert werden. Ist zum Beispiel
die angestrebte Intensität $\lambda^0 = 3$, dann benötigt man jeweils 1,5 Stunden, um diese Intensität zu erreichen bzw. wieder von der Intensität $\lambda^0 = 3$ auf $\lambda = 0$ zu
kommen. Hat man die angestrebte Intensität dagegen einmal erreicht, so kann sie
konstant beibehalten werden für eine beabsichtigte Laufzeit von zum Beispiel 6
Stunden. Allerdings darf die Laufzeit zusammen mit der Anlauf- und Bremsphase
$\overline{t} = 24$ Stunden nicht überschreiten. Spätestens dann muss die Maschine abgeschaltet werden, um wieder gewartet zu werden. Das Zeitbelastungsbild könnte in
diesem Fall also eine Gestalt haben, wie sie in Abb. 6.5 dargestellt ist. In einer
Stunde kann die Maschine bei einer Intensität von $\lambda = 1$ genau 2 Arbeitseinheiten
abgeben; die zum Anlaufen und Bremsen des Aggregates aufgewendete Arbeit ist
zur Produktion nicht nutzbar.

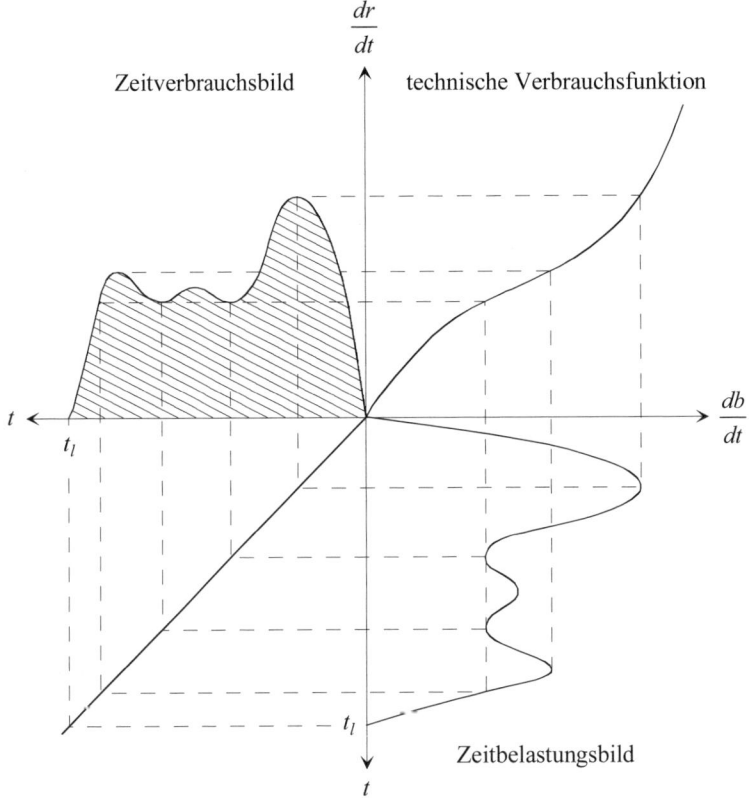

Abb. 6.4.   Graphische Ableitung des Zeitverbrauchs

Bei einer angestrebten Intensität von $\lambda^0 = 2$ können dann pro Stunde von der Maschine 4 Arbeitseinheiten abgegeben werden, so dass die rein produktionsbedingte Laufzeit 5 Stunden betragen würde, falls für die Fertigung 20 Arbeitseinheiten erforderlich wären. Zum Anlaufen und Bremsen des Aggregats wird nochmals jeweils 1 Stunde benötigt, so dass die Gesamtlaufzeit der Maschine 7 Stunden beträgt. Zur Bereitstellung von 100 Arbeitseinheiten würde man bei gleicher Intensität 27 Stunden benötigen. Eine solch hohe zeitliche Belastung ist jedoch nicht möglich, da die maximale Laufzeit $\bar{t} = 24$ überschritten würde. Andererseits wäre zur Erreichung von 20 Arbeitseinheiten bei einer alternativen Intensitätenwahl von $\lambda^0 = 1{,}3$ bzw. 4 eine Produktionszeit von

$$t = 11 \left(10 + 2 \cdot 0{,}5\right),\ \frac{19}{3}\left(\frac{20}{6} + 2 \cdot 1{,}5\right)\ \text{bzw.}\ \frac{13}{2}\left(\frac{20}{8} + 2 \cdot 2\right)$$

erforderlich. Was man dabei allerdings erstaunlicherweise feststellt, ist, dass die Gesamtlaufzeit mit steigender Intensität zunächst fällt und dann wieder steigt, da bei hohen Intensitäten die Anlauf- und Bremsphase überproportional viel Zeit in Anspruch nehmen.

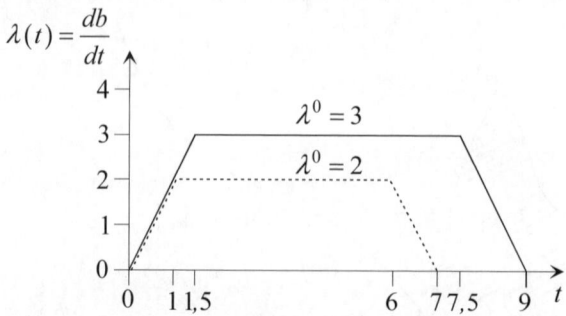

Abb. 6.5.   Zeitbelastungsbild des numerischen Beispiels

Hat man bei Zugrundelegung des Zeitbelastungsbildes von Abb. 6.5 weiterhin für den Momentanverbrauch des potentialabhängigen Faktors die Funktion

$$\frac{dr}{dt} = \lambda(t)^2 + 2\lambda(t),$$

so ergibt sich der Gesamtverbrauch r für 20 Arbeitseinheiten bei $\lambda^0 = 2$ und $t = 7$ durch das Integral

$$r = \int_0^7 \left(\lambda(t)^2 + 2\lambda(t)\right) dt = \int_0^7 \lambda(t)^2\, dt + \int_0^7 2\lambda(t)\, dt$$

$$= \int_0^1 (2t)^2\, dt + \int_1^6 2^2\, dt + \int_6^7 (14-2t)^2\, dt$$

$$+ \int_0^1 2 \cdot 2t\, dt + \int_1^6 2 \cdot 2\, dt + \int_6^7 2(14-2t)\, dt$$

$$= \left[\tfrac{4}{3}t^3\right]_0^1 + \left[4t\right]_1^6 + \left[196t - 28t^2 + \tfrac{4}{3}t^3\right]_6^7$$

$$+ \left[2t^2\right]_0^1 + \left[4t\right]_1^6 + \left[28t + 2t^2\right]_6^7$$

$$= \frac{4}{3} + 20 + \frac{4}{3} + 2 + 20 + 2$$

$$= \frac{140}{3}.$$

Hierbei wurde aus dem Zeitbelastungsbild in Abb. 6.5 zunächst die Funktion $\lambda(t)$ bestimmt mit

$$\lambda(t) = \begin{cases} 2t, & 0 \leq t \leq 1, \\ 2, & 1 \leq t \leq 6, \\ 14 - 2t, & 6 \leq t \leq 7, \end{cases}$$

diese in die Funktion des Momentanverbrauchs eingesetzt und dann stückweise integriert.

Neben den intensitätsabhängigen Verbrauchsfunktionen unterscheidet HEINEN auch ökonomische Verbrauchsfunktionen für Einsatzgüter, die unmittelbar output-abhängig $\left(r_l^1 = r_l^1(x_l) \right)$ bzw. unmittelbar zeitabhängig $\left(r_l^1 = r_l^1(t_l) \right)$ sind. So werden Hilfs- und Betriebsstoffe, die mit den Produkten direkt kombiniert werden, sowie Werkstoffe und menschliche Arbeit, soweit sie durch einen Stücklohn entgolten wird, direkt von der hergestellten Produktmenge x_l bei einmaliger Durchführung der Elementarkombination l abhängig sein. Bei Gehaltsempfängern und zur Erfassung der Abnutzung von Potentialgütern schlägt HEINEN als Maß des Mengenverzehrs die beanspruchte Zeitdauer t vor. Das ist nicht ganz unproblematisch, da die dazu notwendige Bestimmung der Gesamtnutzungszeit von Aggregaten schwierig ist. Außerdem wird eine Anlage nicht nur durch die technische Beanspruchung, sondern auch durch Bedarfsverschiebungen und den technischen Fortschritt entwertet.

Die Anzahl der Wiederholungen w_l der l-ten Elementarkombination hängt wesentlich von dem Verhältnis der herzustellenden Produktmenge zur erzeugten Menge pro Elementarkombination x/x_l ab. Eine weitere wichtige Einflussgröße ist der Verteilungsparameter v_l mit

$$0 \leq v_l \leq 1, \quad \sum_l v_l = 1.$$

Er gibt den Anteil der Produktmenge an, der mit der l-ten Elementarkombination erzeugt wird. Wird zum Beispiel ein Drittel einer Endproduktmenge in 4er Losen bearbeitet (Elementarkombination $l = 4$) und der Rest in Einzelstücken gefertigt (Elementarkombination $l = 1$), dann ist $v_1 = 2/3$ und $v_4 = 1/3$. Zusätzlich ist eventuell ein Ausschusskoeffizient c_l zu bestimmen, der die Anzahl der einzusetzenden Güter pro fehlerfreier Endproduktmenge angibt. Ist zum Beispiel mit einem durchschnittlichen Ausschuss von 20 % in der Elementarkombination $l = 4$, also mit 0,8 guten Stücken für jedes hergestellte Stück zu rechnen, dann beträgt der Ausschusskoeffizient $c_4 = 1/0,8 = 5/4$. Die Zahl der Wiederholungen w_l einer Elementarkombination l ergibt sich dann aus

$$w_l = v_l \cdot c_l \cdot \frac{x}{x_l}.$$

Sollen z. B. 3.600 Textilstücke produziert werden und ist dabei die Elementarkombination $l = 4$ mit dem Verteilungsparameter $v_4 = 1/3$ zu verwenden, dann ist bei einem Ausschusskoeffizienten $c_4 = 5/4$

$$w_4 = 1/3 \cdot 5/4 \cdot 3.600/4 = 375 \;,$$

d. h. die Elementarkombination muss 375-mal wiederholt werden. Der gesamte Input r_l eines Faktors in dieser Elementarkombination l errechnet sich durch die Multiplikation der Wiederholungszahl w_l mit dem Input pro Elementarkombination $r_l^1(x_l)$:

$$r_l = r_l^1(x_l) \cdot w_l \;.$$

Bei den hier nur betrachteten primären Elementarkombinationen ist die Zahl der erforderlichen Wiederholungen direkt von der angestrebten Endproduktmenge abhängig. Hierunter fallen zum Beispiel Produktionsvorgänge, bei denen ein Produkt unmittelbar bearbeitet wird, die fertigungstechnische Reife des Produkts also unmittelbar zunimmt. HEINEN weist zudem noch auf die Existenz sekundärer und tertiärer Elementarkombinationen hin. Bei sekundären Elementarkombinationen hängt die Zahl der notwendigen Wiederholungen nur noch sehr lose von der Endproduktmenge ab. Vielmehr wird dabei die Zahl der Wiederholungen vor allem durch die Auflagengröße bestimmt. Beispielsweise sind Anlauf- und Bremsphasen sowie Rüstvorgänge sekundäre Elementarkombinationen. Werden 3.600 Textilstücke in 4er Losen gefertigt, dann ist die sekundäre Elementarkombination „Einschalten der Nähmaschine" 900-mal durchzuführen. Die Zahl der Wiederholungen von tertiären Elementarkombinationen hängt über andere Größen indirekt von der Endproduktmenge oder überhaupt nicht von dieser ab. Beispiele für solche Prozesse sind die Reinigung und Wartung von Maschinen wie auch alle Verwaltungs- und Finanzierungstätigkeiten. Hierbei wird häufig vorgeschlagen, die Zeit als Variable zu verwenden.

Bei den Ausführungen ist hier darüber hinaus von Elementarkombinationen ausgegangen worden, die HEINEN als outputfix-limitational bezeichnet. Die Ausbringungsmenge pro Elementarkombination ist also fest (outputfix), und der Kombinationsprozess gehorcht limitationalen Bedingungen. HEINEN weist zudem auf die Möglichkeit outputvariabler und substitutionaler Elementarkombinationen hin. Bei outputvariablen Prozessen ist die Elementarkombination in gewissen Grenzen variierbar. Zum Beispiel kann die Zahl der Porzellanwaren, die bei einem Brennvorgang in einem Ofen fertig gestellt werden, bis zu einem bestimmten Ausmaß verändert werden. Substitutionale Elementarkombinationen können beispielsweise vorkommen, wenn mehrere Potentialgüter am Vollzug einer Elementarkombination mitwirken und die gleiche Ausbringungsmenge durch unterschiedliche Einsatzkombinationen dieser Aggregate zu erzielen ist. Entsprechend dieser Unterscheidung lassen sich die betrachteten outputfix-limitationalen sowie outputvariabel-limitationale, outputfix-substitutionale und outputvariable-substitutionale Elementarkombinationen beobachten.

6.3   Engineering Production Functions

6.3.1   *Entwicklung und allgemeine formale Darstellung von Engineering Production Functions*

Die herkömmlichen Produktionsfunktionen beschränken sich auf die funktionale Verknüpfung von Gütermengen (Input-Output-Beziehungen). Wenn diese Funktionen auch eine Fülle von Aussagen über Produktionssysteme liefern, so werfen sie doch stets zwei Hauptprobleme auf. Das erste Problem lässt sich durch die Fragestellung charakterisieren, wie in der Praxis denn nun Produktionsfunktionen aufzustellen seien. Das zweite Problem lautet: Inwieweit können die technischen Eigenschaften der Betriebsmittel und Werkstoffe bei der Güterkombination vernachlässigt werden, ohne dass dadurch die ökonomischen Input-Output-Beziehungen in Frage gestellt werden müssen? Zwar hat GUTENBERG als ersten Schritt in die Richtung auf eine technische Neubegründung der Produktionstheorie das Konzept der Verbrauchsfunktionen in die Analyse der produktiven Gesetzmäßigkeiten eingeführt, und diese Untersuchungsform ist dann von HEINEN weiter vertieft worden. Die technischen Merkmale der Produktionsfaktoren werden aber nur begrenzt mit einbezogen, da im Allgemeinen eine direkte Beziehung zwischen Leistungsabgabemenge eines Potentialfaktors und Verbrauchsmengen anderer Produktionsfaktoren hergestellt wird. Die empirische Ermittlung der Leistungsabgabeintensität und ihre Abhängigkeit von der Produktionsmenge bleiben dabei weiterhin offen. In diese Lücke stoßen die parallel in den USA entwickelten Engineering Production Functions. Ihr Anliegen ist es, die Gesetzmäßigkeiten produktiver Zusammenhänge industrieller Fertigungsprozesse auf der Basis der ihnen zugrunde liegenden technisch-naturwissenschaftlichen Verfahren näher zu analysieren. Bei der Aufstellung von Engineering Production Functions wird so der Produktionsprozess in seine einzelnen chemischen und physikalischen Elementarvorgänge zerlegt, und es wird versucht, die wechselseitigen Einwirkungen und Transformierungen von mechanischen, thermischen, elektrischen und chemischen Energien zu ergründen. Dabei muss vor allem festgestellt werden, welche technischen Eigenschaften der Produktionsfaktoren für den betreffenden Produktionsvorgang bedeutsam sind. Der Produktionsvorgang wird vom Techniker ausschließlich durch derartige technische Größen, Engineering Variables genannt, beschrieben.

CHENERY (1949) kann aus der ökonomischen Sichtweise als Pionier auf dem Gebiet der Erstellung von Engineering Production Functions bezeichnet werden; von Technikern, wie dem französischen Flugzeugkonstrukteur BRÉGUET (1927), sind bereits früher vergleichbare Funktionen erstellt worden. Ursachen für diese unabhängigen Parallelentwicklungen in Ökonomie und Technik über Jahrzehnte hinweg waren vornehmlich die unterschiedlichen Zielsetzungen und Verständigungsschwierigkeiten im Begriffsbereich. Auf dem Gebiet der Landwirtschaft sind diese Schwierigkeiten früher überwunden worden und haben zu den Agricultural Production Functions auf der Grundlage biologischer Gesetzmäßigkeiten geführt. Diese Funktionen sollen aber hier wegen der Betonung der industriellen Fertigungsvorgänge außer Betracht bleiben, wenn sie auch für den Agraringenieur unter Produktionsgesichtspunkten von besonderer Bedeutung sind.

Zur allgemeinen formalen Darstellung von Produktionszusammenhängen im Rahmen von Engineering Production Functions ist zunächst eine systematische Aufgliederung des allgemeinen Produktionsprozesses in Energiequellen, Übertragungsmittel und Kontrollinstanzen erforderlich. Dabei bedient sich die ingenieurwissenschaftliche Analyse in der Praxis sowohl der experimentellen wie auch der analytischen Methode. Während die experimentelle Methode für den Fall, dass keine ausreichende Theorie über die Zusammenhänge zwischen den Prozessvariablen existiert, von einem ähnlichen System aus, das durch Erprobung modifiziert worden ist, extrapoliert, geht die analytische Methode von Idealzuständen aus, wie zum Beispiel Reibungsfreiheit, Verhalten eines idealen Gases und ähnlichem, und ermittelt die physikalisch-chemischen Zusammenhänge in Laborversuchen. Auf dieser Basis lässt sich dann ein komplexer Produktionsprozess weitgehend durch Einzelaggregate wie Motoren, Leitungen, Pumpen usw. beschreiben, die im Endeffekt die Übertragung verschiedener Energieformen im Produktionsprozess bewirken. Kernpunkt der Überlegungen ist die weitgehende Rückführung der Energietransformation solcher Einheiten des Produktionssystems auf naturwissenschaftliche Fundamentalgesetze und ihre Verknüpfung in Funktionsform. Das nachgelagerte Problem besteht dann in der Transformation der gefundenen technologischen Gesetzmäßigkeiten in ökonomisch bedeutsame Ausdrücke, also im Übergang zu Produktionsfunktionen herkömmlicher Art.

Für die formale Analyse werden drei Güterarten unterschieden:

– „Materials", d. h. Verbrauchsfaktoren, die selbst in das Produkt eingehen bzw. Energie liefern. Hierzu zählen beispielsweise Metall und Mineralöl.
– „Services", d. h. Bestandsfaktoren, die gewissermaßen nur eine katalytische Wirkung haben, indem sie Energie anbieten, umformen oder deren Umformung kontrollieren, und die damit mehreren Produktionen gemeinsam sein können. Faktoren dieser Art sind zum Beispiel Öfen, Dampfkessel, Kompressoren und Instrumente.
– „Products", d. h. Produkte, die das Ergebnis des technologischen Prozesses darstellen.

Alle drei Gruppen von Gütern besitzen je nach ihrer Natur eine Reihe von physikalisch-chemischen Eigenschaften, die durch sie kennzeichnende Messgrößen, die so genannten „Engineering Variables" ausgedrückt werden können. Diese technischen Variablen wie Spannung, Dichte und Druck sind zwar für die technisch-naturwissenschaftlichen Zusammenhänge bedeutsam, erfahren aber keine Bewertung im wirtschaftlichen Sinne. Zudem sind die drei aufgeführten Güterarten durch ihre jeweiligen Quantitätsvariablen, die so genannten „Economic Variables" wie zum Beispiel Gewicht, Stück, Liter usw. charakterisiert, die aus ökonomischer Sicht eine Bewertung mit Preisen erfahren.

Die Engineering Production Functions stellen nun allein den funktionalen Zusammenhang zwischen den technischen Variablen der Verbrauchs- und Bestandsfaktoren, der Energie, die den Bestandsfaktoren zur Transformation zugeführt werden muss, und den daraus resultierenden Produktmengen her. Sie durchleuchten die technischen Substitutionsmöglichkeiten der Faktoren. Die praktische Analyse und Beschreibung einer Menge von Produktionen vollzieht sich dann in drei Schritten (CHENERY 1953, S. 302 ff.):

1) Zunächst werden Angaben darüber gemacht, wie, in welcher Menge und mit wie viel Energie ein Produkt mit gegebenen technischen Eigenschaften produziert werden kann, wenn die technischen Eigenschaften der Verbrauchsfaktoren ebenfalls bekannt sind.

2) Damit die in 1) geforderte Energie wirksam werden kann, werden diejenigen Energiemengen ermittelt, die den Bestandsfaktoren, abhängig von ihren jeweiligen technischen Eigenschaften, zugeführt werden müssen.

3) Schließlich ist der Zusammenhang zu ermitteln zwischen den Faktorquantitäten und den technischen Eigenschaften der nach 1) und 2) zum Einsatz gelangenden Faktoren einerseits und des Produktes andererseits. Um diese Schritte im Einzelnen nachvollziehen zu können, soll für die weiteren Betrachtungen für die Variablen eines Produktionsmodells auf der Basis von Engineering Production Functions die durch Tabelle 6.1 eingeführte Bezeichnungsweise benutzt werden.

Tabelle 6.1.   Variablen eines Produktionsmodells auf der Basis von Engineering Production Functions

Güterart	Quantitätsvariablen (Economic Variables)	Technische Variablen (Engineering Variables)
Verbrauchsfaktoren	$r_i \, (i = 1, ..., I)$	$z_{il}^r \, (l = 1, ..., L)$
Bestandsfaktoren	$b_m \, (m = 1, ..., M)$	$z_{ms}^b \, (s = 1, ..., S)$
Produkt	x	$z_q^x \, (q = 1, ..., Q)$

Die einzelnen Schritte zur Aufstellung einer Engineering Production Function lassen sich dann wie folgt formal skizzieren (vgl. ZSCHOCKE 1974, S. 52 ff.).

Schritt 1

Die Beschreibung von Produktionsmöglichkeiten soll mit Hilfe einer oder mehrerer Funktionen erfolgen, in die

a) die Quantitätsvariable x des betreffenden Produkts,

b)   die technischen Variablen z_q^x des Produkts,

c)   die technischen Variablen z_{il}^r der eingesetzten Verbrauchsfaktoren und

d)   eine Energievariable E_R, welche die zur Produktion erforderliche Energie-quantität symbolisiert,

eingehen. CHENERY bezeichnet eine solche Funktion als Material Transformation Function; sie soll hier Transformationsfunktion genannt werden. Wenn man vereinbart, dass der Vektor

$$z^x := \left(z_1^x, \ldots, z_Q^x \right)$$

die Q technischen Eigenschaften des Produkts und der Vektor

$$z^r := \left(z_{11}^r, \ldots, z_{1L}^r, \ldots, z_{I1}^r, \ldots, z_{IL}^r \right)$$

die L technischen Eigenschaften der I eingesetzten Verbrauchsfaktoren darstellen, so lässt sich die Transformationsfunktion schreiben als:

$$f_1\left(x, z^x, z^r, E_R \right) = 0 .$$

Schritt 2

Damit die für Schritt 1 erforderliche Energie für die Durchführung der Produktion bereitgestellt wird, muss den Bestandsfaktoren insgesamt die Menge E_S an Energie zugeführt werden. E_S hängt also von E_R und zusätzlich von den technischen Eigenschaften der Bestandsfaktoren ab. Bezeichnet der Vektor

$$z^b := \left(z_{11}^b, \ldots, z_{1S}^b, \ldots, z_{M1}^b, \ldots, z_{MS}^b \right)$$

die S technischen Eigenschaften der M Bestandsfaktoren, mit deren Hilfe die Umformung in Schritt 1 vollzogen wird, so lässt sich die Abhängigkeit von E_S wie folgt darstellen:

$$E_S = f_2\left(E_R, z^b \right) .$$

Diese Funktion soll als Energiezufuhrfunktion bezeichnet werden. Technische Eigenschaften von Bestandsfaktoren, die deren Energiebedarf beeinflussen, sind zum Beispiel Geschwindigkeit, Drehzahl und Temperatur.

Schritt 3

In Schritt 3 sollen die technischen Variablen auf Quantitätsvariablen der eingesetzten Faktoren, d. h. technologisch festgelegte auf ökonomische Gütereigenschaften bezogen werden. Dies geschieht durch Input-Funktionen:

$$r_i = f_i^r \left(z^r, z^b, z^x \right), \ i = 1, \ldots, I \ ,$$

$$b_m = f_m^b \left(z^r, z^b, z^x \right), \ m = 1, \ldots, M \ .$$

Durch die Input-Funktionen wird also die Verbindung zwischen dem technischen und dem ökonomischen Bereich hergestellt.

Lässt sich die Energiezufuhrfunktion

$$E_S = f_2 \left(E_R, z^b \right)$$

nach E_R auflösen, also

$$E_R = f_3 \left(E_S, z^b \right),$$

und setzt man diese Gleichung in die Transformationsfunktion ein, so erhält man die so genannte Engineering Production Function

$$f_1 \left(x, z^x, z^r, z^b, E_S \right) = 0 \ .$$

Sie beschreibt die Verknüpfung der technischen Eigenschaften des Produktes und der an einem Produktionsverfahren beteiligten Faktoren mit der Produktquantität und der Energie, die den beteiligten Bestandsfaktoren zuzuführen ist. Für die Umformung in eine herkömmliche Produktionsfunktion ist es wieder erforderlich, dass die technischen Variablen explizit durch die Faktormengen ausgedrückt werden können und dann in die Engineering Production Functions eingesetzt werden, so dass man

$$f_1 \left(x, r_1, \ldots, r_I, b_1, \ldots, b_M \right) = 0$$

erhält, was die implizite Form einer allgemeinen ökonomischen Produktionsfunktion für den Einproduktfall darstellt.

Da in der Regel nicht alle technischen Variablen durch Faktormengenvariablen ersetzt werden können, müssen sie als Randbedingungen oder vorgegebene Daten in die ökonomische Produktionsfunktion eingehen. Dies verdeutlicht allerdings den speziellen Charakter der Engineering Production Functions und den in gewissen Fällen stark eingeschränkten Realitätsbezug von ökonomischen Produktionsfunktionen. Und in der Tat gestalten sich die Anwendungsgebiete der Engineering Production Functions so vielfältig, wie es verschiedene Technologien gibt, da sie nur singuläre Aussagen für bestimmte technische Variablen liefern. Dennoch können die Engineering Production Functions in der Weise systematisiert werden, ob sie sich auf einzelne Aggregate oder auch auf ganze Industrieprozesse beziehen. Dies soll in den nachfolgenden Abschnitten ausführlicher dargelegt werden.

6.3.2   *Engineering Production Functions für einzelne Aggregate*

Einen ausgezeichneten und umfassenden Überblick über Engineering Production Functions für einzelne technologische Aggregate gibt SMITH (1961). Er versucht, geschlossene typische Grundprozesse herauszugreifen und anhand der dafür gültigen physikalischen, chemischen oder mehr konstruktionsbedingten Grundsätze den Zusammenhang zwischen Technologie und Ökonomie hervorzuheben. Ein ähnliches Anliegen verfolgt das Buch von SCHWEYER (1955), das ebenfalls als Standardwerk auf dem Gebiet der Engineering Production Functions bezeichnet werden kann, wobei jedoch die technische Seite der Produktion stärker betont wird. Die Darstellungen beschränken sich hier vornehmlich auf so genannte Prozessindustrien, die durch die Veredelung von Rohmaterialien zu Handelsartikeln auf der Grundlage physikalischer, chemischer oder biologischer Veränderungen charakterisiert sind.

Im Bereich der reinen Energieübertragung haben sich hauptsächlich SMITH (1961) und CHENERY (1953) mit dem Problem der Übertragung elektrischer Energie befasst, bei dem vor allem die Anwendung physikalischer Fundamentalgesetze der Elektrik deutlich wird. Bei ihrer Analyse beschränken sie sich im Wesentlichen auf Elektrizitätsgrößen, da sie unterstellen, dass die Bestandsfaktoren des Energieübertragungsprozesses bereits vorhanden sind. Eine Erweiterung im Bereich der technischen Variablen wird dagegen notwendig, wenn zusätzlich auch noch die Art der Generatoren und Freileitungskonstruktionen für ein noch aufzubauendes Übertragungssystem zu bestimmen ist, damit die Energieübertragung optimal gestaltet wird. In diesem Fall müssen zudem technische Variable der Statik und Dynamik sowie die Transformationsfunktionen der Erzeugung elektrischer Energie aus kinetischer, thermodynamischer oder nuklearer Energie mit berücksichtigt werden. Die Anwendung von Naturgesetzen auf die technischen Produktionszusammenhänge bedeutet dabei zugleich eine Rückführung auf Idealzustände. Den im Vergleich dazu komplexen realen Umweltverhältnissen kann dadurch Rechnung getragen werden, dass man zusätzliche Koeffizienten in die Engineering Production Functions einführt, die pauschal alle nicht genau erfassbaren Einflussgrößen repräsentieren; sie haben den Charakter von Störvariablen. Einen solchen Weg schlägt beispielsweise auch SMITH (1961) bei der Behandlung eines Problems der Wärmeübertragung ein, indem er versucht, durch einen Koeffizienten die undefinierbare Dampffilmdicke an einem Boilerrohr zu erfassen. Er betrachtet die Verhältnisse der Dampfleitung im Rohr unter dem Blickwinkel der Isolationsverluste und führt als technische Variable Innen- und Außentemperaturen, Materialdicke, spezifische elektrische Leitfähigkeit und Rohroberfläche ein. Als Inputs treten Wärmemenge am Rohranfang und das Rohrwandvolumen, als Output die Wärmemenge am Ende des Rohres auf. Anhand eines Beispiels werden die Output-Isoquanten in Abhängigkeit der substitutionalen technischen Inputs berechnet. SCHWEYER (1955) versucht dagegen, alle Einflussgrößen außer den Temperaturen in einem generellen Wärmeübergangskoeffizienten zusammenzufassen. Die Problematik der Ermittlung derartiger Koeffizienten ist ein zentrales Problem der Wärmelehre und kann wieder auf eine Vielzahl anderer physikalischer Größen zurückgeführt werden.

Auf dem Gebiet der chemischen Grundprozesse stellt CHENERY (1953) die Verhältnisse bei der Elektrolyse dar. Output ist die Menge der dabei gewollt abgeschiedenen Komponenten Natrium, Kalium oder Chlor. Technische Variablen sind Gleichstromgrößen und die Anzahl der Elektrolysezellen. Die Transformationskurve zeigt für diesen Fall an, wie das Ausgangsmaterial in die Ionenkomponenten in Abhängigkeit von der zugeführten elektrischen Energie übergeht. In eine andere Richtung gehen die Untersuchungen von SMITH (1961) über chemische Gleichgewichtsreaktionen auf der Grundlage des Massenwirkungsgesetzes. Als Outputs treten naturgemäß die Reaktionsprodukte auf, während die technischen Variablen die eingesetzten Mengen der Ausgangsstoffe sind, deren Verhältnis die Gleichgewichtskonstante beeinflusst. Von einer eventuell notwendigen Energiezufuhr oder Katalyse zur Einleitung der Reaktion wird abstrahiert. SMITH erweitert diese Überlegungen zudem auf die Kinetik chemischer Reaktionen, wobei die Diffusion von Stoffen von dem Konzentrationsunterschied und der Zeit abhängt. Als Beispiel dient die Veresterung von Alkohol und Essigsäure zu Äthylacetat.

Die von SCHWEYER (1955) analysierten Destillationen fallen in den Bereich der physikalischen Grundprozesse. Hier wird die Menge des Destillats in Abhängigkeit von Dampfgeschwindigkeit, Wirkungsgrad des Verdampfers, Verdampfungsrate, Fläche im Kondensationsturm, Anzahl der Aggregate usw. dargestellt. Praktische Anwendungsfälle hierzu sind in Ölraffinerien anzutreffen. Die Verhältnisse bei der Verdampfung werden dabei als bekannte Randbedingungen vorausgesetzt. Das Produkt Dampfmenge erhält man dann in Abhängigkeit von der Verdampferfläche, der Temperaturdifferenz, den spezifischen Wärmemengen und einem allgemeinen Wärmeübergangskoeffizienten. Hierfür hat CHENERY (1953) in Einzelschritten die Kombination der Transformationsfunktion für die Änderung des Aggregatzustandes mit der Energiezufuhrfunktion, welche die Wärmeverluste über den Wärmeübergangskoeffizienten berücksichtigt, zur Engineering Production Function aufgezeigt. Ebenso können Filterprozesse physikalisch durch ein zeitliches Exponentialgesetz beschrieben werden, wobei die Filterfläche, die Filtrationszeit, der Druck, die Viskosität und die Porengröße von Einfluss auf das ausgebrachte Filtrat sind. Zusätzlich ergeben sich zyklische Betrachtungen des Filtersystems durch Regeneration und Mehrfachfiltrationen. Ein besonderer zyklischer Regenerationsprozess dieser Art tritt bei der Katalyse auf. Katalysatoren, die gleichzeitig auch Reinigungs- oder Filterwirkung haben können, dienen zur Initiierung eines Prozesses, ohne selbst in diesen einzugehen. Es ist jedoch in Abständen notwendig, eine Wiederaufbereitung der oft sehr wertvollen Materialien herbeizuführen. SMITH rechnet hierzu auch Adsorptionsmittel und berücksichtigt neben den Größen, die bei der Filtration eine Rolle spielen, noch die Zykluszeit bzw. die Anzahl der Regenerationen, die pro Zeiteinheit für eine bestimmte Menge an behandeltem Produkt notwendig sind. Auch hier lässt sich auf der Grundlage der theoretischen Annahmen eine Isoquantenschar für die beiden Inputs Adsorbermenge und Adsorbervolumen ableiten.

Metallurgische Grundprozesse stellen ein Bindeglied zwischen chemischer Stoffveränderung und physikalischer Zustandsänderung dar, weshalb hier unter technisch-naturwissenschaftlichen Gesichtspunkten das Gebiet der physikalischen Chemie von besonderer Bedeutung ist. Maßgeblich sind zum Beispiel die chemischen Gleichgewichte bei der Schlackenbildung und die Wärmebilanz der verwendeten Ofeneinheiten. HALL (1959) schildert die Verhältnisse bei der Stahlerzeugung, d. h. die bei der Schmelzbehandlung ablaufenden Oxydationsreaktionen des Kohlenstoffs und der Eisenbegleiter sowie der gleichzeitigen Reduktion des Eisens. Die Mengen an zugeführten Schlackebildnern und Sauerstoff sowie die notwendigen Wärmemengen unter Berücksichtigung von Wärmeverlusten und Wärmetönungen der Gleichgewichsreaktionen stellen die Einflussgrößen dar. Diese so genannte Einflussgrößenrechnung ist auch Kernpunkt der Arbeit von STEVENS (1939) auf dem Gebiet des Hüttenwesens, die jedoch mehr den formal-mathematischen Aspekt betont, aber auch auf Anwendungsbeispiele wie etwa die Wärmebehandlung verweist. Da bei der Wärmebehandlung keine Stoff-, sondern eine Gefügeänderung auftritt, sind die technischen Variablen hierbei die Festigkeit und Korngröße des Materials.

Im Rahmen mehrstufiger Industrieprozesse spielt der Massentransport von Gütern oft eine entscheidende Rolle. Besondere Beachtung finden dabei Fließvorgänge, da in sie physikalische Grundsätze der Strömungslehre eingehen. So untersucht SCHWEYER (1955) die Verhältnisse beim Flüssigkeitstransport. Wegen der Reibung an der Rohrwandung, die laminare Strömungsverhältnisse abbaut, sind neben Dichte, Druck bzw. Fließgeschwindigkeit auch Rauhigkeit und Rohrdurchmesser zu berücksichtigen. CHENERY (1953) betrachtet dagegen die Verhältnisse beim Gastransport, wo Temperatur und Druck zusätzlich von Einfluss sind. Unter der Annahme eines idealen Gases können dann die Gesetze der kinetischen Gastheorie angewendet werden. SMITH (1961) verwendet jedoch eine einfachere Formel, die in erster Linie die Abhängigkeit vom Rohrdurchmesser als technische Variable herausstellt. STEVENS (1939) verweist auf die Anwendbarkeit der Einflussgrößenrechnung bei Fließvorgängen. In diesem Zusammenhang betrachtet CHENERY gleichzeitig die Verhältnisse bei Pumpvorgängen, denen die Gesetze der Thermodynamik zugrunde liegen. Die aufzuwendende Pumparbeit ist hauptsächlich von den Druckverhältnissen und den Eigenschaften des Gases wie spezifischer Wärme und Kompressibilität abhängig. Output ist das Pumpvolumen. SCHWEYER (1955) geht auf die entsprechenden Verhältnisse bei flüssigen und breiigen Medien ein und berücksichtigt explizit die Pumpengröße als technische Variable. STEVENS (1939) erwähnt die Verwendbarkeit der Einflussgrößenrechnung unter Berücksichtigung von Druckverlusten an Pumpenventilen.

In Tabelle 6.2 ist die zitierte Literatur nach den genannten Anwendungsgebieten geordnet noch einmal übersichtlich zusammengestellt.

Tabelle 6.2.   Literaturübersicht zu den Anwendungsgebieten der Engineering Production Functions für einzelne Aggregate

Anwendungsgebiete	Literatur
Reine Energieübertragungen	
- Transport elektrischer Energie	CHENERY (1953); SMITH (1961)
- Wärmeübertragung	SCHWEYER (1955); SMITH (1961)
Chemische Grundprozesse	
- Elektrolyse	CHENERY (1953)
- Gleichgewichtsreaktion	SMITH (1961)
- Kinetische Reaktion	SMITH (1961)
Physikalische Grundprozesse	
- Destillation	SCHWEYER (1955)
- Filterung	SCHWEYER (1955)
- Katalyse	SMITH (1961)
- Verdampfung	CHENERY (1953); SCHWEYER (1955)
Metallurgische Grundprozesse	
- Schmelzbehandlung	STEVENS (1939); HALL (1959)
- Wärmebehandlung	STEVENS (1939)
Massentransport	
- Fließvorgänge	CHENERY (1949); CHENERY (1953) SCHWEYER (1955); STEVENS (1939)
- Pumpvorgänge	CHENERY (1949); CHENERY (1953) SCHWEYER (1955); STEVENS (1939)

6.3.3   Engineering Production Functions für Industriezweige

Typisch für die Anwendung des Konzepts der Engineering Production Functions auf ganze Betriebsbereiche bzw. Industriezweige sind die Ansätze von BRÉGUET (1927), FERGUSON (1950) und CHENERY (1953), die als Klassiker auf diesem Gebiet der technischen Produktionsfunktionen angesehen werden. ZSCHOCKE (1974) bezeichnet die weiter darauf aufbauenden Arbeiten als Ausläufer. Dies ist sicherlich ein Indiz dafür, dass es schier unmöglich ist, das komplexe Produktionsgeschehen in verschiedenen Wirtschaftsbereichen in ein und dasselbe methodologische Schema zu pressen. Weiterhin muss in diesem Zusammenhang der Sammelband von LEONTIEF und CHENERY (1953) zu den Standardwerken gezählt werden, da dort eine Reihe von bemerkenswerten Untersuchungen unter Verwendung technologischer Daten aufzufinden ist.

Im Bereich des Bergbaus stellt der Erdgastransport ein wesentliches Problem bei der Erdgasgewinnung dar, was auch in der Mineralölindustrie an der Tatsache erkennbar wird, dass die hohen Transportkosten oft zum Abfackeln des Erdgases als Nebenprodukt der Erdölgewinnung führen. CHENERY (1953) hat sich hier insbesondere mit der Frage beschäftigt, wie die Einzelprozesse des Pumpens und

Fließens zu einer Engineering Production Function für den Erdgastransport kombiniert werden können. Dabei sind die technischen Variablen dieselben, wie sie bereits bei der Darlegung von Engineering Production Functions für Einzelaggregate für Pump- und Fließvorgänge angesprochen worden sind; der Output ist das transportierte Gasvolumen. CHENERY zeigt graphisch, wie unter sonst gleichen Bedingungen für die beiden technischen Inputs Rohrdurchmesser und Kompressionsverhältnis die substitutionalen Beziehungen zum Output anhand von Isoquanten dargestellt werden können. Dieser Fall wird in der einschlägigen Literatur immer wieder als beispielhaft zitiert.

Der Schwerpunkt der Arbeiten über Engineering Production Functions für Industriezweige liegt im Bereich der verarbeitenden Industrie. SCHWEYER (1955) untersucht einen kombinierten Prozess der chemischen Industrie, der teilweise reversibel ist und aus einem Autoklaven und einem Separator besteht. Als technische Variablen gehen hier die der chemischen Reaktion und Filterung bzw. Katalyse ein. Output ist das gewünschte Reaktionsprodukt unter Berücksichtigung von Rücklaufkomponenten, die erneut eingesetzt werden können. Arbeiten von FABIAN (1958, 1963), HALL (1959), LESOURNE (1963) sowie TSAO und DAY (1971) beziehen sich auf das Gebiet der eisenschaffenden Industrie. Die komplexe Verbindung einzelner Betriebsbereiche wie Hochöfen, Kokerei, Stahlwerk und Walzwerk, die in sich wieder eine Vielzahl von Aggregaten vereinigen, verdeutlicht, dass den Engineering Production Functions hier nur der Charakter von Hilfsfunktionen zukommt. Integrierte Hüttenwerke enthalten oft auch aus Gründen des technologischen Fortschritts mehrere alternativ verwendbare Aggregate nebeneinander wie zum Beispiel Siemens-Martin-Öfen und Sauerstoffaufblaskonverter in einem Stahlwerk. Für den Bereich der metallverarbeitenden Industrie sind die Arbeiten von HOLZMANN (1953), KURZ und MANNE (1963) sowie von MARKOWITZ und ROWE (1963) richtungsweisend. Sie beschäftigen sich in erster Linie mit der spanenden Bearbeitung, bei der Zerspanungskenngrößen wie Vorschubgeschwindigkeit, Spanwinkel und Schneidenverschleiß als technische Variable auftreten. Deutlich fällt dabei der Versuch auf, die Spanvorgänge auf einfache geometrische Formen und Elementarbearbeitungen wie Bohren, Drehen und deren Kombination bei Mehrfachbearbeitungen zurückzuführen. MANNE (1958, 1963) hat sich eingehend mit Prozessen der Mineralölverarbeitung befasst. Sie sind auf Grundprozesse der Destillation, Wärmeübertragung und von Fließvorgängen rückführbar, wobei die besondere Problematik der Kuppelproduktion zu berücksichtigen ist. Anwendungsmöglichkeiten in der Textilindustrie zeigt GROSSE (1953) auf. Technische Größen sind hier die Fahrtenzahl und die Stoffbreite; und für bestimmte Schüsse der Spindel pro Zeiteinheit sowie Spindelgeschwindigkeit und andere technische Variablen werden so genannte Maschinen-Output-Funktionen entwickelt.

Fragestellungen der Kombination von Elementarprozessen in der Kraftwerksindustrie sind von SMITH (1961) aufgegriffen worden. Er schaltet Dampfkessel, Turbinen, Generatoren und Stromleitungen in Linien hintereinander, wobei der Output der jeweils vorgelagerten Stufe als Input der nächsten Stufe auftritt und Verluste in Form von Wirkungsgraden berücksichtigt werden. Diesem Bereich kann auch die Wasseraufbereitung zugerechnet werden, da sie ein wesentlicher Aspekt für den Dampfkesselbetrieb ist. Die hier auftretenden technischen Zusammenhänge versucht SCHWEYER (1955) dadurch zu erfassen, dass er die chemischen Grundprozesse des Ionenaustausches und der Ausflockung miteinander verbindet.

Im Sektor der Transportwirtschaft stammen die grundlegenden Arbeiten von BRÉGUET (1927) und FERGUSON (1950), die sich mit dem Flugtransport beschäftigen. Dabei wird insbesondere der Treibstoffverbrauch in Abhängigkeit von Gewicht, Geschwindigkeit, Luftdichte und Maschinenkoeffizienten untersucht. HOLZMANN (1953) weist auf ähnliche Anwendungsmöglichkeiten für den Bahntransport hin.

Tabelle 6.3 gibt eine Literaturübersicht über die angesprochenen Anwendungsgebiete der Engineering Production Functions für ganze Industriezweige bzw. Wirtschaftsbereiche.

Tabelle 6.3.   Literaturübersicht zu den Anwendungsgebieten der Engineering Production Functions für Industriezweige und Wirtschaftsbereiche

Anwendungsgebiete	Literatur
Bergbau	
- Erdgastransport	CHENERY (1953)
Verarbeitende Industrie	
- Chemische Industrie	SCHWEYER (1955)
- Eisenschaffende Industrie	FABIAN (1958, 1963), HALL (1959); LESOURNE (1963); TSAO und DAY (1971)
- Metallverarbeitende Industrie	HOLZMANN (1953); KURZ und MANNE (1963); MARKOWITZ und ROWE (1963)
- Mineralölverarbeitung	MANNE (1958, 1963); SCHWEYER (1955)
- Textilindustrie	GROSSE (1953)
Energiewirtschaft	
- Kraftwerksindustrie	SMITH (1961)
- Wasseraufbereitung	SCHWEYER (1955)
Transportwirtschaft	
- Flugtransport	BRÉGUET (1927); FERGUSON (1950)
- Bahntransport	HOLZMANN (1953)

6.3.4   Engineering Production Function für eine Starkstromleitung

Das nachfolgende Beispiel der Herleitung einer Engineering Production Function für eine Starkstromleitung ist aus SMITH (1961) entnommen; es ist in etwas modifizierter Form auch bei CHENERY (1953) zu finden. Obwohl die Unterscheidung zwischen Faktoren, Produkt und Energien dabei schwierig ist, da beispielsweise das Produkt in Form elektrischer Energie vorliegt, zeigt das Beispiel doch recht ausgeprägt die Anwendung naturwissenschaftlicher Gesetze und die Möglichkeit zur Überführung der Engineering Production Function in eine ökonomische Produktionsfunktion. Der Prozess besteht aus dem Transport elektrischer Energie in einem Überlandkabel. Dabei treten die folgenden Komponenten mit ihren technischen Variablen auf.

Verbrauchsfaktor: Elektrische Energie

$r = P_i$ zugeführte elektrische Energie in Kilowattstunden,

$z_1^r = I$ effektive Stromstärke in Ampère,

$z_2^r = U$ effektive Spannung in Volt,

$z_3^r = \varphi$ Phasenverschiebung in Winkelgraden,

$z_4^r = t$ Zeit in Stunden,

$z^r = (I, U, \varphi, t)$ Vektor der technischen Variablen des Verbrauchsfaktors.

Bestandsfaktor: Leitungskabel

$b = G$ Gewicht des Kabels in Kilogramm,

$z_1^b = L$ Länge des Kabels in Kilometer,

$z_2^b = A$ Querschnitt des Kabels in Quadratzentimeter,

$z_3^b = \omega$ spezifischer elektrischer Widerstand in Ohm mal Zentimeter,

$z_4^b = t$ Zeit in Stunden,

$z_5^b = d$ spezifisches Gewicht des Kabels in Kilogramm pro Kubikdezimeter,

$z^b = (L, A, \omega, t, d)$ Vektor der für den Prozess maßgeblichen technischen Variablen des Bestandsfaktors.

Produkt: Elektrische Energie

$x = P_0$ nach Stromleitung zur Verfügung stehende elektrische Energie in Kilowattstunden,

$z_1^x = I$ effektive Stromstärke in Ampère,

$z_2^x = U$ effektive Spannung in Volt,

$z_3^x = \varphi$ Phasenverschiebung in Winkelgraden,

$z_4^x = t$ Zeit in Stunden,

$z^x = (I, U, \varphi, t)$ Vektor der technischen Variablen des Produkts.

Die Aufstellung der Engineering Production Function vollzieht sich dann nach den folgenden drei Schritten.

Schritt 1: Transformationsfunktion

Die Energiemenge, die zur Herstellung des Produkts x notwendig ist, ist im speziellen Fall gleich dem Produkt x selbst; hieraus ergibt sich also

(1) $E_R = P_0$.

Da die Energie von Wechselströmen nach den physikalischen Gesetzmäßigkeiten in Abhängigkeit von der angelegten Spannung, der zeitlichen elektrischen Stromstärke und der zwischen beiden Größen bestehenden Phasenverschiebung ermittelt wird, erhält man weiterhin die Beziehung

(2) $x = P_0 = U \cdot I \cdot \cos(\varphi) \cdot t$,

wobei $\cos(\varphi)$ auch als Wirkungsgrad interpretiert werden kann; dieser Ausdruck ist im Idealfall gleich eins. Da die technischen Variablen des Verbrauchsfaktors identisch sind mit denen des Produkts, welches jedoch seinerseits wiederum identisch ist mit der Energie E_R, vereinfacht sich in diesem Falle die allgemeine Transformationsfunktion zu

(3) $f_1(x, z^\tau, z^r, E_R) - f_1(E_R, z^r) = 0$ bzw.

(4) $P_0 - U \cdot I \cdot \cos(\varphi) \cdot t = 0$.

Schritt 2: Energiezufuhrfunktion

Die Energiemenge, die dem Bestandsfaktor Leitungskabel zugeführt werden muss, um die elektrische Energie $x = P_0$ nach der Leitung zu erhalten, ist im speziellen Fall gleich dem Verbrauchsfaktoreinsatz r. Dies führt zu der Gleichung

(5) $E_S = P_i$.

Die zugeführte Energiemenge P_i vermindert sich im Kabel durch die Energieverluste P_w, die ebenfalls in Kilowattstunden gemessen werden. Hieraus folgt also

(6) $P_0 = P_i - P_w$.

Die Energieverluste P_w ergeben sich nach dem Fundamentalgesetz für die Umwandlung elektrischer Energie in Wärmeenergie durch den Widerstand eines Leiters und unter Beachtung des physikalischen Gesetzes für die Verknüpfung des Widerstandes eines Leiters mit der Länge L und dem Querschnitt A des Kabels mit dem Werkstoffkennwert bzw. spezifischen elektrischen Widerstand ω, wobei eine Leitung in Form eines Kreisquerschnitts unterstellt wird, aus

(7) $P_w = \dfrac{I^2 \cdot 2L \cdot \omega \cdot t}{A}$.

Setzt man dies nun in (6) ein, so hat man

(8) $P_0 = P_i - I^2 \cdot \dfrac{2L \cdot \omega \cdot t}{A}$.

Da die effektive Stromstärke I unter sonst gleichen technischen Bedingungen gemäß (4) von P_0 abhängig ist, kann man nach Umformung für (8) auch schreiben:

(9) $P_i = P_0 + I^2 (P_0) \cdot \dfrac{2L \cdot \omega \cdot t}{A}$.

Wegen (1), (5) und $z^b = (L, A, \omega, t)$ ist (9) aber die spezielle Form der allgemeinen Energiezufuhrfunktion

(10) $E_S = f_2 (E_R, z^b) = f_2 (E_R, L, A, \omega, t)$.

Schritt 3: Engineering Production Function

Da in dem hier untersuchten Fall gemäß (1) und (2) die Beziehung gilt

(11) $x = E_R = P_0$,

erübrigt sich die Eliminierung von E_R durch die explizite Darstellung, da x in der Engineering Production Function notwendigerweise vorhanden sein muss. Die Verknüpfung von Transformations- und Energiezufuhrfunktion kann hier allein über $I(P_0)$ erfolgen, und zwar durch Umformung von (4) zu

(12) $I = \dfrac{P_0}{U \cdot \cos(\varphi)t}$.

Setzt man diese Beziehung (12) in die Beziehung (9) ein, so erhält man schließlich die implizite Darstellung der speziellen Engineering Production Function

(13) $P_i - P_0 - P_0^2 \cdot \dfrac{2L \cdot \omega}{U^2 \cdot \cos^2 (\varphi) \cdot t \cdot A} = 0$.

Wegen (2), (5), $z^b = (L, A, \omega, t)$ und $z^r = z^x = (I, U, \varphi, t)$ ist (13) die spezielle Ausprägung der allgemeinen Schreibweise

(14) $f_1 (x, z^x, z^r, z^b, E_S) = 0$,

wobei die Vektoren z^x bzw. z^r der technischen Variablen des Produktes bzw. des Verbrauchsfaktors hier in der Weise modifiziert sind, dass die effektive Stromstärke I durch die zur Verfügung stehende elektrische Energie P_0 ausgedrückt wird.

Die Umwandlung der Engineering Production Function (13) in eine ökonomische Produktionsfunktion erfolgt über die beiden Input-Funktionen

(15) $r = P_i$ und

(16) $b = G = 2 \cdot d \cdot L \cdot A$.

Setzt man diese Beziehungen durch entsprechende Auflösung in (13) ein und sammelt man dabei die technischen Variablen durch entsprechende Umformungen in der Konstanten c, so erhält man die ökonomische Produktionsfunktion in der folgenden impliziten Schreibweise

(17) $f_1(x, r, b) = (r - x)b - c \cdot x^2 = 0$ mit

(18) $c = \dfrac{4L^2 \cdot \omega \cdot d}{U^2 \cdot \cos^2(\varphi) \cdot t}$.

Die technische Engineering Production Function (13) und die ökonomische Produktionsfunktion (17) unterscheiden sich in ihrer Aussagekraft.

Die Engineering Production Function (13) lässt erkennen, durch welche technischen Einflussgrößen man den Output $x = P_0$ an elektrischer Energie vergrößern kann. Im Einzelnen kann das dadurch erfolgen, dass man die eingebrachte elektrische Energie P_i, die angelegte Hochspannung U, den Phasenwinkel φ, den Kabelquerschnitt A sowie die Energieübertragungszeit t erhöht bzw. die Kabellänge verkürzt oder den spezifischen elektrischen Widerstand der Leitung senkt. Die Grenzen für die ersten drei Maßnahmen ergeben sich aus dem jeweiligen Stand der Technik im Generatoren- und Transformatorenbau. Die Grenze in der Auslegung des Kabelquerschnitts ist kalkulierbar aus den statischen Verhältnissen im Freileitungsbau, d. h. Mastabstand, Seildurchhang, Streckgrenze des Kabels unter Berücksichtigung eines Sicherheitsfaktors, dynamische Windbelastung usw., sowie aus dem so genannten Skin- oder Hauteffekt von Leitern mit kreisförmigen Querschnitt. Der letztgenannte Effekt bewirkt bei Leitern großen Querschnitts eine Konzentration der Stromdichte durch Selbstinduktion zur Oberfläche hin, so dass man bei sehr großen Querschnitten zu Rohren übergeht.

Die Zeit ist hier keine technische Einflussgröße im eigentlichen Sinne, da man davon ausgeht, dass eine Leitung ständig elektrische Energie abrufbereit führen soll. Sie ergibt sich aber aus der Dimensionsbetrachtung, da das Produkt von Spannung mal Stromstärke zunächst eine Leistungsdimension hat. Die Grenze in der Kabellänge ist gegeben durch topographische und wirtschaftsgeographische Verhältnisse. Naturgemäß wäre eine Verlegung in Luftlinie am günstigsten. Der spezifische elektrische Widerstand ω ist nur sprunghaft durch alternative Auswahl eines anderen Leiterwerkstoffs veränderbar. Gleichzeitig werden dabei auch unstetig andere Faktoren wie zum Beispiel die Querschnittsdimensionierung verändert. Ersetzt man so beispielsweise Aluminium durch Kupfer, so wird ω verringert, die Dichte d und die Streckgrenze aber erhöht. Dieser letzte Punkt macht auch die Vorteile bei der Betrachtung der Engineering Production Functions gegenüber den ökonomischen Produktionsfunktionen, hier speziell (17), erkennbar. Die Substitution von Aluminium durch Kupfer würde eine sprunghafte Änderung der Konstanten c und des Gewichts b, der Inputmenge des Bestandsfaktors, bewirken. Dabei steht a priori nicht fest, ob eine Gewichtszunahme eine Erhöhung oder Verringerung von c ergibt. Eine höhere Dichte würde ein größeres c bedeuten; andererseits würde aber der niedrigere spezifische elektrische Widerstand ω die Konstante c vermindern. Zusätzlich wäre bei der Gewichtsermittlung zu berücksichtigen, dass die höhere Streckgrenze einen statisch kleineren Querschnitt zuließe. Derartige technische Produktionsbedingungen sind nur auf der Basis der Engineering Production Functions diskutierbar. Die ökonomische Produktionsfunktion kann hier dagegen nur allgemein die Faktorsubstitutionstendenzen erklären. Für die Grenzrate der Substitution zwischen dem Verbrauchsfaktor i und dem Bestandsfaktor m erhält man aus der ökonomischen Produktionsfunktion (17) bei einer vorgegebenen Produktion $x = \overline{x}$

$$(19) \quad s_{im} = -\frac{dr}{db} = \frac{c\overline{x}^2}{b^2} > 0 \,.$$

Man kann sogar weiter zeigen, dass hier auch das Gesetz von der abnehmenden Grenzrate der Substitution erfüllt ist. Diese grundlegenden Tendenzen verdeutlichen, dass die Engineering Production Functions eine realistische Ausfüllung des theoretischen Aussagegerüsts der ökonomischen, substitutionalen Produktionsfunktionen für spezielle technologische Gegebenheiten darstellen. Das folgende Zahlenbeispiel, das aus SMITH (1961) entnommen ist, möge diesen Sachverhalt zum Abschluss veranschaulichen. Gegeben ist ein Kupferkabel mit $L = 100$ amerikanischen Meilen, $U = 50.000$ Volt, $\cos\varphi = 0,80$ und dem Faktor $\omega \cdot d \cdot L = 873,75$ Ohm pro Pfund und Meile des Kabels. Für $t = 1$ Stunde ergibt sich dann die ökonomische Produktionsfunktion

$$(20) \quad (r - x) \cdot b - 218,44 \cdot 10^{-6} \cdot x^2 = 0 \,.$$

Die Isoquantendarstellung hierzu ist in Abb. 6.6 aufgezeigt, wobei das Gewicht als Inputmenge des Bestandsfaktors in amerikanischen Pfund gemessen ist.

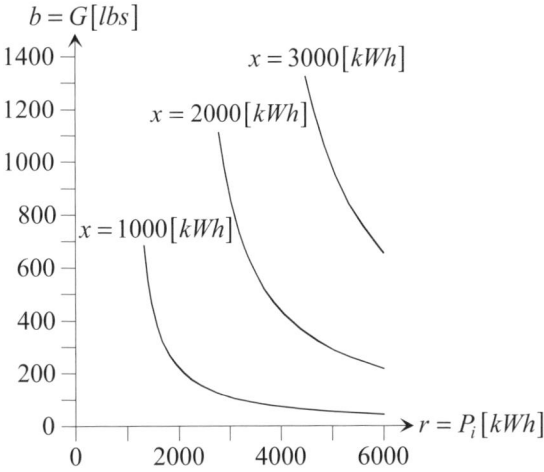

Abb. 6.6.   Isoquantendarstellung zur Produktionsfunktion (20)

6.3.5   *Engineering Production Function im Flugzeugbau*

FERGUSON (1950) hat eine Funktion entwickelt, welche die wichtigsten Bestimmungsfaktoren des Benzinverbrauchs von Flugzeugen enthält. Als Produktionsergebnis x beim Flugtransport betrachtet FERGUSON das je Monat beförderte Bruttogewicht über eine bestimmte Entfernung. Das Bruttogewicht entspricht dabei dem Flugzeuggewicht plus dem Gewicht der transportierten Güter. Das Produktionsergebnis setzt sich dann im Wesentlichen aus drei Komponenten zusammen: dem Bruttogewicht W des Flugzeugs, den je Monat insgesamt geflogenen Stunden H und der Geschwindigkeit V, die in ft/sec gemessen wird. Hieraus erhält man das je Monat über eine bestimmte zurückgelegte Strecke beförderte Bruttogewicht mit Hilfe der Formel

$$x = 3.600 \cdot H \cdot V \cdot W .$$

Die in dieser Formel auftretenden verschiedenen Produktkomponenten stellen im Grunde nichts anderes dar als die bekannten drei Anpassungsarten des Faktoreinsatzes, hier bezogen auf das Aggregat Flugzeug. Die Flugstunden H entsprechen der Produktionszeit und stehen für die Möglichkeit der zeitlichen Anpassung. Die Fluggeschwindigkeit V ist die Leistungsintensität; ihre Veränderung ermöglicht die intensitätsmäßige Anpassung. Durch das Flugzeuggewicht W eröffnet sich die Möglichkeit der quantitativen Anpassung durch Ausnutzung des Frachtraums bzw. Vermehrung der Zahl der eingesetzten Flugzeuge.

Mit diesen Dimensionen H, V und W des Produkts x lassen sich nun Beziehungen zu den wichtigsten technologischen Einflussgrößen, den Engineering

Variables der Produktionsfaktoren herstellen, welche den Produktionsablauf und damit den Faktorverbrauch bestimmen. Die Ableitung einer solchen funktionalen Beziehung zwischen den technisch relevanten Größen der Produktion ist wiederum die Aufgabe des Technikers. FERGUSON hat nun folgende Engineering Production Function entwickelt, die den Kraftstoffverbrauch je Monat F in Abhängigkeit von den verschiedenen Dimensionen des Produkts und einer Vielzahl von Engineering Variables angibt:

$$F = \frac{3.600H\left(\dfrac{a_1c_1+c_2}{2}\rho V^3 + \dfrac{2W^2}{a_2c_1\rho V} - T\right)}{c_3 \cdot e_t \cdot e_p} + BM + E \, .$$

In dieser Gleichung bezeichnen a_1, a_2, c_1 und c_2 weitgehend technologisch bedingte Konstanten der Maschine, ρ die Luftdichte sowie c_3, e_t und e_p technologische Merkmale des Verbrauchsvorgangs und des Motors. T repräsentiert die Rückstoßenergie, und durch $B \cdot M + E$ wird der Treibstoffverbrauch für Starten, Landen und Rollen bei B Starts je Monat erfasst; die Verbrauchsmenge E wird für sonstige Bodenoperationen in Rechnung gestellt. Eine solche Engineering Production Function, die hier den Charakter einer Aufwandsfunktion annimmt, kann nicht unmittelbar in eine herkömmliche ökonomische Produktionsfunktion überführt werden, in der lediglich Abhängigkeiten zwischen Güterquantitäten der Input- und Outputseite zum Ausdruck kommen. Zwar repräsentiert die Größe F auf der linken Seite der Gleichung eine Güterquantität, die in Pfund pro Monat gemessen wird, aber das Ergebnis des Produktionsvorgangs ist allein technologisch bestimmt, wenn man einmal von den Größen M und E absieht.

Die praktische Gültigkeit dieser Engineering Production Function für den Kraftstoffverbrauch eines Flugzeugs ist für die Flugzeugtypen DC-3 und CV-240 getestet worden. Die Abweichung des tatsächlichen Kraftstoffverbrauchs von dem für Juni 1949 für diese beiden Flugzeugtypen prognostizierten Treibstoffverbrauch lag nur bei etwa 4 bzw. 6 %. Das kann sicherlich als eine sehr gute Übereinstimmung angesehen werden. Von FERGUSON sind des weiteren ähnliche Aufwandsfunktionen für andere Faktoren des Flugbetriebs wie zum Beispiel die Anzahl der eingesetzten Maschinen und die Anzahl der eingesetzten Besatzungsmitglieder aufgestellt worden, wobei weitgehend lineare Abhängigkeiten in Ansatz gebracht worden sind.

6.4   Das Konzept der Durchsatzfunktionen von PICHLER

In Erweiterung der Ideen von LEONTIEF und KOOPMANS versucht PICHLER (1953a, 1953b, 1954), Gesetzmäßigkeiten der Produktion mit Hilfe so genannter Durchsatzfunktionen zu erfassen und im Rahmen eines substitutionalen Produktionsmodells abzubilden. Diese Möglichkeit der Darstellung von Produktionszusammenhängen ist seit 1950 entwickelt worden und hat insbesondere im Bereich der chemischen Industrie Bedeutung erlangt.

Die beiden wesentlichen Zustandsmerkmale (Leitgrößen) des von PICHLER entworfenen Modells sind Durchsätze und betriebliche Nebenbedingungen. Unter einem Durchsatz versteht man die auf eine Produktionsperiode bezogene Quantität eines Gutes, wobei es sich um einen Input oder Output handeln kann. Als betriebliche Nebenbedingungen werden alle weiteren Merkmale des Gutes bzw. Produktionssystems bezeichnet, die nicht Güterquantitäten sind. Zu ihnen zählen beispielsweise die Betriebszeit eines Aggregats, die Kühlwassertemperatur oder Qualitätsabweichungen bei der Produktion.

Existieren in einem Produktionssystem insgesamt S Leitgrößen und seien darunter R Durchsätze sowie $S - R = T$ betriebliche Nebenbedingungen, so sollen die entsprechenden Zustandsvariablen mit $D_1, \ldots, D_R$ (Durchsätze) bzw. $N_{R+1}, \ldots, N_S$ (betriebliche Nebenbedingungen) bezeichnet werden. Dabei soll angenommen werden, dass alle Leitgrößen voneinander unabhängig sind. Ist v nun eine darzustellende, abhängige Gutquantität (Input oder Output), so lautet die zugehörige, lineare Durchsatzfunktion

$$v = a_1 D_1 + \ldots + a_R D_R + b_{R+1} N_{R+1} + \ldots + b_S N_S,$$

wobei $a_\rho, \rho = 1, \ldots, R$, und $b_\sigma, \sigma = R+1, \ldots, S$, technologische Koeffizienten darstellen. Sie werden als Verflechtungskoeffizienten bezeichnet.

Im Allgemeinen wird für eine Produktionsstelle nicht nur eine Durchsatzfunktion, sondern ein ganzes System von Durchsatzfunktionen

$$
\begin{aligned}
v_1 &= a_{11} D_1 + \ldots + b_{1S} N_S \\
&\vdots \qquad \vdots \qquad\qquad \vdots \\
v_K &= a_{K1} D_1 + \ldots + b_{KS} N_S
\end{aligned}
$$

aufgestellt, welches auch Pichler-Modell oder Verflechtungsmodell heißt.

Durch einige weitere Bezeichnungskonventionen kann man das Pichler-Modell noch mehr präzisieren. Zunächst soll ein positiver Verflechtungskoeffizent die Herstellung einer Gutquantität, ein negativer Koeffizient aber den Einsatz einer Quantität kennzeichnen. Die entsprechende Koeffizientenmatrix wird auch Verflechtungsmatrix genannt. Weiterhin mögen die abzubildenden Güterquantitäten $v_1, \ldots, v_K$ so geordnet sein, dass $v_1, \ldots, v_I$, $I < K$, Produktionsfaktoren angeben, welche negativ darzustellen sind, und $v_{I+1}, \ldots, v_K$ dementsprechend Produkte, also positive Größen. Setzt man zur Verdeutlichung

$$v_i = r_i, \quad i = 1, \ldots, I,$$

sowie

$$v_{I+j} = x_j, \quad j = 1, \ldots, K - I,$$

so wird eine Durchsatzfunktion

$$r_i = a_{i1}D_1 + \ldots + b_{iS}N_S$$

häufig als Aufwandsfunktion, eine Durchsatzfunktion

$$x_j = a_{I+j,1}D_1 + \ldots + b_{I+j,S}N_S$$

dagegen als Produktfunktion bezeichnet. Die $a_{i,\rho}$ stellen dann Aufwands-koeffizienten, die $a_{I+j,\rho}$ Produktkoeffizienten dar. Falls zum Beispiel der erste Durchsatz ein Output ist, so gibt $a_{i1} > 0$ bzw. $a_{i1} < 0$ die Quantität des Faktors i an, die pro Einheit des Durchsatzes 1 in der betreffenden Produktionsstelle als Zwischenprodukt erzeugt bzw. verbraucht wird. $a_{I+j,1} > 0$ bzw. $a_{I+j,1} < 0$ be-schreibt für eben diese Voraussetzung die Quantität von Produkt j, welche pro Einheit des Durchsatzes 1 in der Produktionsstelle erzeugt bzw. als Zwischen-produkt verbraucht wird. Ist in einem Produktionssystem $j > 1$, so liegt offenbar verbundene Produktion vor, während man im Fall $i > 1$ von verbundenem Einsatz spricht.

Ist bisher nur eine Produktionsstelle oder Betriebsabteilung betrachtet worden, so lässt die Darstellungsweise von Produktionszusammenhängen über Durch-satzfunktionen auch die Möglichkeit einer Koppelung mehrerer Produktionsstellen zu, d. h. den Fall, dass:

- entweder in mehreren Produktionsstellen derselbe Faktor eingesetzt oder das-selbe Produkt hergestellt wird,
- oder ein Zwischenprodukt existiert, welches in einer Produktionsstelle als Pro-dukt erzeugt und in einer anderen Produktionsstelle als Faktor eingesetzt wird,
- oder mehrere Produktionsstellen denselben betrieblichen Nebenbedingungen unterliegen.

Benutzen diese Produktionsstellen außerdem dieselbe Umgebung, so bilden sie einen Betrieb. Dermaßen gekoppelte Pichler-Modelle ergeben folglich ein Pichler-Betriebsmodell. Dieses kann entweder für sämtliche Betriebsabteilungen sofort simultan oder zunächst für jede Abteilung gesondert und anschließend durch gü-terweise Aggregation aufgestellt werden.

Ruft man sich an dieser Stelle noch einmal die Ausführungen des zweiten Ka-pitels über Technologien in die Erinnerung zurück, so fällt auf, dass dort bereits ein sehr einfaches Pichler-Betriebsmodell erklärt wurde, wobei im Nachhinein un-ter Benutzung der hier eingeführten Terminologie folgende Prämissen zu formu-lieren wären:

- Jede Produktionsstelle kann durch genau eine Leitgröße, nämlich ihren Durch-satz, gekennzeichnet werden.
- Der Durchsatz jeder Produktionsstelle ist ein Output.
- Jede Produktionsstelle wird durch ein Pichler-Modell beschrieben.
- Koppelungen zwischen den Produktionsstellen sind möglich.

Durch die beiden ersten Prämissen werden die Grundaktivitäten erfasst, deren endliche Anzahl wiederum mit Hilfe der dritten Prämisse fixiert wird. Wegen der Zulässigkeit von Kopplungen zwischen zwei Produktionsstellen ist auch die Additivität dieser Grundaktivitäten gewährleistet. Fügt man als weitere Prämisse noch hinzu, dass in jeder Produktionsstelle genau ein Produkt hergestellt wird, so hat man auch die Leontief-Produktionsfunktion als Spezialfall eines Pichler-Betriebsmodells dargestellt, da nunmehr für jede Produktionsstelle genau eine Produktionsfunktion, jedoch beliebig viele Faktorfunktionen möglich sind.

Aus der Beziehung des allgemeinen Pichler-Betriebsmodells zur speziellen Darstellung einer Leontief-Produktionsfunktion lässt sich auch die praktische Bedeutung des Pichler-Betriebsmodells sehr gut erkennen. Gerade die Fälle der verbundenen Produktion sind durch die Leontief-Produktionsfunktion nicht gedeckt. In der chemischen Industrie tritt diese Produktionsbedingung aber häufig auf, so dass hier eine allgemeinere Form der Darstellung von Produktionsgesetzmäßigkeiten notwendig wird. Durchsatzfunktionen, wie sie von PICHLER entwickelt wurden, bieten dazu einen geeigneten Weg.

6.5   Der Input-Output-Analyse-Ansatz von KLOOCK

KLOOCK (1969a, 1969b) verallgemeinert die zuvor vorgestellten Produktionsfunktionen, ohne diesbezüglich wesentlich neue Hypothesen zu formulieren. Er geht wie auch HEINEN bei Elementarkombinationen von eindeutigen Beziehungen zwischen den eingesetzten Faktormengen und der technischen Leistung der Potentialgüter einerseits sowie zwischen der Potentialgüterleistung und den Ausbringungsmengen andererseits aus.

Für den Einsatz von Werkstoffen sowie von Hilfs- und Betriebsstoffen berücksichtigt KLOOCK besonders die Möglichkeit der Substitutionalität von Produktionsprozessen. Die Inputmenge eines Faktors ist dann auch von der Einsatzmenge der anderen Produktionsfaktoren abhängig. Die Anzahl der zum Einsatz gelangenden Potentialfaktoren bestimmt sich bei KLOOCK nach der Leistungsintensität der Betriebsmittel und der herzustellenden Endproduktmenge. Die Aufwandsfunktion für Potentialfaktoren nimmt die Form einer Treppenfunktion an. Ist zum Beispiel die Arbeitsintensität einer Nähmaschine konstant, dann kann man bei dieser Intensität in der vorgegebenen Produktionszeit eventuell höchstens 200 Textilstücke herstellen, mit 2 Maschinen maximal 400 Textilstücke usw. Abbildung 6.7 veranschaulicht diesen Sachverhalt.

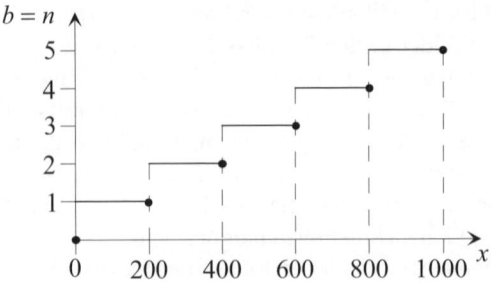

Abb. 6.7.   Bestandsfaktoreinsatz bei Kloock-Produktionsfunktionen

In gleicher Weise können auch Arbeitskräfte als Potentialfaktoren aufgefasst werden, deren Leistungsabgabe durch die eingesetzte Zahl in einer bestimmten Produktionszeit gemessen wird. Beim Einsatz von Arbeitskräften hebt KLOOCK besonders den Technisierungsgrad der eingesetzten Aggregate hervor. Durch den Technisierungsgrad wird die Mindestqualifikation der Arbeitskräfte bestimmt. Während ein Arbeiter eventuell nur eine elektrische Nähmaschine bedienen kann, ist es einem Facharbeiter möglich, eine computergesteuerte Nähmaschine zu überwachen.

Ein weiterer Verallgemeinerungsaspekt liegt darin, dass zum einen im Gegensatz zur Produktionsfunktion von GUTENBERG die Mehrstufigkeit von Produktionsprozessen berücksichtigt wird und zum anderen die Heinen-Produktionsfunktion dahingehend erweitert wird, dass auch mehrstufige Produktionsprozesse mit zyklischer Verflechtung zugelassen werden. Von einer zyklischen Verflechtung spricht man, wenn der Output einer nachgelagerten Leistungsstelle im Unternehmen als Faktoreinsatz in einem vorgelagerten Unternehmensbereich benötigt wird. Damit sind die bisher erläuterten betriebswirtschaftlichen Produktionsfunktionen, wie noch zu zeigen sein wird, als Sonderfälle der Produktionsfunktion von KLOOCK aufzufassen.

Die Basis dazu und damit auch die grundlegende Idee sowie eigentliche Leistung von KLOOCK liegt in der Übertragung des statischen Konzepts der Input-Output-Analyse bzw. der Input-Output-Matrizen von LEONTIEF auf die betriebswirtschaftliche Produktionstheorie. Dabei unterteilt KLOOCK das Unternehmen in zwei Gruppen von Produktionsstellen, und zwar in I Beschaffungsstellen und M Fertigungsstellen. Da nun vereinfachend vorausgesetzt wird, dass jede Stelle nur eine Produktart erzeugt bzw. an eine weitere Produktionsstelle abgibt, handelt es sich in dem Unternehmen somit um $I + M$ Güterarten. Während die I Beschaffungsstellen die vom Markt direkt beschafften, originären Produktionsfaktormengen r_i teils in der Höhe r_{im} an die Fertigungsstellen m und teils in der Höhe x_i an den Markt abgeben, $i = 1,...,I$, erzeugen die M Fertigungsstellen derivative Produktionsfaktormengen r_{I+m}, die in den Mengen $r_{I+m,I+m'}$ bzw. x_{I+m} entsprechend weiterverwendet werden $(m, m' \in \{1,...,M\})$. Dabei bezeichnet $r_{im}, i = 1,...,I + M$, $m = 1,...,I + M$, die Menge der originären oder derivativen Produktionsfaktoren, welche die Produktionsstelle i der Produktionsstelle m zur

Verfügung stellt, dann lässt sich die komplexe Produktionsstruktur durch das Gleichungssystem

$$r_1 = r_{11} + \ldots + r_{1I} + r_{1,I+1} + \ldots + r_{1,I+M} + x_1$$
$$\vdots$$
$$r_I = r_{I1} + \ldots + r_{II} + r_{I,I+1} + \ldots + r_{I,I+M} + x_I$$
$$r_{I+1} = r_{I+1,1} + \ldots + r_{I+1,I} + r_{I+1,I+1} + \ldots + r_{I+1,I+M} + x_{I+1}$$
$$\vdots$$
$$r_{I+M} = r_{I+M,1} + r_{I+M,I} + r_{I+M,I+1} + \ldots + r_{I+M,I+M} + x_{I+M}$$

darstellen. Da der Verbrauch der Faktoreinsatzmengen r_{im} zur Erzeugung der Ausbringungsmenge r_m im Wesentlichen von den technischen Eigenschaften der m-ten Produktionsstelle bestimmt wird, lässt sich folgende Verbrauchsfunktion, die auch die Beziehung zwischen den in der Stelle m eingesetzten Faktoren r_{im} und den hergestellten bzw. weitergegebenen Gütermengen r_m abbildet, angeben:

$$r_{im} = g_{im}\left(z_{1m}, \ldots, z_{Em}, \lambda_m\right) \cdot r_m = g_{im}\left(\lambda_m\right) \cdot r_m =: g_{im} \cdot r_m,$$

wobei $z_{1m}, \ldots, z_{Em}$ die technischen Daten bzw. die z-Situation und λ_m die Intensität der Produktionsstelle m darstellen. Setzt man nun diese Verbrauchsfunktionen in das Gleichungssystem der Produktionsstruktur ein, dann ergibt sich:

$$r_1 = g_{11} \cdot r_1 + \ldots + g_{1,I+M} \cdot r_{I+M} + x_1$$
$$\vdots$$
$$r_{I+M} = g_{I+M,1} r_1 + \ldots + g_{I+M,I+M} \cdot r_{I+M} + x_{I+M}$$

oder in Vektor- bzw. Matrix-Schreibweise:

$$r = G \cdot r + x.$$

Nach Umformung erhält man mit $\tilde{I}$ als der $(I+M) \times (I+M)$-Einheitsmatrix die Kloock-Produktionsfunktion

$$r = \left(\tilde{I} - G\right)^{-1} \cdot x.$$

Dabei ist die Existenz der inversen Matrix $\left(\tilde{I} - G\right)^{-1}$ vorausgesetzt, und die ersten I Komponenten des Vektors $r = (r_1, \ldots, r_I, r_{I+1}, \ldots, r_{I+M})'$ stellen den Output der Beschaffungslager und somit den Input des Unternehmens dar.

Die Matrix G in der Kloock-Produktionsfunktion, die auch als Verflechtungsmatrix aufgefasst werden kann, da sie alle Beziehungen zwischen den Produktionsstellen enthält, lässt sich in vier Untermatrizen unterteilen:

$$G = \begin{pmatrix} G_{I,I} & G_{I,M} \\ G_{M,I} & G_{M,M} \end{pmatrix}.$$

Während $G_{I,I}$ die Verflechtung zwischen den Beschaffungsstellen und $G_{M,M}$ die Beziehungen zwischen den Fertigungsstellen darstellen, erfassen $G_{I,M}$ bzw. $G_{M,I}$ die Interdependenzen zwischen Beschaffungs- und Fertigungsstellen bzw. zwischen Fertigungs- und Beschaffungsstellen.

Wird nun ein einstufiger Produktionsprozess wie bei der Gutenberg-Produktionsfunktion vorausgesetzt, so ist es evident, dass mit Ausnahme der Untermatrix $G_{I,M}$ alle anderen Teilmatrizen den Nullmatrizen entsprechen. Somit gilt:

$$r_i = \sum_{m=1}^{M} g_{i,I+m} \cdot X_{I+m}, \quad i = 1,...,I,$$

$$r_{I+m} = X_{I+m}, \quad m = 1,...,M,$$

d. h. dass sämtliche hergestellten Mengen der M Fertigungsstellen – bei GUTENBERG werden diese Fertigungsstellen Aggregate genannt – nur für den Absatz bestimmt sind. Im Einproduktfall ($M = 1$) ergibt sich mit $x_{I+1} = x$:

$$r_i = g_{i,I+1} \cdot x, \quad i = 1,...,I,$$

$$r_{I+1} = x.$$

Ähnlich lässt sich die Heinen-Produktionsfunktion aus der Kloock-Produktionsfunktion ableiten. Da HEINEN nur mehrstufige Produktionsprozesse ohne zyklische Verflechtung betrachtet, ist sowohl die Teilmatrix $G_{I,I}$ als auch die Matrix $G_{M,I}$ identisch mit der Nullmatrix. Im Gegensatz zu GUTENBERG werden somit auch zusätzlich die Beziehungen zwischen den M Fertigungsstellen betrachtet.

Parallele Überlegungen lassen sich anstellen, um auch zu zeigen, dass das Produktionsmodell von LEONTIEF aus der Kloock-Produktionsfunktion ableitbar ist. So ergibt sich für konstante Intensitäten λ_m:

$$g_{im}(\lambda_m) = a_{im}, \quad i = 1,...,I+M, \quad m = 1,...,I+M.$$

Somit ist die Verflechtungsmatrix G mit der Matrix $A = (a_{im})_{I+M,I+M}$ der Produktionskoeffizienten a_{im} im LEONTIEFschen Modell mit mehreren Endprodukten identisch. Die Anwendung derartiger Input-Output-Ansätze auf die betriebliche Fertigung ist Gegenstand der Produktionsplanung.

7 Dynamische und stochastische Erweiterungsansätze auf dem Gebiet der Produktionsfunktionen

7.1 Vorbemerkungen

Bisher sind nur statisch-deterministische Produktionsmodelle und -funktionen betrachtet worden. Sie sind dadurch gekennzeichnet, dass die in ihnen auftretenden Input- und Outputgrößen auf dieselbe zeitliche Periode bzw. denselben Zeitpunkt bezogen sind (statisch) und dabei unterstellt wird, dass sie gemäß den produktiven Gesetzmäßigkeiten je nach Wahl des betreffenden Produktionsverfahrens mit Sicherheit bekannt sind und in der beschriebenen Form eintreten werden (deterministisch). Dynamische Aspekte der Produktion und Unsicherheiten im Fertigungsvorgang bleiben damit unberücksichtigt. Eine so verkürzte Sichtweise wird der Realität nur unvollkommen gerecht.

Oft ist es erforderlich, die Produkte im Fertigungsablauf nach dem jeweiligen Reifegrad zu unterscheiden, den sie erreicht haben. Unbearbeitete Vorprodukte und weiter zu bearbeitende Zwischenprodukte einer Schicht werden so beispielsweise erst in der nächsten Schicht beim Fortgang der Produktion zu Zwischen- oder Endprodukten. Die Beschreibung derartiger praktischer Produktionsvorgänge macht die explizite Einbeziehung der Zeit als Variable in die Produktionsmodelle bzw. -funktionen notwendig. Input- und Outputgrößen verschiedener Perioden oder Zeitpunkte müssen zueinander in Beziehung gesetzt werden. Dies führt dann zu den so genannten dynamischen Ansätzen.

Aber häufig muss auch mit Unsicherheiten im Produktionsablauf gerechnet werden. Solche Ungewissheitsaspekte drücken sich zum Beispiel dadurch aus, dass Materialverbräuche, Abfälle und Ausschussraten der Fertigung Schwankungen unterliegen und daher nicht mehr mit Sicherheit vorausgesagt werden kann, welche Endproduktmengen bei welchen Faktoreinsatzmengen anfallen oder mit welchen Inputs eine bestimmte Produktion verbunden sein wird. Mitunter beziehen sich aber Unsicherheiten auch darauf, dass sich die Qualität der Produkte verändert oder Störungen bei den Betriebsmitteln bzw. beim Einsatz der Arbeitskräfte auftreten. Tragen die Produktionsmodelle bzw. -funktionen diesen Unsicherheiten, die im Produktionsbereich industrieller Betriebe auftreten können, bei der Ermittlung der produktiven Zusammenhänge explizit Rechnung, dann spricht man von stochastischen Produktionsmodellen bzw. -funktionen. Den dynamischen und stochastischen Erweiterungen auf dem Gebiet der Produktionsfunktionen sind die folgenden Ausführungen gewidmet.

7.2   Zur Dynamisierung von Produktionsfunktionen

7.2.1   *Berührungspunkte zwischen statischer und dynamischer Betrachtungsweise*

Dynamische Produktionsmodelle beziehen die Zeitvariable t explizit bei der Untersuchung produktionswirtschaftlicher Zusammenhänge ein. Aber auch bereits in die statische Produktionstheorie ging die Zeitvariable ein, wenn sie in der Regel auch nur implizit enthalten war. Hierauf soll an der Übergangsstelle von der statischen zur dynamischen Betrachtungsweise im Folgenden kurz eingegangen werden (siehe hierzu auch STEIN 1965). Das erleichtert die Abgrenzung der Untersuchungsgegenstände.

Die statische Produktionstheorie sowie darauf aufbauend die Produktionsplanung beziehen sich auf ein vorgegebenes Zeitintervall $T = [0, \tau)$. Die zu einem bestimmten Zeitpunkt $t \in T$ vorliegenden Produktionsbedingungen werden im Erklärungsmodell der statischen Produktions- und Kostentheorie sowie der Produktionsplanung vereinfachend als repräsentativ für die gesamte relevante Zeitspanne T angesehen. Diese Abbildung der Wirklichkeit durch das Modell ist zwar für längere Zeiträume T ungeeignet, stellt aber für kurze Perioden eine gute Approximation der realen produktionswirtschaftlichen Tatbestände dar. Die statischen Modelle negieren also nicht den verändernden Einfluss der Zeit, sie abstrahieren lediglich davon.

Implizit ist die Variable Zeit nämlich durchaus auch in statischen Modellen berücksichtigt. Jeder produktive Vorgang benötigt neben bestimmten Faktoreinsatzmengen $r_1, ..., r_I$ zusätzlich den „Produktionsfaktor" Zeit. Wenn man ausgehend von einer statischen Produktionsfunktion zu dem Ergebnis kommt, dass die Erzeugung von x Outputeinheiten möglich ist, so bedeutet dies, dass im betrachteten Zeitraum T die Produktionsmenge x hergestellt werden kann. Anders ausgedrückt heißt das zum Beispiel, dass bei einer im Intervall $T = [0, \tau)$ gleich bleibenden Momentanproduktion bzw. Produktionsgeschwindigkeit $\dot{x}(t)$, mit

$$\dot{x}(t) = \frac{dx}{dt},$$

x Outputeinheiten erzeugt werden:

$$x = \dot{x}(t) \cdot \tau \text{ mit } \dot{x}(t) = \dot{x} = \text{const.}, \ t \in [0, \tau).$$

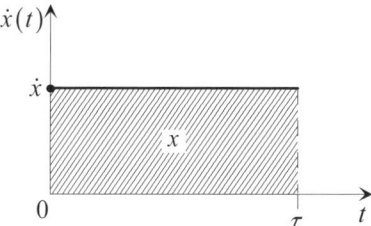

Abb. 7.1.   Abhängigkeit der Produktion von der Produktionsgeschwindigkeit

Abbildung 7.1 verdeutlicht diesen Zusammenhang. Er besagt, dass zur Produktion einer Einheit eines Gutes $\tau_{|x=1}$ Zeiteinheiten erforderlich sind mit

$$\tau_{|x=1} = \frac{1}{\dot{x}}.$$

In der Produktionsfunktion von HEINEN kommt dieser Zeitaspekt durch die Zerlegung des Produktionsprozesses in Elementarkombinationen sehr deutlich zum Ausdruck. Aber auch GUTENBERG berücksichtigt den Faktor Zeit dann, wenn er unabhängig von der zeitlichen Anpassung kapazitätserhöhende Anpassungsprozesse mit Hilfe der Variation der Intensität von Aggregaten betrachtet. Während die Leontief-Produktionsmodelle von konstanten Kapazitäten im gesamten Zeitraum T und damit von gegebenen Ressourcenbeschränkungen $\bar{r}_i, i = 1,\ldots,I$, ausgehen, ist bei GUTENBERG für bestimmte Potentialfaktoren $m, m \in \{1,\ldots,M\}$, die Höchsteinsatzmenge $\bar{b}_m$ abhängig von der Intensität $\lambda_m, \lambda_m \in [\underline{\lambda}_m, \bar{\lambda}_m]$, d. h. $\bar{b}_m \in [\underline{\lambda}_m \underline{t}_m, \bar{\lambda}_m \bar{t}_m]$. Aber sogar die Leontief-Produktionsfunktion bezieht dann implizit den Faktor Zeit ein, wenn sich für die Ressourcenmengen r_i die Beschränkungen $\bar{r}_i$ in verschiedenen Perioden verändern können, also $\bar{r}_i(T) \neq \bar{r}_i(T')$ für $T \neq T'$ zulässig ist. Die Höchsteinsatzmengen von Potentialfaktoren können zum Beispiel linear von der Periodenlänge abhängen, d. h.

$$\frac{\bar{r}_i(T)}{\tau} = \frac{\bar{r}_i(T')}{\tau'}, \ i \in \{1,\ldots,I\}.$$

Durch die Abhängigkeit der Einsatzhöchstmengen $\bar{b}$ der Potentialfaktoren und damit der Ausstoßmenge x von der Intensität λ bei der Gutenberg-Produktionsfunktion wird die Betrachtung von im Intervall T variablen Produktionsgeschwindigkeiten $\dot{x}(t)$ einbezogen. Beispielsweise mag die Produktionsperiode T in L diskrete Teilzeiträume $T_1 = [\tau_0, \tau_1)$, $T_2 = [\tau_1, \tau_2),\ldots,T_L = [\tau_{L-1}, \tau_L]$ zerlegt sein, wobei die Produktionsgeschwindigkeit $\dot{x}(t_l)$ innerhalb eines Intervalls T_l, $l = 1,\ldots,L$ konstant bleibt. Zu den Zeitpunkten τ_l, $l = 1,\ldots,L-1$, sei die Intensität λ und somit die Produktionsgeschwindigkeit $\dot{x}(t)$ veränderbar, wie in Abb. 7.2 dargestellt. Die Gesamtproduktion x in der Periode $T = [0, \tau)$ beläuft sich dann auf:

$$x = \dot{x}(t_1)\tau_1 + \dot{x}(t_2)(\tau_2 - \tau_1) + \ldots + \dot{x}(t_L)(\tau - \tau_{L-1})$$

$$= \sum_{l=1}^{L} \dot{x}(t_l)(\tau_l - \tau_{l-1}) \quad \text{mit } \tau_0 = 0 \text{ und } \tau_L = \tau.$$

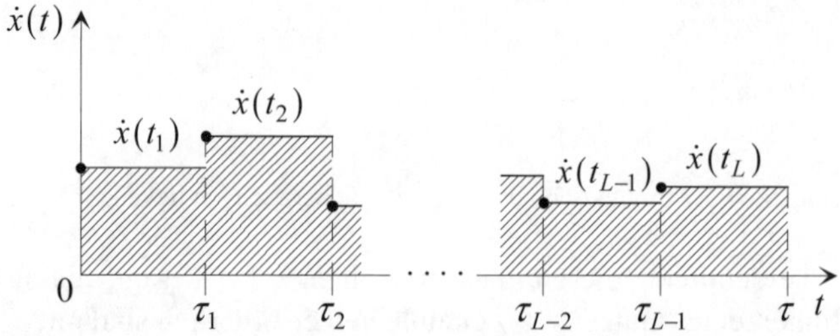

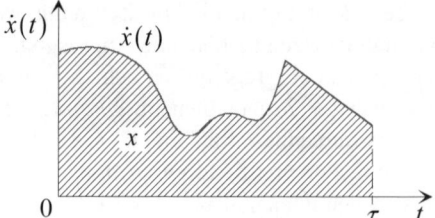

Abb. 7.2.   Diskrete Veränderungen der Produktionsgeschwindigkeit

Ist die Intensität λ eines Aggregates sogar stetig variierbar, so kann sich eine der Abb. 7.3 entsprechende graphische Darstellung ergeben.

Abb. 7.3.   Stetig variierende Produktionsgeschwindigkeit

Der Gesamtoutput x lässt sich dann anschaulich – entsprechend der Berechnung bei diskreter Veränderung von $\dot{x}(t)$ – als die zwischen Kurve $\dot{x}(t)$ und der Zeitachse t eingeschlossene Fläche interpretieren und damit durch das folgende Integral bestimmen:

$$x = \int_{t=0}^{\tau} \dot{x}(t)\,dt\,.$$

Gegeben sei beispielsweise ein Aggregat, dessen Intensität λ im Bereich $\underline{\lambda} = 0 \le \lambda \le 2 = \overline{\lambda}$ variiert werden kann. Die optimale Intensität werde durch $\lambda^* = 1$ markiert. Es gelte $x = b$ und $b = \lambda\tau$ für $\lambda = \text{const.}$, d. h. $x = \lambda\tau$. Wegen $x = \dot{x}\tau$ für $\dot{x} = \text{const.}$ ergibt sich $\dot{x} = \lambda$.

(7.3.1)   Bei einer im Zeitraum $T = [0,3)$ konstanten optimalen Intensität $\lambda^* = 1$ wäre auch die Produktionsgeschwindigkeit $\dot{x}(t) = \dot{x} = \lambda^* = 1$, also folgt $x^1 = \dot{x}\tau = 1 \cdot 3 = 3$, $t \in T$.

(7.3.2) Falls das Aggregat in $T_1 = [0,1)$ mit der Intensität $\lambda(t_1) = \overline{\lambda} = 2$ und in $T_2 = [1,3]$ mit $\lambda(t_2) = 3/2$ gefahren wird, gilt

$$x^2 = \dot{x}(t_1) \cdot \tau_1 + \dot{x}(t_2)(\tau - \tau_1) = 2 \cdot 1 + \frac{3}{2} \cdot 2 = 5 ,$$

$t_1 \in T_1$ und $t_2 \in T_2$.

(7.3.3) Wenn sich aber die Intensität $\lambda(t)$ stetig verändert, z. B. nach Maßgabe der Funktion $\lambda(t) = \sin(t \cdot \pi/2) + 1$ für $t \in [0,3)$, so folgt entsprechend der obigen Integrationsvorschrift

$$x^3 = \int_0^3 \left(\sin\left(\frac{\pi}{2}t\right) + 1 \right) dt = \left[t - \frac{2}{\pi}\cos\left(\frac{\pi}{2}t\right) \right]_0^3 = 3 + \frac{2}{\pi} .$$

Diese drei Fälle unterschiedlichen Verlaufs der Produktionsgeschwindigkeit sind in Abb. 7.4 graphisch veranschaulicht.

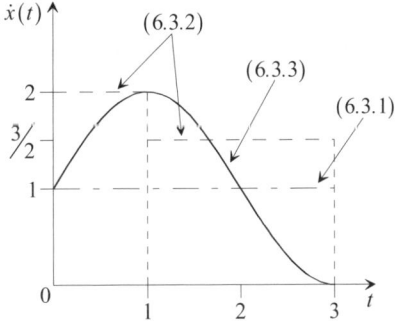

Abb. 7.4. Beispiel für drei verschiedene Funktionsverläufe von Produktionsgeschwindigkeiten

Mit Hilfe der traditionellen statischen Produktionstheorie können also durchaus noch solch dynamische Elemente der Produktion wie im Zeitablauf variierende Produktionsgeschwindigkeiten berücksichtigt und beschrieben werden. Dies wird beispielsweise in der mehrperiodigen Produktionsprogrammplanung ausgenutzt, die den Übergang zur dynamischen Produktionsplanung darstellt.

Der grundlegende Unterschied der dynamischen Produktionstheorie gegenüber der statischen Betrachtung ergibt sich aus einer Reihe von zusätzlichen Beweggründen, die im folgenden Abschnitt systematisiert werden.

7.2.2   *Beweggründe für eine dynamische Betrachtungsweise*

Die Beweggründe für eine dynamische produktionswirtschaftliche Betrachtungsweise ergeben sich unmittelbar aus den dynamischen Veränderungen, welche die
Elemente einer Produktionstechnologie im Laufe der Zeit erfahren können. Es ist
daher zweckmäßig, die Vielfalt derartiger dynamischer Veränderungsmöglichkei-
ten in der Weise zu systematisieren, inwieweit sie sich auf gleichartige Technologieelemente beziehen. Dynamische Produktionsfunktionen dienen dann der formalen Beschreibung dieser Vorgänge.

Elemente einer jeden beliebigen Produktionstechnologie sind die Outputs und
die Inputs sowie die Produktionsverfahren, die festlegen, welche Input-Output-
Kombinationen bzw. Produktionspunkte realisiert werden können. Dynamische
Technologieveränderungen in einem Industriebetrieb können damit zunächst einmal aus qualitativen und quantitativen Veränderungen im Produktionsprogramm
resultieren. Von qualitativen Veränderungen im Produktionsprogramm soll die
Rede sein, wenn sich die Produktarten, die ein Unternehmen fertigt, in ihrer
Beschaffenheit so von den bisherigen Erzeugnissen unterscheiden, dass die Marktausrichtung des Unternehmens über die Verschiebung der Produktpalette eine
neue Orientierung erhält. Eine quantitative Veränderung des Produktionsprogramms besteht dagegen lediglich darin, dass sich die Anzahl der hergestellten
Produktarten in einem Unternehmen erhöht bzw. absenkt. Qualitative Veränderungen ziehen so in der Regel quantitative Veränderungen nach sich; das Umgekehrte muss nicht gelten. Solche qualitativen und quantitativen Veränderungen des
Produktionsprogramms können folglich durch die Verbesserung alter Produkte
bzw. Produkttypen, durch die eigene Entwicklung neuer Produktarten oder die
Hereinnahme neuartiger Produkte in das Produktionsprogramm zum Ausdruck
kommen. Das ist der Fall, wenn ein Computerhersteller seine Großrechengeräte
leistungsmäßig verbessert, sein Know-how für die Entwicklung von Personal
Computer nutzbar macht oder sich zusätzlich auf dem Gebiet der Kopiertechnolo-
gie unternehmerisch betätigen will. Bedingt sind diese Veränderungen durch
Nachfrageverschiebungen auf alten Märkten oder infolge neuer Märkte sowie
durch technologische Entwicklungen, die es ermöglichen, völlig neuartige Produkte herzustellen oder bekannte Produkte in ein neues technologisches Gewand
zu kleiden. Die Videogeräteproduktion und programmgesteuerte Aggregate sind
Beispiele hierfür.

Dynamische Veränderungen von Produktionstechnologien können sich andererseits aber eben so gut auch von der Inputseite ergeben. Ihnen kommt möglicherweise in einem Industriebetrieb sogar die größere Bedeutung zu, da Konkurrenz und Kostendruck meist die Bewegungen auf der Inputseite eines Betriebes
verursachen. Geht man von der gröberen Einteilung der Ressourcen in Werkstoffe,
Personal und Maschinen aus, so liegen dynamische Technologieveränderungen,
die inputbedingt sind, einmal in der Verbesserung alter oder in der Entwicklung
neuer Werkstoffe begründet. So ist in der Vergangenheit häufig die Festigkeit von
Spezialstählen, die beim Maschinenbau Verwendung finden, verbessert worden;

ebenso war eine Entwicklung zu beobachten, dass bei vielen Produkten Eisen- oder Blechteile durch Hartplastikmaterialien abgelöst worden sind. Quarzuhren sind ein gutes Exempel dafür, wie sich der Einsatz neuartiger Werkstoffe in der Veränderung von Produkten niedergeschlagen hat.

Die zweite Inputkomponente Personal mag ihre technologierelevanten dynamischen Veränderungen dadurch erhalten, dass sich die Arbeitsproduktivität der in einem Unternehmen zum Einsatz gelangenden Mitarbeiter aufgrund einer verbesserten Ausbildung außerhalb oder innerhalb des Unternehmens oder aufgrund der von ihnen aus dem Fertigungsprozess gesammelten Erfahrungen steigert. Zum ersteren gehören Eingangsqualifikationen des eingestellten Personals sowie speziell auf die Tätigkeit im Unternehmen ausgerichtete Schulungsmaßnahmen. Letzteres stellt dagegen auf die aus der Arbeit heraus gewonnenen Fertigkeiten eines Arbeitnehmers ab. Gerade was die ausbildungsbedingte Eingangsqualifikation von Arbeitskräften anbelangt, können oft Schwankungen im Zeitablauf beobachtet werden. Bei Unterbeschäftigung und Arbeitslosigkeit kann ein Unternehmen im Falle von Neueinstellungen auf gut qualifizierte Arbeitskräfte zurückgreifen; bei Überbeschäftigung werden gleiche Tätigkeiten häufig durch weniger qualifizierte Arbeitskräfte durchgeführt. Schlechtere Eingangsqualifikationen können jedoch auch dadurch bedingt sein, dass sich das Ausbildungssystem – wie es gelegentlich im Schul- und Hochschulbereich beklagt wird – qualitativ verschlechtert hat.

Der veränderte Maschineneinsatz und die damit einhergehenden Technologieveränderungen ergeben sich in Industriebetrieben automatisch durch Ersatz- oder Erweiterungsinvestitionen, d. h. also durch die Anschaffung neuer Aggregate, die dann in der Regel dem neuesten Stand der technischen Entwicklung entsprechen. Neben dieser Determinante des technischen Fortschritts für den veränderten Maschineninput – die auch für den veränderten Werkstoffeinsatz maßgeblich ist – nehmen aber noch zwei weitere Faktoren Einfluss auf die Aggregatauswahl bei Neuanschaffung: Das sind zum einen die immer bedeutungsvoller werdenden Umweltschutzauflagen, denen die Produktionsmaschinen in dem Sinne genügen sollen, dass sie eine geringere Geräusch-, Schmutz- und Geruchsbelästigung mit sich bringen als die Vorgeneration, und zum anderen hat bei zunehmender Roboterfertigung der Aspekt der Flexibilität des Produktionssystems an Wichtigkeit gewonnen, der in der Weise zu verstehen ist, dass teure Produktionsanlagen auch bei Veränderungen und Umorganisationen des Produktionsprozesses möglichst – wenn unter Umständen auch an anderer Stelle – verwendbar bleiben sollen. Beide Überlegungen können aber auch als Teilanliegen verstanden werden, denen der technische Fortschritt in der Maschinenentwicklung und -konstruktion ebenfalls Genüge zu tun versucht. Kaum zu trennen sind diese maschinenbedingten Technologieveränderungen von solchen, die sich aus Verfahrenswechseln ergeben, denn Produktionsverfahren werden normalerweise durch Aggregatsan- und -zuordnungen bestimmt. Ein praktisches Beispiel dafür, wie technischer Fortschritt sich gleichzeitig auf die Technologieelemente Input, Output und Verfahren in der Form dynamischer Veränderungen der Produktionsbedingungen auswirkt, hat in letzter Zeit die Uhrenindustrie mit dem „Swatch-Fabrikat" geliefert. Hier wird im

Spritzgussverfahren eine Quarzuhr aus etwa dreißig Teilen wie aus einem Stück hergestellt.

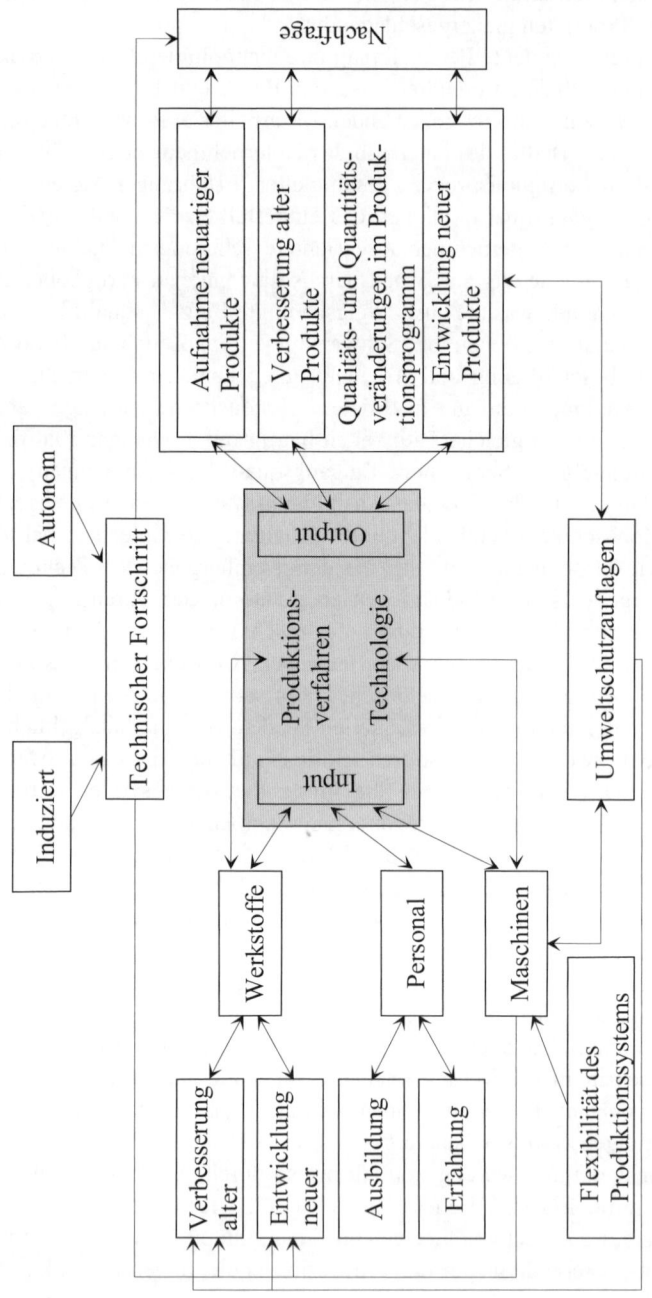

Abb. 7.5. Technologieveränderungen im Industriebetrieb und ihre Einflussgrößen

Die Ausführungen haben gezeigt, dass unter den Einflussfaktoren der Technologieveränderungen im Industriebetrieb der technische Fortschritt eine wichtige Rolle spielt. Dieser kann autonom oder induziert sein. Beim autonomen technischen Fortschritt greift das Unternehmen auf Weiterentwicklungen zurück, die sich außerhalb des Unternehmens vollzogen haben. Der induzierte technische Fortschritt geht dagegen auf eigene Forschungs- und Entwicklungsanstrengungen des Unternehmens zurück. Abbildung 7.5 gibt eine graphische Veranschaulichung der hier erörterten Zusammenhänge. Formen der Dynamisierung von Produktionstechnologien und -funktionen, die Technologieveränderungen bestimmter Art zu erfassen versuchen, werden im nächsten Abschnitt angesprochen.

7.2.3   Formen der Dynamisierung

Ohne Anspruch auf Vollständigkeit zu erheben, sollen hier verschiedene Formen der Dynamisierung kurz skizziert werden, bevor in den folgenden Abschnitten einzelne Konzepte ausführlicher dargestellt werden. Fragen der Dynamisierung von Produktionszusammenhängen sind in der Vergangenheit eher stiefmütterlich behandelt worden. GUTENBERG (1973, S. 6) und schon wesentlich früher SCHNEIDER (1934, S. 2) haben diesen unbefriedigenden Tatbestand mit den Worten beklagt, dass der Produktionstheorie wohl wenig an betriebswirtschaftlich relevanter Problematik genommen würde, wenn der Faktor Zeit ausgeschaltet würde. Umso wichtiger ist es also heute, diesem Aspekt Rechnung zu tragen. Die explizite Berücksichtigung dynamischer Produktionsbeziehungen erfolgt dabei meist in der Weise, dass man zeitliche Änderungen in den Produktionstechnologien oder mehrperiodige Transformationsprozesse betrachtet.

Es ist offensichtlich, dass sich Produktionstechnologien im Zeitablauf dadurch ändern, dass sich der technische Wissensstand der an der Produktion beteiligten Personen wandelt bzw. gleichzeitig oder nachgelagert technisch verbesserte Werkstoffe und Maschinen in der Fertigung zum Einsatz gelangen. Die Zunahme des technischen Wissens von Personen erfolgt durch Erfindungen, die den technologischen Horizont eines Industriebetriebes erweitern. In der Produktionstechnik zeigt sich dann der technische Fortschritt durch die Anwendung des neuen Wissens als Innovation, indem neue Produktionsvorgänge auftreten oder alte Produktionsvorgänge in neuer Form bewältigt werden. Auf Innovationen beruhende Technologieänderungen werden oft im Rahmen dynamischer Produktionsfunktionen durch zeitabhängige Input-Output-Relationen oder die Einführung eines gesonderten Fortschrittsparameters erfasst. Innovationen werden also als die Erklärungsvariable des technischen Fortschritts angesehen. Der technische Fortschritt kann dabei für das Unternehmen als exogene Variable auftreten und damit in autonomer Form vorgegeben sein. Dem Unternehmen verbleiben dann hinsichtlich der Realisation von Neuerungen im Produktionsbereich nur die Alternativen, diese einzuführen oder sie zu unterlassen. Die hierdurch angesprochenen Dynamisierungsformen des autonomen technischen Fortschritts werden anhand des Leontief-Produktionsmodells, der Gutenberg-Verbrauchsfunktion und der Produktionsfunktion von KRELLE noch eingehender verdeutlicht.

Anstatt die Entwicklung von Technologien als stochastischen Prozess zu beschreiben, der unabhängig vom Zutun des Unternehmens fortschreitet, wird in der Literatur auch versucht, den technischen Fortschritt wie die systematische Produktion eines Gutes aufzufassen. Denn zweifellos kann man, statt auf Einfälle zu warten, durch bessere Ausbildung und zielstrebige Forschung in Laboratorien und Versuchsanstalten das Innovationstempo selbst beeinflussen. Der technische Fortschritt wird somit veranlasst bzw. induziert. Die zur Produktion des technischen Fortschritts eingesetzten Faktormengen für Ausbildung und Forschung können leicht gemessen werden. Allerdings bereitet die Messbarkeit des technischen Wissensstandes bzw. dessen Änderung als Ergebnis dieser Faktoreinsatzmengen erhebliche Schwierigkeiten.

Eine Sonderform des induzierten technischen Fortschritts ergibt sich aus der Anwendung der Produktionstechnik selbst. Durch Übung und Erfahrung wird ein vorgegebener Produktionsprozess fortschreitend in seiner Produktivität verbessert. Es ergibt sich also eine Veränderung der Technologiemenge, die nicht die Entwicklung aufgrund von Pioniererfindungen beschreibt, sondern lediglich in der Übung und den damit verbundenen Verbesserungen begründet liegt. Derartige, durch betriebliche Lernprozesse induzierte technologische Veränderungen im Zeitablauf werden durch das Konzept der Lerntheorie bzw. der Lernkurven zur Beschreibung dynamischer Produktionszusammenhänge erfasst. Hier wird der technische Fortschritt auf das Lernverhalten der Arbeitskräfte zurückgeführt. Lerneffekte resultieren in einer Verbesserung der Input-Output-Verhältnisse bzw. verringern den Ausschuss. Solche Übungsgewinne treten vor allem beim Anlaufen der Produktion neuer Erzeugnisse sowie bei der Aufnahme neuer technologischer Produktionsverfahren auf. Das zugrunde liegende Konzept der Lernkurve erfährt später noch eine ausführlichere Erörterung. In diesem Rahmen wird dann auch noch gesondert dargelegt werden, wie Lernprozesse in den verschiedenen Produktionsfunktionstypen Berücksichtigung finden können.

Bei der Entwicklung seines Konzeptes der dynamischen Produktionstheorie auf systemtheoretischer Grundlage sind zwei zentrale Fragen Ausgangspunkte der Überlegungen STÖPPLERS (1975). Die erste Frage bezieht sich darauf, wie sich ökonomische Entscheidungen bezüglich Veränderungen in der Produktionstechnologie eines Unternehmens zu früheren Zeitpunkten auf die produktionstechnologischen Möglichkeiten des Unternehmens zu späteren Zeitpunkten auswirken können und wie man diese Einflüsse und Zusammenhänge in geeigneter Weise erfasst. Die zweite Frage ist über den engeren produktionswirtschaftlichen Rahmen hinaus darauf gerichtet, inwieweit die Dynamisierung der Vorgänge im Produktionsbereich eine Unternehmensgesamtbetrachtung erforderlich macht. Beiden Aspekten sucht STÖPPLER durch den systemtheoretischen Ansatz gerecht zu werden, in dem die Produktion ein Subsystem des Gesamtsystems Unternehmen ist. Die besondere Betonung seiner Überlegungen liegt auf dem Aspekt der zeitlichen Veränderung von Technologien.

Kernelemente des dynamischen Produktionssystems von STÖPPLER bilden Technologie-, Kontroll-, Ziel-, Produktions- und Übergangsgleichungen. Die hier insbesondere interessierende Technologiegleichung bringt zum Ausdruck, dass sich die Technologie im Zeitablauf ändern kann und zwar in zweifacher Weise. Einmal können Veränderungen der Technologie durch Einflüsse auftreten, die außerhalb des Systems liegen und durch den Term t symbolisiert werden; hierzu zählt beispielsweise der technische Fortschritt. Zum anderen sind Technologieveränderungen aber unter Umständen auch durch die Historie des Produktionssystems bedingt, was durch $z(t)$ repräsentiert wird. Kontrollvariablen sind die Produktionen x zu den jeweiligen Zeitpunkten t, so dass allgemein die Beziehungen zwischen Produktion und Technologie im dynamischen System von STÖPPLER durch eine dynamische Produktionsfunktion der Art

$$f(z(t), x(t), t) = 0$$

beschrieben werden können. Diese Vorgehensweise besitzt den Vorteil, technologische Entwicklungen einer Unternehmung umfassender zu erklären, scheitert aber in aller Regel am Komplexitätsgrad des Beschreibungsmodells, auch wenn in Einzelfällen gelegentlich – wie im dynamischen Produktionsmodell von FÖRSTNER und HENN (1957) – für einfache Strukturen einmal die formale Beschreibung aus praktischer Sicht zufriedenstellend gelingt. Bei diesem Modell handelt es sich aber eher um einen Ansatz der mehrperiodigen Produktionsprogrammplanung, in dem das zentrale Anliegen der dynamischen Produktionstheorie, nämlich die Dynamisierung der technologischen Bedingungen, nach der Ansicht von STÖPPLER zu kurz kommt. Zusätzliche Probleme sind die Auswahl passender Lösungsverfahren, die hier von der klassischen Variationsrechnung über die dynamische Programmierung bis hin zum Pontryaginschen Maximumprinzip reichen, sowie die numerische Bestimmung einer Optimallösung. Einen Spezialfall des Stöpplerschen Ansatzes – allerdings ohne die Beachtung der Zeitinterdependenzen von Produktionstechnologien – stellt die dynamische Input-Output-Analyse dar (KLOOCK 1969, S. 142 ff.). Ein auf Abnutzung und Instandhaltung von Anlagen basierendes kontrolltheoretisches Modell des dynamischen Betriebsmitteleinsatzes ist von KISTNER und LUHMER (1988) formuliert worden.

In den bislang angesprochenen Dynamisierungsformen haben ablauforganisatorische Tatbestände als Erfordernis einer dynamischen Betrachtungsweise noch keine Berücksichtigung gefunden. Um derartige Phänomene des Produktionsablaufs ausreichend präzise formulieren zu können, hat KÜPPER (1979) auf der Basis des Input-Output-Ansatzes eine allgemeine dynamische Produktionsfunktion entwickelt. Sie soll einerseits die Abbildung der zeitlichen Entwicklung von Gütereinsatz, Fertigungszeiten und Güterausbringung ermöglichen; andererseits soll sie als Grundlage dienen, um produktionstheoretische mit ablauforganisatorischen Tatbeständen der Fertigung verbinden zu können. Diesem Ansatz wird ein eigener Abschnitt gewidmet.

Manchen Autoren (MATTHES 1979; KLOOCK 1969) scheint die Bezeichnung einer Vorgehensweise, wie sie von KÜPPER eingeschlagen worden ist, als dynamisches Input-Output-Modell oder dynamische Produktionsfunktion fragwürdig. Sie rechnen derartige Denkansätze eher den statisch-evolutorischen Modellen zu, wenn die Einflüsse von Größen vergangener Perioden auf die Modellvariablen nicht hinreichend allgemein mit einbezogen werden, was zumindest bei der Prämisse konstanter Fertigungsdauern und Verweilzeiten der Produkte im Betrieb als Verdacht nahe liegt. Bekräftigt wird diese Ansicht durch LÜCKE (1976, S. 123 f.), wonach konstante Fertigungsdauern und Verweilzeiten als „Production Time Lags" interpretiert werden können. Aus der Kritik an dem Ansatz von KÜPPER, die sich auf die ausschließliche Mengenorientierung des zugrunde liegenden Input-Output-Modells bezieht, und unter Hinweis auf das Erfordernis, die prozess- und strukturbedingten Merkmale der betrieblichen Produktion bei einer Modellformulierung stärker explizit zu berücksichtigen, hat MATTHES (1979) auf der Grundlage eines netzplangestützen Projektansatzes eine dynamische einzelwirtschaftliche Produktionsfunktion konzipiert, die als Modellansatz dem Anspruch zu genügen versucht, elementar prozess-, dynamisch struktur- und entscheidungsorientiert sowie in gewissem Umfang multipel zielorientiert zu sein. Dieser Ansatz hat sich aber wegen der Schwierigkeit der Erfassung der in ihm unterstellten Zusammenhänge bisher leider wenig durchzusetzen vermocht.

7.3   Zeitabhängige Technologien aufgrund von Innovationen – autonomer technischer Fortschritt

7.3.1   Darstellung zeitabhängiger Input-Output-Relationen bei Leontief-Prozessen

Ausgangspunkt der Betrachtungen sei eine Einprodukt-Unternehmung, welche zu jedem Zeitpunkt t das Produkt in der Menge $x(t)$ mit den Einsatzmengen $r_1(t),...,r_I(t)$ herstellt. t bezeichnet allgemein alle betrachteten Zeitpunkte. Für einen bestimmten Zeitpunkt $t=t_0$ werden sich die konkreten Produktionsmöglichkeiten aber in der Regel von den im Zeitpunkt $t=t_1$ vorliegenden Gegebenheiten unterscheiden. Die Menge der Produktionsmöglichkeiten $T(t)$ zu den Zeitpunkten t sei allgemein beschrieben durch $T(t) = \{v(t)|v(t)$ ein dem Unternehmen zum Zeitpunkt t bekanntes Verfahren$\}$, d. h. die Technologie $T(t)$ setzt sich aus einer Menge von in t erreichbaren Produktionspunkten $v(t)$ zusammen; $v(t) = (x(t), r_1(t),...,r_I(t))$ führt bei den Einsatzmengen $r_1(t),...,r_I(t)$ im Zeitpunkt t zu der Outputquantität $x(t)$.

Es interessieren jedoch lediglich die effizienten Produktionsmöglichkeiten $T_e(t)$ mit

$$T_e(t) = \{v(t) \in T(t) | v'(t) \geq v(t) \text{ und } v'(t) \in T(t) \Rightarrow v'(t) = v(t)\}.$$

Es sei nun die zeitlich diskrete Entwicklung der Menge $T_e(t)$ effizienter Produktionen betrachtet.

Grundsätzlich sind zwei verschiedene Betrachtungsweisen für die Untersuchung der technischen Entwicklung möglich. Erstens kann bei Konstanz der Einsatzmengen im Zeitablauf – d. h. $r_i(t) = \bar{r}_i = $ const. für alle $t = t_0$, $t_1...$ sowie $i = 1,...,I$ – der Verlauf der Outputquantitäten $x(t)$ analysiert werden.

Zweitens kann für einen vorgegebenen Ausstoß $x(t) = \bar{x}$ für alle $t = t_0$, $t_1...$ die Entwicklung der dafür erforderlichen Einsatzmengen $r_1(t),...,r_I(t)$ untersucht werden. Dann wird praktisch eine Teilmenge von $T_e(t)$ für $x(t) = \bar{x} = $ const. betrachtet; d. h. es wird eine Isoquantendarstellung gewählt. Diese zweite Demonstrationsform wird im Folgenden zugrunde gelegt.

Die produktiven Gesetzmäßigkeiten mögen zunächst durch eine limitationale Produktionsfunktion des Leontief-Typs beschrieben werden. Bei einer Leontief-Produktion mit nur einem Produktionsprozess gibt es zu jedem Zeitpunkt t bezüglich der Ausbringung $x(t) = \bar{x}$ genau einen effizienten Produktionspunkt $\bar{v}_e(t)$; d. h. die Faktoreinsatzmengen $r_i(t)$, $i = 1,...,I$ liegen zum Zeitpunkt t für $x(t) = \bar{x}$ fest. Sie mögen dann beispielsweise im Zeitablauf den in Abb. 7.6 veranschaulichten Verlauf nehmen. Der technische Fortschritt äußert sich dabei in einer Verminderung der zur Produktion von $\bar{x}$ erforderlichen Einsatzmengen $r_i(t)|_{\bar{x}}$. Beispielsweise kann der technische Fortschritt einen linearen Verlauf der Funktion $r_i(t)|_x$ in t mit der Steigerung a, $a < 0$, bewirken, wie dies in Abb. 7.6 zwischen t_0 und t_2 der Fall ist. Es gilt dann

$$r_i(t + \Delta t)|_{\bar{x}} = r_i(t)|_{\bar{x}} + a \cdot \Delta t, \quad \Delta t > 0, \quad a = \text{const. mit } a < 0.$$

Wenn der technische Fortschritt Folge von Erfindungen und Neuerungen ist, die sich mit einer gewissen zeitlichen Verzögerung in der Produktionstechnik niederschlagen, so wird sich das bei der Veränderung der Einsatzmengen $r_i(t)|_{\bar{x}}$ durch einen unregelmäßigen, eher sprunghaften Verlauf bemerkbar machen. Es gilt dann nicht mehr die obige Beziehung; vielmehr wird auch die Steigung der Funktion $r_i(t)|_{\bar{x}}$ von t abhängen, d. h. $a = a(t)$. Nach Pioniererfindungen wird die Kurve $r_i(t)|_{\bar{x}}$ stark fallen; vgl. Abb. 7.6 zwischen t_2 und t_3. Anschließend wird diese neue Produktionstechnik mit immer geringeren Verbesserungen weiterentwickelt – s. Abb. 7.6 zwischen t_3 und t_4 –, bis eine andere Pioniererfindung die Veränderung wieder beschleunigt.

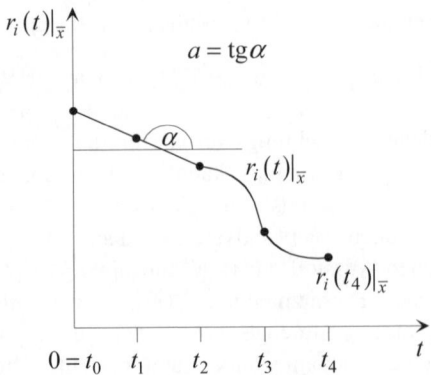

Abb. 7.6.   Faktorsparender technischer Fortschritt bei einem Input

Untersucht man diese Situation für zwei Faktoren graphisch als Isoquanten-darstellung in der (r_1, r_2)-Ebene, so mag sich speziell eine Entwicklung wie in Abb. 7.7 ergeben. Die zu $x(t) = \overline{x}$ gehörenden effizienten Produktionspunkte $\overline{v}_e(t)$ definieren im Zeitablauf den dynamischen Prozesspfad $\{\overline{v}_e(t)|t\}$. Das Innovationstempo verrät die Distanz $\|\overline{v}_e(t_l) - \overline{v}_e(t_{l+1})\|$ der effizienten Produktionspunkte $\overline{v}_e(t)$, wenn – wie schon bei Abb. 7.6 vorausgesetzt – die Situation bei äquidistanten Zeitpunkten t_l, d. h. also $t_{l+1} - t_l = \text{const.}$ für $l = 0, 1, 2, 3, \ldots$, untersucht wird. Hervorzuheben ist, dass bei der in Abb. 7.7 angenommenen Entwicklung die Relation $r_1(t)/r_2(t)$ der Einsatzmengen für die beiden Faktoren 1 und 2 im Zeitablauf konstant bleibt. Ein solches Verhalten nennt man faktorneutralen technischen Fortschritt. Er lässt sich allgemein – auch für Leontief-Produktionsfunktionen mit mehreren Prozessen sowie für substitutionale Produktionsfunktionen – wie folgt definieren.

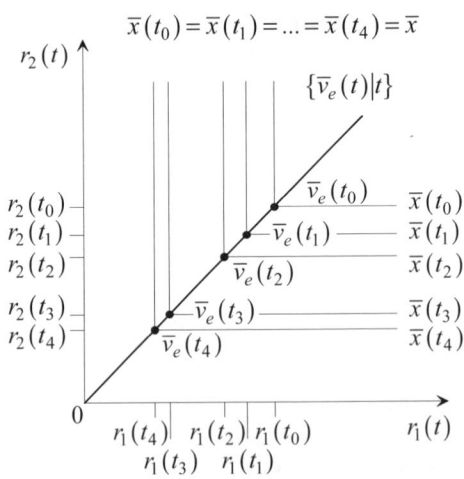

Abb. 7.7.   Faktorsparender technischer Fortschritt bei mehreren Inputs

Seien $\bar{x}$, t' und t'' beliebig sowie $\bar{v}_e(t') = (\bar{x}, r_1(t'), ..., r_I(t'))$ ein zugehöriger effizienter Produktionspunkt, so gibt es stets eine weitere effiziente Produktion $\bar{v}_e(t'') = (\bar{x}, r_1(t''), ..., r_I(t''))$ und eine Konstante $\lambda = \lambda(t', t'', \bar{v}_e(t'))$ mit

$$(7.1) \qquad \frac{r_i(t')}{r_i(t'')} = \lambda(t', t'', \bar{v}_e(t')), \quad i = 1, ..., I.$$

Dies impliziert zugleich für alle in $\bar{v}_e(t')$ und $\bar{v}_e(t'')$ auftretenden Ressourcenmengen die oben behauptete Konstanz der Inputrelationen:

$$\frac{r_i(t')}{r_{i'}(t')} = \frac{r_i(t'')}{r_{i'}(t'')}, \quad i \neq i', \quad i, i' \in \{1, ..., I\}.$$

Ist $\lambda > 1$ für alle $t' < t''$, dann liegt technischer Fortschritt vor, andernfalls „technischer Rückschritt". Gilt darüber hinaus in (7.1)

$$(7.2) \qquad \frac{r_i(t')}{r_i(t'')} = \lambda(t', t'', \bar{x}), \quad i = 1, ..., I,$$

d. h. ist die Konstante λ nicht von der ursprünglich gewählten Faktorkombination in $\bar{v}_e(t')$ abhängig, sondern allenfalls von $\bar{x}$, dann spricht man von gleichmäßigem neutralen technischen Fortschritt.

Diese Bedingung besagt, dass der technische Fortschritt für alle effizienten Produktionsprozesse im selben Maße realisiert werden muss; das Tempo des technischen Fortschritts muss bezüglich aller Einsatzfaktoren gleich groß sein. Abbildungen 7.8 und 7.9 veranschaulichen diesen Sachverhalt ebenso wie das folgende Beispiel.

Seien $\bar{v}(t) = (\bar{x}; r_1(t), r_2(t))$ und $\bar{w}(t) = (\bar{x}; r'_1(t), r'_2(t))$.

a)   Bei $\bar{v}_e(t') = (1; 8, 4)$ und $\bar{w}_e(t') = (1; 4, 6)$ sowie $\bar{v}_e(t'') = (1; 6, 3)$ und $\bar{w}_e(t'') = (1; 3, 9/2)$ sind die Bedingungen (7.1) und (7.2) erfüllt.

b)   Auch die substitutionale Produktionsfunktion $x = \beta(t) r_1 r_2$ mit $\beta(t') = 4$ und $\beta(t'') = 3$ genügt diesen Forderungen.

c)   Für $\bar{v}_e(t')$, $\bar{w}_e(t')$ und $\bar{v}_e(t'')$ gemäß a), jedoch $\bar{w}_e(t'') = \tilde{w}_e(t'') = (1; 2, 3)$ ist zwar Bedingung (7.1) eingehalten, aber (7.2) verletzt, sofern keine weiteren effizienten Produktionspunkte zu diesen Zeitpunkten für $\bar{x}$ existieren. Es gilt nämlich z. B.

$$\frac{r_1(t')}{r_1(t'')} = \frac{4}{3} \neq 2 = \frac{r'_1(t')}{r'_1(t'')}.$$

Durch einen solchen ungleichmäßigen neutralen technischen Fortschritt (Isoquantenast c) in Abb. 7.10), für den also die Bedingung (7.1), aber nicht die Bedingung (7.2) eingehalten ist, ergibt sich nun die Dominanz des Produktionspunktes $\tilde{w}_e(t'')$ gegenüber $\bar{v}_e(t'')$ in Abb. 7.10.

In der Regel wird man jedoch keinen neutralen technischen Fortschritt registrieren, sei er nun gleichmäßig oder ungleichmäßig. Vielmehr wird bei zwei Inputs häufig eine relativ größere Ersparnis der Einsatzmenge eines Faktors im Vergleich zum anderen Input auftreten, also die Bedingung (7.1) verletzt sein. Bei limitationalen Produktionsmodellen ist dann die Menge der effizienten Produktionspunkte – also der dynamische Prozesspfad – $\{\overline{v}_e(t)|t\}$ für eine bestimmte Outputmenge $\overline{x}$ geometrisch nicht mehr durch eine Ursprungsgerade darstellbar.

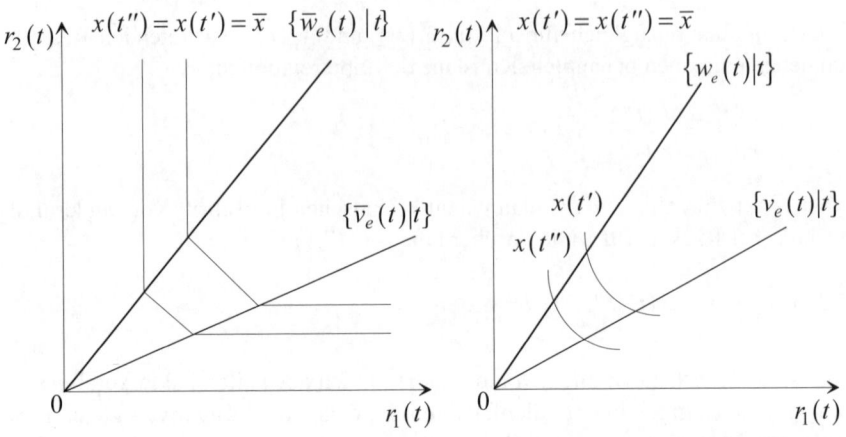

Abb. 7.8. Gleichmäßig neutraler technischer Fortschritt bei mehreren limitationalen Produktionsprozessen

Abb. 7.9. Gleichmäßig neutraler technischer Fortschritt bei substitutionalen Produktionsprozessen

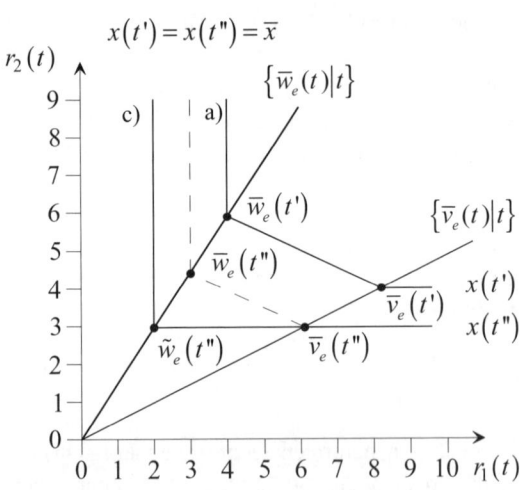

Abb. 7.10. Beispiel eines ungleichmäßigen neutralen technischen Fortschritts

So zeigt sich in Abb. 7.11 der technische Fortschritt in Form der Kurve $\{\overline{v}_e(t)|t\}$. Die Einsparung von Faktor 2 – $r_2(t_0)-r_2(t_1)$ – übersteigt absolut und prozentual die Verminderung der Einsatzmenge $r_1(t)$. In Abb. 7.12 tritt eine entsprechende Situation bei den beiden dynamischen Prozesspfaden $\{\bar{v}_e(t)|t\}$ und $\{\bar{w}_e(t)|t\}$ zu den Zeitpunkten t_0 und t_1 ein. Zudem werden im Zuge des technischen Fortschritts neue effiziente Produktionen entwickelt (vgl. Produktionspunkt $\bar{u}_e(t_2)$ in Abb. 7.12), die sich nicht als Linearkombination der anderen Produktionen erklären lassen.

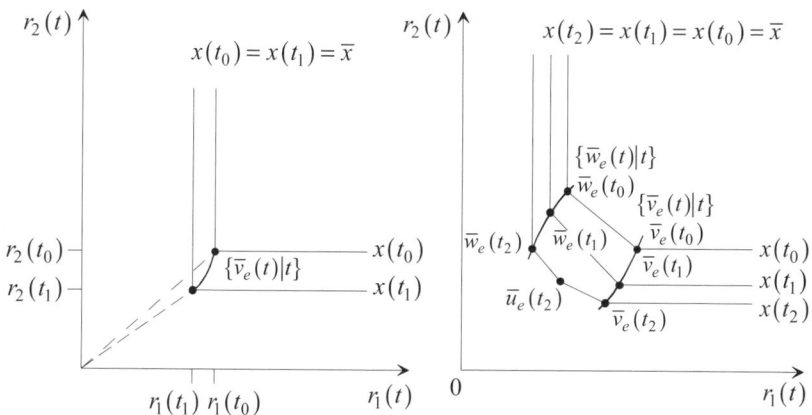

Abb. 7.11. Nicht-neutraler technischer Fortschritt bei einem Produktionsprozess

Abb. 7.12. Nicht-neutraler technischer Fortschritt bei mehreren Produktionsprozessen

7.3.2 Der technische Fortschritt in der Gutenberg-Produktionsfunktion

Soweit sich in Gutenberg-Produktionsfunktionen der technische Fortschritt in einer Veränderung der Leistungsabgabe der Gebrauchsfaktoren bei sonst gleichem Output niederschlägt, kann hier auf die schon im letzten Abschnitt erläuterten zeitabhängigen Input-Output-Relationen bei Leontief-Prozessen verwiesen werden. Darüber hinaus äußert sich der technische Fortschritt bei Gutenberg-Produktionsfunktionen auch in einer zeitlichen Veränderung der dynamisierten Verbrauchsfunktionen

$$a_{in_m}\left(\lambda_{n_m}, t\right), \; i = 1, \ldots, I \;, \; n_m = 1, \ldots, N_m \;, \; m = 1, \ldots, M \;,$$

bzw.

$$a(\lambda, t),$$

falls man zunächst nur den Einsatz eines Verbrauchsfaktors an einem Aggregat betrachtet. Der technische Fortschritt kann sich dabei in der Weise auswirken, dass sich die Verbrauchsfunktionen in ihrer Lage und Form ändern; der technische Fortschritt führt somit zu einer neuen Produktionsfunktion.

Normalerweise wird man erwarten, dass infolge des technischen Fortschritts die Einsatzmenge eines Verbrauchsfaktors pro Arbeitseinheit bei der optimalen Leistungsintensität $\lambda^*(t'')$ des Aggregats im Zeitpunkt t'' geringer sein wird als bei der optimalen Intensität $\lambda^*(t')$ zum früheren Zeitpunkt t'. Es gilt dann

$$\min_{\lambda}\{a(\lambda,t')\} > \min_{\lambda}\{a(\lambda,t'')\} \text{ mit } t'' > t'.$$

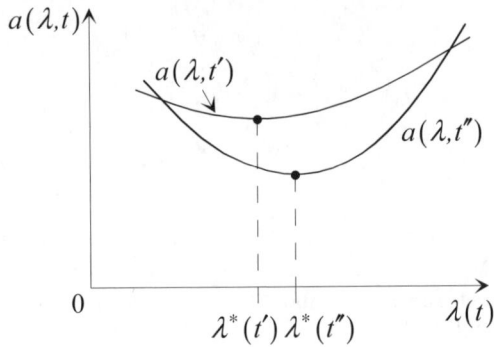

Abb. 7.13.   Der technische Fortschritt im System der Verbrauchsfunktionen

Grundsätzlich muss jedoch nicht unbedingt $a(\lambda,t') > a(\lambda,t'')$ für den gesamten Leistungsbereich des Betriebsmittels gelten. Da der technische Fortschritt oft zur Spezialisierung von Aggregaten führt, kann sich hieraus eine stärkere Krümmung der Verbrauchsfunktion zum Zeitpunkt t'' gegenüber t' ergeben, wie dies aus Abb. 7.13 ersichtlich wird. Spezialmaschinen sind dabei zugleich auf größere Stückzahlen ausgerichtet, was eine Steigerung der Optimalintensität erwarten lässt. So interpretiert GUTENBERG (1983, S. 368 f.) selbst die verstärkte Krümmung der Verbrauchsfunktion als eine Einengung der Zone optimaler Nutzung. Schwierigkeiten bereitet es jedoch, die Grenzen dieser Zone zu bestimmen. Bei zwei Verbrauchsfaktoren überträgt sich die durch die Spezialisierung bedingte Krümmung auch auf die Isoquantenform in der (r_i, r_i')-Ebene; die Isoquqante $x(t'')$ ist, wie Abb. 7.14 demonstriert, stärker gekrümmt als die zu $x(t')$ mit $x(t'') = x(t') = \overline{x}$.

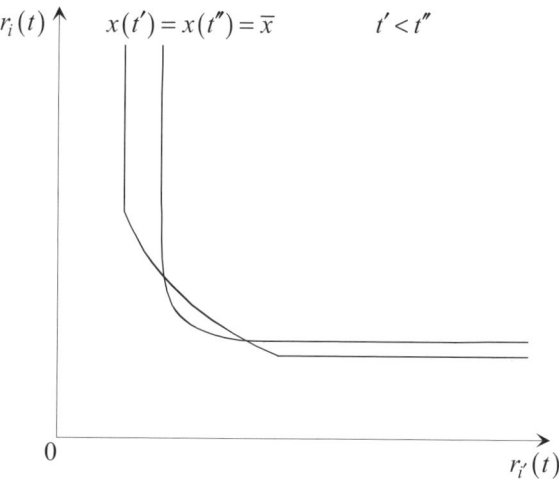

Abb. 7.14. Zeitabhängige Isoquanten für zwei Verbrauchsfaktoren

7.3.3 *Die dynamische Produktionsfunktion von* KRELLE

KRELLE (1969, S. 117 f.) geht davon aus, dass sich die Produktionstechnologie bzw. der Stand des technischen Wissens durch die Aufnahme eines den technischen Fortschritt repräsentierenden Parameters τ in die Produktionsfunktion beschreiben lässt. Bezeichnet im Fall des Einprodukt-Unternehmens $r_i(t)$ die Einsatzmenge des Faktors i, $i = 1,...,I$, im Zeitpunkt t, dann lautet die dynamische Produktionsfunktion

$$x(t, \tau) = x(r_1(t),...,r_I(t), \tau);$$

die Endproduktmenge wird somit ebenfalls eine Funktion des Standes der Technik.

Hält man die Endproduktmenge im Zeitablauf konstant, so wird man erwarten, dass sich bei fortschreitender Technik die Faktoreinsatzmengen verringern oder zumindest nicht erhöhen. Diesen Umstand versucht KRELLE durch Qualitätsindizes bzw. Fortschrittskoeffizienten der Produktionsfaktoren zu erfassen. In anderem Zusammenhang wurde schon darauf hingewiesen, dass in der Folge von Innovationen spezialisierte Aggregate Verwendung finden. Das bedeutet, dass in der Regel fortschreitend auch qualitativ höherwertige Inputs eingesetzt werden müssen. Aus der Benutzung komplizierter Maschinen ergibt sich beispielsweise auch notwendig der Einsatz qualifizierter Arbeitskräfte. Gleiche Faktoren verschiedener Qualität können aber über derartige Qualitätsindizes bzw. Fortschrittskoeffizienten formal als unterschiedliche Faktoren dargestellt werden. In diesem

Sinne werden dann gleiche Mengen eines Faktors i, die verschiedene Qualitäten aufweisen, mit Hilfe von Fortschrittsfaktoren oder Qualitätsindizes $\pi_i(\tau)$ in fiktive Mengen gleicher Qualität desselben Betrachtungszeitpunktes umgerechnet. Technologische Änderungen werden somit mit Qualitätsänderungen der Faktoren identifiziert. Formal gilt

$$\pi_i(\tau) = \frac{r_i^0(t')}{r_i^\tau(t')}.$$

Hierbei gibt $r_i^\tau(t')$ die Menge des Inputs i an, die zum Zeitpunkt t' mit dem dann vorliegenden Qualitätsstandard τ tatsächlich zum Einsatz gelangt. $r_i^0(t')$ entspricht der fiktiven Menge des Faktors i mit der in der Basisperiode $t = 0$ gebräuchlichen Ausgangsqualität, die zur Erzeugung desselben Outputs im Zeitpunkt t' einzubringen wäre. Der Faktor i wird daher so behandelt, als sei er vom Basiszeitpunkt $t = 0$ bis zum Zeitpunkt $t = t'$ quantitativ vermehrt worden, qualitativ aber gleich geblieben. KRELLE weist selbst darauf hin, dass eine solche Umrechnung in den meisten Fällen scheitern wird, da für $r_i^0(t')$ in der Regel keine eindeutigen Werte zur Verfügung stehen. Durch die Einbeziehung der Fortschrittsfaktoren bzw. Qualitätsindizes erhält die dynamische Produktionsfunktion in alten Faktorqualitäten ausgedrückt die Form

$$x(t, \tau) = x\left(r_1^\tau(t) \cdot \pi_1(\tau), \ldots, r_I^\tau(t) \cdot \pi_I(\tau), \tau\right).$$

Die Ausprägungen der Größen $\pi_i(\tau)$ erlauben es dann, verschiedene Arten des technischen Fortschritts zu definieren und zu unterscheiden, so wie dies schon bei der Diskussion zeitabhängiger Input-Output-Relationen erfolgt ist.

7.4   Einbeziehung von Lernprozessen in die Produktionstheorie – induzierter technischer Fortschritt

7.4.1   Theoretisches Konzept der Lernprozesse in der Fertigung

Ausgehend von den von WRIGHT (1936) gewonnenen ersten brauchbaren empirischen Daten und Ergebnissen wurde im Laufe der Entwicklung der Lerntheorie das so genannte „Lerngesetz der Produktion" formuliert. Es besagt, dass für bestimmte Faktoren die Einsatzmengen pro Outputeinheit mit wachsender Fertigungsstückzahl abnehmen. Sei beispielsweise eine linear-limitationale Technologie gegeben, für welche das Verhältnis der Inputmenge des Faktors i zur Produktion einer Outputeinheit durch den Produktionskoeffizienten $a_i(\tau)$ zum Zeitpunkt τ angezeigt werde, dann wird dieser Produktionskoeffizient wesentlich von der kumulierten Anzahl der bis zum Zeitpunkt τ im Unternehmen hergestellten Produktionseinheiten in dem Sinne abhängen, dass er aufgrund von Wiederholungs- und Übungseffekten im Laufe der Zeit sinkt. Die betriebswirtschaftliche Lernkurventheorie behauptet in ihrer bekanntesten Version, dass der Produktionskoeffizient einer bestimmten Faktorart i mit jeder Verdopplung der Zahl der hergestellten Produkteinheiten um einen gleich bleibenden prozentualen Betrag fällt.

Seien nun

$X_\tau = \int\limits_{t=0}^{\tau} x(t)\,dt$ die bis zum Zeitpunkt τ kumulierten Produktionseinheiten mit

$x(t)$ als Momentanproduktion bzw. Produktionsgeschwindigkeit,

$a_i(\tau)$ der Produktionskoeffizient des Faktors i zum Zeitpunkt τ,

$a_i(0)$ der Produktionskoeffizient des Faktors i zum Zeitpunkt 0, bevor durch die Produktion der ersten Outputeinheit die Wiederholungs- bzw. Übungseffekte einsetzen; ohne Beschränkung der Allgemeinheit kann $a_i(0)=1$ bzw. $a_i(0)=100\%$ gesetzt, also normiert werden, und

c_i der Übungsfaktor mit $c_i = \text{const.}$ und $c_i > 0$.

Dann kann eine derart behauptete Gesetzmäßigkeit des Lernverhaltens im Hinblick auf den Produktionskoeffizienten durch eine Potenzfunktion der Art

$$a_i(\tau) = a_i(0) \cdot X_\tau^{-c_i}$$

approximativ beschrieben werden. Diesem Zusammenhang liegt die „Linear-Hypothese" der Lernkurven zugrunde (BAUR 1967, S. 62 ff.). Zwischen der Lernrate b_i und dem Übungsfaktor c_i wird dabei hier die Beziehung

$$c_i = -\log_2(1-b_i) \quad \text{bzw.} \quad b_i = 1 - 2^{-c_i}$$

unterstellt. In der Literatur wird üblicherweise $(1-b_i)$ als Lernrate bezeichnet (BAUR 1979). Bezüglich des Anfangswertes $a_i(0)$ des Produktionskoeffizienten ergibt sich eine abnehmende Steigung der Funktion $a_i(\tau)$ oder genauer $a_i(X_\tau)$, wie dies aus Abb. 7.15 für eine Lernrate b_i von 20 % ersichtlich wird.

Die Funktion $a_i(\tau)$ bzw. $a_i(X_\tau)$ ist nur bei doppelt-logarithmischem Maßstab beider Koordinatenachsen (s. Darstellung in Abb. 7.16) eine linear fallende Funktion, denn in dem Falle hat man

$$\log a_i(\tau) = \log a_i(0) - c_i \log X_\tau .$$

Bei einer Lernrate b_i von 20 % ergibt sich der Übungsfaktor c_i aus der folgenden Überlegung, dass der für einen Zeitpunkt τ beliebige Produktionskoeffizient $a_i(\tau) = 100$ im Zeitpunkt τ' auf $a_i(\tau') = 80$ fällt, sofern in dieser Zeit die Anzahl der gefertigten Produktionseinheiten sich verdoppelt hat, also $X_{\tau'} = 2X_\tau$ erfüllt ist. Dann hat man offensichtlich unter Ausnutzung der Lernfunktion $a_i(\tau)$ die folgende Beziehung:

$$\frac{a_i(\tau')}{a_i(\tau)} = \frac{a_i(0) X_{\tau'}^{-c_i}}{a_i(0) X_\tau^{-c_i}} = \frac{(2X_\tau)^{-c_i}}{X_\tau^{-c_i}} = 2^{-c_i} = 1 - b_i = 0,8 \; ,$$

woraus man $c_i = 0,322$ erhält. Diese Lernkurve mit $a_i(0) = 1$ und $c_i = 0,322$ bzw. $b_i = 0,2$ liegt den Darstellungen der beiden Abb. 7.15 und 7.16 zugrunde.

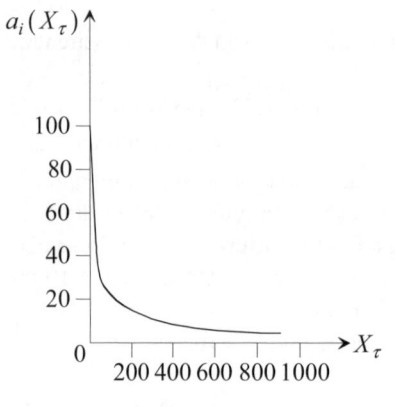

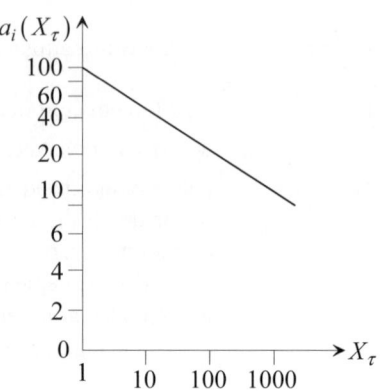

Abb. 7.15. Lernkurve für $b_i = 20\%$ (arithmetischer Maßstab)   **Abb. 7.16.** Lernkurve für $b_i = 20\%$ (logarithmischer Maßstab)

Ein derartiger Verlauf der Lernkurve ist empirisch vielfach belegt worden. Untersuchungen hierzu im Bereich arbeitsintensiver Fertigungsstrukturen sind von verschiedenen Autoren in den Industriezweigen Flugzeugbau (WRIGHT 1936; ALCHIAN 1963; ASHER 1956), Schiffbau (SEARLE 1945), Werkzeugmaschinenbau (HIRSCH 1952, 1956) und der Herstellung elektronischer und elektromechanischer Erzeugnisse (COLE 1958; CONWAY und SCHULTZ 1959) angestellt worden. Mit Fällen der maschinenintensiven Fertigung auf den Gebieten der Stahl-, Glas- und Papiererzeugung sowie der Herstellung von Elektrogeräten hat sich BALOFF (1966, 1971) beschäftigt. Insbesondere der Faktor Arbeit weist solche Übungsgewinne auf, wenn man die Einsatzmenge $a_i(\tau)$ bzw. $a_i(X_\tau)$ in Zeiteinheiten misst. Aber auch der Materialverbrauch zeigt einen solchen abnehmenden Verlauf, z. B. eine Senkung der Verschnittmenge mit wachsender Übung. Für den Materialverbrauch liegt die Lernrate b_i allerdings deutlich unter der gleichzeitig realisierbaren Ersparnis des Faktors Arbeit. So wurde oft für den Arbeitseinsatz eine Lernrate von rund 20 % herausgefunden. HIRSCH (1952, 1956) ist beispielsweise in seiner Studie zu den Ergebnissen gelangt, dass die Lernrate im Werkzeugmaschinenbau insgesamt bei durchschnittlich 20 % liegt. Bei einzelnen Produkttypen schwankt die Lernrate des Faktors Arbeit zwischen 16,5 und 20,8 %. Zugleich waren verrichtungsabhängige Unterschiede zu beobachten. Während man bei Maschinenarbeit durchschnittlich eine Lernrate von 13,2 % feststellen konnte, lagen die Übungsgewinne in der Montagetätigkeit bei durchschnittlich 25,5 %.

Die Verminderung der Produktionskoeffizienten lässt sich in dem Fall, in dem Lernprozesse stattfinden, eindeutig durch eine qualitative Steigerung des Faktors Arbeit erklären. Insofern ist es vielleicht etwas irreführend, von im Zeitablauf unterschiedlichen Produktionskoeffizienten desselben Faktors i zu sprechen. Streng genommen müsste man von aufgrund von Qualifikationsverbesserungen unterschiedlichen Faktoren $i(\tau)$ bzw. $i(X_\tau)$ ausgehen. Neben der Linear-Hypothese werden in der Literatur auch Lernkurven diskutiert, die bei doppelt-logarithmischem Maßstab der Koordinatenachsen konkav oder konvex verlaufen, also durch zunehmende oder abnehmende Lernrate gekennzeichnet sind. Diese Ansätze sollen hier nicht weiter diskutiert werden. Nach SCHNEIDER (1965, S. 508) reicht das Erfahrungsmaterial aus der Praxis durchaus, um die Linear-Hypothese als gute Annäherung zu rechtfertigen.

Wie die oben dargelegten empirischen Befunde vermuten lassen, wird die Lernrate wohl für schwierigere Tätigkeiten höher ausfallen; die Unterschiede zwischen maschinengebundener Arbeit und Montageprozessen legen diese Vermutung nahe. Für zunehmend dispositive Tätigkeiten mag der Verbesserungsspielraum noch größer sein. Die verschieden hohen Lernraten bei unterschiedlichen Tätigkeiten lassen die Forderung sinnvoll erscheinen, die Lernkurve nicht auf das Produkt zu beziehen, sondern eine Aufgliederung nach einzelnen Verrichtungen vorzunehmen, um für sie gesondert die Lernraten zu bestimmen. Denn wenn die unterschiedlichen Lernkurven für einzelne Verrichtungen der Linear-Hypothese mit verschieden starken Lernraten gehorchen, dann ergibt sich bezogen auf das Gesamtprodukt eine im doppelt-logarithmischen Maßstab konvex verlaufende Lernkurve. Dies wird anhand des folgenden Fallbeispiels leicht erkennbar. Ein Produkt werde durch die Zusammenarbeit zweier Abteilungen I und II mit Hilfe des Faktors i hergestellt. Beim hundertsten Stück seien die Produktionskoeffizienten der beiden Abteilungen $a_i^{I}(X_\tau) = a_i^{I}(100) = 50$ und $a_i^{II}(X_\tau) = a_i^{II}(100) = 50$ gleich groß. Der Gesamtproduktionskoeffizient für das Produkt lautet bei 100 Stück

$$a_i(100) = a_i^{I}(100) + a_i^{II}(100) = 100 \, .$$

Wenn nun bei einer Verdopplung der Outputmenge in Abteilung I eine Lernrate $b_i^{I} = 0,3$ und in Abteilung II eine Lernrate $b_i^{II} = 0,1$ vorliegt, so hat man für die Produktionseinheit $X_\tau = 100, 200, 400$ und 800 die in Tabelle 7.1 dargelegten Produktionskoeffizienten.

Da $a_i(100) = 100$ ist, liegt vom 100sten bis zum 200sten Stück des Produktes eine Lernrate beider Abteilungen zusammen von

$$b_i = 1 - \frac{a_i(200)}{a_i(100)} = 1 - \frac{80}{100} = 0,2 \, ,$$

also von 20 % vor. Vom 200sten bis 400sten Stück beträgt sie 18,75 % und vom 400sten bis 800sten Stück nur noch etwa 17,7 %.

Tabelle 7.1.   Dynamische Produktionskoeffizienten der Abteilungen gemäß Lernraten

Kumulierte Produkteinheiten X_τ	100	200	400	800
Abteilung I $(b_i^{\mathrm{I}} = 0{,}3): a_i^{\mathrm{I}}(X_t)$	50	35	24,5	17,05
Abteilung II $(b_i^{\mathrm{II}} = 0{,}1): a_i^{\mathrm{II}}(X_t)$	50	45	40,5	36,45
Gesamt: $a_i(X_t) = a_i^{\mathrm{I}}(X_t) + a_i^{\mathrm{II}}(X_t)$	100	80	65	53,50

Hinsichtlich des Produktionsumfangs, für den ein bestimmter Übungsfaktor c_i einer Lernkurve Gültigkeit besitzt, ist anzumerken, dass Lernkurven vor allem in der Produktions- und Terminplanung bei der Kleinserien- oder Auftragsfertigung, wie z. B. im Flugzeugbau und der Großanlagenherstellung, sinnvoll eingesetzt werden bzw. Anwendung finden können. Bei größeren Serien werden die Lerneffekte rasch abnehmen und die Planung kaum noch beeinflussen; bei der Massenproduktion scheint die Lernkurventheorie kaum noch verwendbar (s. SCHNEIDER 1965, S. 509; WEBER 1969, S. 405).

7.4.2   *Einbeziehung von Lernprozessen in verschiedene Produktionsfunktionstypen*

Die Schwierigkeiten der Einbeziehung von Lernprozessen in Produktionsfunktionstypen der Art, wie sie in den Kapiteln 4 bis 6 dargestellt worden sind, liegen in dem Umstand begründet, dass es sich bei diesen um statische Produktionsfunktionen handelt, das Konzept der Lernkurven dagegen dynamischen Charakter hat. Die daraus resultierende Diskrepanz der analytischen Betrachtungsweise wird allein schon aus den unterschiedlichen Fragestellungen der beiden Konzeptionen deutlich. Die statischen Produktionsfunktionstypen versuchen in einer komparativ-statischen Überlegung eine Antwort auf die Frage zu geben, wie sich in ein und derselben Produktionsperiode die Faktoreinsatzmengen ändern, wenn alternativ eine andere Produktionsmenge hergestellt wurde. Den hieraus abgeleiteten Input-Output-Beziehungen kommt dann zunächst nur eine einperiodige Gültigkeitsdauer zu. Die statische Produktionsfunktion kümmert sich damit nicht um die zurückliegende Produktionsgeschichte des Unternehmens. Eine andere Blickrichtung verfolgt die Theorie der Lernkurven: Hier kommt es geradezu auf die Produktionsgeschichte im Unternehmen in dem Sinne an, dass sie fragt, wie sich der Produktionskoeffizient einer Faktorart entwickelt, wenn zusätzliche Outputeinheiten gefertigt werden, nachdem in der Vergangenheit schon eine bestimmte Stückzahl des Produkts mit dieser Faktorart hergestellt worden ist. Nun lässt sich aus dieser Divergenz aber nicht generell folgern, dass die statischen Produktionsfunktionen Lerneffekte gänzlich übersehen hätten und für ihre Integration keinen Raum böten. Denn die statischen Produktionsfunktionstypen als Ausdruck effizienter Produktionen gehen von dem Prinzip der technischen Minimierung aus.

Das bedeutet, dass sie unterstellen, dass Übungsgewinne beim wirtschaftlichen Faktoreinsatz implizit zur Geltung kommen. Nur liegt die Crux bei der Herleitung der Produktionsfunktionen als Momentaufnahme der vorherrschenden Input-Output-Relationen darin, dass sich die Lerneffekte der Produktion über den Feststellungszeitpunkt der Produktionsbedingungen hinaus fortsetzen. Insofern bedarf die komparativ-statische Betrachtung der geläufigen Produktionsfunktionstypen einer Modifikation.

In diesem Kontext scheint es wenig einsichtig, dass manche Produktionsfunktionstypen, wie z. B. die klassische oder die neoklassischen, a priori weniger geeignet seien als andere, der Einbeziehung von Lerneffekten Rechnung zu tragen, wie dies gelegentlich behauptet wird (IHDE 1970, S. 461 ff.). Die explizite Erfassung von Lerneffekten durch geeignete Funktionsparameter findet nämlich in keiner der statischen Produktionsfunktionen statt, und die Tatsache, dass sich durch Lerneffekte die Ausgangsqualität eines Produktionssystems verändert, gilt für alle gleichermaßen. Allerdings mag es beim einen oder anderen Produktionsfunktionstyp leichter fallen, einen passenden Ansatzpunkt für die Einbringung von Lerneffekten zu finden. Dass dadurch tiefer liegende Grundannahmen der Produktionstheorie unter Umständen überdacht bzw. eingeschränkt werden müssen, wird noch zu erörtern sein. Die Möglichkeiten der Einbeziehung von Lernprozessen in verschiedene Produktionsfunktionstypen sollen im Folgenden jeweils stellvertretend für die Klasse, der diese Funktionen zuzuordnen sind, anhand des Ertragsgesetzes sowie der Gutenberg- und der Heinen-Produktionsfunktion demonstriert werden.

Das Ertragsgesetz als Repräsentant der klassischen substitutionalen Produktionsfunktion geht bei partieller Faktorvariation von einem s-förmigen Verlauf der Ertragskurve aus, wie dies in Abb. 7.17 nochmals veranschaulicht ist. Dabei soll die durchgezogene Kurve die Input-Output-Verhältnisse ohne die Berücksichtigung von Lernprozessen anzeigen. Unterstellt man nun eine Lernrate $b_i = 0,2$ für den Faktor i, dann gelten zunächst einmal für die Herstellung der ersten Einheit des Outputs dieselben Input-Output-Relationen wie in den Fällen ohne Lernerfolge. Danach fällt der Produktionskoeffizient bei Übungsgewinnen gegenüber dem ohne Übungsgewinne, und zwar in der Weise, dass im mittleren Bereich der S-Kurve mitunter sogar höhere Endproduktmengen mit absolut kleineren Einsatzmengen hergestellt werden können, wie es für die durch Lerneffekte modifizierte Ertragskurve zwischen den kumulierten Produkteinheiten $X_\tau = 1$ und $X_\tau = 8$ beim Produktionsbeginn gemäß der rechten gestrichelten Kurve in Abb. 7.17 zu beobachten ist. Diese gestrichelte Kurve besitzt denselben komparativ-statischen Aussagecharakter wie die unmodifizierte Ertragskurve. Sie ist bei einer Periodenproduktion von $x = X_\tau = 8$ abgebrochen. Würde man sich allerdings in der zweiten Periode befinden, so führte die Produktionsgeschichte von $X_\tau = 8$ Stück in der Vorperiode dazu, dass eine alternative Produktion von 1-8 Stück in der Folgeperiode nun auf der Basis der mittleren gestrichelten Ertragskurve mit Lerneffekt, für die $X_\tau \in [9,16]$ gilt, gefertigt würde.

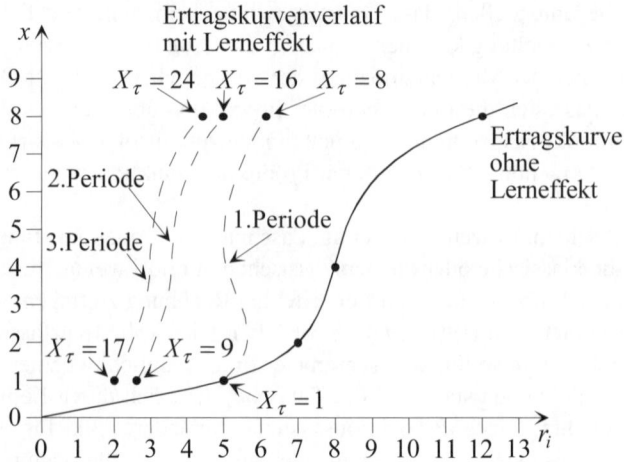

Abb. 7.17. Ertragsgesetzlicher Produktionsfunktionsverlauf bei 20 %-Lernrate

Das Abbrechen und Neuansetzen der Ertragskurven mit Lerneffekt, also ihre Verschiebung nach links, ist von der jeweiligen Produktionsvorgeschichte abhängig. Hier ist in Abb. 7.17 für drei Perioden eine gleichbleibende Periodenproduktion von $x = 8$ Stück unterstellt worden. Entsprechende Modifizierungen zur Einbeziehung von Lerneffekten sind für die neoklassischen Produktionsfunktionstypen vorstellbar.

Bei der Aufstellung der produktiven Beziehungen unterscheidet die Gutenberg-Produktionsfunktion zwischen Gebrauchs- und Verbrauchsfaktoren. Die Gebrauchsfaktoren mit Ausnahme der menschlichen Arbeitskraft werden kaum Phänomene aufweisen, die mit kontinuierlichen Lernprozessen der hier beschriebenen Art vergleichbar sind. Die Aggregate sind durch ihre technischen Parameter, die so genannte z -Situation, so weit in ihren produktiven Eigenheiten festgelegt, dass hierbei in der Regel Veränderungen infolge des technischen Fortschritts nur dadurch eintreten, dass alte, nicht mehr gebrauchsfähige Betriebsmittel durch neue, den aktuellen technischen Stand repräsentierende Maschinen ersetzt werden. Ersatz- und Erweiterungsinvestitionen im Produktionsbereich eines Unternehmens führen damit also zu einer diskreten, ruckweisen Anpassung an die technische Entwicklung, die natürlich ihrerseits, was die Konstruktion von Maschinen und die Verbesserung bzw. Neuentwicklung von Fertigungsverfahren anbetrifft, auch ein Ergebnis von Lernvorgängen ist. Ihre Beschreibung erfolgt aber meist im Sinne des autonomen technischen Fortschritts, wie schon an anderer Stelle bei der Behandlung zeitabhängiger Technologien dargelegt worden ist. Man unterstellt eben, dass derartige Lerneffekte mit der Anschaffung einer neuen Maschine plötzlich verfügbar werden. Zur Erfassung der Lernvorgänge beim Gebrauchsfaktor menschliche Arbeitskraft mit vornehmlich ausführender Tätigkeit in der Fertigung sind eigens die Lernkurven entwickelt worden und damit in diesem Punkt in die Gutenberg-Produktionsfunktion integrierbar. Der dispositive Faktor kann wegen seiner geringeren Abschätzbarkeit – die Umsetzung von Lerneffekten dürfte sich hier wohl eher wie bei den Aggregaten diskontinuierlich bemerkbar machen – vernachlässigt werden.

Aber auch die Gruppe der Verbrauchsfaktoren bietet wichtige Ansatzpunkte zur Einbeziehung von Lerneffekten in die Gutenberg-Produktionsfunktion. Die für sie geltenden Verbrauchsfunktionen sind in Abhängigkeit der Leistungsintensität von Aggregaten technisch begründet und erhalten ihre empirische Relevanz im besonderen Maße für Betriebsstoffe wie Schmiermittel und den Verbrauch von Rohstoffen. Gerade bei Roh- und Betriebsstoffen machen sich aber Lernprozesse in der Weise bemerkbar, dass mit zunehmender Produktion weniger Verschnitt anfällt und erst im Laufe der Zeit die technisch optimale Einsatzmenge des Betriebsstoffes erreicht wird. In beiden Fällen verschiebt die Produktionshistorie die Verbrauchsfunktionen in den Bereich kleiner werdender Produktionskoeffi-zienten. Diesen Sachverhalt veranschaulicht Abb. 7.18 für den Einsatz eines Verbrauchsfaktors an einem Aggregat, wobei gelegentlich unterstellt wird, dass die Aggregate von Zeit zu Zeit neu justiert werden (IHDE 1970, S. 465). Bezogen auf die Gebrauchs- und Verbrauchsfaktoren können sich somit Lerneffekte in der Gutenberg-Produktionsfunktion vielfältigerweise niederschlagen bzw. durch sie zum Ausdruck gebracht werden.

In diesem Zusammenhang ist in der Literatur teilweise der Frage nachgegangen worden, ob Lernprozesse überhaupt in die Gutenberg-Produktionsfunktion einbau-bar sind, da sie zu den limitationalen Produktionsfunktionen zählt, die gewisse Eigenschaften mit der linear-limitationalen Leontief-Produktionsfunktion gemein-sam hat, ungleichmäßige Lernvorgänge bei verschiedenen Produktionsfaktoren aber andererseits in Kollision zu eben diesen produktionstheoretischen Annahmen der Linearhomogenität und Linear-Limitationalität einer Produktionsfunktion geraten können (IHDE 1970, S. 464 ff.; SCHNEIDER 1965, S. 513). So richtig, wie diese Überlegungen für Leontief-Produktionsfunktionen im Einzelnen auch sein mögen, so wenig treffen sie bei der Gutenberg-Produktionsfunktion zu. Denn die Gutenberg-Produktionsfunktion ist zwar limitational, aber insgesamt im Allge-meinen weder linearhomogen noch linear-limitational. Während nämlich diese Charakteristika bei fest gewählten Leistungsintensitäten und zeitlicher Anpassung der Aggregate zwar noch partiell vorhanden sind, fallen sie bei der intensitäts-mäßigen Anpassung fort. Mit steigender Leistungsintensität erhöhen sich aufgrund der Verbrauchsfunktionen die Produktionskoeffizienten der Verbrauchsfaktoren ungleichmäßig, die der Gebrauchsfaktoren aber bleiben konstant. Dass Lern-prozesse aber nicht im Widerspruch zur Limitationalität der Produktionsverhält-nisse stehen, zeigen die empirischen Fundierungen der Lernkurven. Sie kommen oft aus der Montagetätigkeit, und die ist im Hinblick auf die montierten Teile stets ein limitationaler Fertigungsvorgang. Aber selbst Linearhomogenität und Linear-Limitationalität brauchen dann kein Hindernis für die Einbeziehung von Lern-prozessen in die üblichen Modelle der statischen Produktionstheorie zu sein, wenn sich die Lerneffekte auf alle Produktionsfaktoren gleichmäßig erstrecken, was aber wohl nur für einen theoretischen Spezialfall zutreffen, praktisch also kaum von Bedeutung sein dürfte. Allerdings bleibt es damit unbestritten, dass Lernprozesse im Allgemeinen die Linearhomogenität nicht zulassen und die Linear-Limitationalität einschränken.

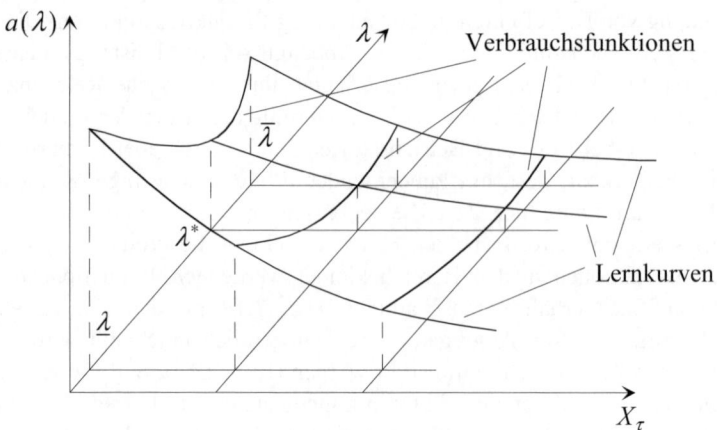

Abb. 7.18.   Lerneffekte bei Verbrauchsfunktionen

Der Versuch, individuelle Lernprozesse in die Heinen-Produktionsfunktion einzubauen und sie in dieser Form dynamisch zu erweitern, ist von ZIERUL (1974) unternommen worden. Die technologische Fundierung der Heinen-Produktionsfunktion und der ihr offenstehende breite Anwendungsraum waren dabei hinreichende Motive für ein solches Vorgehen, auch wenn mitunter terminologische und inhaltliche Modifikationen vonnöten sind.

Wesentliche Bausteine der Heinen-Produktionsfunktion sind die Elementarkombinationen und die Wiederholungsfunktionen; den Kern aber stellt das System der Verbrauchsfunktionen dar, welche die mittelbaren Input-Output-Relationen für die Potentialgüter abbilden. Um hier die Basis für die Integration lerntheoretischer Effekte zu bereiten, sei der Schwerpunkt der Überlegungen nun auf die objektbezogene Arbeit gelegt, wobei von folgenden Modifikationen ausgegangen werden soll. Die als Elementarkombinationen bezeichneten Bearbeitungsvorgänge mögen, um sie Lernprozessen zugänglich machen zu können, als Arbeitsverrichtungen interpretiert werden, wobei der Wiederholungsaspekt jetzt die Erfassung von Lernvorgängen begünstigt. Abweichend von der bisher üblichen Sicht wird also nicht die Erzeugnis- oder Produkteinheit, sondern die Arbeitsverrichtung an einem Gut als die grundlegende Bezugsgröße lernabhängiger Reduktionen von Faktoreinsätzen gewählt. Dies wird der Forderung gerecht, Lernkurven tätigkeitsbezogen zu disaggregieren. Das bedeutet aber zugleich, dass damit der Wiederholungsaspekt bei HEINEN in der Weise zu präzisieren ist, dass eine Wiederholung erst nach Beendigung der vorherigen Wiederholung begonnen werden kann und der Einfluss einer Wiederholung auf den Lernprozess davon abhängt, wie viele Wiederholungen einer Arbeitsverrichtung schon vorher stattgefunden haben. Die Lernphase soll sich dabei auf die Bearbeitungsphase der Produktion erstrecken, Anlauf- und Leerphasen werden hierunter mit subsumiert. Dann kann im Hinblick

auf die mittelbaren Input-Output-Beziehungen des Potentialfaktors objektbezogene Arbeit gemäß der sukzessiven produktionstheoretischen Vorgehensweise
HEINENS ein lernabhängiges, sortenfertigungsorientiertes System von Verbrauchsfunktionen folgendermaßen aufgestellt werden (ZIERUL 1974, S. 206 ff.).

Ausgangspunkt ist die dynamische Arbeitsintensitätsfunktion, welche die
Arbeitsintensität des Potentialfaktors objektbezogenen Arbeit für die τ-te
Arbeitsverrichtung innerhalb von J gleich zu bearbeitenden Sorten von der Ele-
mentarkombinationszeit bzw. der Anzahl der vollzogenen Arbeitsverrichtungen
abhängig macht. Sie wird entsprechend der Lernkurventheorie in eine intensitätsorientierte Lernfunktion überführt, welche die Abnahme der Arbeitsintensität mit
zunehmender Sortenstückzahl anzeigt. Hierauf baut die dynamische Arbeitseinsatzfunktion auf; sie beschreibt den funktionalen Zusammenhang zwischen
dem objektbezogenen Arbeitseinsatz und der Arbeitsintensität bei steigender
Sortenproduktion und wird dann zu einer lernorientierten Arbeitseinsatzfunktion
spezifiziert. Setzt man nun die jeweilige intensitätsorientierte Lernfunktion und
die lernorientierte Arbeitseinsatzfunktion zusammen, so erhält man eine Lernprozesse einbeziehende Arbeitsergebnisfunktion. Diese Lernfunktion ist insofern
spezieller, als sie sich nur auf dieselbe Arbeitsverrichtung bei verschiedenen
Sorten bezieht. Sie erweist sich gegenüber der traditionellen Lernkurve mit ihren
unmittelbaren Input-Output-Beziehungen aber insofern auch als allgemeiner, als
sie zudem die zwischengeschalteten mittelbaren Arbeitseinsatz-Arbeitsergebnis-
Relationen adäquat zu beschreiben vermag.

ZIERUL weist darauf hin, dass die so für den Produktionsfaktor objektbezogene
Arbeit entwickelte lernorientierte Heinen-Produktionsfunktion zur Repräsentation
der realen Verhältnisse bei der Sortenfertigung noch einer Erweiterung bedarf. Im
Rahmen der Sortenfertigung treten nämlich zwangsläufig durch den Sortenwechsel und die dadurch bedingten Neueinstellungen der Aggregate Unterbrechungen
auf. Jede sortenwechselbedingte Leerzeit, also die Ausführung von Rüsttätigkei-
ten, unterbricht aber den Lernprozess bezüglich der für die Sorten gleichen Arbeitsverrichtung. Zwar kann der Lernprozess nach Sortenwechsel fortgesetzt
werden, aber Teile des bereits Gelernten geraten wieder in Vergessenheit. Das
führt zu Lernrückschritten, die dadurch zutage treten, dass der Arbeitseinsatz für
den Vollzug der ersten Arbeitsverrichtung an der nächsten Sorte höher ist als der
für die Durchführung der letzten Arbeitsverrichtung an der direkt vorhergegange-
nen Sorte. Solche Lernrückschritte fängt ZIERUL durch Verlernfunktionen auf,
deren Parameter die Anzahl der Sortenwechsel und die Unterbrechungsdauer sind.
Beides erhöht die Vergessenheit. Einen graphischen Eindruck hierzu vermittelt
Abb. 7.19.

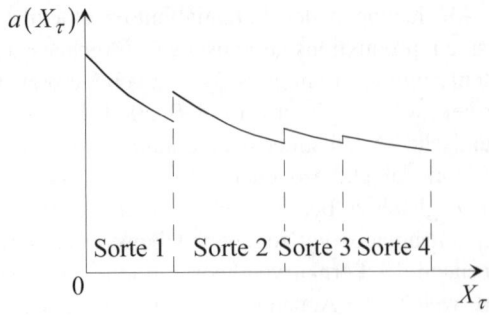

Abb. 7.19.   Lernkurve der Arbeitsverrichtung bei Sortenfertigung

7.5   Die dynamische Produktionsfunktion von KÜPPER

Auf der Basis eines betriebswirtschaftlichen Input-Output-Modells vom Leontief-Typ entwickelt KÜPPER (1979, 1981) seine dynamische Produktionsfunktion, welche die Dauer des Produktionsprozesses mit berücksichtigt und Aussagen über die Beziehungen zwischen Faktoreinsatz und Ausbringung im Zeitablauf ermöglicht.

Ausgangspunkt der Überlegungen ist das Bestreben, industrielle Fertigungsprozesse mit einem hohen Grad an Homomorphie abzubilden. Dazu wird es erforderlich, die betrachteten Güter nicht allein durch ihre Qualität und Quantität, sondern ebenso durch ihre zeitliche Verfügbarkeit zu charakterisieren. Es bezeichnet nun

- $t \in \{1,\ldots,T\}$ eine Teilperiode des Produktionszeitraumes, der insgesamt T Perioden umfasst; der Index t dient zugleich zur Kennzeichnung der zeitlichen Verfügbarkeit eines Gutes in dieser Teilperiode,
- v_k^t die Menge, mit der das Gut k, $k = 1,\ldots,K$, in der Periode t am Produktionsprozess beteiligt ist; jedes Gut k kann dabei in der Eigenschaft eines Inputs, Outputs oder Zwischenprodukts auftreten,
- $r_{kk'}^t$ die Teilmenge von v_k^t, die in einem nachgelagerten betrieblichen Teilprozess in der Periode t als Input zur Herstellung des Gutes k', $k' \in \{1,\ldots,K\}$, $k' \neq k$, eingesetzt wird,
- x_k^t den Teil der Gutquantität v_k^t, der in der Periode t zum Absatz gelangt,
- $z_k^t = l_k^t - l_k^{t-1}$ die Teilmenge von v_k^t, die in der Periode zur Bestandserhöhung auf Lager genommen wird oder vom Lager abgeht. Für nicht lagerfähige Güter, wie zum Beispiel die menschliche Arbeit, ist diese Variable stets gleich null.

Damit sind die Variablen der dynamischen Produktionsfunktion aufgezählt. Es muss im Folgenden das Ziel sein, diese Variablen in einen funktionalen Zusammenhang der Art

$$
\begin{pmatrix} v^1 \\ \vdots \\ v^T \end{pmatrix} = f \left[\begin{pmatrix} x^1 \\ \vdots \\ x^T \end{pmatrix}, \begin{pmatrix} z^1 \\ \vdots \\ z^T \end{pmatrix} \right]
$$

zu bringen mit

$$
\begin{aligned}
v^t &= \left(v_1^t, \ldots, v_K^t \right)', \\
x^t &= \left(x_1^t, \ldots, x_K^t \right)', \\
z^t &= \left(z_1^t, \ldots, z_K^t \right)', \\
t &\in \{1, \ldots, T\}.
\end{aligned}
$$

Diese funktionale Beziehung f zwischen den Gütermengen einerseits und ihrer Verwendung als Absatzmengen sowie Lagerbestandveränderungen andererseits stellt dann die gesuchte dynamische Produktionsfunktion dar.

Bevor die notwendigen Schritte von der alleinigen Kenntnis der Produktionsvariablen bis zur Darstellung ihrer funktionalen Abhängigkeit im Rahmen einer Produktionsfunktion vollzogen werden, sollen drei Fälle von unterschiedlicher Produktionsdynamik auseinandergehalten werden, deren Betrachtung im Folgenden jeweils parallel verläuft.

Fall I

Die Zeitdauer zwischen Gütereinsatz und Güterausbringung in einem betrieblichen Teilprozess, d. h. die Verweilzeit im Teilprozess, ist gegenüber der Intervalldauer von Teilperiode t so gering, dass sie bei der formalen Abbildung der Produktion vernachlässigt werden kann. Dieser Fall ist häufig insbesondere bei offener Produktion anzutreffen, bei der jedes Werkstück nach der Bearbeitung sofort an die nächste Fertigungsstufe weitergegeben wird.

Fall II

Die Verweilzeit entspricht genau der Dauer einer Teilperiode, d. h. Produkte, mit deren Fertigung zu Beginn einer Teilperiode begonnen wurde, können am Ende derselben Teilperiode bereitgestellt werden. Immer dann, wenn eine Produktion und Weitergabe in gleichen Losen erfolgt, also geschlossene Produktion vorliegt, wird sich diese Annahme rechtfertigen lassen.

Fall III

Für verschiedene Fertigungsprozesse treten auch verschiedene Verweilzeiten der zu bearbeitenden Güter auf. Damit werden keine besonderen Prämissen hinsichtlich der Produktionsbedingungen vorausgesetzt.

Anhand von Fall I (offene Produktion) lässt sich zunächst am einfachsten eine Mengengleichung des dynamischen Input-Output-Ansatzes wie folgt formulieren:

$$v_k^t = \sum_{k'=1}^{K} r_{kk'}^t + x_k^t + z_k^t \ .$$

Diese Mengengleichung besagt, dass die beschaffte oder produzierte Menge v_k^t entweder in einem anderen Teilprozess k' wieder als Einsatzfaktor dient, als Endprodukt abgesetzt wird oder den Lagerbestand in dem Maße $z_k^t = l_k^t - l_k^{t-1}$ verändert. Aufgrund der sofortigen Verfügbarkeit von v_k^t findet die Verwendung auf jeden Fall noch in derselben Teilperiode statt.

Es ist nun von Interesse, wie die Zwischenproduktmengen $r_{kk'}^t$ wieder zu neuen $v_{k'}^t$ transformiert werden. Da hier eine allgemeine Produktionsfunktion entwickelt werden soll, ist auch nur die Angabe einer allgemeinen Transformationsfunktion $f_{kk'}^0(\ldots)$ erforderlich, die folgende Bedingung erfüllt:

$$r_{kk'}^t = f_{kk'}^0(\ldots) \cdot v_{k'}^t \ .$$

Dabei ist zu beachten, dass eine solche Transformationsfunktion für jede Transformation eines $r_{kk'}^t$ existiert, wobei die hochgestellte null den Zeitbedarf der Transformation angibt, im Fall I also approximativ null ist. Setzt man nun die zuletzt erläuterte Transformationsbedingung in die Mengengleichung ein, so erhält man mit

$$v_k^t = \sum_{k'=1}^{K} f_{kk'}^0(\ldots) \cdot v_{k'}^t + x_k^t + z_k^t$$

die sog. Grundgleichungen des dynamischen Input-Output-Ansatzes, die sich unter Verwendung der $(K \times K)$-Direktverbrauchsmatrix bzw. Verflechtungsmatrix $F_0 = \left(f_{kk'}^0(\ldots) \right)$ zu folgenden Gleichungssystemen für jede Teilperiode t zusammenfassen lassen:

$$v^t = F_0 v^t + x^t + z^t \ , \quad t = 1, \ldots, T \ .$$

Bezeichnet nun I die Einheitsmatrix und geht man davon aus, dass $(I - F_0)$ invertierbar ist, so leitet sich die dynamische Produktionsfunktion für den Fall I unmittelbar wie folgt ab:

$$v^t = (I - F_0)^{-1} \left[x^t + z^t \right] \ , \quad t = 1, \ldots, T \ .$$

Über die sog. Gesamtverbrauchsmatrix $(I - F_0)^{-1}$ werden die Faktoreinsätze mit den Absatzmengen bzw. Lagerbestandsveränderungen in eine eindeutige Beziehung gebracht, wie es auch bei schon zuvor beschriebenen Produktionsfunktionen der Fall war. Durch eine entsprechende Interpretation von F_0 lässt sich diese allgemeine Produktionsfunktion auf jede beliebige Weise, etwa zu einer substitutionalen oder limitationalen Produktionsfunktion, ausgestalten. Zu beachten ist allerdings, dass die Transformationsfunktionen hier statisch definiert sind und bei identischen Produktionsprozessen auch in jeder Teilperiode zu gleichen Transformationen führen.

Wendet man sich jetzt Fall II (geschlossene Produktion) zu, so ist zunächst einsichtig, dass infolge der Weitergabe von Losen die Transformationsfunktionen folgendes Aussehen haben:

$$r_{kk'}^t = f_{kk'}^1(\ldots) \cdot v_{k'}^{t+1}.$$

Die hochgestellte eins gibt hier die einperiodige Verzögerung der Weitergabe an, so dass die Zwischenproduktmenge $r_{kk'}^t$ erst in der darauf folgenden Periode $t+1$ in Gut k transformiert wieder zur Verfügung steht. Dementsprechend lauten die Grundgleichungen für diesen Fall

$$v^t = F_1 v^{t+1} + x^t + z^t , \quad t = 1,\ldots,T-1 ,$$

wobei für die letzte Teilperiode T unterstellt wird, dass keine weiteren Transformationen stattfinden, weil sie über den Produktionszeitraum hinausreichen würden, also

$$v^T = x^T + z^T$$

zu gelten hat. Damit erhält man ein Gleichungssystem, welches rekursiv zu lösen ist und als Lösung die dynamische Produktionsfunktion für den Fall II

$$v^t = \sum_{\tau=0}^{T-t} (F_1)^\tau \cdot \left[x^{t+\tau} + z^{t+\tau} \right], \quad t = 1,\ldots,T, \quad \text{mit } (F_1)^0 = I$$

erzeugt. Für die Ausgestaltung dieser Funktion gelten ähnliche Bemerkungen, wie sie zuvor für den Fall der offenen Produktion gemacht worden sind.

Schließlich ist noch der Fall III zu behandeln, welcher unterschiedliche Verweilzeiten $\tau = 0,\ldots,V \leq T$ zulässt, so dass man die Transformationen

$$r_{kk'}^t = f_{kk'}^0(\ldots) \cdot v_{k'}^t + \ldots + f_{kk'}^V(\ldots) \cdot v_{k'}^{t+V}$$

erhält. Fasst man die hierbei auftretenden Transformationsfunktionen $f_{kk'}^\tau(\ldots)$ mit gleicher Verweilzeit τ jeweils in einer Direktverbrauchsmatrix F_τ zusammen, so ergeben sich analog zur Vorgehensweise im Fall II die Grundgleichungen

$$v^T = F_0 v^T + x^T + z^T,$$
$$v^{T-1} = F_0 v^{T-1} + F_1 v^T + x^{T-1} + z^{T-1} \quad \text{usw.}$$

Geht man wieder davon aus, dass $(I - F_0)$ invertierbar ist, so leitet sich aus den Grundgleichungen die dynamische Produktionsfunktion für den Fall III wie folgt ab:

$$v^T = (I - F_0)^{-1} \cdot \left[x^T + z^T \right],$$

$$v^{T-1} = (I - F_0)^{-1} \cdot F_1 \cdot (I - F_0)^{-1} \cdot \left[x^T + z^T \right] + (I - F_0)^{-1} \cdot \left[x^{T-1} + z^{T-1} \right] \quad \text{usw.}$$

bzw. allgemein

$$v^t = \sum_{\tau=0}^{T-t} F_\tau^* \cdot \left[x^{t+\tau} + z^{t+\tau} \right], t = 1, \ldots, T,$$

$$F_0^* = (I - F_0)^{-1},$$

$$F_\tau^* = \sum_{\theta=1}^{\tau} (I - F_0)^{-1} \cdot F_\theta \cdot F_{\tau-\theta}^*, \tau \neq 0.$$

In allen drei behandelten Fällen müssen bei den Mengengleichungen und damit auch bei der Produktionsfunktion aus ökonomischen Gründen zusätzliche Bedingungen beachtet werden. Grundsätzlich dürfen keine negativen Gütermengen auftreten. Das wird durch Nichtnegativitätsbedingungen gesichert. Darüber hinaus gelten für die Produktion in der Regel Kapazitätsbedingungen, wonach die produzierten Mengen aus technischen Gründen eine vorgegebene Periodenkapazität nicht überschreiten können. All diese Bedingungen sind insofern wesentlicher Bestandteil einer dynamischen Produktionsfunktion, als sie deren Definitionsbereich abgrenzen.

Hinsichtlich des Geltungsbereichs der von KÜPPER diskutierten Produktionsfunktionen ist einmal anzumerken, dass die Transformationsfunktionen für gleiche Verweilzeiten identisch sind, technischer Fortschritt bzw. Lernprozesse also nicht zum Tragen kommen. Weiterhin sind die Verweilzeiten der Güter als unabhängig von den jeweiligen Ausbringungsmengen angenommen. Dies setzt offensichtlich die Abbildungshomomorphie vor allem der Produktionsfunktionen in den Fällen II und III stets herab, da Interdependenzen zwischen den Losgrößen und Verweilzeiten negiert werden. Dennoch liegt die fundamentale Bedeutung der dynamischen Produktionsfunktionen auf der Hand. Die allgemeine Formulierung von Transformationsprozessen antizipiert keinen bestimmten Produktionstyp, vielmehr umfasst der Ansatz von KÜPPER durch die möglichen problemspezifischen Ausprägungen der Direktverbrauchsmatrizen beliebige Arten von Produktionsfunktionen.

7.6   Berücksichtigung von Unsicherheiten in der Fertigung durch Stochastisierung der Produktionsfunktion

Die bislang angestellten Betrachtungen über produktive Zusammenhänge und Gesetzmäßigkeiten sind ausschließlich unter dem Gesichtspunkt der Sicherheit erfolgt. Das heißt, es ist stets davon ausgegangen worden, dass sich mit einem vorgegebenen Einsatz von Faktormengen in effizienter Weise über die Produktionsfunktion ein ganz bestimmter Output verbinden lässt. Praktische Beispiele zeigen aber häufig, dass selbst bei über die Zeit gleich bleibenden Produktionsverhältnissen unterschiedliche Ergebnisse der Fertigung auftreten können. Für diese Abweichungen werden oft zufallsbedingte Einflüsse verantwortlich gemacht, die sich in mehr oder minder starker Form auf die Höhe des Produktionsertrags niederschlagen, so dass dieser nicht mehr von vornherein mit Gewissheit bestimmt werden kann. Wechselhafte Klimabedingungen und Unwetter in der Landwirtschaft, schwankende Konzentrationsgrade bzw. Arbeitseffizienz der eingesetzten Arbeitskräfte, nur bis auf technisch begründete Toleranzgrenzen hinreichend exaktes Funktionieren der benutzten Betriebsmittel oder Verschleiß von Maschinenteilen bzw. dadurch bedingter Ausschuss sowie zufällige Veränderungen in der Qualität der verwendeten Werkstoffe lassen sich als solche Unsicherheitsfaktoren im Produktionsprozess auffassen. Ihren Auswirkungen auf die Produktion muss im Rahmen der analytischen Überlegungen ebenso Rechnung getragen werden, wenn die Produktionsfunktion ein wirklichkeitsnahes Abbild zur Erklärung der Transformationsvorgänge im Fertigungsbereich industrieller Unternehmen darstellen soll. Dennoch ist die Beschäftigung mit stochastischen Produktionsfunktionen in der Theorie bisher eher vernachlässigt worden, so dass hier die Ansätze im Vergleich zu den deterministischen Modellen weitaus weniger entwickelt sind. Dies ist nicht zuletzt auch dadurch begründet, dass die Bestimmung bzw. Schätzung von stochastischen Produktionssystemen traditionellerweise stets mehr dem Arbeitsgebiet des Ökonometrikers als dem des Betriebswirtes zugerechnet worden ist.

Zur Erfassung von Unsicherheiten im Produktionsprozess durch die Produktionsfunktion lassen sich zwei Wege beschreiten (ZSCHOCKE 1974, S. 121 ff.; WITTMANN 1975).

–   Einmal kann man von der Annahme ausgehen, dass stochastische Störeinflüsse eine Streuung beim Output bewirken. In der Praxis wird man auch bei korrekter Spezifikation einer Produktionsfunktion erwarten müssen, dass sich bei einem vorgegebenen Input ein Output einstellt, der von dem Wert abweicht, den man aufgrund der tatsächlichen Faktoreinsatzmengen rechnerisch ermittelt. Solche Abweichungen sind dadurch bedingt, dass in der Produktionsfunktion nur die wesentlichsten outputrelevanten Faktoren erfasst sein können. Die in der Produktionsfunktion nicht erfassten bzw. nicht erfassbaren marginalen Einflussgrößen lassen sich in ihrer Gesamtheit als eine Zufallsvariable auffassen, die auf den Produktionsprozess einwirkt und bei vorgegebenen Faktoreinsatzmengen zu unterschiedlichen Produktionsmengen führen kann, wie es Abb. 7.20 skizziert.

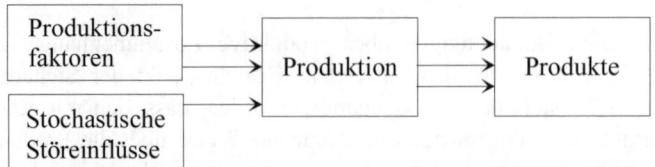

Abb. 7.20. Stochastische Produktion als Kombinationsprozess

Die Einwirkung stochastischer Störeinflüsse führt jedenfalls dazu, dass der Output bei gegebenem Input nicht mehr eine deterministische Größe x, sondern eine Zufallsvariable X ist. Diese folgt einer stetigen Verteilung, wenn man eine entsprechende Annahme für die Störvariable trifft. Nimmt man für letztere etwa eine Normalverteilung mit dem Erwartungswert null an, so ist auch X normalverteilt und der Erwartungswert $E(X)$ stimmt mit dem Output im deterministischen Fall überein. Man kann eine stochastische Produktionsfunktion also unter geeigneten Annahmen durch Erwartungswertbildung in eine deterministische Form überführen. Dann hat die abhängige Variable die Bedeutung „mittlerer Output" (Erwartungswert für den stochastischen Output).
– Eine andere Möglichkeit der Berücksichtigung von Unsicherheiten in der Produktionsfunktion besteht in der Annahme stochastischer Produktionskoeffizienten. Auch diese Annahme führt zu einer Stochastierung des Outputs.

Die beiden angesprochenen Möglichkeiten zur Behandlung von Unsicherheiten im Produktionsprozess durch die Produktionsfunktion sollen im Folgenden etwas näher erläutert werden.

Im ersten Fall, bei dem die zufälligen Schwankungen des Outputs auf stochastische Störeinflüsse zurückgeführt wurden, kann man die Störvariable explizit in die Produktionsfunktion aufnehmen. In welcher Weise dies geschieht, ist eine Frage der Zweckmäßigkeit. Bei einer linearen Produktionsfunktion kann man die Störeinflüsse z. B. durch Aufnahme einer additiven Störgröße U berücksichtigen. Bei einer Produktionsfunktion des Cobb-Douglas-Typs ist es hingegen sinnvoller, die Störeinflüsse multiplikativ mit der deterministischen Funktionalbeziehung zu verknüpfen, etwa gemäß

$$X = a_0 \cdot r_1^{a_1} ... r_I^{a_I} \cdot e^U ,$$

wobei die Zahl e die Basis des natürlichen Logarithmus ist. Nach Logarithmierung dieser Gleichung erscheint auch hier die Störvariable U als additiver Term.

Im zweiten Fall, bei dem die Parameter der Produktionsfunktion als stochastisch spezifiziert sind, lassen sich deren Verteilungen auf experimentellem Wege zumindest näherungsweise ermitteln. Ist ein Produktionskoeffizient nämlich eine stetige stochastische Variable mit Dichtefunktion $f(a_i)$, so kann man aus den über eine bestimmte Folge von Beobachtungspunkten festgestellten Endproduktmengen x^v und den zugehörigen Faktoreinsätzen r_i^v ($v = 1, \ldots, N$) durch einfache Division zunächst eine Datenfolge a_i^v für den Produktionskoeffizienten des Faktors i herleiten. Ordnet man diese Werte Intervallen gleicher Breite zu und stellt die Belegung der Intervalle in Form eines Histogramms dar, so resultiert ein Polygonzug, der sich als Approximation der Dichtefunktion $f(a_i)$ interpretieren lässt.

Speziell unter der Hypothese zufallsabhängiger Produktionskoeffizienten durchgeführte empirische Untersuchungen haben gezeigt, dass das zeitliche Verhalten von Produktionskoeffizienten recht unterschiedlich ausfallen kann, je nachdem, welche Produktionszweige der Betrachtung zugrunde liegen. Dort, wo die Fertigung aufgrund fester Rezepturen erfolgt, wie bei der Herstellung von bestimmten Parfüm- oder Spirituosensorten, oder ausgereifte Produktionstechnologien mit bewährten Fertigungsorganisationen wie in der Kunstfaserproduktion einhergehen, bleiben die Koeffizienten über gewisse Zeiträume weitgehend konstant bzw. verändern sich nur unwesentlich. In Bereichen allerdings, in denen geringfügige Änderungen in den Qualitäten der Betriebsmittel bereits spürbare Auswirkungen auf die Güte des Produktionsergebnisses erkennen lassen, finden sich oft erhebliche, teilweise sprunghafte Schwankungen bei den Produktionskoeffizienten.

Im Fall der Ergänzung der Produktionsfunktion um Fehlervariablen geht es oft darum, die zufälligen Abweichungen im Handlungsverhalten des oder der Produzenten und die dadurch bedingten Auswirkungen auf die Höhe des Produktionsertrages zu erfassen. Hierbei wird nach den verschiedenen Realisationsgraden der „technischen" oder „ökonomischen" Effizienz bei der Produktion gefragt. Die Verwirklichung der technisch effizienten Produktion wird bei vielen Autoren vom technischen Wissen, dem Wollen und den Anstrengungen sowie von dem Glück eines Unternehmers abhängig gemacht, wobei manche Autoren die letzte – wohl am stärksten subjektive – Komponente noch durch die Einführung einer zusätzlichen Fehlervariablen gegenüber den ersten drei Determinanten abzugrenzen versuchen. Entsprechend hängt die ökonomische Effizienz von der Fähigkeit bzw. der Bereitwilligkeit bzw. dem Glück eines Unternehmers ab, die jeweils gewinnmaximalen Ressourceneinsätze für die Herstellung eines Produktes auszuwählen. Durch eine weitere Zerlegung der eingeführten Fehlervariablen in Subvariablen ließe sich dann im Rahmen einer Querschnittsanalyse über mehrere Unternehmen untersuchen, inwieweit die beiden verschiedenen Effizienzen von Unternehmen zu Unternehmen zufällig variieren; diese Unterschiede bezeichnet man als so genannte Unternehmenseffekte. Dagegen gibt die Zeitreihenanalyse für ein Unternehmen Auskunft darüber, wie stark die von Jahr zu Jahr zu beobachtenden Produktionsergebnisse dieses Unternehmens hinsichtlich der technischen und ökonomischen Effizienz auseinanderfallen; man spricht hier von den Jahreseffekten eines Unternehmens. Die Verbindung von Querschnitts- und Zeitreihenanalyse erlaubt zusammenfassend die Berücksichtigung aller stochastischen Einflüsse auf die Produktion eines Unternehmens in einem bestimmten Zeitabschnitt.

Die schwachen Punkte eines solchen Konzepts zur Erfassung von Unsicherheiten im Produktionsprozess durch die Produktionsfunktion liegen auf der Hand. Zum einen steht man vor dem fast unlösbaren Problem, die Auswirkungen auf die Produktion einzelnen Einflussfaktoren der ökonomischen oder technischen Effizienz zuzurechnen und damit die Effekte jener Bestimmungsgrößen zu trennen und gegeneinander abzugrenzen. Andererseits gehen diese Konzepte von den Annahmen aus, dass auf den Beschaffungs- und Absatzmärkten der Produktionsunternehmen vollständige Konkurrenz herrscht, also bei der Verwirklichung der gewinnmaximalen Ressourcenkombination die Beschaffungspreise der Faktoren und der Absatzpreis des Endproduktes Daten sind, und sich die steigende technische Effizienz allein in einem zunehmenden Mechanisierungsgrad der Betriebe ausdrückt. Zur Schätzung der Parameter einer stochastischen Produktionsfunktion werden ökonometrische Lösungsverfahren angewendet, die hier nicht weiter Gegenstand der Diskussion sein sollen. Vielmehr soll im Folgenden exemplarisch dargelegt werden, mit welchen Besonderheiten die Konstruktion einer stochastischen Produktionsfunktion verbunden ist.

7.7   Modell einer stochastischen Produktionsfunktion auf der Grundlage des Ertragsgesetzes

Von einer stochastischen Produktionsfunktion soll die Rede sein, wenn der Output eine Zufallsvariable darstellt. Im Folgenden werde angenommen, dass die stochastischen Schwankungen des Outputs auf den Einfluss einer Störvariablen U zurückzuführen sind, wobei diese eine stetige Verteilung mit Erwartungswert null aufweise.

Der Ausgangspunkt für die weiteren Überlegungen, die in ähnlicher Form bei SCHWARZE (1972) dargelegt sind, ist die deterministische ertragsgesetzliche Produktionsfunktion

$$x = x(r_1, \ldots, r_l),$$

so wie sie im Kapitel 4 mit ihren Eigenschaften behandelt worden ist. Die Faktoreinsätze $r_1, \ldots, r_l$ unterliegen der bewussten Entscheidung des Unternehmens und sind damit nicht zufallsabhängig. Die Unsicherheiten bezüglich des Outputs werden von Einflussgrößen erzeugt, die nicht der Kontrolle des Produzenten unterliegen. Diese in U zusammengefassten Einflüsse führen dazu, dass bestimmten vom Unternehmer festgelegten Faktoreinsatzmengen $\bar{r}_1, \ldots, \bar{r}_l$ nicht mehr eindeutig eine effiziente Endproduktmenge x zugeordnet werden kann. Das Produktionsergebnis schwankt bei konstanten Faktoreinsatzmengen vielmehr aufgrund der stochastischen Einflüsse und wird damit selbst eine Zufallsvariable X. Die Verteilung des Produktionsergebnisses X bei fest vorgegebenen Faktoreinsatzmengen $\bar{r}_1, \ldots, \bar{r}_l$ lässt sich wahlweise durch die Verteilungsfunktion

$$F(x) = F(x|\overline{r}_1,\ldots,\overline{r}_l) = p\{X \le x|\overline{r}_1,\ldots,\overline{r}_l\}$$

oder die Dichtefunktion

$$f(x) = f(x|\overline{r}_1,\ldots,\overline{r}_l) = \frac{d}{dx}F(x|\overline{r}_1,\ldots,\overline{r}_l)$$

vollständig charakterisieren. Beide Funktionen sind für konstante Faktoreinsatzmengen $\overline{r}_1,\ldots,\overline{r}_l$ in Abb. 7.21 beispielhaft skizziert.

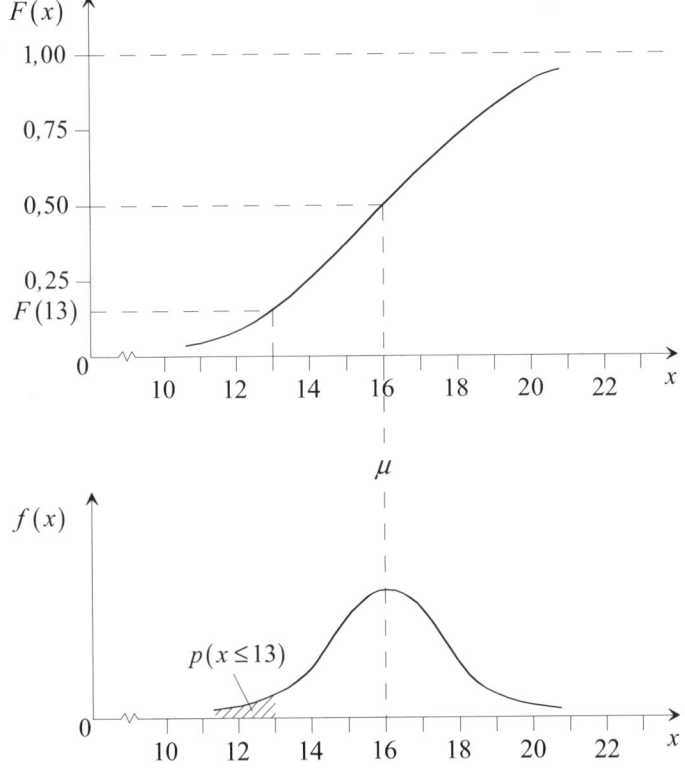

Abb. 7.21. Verteilungs- und Dichtefunktion für das stochastische Produktionsergebnis X bei konstanten Faktoreinsatzmengen

Die Verteilungsfunktion $F(x)$ spezifiziert den funktionalen Zusammenhang zwischen den möglichen Ausprägungen (Realisationen) x der Zufallsvariablen X und den Wahrscheinlichkeiten $p(X \le x)$ dafür, dass X Werte bis zu x annimmt. Für $x \to -\infty$ gilt $F(x) \to 0$; für $x \to \infty$ hat man $F(x) \to 1$. Wenn man den Graphen der Dichtefunktion $f(x)$ zeichnet, sind diese Wahrscheinlichkeiten als Flächen unter der Dichtekurve repräsentiert.

Bei den gegebenen Faktoreinsätzen ist angenommen, dass das Produktionsergebnis x eine symmetrische stetige Verteilung (z. B. Normalverteilung) mit

Erwartungswert $\mu = E(X) = 16$ besitzt. Der Wert μ wird auch als mittlerer Output angesprochen.

Der wesentliche Unterschied zwischen einer stochastischen und einer deterministischen Produktionsfunktion besteht also darin, dass eine bestimmte Kombination von Faktoreinsatzmengen jetzt mit einer festen Endproduktmenge x verbunden ist, die als Realisation einer stochastischen Variablen X anzusehen ist. Über die Größe der Realisation x kann man nur Wahrscheinlichkeitsaussagen treffen, etwa der Art, dass die Ausprägungen x der Zufallsvariablen X im Mittel den Wert 16 aufweisen oder dass x mit einer vorgegebenen hohen Wahrscheinlichkeit $1 - \omega$ – z. B. $\omega = 0{,}01$ – in einem bestimmten Intervall liegt, einem sog. Schwankungsintervall zum Sicherheits- bzw. Konfidenzniveau $1 - \omega$. In Abb. 7.21 könnte ein solches Intervall zur Sicherheit 0,99 etwa durch 12 und 20 begrenzt sein, d. h. es gilt ungefähr $p(12 \le X \le 20) = 0{,}99$. Anhand der ertragsgesetzlichen Produktionsfunktion soll verdeutlicht werden, welche Konsequenzen dieses Ergebnis für den Fall partieller Faktorvariation und für die Isoquantendarstellung hat.

Nimmt man also zuerst wiederum an, dass nur die Faktoreinsatzmenge r_i, $i \in \{1, \ldots, I\}$, variabel ist und die Faktormengeneinsätze $\bar{r}_{i'}$, $i' = 1, \ldots, I$, $i' \ne i$, konstant bleiben, dann lässt sich die deterministische klassische Ertragsfunktion $x = x(r_i)$ bekanntlich durch Abb. 7.22 veranschaulichen. Im stochastischen Fall ist jeder Faktoreinsatz r_i nun nicht mehr eindeutig mit dem Wert $x(r_i)$ verbunden; ihm können vielmehr verschiedene Ausprägungen x der stochastischen Variablen X entsprechen. Die eindeutig bestimmte Ertragskurve des deterministischen Falles ist also durch eine Schar von Ertragskurven zu ersetzen. Die Wahrscheinlichkeit, dass ein Element dieser Schar bei einer festen Einsatzmenge $r_i = r_i^*$ einen Ertragswert x aufweist, der innerhalb eines Intervalls mit den Grenzen x^1 und x^2 liegt, lässt sich anhand der Flächen unterhalb der Dichtekurve $f(x | r_i^*)$ ablesen.

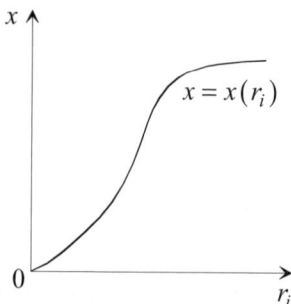

Abb. 7.22. Deterministische ertragsgesetzliche Produktionsfunktion bei partieller Faktorvariation

In Abb. 7.23 sind für zwei Einsatzmengen $\bar{r}_i$ und r_i^* die entsprechenden Dichtefunktionen eingetragen. Die dick ausgezogenen oberen und unteren Kurvenverläufe G_1 und G_2 legen dabei die Grenzen fest, in denen sich mit einer vorgegebenen großen Wahrscheinlichkeit $1-\omega$ bei gewähltem Faktoreinsatz r_i die realisierten Produktionswerte x bewegen.

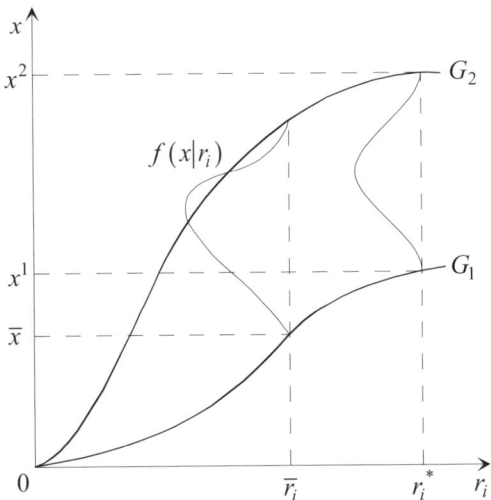

Abb. 7.23. Stochastische ertragsgesetzliche Produktionsfunktion bei partieller Faktorvariation

Will der Produzent nun bei partieller Faktorvariation ein bestimmtes Mindestproduktionsergebnis, z. B. $\overline{x}$, mit der Wahrscheinlichkeit $1-\omega$ sicherstellen, so muss er sich stets mit der Wahl des Faktoreinsatzes an der unteren Bereichsgrenze G_1 orientieren, d. h. er muss wenigstens $r_i = \overline{r}_i$ einsetzen. Zwar könnte er auch mit $r_i < \overline{r}_i$ das Produktionsergebnis $\overline{x}$ oder mehr erreichen, aber nur mit einer kleineren als der vorgegebenen Sicherheit. Zur Garantie von $\overline{x}$ (mit kontrollierter Irrtumswahrscheinlichkeit ω) ist also ein Faktoreinsatz r_i zu wählen, für den formal gilt:

$$F(\overline{x}|r_i) = p(X \leq \overline{x}|r_i) = \omega.$$

Die bisherigen Ausführungen lassen sich nun analog auf den Fall der totalen Faktorvariation, also auf die Isoquantendarstellung der stochastischen Produktionsfunktion übertragen; die bislang beibehaltene Bedingung $r_{i'} = \overline{r}_{i'} = \text{const.}$, $i' \neq i$, muss aufgehoben werden. Dann tritt an die Stelle der eindeutigen Isoquante

$$\overline{x} = x(r_1, \dots, r_I)$$

der deterministischen Produktionsfunktion in der stochastischen Produktionsfunktion eine Schar von Isoquanten. Die Gesamtheit aller Isoquanten, die mit einer vorgegebenen großen Wahrscheinlichkeit $1-\omega$ realisiert werden, bildet ein Isoquantenband. Die Abb. 7.24 und 7.25 zeigen diesen Übergang von der eindeutigen Isoquante im deterministischen Fall zum Isoquantenband im stochastischen Fall für den Einsatz zweier Ressourcen.

Die Menge der Einsatzkombinationen, die unter Unsicherheit mit großer Wahrscheinlichkeit $1-\omega$, d. h. mit kleiner Irrtumswahrscheinlichkeit ω, zur Herstellung von $\bar{x}$ führen, macht also einen wesentlich größeren Bereich aus als die der Faktoreinsätze, welche im deterministischen Fall mit Sicherheit $\bar{x}$ erbringen. Die Linien G_1 und G_2 begrenzen in Abb. 7.25 den Streubereich über alle Faktoreinsätze mit dem möglichen Produktionsergebnis $\bar{x}$. Dabei können die Faktorkombinationen auf G_2 gegenüber denen auf G_1 allerdings nicht als ineffizient bezeichnet werden.

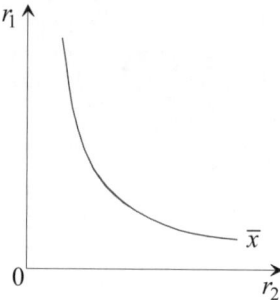

Abb. 7.24.   Isoquante einer deterministischen Produktionsfunktion

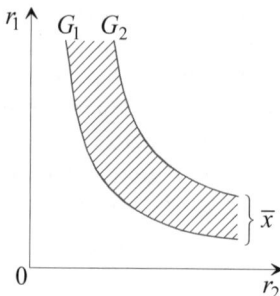

Abb. 7.25.   Isoquantenband einer stochastischen Produktionsfunktion

8 Empirische Geltung von Produktionsfunktionen

8.1 Unterschiedliche Ansatzmöglichkeiten

Will man zur empirischen Geltung von Produktionsfunktionstypen Stellung nehmen, so bieten sich für die Vorgehensweise zwei verschiedene Ansatzpunkte an. Zum einen kann man einen Katalog von Einzelanforderungen zusammenstellen, die eine Produktionsfunktion aus formaler Sicht erfüllen muss, wenn ihr eine praktische Bedeutung zukommen soll, und man erörtert dann, ob und unter welchen Bedingungen eine bestimmte Produktionsfunktion diesen Anforderungen genügt. Diesen Weg haben SCHWEITZER und KÜPPER (1974) in ihren Ausführungen über produktionstheoretische Aussagensysteme beschritten, wo aus wissenschaftstheoretischer Perspektive eine Analyse der empirischen Geltung bekannter Produktionsfunktionen vorgenommen wird. Darüber wird in den nächsten beiden Abschnitten dieses Kapitels referiert.

Die aus praktischer Sicht attraktivere Alternative hierzu besteht allerdings darin, die Literatur auf Untersuchungsberichte hin durchzusehen, in denen der Versuch unternommen worden ist, anhand von Produktionsdaten aus der Praxis die mögliche empirische Geltung eines Produktionsfunktionstyps zu überprüfen und die wichtigsten Ergebnisse derartiger Analysen nach Produktionsfunktionstypen geordnet zusammenzutragen. Dieser Schritt, der sich an die bei LASSMANN (1958) und KRELLE (1969) vorzufindende Vorgehensweise anlehnt, besitzt jedoch gegenüber dem ersten den unbefriedigenden Nachteil, dass die hieraus resultierende Synopse sehr lückenhaft bleibt, weil nur zu den wenigsten Produktionsfunktionstypen empirische Studien vorliegen. Daher wird man sich oft mit einer summarischen Darlegung konkreter Befunde aus der Literatur zufriedengeben müssen, die nur für vereinzelte Produktionsfunktionstypen eingehender diskutierbar sind. Dies soll hier beispielhaft am Ende des Kapitels für die Gutenberg-Produktionsfunktion erfolgen, da sie von allen Produktionsfunktionstypen für die industrielle Fertigung die größte Bedeutung zur Erklärung der Produktionszusammenhänge zu besitzen scheint.

Die Überlegungen zur empirischen Geltung von Produktionsfunktionen bedürfen zuletzt noch einer methodischen Vorbemerkung. Ziel der Analyse kann es nicht sein, die eine oder andere Produktionsfunktion aufgrund formaler Erörterungen oder praktischer Daten in ihrer empirischen Gültigkeit schließlich zu bestätigen. Das gelingt wissenschaftstheoretisch nicht. Vielmehr erhält man höchstens immer nur verstärkte Anhaltspunkte dafür, dass die Gültigkeit einer Produktionsfunktion nicht ohne weiteres verworfen werden kann. Der wissenschaftliche Wert eines solchen Erklärungsmusters steigt dann mit der Anzahl der Fälle, in denen es sich bewährt hat.

Zum Schluss dieser Vorüberlegungen ist noch der Hinweis angebracht, dass sich die nachstehenden Ausführungen zur empirischen Geltung von Produktionsfunktionen nur auf deterministisch-statische Ansätze erstrecken.

8.2   Ein formaler Rahmen zur Analyse der empirischen Geltung von Produktionsfunktionen

Die Betriebswirtschaftslehre gehört zu den Realwissenschaften; sie versucht, Aussagen über wirtschaftliche Vorgänge in Betrieben zu machen und die hierfür erforderlichen Erkenntnisse aus der Wirklichkeit zu gewinnen und mit Hilfe von Symbolen in Modellen abzubilden, die dann als Satzsysteme Aussagen über bestimmte Betrachtungsgegenstände erlauben. In der Produktionstheorie sind die Produktionsmodelle bzw. -funktionen derartige Satz- bzw. Aussagensysteme, durch die Feststellungen über die Gesetzmäßigkeiten bestimmter Fertigungsvorgänge getroffen worden.

Betriebswirtschaftliche Modelle können der Beschreibung, Erklärung, Prognose oder Entscheidung dienen; entsprechend unterscheidet man zwischen verschiedenartigen Modelltypen, die sich weiter nach der Präzision der Begriffe, dem Sicherheitsgrad und Zeitbezug untergliedern lassen. Ausgehend von einem solchen Klassifikationsschema betriebswirtschaftlicher Modelle, durch das sich dann auch als Basis die unterschiedlichen Produktionsmodelle bzw. -funktionen einordnen lassen, formulieren SCHWEITZER und KÜPPER (1974) in Anlehnung an die Ausführungen POPPERS (1969) zu den Merkmalen einer empirischen Wissenschaft die Anforderungen, die an theoretische Aussagensysteme mindestens gestellt werden müssen, damit sie überhaupt als wissenschaftliche Theorien zur Erklärung realer Phänomene gelten können. Sie werden als Mindestanforderungen bezeichnet; hierzu zählen die Widerspruchsfreiheit, die Allgemeingültigkeit, der empirische Gehalt und die faktische Überprüfbarkeit einer sich auf die Realität beziehenden Theorie. Hinzu treten Vergleichsanforderungen, die von Theorien in unterschiedlichem Ausmaß erfüllt werden und es erlauben sollen, unter mehreren zur Verfügung stehenden Theorien die beste herauszufinden. Solche Vergleichsanforderungen sind unter anderem der Bewährungsgrad, Geltungsbereich und die Axiomatisierung.

Diese Mindest- und Vergleichsanforderungen bilden den formalen Rahmen zur Analyse der empirischen Geltung von Produktionsfunktionen. Da sie nachfolgend für die beurteilungsmäßige Erörterung bestimmter Produktionsfunktionstypen herangezogen werden, sei ihre inhaltliche Bedeutung kurz skizziert (SCHWEITZER und KÜPPER 1974, S. 23 ff.):

Mindestanforderungen

(1) Widerspruchsfreiheit
Ein theoretisches Aussagensystem muss in seiner Formulierung widerspruchsfrei sein; weist es innere logische Widersprüche auf, so besitzt es keinen Aussagegehalt, da aus ihm dann jede beliebige Folgerung hergeleitet werden kann.

(2) Allgemeingültigkeit
Ein theoretisches Aussagensystem muss in dem Sinne allgemeingültig sein, dass es von universellen Sätzen ausgeht, die in allen Fällen gelten, in denen die Anwendungsbedingungen vorliegen. Da all diese zukünftigen Fälle nicht endlich und nicht vollkommen bekannt sind, ist ein theoretisches Aussagensystem nicht verifizierbar. Im Einzelfall können andere Ergebnisse eintreten, als in den allgemeingültigen Sätzen postuliert, so dass theoretische Aussagensysteme im Prinzip falsifizierbar sind.

(3) Empirischer Gehalt
Damit theoretische Aussagensysteme empirisch gehaltvoll sind, müssen sie über Tatbestände der Wirklichkeit Auskunft geben und dürfen keine Tautologien enthalten.

(4) Faktische Überprüfbarkeit
Dieses Postulat verlangt, dass realtheoretische Aussagensysteme anhand der Wirklichkeit intersubjektiv daraufhin überprüfbar sind, ob sie faktisch wahr sind. Diese Überprüfung erfolgt dadurch, dass man die Schlussfolgerungen, die man aus der Theorie unter den Anwendungsbedingungen der Wirklichkeit erhält, mit den tatsächlich beobachteten Ergebnissen vergleicht. Stimmen sie überein, dann ist die Theorie vorläufig bestätigt; sonst muss eine neue Theorie entwickelt werden. Da realtheoretische Aussagensysteme nicht endgültig verifizierbar sind, bedürfen sie stets neuer Überprüfungen.

Vergleichsanforderungen

(5) Bewährungsgrad
Der Bewährungsgrad einer Theorie steigt, wenn sie mit zunehmender Anzahl faktischer Überprüfungen nicht falsifiziert werden konnte.

(6) Geltungsbereich
Der Geltungsbereich einer Theorie wird durch den Umfang ihrer Betrachtungsgegenstände markiert. Ziel ist es, Theorien mit einem möglichst weiten Geltungsbereich aufzustellen und Einzeltheorien in größere Theoriegebäude einzufügen.

(7) Axiomatisierung

Axiomatisierte Theorien haben die übersichtlichste Struktur und erleichtern die Überprüfung ihrer logischen Beziehungen und ihres empirischen Gehaltes. Daher ist man bestrebt, Theorien in ihren Aussagen axiomatisch zu fundieren, wobei die Axiome unabhängig voneinander und widerspruchsfrei zueinander sein müssen.

Mit dem dargelegten Anforderungskatalog ist man in der Lage, die Beurteilung der empirischen Geltung von Produktionsfunktionen als spezifizierte betriebswirtschaftliche Modelle anzugehen. Für die empirische Geltung ist dabei von besonderem Interesse, ob und in welchem Maße die Produktionsfunktionen die Vergleichsanforderungen erfüllen. Dort wird der Schwerpunkt der Erörterung liegen.

8.3   Beurteilung der empirischen Geltung bestimmter Produktionsfunktionen

8.3.1   Das Ertragsgesetz

Das Ertragsgesetz ist widerspruchsfrei formuliert und genügt der Forderung nach Allgemeingültigkeit. Für die Fälle, in denen die Anwendungsbedingungen erfüllt sind, trifft das ertragsgesetzliche Produktionsmodell die universelle Aussage, dass bei partieller Faktormengenerhöhung zunächst zunehmende und dann abnehmende Ertragszuwächse auftreten und schließlich sogar ein Sättigungspunkt der Produktion in dem Sinne festzustellen ist, dass der vermehrte Einsatz des variierten Faktors die Endproduktmenge nicht mehr erhöht, unter Umständen aber wieder absenken kann. Hierbei wird eine Reihe von Anwendungsbedingungen unterstellt. Zum einen bezieht sich das Ertragsgesetz – wie im Übrigen auch manche andere der hier bisher dargestellten Produktionsfunktionen – auf Situationen der einstufigen Einproduktfertigung, bei der durch die einmalige Kombination von Produktionsfaktoren nur ein Endprodukt hergestellt wird. Des Weiteren wird in der klassischen Produktionsfunktion von der Substitutionalität der Produktionsfaktoren ausgegangen und zudem angenommen, dass sich die Faktoreinsatzmengen und die Endproduktmenge mehr oder minder beliebig teilen lassen. In der ursprünglichen Formulierung des Ertragsgesetzes ist zusätzlich unterstellt, dass es sich um Fertigungsprozesse der Landwirtschaft handelt. Dieser Anwendungsbedingung ist insofern mit besonderer Sorgfalt Rechnung zu tragen, als man die Diskussion der empirischen Geltung des Ertragsgesetzes für die industrielle Produktion nicht überstrapaziert, sondern dieses Problem allenfalls im Rahmen der Möglichkeiten einer analogen Übertragbarkeit auf die Industrieproduktion erörtert werden kann, wie es hier geschehen soll.

Da das Ertragsgesetz sich in seinen Aussagen auf Tatbestände der Realität erstreckt und Gegenstände der Wirklichkeit abzubilden versucht, kommt ihm unmittelbar empirischer Gehalt zu. Ausgangspunkt der Untersuchungen auf seine faktische Überprüfbarkeit sind die genannten Anwendungsbedingungen. Prozesse der einstufigen Einproduktfertigung trifft man in der Realität nicht allzu oft an. In der landwirtschaftlichen Produktion können sie gelegentlich zur Beschreibung von Grundvorgängen wie der Bereitstellung von Futterweiden dienen. Doch schon die Gewinnung und Verarbeitung landwirtschaftlicher Produkte setzt beispielsweise mit Einsaat, Ernten und Weiterbehandlung des Gutes mehrstufige Fertigungsvorgänge voraus. So liegt also bei dieser Anwendungsbedingung des Ertragsgesetzes der kritische Aspekt nicht so sehr in der Tatsache, dass nur ein Produkt hergestellt wird, als vielmehr in der Einstufigkeit der Produktion. Ähnlich gelagert ist das Problem in der industriellen Fertigung. Einstufige Einproduktunternehmen treten oft nur in Form von Abbaubetrieben zur Gewinnung von Sand, Kies oder Kalk auf; Bergwerke zählen ebenso hierzu wie andere Betriebe der einfachen Grundstoffgewinnung. Im Allgemeinen aber findet man in industriellen Unternehmen eine mehrstufige Fertigung vor, so dass dann die Anwendungsbedingung der Einstufigkeit höchstens für Teilprozesse der Herstellung als gegeben angenommen werden kann.

Um im Rahmen des Ertragsgesetzes für Fertigungsprozesse bei partieller Faktorvariation einen Bereich zu- und abnehmender Ertragszuwächse ausmachen zu können, müssen die partiell veränderte Faktoreinsatzmenge und die Endproduktmenge in gewissem Umfang der Bedingung beliebiger Teilbarkeit genügen. Allerdings ist auch dies keine spezifische Anforderung allein des Ertragsgesetzes, sondern man trifft sie bei jedem Produktionsfunktionstyp an, der stetig-kontinuierliche Betrachtungen auf der Input- und Outputseite zulässt, wie das in den meisten Modellen der Fall ist. In Wirklichkeit ist aber eine große Anzahl von Produkten und Faktoren nicht oder nicht beliebig teilbar. Unproblematisch ist diese Annahme für Güter wie Strom, Schmierfett und Druckluft; dagegen können Maschinen und maschinelle Anlagen nicht ohne Weiteres als beliebig teilbar angesehen werden. Oft muss man hier wie bei den Arbeitskräften ersatzweise auf die Leistungsabgabe in den Produktionsprozess übergehen. Dennoch bleiben die Probleme der Abstimmung unterschiedlicher Kapazitätsquerschnitte bei den Produktionsfaktoren, da Kapazitäten von Potentialfaktoren und daraus resultierende Kapazitätsreserven unberücksichtigt bleiben. Solange der Teilbarkeitsgrad in der aktuellen Betrachtungssituation noch als hinreichend akzeptiert werden kann, ist das Ertragsgesetz aus dieser Sicht zur Herleitung von Näherungslösungen verwertbar. Die Genauigkeit der Erfahrungen hängt dabei jedoch entscheidend von den jeweils vorliegenden Größenrelationen der In- und Outputs ab. So kann in einem Großunternehmen die Anschaffung einer Maschine näherungsweise als stetige Quantitätserhöhung aufgefasst werden, wenn es bereits hundert solcher Maschinen besitzt; für ein Kleinunternehmen mit dem bisherigen Bestand von fünf solcher Maschinen bedeutet der Zukauf eines weiteren Aggregats jedoch einen erheblichen Sprung im Maschineneinsatz.

Eine für die Diskussion der empirischen Geltung vergleichsweise bedeutsamere Anwendungsbedingung ist darin zu sehen, dass das Ertragsgesetz die Substituierbarkeit von Produktionsfaktoren unterstellt. Für die Landwirtschaft mag diese Annahme eher problemlos erscheinen, da die Erfahrung zeigt, dass dort Produktionsvorgänge, die durch Maschinen erledigt werden, im Prinzip auch durch Arbeitskräfte verrichtet werden können; denn immerhin ist die umgekehrte Substitution Ergebnis des technischen Fortschritts in der Landwirtschaft. Aus der Sicht der industriellen Produktion ist diese Unterstellung allerdings wesentlich problematischer. Auch wenn die Substituierbarkeit der Faktoren in einigen Industriezweigen wie zum Beispiel der chemischen Industrie durchaus ihre Bedeutung hat, so wird sie doch in aller Regel von den verschiedenen Autoren, die sich aus betriebswirtschaftlicher Perspektive mit dieser Fragestellung beschäftigt haben, als für die industrielle Produktion untypisch beurteilt. Aufgrund der in der industriellen Produktion vielfach zu beobachtenden festen Faktoreinsatzrelationen, die vorwiegend technisch und durch die Automation bedingt sind, stellen manche Autoren (GUTENBERG 1983) die Gültigkeit substitutionaler Produktionsfunktionen für die Industrie schlechthin in Frage. Sie vertreten vielmehr die Ansicht, dass die limitationalen Produktionsfunktionen mit ihren fixen Faktorproportionen eher eine realistische Charakterisierung der industriellen Fertigung darstellen, da sie mehr den Anwendungsbedingungen entsprechen. Damit wird dem Ertragsgesetz bei analoger Übertragbarkeit als Erklärungsmuster industrieller Produktion ein gravierendes Element der faktischen Überprüfbarkeit genommen bzw. diese stark eingeschränkt.

Wohl aber wird man die Möglichkeit der substitutionalen Faktorbeziehungen für Teilprozesse der industriellen Fertigung nicht rundweg ablehnen können. Denn gerade in der Klein- oder Mittelstandsindustrie können häufig gewisse Tätigkeiten sowohl durch Arbeitskräfte als auch durch Maschinen ausgeführt werden. Dies gilt in verstärktem Maße, je mehr es sich um eine Werkstattfertigung handelt, bei der gleiche Arbeitsorperationen wie beispielsweise Hobeln, Schleifen oder Lackieren örtlich in betrieblichen Teileinheiten zusammen gefasst sind. Ja sogar bei Montageprozessen wie der Herstellung von Autos oder Fernsehgeräten hat man zeitweise versucht, die kapitalintensivere Fließfertigung durch die arbeitsintensivere Werkstattfertigung zu ersetzen, was offenkundig ein beweiskräftiges Beispiel für eine gewisse Substituierbarkeit auch in der industriellen Produktion ist. Weiterhin ist in Phasen der Überbeschäftigung oft zu beobachten, dass Unternehmen kurzfristig durch die Einstellung von Arbeitskräften das vorhandene Betriebsmittelpotential ergänzen und damit die Einproduktmenge erhöhen, sofern sich maschinelle Verrichtungen, wenn vielleicht auch gelegentlich langsamer, von Hand erledigen lassen. Hierfür hat selbst die theoretisch-analytische Diskussion limitationaler Produktionsvorgänge einen Anhaltspunkt aufgezeigt, da sich Substitutionseffekte auch aus unendlich vielen oder über die Mischung endlich vieler limitationaler Produktionsprozesse ergeben können. Wenn damit auch zusammenfassend die Substitutivität der Produktionsfaktoren durchaus in manchen Bereichen der industriellen Fertigung vorkommt, so ist sie doch zumindest nicht repräsentativ für die Produktionsvorgänge in Industriebetrieben.

Eng mit der Substitution hängt die Annahme zusammen, dass bei effizienten Produktionen eine partielle Faktorvariation möglich ist, also eine Erhöhung der Endproduktmenge dadurch erzielt werden kann, dass man eine Inputmenge bei Konstanz aller übrigen steigert. Diese Annahme ist in der landwirtschaftlichen Produktion etwa beim Einsatz zusätzlicher Arbeitsleistungen oder Dünge- und Schädlingsbekämpfungsmitteln mitunter zutreffend, in der industriellen Fertigung scheint sie dagegen aber weitgehend nicht erfüllt zu sein. Vornehmlich starre Koppelungen zwischen den Faktormengen, wie sie für die Erzeugung in Industriebetrieben fast geradezu typisch sind, erlauben es kaum, dass man eine Inputmenge ohne Auswirkung auf die andere Inputmenge partiell variieren kann. So müssen in einem Betrieb in der Regel für zusätzliche eingesetzte Maschinen auch weitere Arbeitskräfte eingestellt werden, welche die Maschinen bedienen und warten. Verändert man die Leistungsintensität eines Aggregats und damit bei gegebener Einsatzzeit auch seine Leistungsabgabe in den Produktionsprozess, so muss sich oft auch die Arbeitsintensität des an der Maschine eingesetzten Personals ändern. Montagearbeiten lassen keine partielle Variation des Teileeinsatzes zu. Allenfalls der Mehreinsatz Aufsicht führenden oder mit der Qualitätskontrolle befassten Personals lässt eine partielle Faktorvariation mit steigender Endproduktmenge denkbar erscheinen.

Aus der Fülle dieser kritischen Einlassungen zu den Anwendungsbedingungen des Ertragsgesetzes wird deutlich, dass die faktische Überprüfung der klassischen Produktionsfunktion nur selten gelingen wird, was insbesondere für ihre analoge Übertragung auf die industrielle Fertigung gilt. Vieles davon trifft ebenso auf die neoklassischen Produktionsfunktionen zu, da ihre Anwendungsbedingungen im Hinblick auf die Produktion in Industriebetrieben ähnlich kritisch zu werten sind.

Von den Anwendungsbedingungen her ist der empirische Geltungsbereich des Ertragsgesetzes stark eingeschränkt. Der Bewährungsgrad ist kaum gegeben, da zunehmende und dann abnehmende Grenzerträge bei partieller Faktorvariation nur selten für die landwirtschaftliche Produktion aufgezeigt und trotz zahlreicher Versuche bislang erst recht nicht für die Industrieproduktion nachgewiesen werden konnten. Aus der historischen Diskussion ist hierzu anzumerken, dass nicht alle Klassiker sich dem Postulat zunehmender Ertragszuwächse in der landwirtschaftlichen Produktion angeschlossen haben; viele sind vielmehr von der Annahme abnehmbarer Ertragszuwächse ausgegangen. Manche haben geradezu die Ansicht vertreten, dass in der Landwirtschaft nur abnehmende Grenzerträge vorkommen, dagegen Bereiche zunehmender Grenzerträge allein für die industrielle Produktion typisch seien. Und in der Tat ist es so, dass intensive betriebswirtschaftliche Überlegungen zur Bestimmung einer optimalen Betriebsgröße die Vermutung von Bereichen zunehmender und dann abnehmender Grenzerträge nahe legen. Nur, derartige Plausibilitätsüberlegungen, die sich ebenfalls mühelos auf die Existenz eines Sättigungspunktes ausweiten lassen, helfen bei der Verifizierung bzw. Falsifizierung realtheoretischer Aussagensysteme, die anhand der Wirklichkeit überprüft werden müssen, nicht weiter. Der Bewährungsgrad des Ertragsgesetzes ist damit insgesamt schlecht. WITTMANN (1966) hat das Ertragsgesetz axiomatisch fundiert.

Das Ertragsgesetz besitzt also kaum empirische Geltung. Von manchen Autoren wird es eher als Ideal-, denn als Realtheorie klassifiziert.

8.3.2   Die Leontief-Produktionsfunktion

Das Leontief-Produktionsmodell ist als Aussagensystem widerspruchsfrei. Seine universelle Aussage besteht darin, dass bei Vorliegen der Anwendungsbedingungen behauptet wird, in Produktionsprozessen der industriellen Erzeugung stünden die eingesetzten Faktormengen stets in einem festen Verhältnis zur hergestellten Endproduktmenge. Derartige Produktionszusammenhänge werden als limitational bezeichnet und können durch feste Produktionskoeffizienten charakterisiert werden. Für den Fall, dass diese Produktionskoeffizienten auch bei einer Niveauerhöhung der Produktion konstant bleiben, spricht man speziell von einer linearen Limitationalität. Die Produktionsverfahren sind dann durch Prozessgeraden darstellbar. Im Hinblick auf diese behaupteten Zusammenhänge erfüllt die Leontief-Produktionsfunktion die Forderung nach Allgemeingültigkeit. Ihre Anwendungsbedingungen sind weit gefasst. Sie beziehen sich auf Situationen der Ein- und Mehrproduktfertigung ebenso wie auf Unternehmen mit einstufiger und mehrstufiger Produktion. Für die Beschreibung von Produktionsvorgängen mit substitutionalen Beziehungen zwischen den Faktoren ist der Leontief-Ansatz nur insoweit verwendbar, wie sich solche Substitutionseffekte tatsächlich aus mehreren mischbaren Leontief-Prozessen ergeben.

Die Leontief-Produktionsfunktion besitzt empirischen Gehalt, da ihre Aussagen über Tatbestände der Realität informieren wollen. Indiz dafür ist die Verwendung von Begriffen wie Faktoreinsatz und Ausbringungsmenge. Produktionskoeffizienten sind dagegen keine unmittelbar beobachtbaren Phänomene der Realität, lassen sich aber aus den in der Wirklichkeit feststellbaren Input- und Outputmengen herleiten. Die Anwendungsbedingungen sind so gestaltet, dass die faktische Überprüfbarkeit für die industrielle Fertigung möglich ist. Insbesondere bei den Leistungsabgaben von Aggregaten und dem Werkstoffeinsatz findet man häufig feste Relationen der Inputmenge zur Outputmenge vor. Das gleiche gilt, wenn Arbeitskräfte, Betriebsmittel und Werkstoffe aus fertigungstechnologischen Gründen wie etwa bei der Fließfertigung in enger Bindung zueinander stehen und dadurch konstante Faktorproportionen impliziert werden, wie es für die mechanisierte und automatisierte Produktion in Industriebetrieben typisch zu sein scheint. Schwierigkeiten machen dagegen industrielle Teilprozesse mit substitutivem Charakter der Ressourcenbeziehungen. Sie lassen sich durch das Konzept nur schwerlich abbilden. Ähnlich kritisch sieht es aus, wenn partielle Faktorvariationen oder solche mit veränderten Input-Output-Relationen zulässig sind. Diese Fälle können beispielsweise auftreten, wenn der vermehrte dispositive Faktor durch verbesserte Planung und Kontrolle bei sonst gleichen Inputbedingungen eine Steigerung der Produktion ermöglicht. In derartigen Momenten erweist sich die Leontief-Produktionsfunktion als zu starres Erklärungsmodell; ein Ausweg liegt darin, solche Vorgänge als Übergang von einem zu einem anderen Leontief-Produktionsprozess mit neuen Faktorproportionen zu interpretieren.

Der empirische Geltungsbereich der Leontief-Produktionsfunktion ist aufgrund der Tatsache, dass ihre Anwendungsbedingungen häufig in der Praxis vorzufinden sind, recht groß. Ihr Bewährungsgrad lässt sich daran ablesen, dass Leontief-Produktionsfunktionen zur Beschreibung der wesentlichsten Erzeugungszusammenhänge oft für die industriellen Fertigungsprozesse herangezogen werden. Hierfür gibt es eine Reihe von Beispielen. Die für die Teilebedarfsrechnung in Montagebetrieben geführten Stücklisten basieren auf Leontief-Prozessen. Entsprechendes gilt für Rezepturen in der Wurst- und Fleischwarenindustrie und für die Mischprobleme, mit denen Mineralölgesellschaften bei der Herstellung ihrer Produkte konfrontiert sind. Ein methodischer Vorzug macht die Leontief-Produktionsfunktion darüber hinaus zusätzlich attraktiv für die Anwendung in der Praxis: Als linear-limitationales Input-Output-Modell kann es leicht in Kombination mit der linearen Programmierung für die Produktionsplanung nutzbar gemacht werden. Die dabei verwendeten, durch Durchschnittswerte angenäherten Produktionskoeffizienten werden von der Praxis meist als ausreichendes Abbild der Realität angesehen.

Linear-limitationale Leontief-Prozesse entsprechen linearen Technologien. Insoweit kann hier, was die Axiomatisierung von Leontief-Produktionsfunktionen anbelangt, auf die Ausführungen im zweiten Kapitel verwiesen werden. Die empirische Geltung der Leontief-Produktionsfunktion kann zusammenfassend als vergleichsweise hoch veranschlagt werden.

8.3.3   Die Gutenberg-Produktionsfunktion

Die Postulate der Widerspruchsfreiheit und Allgemeingültigkeit werden von der Gutenberg-Produktionsfunktion erfüllt. Ihr Aussagegehalt umfasst zwei Behauptungen, die sich auf unterschiedliche Kategorien von Ressourcen beziehen. Für die Gruppe der Potentialfaktoren wird unterstellt, dass sich ihre Leistungsabgabe linear zur Endproduktmenge verhält, an deren Erzeugung sie mitwirken. Insofern entspricht sie in diesem Teil der linear-limitationalen Leontief-Produktionsfunktion, und die dort gemachten Ausführungen besitzen hier eine analoge Gültigkeit. Im Gegensatz zu diesen direkten Input-Output-Beziehungen für die Potentialfaktoren behauptet die Gutenberg-Produktionsfunktion in ihrem zweiten Aussageteil, dass die Einsatzmengen der Verbrauchsfaktoren nur mittelbar von der Ausbringungsmenge abhängen, da die Produktionskoeffizienten der an den Aggregaten zum Einsatz gelangenden Verbrauchsfaktoren von den technischen Eigenschaften, insbesondere den Leistungsintensitäten der Aggregate beeinflusst werden. Diese Beziehungen beschreibt das System von Verbrauchsfunktionen in der Gutenberg-Produktionsfunktion. Bei gegebenen technischen Eigenschaften und fest gewählten Leistungsintensitäten der Gebrauchsfaktoren erhält man feste Produktionskoeffizienten auch für die Verbrauchsfaktoren, so dass für die Gutenberg-Produkti-

onsfunktion insgesamt Limitationalität der Faktoren gilt. Zu den Anwendungsbedingungen gehört, dass sich die behaupteten produktiven Zusammenhänge klar
auf die industrielle Fertigung beziehen sollen, da GUTENBERG sein Produktionsmodell aus der von ihm geübten Kritik heraus entwickelt hat, die klassische
Produktionsfunktion und auch der Leontief-Ansatz würden kein oder noch kein
hinreichendes Erklärungsmuster für industrielle Fertigungsvorgänge sein.

Die Gutenberg-Produktionsfunktion geht von Begriffen wie Potentialgüter,
Verbrauchsgüter, Ausbringungsmengen und Leistungsabgabe bzw. Leistungsintensität aus, denen Gegenstände der Realität zugrunde liegen und die als ökonomische Größen in Industriebetrieben beobachtet und gemessen werden können. Die
Leistungsabgabe eines Aggregats ergibt sich aus dem Produkt von Leistungsintensität und Einsatzdauer. Mit der Leistungsintensität ist von GUTENBERG erstmals
im Vergleich zu den zuvor bekannten ökonomischen Produktionsfunktionen eine
technische Fundierung der Produktionszusammenhänge versucht worden, die
durch die ergänzende Beschreibung weiterer, für die Fertigung relevanter fester
technischer Eigenheiten der Potentialfaktoren erweitert und vervollständigt werden kann. GUTENBERG spricht hier von der z-Situation der Aggregate. Über die
Einsatzdauer, aber auch schon über die in Grenzen variierbare Leistungsintensität
wird bei GUTENBERG in gewissem Umfang dem Zeitaspekt bei der Produktion
Rechnung getragen, auch wenn es sich generell um einen statischen Ansatz
handelt. Leistungsintensität und Einsatzdauer sind für Betriebsmittel und ausführende menschliche Tätigkeiten mit einem Leistungsbeitrag zum Produktionsprozess gut messbar. Grundlagen sind Verschleißfunktionen und Arbeitszeitstudien.
Verbrauchsfunktionen sind dagegen in der Realität nicht direkt beobachtbar, sondern müssen erst aus Outputmenge und Faktorverbräuchen bei gegebenen Leistungsintensitäten hergeleitet werden. Dass die Gutenberg-Produktionsfunktion
aufgrund des Gesagten empirischen Gehalt hat, ist damit wohl hinreichend deutlich.

Die faktische Überprüfbarkeit der Gutenberg-Produktionsfunktion hängt davon
ab, inwieweit ihre Anwendungsbedingungen erfüllt sind. Sie wird umso eher
erleichtert, je höher der Präzisionsgrad ihrer produktionstheoretischen Aussagen
ist. Das tatsächliche Vorliegen der Anwendungsbedingungen ist im Hinblick auf
die Aussagen über die Potentialfaktorbeiträge in der industriellen Produktion ähnlich wie bei der Leontief-Produktionsfunktion zu beurteilen und braucht hier nicht
mehr zusätzlich kommentiert zu werden. Gleiches gilt für die generell unterstellte
Limitationalität der Faktoren. Allerdings können Schwierigkeiten bei der kurzfristigen Messung der Leistungsabgaben der Gebrauchsfaktoren auftreten, da sie oft
auf der Grundlage von Hilfsgrößen wie Umdrehungszahl oder Hublänge ermittelt
werden. Das Problem ist aber dann, inwieweit die unterstellte lineare Beziehung
zwischen der Leistungsabgabe eines Aggregats und der Ausprägung derartiger
Hilfsgrößen glaubhaft abgeleitet oder empirisch nachgewiesen werden kann.
Weiterhin stellt das System von Verbrauchsfunktionen zwar ein geschlossenes
Formalkonzept dar, seine praktische Anwendbarkeit scheint aber nur für
bestimmte Gruppen von Produktionsfaktoren wie Betriebsstoffe und Hilfsstoffe,
weniger schon für Rohstoffe und Materialien, möglich. Nun kommt zwar den

Hilfs- und Betriebsstoffen bei der Fertigung und Aufrechterhaltung der Betriebsbereitschaft eine große Bedeutung zu, in industriellen Betrieben machen sie jedoch wertmäßig im Vergleich zum Materialeinsatz und zu den Leistungsbeiträgen der Arbeitskräfte und Aggregate oft nur einen unwichtigen Teil der eingesetzten Güter aus. Andererseits liegt es auf der Hand, dass sich Produktionskoeffizienten der Verbrauchsgüter mit der Leistungsintensität der Aggregate verändern, und es ist wünschenswert, derartige Prozessvariationen auf der Grundlage von Verbrauchsfunktionen zu beschreiben.

Der Präzisionsgrad der durch die Gutenberg-Produktionsfunktion getroffenen Aussagen ist unterschiedlich zu bewerten. Durch die Betrachtung der Einsatzmengen von Verbrauchsgütern an den Gebrauchsgütern und ihrer Abhängigkeit von technischen Eigenheiten der Aggregate erfährt der industrielle Produktionsprozess eine Zerlegung in Teilvorgänge und damit eine stärkere Präzisierung. Für jeden Verbrauchsfaktor ergibt sich dadurch an jedem Aggregat eine Verbrauchsfunktion. Dies kann aber gerade wiederum eine erhebliche Abschwächung des Präzisionsgrades zur Folge haben. Denn es bleibt offen, ob für alle Verbrauchsfunktionen ein ähnlicher u-förmiger Verlauf unterstellt werden soll oder ob nicht vielmehr jede Verbrauchsfunktion für das aktuelle Verbrauchsgut an einer Maschine einer eigenständigen Konkretisierung bedarf und damit im Prinzip sehr viele unterschiedliche Verbrauchsfunktionstypen zu berücksichtigen sind, die im Einzelfall überprüft werden müssen. Ähnlich zweischneidig ist der Präzisionsgrad bezüglich der Parameter einer Verbrauchsfunktion zu sehen. Die technische Fundierung einer Verbrauchsfunktion durch technische Eigenschaften der Potentialgüter erhöht die Präzision der Beschreibung. Sie bleibt aber zugleich geringer, als man sich dies wünscht, wenn dieses Einflussspektrum im Wesentlichen auf die Leistungsintensität eingeengt wird und weitere technische Merkmale von Betriebsmitteln nicht mehr explizit in der Verbrauchsfunktion als Erklärungsgrößen in Erscheinung treten bzw. ihr Einfluss als konstant angenommen wird. Trotz der vorgetragenen Einwände wird man in diesem Punkt zusammenfassend aber sagen dürfen, dass die faktische Überprüfbarkeit der Gutenberg-Produktionsfunktion bei Konkretisierung ihrer Anwendungsbedingungen gegeben ist.

Ihr empirischer Geltungsbereich ist relativ groß. Er ist dadurch markiert, dass die Gutenberg-Produktionsfunktion sowohl Fälle der ein- und mehrstufigen als auch der Ein- und Mehrproduktfertigung umfasst. Sie gestattet es, unmittelbare und mittelbare Input-Output-Relationen zu beschreiben. Der Bewährungsgrad der Gutenberg-Produktionsfunktion für die hinsichtlich der Klasse der Potentialfaktoren behaupteten Einsatzmengenbeziehungen entspricht dem des Leontief-Modells. Er ist ebenfalls vergleichsweise hoch für das Aufstellen von Verbrauchsfunktionen für Hilfs- und Betriebsstoffe, wie anhand zahlreicher empirischer Studien gezeigt werden konnte.

Dies mag hier zunächst genügen, da am Ende des Kapitels noch näher auf diese praktischen Untersuchungen eingegangen wird. Eine Axiomatisierung der Gutenberg-Produktionsfunktion steht bislang aus. Einen Weg, sie als Instrument für die Produktionsplanung nutzbar zu machen, hat ALBACH (1962) aufgezeigt.

Die empirische Geltung der Gutenberg-Produktionsfunktion darf demnach als gut veranschlagt werden.

8.3.4   Die Heinen-Produktionsfunktion

Das Aussagensystem der Heinen-Produktionsfunktion ist wie bei den bislang erörterten Produktionsmodellen widerspruchsfrei formuliert und erfüllt ebenfalls das Postulat der Allgemeingültigkeit in dem Sinne, dass es universelle Behauptungen für die Fälle, in denen die Anwendungsbedingungen vorliegen, aufstellt. Ausgangspunkt für die produktionstheoretischen Überlegungen im Heinen-Ansatz war die Kritik, dass die Verbrauchsfunktionen von GUTENBERG in der Beurteilung von HEINEN den Nachteil besitzen, dass sie lediglich den Zusammenhang zwischen Faktoreinsatzmengen und technisch-physikalischer Leistung der Potentialfaktoren wiedergeben. Um jedoch eine eindeutige Beziehung zwischen dem Faktorverbrauch und dem Output zu erhalten, fordert HEINEN in Erweiterung und Modifizierung der Verbrauchsfunktionen von GUTENBERG, die Teileinheiten produktiver Prozesse der industriellen Fertigung so klein zu wählen, dass die postulierte Eindeutigkeit erreicht wird. Diese Teilvorgänge bezeichnet HEINEN als Elementarkombinationen. Die Verbindung zwischen Elementarkombinationen und Endproduktmengen wird durch Wiederholungsfunktionen hergestellt. Bei diesen Elementarkombinationen sind auch in Verallgemeinerung des Gutenberg-Modells substitutionale Faktorbeziehungen zugelassen.

In der Heinen-Produktionsfunktion sind die produktionstheoretischen Bauelemente wie die Einsatzmengen an Roh-, Hilfs- und Betriebsstoffen und die Ausbringungsmengen an Produkten pro einmaligem Vollzug einer Elementarkombination sowie die Arbeitsverteilung, Maschinenbelegung und Ausschusskoeffizienten in der Realität feststellbare und zum großen Teil auch messbare Tatbestände. HEINEN unterstellt im Gegensatz zu GUTENBERG, dass die Einsatzmengen an Verbrauchsfaktoren bei sonst konstanten technischen Eigenschaften der Potentialfaktoren von der momentanen Leistung der Aggregate, also vom Intensitätsverlauf während einer Elementarkombination, von der Kombinationszeit sowie bei outputvariablen und/oder substitutionalen Prozessen von weiteren Einflussgrößen abhängig sind. Jeder Zeitdauer einer Elementarkombination entspricht dabei ein ganz bestimmter Verlauf der Intensitätskurve eines Potentialfaktors. Nun können aber häufig die Momentanleistung von Aggregaten und der Momentanverbrauch mittelbar beeinflusster Verbrauchsfaktormengen nicht direkt beobachtet werden, so dass man sich im Allgemeinen für kleinere Zeitintervalle mit Durchschnittswerten des Verbrauchs approximativ zufriedengeben muss. Jedoch besitzt die Heinen-Produktionsfunktion in Ansehung der zwischen solchen Größen behaupteten Beziehungen durchaus empirischen Gehalt.

Die faktische Überprüfbarkeit der Heinen-Produktionsfunktion ist durch einige Aspekte beeinträchtigt. Es bleibt zunächst einmal offen, wie die quantitativen Input-Output-Beziehungen der Elementarkombinationen aussehen. Sie werden sicherlich in jedem Einzelfall von der innerbetrieblichen Produktionsstruktur eines jeweiligen Industriebetriebes determiniert. Zum zweiten sind keine konkreten Anwendungsbedingungen angegeben, wann welche Arten von Elementarkombinationen – outputfixe, outputvariable, substitutive – zum Ansatz gebracht werden sollen. Die faktische Überprüfung der Heinen-Produktionsfunktion kann so erst dann angegangen werden, wenn die Transformationsprozesse für aktuell vorliegende, reale Fertigungssituationen näher konkretisiert werden. Selbst dann ist aus methodischer Perspektive noch Vorsicht geboten, damit substitutionale nicht mit outputvariablen, limitationalen Produktionssituationen mit mehreren Leontief-Prozessen verwechselt werden. Die an und für sich statische Formulierung des Ansatzes und die gleichzeitige implizite Einbeziehung von Zeitdauern der Elementarkombinationen stellt eine weitere Beeinträchtigung der faktischen Überprüfbarkeit dar. Beziehungen, die sich aus dem dynamischen zeitlichen Ablauf der Produktionsvorgänge ergeben, wie zum Beispiel Mengenkontinuitätsbedingungen zwischen vorgelagerten liefernden und nachgelagerten weiterverarbeitenden Fertigungsstellen oder die zeitliche Abfolge des Aggregateinsatzes zur Herstellung eines bestimmten Fertigungsloses werden nicht abgebildet, obwohl dieser Einwand selbstverständlich für alle statischen Produktionsmodelle gilt und nicht nur der Heinen-Produktionsfunktion angelastet werden kann.

Zur Bestimmung des Gesamtoutputs geht HEINEN explizit von mehreren Determinanten aus; hierzu zählen die Ausbringungsmenge pro einmaligem Vollzug einer Elementarkombination, deren Wiederholungshäufigkeit, die Arbeitsverteilung, Maschinenbelegung, der Ausschuss und bei mehrstufiger Fertigung die Produktionsstruktur. Insofern zeichnet sich die Heinen-Produktionsfunktion durch einen vergleichsweise hohen Präzisionsgrad aus, der die faktische Überprüfbarkeit erleichtern sollte. Allerdings erweist sich die exakte Fassung des Begriffes Elementarkombination für die Praxis als schwierig, denn sie kann erst nach konkreten Untersuchungen der Realität gelingen, und es muss sich dann zeigen, ob sie ausreichend präzise ist, um durch eine genügend tiefe Gliederung des Produktionsprozesses die gewünschten Aussagen über eindeutige Beziehungen zwischen den Inputs und Outputs von Fertigungsstellen zu erhalten. Trotz dieser Vorbehalte ist die faktische Überprüfung der Heinen-Produktionsfunktion aber prinzipiell möglich.

Der Bewährungsgrad der Heinen-Produktionsfunktion ist relativ gering, da ihre empirische Geltung in der Praxis bislang kaum untersucht worden ist. Als Grund für dieses Dilemma wird gelegentlich angeführt, dass sie im Hinblick auf praktische Erfordernisse einen zu hohen Präzisionsgrad besitzt, was die Einbeziehung der momentanen Leistung von Potentialgütern anbetrifft. In der Realität sind an technischen Aggregaten in der Regel keine Messgeräte angebracht, welche die Veränderung der Leistungsintensität laufend aufzeichnen, und oft würde sich auch die Installation derartiger Beobachtungsinstrumente aus organisatorischen und wirtschaftlichen Gründen als wenig sinnvoll erweisen. In jedem Fall ist für konkrete Planungsprobleme der Praxis ein geringerer Präzisionsgrad ausreichend, wenn man mit der Erfassung durchschnittlicher Intensitäten auskommt.

Der reklamierte empirische Geltungsbereich der Heinen-Produktionsfunktion ist groß. Er umfasst industrielle Fertigungsprozesse, die einstufig und mehrstufig sein können und in denen nur ein oder mehrere Produkte hergestellt werden. Den Abbildungen zwischen direkt und indirekt outputabhängigen Faktorverbräuchen und der Gesamtausbringung an materiellen Gütern darf eine große Realitätsnähe zugeschrieben werden. Eine Erweiterung ihres Geltungsbereiches im Vergleich mit den zuvor abgehandelten Produktionsmodellen ist auch darin zu sehen, dass Rüst- und Einrichtungsprozesse mit beschrieben werden können und eine große Flexibilität hinsichtlich der erfassbaren Produktionsstrukturen vorliegt. Der Einsatz von Potentialgütern ist ähnlich wie bei GUTENBERG dadurch abbildbar, dass man die Dauer des Aggregateinsatzes in Elementarprozessen zum geeigneten Anhaltspunkt der Berechnung wählt; denn bei gegebener Leistungsintensität ist die Nutzungszeit eines Potentialgutes der Maßstab für seine Leistungsabgabe bzw. Verbrauchsmenge. Dass die Heinen-Produktionsfunktion dabei auch die Erfassung ausführender menschlicher Tätigkeiten im Produktionsprozess zufriedenstellend erlaubt, ist wenig zweifelhaft; allerdings ist die Erfassung des Einsatzes des dipositiven Faktors – wie im Übrigen aber auch bei den anderen Produktionsansätzen – kaum möglich. Eine Axiomatisierung der Heinen-Produktionsfunktion gibt es nicht. Ihre empirische Geltung bedarf weiterer praktischer Untersuchungen.

8.3.5   Die Kloock-Produktionsfunktion

Die Kloock-Produktionsfunktion ist als Aussagensystem widerspruchsfrei, und ihre Transformationsfunktionen besitzen universellen Aussagencharakter. So hat KLOOCK selbst dargelegt, dass seine Produktionsfunktion ein umfassendes produktionstheoretisches Konzept darstellt, welches das klassische und andere zuvor behandelte Produktionsmodelle als Sonderfälle enthält. Durch diesen Nachweis bekräftigt er den Anspruch seines Ansatzes auf Allgemeingültigkeit.

Da sich die Kloock-Produktionsfunktion auf beobachtbare Tatbestände der Realität bezieht, kommt ihr empirischer Gehalt zu. Dieser ist allerdings vergleichsweise gering, da die Transformationsfunktionen des Kloockschen Input-Output-Ansatzes so allgemein konzipiert sind, dass sie alle möglichen denkbaren Input-Output-Relationen abbilden können sollen. Damit ist fast jede produktive Gesetzmäßigkeit durch die Kloock-Produktionsfunktion ableitbar. Der empirische Gehalt einer Theorie ist aber umso höher, je größer der Präzisionsgrad ist und je mehr denkbare Fälle durch die aus ihr herleitbaren Sätze ausgeschlossen werden. Insofern ist also der empirische Gehalt der Kloock-Produktionsfunktion wegen ihrer Allgemeinheit gering. Dies schränkt zugleich die faktische Überprüfbarkeit erheblich ein, und entsprechend schwach ist der Bewährungsgrad dieses Ansatzes. Dagegen ist der empirische Geltungsbereich sehr groß; eine axiomatische Begründung der Kloock-Produktionsfunktion ist bisher nicht erfolgt.

8.3.6   Die Engineering Production Functions

Wie alle bislang erörterten Produktionsmodelle sind auch die Engineering Production Functions in sich widerspruchsfrei formuliert. Allerdings erfüllen sie nicht das Postulat der Allgemeingültigkeit. Für in der Praxis auftretende Probleme müssen jeweils auf den Einzelfall zugeschnittene Engineering Production Functions entwickelt werden, so dass man keine universellen, sondern nur singuläre Sätze aus diesen Modellen erhält. Nach dem Kriterium der Wissenschaftstheorie, wonach der empirische Gehalt eines Aussagensystems umso höher zu veranschlagen ist, je eingegrenzter das Aussagengebiet ist, kommt den Engineering Production Functions ein sehr hoher empirischer Gehalt zu. Ihnen liegt als technische Fundierung produktionstheoretischer Zusammenhänge in der Regel die Anwendung von Naturgesetzen als Formulierungsansatz zugrunde. Dadurch ist die faktische Überprüfbarkeit zum Beispiel durch Laborversuche sehr leicht.

Bei ihren bisherigen Anwendungen haben sich die Engineering Production Functions in der Realität sehr gut bewährt. Ihr Geltungsbereich ist aber jeweils gering, da er identisch mit der Situation ist, für welche eine Engineering Production Function entwickelt wird. Eine Axiomatisierung ist wegen der fehlenden Allgemeingültigkeit nicht möglich.

8.3.7   Zusammenfassung

Die Ergebnisse der Diskussion zur empirischen Geltung von Produktionsfunktionen sind in Tabelle 8.1 übersichtsmäßig zusammengefasst.

Die angestellten Überlegungen haben gezeigt, dass für die empirische Geltung von Produktionsmodellen der Präzisionsgrad ein wesentliches Element ist. Er erhöht sich dadurch, dass man den gesamten Produktionsprozess in einzelne Teilprozesse zerlegt und für diese Aussagen über die produktiven Gesetzmäßigkeiten zwischen Input und Output aufstellt und ihre Gültigkeit studiert. Orientierungslinie könnte der von HEINEN eingeführte Begriff der Elementarkombination sein, wobei dessen Abgrenzung in der Praxis deutlich gemacht werden müsste. Eine solche Vorgehensweise böte die Chance, anhand von Elementarprozessen industrieller Fertigung für bestimmte Klassen von Einsatzgütern zu gut bestätigten Aussagen über die Abhängigkeit ihrer Verbrauchsmengen vom Gesamtoutput zu gelangen. Auf dieser Grundlage könnten dann Aussagen über das Verhalten des gesamten Produktionsprozesses formuliert werden. Die Tendenz müsste dabei sein, dass man

(1) dynamische und stochastische Elemente stärker in die Formulierung mit einbezieht,

(2) eine zufriedenstellende technische Begründung der Produktionsmodelle anstrebt und

(3) sich der quantitativen Instrumente der Statistik und Unternehmensforschung zur Abbildung der Realität bedient.

Tabelle 8.1.   Empirische Geltung von Produktionsfunktionen

Anforderungen	Produktionsfunktionen					
	Ertrags-gesetz	LEONTIEF	GUTENBERG	HEINEN	KLOOCK	Engineering Production Functions
Widerspruchs-freiheit	ja	ja	ja	ja	ja	ja
Allgemein-gültigkeit	ja	ja	ja	ja	ja	nein
Empirischer Gehalt	ja	ja	ja	ja	gering	sehr groß
Faktische Überprüfbarkeit	gering	möglich	möglich	möglich	kaum möglich	sehr gut
Bewährungsgrad	kaum	zufrieden-stellend	relativ gut	gering	sehr gering	sehr gut
Geltungsbereich	klein	relativ groß	relativ groß	groß	sehr groß	sehr klein
Axiomatisierung	ja	ja	nein	nein	nein	nicht möglich

8.4   Empirische Bedeutung der Gutenberg-Produktionsfunktion im Lichte praktischer Untersuchungen

8.4.1   *Möglichkeiten und Grenzen der Gutenberg-Produktionsfunktion*

Die Gutenberg-Produktionsfunktion ist aufgrund ihrer besonderen Struktur geeignet, einen großen Teil industrieller Produktionsprozesse abzubilden. Wie in jedem wirtschaftstheoretischen Modell sind jedoch auch bei der Aufstellung dieser Funktion einige Grundannahmen getroffen, welche die allgemeine Einsetzbarkeit begrenzen:

(1) Die Verbrauchsfunktionen stellen eine feste Zuordnung zwischen den Einsatzmengen der einzelnen Verbrauchsfaktoren und der Leistungsintensität

eines Aggregates her. Es ist daher nicht möglich, mit verschiedenen effizienten Faktorkombinationen die gleiche Intensität zu verbinden, wie es bei substitutionalen Produktionsprozessen denkbar ist.

(2) In der Gutenberg-Produktionsfunktion wird vorausgesetzt, dass die Intensität, mit der ein Aggregat arbeitet, während eines frei wählbaren Zeitabschnitts auf beliebigem Niveau konstant gehalten werden kann. Zufällige und geringfügige Abweichungen von diesem Wert finden dabei keine Berücksichtigung. Liegen ständig wechselnde Intensitäten vor, muss man entweder den entsprechenden Durchschnittswert einsetzen oder die gesamte Produktionszeit in so kleine Zeitabschnitte aufteilen, dass die Intensität während dieser Zeitintervalle konstant bleibt. Außerdem ist eine gesonderte Erfassung des Faktor- und Zeitverbrauchs in Anlauf- und Bremsphasen der Aggregate nicht vorgesehen.

(3) Die Verbrauchsfunktion nach Gutenberg drückt den Faktorverbrauchskoeffizienten nur in Abhängigkeit von der Intensität aus und hält die z-Situation des Aggregates konstant. Neben den Aggregateigenschaften, die in der Regel konstant sind, können aber auch Umwelteinflüsse wie die Temperatur des in Wärmekraftwerken zur Kühlung verwendeten Flusswassers oder veränderte Faktorqualitäten wie der Eisengehalt von Erzen bei Hochofenprozessen den Faktorverbrauch erheblich beeinflussen. Es ist dann oft nicht möglich, repräsentative Durchschnittswerte für die Parameter zu finden. Ein Ausweg bestünde darin, ähnlich wie bei den Engineering Production Functions auf physikalische Messwerte zurückzugreifen, die dann in eine ökonomische Verbrauchsfunktion transformiert werden müssten.

(4) Die Gutenberg-Produktionsfunktion ist statisch und betrachtet die einzelnen Teilprozesse, die Gegenstand ihrer Formulierung sind, als unabhängig voneinander. Zeitliche Abhängigkeiten, die sich zum Beispiel durch mehrstufige Fertigungsprozesse oder Lernprozesse ergeben können, müssten durch zusätzliche Funktionen oder Abhängigkeiten mit einbezogen werden.

(5) Bei vielen Fertigungsvorgängen nimmt der Ausschussanteil der Produkte mit steigender Intensität der Aggregate progressiv zu und bei einem erheblichen Anteil manueller Arbeit auch mit steigender Produktionszeit. Während der erste Aspekt durch die Verbrauchsfunktion erfasst wird, bedürfte es im zweiten Fall einer Erweiterung um den Zeitparameter.

Diese Rahmenbedingungen muss man im Auge behalten, wenn man die Ergebnisse empirischer Untersuchungen zur Gutenberg-Produktionsfunktion interpretieren will; eventuell sind sie in ihrer Aussagekraft zu relativieren.

8.4.2   Wege der empirischen Ermittlung

Ausschlaggebend für den erforderlichen Einsatz an Verbrauchfaktoren und den Output einer Maschine ist in der Gutenberg-Produktionsfunktion die Leistungsintensität des Aggregats. Vielfach werden von den Herstellern solcher Betriebsmittel bei der Lieferung an den Industriebetrieb technische Unterlagen in der Art von Formeln, Tabellen, Nomogrammen und Ähnlichem zur Verfügung gestellt, die es gestatten, sowohl die Abhängigkeit der Produktionsmenge als auch des Faktorverbrauchs von der technischen Leistung einer Maschine eindeutig oder mit ausreichender Genauigkeit zu bestimmen. Theoretisch führt dieser Weg zu den besten Resultaten, da den technischen Instruktionen in der Regel langjährige Erfahrungen des Maschinenherstellers aus Laborversuchen zugrunde liegen. Allerdings ist dieses Verfahren meist nur bei relativ einfachen Aggregaten anwendbar, da die erforderlichen Messungen und Berechnungen sonst zu aufwendig werden. Bei Aggregaten mit einem hohen Anteil des Faktors Arbeit ist eine Berechnung zudem oft nicht möglich, da ungleichmäßige Arbeitsleistungen und dynamische Effekte aufgrund von Lernprozessen die Berechnung erschweren.

Ist eine direkte Berechnung der Produktions- oder Verbrauchsfunktion anhand von technischem Informationsmaterial über die Aggregate nicht durchführbar, dann kann man die Inputs und Outputs der Aggregate zu verschiedenen Zeitpunkten und bei unterschiedlichen Leistungsintensitäten messen und anschließend versuchen, mit Hilfe statistischer Schätzverfahren die möglichen produktiven Zusammenhänge zu quantifizieren und zu überprüfen. Das führt zu geschätzten Produktionsfunktionen. Das Kernproblem dieser Vorgehensweise besteht jedoch in der Beschaffung einer befriedigenden Datenbasis. Es muss eine ausreichende Zahl von Datenvektoren vorliegen, diese müssen einen repräsentativen Querschnitt aller möglichen Leistungsintensitäten und Zustände der Aggregate widerspiegeln, und die Messwerte müssen möglichst nah am Aggregat erhoben worden sein, um eine hinreichende Genauigkeit sicherzustellen. Diese Bedingungen können in der Realität nicht immer in befriedigendem Maße erfüllt werden.

Unabhängig davon, ob man nun eine Produktions- oder Verbrauchsfunktion durch direkte Berechnungen oder durch Schätzung empirisch bestimmt hat, stellt sich dann das Problem zu prüfen, inwieweit sie mit dem Gutenberg-Konzept übereinstimmt. Diese Überprüfung bezieht sich unter Umständen auf zwei Tatbestände:

– Der an einem Aggregat erzeugte Output muss sich aus Leistungsintensität und Produktionszeit berechnen lassen.
– Der Produktionskoeffizient eines am Aggregat eingesetzten Verbrauchsfaktors muss sich in Abhängigkeit von der Leistungsintensität und eventuell weiter zu beachtender technischer Eigenschaften des Aggregats bestimmen lassen. Kann man bei gleicher Intensität und konstanter z -Situation verschiedene spezifische Faktorverbräuche von Verbrauchsgütern messen, handelt es sich offensichtlich nicht um eine Gutenberg-Produktionsfunktion.

Nach dem dargelegten Modus soll im Folgenden anhand einer Reihe empirisch ermittelter Produktions- und Verbrauchsfunktionen sowie theoretisch-technischer Zusammenhänge, die in der Literatur vorzufinden sind, diskutiert werden, in welchem Umfang die Gutenberg-Produktionsfunktion geeignet ist, die industrielle Produktion oder Teilprozesse daraus in zufriedenstellendem Ausmaß zu beschreiben.

8.4.3   Ergebnisse empirischer Studien aus der Literatur

Stromerzeugung mit einer Dampfturbine (GÄLWEILER 1960)

Der Output bzw. die Leistungsabgabe eines Generators ist die erzeugte Strommenge, die sich aus dem Produkt von Leistungsintensität (gemessen in Kilowatt) und der Produktionszeit (in Stunden) ergibt. Damit gilt für die Aggregatsleistung

$$d \cdot x = b = \lambda \cdot t$$

mit d gleich eins. Die Minimalintensität des Generators ist $\lambda = 0 \, \text{kW}$, die Höchstintensität $\lambda = 4.500 \, \text{kW}$. In Abhängigkeit der variierten Leistungsintensität des Aggregats sind die folgenden in Tabelle 8.2 aufgeführten spezifischen Dampfverbräuche $a(\lambda) = r(\lambda)/(\lambda t)$ gemessen worden, wobei die Einsatzzeit t des Aggregats konstant gehalten wurde.

Die Messdaten sind in Abb. 8.1 graphisch veranschaulicht. Die Verbrauchsfunktion weist einen u-förmigen Verlauf auf, wenn man einmal von dem Ausreißer $\lambda = 4.000$ absieht, und die optimale Leistungsintensität der Turbine hinsichtlich des eingesetzten Betriebsstoffes Dampf liegt etwa bei $\lambda^* = 3.400$.

Die empirisch geschätzte Verbrauchsfunktion lautet

$$a(\lambda) = \frac{3.000}{\lambda} + 0,909 \cdot 10^7 - 0,205 \cdot 10^{10} \cdot \lambda + 0,201 \cdot 10^{12} \cdot \lambda^2$$
$$- 0,13 \cdot 10^{13} \cdot \lambda^3 + 0,41 \cdot 10^{16} \cdot \lambda^4 + 0,55 \cdot 10^{43} \cdot \lambda^{16}.$$

Die Gutenberg-Produktionsfunktion stellt damit für die Stromerzeugung mit einer Dampfturbine ein taugliches Erklärungsmuster dar.

Tabelle 8.2.   Intensität und Dampfverbrauch einer Turbine

Intensität λ [kw]	Spezifischer Dampfverbrauch $a(\lambda)\left[\dfrac{kg}{kWh}\right]$
0	-
200	24,00
400	15,00
600	12,83
800	11,50
1.000	10,20
1.200	9,51
1.400	8,78
1.600	8,01
1.800	7,83
2.000	7,35
2.200	6,82
2.400	6,58
2.600	6,15
2.800	6,00
3.000	5,87
3.200	5,59
3.400	5,37
3.600	5,42
3.800	5,53
4.000	5,50
4.200	5,71
4.400	6,36

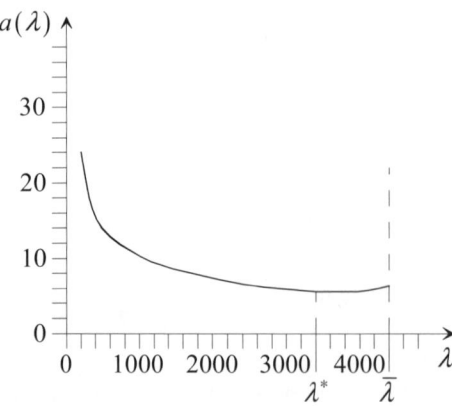

Abb. 8.1.   Verbrauchsfunktion der Dampfturbine

Elektrizitätserzeugung im Dampfkraftwerk (PRESSMAR 1968)

Wie im vorherigen Fall der Stromerzeugung durch eine Dampfturbine erhält man auch hier die ökonomische Leistung eines Kraftwerks, d. h. die Strommenge, aus der Beziehung

$$x = \lambda \cdot t \ \text{ oder } \ x = \sum_{\sigma=1}^{\omega} \lambda_\sigma \cdot t_\sigma \,,$$

wobei λ bzw. λ_σ die technische Leistungsintensität über die Zeit bzw. die Teilperiode σ ist und t bzw. t_σ die Betriebsdauer bzw. die Länge der Teilperioden angibt. Die technische Leistung wird hier in Megawatt gemessen.

Um die Verbrauchsfunktion zu ermitteln, die den spezifischen Wärmeverbrauchswert a in Abhängigkeit der Leistungsintensität λ des Kraftwerks sowie der Kühlwassertemperatur z_1 und des Lebensalters z_2 der Anlage als weiteren technischen Aggregateigenschaften angibt, geht PRESSMAR von der folgenden Einsatzfunktion für den Wärmeverbrauch r aus

$$r = f\left(\lambda, z_1, z_2\right).$$

Der Wärmeverbrauch r wird in Gigakalorien pro Stunde, die Kühlwassertemperatur in Grad Celsius und das Lebensalter der Anlage in Monaten gemessen. Auf der Grundlage von rund 2.500 Messwerten konnte durch die Regressionsrechnung die Wärmeeinsatzfunktion

$$r = d_0 + d_1\lambda^2 - d_2 z_1 + d_3 z_1^2$$

ermittelt werden. Der Einfluss des Lebensalters der Anlage auf den Faktorverbrauch erwies sich im Beobachtungszeitraum als nicht signifikant. $d_0, \ldots, d_3$ sind die Regressionskoeffizienten.

Da das Kühlwasser entweder offenen Gewässern oder Kühltürmen entnommen wird, ist die Temperatur bei der vorhandenen baulichen Ausführung des Dampfkraftwerkes in beiden Fällen durch die Umwelt vorgegeben und kann durch eine andere Anlageneinstellung kurzfristig nicht verändert werden. Es ist damit insbesondere nicht möglich, eine Veränderung des Wärmeverbrauchs durch Variation der Kühlwassertemperatur zu erreichen, so dass in diesem Bereich keine substitutionalen Effekte auftreten können. Das heißt, dass die Kühlwassertemperatur z_1 für relativ lange Perioden als konstant angesehen werden kann, da sie fast nur von der Jahreszeit abhängt. Damit verkürzt sich die Wärmeverbrauchsfunktion im Wesentlichen auf den Parameter λ der Leistungsintensität und kann in modifizierter Form als

$$r = \tilde{d}_0 + d_1\lambda^2 = r\left(\lambda, \bar{z}_1\right)$$

geschrieben werden. Dividiert man nun den Faktorverbrauch durch die Intensität, so erhält man daraus den spezifischen Wärmeverbrauchskoeffizienten

$$a(\lambda, \bar{z}_1) = r(\lambda, \bar{z}_1)/\lambda = \frac{\tilde{d}_0}{\lambda} + d_1\lambda \,.$$

Hieraus ersieht man unmittelbar, dass diese Verbrauchsfunktion einen u-förmigen Verlauf hat, da der erste Term hyperbelartig verläuft und der zweite Term eine lineare Form besitzt. Die Verbrauchsfunktion ist in Abb. 8.2 skizziert.

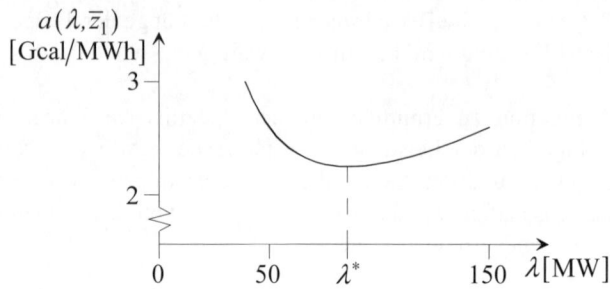

Abb. 8.2.   Spezifischer Wärmeverbrauch eines Dampfkraftwerkes bei 16° Celsius Kühlwassertemperatur

Zusammenfassend kann also in dieser Form die Stromerzeugung als Gutenberg-Produktionsfunktion dargestellt werden. Einschränkend ist jedoch anzumerken:
– Es gibt keine allgemeingültige Verbrauchsfunktion, da ihr Verlauf prinzipiell auch von der jeweiligen Kühlwassertemperatur abhängig ist, die aber kurzfristig als konstant angesehen werden kann.
– Die Daten gründen sich auf Messwerte der Momentanleistung und des momentanen Wärmeverbrauchs, von denen man unterstellen muss, dass sie bis zum Messpunkt gelten, damit man sie als Durchschnittswerte im Sinne der GUTENBERGschen Verbrauchsfunktion auffassen kann.

Schwefelsäure- und Superphosphaterzeugung (BÖHMER 1951)

Die Untersuchungen von BÖHMER sind primär nicht produktionstheoretisch, sondern kostentheoretisch orientiert und beabsichtigen auch nicht, die Gutenberg-Produktionsfunktion als ganze oder in Teilen zu bestätigen oder zu falsifizieren. Vielmehr analysiert der Autor für verschiedene Kostenarten, wie sie sich in Abhängigkeit des Beschäftigungsgrades im Unternehmen verhalten. Unter der Annahme über die Zeit konstanter Faktorpreise lassen sich daraus eventuell Rückschlüsse auf die der Schwefelsäure- und Superphosphaterzeugung zugrunde liegenden produktiven Zusammenhänge ziehen, da die Produktion gemessen in Outputeinheiten direkt proportional zum Beschäftigungsgrad ist.

In beiden Fertigungssituationen kann der Output an den Aggregaten durch eine Leistungsfunktion im Sinne von GUTENBERG, also durch

$$x = \lambda \cdot t \cdot n$$

beschrieben werden, wobei also unter Umständen alle drei Anpassungsformen zur Anwendung kommen können. Bei den Betrachtungen BÖHMERs erfolgt allerdings im Falle der Schwefelsäureproduktion nur eine quantitative Anpassung an die veränderte Beschäftigung bei fester Leistungsintensität und Einsatzzeit der einge-schalteten Bleikammern. In der Superphosphaterzeugung wird dagegen die Betriebszeit der Anlagen variiert; wegen der vorgegebenen konstanten chemischen Reaktionszeiten ist hier eine Veränderung der Leistungsintensität nicht möglich. Das bedeutet, dass beide empirischen Studien keine Anhaltspunkte zur Ableitung von Verbrauchsfunktionen bieten, da die Leistungsintensitäten und die techni-schen Eigenschaften der eingesetzten Aggregate konstant bleiben. Dennoch aber sind die Ergebnisse der Analysen brauchbar, um das Ausmaß abschätzen zu kön-nen, in dem die Gutenberg-Produktionsfunktion auch für diese industriellen Ferti-gungsvorgänge zur Erklärung der produktiven Beziehungen bemüht werden kann.

Für die Schwefelsäureerzeugung zeigte sich, dass die Lohnkosten den für diese Branche typischen konstanten Verlauf aufweisen, da bei den Anlagen nur überwa-chende Tätigkeiten erforderlich sind, die ohne die zusätzliche Einstellung von Arbeitskräften bewältigt werden können. Bei den Roh- und Hilfsstoffen ergab sich dagegen ein linear-homogener Kostenverlauf in Abhängigkeit des Beschäfti-gungsgrades, was insofern unmittelbar einleuchtend ist, als der überwiegende Teil dieser Kosten auf die Rohstoffe Schwefeldioxyd und Sauerstoff entfällt und deren Einsatzmengen proportional zur gewünschten Outputmenge sind. Einen ähnlichen Verlauf wiesen auch die Energiekosten auf, wenn man bedenkt, dass bei einem Beschäftigungsgrad von 0 auch immer ein Grundbetrag für die Betriebsbereit-schaft in Rechnung zu stellen ist. Von der Ausbringung proportional abhängige Kostenverläufe deuten aber bei gleichbleibenden Faktorpreisen auf konstante Produktionskoeffizienten hin, wie man sie in der Gutenberg-Produktionsfunktion bei fester Leistungsintensität erwartet. Insoweit kann die Gutenberg-Produktions-funktion dazu dienen, den Einsatz von Roh-, Hilfs- und Betriebsstoffen bei der Schwefelsäureproduktion zu erklären. Die Beschreibung konstanten Arbeitsleis-tungseinsatzes gelingt dagegen durch sie nicht.

Unbefriedigender sieht es für das Beispiel der Superphosphaterzeugung aus. Auch hier sind zwar die Kosten für Roh- und Hilfsstoffe proportional zum Output, und das lässt sich analog zur Schwefelsäureerzeugung kommentieren. Aber weder die Lohn- noch die Energiekosten weisen wegen ihrer drastischen Streuungen einen eindeutigen Bezug zum Beschäftigungsgrad auf, auch wenn sie tendenziell mit der Ausbringung steigen. Die Begründung dafür mag darin liegen, dass in der Superphosphaterzeugung bei Beschäftigungsgraden unter 100 % Stillstandzeiten auftreten, die ein Abschalten und anschließend wieder ein Einschalten der Anla-gen erfordern. Beides ist mit zusätzlichem Energie- sowie Arbeitsaufwand verbunden, der sich durch das Reinigen und Warten der Aggregate ergibt. Da das An- und Abschalten der Betriebsmittel unregelmäßig über die Zeit verteilt erfolgt, sind auch die dadurch bedingten Faktorverbräuche nicht durch die Gutenberg-Produktionsfunktion darstellbar; man müsste hier auf die weiterentwickelte Produktionsfunktion von HEINEN zurückgreifen.

Papiererzeugung (PRESSMAR 1968)

Der Output einer Papieranlage ist die üblicherweise in Tonnen gemessene Menge erzeugten Papiers, die während der Produktionszeit hergestellt wird. Sie lässt sich nach der Formel

$$x = 6 \cdot 10^{-5} \cdot c_1 \cdot c_2 \cdot \lambda \cdot t$$

berechnen. Hierbei bezeichnen: c_1 die Bahnbreite des Papiers in Metern, c_2 das Flächengewicht des Papiers in Gramm/Quadratmeter, λ die Leistungsintensität der Papieranlage in Metern/Minute und t die Produktionszeit in Stunden. Da die Größen c_1 und c_2 sortenspezifische Konstanten, also produktabhängig sind, hat man mit der obigen Formel eine Aggregatsfaktorfunktion nach GUTENBERG.

Als Verbrauchsfaktoren, die an der Papieranlage eingesetzt werden, kommen Wasser und Dampf in Betracht, für die die Verbrauchsfunktionen

$$a_1 = a_1(\lambda) \quad \text{für Dampf bzw.}$$

$$a_2 = a_2(\lambda) \quad \text{für Wasser}$$

angesetzt werden. Auf der Basis von 450 verwertbaren Messungen hat PRESSMAR durch einen Regressionsansatz ermitteln können, dass die spezifischen Faktorverbräuche für Dampf und Wasser in Abhängigkeit der Leistungsintensität der Anlage einen hyperbelartigen Verlauf annehmen, also den Formeln

$$a_1(\lambda) = d_{10} + d_{11}/\lambda \quad \text{bzw.}$$

$$a_2(\lambda) = d_{20} + d_{21}/\lambda$$

gehorchen mit d_{10}, d_{11}, d_{20}, d_{21} als Regressionskoeffizienten. Die Nomogramme zu diesen Verbrauchsfunktionen sind in Abb. 8.3 und 8.4 wiedergegeben. Zu den Schätzwerten der Regressionskoeffizienten selbst macht der Autor keine näheren Angaben. Die graphisch veranschaulichten spezifischen Dampf- und Wasserverbräuche je Tonne erzeugten Papiers stellen Gutenberg-Verbrauchsfunktionen dar. Gleichzeitig wird aus ihnen ersichtlich, dass die optimale Leistungsintensität der Anlage hinsichtlich beider Verbrauchsfaktoren mit der maximalen Leistungsintensität übereinstimmt. Sofern sich also die produktionstheoretischen Überlegungen nur an diesen beiden Verbrauchsfunktionen orientieren, sind alle Produktionen bei gegebener Papiersorte und Produktionszeit unterhalb der Kapazitätsgrenze ineffizient, da die Verbrauchsfunktionen streng monoton fallen. Unter dieser Perspektive würde man stets mit maximaler Leistungsintensität fertigen und die Produktionszeit der Papieranlage an die Outputmenge anpassen.

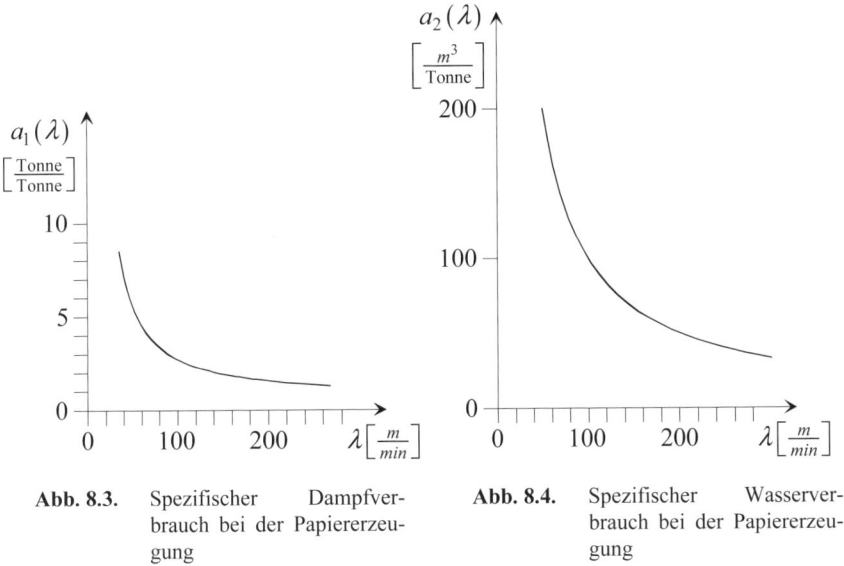

Abb. 8.3. Spezifischer Dampfverbrauch bei der Papiererzeugung

Abb. 8.4. Spezifischer Wasserverbrauch bei der Papiererzeugung

Herstellung von Maschinenteilen (HEISS 1961)

Gegenstand der Untersuchungen von HEISS ist die Betrachtung verschiedener Stückkostenarten, die an einer Fertigungsstelle zur Herstellung von Rollen und Walzen entstehen, und deren Verhalten in Abhängigkeit der Leistungsintensität. Die Studie ist ein typisches Beispiel dafür, wie bei Großserienproduktionen im Maschinenbau aus den kalkulatorischen Unterlagen unter der Annahme zeitweise konstanter Faktorpreise Verbrauchsfunktionen hergeleitet werden können. Aus der Division der jeweiligen Stückkostenart durch deren Faktorpreis erhält man nämlich unmittelbar den Produktionskoeffizienten jeder Inputart.

Die Leistungsintensität des Aggregats, auf dem die Rollen und Walzen bearbeitet werden, wird in Umdrehungen pro Minute angegeben, so dass man für die Leistungsabgabe unmittelbar

$$b = \lambda \cdot t = d \cdot x$$

mit d als produktabhängiger Konstante hat. Die Leistungsintensität ist nur über neun Werte diskret veränderbar, die zwischen 700 und 2.300 Umdrehungen pro Minute liegen. Im Hinblick auf das System von Verbrauchsfunktionen werden in Abhängigkeit der Leistungsintensität die Verbräuche pro Outputmenge der folgenden Ressourcen analysiert: Bedienungsarbeit, Hilfsarbeit für Spänefahren und Aussortieren, Maschinenwerkzeuge, Hilfs- und Betriebsstoffe, Reparatur- und Instandhaltungsarbeiten sowie der Stromverbrauch. Während der Produktionskoeffizient für Bedienungsarbeit mit zunehmender Leistungsintensität zunächst degressiv fällt und dann konstant bleibt, ist der für die Hilfsarbeit des Spänefahrens und Aussortierens stets gleich und damit von der Leistungsintensität unabhängig. Der spezifische Stromverbrauch weist den für den Energieeinsatz typischen u-förmigen Verlauf auf. Alle anderen Produktionskoeffizienten steigen nach anfänglicher Konstanz progressiv mit zunehmender Drehzahl der Maschine. In diesem Zusammenhang wird deutlich, dass der Arbeitseinsatz nur schwierig durch die Gutenberg-Produktionsfunktion abbildbar ist, dagegen der Verbrauch von Werkzeugen, Hilfs- und Betriebsstoffen zufriedenstellend erklärt werden kann.

Stromverbrauch von Elektromotoren (PACK 1966)

Bei asynchron laufenden Drehstrommotoren, die elektrische in mechanische Energie umwandeln, dient als Maßstab für die Leistungsintensität λ die Motorleistung gemessen in Kilowatt, so dass in der Arbeitszeit t, gerechnet in Stunden, vom Aggregat die abgegebene Arbeit

$$b = \lambda \cdot t$$

geleistet wird, die dann ihrerseits wieder proportional zu der von einem Betriebsmittel zu bearbeitenden Outputmenge sein kann.

Der spezifische Stromverbrauch solcher Elektromotoren wird von den Herstellern meist in Diagrammen angegeben, wie es in Abb. 8.5 dargestellt ist. Dabei hängt der spezifische Stromverbrauch eines Motors, der durch das Verhältnis zwischen der dem Motor zugeführten elektrischen Leistung zu der von ihm abgegebenen mechanischen Leistung ausgedrückt wird und dem reziproken Wert des jeweiligen Wirkungsgrades η entspricht, vom Wirkungsgrad η^* des Motors bei Nennleistung und der in Prozent der Nennleistung gerechneten abgegebenen Leistung $\tilde{\lambda}$ ab. Es gelten also die Beziehungen

$$a\left(\tilde{\lambda}, \eta^*\right) = \frac{1}{\eta} \text{ mit } \tilde{\lambda} = \frac{\lambda}{\lambda^n}, \ \tilde{\lambda} \text{ Nennleistung des Motors.}$$

Diese Formulierung gestattet es, den spezifischen Stromverbrauch aller Motoren unabhängig von ihrer Größe in einem Diagramm vergleichend darzustellen. Der Wirkungsgrad η^* eines Motors, der weitgehend durch den Gerätezustand und den Geräteeinsatz bestimmt wird, ist eine technische Eigenschaft des Geräts. Sie kann von Motor zu Motor zwar in weiten Bereichen schwanken, wie in Abb. 8.5 für 4 unterschiedliche Motoren ersichtlich, ist für ein spezielles Aggregat jedoch im Allgemeinen konstant. Für $\lambda = \lambda^n$ hat man $\tilde{\lambda} = 100\%$, und man erkennt für diesen Wert den unmittelbaren reziproken Zusammenhang zwischen $a\left(\tilde{\lambda}, \eta^*\right)$ und $\eta = \eta^*$. Aus physikalischen Gründen ist der Wirkungsgrad stets kleiner und damit der spezifische Stromverbrauch eines Motors immer größer als eins. Bei fest vorgegebener Nennleistung λ^n eines Aggregats ist λ proportional zu $\tilde{\lambda}$, so dass die Graphen in Abb. 8.5 typische u-förmige Verbrauchsfunktionen im Sinne der Gutenberg-Produktionsfunktion sind. Jede gilt für einen Drehstrommotor.

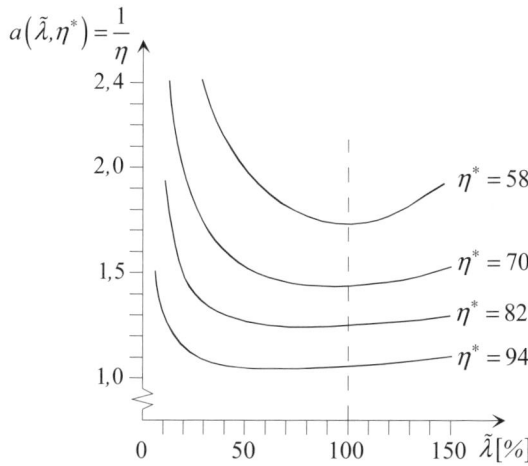

Abb. 8.5.   Spezifischer Stromverbrauch von Drehstrommotoren

Kohleverbrauch eines Dampfkessels (PACK 1966)

Die durch einen Dampfkessel erzeugte Menge Dampf lässt sich im Sinne GUTENBERGs durch die Aggregatsleistungsfunktion

$$b = \lambda \cdot t$$

berechnen. Die Leistungsintensität λ entspricht dem Dampfdurchsatz gemessen in Tonnen/Stunde. Während der Einsatzzeit t wird unterstellt, dass der Dampfzustand immer gleich ist, d. h. der Kessel so geregelt ist, dass Druck und Temperatur stets die gleichen Werte haben.

Da die Verdampfung von Wasser lediglich ein Wechsel des Aggregatzustandes ist, muss die Menge des verbrauchten Wassers gleich der Menge des erzeugten Dampfes sein, so dass für den Verbrauchsfaktor Wasser keine gesonderte Verbrauchsfunktion abgeleitet zu werden braucht. Andererseits erfordert die Verdampfung den Einsatz einer erheblichen Wärmemenge, die in dem hier betrachteten Fall durch die Verbrennung von Kohle erzeugt wird. Mit Hilfe der empirisch zu bestimmenden Werte für den Wärmeinhalt des Dampfes und den Heizwert Kohle kann man den spezifischen Kohleverbrauch berechnen, wenn man den Verlustanteil der eingesetzten Wärmemenge in Abhängigkeit des Dampfdurchsatzes kennt. Man erhält die Verbrauchsfunktion für Kohle

$$a(\lambda) = \frac{w_D}{w_K \cdot \eta(\lambda)}$$

mit

$$\eta(\lambda) = 1 - \frac{v(\lambda)}{100},$$

wobei

$a(\lambda)$ den Kohleverbrauch in kg pro Tonne Dampf,

w_D den Wärmeinhalt des Dampfes in kcal/Tonne,

w_K den Heizwert der Kohle in kcal/kg,

$\eta(\lambda)$ den Kesselwirkungsgrad und

$v(\lambda)$ den Verlustanteil der eingesetzten Wärmemenge in %

bezeichnen. Da w_D und w_K im Wesentlichen konstant sind und v nur von λ abhängt, hat man eine GUTENBERGsche Verbrauchsfunktion, die in Abb. 8.7 graphisch dargestellt ist, wobei man aus Abb. 8.6 die Wärmeverluste eines Dampfkessels ersehen kann. Da Kessel relativ träge zu regeln sind, kann man davon ausgehen, dass das Aggregat im Normalfall mit einer gewählten Intensität konstant weiter arbeitet.

Man hat aufgrund der dargelegten empirischen Studien sehen können, dass sich die Gutenberg-Produktionsfunktion überall dort gut bewährt, wo in Erzeugungsvorgängen technische Fundierungen im Sinne von Gesetzmäßigkeiten der Ingenieurwissenschaften zugrunde gelegt werden können. SCHAEFER (1978) sieht gerade in diesen Gesetzmäßigkeiten ebenso wie GUTENBERG den Grund dafür, warum industrielle Fertigungsprozesse einen limitationalen Charakter haben.

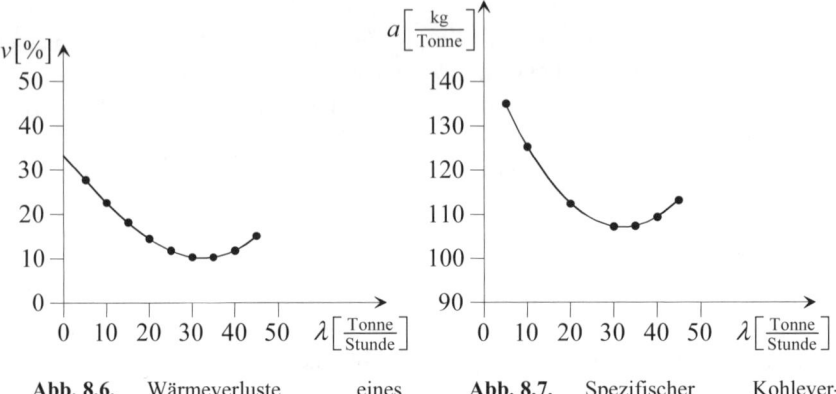

Abb. 8.6.   Wärmeverluste   eines   **Abb. 8.7.**   Spezifischer   Kohlever-
Dampfkessels   brauch eines Dampfkessels

Zweiter Teil

Kostentheorie

9 Grundlagen der Kostentheorie und Minimalkostenkombination

9.1 Der Übergang von der Produktionstheorie zur Kostentheorie

Die bisher angestellten produktionstheoretischen Betrachtungen waren rein mengenorientiert. Es ging darum, die produktiven Beziehungen zwischen Produktionsfaktoren und Produkten zu erfassen. Ihre Diskussion erfolgte ausschließlich anhand der mengenmäßigen Relationen zwischen eingesetzten und produzierten Gütern. In diesem Kontext wurde dem Prinzip der Wirtschaftlichkeit durch die Einführung und Anwendung des Effizienzkriteriums Rechnung getragen. Dadurch gelang es, offensichtlich schlechte gegenüber guten Produktionen abzugrenzen und auszusondern. Übrig blieben die effizienten Produktionspunkte einer Technologie, welche die Grundlage für die Beschreibung der Produktionszusammenhänge durch Produktionsfunktionen bildeten.

Bei dieser Vorgehensweise stellt sich jedoch heraus, dass das technisch ausgelegte Effizienzkriterium eine vergleichsweise schwache Ausdrucksform des Wirtschaftlichkeitsprinzips ist. Denn man erhält noch keine Antwort auf die Frage, ob nicht eventuell doch einer von zwei effizienten Produktionsmöglichkeiten mit denselben Outputmengen, aber alternativen Faktoreinsatzmengen aus betrieblicher Sicht der Vorzug zu geben ist. Um einer Beantwortung dieser Fragestellung, die sich aus sehr unterschiedlichen unternehmerischen Perspektiven ergeben kann, näherzukommen, muss eine Bewertung der Inputmengen vorgenommen werden. Durch eine solche Bewertung sollen nämlich die in der Regel verschiedenen und daher nicht unmittelbar vergleichbaren Mengeneinheiten der Faktoren, die beispielsweise in Kilogramm, Arbeits- und Maschinenstunden gemessen werden können, in gleichnamige und damit vergleichbare Werteinheiten, wie z. B. €, umgewandelt werden. Diese Bewertung der eingesetzten Produktionsfaktormengen führt dann zu den im Unternehmen bzw. Betrieb entstandenen Kosten. Und es ist gerade dies das Anliegen der Kostentheorie: Die in der Produktionstheorie hergeleiteten technischen Relationen sollen für weitergehende ökonomische Zwecke dadurch fruchtbar gemacht werden, dass das produktionstheoretische Mengengerüst über die Einführung der Faktorpreise durch ein Wertgerüst ergänzt wird, damit mit Hilfe der aus der Bewertung des Faktorverbrauchs abgeleiteten Kosten ein stärkeres Wirtschaftlichkeitskriterium zur Beurteilung alternativer Produktionen angewendet werden kann, als es mit der Effizienz bislang nur zur Verfügung stand.

In diesem Sinne ist nun von zwei effizienten Produktionen mit denselben Outputmengen, aber verschiedenen Inputmengen diejenige besser, die vergleichsweise weniger Kosten verursacht. Das so gegenüber der Effizienz verschärfte

Wirtschaftlichkeitsprinzip in Form der Kostenminimierung erlaubt schließlich eine rigorose Auswahl aus allen effizienten Produktionen mit gleichen Outputmengen. Es bleiben nur noch die effizienten Produktionspunkte als weiter betrachtenswert übrig, die einen bestimmten Output mit minimalen Kosten erzeugen. Die dazugehörenden Kombinationen von Inputmengen werden als Minimalkostenkombinationen bezeichnet. Ihre Ermittlung ist eines der zentralen Anliegen der Kostentheorie. Dass in diesem Zusammenhang auch gelegentlich sogar ineffiziente Produktionen in Frage kommen können, ist in Abschnitt 3.1.4 bereits eingehend angesprochen worden. Dabei ist zu beachten, dass es nicht unwirtschaftlich ist, wenn größere Outputmengen mit höheren Kosten einhergehen. Dies widerspricht nicht der Kostenminimierung, da sie nur bei vorgegebenen Outputs sinnvoll ist, wenn das Unternehmen überhaupt etwas produzieren soll. Das weitergehende Problem also, welche Minimalkostenkombination von denen mit unterschiedlichen Outputs als beste gekennzeichnet werden sollte, löst auch das verschärfte Auswahlkriterium der Kostenminimierung nicht. Dazu bedarf es restriktiverer Zielformulierungen wie beispielsweise der Gewinnmaximierung, die aber üblicherweise erst in der Produktionsplanung, welche auf der Produktions- und Kostentheorie aufbaut, angesprochen werden.

Die Kostentheorie selbst hat eine Erklärungsaufgabe und eine Gestaltungsaufgabe zu bewältigen.

Die Erklärungsaufgabe der Kostentheorie liegt darin, dass die Bestimmungsgrößen der Kosten sichtbar gemacht werden. Diese Kosteneinflussgrößen müssen systematisch erfasst werden, und man muss ihre Auswirkung auf die Höhe der Kosten aufzeigen. Dabei können sich die Kosteneinflussgrößen sowohl auf das Mengengerüst als auch auf das Wertgerüst der Kosten beziehen, je nachdem ob sie an den Faktorverbräuchen oder den Faktorpreisen ansetzen. Die Untersuchung der Abhängigkeit der Kostenhöhe von verschiedenen Einflussgrößen geschieht auf der Grundlage von Kostenfunktionen. Die Formulierung und Analyse solcher Kostenfunktionen sind Kern der Erklärungsaufgabe. Bei der Bewältigung dieser Aufgabenstellung geht die Kostentheorie von den produktionstheoretischen Erklärungsmodellen aus. Sie kann damit die sich aus dem Mengengerüst ergebenden Kosteneinflussgrößen unmittelbar aus den entsprechenden Produktionsfunktionen ableiten. In dieser Begründung bauen Kostenfunktionen über die Bewertung der Faktorverbräuche und die Anwendung der Kostenminimierung in logischer Fortführung auf den Produktionsfunktionen auf. Ihr Erklärungsgehalt für den Produktionsbereich ist dementsprechend hoch. Dagegen ist eine Kostenbestimmung im Einzelfall ohne Rückgriff auf die produktiven Beziehungen für die Erklärung des Kostenverlaufs untauglich und erfüllt nicht die Anforderungen an die Erklärungsaufgabe.

Der Gestaltungsaufgabe der Kostentheorie obliegt es, die Kosteneinflussgrößen so zu bestimmen und gegeneinander festzulegen, dass die Produktionsentscheidung bei gegebenem Output kostenminimal ausfällt. Die Faktorpreise nehmen dabei als Kosteneinflussgrößen eine wichtige Lenkungsfunktion ein. Sie bestimmen, welche Faktoren in welchen Mengen und Verwendungsarten bei der Fertigung zum Einsatz gelangen. Mit ihrer Hilfe lassen sich die verschiedenen dimensionierten Faktorverbräuche in Geldeinheiten vergleichbar machen. Erst dann kann das Auswahlproblem angegangen werden, eine nach Art und Menge gegebene Produktion mit minimalen Kosten zu verwirklichen. Dieses Auswahlproblem als Hauptanliegen der Gestaltungsaufgabe verdeutlicht, dass die Produktionstheorie erst durch die Kostentheorie in ihrer speziell technischen Ausrichtung erweitert und allgemein für wirtschaftliche Überlegungen des Unternehmens interessant wird. Beide Theorien bedürfen so dringend der gegenseitigen Ergänzung.

9.2   Kosten und Kosteneinflussgrößen

9.2.1   Der allgemeine Kostenbegriff

Die Zweckmäßigkeit und Bedeutung der Bewertung von Faktorverbräuchen zur Ermittlung der mit der Produktion verbundenen Kosten für die betriebswirtschaftliche Theorie und Praxis ist unmittelbar einsichtig. Dennoch kann nicht von einem eindeutigen bzw. einheitlichen Kostenbegriff ausgegangen werden. Vielmehr können seiner Definition unterschiedliche Bewertungsauffassungen zugrunde liegen, die bei denselben wirtschaftlichen Sachverhalten verschiedene Zwecke verfolgen (SCHWEITZER und KÜPPER 2008, S. 15 f.). Die beiden am häufigsten in der Literatur vorzufindenden und diskutierten Kostendefinitionen, die man zu unterscheiden hat, sind der wertmäßige und der pagatorische Kostenbegriff. Beide Kostendefinitionen sind gleichermaßen monetär orientiert.

Dem wertmäßigen Kostenbegriff zufolge versteht man unter den Kosten den mit den Faktorpreisen bewerteten Verzehr an Sachgütern und Dienstleistungen während einer Abrechnungsperiode, die zum Zwecke der Erhaltung der betrieblichen Leistungsbereitschaft, der Leistungserstellung und Leistungsverwertung benötigt werden. Hinzu kommen kann ein weiterer betrieblicher Wertabgang, wie er beispielsweise durch Steuern verursacht wird, die mit dem Betriebszweck des Unternehmens in Zusammenhang stehen. Die Kosten setzen sich also nach dieser Definition zusammen aus dem während einer Produktionsperiode anfallenden Werteverzehr an dispositiven Faktoren sowie Elementar- und Zusatzfaktoren, die der Produktion der Güter im Betrieb und ihrer Vermarktung dienen.

Der im Wesentlichen auf SCHMALENBACH (1925) zurückgehende wertmäßige Kostenbegriff knüpft nicht an Zahlungsströmen an, die mit der Ressourcenbeschaffung verbunden sind, sondern er zielt auf eine entscheidungsorientierte Bewertung des Güterverzehrs im Unternehmen ab. Er bemüht sich, diesen Güterverzehr im Rahmen des allgemeinen betrieblichen Entscheidungsfeldes zu betrachten und die beste alternative Verwendungsmöglichkeit – man spricht in diesem Zusammenhang auch von den Opportunitätskosten – der eingesetzten Güter im Bewertungsansatz mit einzufangen. Dies erfolgt dadurch, dass man als Wertansatz für den Faktorverbrauch das Grenznutzenkonzept wählt. Demzufolge müssen für eine geeignete Bewertung des Güterverzehrs nach den Grenznutzen den Beschaffungspreisen der Faktoren die ihrem jeweiligen innerbetrieblichen Knappheitsgrad entsprechenden Wertdifferenzen hinzugerechnet werden. Daher können die wertmäßigen Kosten sogar für ein und denselben Produktionsfaktor von Entscheidungssituation zu Entscheidungssituation und damit natürlich auch insbesondere von Unternehmen zu Unternehmen stark abweichen.

Der Ansatzpunkt des wertmäßigen Kostenbegriffs liegt also prinzipiell in der innerbetrieblichen Faktorbewegung. Sein Sinn besteht darin, die knappen Faktoren denjenigen Verwendungsmöglichkeiten zuzuführen, die nach gewissen unternehmerischen Zielvorstellungen optimal sind. Damit sind die wertmäßigen Kosten auch im Allgemeinen innerhalb desselben Entscheidungsfeldes nicht notwendigerweise konstant, sondern sie verändern sich mit den Verfügbarkeitsschranken der Faktoren und ergeben sich streng genommen erst aus der optimalen Allokation. Diese Tatsache, dass die Kostenbestimmung nach dem wertmäßigen Kostenbegriff aus der optimalen Produktion erfolgt, zugleich aber auch ihre Voraussetzung ist, bezeichnet man als Dilemma der Kostenbewertung.

Mitunter ist also der Grenznutzen bzw. Opportunitätskostensatz einer Ressource nur schwer festzustellen, und häufig verzichtet man aus Gründen der Arbeitsersparnis sogar auf seine Berechnung. Unter der Annahme vollständiger Konkurrenz auf den Beschaffungsmärkten – was die automatische Zuführung der Ressourcen zu den profitabelsten Verwendungsmöglichkeiten impliziert – geht man dann vielmehr der Einfachheit halber von der Unterstellung aus, dass die dort zu beobachtenden Preise in etwa die Grenznutzen der Inputs widerspiegeln. Zur Lösung des Dilemmas der Kostenbewertung und im Hinblick auf eine praktikable Vorgehensweise werden daher beim wertmäßigen Kostenbegriff in der Regel Wiederbeschaffungspreise als Bewertungsmaßstäbe verwendet.

Dem wertmäßigen Kostenbegriff steht der pagatorische Kostenbegriff gegenüber; er knüpft an die mit dem betrieblichen Güterverzehr verbundenen Zahlungsströme an und beruht auf den tatsächlichen beobachtbaren Geldausgaben. Der Ressourcenverbrauch wird folglich mit den Anschaffungspreisen bewertet. Kalkulatorische Kosten, wie beispielsweise der kalkulatorische Unternehmerlohn, besitzen dabei keinen Kostencharakter, da die ausschließliche Orientierung der Kostenerfassung das für die einzusetzenden Produktionsfaktoren zu entrichtende Entgelt ist. Dieser von KOCH (1958) in die Diskussion eingebrachte pagatorische Kostenbegriff vernachlässigt bewusst die Einbeziehung des betrieblichen Entscheidungsfeldes; er ist nicht entscheidungsorientiert. Sein methodischer Ausgangspunkt ist vielmehr in den außerbetrieblichen Faktorbewegungen zu suchen, wobei die benötigte Information in den für die Beschaffung der Faktoren getätigten Ausgaben des Unternehmens zu sehen ist. Pagatorische Kosten lassen sich für alle Unternehmen einheitlich empirisch ermitteln. Anschaffungspreise werden häufig dann bei der Planung der Produktion angesetzt, wenn nur mangelhafte Informationen über aktuelle Marktpreise der Beschaffungsgüter zur Verfügung stehen oder von der erforderlichen Informationsbeschaffung aus Wirtschaftlichkeitsgründen abgesehen wird, da sie zu teuer würde.

Die Verwendung des wertmäßigen oder pagatorischen Kostenbegriffs orientiert sich vornehmlich an dem Zweck, der durch die jeweilige Unternehmensrechnung verfolgt wird, so dass man sich nicht unbedingt von vornherein auf eine der beiden Begriffsdefinitionen festlegen muss. Bei produktions- und kostentheoretischen Überlegungen unterstellt man allerdings meist, dass die für eine bestimmte Produktion erforderlichen Faktoreinsatzmengen erst im Anschluss an die kosten-optimale Entscheidung beschafft oder – soweit sie bereits vorhanden sind – ohne Einengung des zukünftigen Entscheidungsspielraumes im Produktionsbereich zur Verfügung gestellt bzw. ersetzt werden. Gerade unter dem letzten Aspekt liegt eine Rechnung mit Wiederbeschaffungspreisen nahe. Den weiteren Ausführungen soll daher der wertmäßige Kostenbegriff zugrunde gelegt werden, wobei jeweils konstante Wiederbeschaffungspreise vorausgesetzt werden.

In diesem Falle können die Kosten, wenn insgesamt I Produktionsfaktoren in die Fertigung eingehen, in der folgenden Form geschrieben werden:

$$K = q_1 r_1 + q_2 r_2 + \ldots + q_I r_I + w \, .$$

Hierbei bezeichnen:

r_i die Einsatzmenge des Faktors i, $i = 1, \ldots, I$,

q_i den Preis je Mengeneinheit des Faktors i, $i = 1, \ldots, I$, und

w einen zusätzlichen betrieblichen Werteabgang.

Die Faktoreinsatzmengen r_i beschreiben das Mengengerüst und die Faktorpreise q_i bzw. w das Wertgerüst der Kosten. Als Faktorpreise kommen die Preise der Roh-, Hilfs- und Betriebsstoffe, die Lohnsätze der Arbeitskräfte sowie die Abschreibungen der Betriebsmittel in Betracht. Auf der Grundlage der Kosten lassen sich qualitativ unterschiedliche Inputmengen mit Hilfe der Ressourcenpreise in Geldeinheiten miteinander vergleichbar machen, damit ein weiterer Schritt zur Beurteilung der Wirtschaftlichkeit der Produktion im Sinne der Kostenminimierung vollzogen werden kann. Wichtig für das Verständnis der Kosten ist dabei aber, dass sie bezüglich des Betriebszwecks der Leistungserstellung und -verwertung und jeweils nur für eine bestimmte Abrechnungsperiode definiert sind. Wird die Arbeitsleistung eines Fabrikarbeiters oder von Baustellenpersonal dadurch vergeudet, dass während der Arbeitszeit Getränke besorgt werden, so handelt es sich zwar um Aufwand des Unternehmens, aber nicht um Kosten. Ebenso kann nur der Teil der Rohstoffausgaben einer Periode als Kosten verrechnet werden, der dem tatsächlichen periodenmäßigen Verbrauch dieser Rohstoffe entspricht.

9.2.2 Kosteneinflussgrößen

Nach den Aufgaben der Kostentheorie sollen die auf den Produktionsüberlegungen fußenden Kostenbetrachtungen dem Unternehmen zu einer verschärften Beurteilung der Wirtschaftlichkeit der Produktion dienen. Das erfordert, dass in den Kostenmodellen all diejenigen mit der Produktion verbundenen Größen und Entscheidungsmaßnahmen erfasst werden müssen, die sich auf die Kostenhöhe eines Unternehmens während einer Fertigungsperiode auswirken. Aus der Notwendigkeit der Behandlung solcher Kosteneinflussgrößen ergeben sich verschiedene Teilprobleme.

Zunächst einmal müssen die Kosteneinflussgrößen aufgedeckt und danach systematisiert werden, ob sie unmittelbar aus dem Produktionsbereich kommen oder aus anderen durch den Prozess der Leistungserstellung betroffenen Unternehmensbereichen stammen und ob sie sich auf das Mengen- oder Wertgerüst der Kosten beziehen. Zugleich ist die Frage zu klären, inwieweit zwischen bestimmten Kosteneinflussgrößen gegenseitige Abhängigkeiten bestehen. Sodann sind Richtung und Stärke ihres Einflusses auf die Kostenhöhe zu analysieren. Schließlich müssen Überlegungen angestellt werden, inwieweit Kosteneinflussgrößen kurz-, mittel- und langfristig noch der unternehmerischen Entscheidung zugänglich sind, also in gewissem Rahmen als Aktionsvariablen aufgefasst werden können, oder bereits als Daten einer Entscheidungssituation akzeptiert werden müssen. Das Ausmaß, in dem die verschiedenen Kosteneinflussgrößen dann bei der Produktion zum Tragen kommen, bestimmt sich letztlich aus der Lösung der Gestaltungsaufgabe der Kostentheorie.

Zuerst sollen die Kosteneinflussgrößen aus dem Produktionsbereich angesprochen und erläutert werden.

Eine wesentliche Kosteneinflussgröße des Produktionsbereichs ist die Betriebsgröße. Hierunter versteht man allgemein die Gesamtheit der Fertigungskapazitäten, differenziert nach Art und Menge sowie maximaler Leistungsabgabe der vorhandenen Potentialfaktoren. Unternehmen, die sich in Typ, Anzahl und Altersaufbau der zur Verfügung stehenden Betriebsmittel oder in der qualitativen und altersmäßigen Zusammensetzung der Belegschaft sowie den Beschäftigtenzahlen unterscheiden, weisen verschiedene Betriebsgrößen auf, die unterschiedliche Kosten verursachen. Aus dieser Tatsache resultiert das Bemühen von Unternehmen, nach wirtschaftlichen Betriebsgrößen zu trachten, die einen Ausgleich schaffen zwischen den sich aus den Produktionserfordernissen ergebenden Mindestbetriebsgrößen und der Schwerfälligkeit zu großer Betriebseinheiten. Normalerweise ist es die objektive Unmöglichkeit, alle Produktionskapazitäten genau aufeinander abzustimmen, die das Problem der Betriebsgröße dauerhaft zu einer dringlichen unternehmerischen Fragestellung geraten lässt. Kurzfristig kann man die Betriebsgröße nicht verändern, da Personaleinstellungen und -entlassungen Vorlaufzeiten der Vorbereitung benötigen und die Neuanschaffung, der Ersatz und die Verschrottung bzw. Abschaffung von Produktionsanlagen sorgfältig überlegte Investitionsentscheidungen erfordern. Damit bestimmt die Betriebsgröße kurzfristig die Fertigungsmöglichkeiten. Langfristig können über die Anzahl und Zusammensetzung der Potentialfaktoren Änderungen der Betriebsgröße vorgenommen werden. Das veränderte Leistungspotential wirkt sich auf die Kostenhöhe des Betriebes aus.

Als zweite Kosteneinflussgröße ist das Fertigungsprogramm eines Unternehmens anzusehen. Dabei ist das Fertigungsprogramm durch die Produktarten und -mengen gekennzeichnet, die während einer Produktionsperiode hergestellt werden. Es ist eine spezielle zeitliche Realisation innerhalb der Produktpalette, welche die Grundausrichtung der betrieblichen Gütererzeugung festlegt. Während die Produktpalette nur langfristig veränderbar ist, also beispielsweise die Produktionsumstellung von elektrischen Nähmaschinen auf Unterhaltungselektronik einige Zeit verlangt, kann das Fertigungsprogramm, d. h. die Typen und Stückzahlen von hergestellten Nähmaschinen, kurzfristig variiert werden. Das Fertigungsprogramm unterliegt also der Entscheidung des Unternehmens. Seine Auswirkungen auf die Kostenhöhe des Betriebs resultieren aus den unmittelbar damit verbundenen Ressourcenbedarfen, die zur Produktionsdurchführung gedeckt werden müssen. Werden die Ausbringungsmengen gesenkt oder gesteigert oder findet gar eine Veränderung in der Zusammensetzung des Fertigungsprogramms statt, so kommen andere Einsatzmengen an Betriebsmitteln, Arbeitskräften und Werkstoffen zum Zuge. Unter Umständen ist auch die Verwendung unterschiedlicher Produktionsverfahren notwendig, um die Stückkosten der Erzeugnismengen optimal zu gestalten. Dies löst möglicherweise neben dem Einsatz neuer Aggregate eine Umstrukturierung in den bisherigen Verhältnissen zwischen den Einsatzmengen der Verbrauchsfaktoren aus. Die bereits dadurch verursachten Kostenveränderungen können eventuell noch in der Weise erweitert werden, dass die Auftragsgrößen der Produktion an die neuen Ausbringungsmengen angepasst werden müssen. Hieraus ergeben sich Variationen in den Rüst- und Lagerhaltungskosten, die Bestandteile der betrieblichen Kosten sind.

Ähnliche Auswirkungen auf die Höhe der Produktionskosten, wie sie gerade für Sortimentsveränderungen erörtert worden sind, können auch beobachtet werden, wenn man die Produktionstiefe eines Unternehmens studiert. Die Produktionstiefe soll dabei durch die Anzahl der Produktionsstufen einer mehrstufigen Fertigung und die Tatsache ausgedrückt werden, inwieweit Vor-, Zwischenprodukte und Teile selbst erstellt oder von anderen Produzenten bezogen werden. Man sieht unmittelbar, dass das Problem der Produktionstiefe und damit auch die Entscheidung über Eigenerstellung und Fremdbezug eng mit der Bestimmung des Fertigungsprogramms verwandt ist, da marktfähige Vor- und Zwischenprodukte sowie fremdbeziehbare Teile, die vom Unternehmen selbst hergestellt werden, zu den Komponenten des Fertigungsprogramms zählen. Insofern kann man hier bei der Diskussion der Kosteneinflussgrößen die Fertigungstiefe als Teilaspekt des Fertigungsprogramms einordnen. Mehr Produktionsstufen erfordern mehr Anlagen, Personal und Material und beeinflussen so die Produktionskosten.

Die Gestaltung des Fertigungsablaufs, d. h. die Form der Produktionsdurchführung, ist von jeher eine in Unternehmen besonders stark diskutierte Kosteneinflussgröße. Sie umfasst drei Aspekte: den Grad der Automatisierung, den Fertigungstyp und die Fertigungsart eines Betriebes. Da jedoch der Automatisierungsgrad in der Regel eine Folge des gewählten Fertigungstyps bzw. der Fertigungsart ist, kann man sich auf diese beiden Aspekte beschränken. Hinsichtlich des Fertigungstyps unterscheidet man, ob die Produktion nach dem Prinzip der Werkstattfertigung oder der Fließfertigung vollzogen wird. Die Fertigungsart wird dadurch bestimmt, ob es sich bei den Erzeugungsvorgängen eines Unternehmens um Massen-, Serien-, Sorten- oder Einzelfertigung handelt.

Massenprodukte erlauben die Automatisierung von Arbeitsoperationen, die bei der auftragsorientierten Einzelfertigung kaum anzutreffen ist. Ein augenfälliger Beleg dafür sind die Bandstraßen der Zigaretten- und Automobilfabrikation im Vergleich zu den Arbeitsstätten einer Maschinen- oder Möbelfabrik. Massenprodukte verursachen keine Rüst- und Lagerhaltungskosten im Produktionsbereich, wie sie bei der Sorten- und Einzelfertigung regelmäßig anfallen. Andererseits ist bei der Massenfabrikation das in die Betriebsmittel investierte Kapital höher, so dass hier die Produktionskosten zu einem erheblichen Anteil durch die Produktionsanlagen determiniert werden. Die Fertigungsart ist also eine wesentliche Kosteneinflussgröße. Ebenso sieht es bei der Unterscheidung nach dem Fertigungstyp aus. Bei der Werkstattfertigung sind die Erzeugungsbereiche nach dem Verrichtungsprinzip geordnet. Gleichartige Arbeitsverrichtungen bzw. funktionsgleiche Aggregate werden räumlich, verantwortungsmäßig und kostenrechnerisch zu Werkstätten bzw. Abteilungen zusammengefasst. Diese Zentralisation der Verrichtungen führt zu einem weitgehend dezentralen Produktdurchlauf im Betrieb, der längere Transportwege, höhere Transportzeiten und größere Material- und Zwischenlager bedingt. Derartige Funktionsbereiche einer Maschinenfabrik, die von den Produkten durchlaufen werden, sind die Bohrerei, Fräserei, Dreherei, Gießerei und Stanzerei. Die Werkstattfertigung trifft man vorzugsweise in der Einzel- und Kleinserienfertigung an.

Die meist in der Massen- oder Großserienfertigung vorzufindende Fließfertigung orientiert sich am Durchlauf der jeweiligen Produktart. Eine solche Objektzentralisation führt zur dezentralen Aufstellung gleichartiger Aggregate, so dass an jeder Bandstraße für einen bestimmten Fahrzeugtyp Bohr-, Schweiß-, Schneide- und Montagegeräte derselben Art vorkommen. In der strengsten Form der Fließfertigung werden die Werkstücke während des kontinuierlichen Transportflusses auf oder neben dem Transportband bearbeitet, so dass keine Rüst- und Lagerkosten entstehen. Die Vereinheitlichung bestimmter Arbeitsverrichtungen erlaubt es zudem, die Produktion mit weniger qualifiziertem Personal als in der Werkstattfertigung zu bewältigen. Unternehmen der Werkstattfertigung benötigen Facharbeiter, solche der Fließfertigung kommen meist mit angelerntem Personal aus. Allerdings kann die Fließfertigung auch zu einer zunehmenden Arbeitsentfremdung führen. Identifizieren sich die Arbeitnehmer nicht mehr mit den von ihnen hergestellten Produkten und wächst die Arbeitsunzufriedenheit, so steigt der Produktionsausschuss, und die Fertigung wird zu teuer. Daher haben manche Montagebetriebe zur Verbesserung der Arbeitszufriedenheit der Belegschaft versucht, wieder von der Fließ- auf die Werkstattfertigung umzustellen. Der Wechsel des Fertigungstyps schlägt sich aber in der Höhe der Produktionskosten nieder.

Die Faktorqualitäten stellen eine weitere Kosteneinflussgröße dar. Faktorqualitäten drücken Eigenschaften von Produktionsfaktoren aus, die sich auf ihre Verwendbarkeit im Produktionsprozess bzw. für die Herstellung bestimmter Produkte beziehen. Es ist offenkundig, dass sich die Ergiebigkeit der Werkstoffe, die Leistungsfähigkeit der Maschinen und die körperliche Eignung bzw. geistige Qualifikation von Arbeitskräften im produktiven Leistungsvermögen des Unternehmens widerspiegeln. In diesem Sinne wird dasjenige Unternehmen ein gegebenes Fertigungsprogramm am kostengünstigsten produzieren können, welches für diesen Zweck über die beste technische Ausstattung, den höchsten Leistungsstand der Belegschaft und die geeignetsten Werkstoffe verfügt. Damit stellt sich das Problem, solche Faktorqualitäten auszusuchen, durch welche die Stückkosten der zu produzierenden Gütermengen minimiert werden.

Dieses Auswahlkriterium gilt selbstverständlich nicht nur für die Elementarfaktoren, sondern besitzt ebenso Gültigkeit für den Einsatz der dispositiven Faktoren, die über die Betriebsleitung und die Güte der Planung, Organisation, Kontrolle und Entscheidung Einfluss auf die Höhe der Produktionskosten nehmen. Dieser Einfluss äußert sich in der Festlegung der optimalen Fertigungsgrößen, der optimalen Reihenfolge der Auftragsbearbeitung oder der Terminplanung.

Neben stetigen Veränderungen der Faktorqualitäten und ihren mehr kontinuierlich verlaufenden Auswirkungen auf die Kostenhöhe kann sich auch eine plötzliche Kostenverschiebung durch eine abrupte Veränderung der Faktorqualitäten einstellen. Dies ist oft der Fall bei der Umstellung der Fertigung auf ein völlig andersartiges Produktionsverfahren. Man spricht dann von einer mutativen Veränderung in den Faktorqualitäten.

Als nächste Kosteneinflussgröße des Produktionsbereichs soll hier die Beschäftigung angesprochen werden. Dabei versteht man unter der Beschäftigung eines Betriebes oder Potentialfaktors die Anzahl der Produktionseinheiten, die von diesem pro Periode ausgebracht werden. Aus dem Verhältnis dieser Leistungsmenge zur Leistungsfähigkeit bzw. Kapazität des Betriebes oder Potentialfaktors bestimmt sich dessen Beschäftigungsgrad. Die in Produktionseinheiten ausgedrückte Beschäftigung beeinflusst mittelbar über die Einsatzmengenverhältnisse der kombinierten Produktionsfaktoren – also die Faktorproportionen – das Kostenniveau der Produktion. Da zum Beispiel der Einsatz von Potentialfaktoren, die für eine mehrere Perioden dauernde Nutzung im Betrieb vorgesehen sind, in der Regel weniger schnell an Beschäftigungsschwankungen angepasst werden kann als der Einsatz von Verbrauchsfaktoren, führt diese unterschiedliche Anpassungsfähigkeit zwangsläufig zu Änderungen in den Faktorproportionen. Hierbei sind Überkapazitäten wegen des ruhenden Verschleißes und der technischen Alterung der Aggregate ebenso kostenverursachend wie eine maximale Kapazitätsauslastung mit erhöhter Wartung und Abnutzung der Anlagen.

Die Beschäftigungskomponente beinhaltet zugleich noch zwei weitere Elemente, die damit kostenwirksam sind. Im Allgemeinen bestimmt sich die in Produktionseinheiten ausgedrückte Beschäftigung von Potentialfaktoren durch die Multiplikation der Leistungsintensität mit der Produktionszeit. Über die Beschäftigung beeinflussen damit also auch die Formen der Anpassung an ein verändertes Produktionsvolumen die Produktionskosten. Längere Produktionszeiten haben höhere Abschreibungen und Lohnzahlungen zur Folge. Höhere Leistungsintensitäten implizieren dagegen einen beschleunigten Verschleiß der Aggregate und Akkordzuschläge für die Arbeitskräfte.

Die Kosten sind durch Multiplikation der Faktormengen mit ihren Preisen definiert. Hieraus ist unmittelbar ersichtlich, dass die Faktorpreise Einfluss auf das Niveau der Produktionskosten nehmen, also ebenfalls zu den Kosteneinflussgrößen gehören. Dabei lassen sich zwei Einflussarten voneinander unterscheiden.

Die Faktorpreise beeinflussen die Produktionskosten direkt, wenn sich bei zeitlicher Konstanz der Einsatzmengen aller Faktoren die Preise für bestimmte Faktoren ändern. Steigende Stromtarife bedeuten erhöhte Kosten für die eingesetzte Antriebsenergie.

Daneben können die Faktorpreise jedoch auch noch einen indirekten Einfluss auf die Kostenhöhe ausüben, der über das Mengengerüst der Kosten erfolgt. Erlauben zum Beispiel die produktiven Bedingungen die Substituierbarkeit von Ressourcen, so können Preiserhöhungen bei bestimmten Produktionsfaktoren dazu führen, dass sie in einem gewissen Rahmen mengenmäßig durch andere kostengünstigere Faktoren ersetzt werden. Stark steigende Arbeitslöhne werden so das Unternehmen im Allgemeinen zu der Überlegung veranlassen, inwieweit die von Arbeitskräften ausgeführten Produktionsaufgaben auch durch einen vermehrten Einsatz von Maschinen bewältigt werden können. Dies würde zu einer Substitution von Arbeit durch Kapital führen. Der Charakter der Faktorpreise als indirekte Kosteneinflussgröße kommt also stets dadurch zum Ausdruck, dass Faktorpreisveränderungen mit Variationen im Mengengerüst der Kosten einhergehen und sich so in zweifacher Weise auf die Kosten des Betriebes auswirken können.

Die bisher besprochenen Kosteneinflussgrößen aus dem Produktionsbereich zeigen bei näherer Betrachtung, dass zwischen manchen von ihnen ein gewisser Zusammenhang besteht bzw. einzelne Kosteneinflussgrößen mit anderen stets in einer bestimmten Verknüpfung zueinander auftreten. So führen Änderungen in der Betriebsgröße, dem Fertigungsprogramm und der Organisation des Fertigungsablaufs stets zu Veränderungen in den Faktorqualitäten und/oder Faktorproportionen. Unter Einbeziehung der Faktorpreise kann man daher auch allein davon ausgehen, dass jede Änderung in der Höhe der Produktionskosten schließlich auf Änderungen in den Faktorqualitäten, Faktorproportionen und Faktorpreisen zurückzuführen ist. Treten bei diesen Größen des Produktionsbereichs keine zeitlichen Veränderungen auf, so bleibt auch das Kostenniveau des Betriebes konstant.

Neben den Kosteneinflussgrößen aus dem Produktionsbereich, die gelegentlich auch als Haupt-Kosteneinflussgrößen bezeichnet werden, gibt es noch weitere Kostendeterminanten, die aus anderen Unternehmensbereichen teilweise auf die Produktion herüberwirken und das Kostenniveau des Betriebes berühren. Zu solchen kostenverursachenden Aktionsvariablen außerhalb des Produktionsbereichs zählen beispielsweise Maßnahmen des Absatzes, der Finanzierung und der Forschung und Entwicklung.

Der Kostenbegriff beinhaltet nach Definition ebenfalls den bewerteten Güterverzehr zum Zweck der Leistungsverwertung. Alle Aktivitäten aus dem Absatzbereich, die der Vermarktung der hergestellten Produkte dienen, können so das gesamte Kostenniveau des Betriebes mitbestimmen.

Die Höhe der mit dem Einsatz von Betriebsmitteln und Werkstoffen verbundenen Kapitalkosten hängt von der Art ihrer Finanzierung ab, so dass dadurch eine

Auswirkung auf das Gesamtkostenniveau erfolgt. Zudem können unzureichende Eigenmittel und zu knapp bemessene Kreditspielräume die Weiterbenutzung alter Produktionsverfahren notwendig machen, obwohl mit neueren Verfahren, für deren Realisierung keine finanziellen Mittel zur Verfügung stehen, die Produktion kostengünstiger durchgeführt werden könnte.

Die Bemühungen der Forschung und Entwicklung zielen auf eine Verbesserung der Produkt- und Faktorqualitäten sowie der Produktionsverfahren ab. Sie beeinflussen damit indirekt die Höhe der Produktionskosten. Die Ausgaben für diese Bemühungen müssen in den Perioden als Kosten verrechnet werden, in denen die Forschungs- und Entwicklungsergebnisse in der Leistungserstellung wirksam werden.

Bei den aufgezählten Kosteneinflussgrößen muss man unterscheiden, inwieweit sie der unternehmerischen Disposition unterliegen und damit als Aktionsparameter gelten können oder aber bereits ein Datum für die unternehmerische Entscheidung sind. Manche Kosteneinflussgrößen sind der unmittelbaren Gestaltung durch das Unternehmen nicht mehr zugänglich; so liegen die unter den Zusatzfaktoren aufgeführten Steuern und Abgaben außerhalb des betrieblichen Entscheidungsfeldes. Ebenso wenig lassen sich die Lohnsätze als Arbeitsentgelt durch das Unternehmen frei bestimmen, da diese in den Verhandlungen zwischen Arbeitgeberverbänden und Gewerkschaften festgelegt werden. Auch auf die Beschaffungspreise für die Produktionsfaktoren kann das Unternehmen nur in begrenztem Maße Einfluss nehmen.

Neben diesen beispielhaft angeführten Daten unter den Kosteneinflussgrößen können jedoch auch manche Aktionsvariablen unter den Kosteneinflussgrößen wenigstens kurzfristig den Charakter von Daten aufweisen. So werden die Produktpalette, die Fertigungsorganisation und die Faktorqualitäten zumindest für einige Perioden konstant bleiben. Dadurch ergibt sich jedoch gleichzeitig auch eine Einengung in den Möglichkeiten, die übrigen Kosteneinflussgrößen kostenoptimal festzulegen. So wird man sich dann mit den Faktorproportionen bzw. der Beschäftigung den vorgenannten Gegebenheiten anpassen müssen. Die Betriebsgröße ist ein weiteres Beispiel für eine Kosteneinflussgröße, die zwar langfristig durch die Unternehmensleitung festgelegt werden kann, kurzfristig aber als gegeben anzusehen ist.

Ebenso sind im Rahmen der sukzessiven Entscheidung über die Festlegung von Kosteneinflussgrößen die bereits in anderen Unternehmensabteilungen erfolgten Maßnahmen, wie z. B. die Bestimmung des Fertigungsprogramms durch die Absatzabteilung oder die Auswahl der Faktorqualitäten durch die Einkaufs- und Personalabteilung, für den Produktionsbereich ein Datum.

In den Kostenansätzen wird oft nur die Beschäftigung, gemessen in produzierten Gütereinheiten, explizit als Kosteneinflussgröße berücksichtigt, in der dann die anderen Kosteneinflussgrößen implizit mit eingefangen sein sollen. Für ein Einproduktunternehmen gilt somit $K = K(x)$.

9.3   Spezielle Kostenbegriffe

Im Rahmen von Kostenmodellen zeigen die Kostenfunktionen die Gesetzmäßigkeiten auf, die zwischen den Produktionskosten einer Periode und den Kosteneinflussgrößen bestehen. Die im Folgenden angestellten Betrachtungen von Kostenabhängigkeiten beschränken sich auf die Beschäftigung bzw. Ausbringungsmenge als Kosteneinflussgröße. Für die Analyse von Kostenverläufen stellt sich dann die Frage, wie sich Veränderungen in den Ausbringungsmengen der Produktion auf das Kostenniveau des Betriebes auswirken. Die Untersuchung dieser Frage wird oft durch die Annahme vereinfacht, dass das Unternehmen nur eine Produktart mit der Menge x in einem einstufigen Produktionsprozess herstellt. Man kann dann – wie schon angemerkt – die Abhängigkeit der Produktionskosten K von den Mengenveränderungen x eines Produktes durch die funktionale Beziehung $K(x)$ darstellen.

Zur Charakterisierung von Kostenverläufen bedient man sich ebenso wie bei den Produktionsfunktionen verschiedener Begriffe, welche die Eigenschaften von Kostenfunktionen unter bestimmten Aspekten in einzelnen Kostenbeziehungen zum Ausdruck bringen sollen. Die dazu üblicherweise verwendeten speziellen Kostenbegriffe und die ihnen entsprechenden funktionalen Beziehungen sollen hier eingeführt werden.

(9.1)   Unter Gesamtkosten versteht man den gesamten Kostenbetrag, der für die Herstellung einer bestimmten Produktmenge x anfällt. So lassen sich die Gesamtkosten mit $K = K(x)$ bezeichnen. Sie setzen sich zusammen aus den variablen Kosten K_v und den fixen Kosten K_f, d. h.

$$K(x) = K_v + K_f .$$

(9.2)   Die variablen Kosten sind diejenigen Kosten, die mit einer Änderung in der Ausbringungsmenge x variieren, also von der Art und Stärke der Beschäftigung determiniert sind. Man kann die variablen Kosten so in der Form $K_v = K_v(x)$ schreiben. Beispiele für variable Kosten sind die bewerteten Verbräuche eines Rohstoffs oder Schmiermittels, die von der hergestellten Produktmenge abhängen. Für $x = 0$ gilt $K_v(0) = 0$.

(9.3)   Kosten, die auf Produktmengenänderungen nicht reagieren, bezeichnet man als fixe oder auch als konstante Kosten; sie fallen unabhängig von der Variation der Beschäftigung stets in gleicher Höhe an. Formal sollen sie durch $K_f = c$ charakterisiert sein, wobei c eine Konstante ist. Zu den fixen Kosten gehören die Gehälter für Angestellte im Produktionsbereich, da diese Gehaltszahlungen in einer Produktionsperiode nicht von der ausgebrachten Produktmenge abhängen. Insbesondere lassen sich fixe Kosten also auch nicht abbauen, wenn die Beschäftigung zurückgeht; bei einer Ausbringungsmenge von $x = 0$ schlagen sie in derselben Höhe zu Buche wie sonst.

Fixe Kosten fallen häufig mit dem Einsatz von Potentialfaktoren an, d. h. sie werden durch die Bereitstellung von Fertigungskapazitäten verursacht. Ein Potentialfaktor möge mit der Einsatzmenge r^1 zur Verfügung stehen; diese entspreche – ausgedrückt in der maximal damit herstellbaren Ausbringungsmenge – der Fertigungskapazität x^1. Die fixen Kosten dieses Potentialfaktors bleiben dann bezogen auf die Ausbringungsmenge bis zur Kapazitätsgrenze x^1 konstant und mögen mit K_{1f} bezeichnet werden, wie es aus Abb. 9.1 ersichtlich ist. Überschreitet die herzustellende Produktmenge mit $x = \bar{x}$ diese Kapazitätsgrenze x^1, d. h. gilt $\bar{x} > x^1$, so werden zusätzliche Einsatzmengen r^2 des Potentialfaktors benötigt. Die Kapazitätsgrenze ist dann durch die Mengen $r^1 + r^2$ von x^1 auf x^2 erhöht, d. h. die erweiterten Kapazitäten gestatten nun eine maximale Ausbringungsmenge von $x = x^2$. Dabei bedingen die Kapazitätserweiterungen gleichzeitig eine Erhöhung der fixen Kosten auf K_{2f}. So sind beispielsweise unabhängig von den abgegebenen Transportleistungen die Lkw-Versicherungen einer Spedition bei 2 Lastzügen doppelt so hoch wie für einen.

Solche von verschiedenen Kapazitätsstufen eines Potentialfaktors, nicht aber von der Ausbringungsmenge unmittelbar abhängige fixe Kosten bezeichnet man als sprungfixe oder intervallfixe Kosten K_{If}, da sie für bestimmte Intervalle $I_l = \left[x^{l-1}, x^l \right)$ von Ausbringungsmengen konstant sind. Für intervallfixe Kosten hat man also die Beziehung $K_{If} = K_{If}(x) = c^l$ ($x^{l-1} \leq x < x^l$), wobei die Konstante c^l die fixen Kosten für das Intervall zwischen den Kapazitätsgrenzen x^{l-1} und x^l angibt ($l = 1, 2, \ldots$) und im Allgemeinen $c^{l-1} < c^l$ gilt.

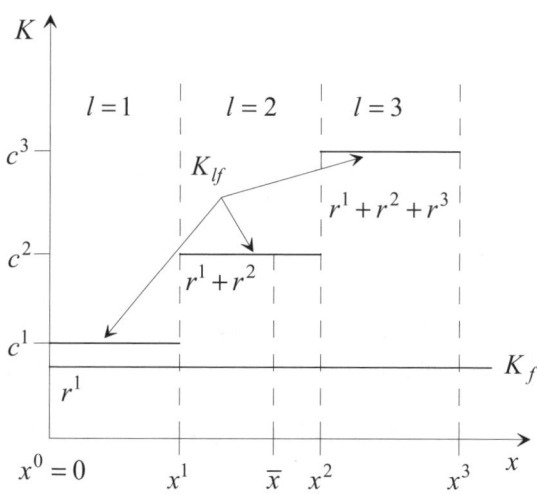

Abb. 9.1.   Sprungfixe oder intervallfixe Kosten

Bezieht man die bisher formulierten Kostengrößen, die für tatsächliche Ausbringungsniveaus berechnet werden, auf die jeweils ausgebrachte Produktionsmenge, so erhält man Stückkostenbegriffe, die der Kostenumlegung auf die produzierten Mengeneinheiten dienen.

(9.4)   Die Gesamtkosten pro Stück – auch Stückgesamtkosten, Durchschnittsgesamtkosten oder Stückkosten genannt – erhält man, wenn man die Gesamtkosten $K(x)$ für eine Ausbringungsmenge x durch diese Mengeneinheiten dividiert, d. h. die Gesamtkosten pro Stück $k(x)$ sind

$$k(x) = \frac{K(x)}{x}.$$

Die Gesamtkosten pro Stück zeigen also an, was die Erzeugung der einzelnen Produktionseinheit gekostet hat unter der Voraussetzung, dass die Gesamtkosten der Produktion auf alle hergestellten Produkteinheiten gleichmäßig verteilt werden.

Entsprechend der Zerlegung der Gesamtkosten in variable und fixe Kosten kann man ebenso eine Aufteilung der Gesamtkosten pro Stück vornehmen. Man erhält dann die variablen Kosten und fixen Kosten pro Stück.

(9.5)   Die variablen Kosten pro Stück, die man auch als variable Stückkosten bezeichnet, lauten:

$$k_v(x) = \frac{K_v(x)}{x}.$$

Sie ergeben sich aus der Division der variablen Kosten $K_v(x)$ durch die Ausbringungsmenge x.

(9.6)   Die fixen Kosten pro Stück – auch fixe bzw. konstante Stückkosten genannt – ergeben sich aus der Division der fixen Kosten K_f durch die jeweilig hergestellte Produktmenge x und lauten demnach:

$$k_f(x) = \frac{K_f}{x}.$$

Bei den fixen Kosten pro Stück ist zu beachten, dass der Ausdruck $k_f(x)$ sehr wohl von der Ausbringungsmenge x abhängig ist, obgleich die fixen Kosten K_f davon unabhängig sind. Da die fixen Kosten konstant sind, fallen die fixen Kosten pro Stück mit größer werdenden Ausbringungsmengen.

Aus der Beziehung für die Gesamtkosten

$$K(x) = K_v(x) + K_f$$

folgt, dass sich die Gesamtkosten pro Stück aus der Addition der variablen Kosten pro Stück und der fixen Kosten pro Stück zusammensetzen, d. h.

$$k(x) = \frac{K(x)}{x} = \frac{K_v(x)}{x} + \frac{K_f}{x} = k_v(x) + k_f(x).$$

(9.7)   Mit den Grenzkosten soll ein letzter spezieller Kostenbegriff eingeführt werden, welcher der Charakterisierung des Verlauf von Kostenfunktionen dient. Unter der Annahme differenzierbarer Gesamtkostenfunktionen versteht man unter den Grenzkosten $K'(x)$ die Ableitung der Gesamtkosten nach der Produktmenge, d. h.

$$K'(x) = \frac{dK(x)}{dx} = \frac{dK_v(x)}{dx} + \frac{dK_f}{dx} = \frac{dK_v(x)}{dx} = K'_v(x).$$

Die Grenzkosten zeigen also an, wie sich die Gesamtkosten ändern, wenn die Ausbringungsmenge x um eine infinitesimal kleine Einheit variiert wird. Geometrisch geben die Grenzkosten die Steigung der Gesamtkostenfunktion an dem Punkt einer bestimmten Ausbringungsmenge x an. Diese stimmt an allen Produktionspunkten x mit der Steigung der Funktion $K_v(x)$ für die variablen Kosten überein, da die Ableitung der fixen Kosten K_f nach der Ausbringungsmenge x wegen ihrer Unabhängigkeit davon stets null ist, d. h.

$$\frac{dK_f}{dx} = K'_f = 0 \text{ für alle } x.$$

Dies bedingt die oben aufgezeigte Beziehung $K'(x) = K'_v(x)$ für alle Produktionsmengen x.

Die angesprochenen Kostengrößen sind in ihrer expliziten Ausprägung in Tabelle 9.1 für die Kostenfunktion

$$K(x) = \frac{1}{4}(2x+2)^2 + 4$$

$$= \frac{1}{4}(4x^2 + 8x + 4) + 4$$

$$= x^2 + 2x + 5$$

zusammengestellt.

Tabelle 9.1.   Ausprägung spezieller Kostenbegriffe für die Kostenfunktion $\frac{1}{4}(2x+2)^2+4$

Kostenbegriff	Symbol	Kostenfunktion
Gesamtkosten	K	$K(x)=\frac{1}{4}(2x+2)^2+4$
variable Kosten	K_v	$K_v(x)=x^2+2x$
fixe Kosten	K_f	$K_f=5$
Gesamtkosten pro Stück	$k=\dfrac{K}{x}$	$k(x)=x+2+\dfrac{5}{x}$
variable Kosten pro Stück	$k_v=\dfrac{K_v}{x}$	$k_v(x)=x+2$
fixe Kosten pro Stück	$k_f=\dfrac{K_f}{x}$	$k_f(x)=\dfrac{5}{x}$
Grenzkosten	$K'=\dfrac{dK}{dx}$	$K'(x)=2x+2$

Dass man aus Teilinformationen über spezielle Kostengrößen andererseits auch unter Umständen die Kostenfunktion erschließen kann, wird an folgendem Beispiel deutlich. In einer Papierfabrik sind aufgrund von Kostenuntersuchungen folgende Erkenntnisse gewonnen worden. Bei der zurzeit gefahrenen Produktion von $x = 10.000$ Meter Papier pro Tag belaufen sich die fixen Stückkosten auf 2 € pro Meter Papier.

Eine Mehrproduktion würde mit Grenzkosten von 5 € pro zusätzlichem Meter Papier verbunden sein, wobei die variablen Kosten bei der Erhöhung jedes beliebigen Produktionsniveaus in demselben Maße wachsen. Hieraus erhält man offensichtlich folgenden Aufbau der Kostenfunktion:

$$K_f = k_f(x) \cdot x = 2 \cdot 10.000 = 20.000 = K(0),$$

$$K'_v = K' = 5 \text{ , d. h. } K_v(x) = \int K'_v \, dx = 5x + c \text{ mit } K_v(0) = 0,$$

also $c = 0$,

und daraus dann

$$K(x) = K_f + K_v(x) = 5x + 20.000.$$

Setzt man in diese Kostenfunktion $x = 10.000$ ein, so lauten die Kosten für das gegebene Produktionsniveau

$$K(10.000) = 5 \cdot 10.000 + 20.000 = 70.000 \text{ €}.$$

Im Folgenden sollen einige allgemeine Kostenverläufe mit Hilfe der speziellen Kostenbegriffe charakterisiert werden. Dabei kann man sich bezüglich der Gesamtkosten K bzw. der variablen Kosten K_v – die Fixkosten K_f spielen wegen ihrer Konstanz nur eine untergeordnete Rolle – auf vier typische Grunderscheinungsformen beschränken.

Fall 1: Lineare Kosten

Die Gesamtkosten steigen linear mit zunehmender Ausbringungsmenge. Beispiel für einen derartigen Kostenverlauf sind die Materialkosten, die bei der Herstellung eines Produktes aufgrund des Rohstoffverbrauchs oder des Einsatzes von Einzel- und Fertigteilen, wie zum Beispiel Karosseriebleche, Räder und Sitze bei der Pkw-Fertigung, anfallen.

Fall 2: Progressive Kosten

Die Gesamtkosten steigen überproportional mit der Erhöhung der Produktion. Solche Kostenverläufe lassen sich bei den Lohnkosten beobachten, wenn eine Vermehrung des Outputs nur durch Überstunden erfolgen kann, für die Überstundenzuschläge gezahlt werden müssen.

Fall 3: Degressive Kosten

Die Gesamtkosten nehmen bei steigender Ausbringungsmenge unterproportional zu. Dieser Kostenverlauf tritt beispielsweise auf, wenn steigende Produktionsstückzahlen mit einer wachsenden Arbeitsroutine der eingesetzten Arbeitskräfte einhergehen und diese zeitabhängig entlohnt werden. Sie sind ebenfalls bei den Kosten für Hilfs- und Betriebsstoffe, wie beispielsweise bei Schmieröl, anzutreffen.

Fall 4: Regressive Kosten

Die Gesamtkosten fallen mit zunehmender Ausbringungsmenge. Hierfür werden als Beispiel oft die Heizungskosten im Kino oder die Nachtwächterkosten angeführt. Diese ausgefallenen Beispiele lassen jedoch bereits erkennen, dass man in der betrieblichen Praxis normalerweise keine regressiven Kosten vorfinden wird.

In Abb. 9.2 bis 9.5 sind die Kostenverläufe für die angeführten vier Fälle in Abhängigkeit der verschiedenen speziellen Kostenbegriffe wie Gesamtkosten K, Fixkosten K_f, variable Kosten K_v, Stückgesamtkosten k, fixe Stückkosten k_f, variable Stückkosten k_v und Grenzkosten K' graphisch veranschaulicht.

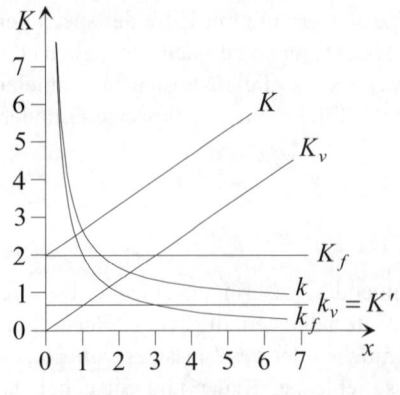

Abb. 9.2.   Lineare Kosten; Beispiel
$K(x) = \frac{2}{3}x + 2$

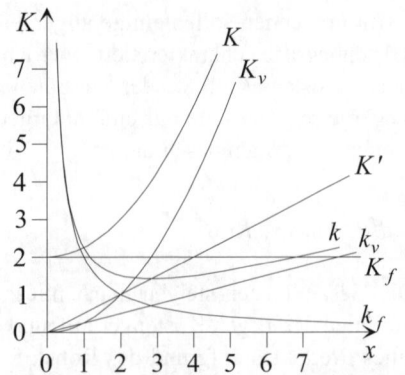

Abb. 9.3.   Progressive Kosten; Beispiel
$K(x) = \frac{1}{4}x^2 + 2$

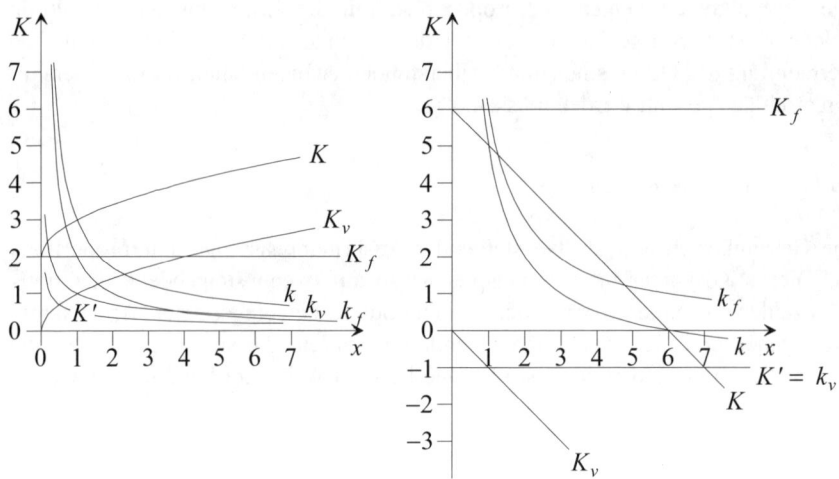

Abb. 9.4.   Degressive Kosten; Beispiel $K(x) = \sqrt{x} + 2$

Abb. 9.5.   Regressive Kosten; Beispiel
$K(x) = -x + 6$

Zur besseren Übersicht fasst Tabelle 9.2 die Ergebnisse nochmals systematisch zusammen.

Ebenso wie allgemeine Technologien und damit auch der Verlauf ihrer effizienten Ränder bereichsweise durch drei Grundtypen und deren Zusammensetzung charakterisiert werden konnten, lassen sich allgemeine Kostenverläufe abschnittsweise durch die dargestellten vier typischen Grunderscheinungsformen beschreiben.

Tabelle 9.2.   Beschreibung typischer Kostenverläufe anhand spezieller Kostenbegriffe

Typischer Kosten-verlauf	Kostenbegriff (Symbol)						
	K	K_v	K_f	k	k_v	k_f	K'
Fall 1: linear	steigend	steigend	konstant	fallend	konstant	fallend	konstant
	$K=\dfrac{2x}{3}+2$	$K_v=\dfrac{2x}{3}$	$K_f=2$	$k=\dfrac{2}{3}+\dfrac{2}{x}$	$k_v=\dfrac{2}{3}$	$k_f=\dfrac{2}{x}$	$K'=\dfrac{2}{3}$
Fall 2: progressiv	steigend	steigend	konstant	zunächst fallend, dann steigend	steigend	fallend	steigend
	$K=\dfrac{x^2}{4}+2$	$K_v=\dfrac{x^2}{4}$	$K_f=2$	$k=\dfrac{x}{4}+\dfrac{2}{x}$	$k_v=\dfrac{x}{4}$	$k_f=\dfrac{2}{x}$	$K'=\dfrac{x}{2}$
Fall 3: degressiv	steigend	steigend	konstant	fallend	fallend	fallend	fallend
	$K=\sqrt{x}+2$	$K_v=\sqrt{x}$	$K_f=2$	$k=\dfrac{1}{\sqrt{x}}+\dfrac{2}{x}$	$k_v=\dfrac{1}{\sqrt{x}}$	$k_f=\dfrac{2}{x}$	$K'=\dfrac{1}{2\sqrt{x}}$
Fall 4: regressiv	fallend	fallend	konstant	fallend	konstant (negativ)	fallend	konstant (negativ)
	$K=-x+6$	$K_v=-x$	$K_f=6$	$k=-1+\dfrac{6}{x}$	$k_v=-1$	$k_f=\dfrac{6}{x}$	$K'=-1$

Das in Abb. 9.2 zu beobachtende Phänomen, dass die Stückgesamtkosten $k(x)$ bei linearem Kostenverlauf, d. h. konstanten variablen Stückkosten $k_v(x)$, mit der Erhöhung der Produktmenge x immer weiter abnehmen, hat BÜCHER (1910) als das „Gesetz der Massenproduktion" formuliert. Dieses Gesetz gilt jedoch dann nicht mehr, wenn aufgrund anderer, nichtlinearer Gesamtkostenverläufe die Stückgesamtkosten ab einer bestimmten Ausbringungsmenge wieder zunehmen.

9.4   Das kostentheoretische Auswahlproblem: die Minimalkostenkombination

9.4.1   Begriff und Inhalt der Minimalkostenkombination

Das kostentheoretische Auswahlproblem, nämlich die Bestimmung der Minimal-kostenkombination für gegebene Produktionen, stellt sich aus der Gestaltungsaufgabe der Kostentheorie heraus. Es geht um die Lösung des Problems, welche Kombination von Faktoreinsatzmengen bei bekannten und fest vorgegebenen Faktorpreisen gewählt werden soll, um eine bestimmte Produktionsmenge mit den für sie minimalen Kosten herzustellen. Eine solche Kombination der Einsatzfaktoren, die jeweils im Rahmen der Gestaltungsaufgabe der Kostentheorie für zu realisierende Produktionsniveaus gesucht werden muss, bezeichnet man als Minimalkostenkombination. Sie kann für jede Produktion ermittelt werden; neben den Faktorpreisen gehen in ihre Bestimmung selbstverständlich auch als Randbedingungen der Produktion die technologischen Beziehungen zwischen den Produkten und Faktoren sowie zwischen den Faktoren untereinander ein.

Durch die Minimalkostenkombination werden also jeder Produktmenge die zu ihrer Erzeugung erforderlichen kostenminimalen Faktoreinsatzmengen zugeordnet. Es leuchtet unmittelbar ein, dass unter der realistischen Annahme positiver Faktorpreise dabei nur effiziente Produktionen für Minimalkostenkombinationen in Betracht kommen. Denn bei einer ineffizienten Produktion könnte derselbe Output in wenigstens einer Inputkomponente mit kleineren Einsatzmengen hergestellt werden, was geringere Kosten verursachen würde. Insofern widerspricht eine ineffiziente Produktion dem Begriff der Minimalkostenkombination; jede Minimalkostenkombination ist eine effiziente Produktion. Das Umgekehrte gilt freilich nicht, da die Kostenminimierung ein schärferes Auswahlprinzip als das Effizienzkriterium ist, d. h. nicht jede effiziente Produktion muss auch eine Minimalkostenkombination sein. Welche von den effizienten Produktionen mit gleichem Output kostenminimal sind, hängt vielmehr von dem aktuellen Verhältnis der Faktorpreise zueinander ab. Das ökonomische Kriterium der Kostenminimierung impliziert stets das technische Effizienzkriterium. Mit dieser unternehmerischen Zielgröße gelingt es im Allgemeinen, von den zahlreichen effizienten Produktionen weiter einen erheblichen Teil zu eliminieren, so dass sich die Menge der Alternativen, die für eine optimale Fertigungsentscheidung in Frage kommen, noch mehr eingrenzen lässt.

Unterstellt man, dass die Beschäftigung, ausgedrückt durch die jeweilige Produktionsmenge x, in einem Einproduktunternehmen die wesentliche Kosteneinflussgröße ist, dann erlaubt es die Zuordnungsvorschrift der Kostenminimierung, über die Minimalkostenkombination jede Produktion mit den für sie minimalen Kosten in Verbindung zu setzen und hieraus die auf Produktionsfunktionen aufbauenden Kostenfunktionen $K(x)$ zu ermitteln. So führt die Analyse der produktionstheoretischen Zusammenhänge über die Effizienz zunächst zur Herleitung von Produktionsfunktionen und von hier aus weiter über die Kostenminimierung schließlich zur Ableitung der entsprechenden Kostenfunktionen. Die Erörterung von Kostenfunktionen setzt damit also stets voraus, dass der Prozess der Kostenminimierung schon abgeschlossen ist.

In einem Einproduktunternehmen, in dem I Ressourcen bei der Fertigung des Outputs zum Einsatz gelangen, stellt sich die Suche nach der Minimalkostenkombination für eine gegebene Produktion $\bar{x}$ formal in der Weise dar:

$$\min K = q_1 r_1 + q_2 r_2 + \ldots + q_I r_I$$

unter der Nebenbedingung

$$\overline{x} = f\left(r_1, \ldots, r_l\right).$$

Die Nebenbedingung besagt, dass bei der Kostenminimierung die Produktionsfunktion zur Herstellung des Ertrags $\overline{x}$ eingehalten werden muss. Zudem wird angenommen, dass die Faktorpreise bekannt und unabhängig von den eingesetzten Faktormengen sind.

Die Kombinationen der Faktoreinsatzmengen, die bei gegebenen Faktorpreisen zum selben Kostenniveau führen, liegen auf einer Budgetgeraden, die als Kostenisoquante bezeichnet wird. Für den Zwei-Faktoren-Fall ist eine solche Kostenisoquante für das Niveau $\overline{K}$ in Abb. 9.6 dargestellt. Sie gehorcht der funktionalen Beziehung

$$q_1 \cdot r_1 + q_2 \cdot r_2 = \overline{K}.$$

Hieraus ergibt sich unmittelbar:

- Der r_1-Achsenabschnitt der Kostenisoquante $\overline{K}$ lautet $\overline{K}/q_1$; er entspricht der Menge von Faktor 1, die man mit dem Budget $\overline{K}$ maximal beschaffen und einsetzen kann, wenn man es vollständig auf r_1 verwendet.
- Der r_2-Achsenabschnitt der Kostenisoquante $\overline{K}$ lautet $\overline{K}/q_2$; er entspricht der Menge von Faktor 2, die man mit dem Budget $\overline{K}$ maximal beschaffen und einsetzen kann, wenn man es vollständig auf r_2 verwendet.
- Die Steigung der Kostenisoquante $\overline{K}$ lautet

$$-\frac{\overline{K}}{q_1} : \frac{\overline{K}}{q_2} = -\frac{q_2}{q_1};$$

sie gibt an, wie viel Einheiten man von r_1 bei Einhaltung des Budgets $\overline{K}$ zusätzlich kaufen kann, wenn man auf eine Einheit von r_2 verzichtet. Diese Steigung ist also vom Preisverhältnis der Faktoren abhängig, wobei in Abb. 9.6 der Faktor 1 offensichtlich doppelt so teuer wie Faktor 2 ist, also $q_1 = 2q_2$ gilt.

Höhere bzw. kleinere Budgets drücken sich bei unveränderten Faktorpreisen graphisch in einer Parallelverschiebung der Kostenisoquante aus, so dass man in Abb. 9.6 die Relation $K^2 < \overline{K} < K^1$ hat. Verändert sich das Faktorpreisverhältnis zuungunsten von Faktor 2 dadurch, dass dieser nun doppelt so teuer wie zuvor wird und damit $q_1 = q_2$ gilt, so dreht sich die Kostenisoquante $\overline{K}$ in die Lage $\hat{K}$ bei gleichem Budget (also $\overline{K} = \hat{K}$).

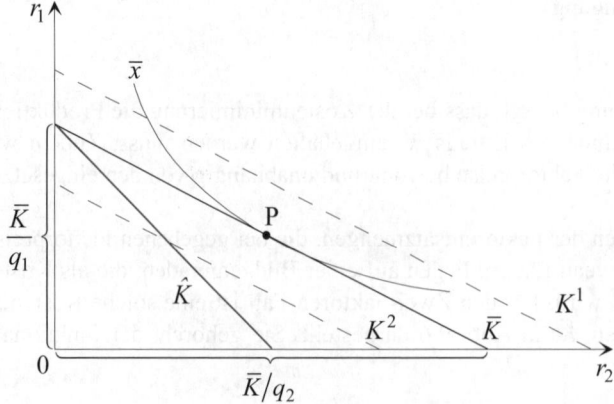

Abb. 9.6.   Kostenisoquanten für den Zwei-Faktoren-Fall

Zeichnet man in Abb. 9.6 zusätzlich die Ertragsisoquante einer Produktionsfunktion für $x = \bar{x}$ ein, so liegt auf der Kostenisoquanten $\bar{K}$ mit dem Punkt P die Minimalkostenkombination für dieses Produktionsniveau. Umgekehrt würde man diese Minimalkostenkombination auch dadurch finden, dass man die Budgetgerade gerade soweit parallel verschiebt, bis sie die Produktionsisoquante $\bar{x}$ im Punkte P berührt. Keine andere Faktorkombination als die bei P produziert $\bar{x}$ mit geringeren Kosten. Die Überlegung gibt einen ersten Eindruck davon, wie man sich graphisch die Suche nach der Minimalkostenkombination für ein gegebenes Produktionsniveau $\bar{x}$ vorstellen muss. Dies wird im Weiteren noch detaillierter in Abhängigkeit unterschiedlicher Produktionsfunktionstypen diskutiert. Dabei ist es sinnvoll, aus Gründen einer besseren Übersichtlichkeit die Bestimmung von Minimalkostenkombinationen gesondert nach substitutionalen und limitationalen Produktionsbeziehungen zu untersuchen.

9.4.2   Minimalkostenkombination bei substitutionaler Produktion

Bei substitutionalen Produktionsbeziehungen kann eine bestimmte Produktmenge $x = x^1$ alternativ durch mehrere technisch effiziente Faktorkombinationen hergestellt werden; sie liegen im effizienten Bereich der entsprechenden Produktionsisoquante. Abbildung 9.7 veranschaulicht dies für die Erzeugung einer Produktart mit zwei Faktorarten. Unter den effizienten Einsatzmengen für das gegebene Produktionsniveau ist die kostenminimale Faktorkombination – also die Minimalkostenkombination – nun dadurch aufzufinden, dass die Kostenisoquante $K = K^1$, die durch ein festes Verhältnis der Faktorpreise q_1 und q_2 determiniert wird, die Produktionsisoquante $x = x^1$ berührt; dies erfolgt im Punkt A. Allgemein ausgedrückt sind die Minimalkostenkombinationen substitutionaler Produktionsfunktionen durch die Punkte bestimmt, an denen die Kostenisoquanten zu Tangenten an den Produktionsisoquanten werden. Der geometrische Ort dieser Tangentialpunkte ist die Expansions- bzw. Minimalkostenlinie.

So kann mit dem Kostenniveau $K = K^4$ maximal die Produktmenge $x = x^4$ erzeugt werden, wobei der Punkt D die dafür erforderliche Einsatzmengenkombination der Faktoren 1 und 2 anzeigt; umgekehrt macht die Gütermenge $x = x^3$ die Kostenhöhe $K = K^3$ notwendig, um mit der durch Punkt C markierten Faktoreinsatzmengenkombination kostenminimal produziert werden zu können. Durch die Kosten der Minimalkostenkombination, die den alternativen Produktionsniveaus zugeordnet sind, erhält man die für die jeweilige substitutionale Produktionsfunktion geltende Kostenfunktion $K(x)$. Die aus Abb. 9.7 aus den Punkten A-D erkennbaren Werte $K^l(x^l)$, $l = 1,...,4$, sind Funktionswerte dieser Kostenfunktion.

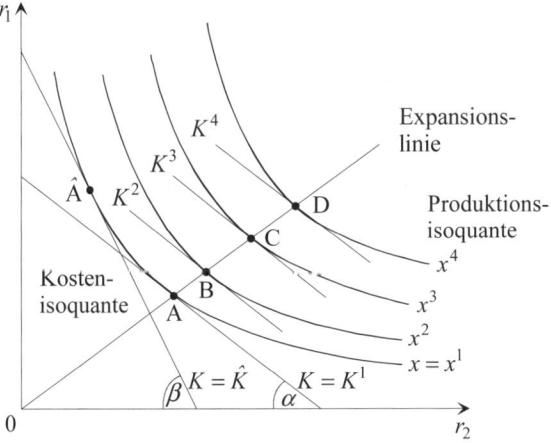

Abb. 9.7.   Darstellung der Minimalkostenkombination bei substitutionalen Produktionsbeziehungen

Die Tatsache, dass die Minimalkostenkombinationen mit den Tangentialpunkten der Kosten- und Produktionsisoquanten identisch sind, lässt sich bei substitutionalen Produktionsfunktionen mit stetig differenzierbaren Produktionsisoquanten – also solchen, die keine Knicke aufweisen und daher als „glatt" bezeichnet werden können – auch in der Form geometrisch beschreiben, dass an diesen Stellen die Steigung der Kostenisoquante mit der der Produktionsisoquante übereinstimmt. Die Steigung der Kostenisoquante ist, wie bereits im vorigen Abschnitt erörtert, durch das Preisverhältnis der Faktoren festgelegt, also gilt:

$$\left. \frac{dr_1}{dr_2} \right|_{K^1} = -\text{tg}\,\alpha = -\frac{q_2}{q_1} \, .$$

Die Steigung der Produktionsisoquante in einem beliebigen Punkt entspricht dagegen bis auf das negative Vorzeichen der dort geltenden Grenzrate der Substitution s_{12} zwischen den Faktoren, so dass man hieraus die Beziehung

$$\left.\frac{dr_1}{dr_2}\right|_{\bar{x}} = -s_{12}$$

ableitet. Aus der Identität beider Steigungen in den kostenminimalen Punkten folgt dann, dass man an den Tangentialpunkten der Produktions- und Kostenisoquanten die Bedingung hat:

$$\frac{q_2}{q_1} = s_{12} ,$$

d. h. für die Minimalkostenkombination substitutionaler Produktionsfunktionen gilt die Bedingung, dass dort die Grenzrate der Substitution zwischen den Faktoren umgekehrt proportional zum Faktorpreisverhältnis ist. Variiert dieses Faktorpreisverhältnis, so ändern sich entsprechend die Minimalkostenkombinationen für betrachtete Produktionsniveaus und damit auch die Expansionslinie. Geht man beispielsweise in Abb. 9.7 vom Preisverhältnis $q_2/q_1 = -\text{tg } \alpha$ zum Preisverhältnis $\hat{q}_2/\hat{q}_1 = -\text{tg } \beta$ über, so wird für das Produktionsniveau $x = x^1$ die Einsatzmengenkombination $\hat{A}$ anstatt A kostenminimal. Der wegen $-\hat{q}_2/\hat{q}_1 < -q_2/q_1$ bzw. tg $\beta <$ tg α relativ teurer gewordene Faktor 2 wird teilweise durch Faktor 1 ersetzt. Das mit der Realisierung von $\hat{A}$ verbundene Kostenniveau beträgt $K = \hat{K}$. Sind die Produktionsisoquanten wie in Abb. 9.7 streng konvex, dann kann bei den jeweils geltenden Faktorpreisverhältnissen sogar für jedes Produktionsniveau eine eindeutige Minimalkostenkombination bestimmt werden.

Die bisher mehr anschaulich besprochenen Bedingungen für die Minimalkostenkombinationen substitutionaler Produktionsfunktionen sollen im Folgenden für den allgemeinen Fall analytisch abgeleitet werden. Die Forderung, eine bestimmte Produktmenge $\bar{x}$ auf der Grundlage der geltenden Produktionsfunktion $\bar{x} = x(r_1,...,r_I)$ bei gegebenen Faktorpreisen $q_1,...,q_I$ mit minimalen Kosten zu erzeugen, lässt sich durch den mathematischen Ansatz formalisieren:

$$\min K = \sum_{i=1}^{I} q_i r_i$$

unter der Nebenbedingung

$$\bar{x} = x(r_1,...,r_I) \quad \text{bzw.} \quad \bar{x} - x(r_1,...,r_I) = 0 .$$

Dieses Kostenminimierungsproblem mit einer Gleichung als Restriktion – $\bar{x}$ muss die Produktionsfunktion erfüllen – kann durch die Minimierung der Lagrange-Funktion

$$\min \Phi(r_1,...,r_I, \lambda) = \sum_{i=1}^{I} q_i r_i + \lambda [\bar{x} - x(r_1,...,r_I)]$$

ersetzt werden. Hieraus erhält man bei Differenzierbarkeit der Produktionsfunktion die notwendigen Bedingungen für die bezüglich $\bar{x}$ kostenminimalen Faktoreinsätze, indem man die Lagrange-Funktion nach den Variablen $r_1, \ldots, r_I, \lambda$ partiell differenziert und diese partiellen Ableitungen gleich null setzt, d. h.

$$\partial \Phi / \partial r_i = q_i - \lambda \frac{\partial x}{\partial r_i} = 0 \, , \; i = 1, \ldots, I \, ,$$

$$\partial \Phi / \partial \lambda = \bar{x} - x(r_1, \ldots, r_I) = 0 \, .$$

Mit diesen $I+1$ Gleichungen für $I+1$ Variablen lassen sich bei konkaver Produktionsfunktion die kostenminimalen Faktoreinsätze errechnen. Aus den ersten I partiellen Ableitungen ergeben sich für zwei beliebige Faktoren i und $\hat{i}$, $i \neq \hat{i}$ und $i, \hat{i} \in \{1, \ldots, I\}$, die Beziehungen

$$q_i = \lambda \frac{\partial x}{\partial r_i} \; \text{bzw.} \; q_{\hat{i}} = \lambda \frac{\partial x}{\partial r_{\hat{i}}} \; \text{und daraus} \; \frac{q_i}{q_{\hat{i}}} = \frac{\partial x / \partial r_i}{\partial x / \partial r_{\hat{i}}} \, .$$

In den Kostenminima verhalten sich also die Faktorpreise zueinander wie die Grenzproduktivitäten der Faktoren.

Andererseits ist auf jeder Produktionsisoquante das totale Grenzprodukt gleich null, d. h. es gilt

$$dx = \frac{\partial x}{\partial r_1} dr_1 + \ldots + \frac{\partial x}{\partial r_I} dr_I = 0$$

bzw. bei alleiniger Mengenvariation der Faktoren i und $\hat{i}$ und Konstanz aller übrigen Faktormengen

$$dx = \frac{\partial x}{\partial r_i} dr_i + \frac{\partial x}{\partial r_{\hat{i}}} dr_{\hat{i}} = 0 \; \text{und daher} \; s_{i\hat{i}} = -\frac{dr_i}{dr_{\hat{i}}} = \frac{\partial x / \partial r_{\hat{i}}}{\partial x / \partial r_i} \, .$$

Die Grenzrate der Substitution $s_{i\hat{i}}$ zwischen den Faktoren i und $\hat{i}$ ist damit umgekehrt proportional zu den Grenzproduktivitäten dieser beiden Faktoren.

Setzt man die abgeleiteten Beziehungen zusammen, so hat man zusammenfassend als Bedingungen für die Minimalkostenkombinationen substitutionaler Produktionsfunktionen

$$\frac{q_i}{q_{\hat{i}}} = \frac{\partial x / \partial r_i}{\partial x / \partial r_{\hat{i}}} = 1 / s_{i\hat{i}} \, , \; i \neq \hat{i} \, , \; i, \hat{i} \in \{1, \ldots, I\} \, ,$$

d. h. bei kostenminimalem Mengeneinsatz aller Produktionsfaktoren müssen deren Preise im selben Verhältnis wie die Grenzproduktivitäten und im umgekehrten Verhältnis zur Grenzrate der Substitution stehen. Diese Bedingungen sind für alle Punkte auf der Expansionslinie erfüllt. Multipliziert man die für die jeweiligen Produktionsniveaus x kostenminimalen Faktoreinsatzmengen $r_i^*(x)$ mit ihren Preisen q_i, so erhält man nach Summation die Kosten in Abhängigkeit der Produktion, d. h. die Kostenfunktion

$$K(x) = \sum_{i=1}^{I} r_i^*(x) q_i \,.$$

Wie das in einem numerischen Fall tatsächlich geschieht, soll im Folgenden durch ein Beispiel demonstriert werden. Für die substitutionale Produktionsfunktion

$$x = r_1 \cdot r_2 \cdot r_3$$

sollen bei Geltung der Faktorpreise

$$q_1 = 3 \ \text{€/ME} \,, \ q_2 = 1 \ \text{€/ME} \,, \ q_3 = 2 \ \text{€/ME}$$

– die Minimalkostenlinie (Expansionslinie),
– die Kostenfunktion $K(x)$ und
– die kostenminimalen Faktoreinsatzmengen r_1^*, r_2^*, r_3^* für das Produktionsniveau
  $\bar{x} = 8 \ \text{ME}$
bestimmt werden.

Schritt 1: Bestimmung der Minimalkostenlinie

Die Minimalkostenkombination für jedes beliebige Produktionsniveau x muss die Bedingungen erfüllen

$$\frac{q_i}{q_{\hat{i}}} = \frac{\partial x / \partial r_i}{\partial x / \partial r_{\hat{i}}} \,, \ i \neq \hat{i} \,, \ i \neq \hat{i} \in \{1, 2, 3\} \,, \ \text{bzw.}$$

$$\frac{q_1}{q_2} = \frac{\partial x / \partial r_1}{\partial x / \partial r_2} \Rightarrow \frac{3}{1} = \frac{r_2 \cdot r_3}{r_1 \cdot r_3} = \frac{r_2}{r_1} \Rightarrow 3r_1 = r_2,$$

$$\frac{q_2}{q_3} = \frac{\partial x / \partial r_2}{\partial x / \partial r_3} \Rightarrow \frac{1}{2} = \frac{r_1 \cdot r_3}{r_1 \cdot r_2} = \frac{r_3}{r_2} \Rightarrow r_2 = 2r_3,$$

$$\frac{q_1}{q_3} = \frac{\partial x / \partial r_1}{\partial x / \partial r_3} \Rightarrow \frac{3}{2} = \frac{r_2 \cdot r_3}{r_1 \cdot r_2} = \frac{r_3}{r_1} \Rightarrow 3r_1 = 2r_3.$$

Hieraus folgt die funktionale Charakterisierung der Minimalkostenlinie im Faktorraum durch

$$3r_1 = r_2 = 2r_3 \,.$$

Schritt 2: Ableitung der Kostenfunktion $K(x)$

Setzt man die unter Schritt 1 berechneten kostenminimalen Relationen zwischen den Faktoreinsatzmengen r_1, r_2, r_3 in die Produktionsfunktion ein, so erhält man für die jeweiligen Faktorverbräuche in Abhängigkeit der Produktmenge

$$x = r_1 \cdot r_2 \cdot r_3 = r_1 \cdot 3r_1 \cdot \frac{3}{2}r_1 = \frac{9}{2}r_1^3 \Rightarrow r_1^*(x) = \sqrt[3]{\frac{2}{9}x},$$

$$x = r_1 \cdot r_2 \cdot r_3 = \frac{1}{3}r_2 \cdot r_2 \cdot \frac{1}{2}r_2 = \frac{1}{6}r_2^3 \Rightarrow r_2^*(x) = \sqrt[3]{6x},$$

$$x = r_1 \cdot r_2 \cdot r_3 = \frac{2}{3}r_3 \cdot 2r_3 \cdot r_3 = \frac{4}{3}r_3^3 \Rightarrow r_3^*(x) = \sqrt[3]{\frac{3}{4}x}.$$

Die Kostenfunktion $K(x)$ lautet dann in € gemessen:

$$K(x) = r_1^*(x) \cdot q_1 + r_2^*(x) \cdot q_2 + r_3^*(x) \cdot q_3 = 3\sqrt[3]{\frac{2}{9}x} + \sqrt[3]{6x} + 2\sqrt[3]{\frac{3}{4}x}$$

$$= \left(3\sqrt[3]{\frac{2}{9}} + \sqrt[3]{6} + 2\sqrt[3]{\frac{3}{4}}\right)\sqrt[3]{x}$$

$$= 5,46 \cdot x^{1/3}.$$

Schritt 3: Kostenoptimale Faktoreinsatzmengen für das Produktionsniveau
    $\bar{x} = 8$ ME

Aus den Bestimmungsgleichungen für r_1^*, r_2^* und r_3^* in Schritt 2 ergeben sich die folgenden optimalen Faktoreinsatzmengen für $\bar{x} = 8$ ME :

$$r_1^* = \sqrt[3]{\frac{2}{9} \cdot 8} = 2\sqrt[3]{\frac{2}{9}} = 1,21 \text{ ME},$$

$$r_2^* = \sqrt[3]{6 \cdot 8} = 2\sqrt[3]{6} = 3,63 \text{ ME},$$

$$r_3^* = \sqrt[3]{\frac{3}{4} \cdot 8} = 2\sqrt[3]{\frac{3}{4}} = 1,82 \text{ ME}.$$

Aus diesen Ergebnissen sieht man sehr plastisch, wie die substitutionalen Produktionsbeziehungen die Preisvor- und -nachteile der Ressourcen ausgleichen. Gemäß der zugrunde gelegten Produktionsfunktion hat jede Ressource dieselbe Produktivität. Da Faktor 1 bzw. 3 aber dreimal bzw. zweimal so teuer ist wie Faktor 2, wird von Faktor 2 dreimal bzw. zweimal soviel wie von Faktor 1 bzw. 3 eingesetzt. Wegen der peripheren Substitutionalität müssen zudem alle Faktoren an der Produktion beteiligt sein.

9.4.3   Minimalkostenkombination bei linear-limitationaler Produktion mit einem Produktionsprozess

Limitationale Produktionsprozesse besitzen die Eigenschaft, dass die erforderlichen effizienten Faktoreinsatzmengen $r_1,\dots,r_I$ jeweils in einem eindeutig bestimmten Verhältnis zur herzustellenden Erzeugnismenge x stehen. Geht man zunächst von der Existenz nur eines linear-limitationalen Prozesses aus, der mit Hilfe der Produktionskoeffizienten $a_1,\dots,a_I$ gekennzeichnet sein möge, so sind die für die Fertigung einer Menge $x = x^1$ benötigten Einsatzmengen der Faktoren $1,\dots,I$ nach dem System der Inputfunktionen einer linear-limitationalen Produktionsfunktion gegeben durch

$$r_1^1 = a_1 x^1, \dots, r_I^1 = a_I x^1 \;.$$

Diese Faktoreinsatzmengenkombination $\left(r_1^1,\dots,r_I^1 \right)$ ist eindeutig und effizient und stimmt daher gleichzeitig mit der Minimalkostenkombination für die Produktmenge x^1 überein. Hieraus ergeben sich unmittelbar die Kosten

$$K^1 = K\left(x^1 \right) = \sum_{i=1}^{I} q_i r_i^* \left(x^1 \right) = \sum_{i=1}^{I} q_i r_i^1 = \left(\sum_{i=1}^{I} q_i a_i \right) x^1 = c x^1$$

oder allgemein für ein beliebiges Produktionsniveau x

$$K(x) = \left(\sum_{i=1}^{I} q_i a_i \right) x = c x$$

mit q_i, $i = 1,\dots,I$, als Preis des Faktors i. Damit hat man zugleich schon die auf dem linear-limitationalen Produktionsprozess basierende Kostenfunktion. Bei gegebenen Faktorpreisen und Produktionskoeffizienten sind die Kosten also stets linear abhängig von der Produktmenge x. Wegen der Identität der effizienten mit den kostenminimalen Faktoreinsatzmengen liegen die Minimalkostenkombinationen für alternative Produktionsniveaus x auf dem Prozessstrahl der technisch effizienten Produktionspunkte. Der Prozessstrahl entspricht damit zugleich der Minimalkostenlinie, die auch als Expansionslinie bezeichnet wird, da auf ihr die kostenminimale Variation von x erfolgt.

Abbildung 9.8 veranschaulicht den soeben beschriebenen ökonomischen Sachverhalt anhand eines linear-limitationalen Prozesses mit zwei Faktoren, deren Mengen stetig veränderbar sind. Graphisch ist die Minimalkostenkombination für ein bestimmtes Produktionsniveau x^1 dadurch zu ermitteln, dass man den Punkt ausfindig macht, an dem die Kostenisoquante

$$K = q_1 r_1 + q_2 r_2$$

die Produktionsisoquante x^1 erstmals berührt. Da die Steigung der Kostenisoquanten bei gegebenen Faktorpreisen jedoch stets negativ ist und zwischen den Steigungen liegt, die an den verschiedenen (ineffizienten) Isoquantenästen der limitationalen Produktionsfunktion gelten, berühren die Kostenisoquanten die

Produktionsisoquanten genau in ihren effizienten Eckpunkten auf dem Prozessstrahl. Diese Eckpunkte entsprechen damit zugleich den Minimalkostenkombinationen. Zu den Produktionsniveaus x^1, x^2, x^3 in Abb. 9.8 gehören so die Kostenisoquanten K^1, K^2, K^3 und die durch die Punkte A, B und C markierten Minimalkostenkombinationen.

Sofern nur ein linear-limitationaler Produktionsprozess für die Erzeugung von x zur Verfügung steht, ändern sich die Minimalkostenkombinationen für die verschiedenen Produktionsniveaus bei einer Variation der Faktorpreise nicht. Sie stimmen nach wie vor mit den effizienten Prozesspunkten überein. Wohl aber ergibt sich über die Faktorpreisveränderungen ein Einfluss auf die mit den einzelnen Produktionsniveaus verbundenen Kostenniveaus. Hierzu sind in Abb. 9.8 drei unterschiedliche Grundfälle dargestellt.

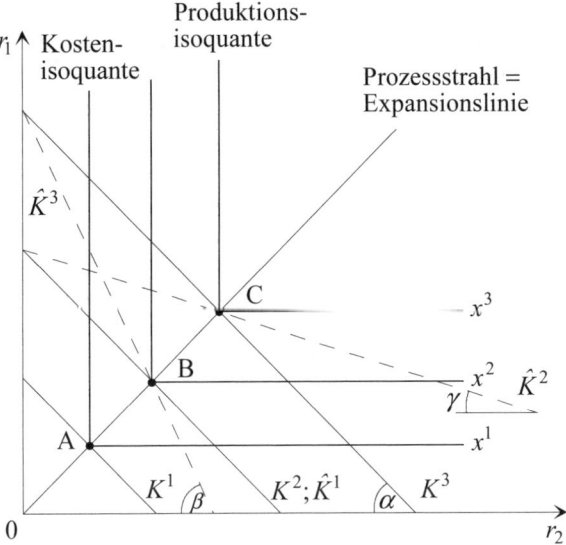

Abb. 9.8.   Darstellung der Minimalkostenkombination bei einem linear-limitationalen Produktionsprozess

Fall 1

Alle Faktorpreise ändern sich im selben Verhältnis, so dass deren Relationen zueinander konstant bleiben. Dann bleibt auch die Lage der Kostenisoquanten im Faktorenraum erhalten; lediglich die Kostenindizes an den Isoquanten steigen bzw. fallen mit einer Erhöhung bzw. Senkung der Preise. Fallen so in Abb. 9.8 die Faktorpreise q_1 und q_2 je um die Hälfte, erhält die Kostenisoquante K^2 den neuen Niveauindex $\hat{K}^1 = K^1$. Mit denselben Kosten kann nun nach den Preissenkungen anstatt $x = x^1$ (Punkt A) die höhere Menge $x = x^2$ (Punkt B) hergestellt werden.

Fall 2

Ein Faktorpreis steigt im Verhältnis zu den übrigen Faktorpreisen; hier verändert sich über das Verhältnis der Faktorpreise ebenfalls die Steigung der Kostenisoquante. In Abb. 9.8 geht die Kostenisoquante K^3 bei einer Erhöhung von q_2 beispielsweise in die Kostenisoquante $\hat{K}^3$ über, die bei demselben Kostenniveau ($\hat{K}^3 = K^3$) eine stärkere negative Steigung $-\mathrm{tg}\,\beta < -\mathrm{tg}\,\alpha$ aufweist. Die Preiserhöhung des Faktors 2 hat den Effekt, dass bei gleichen Kosten anstatt $x = x^3$ (Punkt C) nur noch die kleinere Menge $x = x^2$ (Punkt B) hergestellt werden kann.

Fall 3

Ein Faktorpreis fällt im Verhältnis zu den übrigen Faktorpreisen; daraus resultiert ebenso eine veränderte Lage der Kostenisoquanten im Faktorraum. Die Senkung des Faktorpreises q_2 kann so dazu führen, dass die Kostenisoquante K^2 mit einer geringeren negativen Steigung $-\mathrm{tg}\,\gamma > -\mathrm{tg}\,\alpha$ in die Kostenisoquante $\hat{K}^2$ übergeht. Bei gleichem Kostenbudget $K^2 = \hat{K}^2$ lässt sich dann nach der Preissenkung für Faktor 2 anstatt $x = x^2$ (Punkt B) die größere Menge $x = x^3$ (Punkt C) produzieren.

Andere Möglichkeiten von Faktorpreisvariationen können auf die besprochenen drei Fälle zurückgeführt werden. Stets bleiben jedoch die Minimalkostenkombinationen dieselben. Insofern lässt deren Ermittlung bei nur einem limitationalen Produktionsprozess keine Wahlmöglichkeiten hinsichtlich der Relationen der einzusetzenden Faktormengen offen. Dies ändert sich, wenn mehrere effiziente, linear-limitationale Produktionsprozesse zur Herstellung einer Produktmenge x zur Verfügung stehen.

9.4.4   Minimalkostenkombinationen bei linear-limitationaler Produktion mit mehreren Produktionsprozessen

Nimmt man an, dass es Π effiziente linear-limitationale Produktionsprozesse mit den Produktionskoeffizienten $a_1^\pi,\ldots,a_I^\pi$, $\pi = 1,\ldots,\Pi$, gibt (s. Abb. 9.9), so ist die Herstellung der Erzeugnismenge x bei Wahl des Prozesses π und vorgegebenen Faktorpreisen $q_1,\ldots,q_I$ mit den Kosten

$$K^\pi(x) = \left(\sum_{i=1}^{I} q_i a_i^\pi \right) x = c^\pi x$$

verbunden. Will man das Produktionsniveau x mit minimalen Kosten realisieren, so wird man unter den Π Prozessen den Prozess π^* auswählen, für den gilt

$$K^{\pi^*}(x) = \min_{\pi=1,\ldots,\Pi} K^{\pi}(x) \text{ bzw. } c^{\pi^*} = \min_{\pi=1,\ldots,\Pi} c^{\pi}.$$

Da diese Auswahlbedingung unabhängig vom gewünschten Produktionsniveau ist, wird bei Konstanz der Faktorpreise ein einmal als kostenminimal erkannter Prozess für alle herzustellenden Produktmengen kostenminimal bleiben. Sein Prozessstrahl entspricht der Expansionslinie bzw. der Minimalkostenlinie.

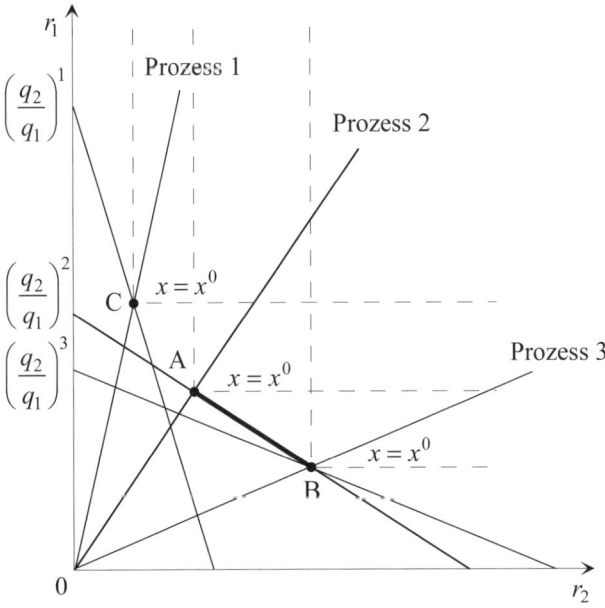

Abb. 9.9.   Darstellung der Minimalkostenkombination bei mehreren linear-limitationalen Produktionsprozessen

Die multiplikative Größe

$$c^{\pi} = \sum_{i=1}^{I} q_i a_i^{\pi}, \ \pi = 1,\ldots,\Pi,$$

in der Kostengleichung $K^{\pi}(x)$ für Prozess π ist jedoch andererseits abhängig von den Faktorpreisen $q_1,\ldots,q_I$. Variieren die Faktorpreise, so ändert sich bei konstanten Produktionskoeffizienten $a_1^{\pi},\ldots,a_I^{\pi}$ auch der Wert von c^{π}. In Abhängigkeit der Veränderungen von c^{π}, $\pi = 1,\ldots,\Pi$, bei einer Variation der Faktorpreise können Prozesse kostenoptimal werden, die es vorher nicht waren. Abbildung 9.9 veranschaulicht diesen Vorgang für drei linear-limitationale Prozesse (d. h. $\Pi = 3$) mit den kontinuierlich variierbaren Faktoreinsatzmengen r_1 und r_2 bei festem Produktionsniveau $x = x^0$. Für das Preisverhältnis $(q_2/q_1)^1$ ist nur der Prozess 1 kostenoptimal (vgl. Punkt C); beim Preisverhältnis $(q_2/q_1)^3$ enthält allein der Prozess 3 die Minimalkostenkombination für die herzustellende Erzeugnismenge x^0 (Punkt B). Gilt dagegen das Preisverhältnis $(q_2/q_1)^2$, so sind sowohl Prozess 2 als auch Prozess 3 kostenoptimal. Beide Prozesse liefern gleichermaßen die kostenminimalen Faktoreinsatzmengen für die Gütermenge x^0 (Punkt A und B). Sind diese beiden Prozesse zudem kombinierbar, so gehören beim Preisverhältnis $(q_2/q_1)^2$ auch noch alle Faktormengenkombinationen (r_1, r_2) auf der Isoquanten $x = x^0$ zwischen den Punkten A und B zu den Minimalkostenkombinationen der Erzeugnismenge $x = x^0$.

Die dargelegten Überlegungen sollen durch einen einfachen numerischen Fall unterfüttert werden. Zur Herstellung desselben Outputs mit vier Faktoren stehen die drei linear-limitationalen Prozesse zur Verfügung, die durch folgende Produktionskoeffizienten a_i^π, $i = 1,\ldots,4$, $\pi = 1,\ldots,3$, in Matrixform $D = (d_{i\pi}) = (a_i^\pi)$ charakterisiert sein mögen:

$$D = \begin{pmatrix} 4 & 0 & 1 \\ 3 & 3 & 2 \\ 2 & 3 & 3 \\ 1 & 3 & 4 \end{pmatrix}.$$

Die auf diesen Prozessen basierenden Kostenfunktionen lauten

$$K^1(x) = (q_1 \cdot 4 + q_2 \cdot 3 + q_3 \cdot 2 + q_4 \cdot 1)x,$$
$$K^2(x) = (q_1 \cdot 0 + q_2 \cdot 3 + q_3 \cdot 3 + q_4 \cdot 3)x,$$
$$K^3(x) = (q_1 \cdot 1 + q_2 \cdot 2 + q_3 \cdot 3 + q_4 \cdot 4)x.$$

Je nach der aktuellen Ausprägung des Faktorpreissystems $q = (q_1,\ldots,q_4)$ ist jeweils ein anderer Produktionsprozess kostenminimal. Dies macht Tabelle 9.3 in einer Übersicht deutlich.

Tabelle 9.3.   Kostenminimale Produktionsprozesse bei alternativen Faktorpreissystemen

Faktorpreissystem $q = (q_1,\ldots,q_4)$	Prozesskosten K^π			Kostenminimaler Prozess π^*
	K^1	K^2	K^3	
(1, 4, 6, 4)	32	42	43	1
(4, 6, 4, 1)	43	33	32	3
(10, 2, 2, 1)	51	15	24	2
(1, 10, 10, 1)	55	63	55	1 und 3

9.5   Die Minimalkostenkombination bei dynamischen Produktions- und Kostenbetrachtungen

Bei dynamischen Produktions- und Kostenbetrachtungen (LÜCKE 1976) ergeben sich die Kosten $K(x,t)$ für die Erzeugung der Endproduktmenge x zum Zeitpunkt t entsprechend aus der Beziehung

$$K(x,t) = \sum_{i=1}^{I} r_i(t) \cdot q_i(t), \; 0 \le t \le \bar{t},$$

mit

$$x(t) = f\left(r_1(t),\ldots,r_I(t),t\right).$$

Hierbei sind $q_i(t) \ge 0$ die Faktorpreise und $x(t) = f\left(r_1(t),\ldots,r_I(t),t\right)$ die Produktionsfunktion zum Zeitpunkt t. Man sieht hieraus also, dass sich dynamische Veränderungen der Kosten im Zeitablauf unter Umständen auf zwei Effekte zurückführen lassen, die aus unterschiedlichen Richtungen kommen können. Einmal bewirken zeitliche Verschiebungen in dem Gefüge der Faktorpreise, dass die Kosten bei sonst gleichen Situationsbedingungen für eine gegebene Endproduktmenge variieren. Zum anderen machen Veränderungen in den Produktionsbeziehungen, d. h. durch technischen Fortschritt bedingte Variationen im Strukturgebilde der Produktionsfunktion bzw. der Faktormengenrelationen dynamische Kostenbetrachtungen notwendig. Der erste Effekt resultiert aus dem dynamischen Wertgerüst der Kosten, der zweite schlägt sich im dynamischen Mengengerüst der Kosten nieder.

Soweit dynamische Kostenveränderungen bei sonst gleichen Produktionsbeziehungen lediglich aus zeitlichen Veränderungen der Faktorpreise herrühren, kann die dynamische Kostenbetrachtung unmittelbar durch die komparativ-statischen Überlegungen der letzten Abschnitte dieses Kapitels ersetzt werden. Man gewinnt keine prinzipiell neuen Erkenntnisse gegenüber der Analyse, wie Minimalkostenkombinationen der statischen Produktionsfunktionen von Faktorpreisveränderungen abhängen. Anders sieht das aus, wenn man dynamische Produktionsbeziehungen, wie sie im siebten Kapitel erörtert worden sind, in die Erwägungen einbezieht. Deshalb soll hier grundlegend vorausgesetzt werden, dass die betrachteten dynamischen Kostenveränderungen vornehmlich durch dynamische Veränderungen in den Gesetzmäßigkeiten der Produktion verursacht sind. Zeitliche Faktorpreisverschiebungen können hinzutreten.

Geht man von einer Leontief-Produktionsfunktion mit einem Prozess aus und sei der dynamische Prozesspfad zum Produktionsniveau $x(t) = \bar{x}$ durch $\{\bar{v}_e(t)|t\}$ beschrieben, so wird die Minimalkostenkombination stets an dem jeweils einzigen effizienten Produktionspunkt $\bar{v}_e(t)$ angenommen, gleichgültig wie sich die Ressourcenpreise $q_i(t)$ im Zeitablauf entwickeln. Graphisch können diese Minimalkostenkombinationen im Zwei-Faktoren-Fall bei stetiger Zeitbetrachtung wie in Abb. 9.10 zusammen mit ihren Kostenisoquanten veranschaulicht werden. Man sieht, dass zum Zeitpunkt t_0 die Minimalkostenkombination für das Produktionsniveau $\bar{x}$ bei gegebenen Faktorpreisen $q_1(t_0)$ und $q_2(t_0)$ im effizienten Produktionspunkt $\bar{v}_e(t_0)$ besteht; die zugehörige Isoquante ist durch $K(\bar{x}, t_0)$ markiert. Bleiben die Faktorpreisrelationen aus t_0 auch zum Zeitpunkt t_1 gültig, so verschiebt sich die Kostenisoquante parallel und man erhält $K(\bar{x}, t_1)$ für die Minimalkostenkombination $\bar{v}_e(t_1)$, die bei technischem Fortschritt die effizienten Faktoreinsätze für das Produktionsniveau $\bar{x}$ zum Zeitpunkt t_1 anzeigt. Aber auch bei zuungunsten von Faktor 2 und zum Vorteil von Faktor 1 veränderten Preisrelationen im Zeitpunkt t_1 gegenüber t_0 mit der Kostenisoquante $\hat{K}(\bar{x}, t_1)$ ist dasselbe $\bar{v}_e(t_1)$ die zugehörige Minimalkostenkombination.

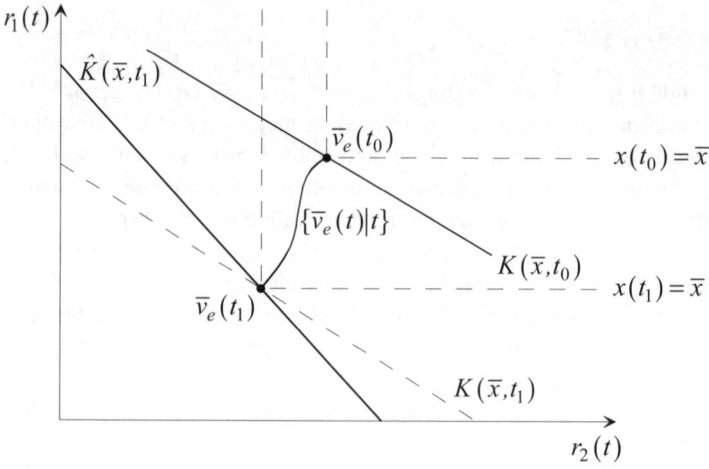

Abb. 9.10. Minimalkostenkombinationenen bei einem dynamischen limitationalen Produktionsprozess

Die angestellten Überlegungen ändern sich, wenn man Leontief-Produktionsfunktionen mit mehreren Produktionsprozessen zum Gegenstand der zeitlichen Kostenanalyse macht.

Entwickelt sich der technische Fortschritt faktorneutral und gleichmäßig und bleiben die Faktorpreisrelationen im Zwei-Faktoren-Fall über die Zeit unverändert, d. h. gilt

$$\frac{q_1(t)}{q_2(t)} = \text{const. für alle } t \in [0, \bar{t}],$$

so bleibt auch das Verhältnis der kostenminimalen Einsatzmengen der Faktoren unverändert. Dies wird unmittelbar graphisch aus Abb. 9.11 ersichtlich. Ändert sich jedoch die Faktorpreisrelation in der Weise, dass man anstatt $K(\bar{x}, t_1)$ im Zeitpunkt t_1 die Kostenisoquante $\hat{K}(\bar{x}, t_1)$ hat, so erfolgt selbst bei gleichmäßigem faktorneutralen technischen Fortschritt eine Veränderung der kostenminimalen Faktorproportionen.

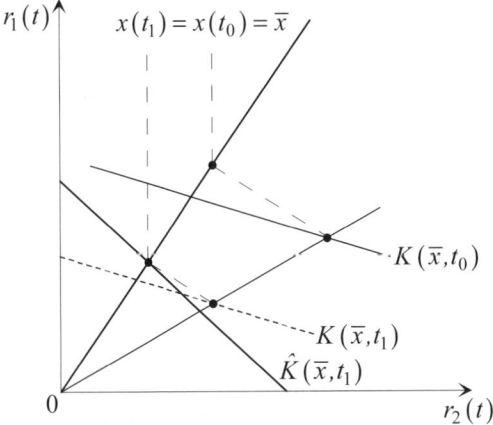

Abb. 9.11. Minimalkostenkombination bei zwei Leontief-Prozessen und gleichmäßigem faktorneutralen technischen Fortschritt

Bei ungleichmäßigem faktorneutralen technischen Fortschritt kann allerdings sogar selbst dann eine solche Veränderung eintreten, wenn die Preisrelationen im Zeitablauf konstant bleiben. Dieses Phänomen veranschaulicht Abb. 9.12.

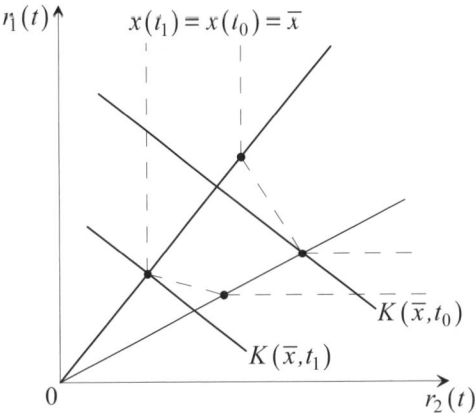

Abb. 9.12. Minimalkostenkombinationen bei zwei Leontief-Prozessen und ungleich-mäßigem faktorneutralen technischen Fortschritt

Analytisch lässt sich dieser Gedankengang in der folgenden Weise nach-vollziehen. Es gelte

$$\overline{v}_e(t) = (\overline{x}, r_1(t), r_2(t)) \ \text{ bzw. } \ \overline{v}_e'(t) = (\overline{x}, r_1'(t), r_2'(t))$$

mit

$$\overline{v}_e(t_0) = (1, 8, 8), \ \overline{v}_e{}'(t_0) = (1, 14, 6)$$

sowie $q(t) = (q_1(t), q_2(t))$ mit $q_1(t_0) = 1$ und $q_2(t_0) = 2$. Dann ist die Minimalkostenkombination $\overline{v}_e(t_0)$ in t_0 wegen

$$K(\overline{v}_e(t_0), q(t_0)) = 1 \cdot 8 + 2 \cdot 8 = 24 < K\left(\overline{v}_e{}'(t_0), q(t_0)\right)$$
$$= 1 \cdot 14 + 2 \cdot 6 = 26.$$

Falls nun zusätzlich

$$\overline{v}_e(t_1) = (1, 4, 4), \ \overline{v}_e{}'(t_1) = (1, 7, 3)$$

gilt, dann liegt gleichmäßiger faktorneutraler technischer Fortschritt von t_0 auf t_1 vor. Hat man weiterhin $q(t_1) = q(t_0)$, dann ist auch zu diesem Zeitpunkt t_1 die Minimalkostenkombination wieder $\overline{v}_e(t_1)$, da nun

$$K(\overline{v}_e(t_1), q(t_1)) = 1 \cdot 4 + 2 \cdot 4 = 12 < K\left(\overline{v}_e{}'(t_1), q(t_1)\right) = 1 \cdot 7 + 2 \cdot 3 = 13.$$

Ändern sich aber die Preise zu $q(t_1) = (2, 10)$, so ist

$$K(\overline{v}_e(t_1), q(t_1)) = 2 \cdot 4 + 10 \cdot 4 = 48 > K\left(\overline{v}_e{}'(t_0), q(t_1)\right) = 2 \cdot 7 + 10 \cdot 3 = 44$$

und $\overline{v}_e{}'(t_1)$ ist die Minimalkostenkombination zum Zeitpunkt t_1. Ist der technische Fortschritt zwar faktorneutral, aber ungleichmäßig, d. h. unterstellt man statt $\overline{v}_e{}'(t_1)$ den Produktionspunkt $\tilde{v}_e{}'(t_1)$ mit

$$\tilde{v}_e{}'(t_1) = \left(1, \frac{14}{3}, 2\right),$$

dann folgt selbst bei konstanten Preisen $q(t_1) = q(t_0) = (1, 2)$

$$K(\overline{v}_e(t_1), q(t_1)) = 1 \cdot 4 + 2 \cdot 4 = 12 > K(\tilde{v}_e{}'(t_1), q(t_1))$$
$$= 1 \cdot \frac{14}{3} + 2 \cdot 2 = \frac{26}{3},$$

so dass mit der Minimalkostenkombination $\tilde{v}_e{}'(t_1)$ eine Veränderung der kostenminimalen Faktorproportionen im Zeitpunkt t_1 stattfindet. In gleicher Weise kann auch bei veränderten Faktorpreisrelationen ein solcher Wechsel eintreten, wenn bei mehreren Leontief-Prozessen der technische Fortschritt nicht faktorneutral ist.

Ähnliche Erörterungen lassen sich für dynamische substitutionale Produktionsbeziehungen ausführen. Dies ist skizzenhaft durch Abb. 9.13 veranschaulicht, ohne dass es im Detail nochmals diskutiert werden müsste.

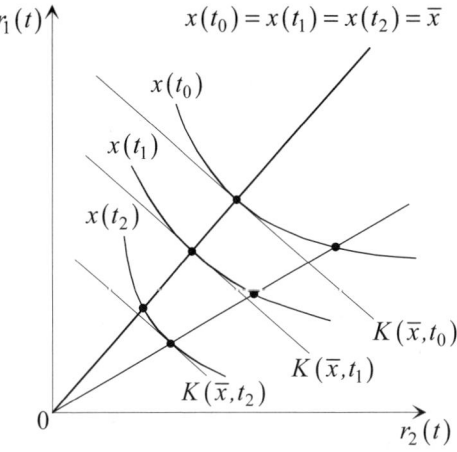

Abb. 9.13. Minimalkostenkombinationen bei dynamischen substitutionalen Produktionsbeziehungen

Insgesamt kann man aus den dynamischen Produktions- und Kostenbetrachtungen als Ergebnis festhalten, dass nur bei gleichmäßigem faktorneutralen technischen Fortschritt und unveränderten Faktorpreisrelationen in den Minimalkostenkombinationen für vorgegebene Produktionsniveaus im Zeitablauf das Verhältnis
der Faktoreinsatzmengen konstant bleibt. In anderen Fällen können sich diese
Relationen ändern.

Vertiefende Beispielaufgaben zu den Kostenbetrachtungen und Minimalkostenkombinationen bei substitutionaler und limitationaler Produktionsfunktion sowohl
im statischen als auch im dynamischen Fall finden sich bei FANDEL et al. (2008, S.
108 ff. sowie 193 ff.).

9.6   Historische Beiträge zur Kostentheorie

Die Anfangsphase in der Entwicklung der betriebswirtschaftlichen Kostentheorie
ist durch das Bemühen SCHMALENBACHS (1925) gekennzeichnet, die Kosten auf
die beiden Kategorien der fixen und variablen Kosten aufzuteilen und die
Bestimmungsfaktoren und Einflussgrößen der Kosten ausfindig zu machen. Hierbei hat er sich jedoch weitgehend auf die Beschäftigung bzw. den Beschäftigungsgrad ausgedrückt in Produktions- oder Leistungsmengen als einzige Einflussgröße
beschränkt, obwohl er auf andere Bestimmungsgrößen, wie z. B. das Fertigungsverfahren, ebenfalls hingewiesen hat. In seinen Ausführungen spielen die fixen
Kosten als Kosten der Betriebs- oder Produktionsbereitschaft, die durch die einmal vorhandenen Betriebsmittel- und Personalkapazitäten bedingt sind, im Vergleich zu den variablen Kosten insofern nur eine untergeordnete Rolle, als sie von
Beschäftigungsschwankungen unabhängig sind. Bei der Untersuchung der Abhän-

gigkeit der variablen Kosten unterscheidet er mehrere Fälle. Die exakte formale Erfassung des Einflusses der Beschäftigung auf die Höhe der Kosten durch die Aufstellung einer Kostenfunktion hat er nicht verfolgt, auch wenn er sich bei der Kostenauflösung des Instruments der funktionalen Beziehung bedient hat.

Im Einzelnen lassen sich also bei der kostentheoretischen Untersuchung SCHMALENBACHs im Wesentlichen die vier Aspekte ausmachen.

Aspekt 1: Einteilung der Kosten nach der Abhängigkeit von der Beschäftigung

SCHMALENBACH hat die Beschäftigung als einzige Kosteneinflussgröße betrachtet, da er andere Bestimmungsfaktoren für untergeordnet hielt. Hier unterscheidet er nun zwischen beschäftigungsunabhängigen und beschäftigungsabhängigen Kosten, wobei die Beschäftigung durch die in einer Periode erzeugte Ausbringungsmenge gemessen wird. Die beschäftigungsunabhängigen Kosten entsprechen den fixen Kosten, die aufgrund der Produktionsbereitschaft des Betriebes während einer Periode entstehen. Sie fallen also auch dann an, wenn das Unternehmen in einer Periode nicht produziert. Hierfür lassen sich beispielhaft Kosten für die Instandhaltung und Wartung der Maschinen, Angestelltengehälter oder Steuern und Gebühren für genutzte Grundstücke anführen. Da diese Kosten jedoch periodenabhängig sind – so ist für zwei Jahre doppelt soviel Grundsteuer zu zahlen wie für ein Jahr –, werden sie auch als Periodenkosten bezeichnet. Unter den beschäftigungsabhängigen Kosten sind dagegen in Übereinstimmung mit den eingeführten speziellen Kostenbegriffen die variablen Kosten zu verstehen.

Während die fixen Kosten im Einproduktunternehmen noch verursachungsgemäß auf die hergestellten Produkteinheiten umgelegt werden können, schlägt dieser Zurechnungsversuch im Mehrproduktunternehmen aufgrund der Heterogenität der Güter fehl. Daher hat SCHMALENBACH gefordert, diese Fixkosten aus der Kalkulation und Preispolitik des Unternehmens auszugliedern und stattdessen nur mit den Deckungsbeiträgen der einzelnen Güter zu arbeiten. Der Deckungsbeitrag einer Produktart ist dabei als Differenz zwischen Erlössatz und variablen Stückkosten definiert. Dieser Forderung wird heute weitgehend dadurch entsprochen, dass die Ansätze zur Bestimmung optimaler Produktionsprogramme auf der Basis der Deckungsbeitragsrechnung formuliert sind, wobei die Stückgewinne bzw. Deckungsbeiträge der Produktarten als Koeffizienten der Gütermengen in die Gewinnfunktion eingehen und die Fixkosten als Konstante von der Summe der Deckungsbeiträge abgezogen werden.

Aspekt 2: Aufstellung von Kostenkategorien

Bei der Einteilung der Kosten ging es vornehmlich um die Frage, inwieweit einzelne Teile der Gesamtkosten von der Beschäftigung abhängen. Mit der Aufstellung von Kostenkategorien soll dagegen eine Systematik zu der Untersuchung geliefert werden, wie die Kosten von der Beschäftigung bzw. Produktionsmenge beeinflusst werden. SCHMALENBACH unterscheidet für die Analyse von Kostenverläufen fünf Kategorien, von denen die ersten vier in Abb. 9.14 durch die Bereiche einer stückweise linear verlaufenden Kostenfunktion graphisch veranschaulicht sind.

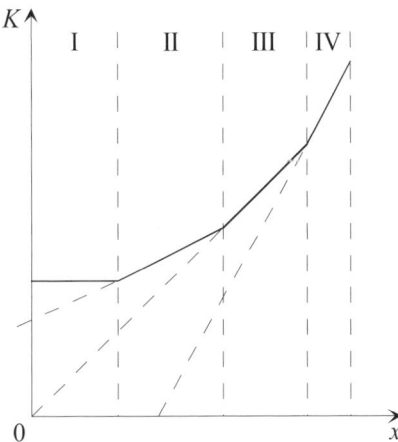

Abb. 9.14. Graphische Darstellung der Kostenkategorien bei SCHMALENBACH

Die Bezeichnungen dieser Kostenkategorien stimmen dabei vom inhaltlichen Gehalt her nicht unbedingt mit den teilweise gleich lautenden speziellen Kostenbegriffen überein.

(1) Fixe Kosten: Für sie sind die Grenzkosten gleich null, d. h. es gilt $dK/dx = 0$ (Bereich I). Diese Kosten bleiben von Beschäftigungsschwankungen unberührt.

(2) Proportionale Kosten: Hier sind die Grenzkosten gleich den Durchschnittskosten, so dass man $dK/dx = K/x$ hat (Bereich III). Daraus ergibt sich eine Kostenelastizität $(dK/K)/(dx/x) = 1$; sie besagt, dass sich bei einer Variation der Beschäftigung um einen bestimmten Prozentsatz die Kosten um denselben Prozentsatz ändern.

(3) Degressive Kosten: Für diesen Fall sind die Grenzkosten kleiner als die Durchschnittskosten, d. h. $dK/dx < K/x$ (Bereich II). Die Kostenelastizität ist kleiner eins, so dass Beschäftigungsabweichungen von einem Prozent eine Kostenveränderung von weniger als einem Prozent bewirken.

(4) Progressive Kosten: Die Grenzkosten sind höher als die Durchschnittskosten, man hat also $dK/dx > K/x$ (Bereich IV). Folglich ist hier die Kostenelastizität größer eins, so dass prozentuale Beschäftigungsänderungen zu stärkeren relativen Kostenveränderungen führen.

(5) Regressive Kosten: Sie sind durch negative Grenzkosten, d. h. $dK/dx < 0$, gekennzeichnet. Zur ihrer Veranschaulichung sei hier auf Abb. 9.5 verwiesen.

Im Hinblick auf die praktische Verwertbarkeit der aufgestellten Kostenkategorien vertritt SCHMALENBACH die Meinung, dass die Gesamtkosten pro Periode bei den meisten Unternehmen innerhalb bestimmter Beschäftigungsintervalle degressiv, also unterproportional verlaufen. Betriebe, die nur fixe oder proportionale Kosten aufweisen, seien dagegen nur selten anzutreffen.

Aspekt 3: Betriebswertrechnung

Im Rahmen der Betriebswertrechnung äußert SCHMALENBACH die Ansicht, dass sich der Wert der Faktoren an ihrer Knappheit orientiert. Die optimale Geltungszahl ist hierbei dadurch bestimmt, dass sie den effizienten Einsatz der Faktoren garantiert. Ihr kommt damit in Analogie zur Ableitung von Effizienzpreisen in der Aktivitätsanalyse eine Verrechnungs- und Lenkungsfunktion zu. Mit diesem Beitrag zur entscheidungsorientierten Kostentheorie liefert SCHMALENBACH die Vorprägung des wertmäßigen Kostenbegriffs.

Aspekt 4: Auflösung der Gesamtkosten in fixe und variable Bestandteile

Zur Auflösung der Kosten hat sich SCHMALENBACH des mathematischen Verfahrens zur Bestimmung von Funktionen bedient, das für den Fall eines linearen Gesamtkostenverlaufs $K(x)$ kurz erklärt und graphisch veranschaulicht werden soll. Unter der Annahme, dass die Kostenfunktion allein die Beschäftigung als unabhängige Variable, d. h. als Kosteneinflussgröße enthält und die Kosten sich in dieser Variablen linear verhalten, kann die Gesamtkostenkurve – das ist hier eine Kostengerade – unmittelbar aus der Beobachtung zweier verschiedener Beschäftigungsgrade x_1 und x_2 und den dabei auftretenden Kosten K_1 und K_2 abgeleitet werden, wie das aus Abb. 9.15 ersichtlich wird.

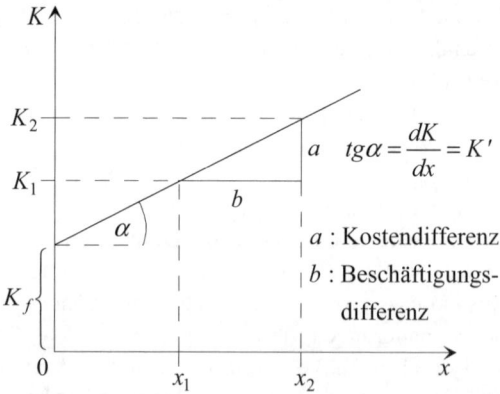

Abb. 9.15. Mathematische Kostenauflösung bei linearem Gesamtkostenverlauf

Die Grenzkosten K' und damit die Steigung der linearen Kostenfunktion lassen sich aus dem Quotient von Kostendifferenz $K_2 - K_1$ und Beschäftigungsdifferenz $x_2 - x_1$ bestimmen, d. h.

$$\frac{dK}{dx} = K' = \frac{K_2 - K_1}{x_2 - x_1}.$$

Für den formalen Ansatz der linearen Kostenfunktion gilt dann

$$K(x) = K'x + K_f.$$

Diese Funktion muss für die Punkte (x_1, K_1) und (x_2, K_2) erfüllt sein, d. h. es muss gelten:

$$K_1 = K'x_1 + K_f \text{ bzw. } K_2 = K'x_2 + K_f.$$

Hieraus ergibt sich für die fixen Kosten K_f

$$K_f = K_1 - K'x_1 = K_2 - K'x_2.$$

Wegen $K(x) = K_v(x) + K_f$ ist damit die Auflösung der linearen Gesamtkosten in die variablen Kosten

$$K_v(x) = K'x = \frac{K_2 - K_1}{x_2 - x_1}x$$

und die fixen Kosten

$$K_f = K_1 - \frac{K_2 - K_1}{x_2 - x_1}x_1 = K_2 - \frac{K_2 - K_1}{x_2 - x_1}x_2 \text{ vollzogen.}$$

SCHMALENBACH hat versucht, diese Form der mathematischen Kostenauflösung auch auf nicht-lineare Kostenverläufe zu übertragen. Im Gegensatz zum linearen Fall, in dem die Kostengerade durch zwei Beobachtungspunkte (x_1, K_1) und (x_2, K_2) eindeutig definiert ist, ergeben sich jedoch bei nicht-linearen Funktionen die Schwierigkeiten, dass man mit einer angemessenen Zahl von Beobachtungspunkten im Allgemeinen die Kostenfunktion nicht unbedingt formal eindeutig spezifizieren kann. So hat SCHMALENBACH dann auch selbst später mehr die buchungstechnische Kostenauflösung empfohlen, innerhalb derer die einzelnen Kostenarten wie zum Beispiel Fertigungslöhne und Materialkosten in Abhängigkeit von dispositiven Entscheidungen in fixe und variable Bestandteile aufgespalten werden sollten. Aber auch das kann bei gewissen Kostenarten zu Problemen führen; nämlich bei der Aufteilung von Fertigungslöhnen, wenn bei Entlassungen aufgrund des Beschäftigungsrückgangs Kündigungsfristen einzuhalten sind.

So wichtig die Erkenntnisse SCHMALENBACHS für die praktische Anwendbarkeit kostentheoretischer Überlegungen in Einproduktunternehmen zunächst auch waren, so stießen sie doch bei der Übertragung auf Mehrproduktunternehmen, die qualitativ unterschiedliche Produktarten und -mengen herstellen, auf erhebliche Schwierigkeiten.

Aufgrund dieser Problematik beschäftigte man sich in der zweiten Phase der Entwicklung der betriebswirtschaftlichen Kostentheorie verstärkt mit der Frage, wie das System der Kosteneinflussgrößen in einem Unternehmen am besten beschrieben werden könne und auf welche Weise sich deren Auswirkung auf die Höhe der Kosten quantitativ erfassen lasse. So haben sich dann im Gegensatz zu SCHMALENBACH, der allein die Beschäftigung als zentralen Kostenbestimmungsfaktor herausstellte, die Autoren RUMMEL (1949) und GUTENBERG (1951) um die Aufstellung umfassender Kataloge von Kosteneinflussgrößen bemüht, welche der Vielfalt der Kostenabhängigkeiten durch eine überschaubare Anzahl von Bestimmungsgrößen Rechnung tragen wollen. Beide Kataloge sind nach Autoren getrennt zum Vergleich in Tabelle 9.4 gegenübergestellt. Hieraus wird ersichtlich, dass es sich dabei nicht um eine alternative Aufzählung von Kostendeterminanten handelt. Vielmehr ist ihre Entstehung durch den unterschiedlichen Untersuchungszweck begründet, den die beiden Autoren damit verfolgt haben.

Tabelle 9.4.   Katalog der Kosteneinflussgrößen bei RUMMEL und GUTENBERG

RUMMEL	GUTENBERG
Faktorverbrauch	Fertigungsprogramm
Beschäftigungsgrad	Beschäftigung
Bewertung des Faktorverbrauchs	Faktorpreise
Arbeitsintensität bzw. Leistungsgrad von Arbeitern und Maschinen	Faktorqualitäten
Fertigungsauftragsgröße	Organisation des Fertigungsablaufs
Anordnung der Betriebspausen	Betriebsgröße

RUMMEL hat versucht, die Gesetzmäßigkeiten zwischen Kosteneinflussgrößen und Kostenhöhe funktional einzufangen, wobei er davon ausgeht, dass die Kosten additiv in Teilkosten für die jeweiligen Einflussgrößen zerlegt werden können und alle Teilkosten proportional zu ihrer Einflussgröße sind. Nur auf der Grundlage dieser These könne eine einheitliche Kostenrechnung sinnvoll konzipiert und durchgeführt werden. Damit erhebt er das Verursachungs- oder Proportionalitätsprinzip zum grundlegenden Prinzip der Kostenrechnung, und er bezeichnet diese lineare Abhängigkeit der Kosten von verschiedenen Einflussgrößen wie Beschäftigungsgrad, Arbeitsintensität und Losgröße als die „Geradlinigkeit im Kostenwesen" und hat sie durch praktische Untersuchungen zu untermauern versucht. In diesem Rahmen interessieren ihn vornehmlich die Kosteneinflussgrößen, mit deren Hilfe die Kostenstruktur eines Unternehmens empirisch feststellbar ist und explizit in der linearen Form

$$K\left(e_{1},\ldots,e_{n}\right)=a_{1}\cdot e_{1}+\ldots+a_{n}\cdot e_{n}$$

abgebildet werden kann, wobei $e_{1},\ldots,e_{n}$ die Einflussgrößen, wie man sie in seinem Katalog vorfindet, und $a_{1},\ldots,a_{n}$ Konstanten sind. Die fixen Kosten werden dadurch in das Konzept integriert, dass sie zwar als fix bezüglich der Erzeugnismenge, aber als proportional zur zeitlichen Länge der jeweils betrachteten Produktionsperiode angenommen werden. Sicherlich ist eine solche einfache mathematische Struktur für kalkulatorische Zwecke, d. h. zur Verteilung der Kosten auf die Produkte, durchaus wünschenswert; gerade die Kostenfunktionen, die auf der Gutenberg-Produktionsfunktion aufbauen, werden aber zeigen, dass insbesondere im Bereich der intensitätsmäßigen Anpassung nicht – und daher auch nicht allgemein – mit linearen Kostenverläufen gerechnet werden kann. Die Schwäche dieser Vorgehensweise von RUMMEL liegt darin, dass sie für die Erklärung solcher nicht-linearer Kostenverläufe keinen Platz lässt und die Aufzählung von Kosteneinflussgrößen möglicherweise daran orientiert, inwieweit diese der Linearitätshypothese gehorchen.

GUTENBERG hat sich bei der Formulierung seines Katalogs von Kosteneinflussgrößen weniger dafür interessiert, wie sich die formale Abhängigkeit der Kosten von den Bestimmungsfaktoren beschreiben lässt. Ihm ging es vielmehr um eine Systematisierung der Kosteneinflussgrößen in der Weise, dass sich die Kostenabhängigkeiten auf eine überschaubare Zahl von Variablen zurückführen lassen, die als betriebliche Größen für die allgemeine Erklärung von Kostenverläufen ausreichen. Dieses Bemühen im Sinne einer Vereinfachung von Kostenmodellen hat sich insofern als erfolgreich erwiesen, da er zeigen konnte, dass sich die Kostenabhängigkeiten im Produktionsbereich letztlich auf die drei Haupteinflussgrößen Faktorqualitäten, Faktorproportionen und Faktorpreise beschränken.

Damit wird jedoch der bedeutende Anstoß für die weitere Entwicklung der betriebswirtschaftlichen Kostentheorie in ihrer dritten Phase bereits offensichtlich. Der Beachtung von Faktorqualitäten kann in den Produktionsmodellen durch die Einteilung der Produktionsfaktoren in verschiedene Arten Rechnung getragen werden; so ist dann beispielsweise entsprechend der Qualifikation der eingesetzten Arbeitskräfte ein Facharbeiter ein anderer Produktionsfaktor als ein Hilfsarbeiter, die Bohrmaschine des Baujahres 2009 ein anderer Faktor als die des Jahres 2004. Die Faktorproportionen kommen ihrerseits in der Produktionsfunktion durch die tatsächlich eingesetzten Faktormengen zum Ausdruck, wobei die Einsatzverhältnisse über die Minimalkostenkombination bestimmt werden. Werden die Faktoreinsatzmengen nun mit den Faktorpreisen bewertet, so lassen sich jeder Produktmenge die Kosten zuordnen, die durch diese verursacht werden. Das bedeutet aber, dass auf der Grundlage jeder Produktionsfunktion eine Kostenfunktion abgeleitet werden kann, welche die Kosten in Abhängigkeit der Ausbringungsmenge, d. h. der Beschäftigungsmenge anzeigt. Diese logische Verknüpfung von Produktions- und Kostenmodellen bzw. -funktionen liegt heute im Allgemeinen der kostentheoretischen Betrachtungsweise zugrunde, so dass sich hieraus eine entsprechende Abarbeitung von Kostenfunktionen nach dem Muster der Produktionsfunktionen empfiehlt. Dies erfolgt im nächsten Kapitel.

Mit Besonderheiten der Kostenbestimmung bei Prozessen der Kuppelproduktion, die hier im Kontext der historischen Beiträge noch kurz angemerkt werden sollen, haben sich v. STACKELBERG (1932) und RIEBEL (1970, 1971) befasst. v. STACKELBERG hat vorgeschlagen, die aus der einfachen Produktion bzw. der unverbundenen Mehrproduktfertigung bekannten Erkenntnisse der Kostenermittlung in der Weise auch für die Fälle der Kuppelproduktion zu verwerten, dass man die aus den verschiedenen Kuppelproduktionsprozessen hervorgehenden Güter jeweils zu Produktpaketen zusammenfasst, die ihrerseits dann als unterscheidbare Einzelerzeugnisse interpretiert werden können. In Fortführung dieser Idee sind neuerdings von RIEBEL Kalkulationsschemata entwickelt worden, die der Ermittlung von Deckungsbeiträgen solcher Produktpakete für die unterschiedlichen Typen der Kuppelproduktion dienen sollen. Das Ausmaß der bei dieser Vorgehensweise eventuell auftretenden methodischen sowie praktischen Schwierigkeiten hängt dabei allerdings wesentlich davon ab, welche Mengenbeziehungen zwischen den Kuppelprodukten und ihren Abkömmlingen bei den nachfolgenden Weiterverarbeitungsprozessen zu berücksichtigen sind. So lässt sich bei mehrfachen Kuppelproduktionsprozessen mit kombinierter Weiterverarbeitung das Problem, dass dann Produktpakete innerhalb von Produktpaketen gebildet werden müssen, oft schon datenerfassungsmäßig kaum mehr bewältigen (KRUSCHWITZ 1974). Dabei bleibt zudem die Frage völlig ungeklärt, wie die individuellen Absatzhöchstmengen der marktfähigen Kuppelprodukte eines Produktpakets im Hinblick auf diese Produktbündelung gehandhabt werden sollen und welche Auswirkungen sich daraus für die Deckungsbeitragsbestimmung ergeben. Andererseits träte jedoch das weitaus gravierendere Zurechnungsproblem bei der Kostenauflösung auf, wenn man versuchen würde, über die Produktpakete hinaus sogar Deckungsbeiträge für die einzelnen Kuppelprodukte zu ermitteln. Da die hierfür erforderliche Separabilität der Kostenfunktionen im Widerspruch zur Kuppelproduktion steht, bleibt dieses Zurechnungsproblem unlösbar (KILGER 1973). Um diese angesprochenen Schwierigkeiten zu vermeiden, hat eine Reihe von Autoren, wie z. B. KILGER (1973), BIETHAHN (1974) und KRUSCHWITZ (1974), einen anderen Lösungsweg eingeschlagen, nämlich die Kosten bei Kuppelproduktion nicht allein erzeugnisorientiert, sondern dort, wo es nicht anders geht, alternativ prozessorientiert zu erfassen.

10 Kostenfunktionen auf der Basis spezieller Produktionsfunktionen

10.1 Die Entwicklung der Kostenfunktion aus der Produktionsfunktion

Die quantitativen Beziehungen zwischen den Kosten der Produktion von Gütern und den Kosteneinflussgrößen werden durch Kostenfunktionen beschrieben. Als wesentliche Einflussgrößen gelten dabei aus betriebswirtschaftlicher Sicht die Produktionsmengen, die Faktorpreise und die sich hieraus über die Minimalkostenkombinationen ergebenden Faktormengen bzw. Faktorproportionen. Neben allen möglichen anderen produktionstechnischen und ökonomischen Bedingungen, die Einfluss auf die explizite Gestaltung der Kostenfunktion eines Unternehmens nehmen, hängt die formale Struktur einer Kostenfunktion insbesondere davon ab,

- wie viel Produktionsstufen die Erzeugnisse bis zur Marktreife oder sonstigen Verwertbarkeit zu durchlaufen haben,
- ob es sich um eine Ein- oder Mehrproduktfertigung handelt,
- ob sich die Produktion auf der Grundlage limitationaler oder substitutionaler Fertigungsverhältnisse vollzieht,
- in welchem Maße die Produktionsfaktoren frei verfügbar sind, also bei der Bestimmung der kostenminimalen Realisierung eines vorgegebenen Produktionsniveaus totale Faktorvariation zulässig ist oder diese bereits dadurch von vornherein so eingeschränkt wird, dass nur noch partielle Faktorvariation durchgeführt werden kann, da einige Faktoreinsatzmengen schon vorweg festgelegt und so nicht mehr frei wählbar sind, und
- ob die Faktorpreise konstant vorgegeben sind oder einsatzmengenabhängige variable Faktorpreise zu berücksichtigen sind.

Die aufgezählten Aspekte lassen sich häufig in der hierarchischen Abfolge von oben nach unten abarbeiten, wie sie vorstehend aufgeführt sind. Dabei ist die Rangfolge der letzten drei Problembereiche nicht als unbedingt strikt anzusehen; man wird diese von Fall zu Fall auch in anderer Abfolge behandeln können.

Normalerweise wird man bei der Ermittlung der Gesamtkosten einer mehrstufigen Fertigung so vorgehen können, dass man die Kosten jeder Produktionsstufe erfasst und über die Stufen aufaddiert. Sieht man des Weiteren einmal von den Sonderfällen der Kuppelproduktion ab, so wird man durch analoge Vorgehensweise auch die Gesamtkosten der Mehrproduktfertigung bestimmen können, indem man nämlich die mit den einzelnen Produktionsmengen verbundenen Fertigungskosten errechnet und über alle Produktarten aufsummiert.

Limitationale Produktionsbeziehungen mit einem Fertigungsprozess besitzen den Vorzug, dass man bei ihnen einfach die Kostenfunktion dadurch erhält, dass man die die Produktionsfunktion beschreibenden Faktoreinsatzfunktionen unmittelbar in die auf dem Kostenbegriff basierende Kostengleichung einsetzt, da für diesen Fall der Prozessstrahl stets mit der Minimalkostenlinie übereinstimmt. Bei substitutionalen Produktionsbedingungen oder limitationalen Fertigungsverhältnissen mit mehreren Produktionsprozessen müssen auf der Grundlage der geltenden Faktorpreise zunächst die Minimalkostenkombination bzw. der kostenminimale Prozess determiniert werden, bevor man die sie charakterisierenden bzw. hier vorherrschenden Faktoreinsatzfunktionen der Produktionsfunktion in die Kostengleichung einsetzen kann, um auf ähnliche Weise wie zuvor die Kostenfunktion zu bekommen.

Der Weg über Minimalkostenkombination und Kostengleichung zur Kostenfunktion ist immer dann begehbar, wenn der Produzent bei gegebener oder sich verändernder Produktion unter den effizienten Faktorkombinationen die jeweilige Minimalkostenkombination in dem Sinne auswählen kann, dass mindestens für zwei Ressourcen die Einsatzmengen frei variierbar sind. Bleiben alle Faktoreinsatzmengen entsprechend einer totalen Variation veränderbar, so handelt es sich um eine uneingeschränkte Kostenminimierung, und alle sich aus den Input-Output-Relationen ergebenden Kosten sind variable Kosten. Oft ist aber eine solche freie Wählbarkeit der uneingeschränkten Kostenminimierung nicht mehr gegeben, wenn der Einsatz von Potentialfaktoren wie Arbeitskräfte und Maschinen zum Teil schon mengenmäßig festliegt und nicht mehr kurzfristig an veränderte Produktionsmengen kostenminimal angepasst werden kann. Gründe dafür mögen darin liegen, dass zusätzlich benötigte Maschinenstunden nicht direkt beschaffbar sind und geringer beschäftigte Arbeitskräfte sowieso nicht kurzfristig entlassen werden können und deshalb auch in der ursprünglichen Einsatzhöhe beibehalten werden müssen. In derartigen Fällen der modifizierten Minimalkostenbetrachtungen zählen alle Kostenanteile, die trotz veränderter Produktion durch gleich bleibende Faktoreinsatzmengen verursacht werden, zu den fixen Kosten. Der der uneingeschränkten Minimalkostenkombination hier gegenüberstehende Extremfall wäre dadurch markiert, dass im Sinne der partiellen Faktorvariation sogar nur noch eine einzige Faktoreinsatzmenge bei veränderter Produktion variierbar ist. Nur in dieser Situation der bis hin zur reinen Effizienzbetrachtung extrem eingeschränkten Kostenminimierung kann die (partielle) Ertragsfunktion unmittelbar als Grundlage für die Ableitung der Kostenzusammenhänge dienen, wie es üblicherweise in der Literatur unterstellt wird. Beide Versionen, die uneingeschränkte Kostenminimierung und die bis hin zur Variation nur noch eines einzigen Faktors extrem eingeschränkte Kostenminimierung, werden im Weiteren bei der Erörterung der Kostenfunktionen auf der Grundlage spezieller Produktionsfunktionen noch eingehender analysiert. Unterfälle können analog zur uneingeschränkten Kostenminimierung behandelt werden.

Die Einbeziehung einsatzabhängiger Faktorpreise erschwert die Überlegungen zur Minimalkostenkombination bzw. Kostenfunktion insofern, als sie zu nichtlinearen Kostengleichungen führt und die Kostenisoquanten eventuell ihre Konvexitätseigenschaft verlieren.

Die folgenden Betrachtungen zur Herleitung von Kostenfunktionen aus Produktionsfunktionen werden auf die einstufige Einproduktfertigung beschränkt. Nach der besprochenen Hierarchie der Problemkreise ermöglichen es die Resultate dieser Analyse, auf ihnen die Lösung komplexerer Fälle der Kostenbestimmung aufzubauen. Als mögliche Produktionsfunktionen sollen das Ertragsgesetz, die Cobb-Douglas-Produktionsfunktion, die Leontief-Produktionsfunktion und die Gutenberg-Produktionsfunktion in Frage kommen, für die die Kostenfunktionen bestimmt und in ihren Verläufen diskutiert werden sollen.

Geht man für diese in Rede stehenden Fälle von der Kostengleichung

$$K = q_1 \cdot r_1 + q_2 \cdot r_2 + \ldots + q_I \cdot r_I$$

aus und unterstellt man, dass man die mit der Fertigung einer bestimmten Erzeugnismenge x verbundenen Faktoreinsatzmengen r_i, $i = 1, \ldots, I$, über die für die Minimalkostenkombination geltenden Faktoreinsatzfunktionen

$$r_i = r_i^*(x), \quad i = 1, \ldots, I,$$

erhält, so lautet die Kostenfunktion bei uneingeschränkter Kostenminimierung allgemein

$$K(x) = q_1 \cdot r_1^*(x) + q_2 \cdot r_2^*(x) + \ldots + q_I \cdot r_I^*(x).$$

Sind die Faktoreinsatzfunktionen $r_i^*(x)$ spezifiziert, so ist die Kostenfunktion $K(x)$ explizit bekannt. Die Spezifizierung von $r_i^*(x)$ hängt von dem Produktionsfunktionstyp und den formalen Rahmenbedingungen der Minimalkostenkombination ab.

Sind alle Faktoreinsatzmengen bis auf r_1 schon von vornherein fest vorgegeben, so reduziert sich bei dieser extrem eingeschränkten Kostenminimierung die Kostenfunktion auf die Form

$$K(x) = q_1 g_1(x) + q_2 \overline{r}_2 + \ldots + q_I \overline{r}_I$$

mit

- $K_v(x) = q_1 \cdot g_1(x)$ als variablen Kosten,
- $K_f = q_2 \cdot \overline{r}_2 + \ldots + q_I \cdot \overline{r}_I$ als fixen Kosten und
- $r_1 = g_1(x)$ als Umkehrfunktion zur Ertragsfunktion $x = f(r_1, \overline{r}_2, \ldots, \overline{r}_I)$.

Die Ertragskurven $x = f(r_1, \overline{r}_2, \ldots, \overline{r}_I)$ bei partieller Faktorvariation sind aber für die Produktionsfunktionen, deren Kostenfunktionen hier analysiert werden sollen, aus den produktionstheoretischen Betrachtungen her bekannt. An ihnen wird im zweiten Fall der eingeschränkten Kostenminimierung die Bestimmung der Kostenfunktionen anknüpfen.

10.2   Kostenfunktionen auf der Grundlage der ertragsgesetzlichen Produktionsfunktionen

Bei uneingeschränkter Kostenminimierung muss man die Kostenfunktion zur ertragsgesetzlichen Produktionsfunktion über die formalen Bedingungen der Minimalkostenkombination für substitutionale Produktionsfunktionen herleiten. Dies soll hier für die in Kapitel 4 diskutierte klassische Produktionsfunktion

$$x = 4 \cdot \frac{r_1^2 \cdot r_2^2}{(r_1 + r_2)^2}$$

konkret erfolgen, wobei also implizit nur ein Drei-Güter-Fall, in dem sich der Output aus zwei Inputs ergibt, unterstellt sei. Die Faktorpreise q_1 und q_2 seien gegeben und konstant. Dann gilt für jede Minimalkostenkombination eines beliebig vorgegebenen Produktionsniveaus x, dass dort die Grenzproduktivitäten der Faktoren im selben Verhältnis zueinander stehen wie die Faktorpreise, also

$$\frac{\partial x}{\partial r_1} \bigg/ \frac{\partial x}{\partial r_2} = \frac{q_1}{q_2}$$

gilt. Für die Grenzproduktivitäten erhält man aus der Produktionsfunktion

$$\frac{\partial x}{\partial r_1} = 4 \cdot \frac{(r_1 + r_2)^2 \cdot 2r_1 \cdot r_2^2 - 2r_1^2 r_2^2 (r_1 + r_2)}{(r_1 + r_2)^4} = \frac{8r_1^2 r_2^2 (r_1 + r_2)}{(r_1 + r_2)^4} \cdot \frac{r_2}{r_1}$$

$$\frac{\partial x}{\partial r_2} = 4 \cdot \frac{(r_1 + r_2)^2 \cdot 2r_1^2 r_2 - 2r_1^2 r_2^2 (r_1 + r_2)}{(r_1 + r_2)^4} = \frac{8r_1^2 r_2^2 (r_1 + r_2)}{(r_1 + r_2)^4} \cdot \frac{r_1}{r_2}$$

und dann weiter hieraus

$$\frac{\partial x}{\partial r_1} \bigg/ \frac{\partial x}{\partial r_2} = \frac{r_2^2}{r_1^2} = \frac{q_1}{q_2} \quad \text{bzw.} \quad r_2 = cr_1 \quad \text{mit} \quad c = \sqrt{\frac{q_1}{q_2}} \; .$$

Die Beziehung $r_2 = cr_1$ beschreibt die Faktoreinsatzverhältnisse der beiden Ressourcen auf der Minimalkostenlinie in Abhängigkeit ihres Preisverhältnisses. Da c bei fest vorgegebenen Faktorpreisen konstant ist, verläuft die Minimalkostenlinie also linear. Setzt man nun die Beziehung der Minimalkostenlinie in die Produktionsfunktion ein, so ergibt sich hieraus die für die Minimalkostenkombination geltende Einsatzfunktion des Faktors 1 der Produktionsfunktion in der folgenden Weise

$$x = 4 \cdot \frac{r_1^2 \cdot r_2^2}{(r_1 + r_2)^2} = \frac{r_1^2 \cdot c^2 \cdot r_1^2}{(1 + c)^2 \cdot r_1^2} = \frac{4c^2}{(1 + c)^2} \cdot r_1^2$$

und daraus

$$r_1 = r_1^*(x) = d \cdot \sqrt{x} \ \text{ mit } \ d = \frac{1+c}{2c}.$$

Für die Faktoreinsatzfunktion $r_2 = \tilde{g}_2(x)$ gilt auf der Minimalkostenlinie offensichtlich analog:

$$r_2 = r_2^*(x) = c \cdot r_1 = c \cdot r_1^*(x) = c \cdot d\sqrt{x}.$$

Da c und d Konstante sind, sind diese Faktoreinsatzfunktionen streng monoton steigend und konkav, verlaufen also unterproportional steigend, wenn x erhöht wird. Setzt man die beiden Einsatzfunktionen in die Kostengleichung ein, so führt das zu der Kostenfunktion bei uneingeschränkter Kostenminimierung, die dann lautet

$$K(x) = q_1 \cdot r_1 + q_2 \cdot r_2 = q_1 r_1^*(x) + q_2 r_2^*(x) = q_1 \cdot d \cdot \sqrt{x} + q_2 \cdot c \cdot d \cdot \sqrt{x}$$
$$= (q_1 \cdot d + q_2 \cdot c \cdot d)\sqrt{x} = e\sqrt{x}$$

mit $e = (q_1 \cdot d + q_2 \cdot c \cdot d)$.

Unter den obwaltenden Bedingungen ist e konstant und damit die Kostenfunktion $K(x)$ degressiv steigend und konkav. Sie besitzt keine Fixkostenanteile. Ihr Verlauf ist in Abb. 10.1 dargestellt. Es fällt auf, dass der für die ertragsgesetzliche Produktionsfunktion bei partieller Faktorvariation typische s-förmige Verlauf der Ertragskurve bei dieser Version der Kostenminimierung und dem daraus abgeleiteten Verlauf der Kostenfunktion nicht zum Tragen kommt. Der degressive Anstieg der Kostenfunktion erklärt sich aus dem Umstand, dass die zugrunde liegende klassische Produktionsfunktion homogen vom Grad 2 ist und damit zunehmende Skalenerträge aufweist. Dies schlägt sich als Pendant im degressiven Kostenverlauf nieder. Andere Produktionsfunktionsverläufe machen andere Kostenfunktionsverläufe denkbar.

Anhand des vorliegenden Gesamtkostenverlaufs lässt sich nun das Verhalten hieraus abgeleiteter Kostengrößen studieren. Da die Fixkosten $K_f = 0$ sind, entsprechen die variablen Kosten $K_v(x)$ den Gesamtkosten $K(x)$, die Gesamtkosten pro Stück $k(x)$ den variablen Kosten pro Stück $k_v(x)$, und es treten keine fixen Kosten pro Stück auf. Wegen des über den gesamten Bereich der Produktionsmenge x degressiven Kostenverlaufs fallen die Stückkosten $k(x)$ und Grenzkosten $K'(x)$ von Anfang an streng monoton und nehmen einen konvexen Verlauf, wobei die Grenzkosten stets unterhalb der Stückkosten bleiben. Unter reinen Stückkostengesichtspunkten würde das Unternehmen mit einer derartigen Kostenfunktion versuchen, stets an der Kapazitätsgrenze zu produzieren, da dort das Betriebsoptimum mit den geringsten Stückkosten läge. Bei solchen Kostenverhältnissen wäre es eine nahe liegende Politik, diese Kapazitätsgrenze immer weiter hinauszuschieben, was zu dem bekannten und bereits angesprochenen Argument für die Massenproduktion führt.

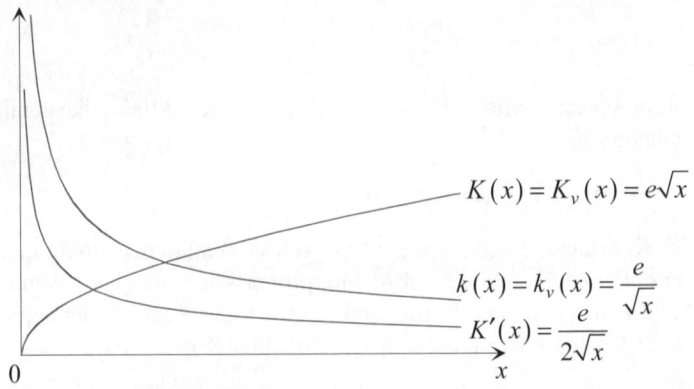

$$K(x) = K_v(x) = e\sqrt{x}$$

$$k(x) = k_v(x) = \frac{e}{\sqrt{x}}$$

$$K'(x) = \frac{e}{2\sqrt{x}}$$

Abb. 10.1.   Kostenfunktion einer klassischen Produktionsfunktion bei uneingeschränkter Kostenminimierung

Völlig anders gelagert sind die Kostenüberlegungen für den Fall, dass auf der Grundlage einer klassischen Produktionsfunktion nur noch eine extrem eingeschränkte Kostenminimierung in dem Sinne möglich ist, dass eine Anpassung an eine veränderte Produktionsmenge nur noch durch die partielle Faktorvariation einer Ressource erfolgen kann. Hier dient die Ertragskurve dann als Basis für die Bestimmung der jetzt geltenden Kostenfunktion.

Geht man von einer ertragsgesetzlichen Produktionsfunktion

$$x = f(r_1, \ldots, r_I)$$

aus und ist nur die Einsatzmenge r_1 des ersten Faktors in partieller Anpassung noch variierbar, dann liefert das die bekannte s-förmige Ertragskurve

$$x = f(r_1, \overline{r}_2, \ldots, \overline{r}_I),$$

wie sie in Abb. 10.2 für die effizienten Produktionen veranschaulicht ist. Eine Vertauschung der abhängigen Variable Ausbringungsmenge x gegen die unabhängige Variable Faktoreinsatzmenge r_1 führt in demselben Koordinatensystem bei Umbenennung der Achsen – die in Abb. 10.2 durch Klammern angezeigt ist – zur Spiegelung der Ertragskurve an der 45° -Linie. Dadurch erhält man aus der Ertragsfunktion $x = f(r_1, \overline{r}_2, \ldots, \overline{r}_I)$ die Umkehrfunktion $r_1 = g_1(x, \overline{r}_2, \ldots, \overline{r}_I)$ bzw. $r_1 = g_1(x)$. Sie zeigt als Faktoreinsatzfunktion die Abhängigkeit der Faktoreinsatzmenge r_1 von der Produktionsmenge x an, wobei die Einsatzmengen der Faktoren 2 bis I konstant bleiben.

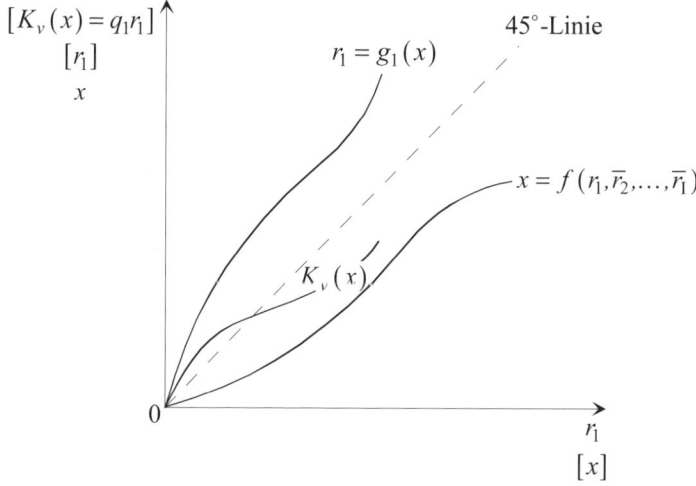

Abb. 10.2. Herleitung der Kostenfunktion einer klassischen Produktionsfunktion aus der Ertragskurve bei eingeschränkter Kostenminimierung

Transformiert man nun die Ordinatenwerte r_1 der Funktion $g_1(x)$ in der Weise, dass man die von der Ausbringungsmenge x abhängigen Einsatzmengen r_1 des Faktors 1 mit dem Faktorpreis q_1 multipliziert, so ergeben sich die von der Produktion x abhängigen Kosten $K_v(x) = q_1 r_1$, die sich auf den Faktorverbrauch r_1 beziehen. In der Abb. 10.2 ist $q_1 = 1/2$ angesetzt worden. Diese Kosten entsprechen gleichzeitig den variablen Kosten der Produktion, da unter den gemachten Annahmen der partiellen Anpassung nur der bewertete Faktorverbrauch des ersten Faktors von der Ausbringungsmenge x abhängt, d. h. es gilt für die variablen Kosten der Produktion

$$K_v(x) = q_1 r_1 = q_1 g_1(x).$$

Die Einsatzmengen $\overline{r}_2, ..., \overline{r}_I$ der übrigen Faktoren sind von der Ausbringungsmenge x unabhängig; sie werden während der gesamten Betrachtung unverändert gelassen. Bei konstanten Faktorpreisen $q_2, ..., q_I$ sind demnach die Kosten, die durch den bewerteten Faktorverbrauch der übrigen Produktionsfaktoren anfallen, von der Erzeugnismenge x unabhängig. Solche Kosten werden als fixe bzw. konstante Kosten der Produktion bezeichnet und können zusammengefasst werden zu

$$K_f = q_2 \overline{r}_2 + ... + q_I \overline{r}_I.$$

Addiert man die variablen und fixen Kosten, so ergeben sie die Gesamtkosten der Produktion bei der eingeschränkten Kostenminimierung zu

$$K(x) = K_v(x) + K_f = q_1 g_1(x) + q_2 \overline{r}_2 + ... + q_I \overline{r}_I.$$

Die so aus der Produktionsfunktion bei partieller Faktorvariation bzw. aus der Ertragskurve abgeleitete Gesamtkostenfunktion $K(x)$ ist in Abb. 10.3 unter geändertem Maßstab dargestellt. Aus ihr werden die Grenz- und Stückkostenkurven hergeleitet.

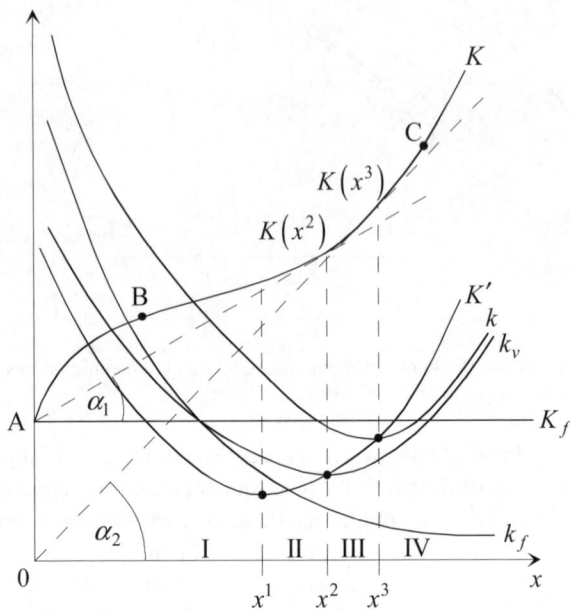

Abb. 10.3. Ertragsgesetzliche Kostenverläufe bei eingeschränkter Kostenminimierung

Es zeigt sich, dass die Gesamtkosten $K(x)$ in Umkehrung zum Verlauf der Ertragskurve zuerst degressiv bis zur Produktionsmenge x^1 und dann progressiv steigen. Sie stimmen mit den variablen Kosten $K_v(x)$ im Verlauf überein, wenn man die x-Achse auf das Niveau der Fixkosten K_f verlegen würde. Die Produktionsmenge x^1 markiert den Wendepunkt der Gesamtkostenkurve.

Sind die fixen Kosten der Produktion größer null, d. h. $K_f > 0$, so gehen die fixen Kosten pro Stück $k_f(x)$ für fallende Ausbringungsmengen x gegen unendlich, da die fixen Kosten in diesem Falle auf immer weniger Mengeneinheiten des Produkts aufgeteilt werden können. Andererseits fallen die fixen Kosten pro Stück stets mit zunehmender Ausbringungsmenge x, da dann der konstante Betrag K_f auf immer mehr Mengeneinheiten des Produkts verteilt wird.

Die variablen Kosten pro Stück

$$k_v(x) = \frac{K_v(x)}{x} = \frac{K(x) - K_f}{x}$$

lassen sich für eine bestimmte Ausbringungsmenge x durch den Tangens des Winkels erfassen, den der Fahrstrahl vom Punkt A an den Punkt $K(x)$ der Gesamtkostenkurve mit der nach Punkt A verlagerten Abszissenachse bildet. In

Abb. 10.3 gibt der Tangens des Winkels α_1 beispielsweise die variablen Kosten pro Stück $k_v\left(x^2\right)$ für die Ausbringungsmenge x^2 an. Es gilt also

$$\text{tg } \alpha_1 = \frac{K\left(x^2\right) - K_f}{x^2} = k_v\left(x^2\right).$$

Der Fahrstrahl verläuft in diesem Fall vom Punkt A an den Punkt $K\left(x^2\right)$ der Kostenkurve. Die nach Punkt A verlagerte Abszissenachse liegt auf dem Niveau von K_f. Hieraus folgt insbesondere für den Verlauf der variablen Kosten pro Stück:

(1) Für die Ausbringungsmengen x unterhalb von x^2, d. h. $x < x^2$, fallen die variablen Kosten pro Stück mit zunehmender Ausbringungsmenge, da in diesem Bereich mit wachsendem x die Steigung des Fahrstrahls abnimmt. Im Bereich $0 < x < x^2$ liegen die variablen Kosten pro Stück über den Grenzkosten, da die Steigung des Fahrstrahls hier stets größer ist als die Steigung der Kostenkurve. Das sieht man unmittelbar in Abb. 10.3 für den Punkt B.

(2) Für $x = x^2$ erreicht die Steigung des Fahrstrahls ihr Minimum, d. h. die variablen Kosten pro Stück werden bei $x = x^2$ minimal. Die Steigung des Fahrstrahls stimmt hier, da er zur Tangente an der Kostenkurve wird, mit der Steigung der Kostenkurve überein, d. h. für $x = x^2$ sind die Grenzkosten $K'(x)$ und die variablen Kosten pro Stück $k_v(x)$ identisch.

(3) Für Erzeugnismengen $x > x^2$ steigen die variablen Kosten pro Stück wieder an, da die Steigung des Fahrstrahls mit zunehmendem x wieder größer wird. In diesem Bereich liegen aber die Grenzkosten jetzt über den variablen Kosten pro Stück, da die Steigung der Kostenkurve für $x > x^2$ stets größer als die Steigung des Fahrstrahls ist. Dies ist für den Punkt C in Abb. 10.3 leicht erkennbar.

Die Gesamtkosten pro Stück

$$k(x) = \frac{K(x)}{x}$$

können entsprechend für eine bestimmte Produktionsmenge x durch den Tangens des Winkels ausgedrückt werden, den der Fahrstrahl vom Punkt 0 an den Punkt $K(x)$ der Gesamtkostenkurve mit der Abszissenachse einschließt. So gibt z. B. in Abb. 10.3 der Tangens des Winkels α_2 die Gesamtkosten pro Stück $k\left(x^3\right)$ für die Erzeugnismenge x^3 an, weil

$$\text{tg } \alpha_2 = K\left(x^3\right) / x^3 = k\left(x^3\right).$$

In teilweise analoger Argumentation wie zum Verlauf der variablen Kosten pro Stück erhält man für den Verlauf der Gesamtkosten pro Stück:

(1') Für Ausbringungsmengen x unterhalb von x^3, d. h. $x < x^3$, fallen die Gesamtkosten pro Stück mit größer werdender Produktion. Für x gegen null streben die Gesamtkosten pro Stück gegen unendlich, da mit fallendem x die Steigung des Fahrstrahls beliebig groß wird. Im Bereich $0 < x < x^3$ liegen die Gesamtkosten pro Stück über den Grenzkosten.

(2') Bei der Erzeugnismenge $x = x^3$ erreichen die Gesamtkosten pro Stück ihr Minimum und stimmen mit den Grenzkosten überein. Dieser Produktionspunkt x^3 kennzeichnet also das Betriebsoptimum.

(3') Für $x > x^3$ steigen die Gesamtkosten pro Stück wieder an, liegen jedoch hier unterhalb der Grenzkosten $K'(x)$.

(4') Wegen $k(x) = k_v(x) + k_f(x)$, d. h. der Addition der variablen und fixen Kosten pro Stück zu den Gesamtkosten pro Stück verlaufen die Gesamtkosten pro Stück für alle Ausbringungsmengen x stets oberhalb der fixen Kosten pro Stück bzw. der variablen Kosten pro Stück. Die Gesamtkosten pro Stück $k(x)$ nähern sich jedoch mit wachsendem x an die variablen Kosten pro Stück $k_v(x)$ an, da die fixen Kosten pro Stück $k_f(x)$ gegen null konvergieren.

Die Grenzkosten $K'(x)$ geben die Steigung der Kostenkurve K für eine bestimmte Produktmenge x an. Die Grenzkosten fallen zunächst im Bereich $0 < x < x^1$, da hier die Steigung der Kostenkurve K mit steigendem x abnimmt. Für die Ausbringungsmenge $x = x^1$ erreichen die Grenzkosten ihr Minimum. Für wachsende Ausbringungsmengen x oberhalb von x^1, d. h. $x > x^1$, nehmen die Grenzkosten zu und ihre Funktion schneidet die Kurven der variablen Kosten pro Stück bzw. der Gesamtkosten pro Stück jeweils in deren Minimum bei x^2 bzw. x^3 von unten her. Bei zunehmend größer werdender Ausbringungsmenge x gehen die Grenzkosten gegen unendlich.

Die gewonnenen Aussagen über die einzelnen Kostenverläufe lassen sich systematisch zusammenfassen und in Tabelle 10.1 übersichtlich nach einem Vier-Phasen-Schema darstellen.

Tabelle 10.1. Vier-Phasen-Schema der Kostenentwicklung bei ertragsgesetzlichem Produktionsverlauf und eingeschränkter Kostenminimierung

Kostengrößen	Phase I $0 \leq x \leq x^1$	Phase II $x^1 \leq x \leq x^2$	Phase III $x^2 \leq x \leq x^3$	Phase IV $x^3 \leq x$
Gesamtkosten K	steigend, konkav	steigend, konvex	steigend, konvex	steigend, konvex
Grenzkosten K'	fallend	steigend	steigend	steigend
variable Stückkosten k_v	fallend	fallend	steigend	steigend
Stückgesamtkosten k	fallend	fallend	fallend	steigend
fixe Stückkosten k_f	fallend	fallend	fallend	fallend

10.3 Kostenfunktionen bei neoklassischen Produktionsfunktionen

Es soll hier von einer Cobb-Douglas-Produktionsfunktion ausgegangen werden, um an ihr als Repräsentant aus der Klasse der neoklassischen Produktionsfunktionen beispielhaft die Überlegungen zu verdeutlichen, wie man aus der Struktur einer solchen Produktionsfunktion über die Anwendung der Minimalkostenkombination die entsprechende Kostenfunktion bei uneingeschränkter Kostenminimierung erhält. Allgemein sei die Cobb-Douglas-Produktionsfunktion in der Form

$$x = a_0 \cdot r_1^{a_1} \cdot \ldots \cdot r_I^{a_I}$$

mit

$$a_i = \text{const.}, \ 0 \leq a_i < 1, \ i = 1, \ldots, I,$$

$$a_0 = \text{const.}, \ a_0 > 0, \text{ und } \sum_{i=1}^{I} a_i = 1$$

beschrieben. Die letzte Bedingung, dass die Summe der Exponenten gleich eins sei, bedeutet Linearhomogenität der Produktionsfunktion. Diese Forderung schränkt die Allgemeinheit der folgenden Überlegungen nicht ein, vereinfacht aber zunächst die rechnerische Handhabung des Falles. Diese Annahme wird später wieder unter entsprechender Kommentierung aufgehoben.

Nach den aus dem Lagrange-Ansatz zur Bestimmung der Minimalkostenkombination resultierenden Optimalitätsbedingungen muss bei gegebenen Faktorpreisen $q_1, \ldots, q_I$ generell gelten

$$\frac{\partial x}{\partial r_1} \bigg/ \frac{\partial x}{\partial r_i} = \frac{q_1}{q_i}, \ i = 2, \ldots, I \ .$$

Durch partielle Differentiation erhält man aus der Produktionsfunktion für die angesprochenen Grenzproduktivitäten der Faktoren 1 und i

$$\frac{\partial x}{\partial r_1} = a_1 \cdot a_0 \cdot r_1^{a_1-1} \cdot r_2^{a_2} \cdot \ldots \cdot r_I^{a_I} = a_1 \frac{x}{r_1}$$

$$\frac{\partial x}{\partial r_i} = a_i \cdot a_0 \cdot r_1^{a_1} \cdot \ldots \cdot r_{i-1}^{a_{i-1}} \cdot r_i^{a_i-1} r_{i+1}^{a_{i+1}} \cdot \ldots \cdot r_I^{a_I} = a_i \cdot \frac{x}{r_i}, i = 2, \ldots, I.$$

Daraus bestimmt sich der Quotient

$$\frac{\partial x}{\partial r_1} \bigg/ \frac{\partial x}{\partial r_i} = \frac{a_1 \cdot r_i}{a_i \cdot r_1} = \frac{q_1}{q_i}, i = 2, \ldots, I \ ,$$

was zu den die Minimalkostenlinie charakterisierenden Faktoreinsatzverhältnissen

$$r_i = \frac{q_1 \cdot a_i}{q_i \cdot a_1} \cdot r_1 \text{ bzw. } r_i = c_i r_1 \text{ mit } c_i = \frac{q_1 \cdot a_i}{q_i \cdot a_1}, \ i = 2, \ldots, I,$$

führt. Setzt man diese Faktorrelationen in die Produktionsfunktion ein, so lässt sich daraus nach einigen Umformungsschritten die Inputfunktion für Faktor 1 bestimmen:

$$x = a_0 r_1^{a_1} \cdot \prod_{i=2}^{I} r_i^{a_i} = a_0 r_1^{a_1} \cdot \prod_{i=2}^{I} (c_i r_1)^{a_i}$$

$$= \left(a_0 \cdot \prod_{i=2}^{I} c_i^{a_i} \right) \cdot \prod_{i=1}^{I} r_1^{a_i} = \left(a_0 \cdot \prod_{i=2}^{I} c_i^{a_i} \right) \cdot r_1^{\sum_{i=1}^{I} a_i}$$

$$= \frac{1}{d} \cdot r_1 \text{ mit } \frac{1}{d} = \left(a_0 \cdot \prod_{i=2}^{I} c_i^{a_i} \right),$$

und hieraus folgt schließlich

$$r_1 = dx.$$

Diese Faktoreinsatzfunktion ist linear, da d wegen der es bestimmenden Größen konstant ist. Dasselbe gilt für die übrigen Faktoreinsatzfunktionen $r_i = r_i^*(x) = c_i r_1 = c_i dx$.

Aus

$$r_1 = dx$$

und

$$r_i = c_i \cdot r_1, \ i = 2, \ldots, I,$$

folgt gemäß der Kostengleichung nun für die Bestimmung der auf dieser Cobb-Douglas-Produktionsfunktion basierenden Kostenfunktion

$$K(x) = \sum_{i=1}^{I} q_i r_i = \sum_{i=1}^{I} q_i r_i^*(x) = q_1 dx + \sum_{i=2}^{I} q_i \cdot c_i \cdot d \cdot x$$

$$= \left(q_1 d + \sum_{i=2}^{I} q_i \cdot c_i \cdot d \right) x = e \cdot x \text{ mit } e = \left(q_1 d + \sum_{i=2}^{I} q_i c_i d \right).$$

Wegen $e = \text{const.}$ ist die zugehörige Kostenfunktion $K(x)$ also linear. Auch hier schlagen die die neoklassischen Produktionsfunktionen bei partieller Faktorvariation charakterisierenden Eigenschaften abnehmender Grenzerträge nicht durch. Die Linearität der Kostenfunktion ist bei totaler Faktorvariationsmöglichkeit allein durch die Annahme der Linearhomogenität der Produktionsfunktion bedingt, wie man es leicht an den Gleichungen zur Ableitung der Inputfunktion für Faktor 1 abliest. Hätte man stattdessen

$$\sum_{i=1}^{I} a_i < 1 \text{ bzw. } \sum_{i=1}^{I} a_i > 1$$

unterstellt, wäre man also alternativ von ab- oder zunehmenden Skalenerträgen der Produktionsfunktion ausgegangen, dann hätte man konsequenterweise eine progressiv bzw. degressiv steigende Kostenfunktion erhalten.

Die für $\sum_{i=1}^{I} a_i = 1$ hergeleitete Kostenfunktion $K(x)$ ist in Abb. 10.4 dargestellt.

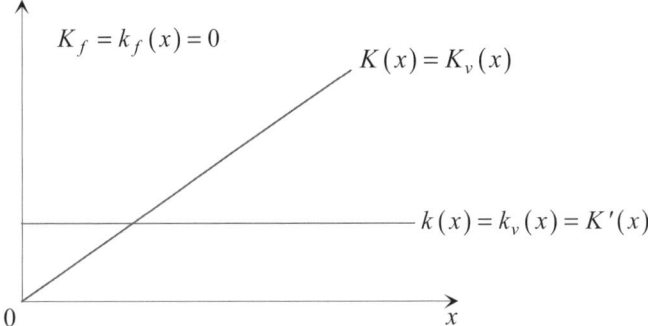

Abb. 10.4. Kostenfunktion einer linear-homogenen Cobb-Douglas-Produktionsfunktion bei uneingeschränkter Kostenminimierung

Es gibt keine Fixkosten, so dass die variablen Kosten $K_v(x)$ den Gesamtkosten $K(x)$ entsprechen. Demzufolge sind auch die variablen Kosten pro Stück $k_v(x)$ mit den Gesamtkosten pro Stück $k(x)$ identisch und stimmen zudem mit den Grenzkosten $K'(x)$ überein. Wegen der Linearität der Kostenfunktion sind alle drei Größen konstant; es gibt also kein eindeutiges Betriebsoptimum. Für eine degressiv verlaufende Gesamtkostenfunktion kann hier auf die Kostenerörterungen im Zusammenhang mit der klassischen Produktionsfunktion und die der Argumentation zugrunde gelegte Abb. 10.1 verwiesen werden. Der Fall eines progressiven Gesamtverlaufs wird weiter unten noch ausführlicher diskutiert.

Bei einer auf die partielle Variation eines Faktors eingeschränkten Kostenminimierung erfolgt die Ableitung der zugehörigen Kostenfunktion anhand der Ertragskurve. Die in der Einsatzmenge variierbare Ressource sei Faktor 1, die anderen Faktoren mögen mit $\overline{r}_2, \dots, \overline{r}_I$ in den Inputmengen fest vorgegeben sein; der Betrachtung soll weiterhin die allgemeine Formulierung der Cobb-Douglas-Produktionsfunktion zugrunde gelegt werden. Die Ertragskurve für Faktor 1 lautet dann

$$x = a_0 r_1^{a_1} \cdot \overline{r}_2^{a_2} \cdot \dots \cdot \overline{r}_I^{a_I} = c \cdot r_1^{a_1} = f(r_1, \overline{r}_2, \dots, \overline{r}_I)$$

mit $c = a_0 \cdot \overline{r}_2^{a_2} \cdot \dots \cdot \overline{r}_I^{a_I} = \text{const.}$

und ist wegen $0 \le a_1 < 1$ in ihrem Verlauf streng konkav steigend, weist also abnehmende Grenzerträge für zunehmende Einsatzmengen r_1 auf, wie es aus der Darstellung in Abb. 10.5 ersichtlich ist.

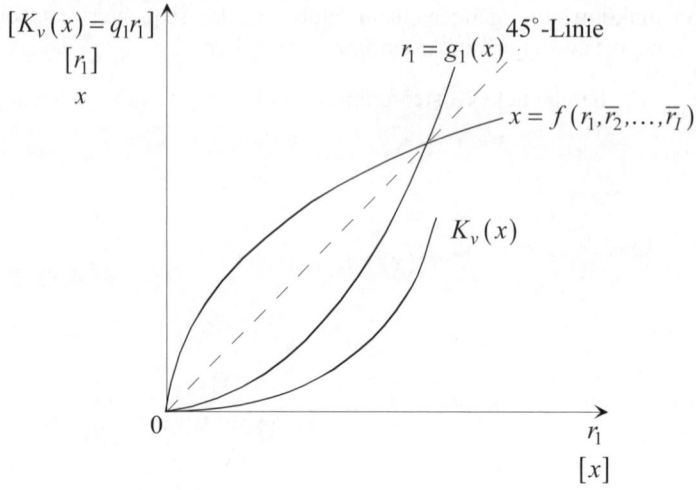

Abb. 10.5. Herleitung der Kostenfunktion einer neoklassischen Produktionsfunktion aus der Ertragskurve bei eingeschränkter Kostenminimierung

Die Spiegelung dieser Ertragskurve an der 45°-Linie führt bei entsprechender Umbenennung der Achsen zur Faktoreinsatzfunktion $r_1 = g_1(x)$, die explizit lautet

$$r_1 = g_1(x) = \left(\frac{x}{c}\right)^{\frac{1}{a_1}}$$

und als Umkehrfunktion der Ertragskurve nun wegen $1/a_1 > 1$ mit zunehmender Erzeugnismenge x streng konvex steigt. Sie ist ebenfalls in Abb. 10.5 dargestellt. Multipliziert man die Faktoreinsatzmengen r_1 mit dem Faktorpreis q_1, so erhält man hieraus die Funktion der variablen Kosten

$$K_v(x) = q_1 g_1(x) = q_1 \left(\frac{x}{c}\right)^{\frac{1}{a_1}}.$$

Sie ist für $q_1 = 1/2$ mit den halben Ordinatenwerten in Abb. 10.5 veranschaulicht. Die variablen Kosten und damit auch die Gesamtkosten wachsen also bei eingeschränkter Kostenminimierung überproportional zur größer werdenden Outputmenge. Das ist bedingt durch die abnehmenden Grenzerträge der Cobb-Douglas-Produktionsfunktion bei partieller Faktorvariation. Allgemein lässt sich festhalten, dass neoklassische Produktionsfunktionen im Falle der auf die partielle Variation eines Faktors eingeschränkten Kostenminimierung zu progressiv steigenden Kostenfunktionen führen.

In dem hier betrachteten Fall lauten die Fixkosten

$$K_f = q_2 \overline{r}_2 + \ldots + q_I \overline{r}_I \; ;$$

dann ergeben sich die Gesamtkosten zu

$$K(x) = K_v(x) + K_f \, .$$

Sie sind in ihrem Verlauf in Abb. 10.6 graphisch veranschaulicht, und anhand ihrer Funktion lässt sich dann mit Hilfe der speziellen Kostenbegriffe das Verhalten hieraus abgeleiteter Kostengrößen studieren.

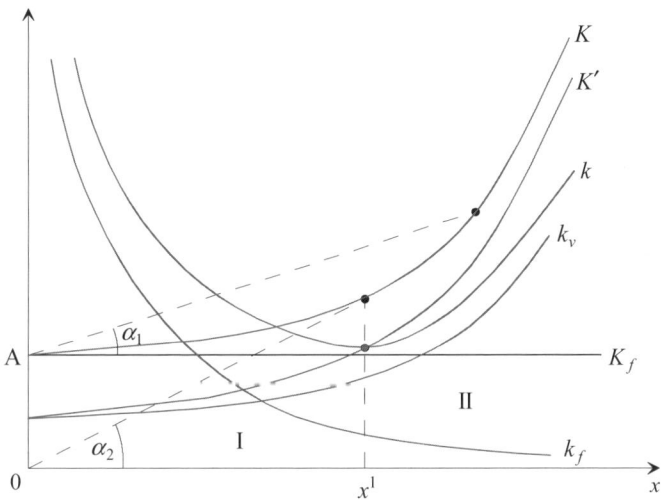

Abb. 10.6. Neoklassische Kostenverläufe bei eingeschränkter Kostenminimierung

Die fixen Kosten pro Stück $k_f(x)$ gehen für fallende Erzeugnismengen x gegen unendlich und streben bei zunehmender Ausbringung gegen null; sie fallen über dem gesamten Bereich. Wegen der stets progressiv verlaufenden Gesamtkosten $K(x)$ steigen auch die variablen Kosten pro Stück $k_v(x)$ von Anfang an progressiv. Der Tangens des Winkels α_1, den der Fahrstrahl vom Punkt A aus an die Gesamtkostenkurve mit der Niveaulinie K_f einschließt, veranschaulicht diesen Effekt. Er drückt numerisch den jeweiligen Wert der variablen Stückkosten aus und wächst permanent. Die gegenläufigen Tendenzen der fixen und variablen Stückkosten führen dazu, dass die Stückgesamtkosten $k(x)$ bei der Produktionsmenge x^1 ein Minimum annehmen. Dort wird der Tangens des Winkels α_2 zwischen der x-Achse und dem Fahrstrahl vom Nullpunkt an die Gesamtkostenkurve minimal. x^1 bezeichnet damit zugleich das Betriebsoptimum und teilt den x-Bereich in die beiden Phasen fallender und steigender Gesamtkosten pro Stück ein. Gemäß der überproportionalen Zunahme der Gesamtkosten wachsen auch die Grenzkosten $K'(x)$ stetig.

Die gewonnenen Erkenntnisse über die Kostenzusammenhänge können hier in einem Zwei-Phasen-Schema zusammengefasst werden, wie es durch Tabelle 10.2 geschieht.

Tabelle 10.2.   Zwei-Phasen-Schema der Kostenentwicklung bei neoklassischem Produktionsverlauf und eingeschränkter Kostenminimierung

Kostengrößen	Phase I $0 \leq x \leq x^1$	Phase II $x \geq x^1$
Gesamtkosten K	steigend, konvex	steigend, konvex
Grenzkosten K'	steigend	steigend
variable Stückkosten k_v	steigend	steigend
Stückgesamtkosten k	fallend	steigend
fixe Stückkosten k_f	fallend	fallend

10.4   Kostenfunktionen bei Leontief-Produktionsfunktionen

Wie es aus den Ausführungen zur Minimalkostenkombination bei linear-limitationalen Leontief-Produktionsfunktionen bereits bekannt ist, erhält man im Falle der uneingeschränkten Kostenminimierung bei einem einzigen Produktionsprozess oder mehreren effizienten, nicht mischbaren Prozessen stets eine lineare Gesamtkostenfunktion ohne Fixkostenanteile. Sie lautet

$$K(x) = q_1 r_1^*(x) + \ldots + q_l r_l^*(x)$$
$$= (q_1 a_1 + \ldots + q_l a_l) x$$

bei einem Prozess und

$$K(x) = \min_{\pi \in \{1, \ldots, \Pi\}} K^{\pi}(x)$$
$$= \min_{\pi \in \{1, \ldots, \Pi\}} q_1 r_1^{*\pi}(x) + \ldots + q_l r_l^{*\pi}(x)$$
$$= \min_{\pi \in \{1, \ldots, \Pi\}} \left(\sum_{i=1}^{l} q_i a_i^{\pi} \right) x$$

bei Π effizienten, nicht mischbaren Prozessen.

Man sieht, dass sich die Steigung der Kostenfunktion jeweils aus der Summe der mit den Faktorpreisen bewerteten Produktionskoeffizienten des kostenminimalen Prozesses bestimmt.

Ähnliches gilt, wenn mehrere effiziente Prozesse existieren, die mischbar sind, und diese Mischungen bei gegebenen Faktorpreisen zu den Minimalkostenkombinationen zählen. Sind nämlich $\hat{\Pi} \leq \Pi$ mischbare Prozesse bei den geltenden Faktorpreisen gleichermaßen kostenminimal, so stimmt das auch für jede Produktion x, die sich aus einer gewissen Konvexkombination der reinen Prozesse zusammensetzt, und man hat

$$x = \lambda^1 x^1 + \ldots + \lambda^{\hat{\Pi}} x^{\hat{\Pi}} = \lambda^1 x + \ldots + \lambda^{\hat{\Pi}} x$$

mit $0 \leq \lambda^\pi \leq 1$, $\pi = 1,\ldots,\hat{\Pi}$ und $\sum_{\pi=1}^{\hat{\Pi}} \lambda^\pi = 1$

bzw.

$$
\begin{aligned}
K(x) &= K^1\left(\lambda^1 x^1\right) + \ldots + K^{\hat{\Pi}}\left(\lambda^{\hat{\Pi}} x^{\hat{\Pi}}\right) \\
&= K^1\left(\lambda^1 x\right) + \ldots + K^{\hat{\Pi}}\left(\lambda^{\hat{\Pi}} x\right) \\
&= \lambda^1 K^1(x) + \ldots + \lambda^{\hat{\Pi}} K^{\hat{\Pi}}(x)
\end{aligned}
$$

d. h. die Gesamtkostenfunktion für einen gemischten Prozess stimmt mit der konvexen Kombination der Gesamtkostenfunktionen der reinen kostenminimalen Prozesse überein und ist wegen $K^\pi(x)$ linear, für alle $\pi \in \{1,\ldots,\hat{\Pi}\}$, ebenfalls linear.

In jedem Falle ergeben sich also für linear-limitationale Leontief-Produktionsfunktionen bei uneingeschränkter Kostenminimierung lineare Gesamtkostenverläufe ohne Fixkosten, die mit Hilfe der speziellen Kostenbegriffe analog charakterisiert werden können, wie dies anhand der Abb. 10.4 für eine neoklassische Produktionsfunktion erfolgt ist. Die Gedankenführung braucht hier nicht wiederholt zu werden. Selbstverständlich implizieren nichtlinear-limitationale Leontief-Produktionsfunktionen nichtlineare Kostenfunktionen, für die auf entsprechende Charakterisierungen der Kostenverläufe zurückgegriffen werden kann, wie sie hier für unterschiedliche Produktionsfunktionstypen vorgenommen werden.

Kostenverläufe auf der Grundlage (linear-) limitationaler Leontief-Produktionsfunktionen bei eingeschränkter Kostenminimierung im Sinne der partiellen Variation eines Faktors und der Konstanz der Einsatzmengen aller übrigen Ressourcen zu analysieren, ist nur sinnvoll, wenn mehrere mischbare effiziente Produktionsprozesse existieren und sich die partielle Faktorvariation im Bereich effizienter Produktionen abspielt, die durch Mischungen der reinen Prozesse zustande kommen. In allen anderen Fällen widerspricht die partielle Faktorvariation der Limitationalität der Produktionsverhältnisse und führt zu ineffizienten Produktionen. Ineffiziente Produktionspunkte gehören jedoch nicht zur Produktionsfunktion und können folglich auch nicht als Basis für Kostenüberlegungen dienen. Allerdings ist auch unter der Annahme, dass man von mehreren effizienten Prozessen ausgeht, die miteinander mischbar sind, generell nicht sichergestellt, dass eine partielle Faktorvariation überhaupt in den Bereich effizienter Produktionen hineinführt und dort in den Grenzen der Linearkombination der reinen Prozesse eine Zeitlang abläuft. Dies muss vielmehr im Allgemeinen mit unterstellt werden, wie Abb. 10.7 augenfällig macht. Hier kann ein Endprodukt mit drei Ressourcen auf der Grundlage zweier Prozesse hergestellt werden, deren Mischkombinationen effiziente Produktionen erzeugen, die auf der schraffierten Fläche liegen. Bei partieller Faktorvariation von Ressource 1 sowie $r_2 = \bar{r}_2$ und $r_3 = \bar{r}_3$ ergeben sich keine effizienten Produktionen, da diese partielle Faktorvariation vollkommen außerhalb des schraffierten Bereichs stattfindet.

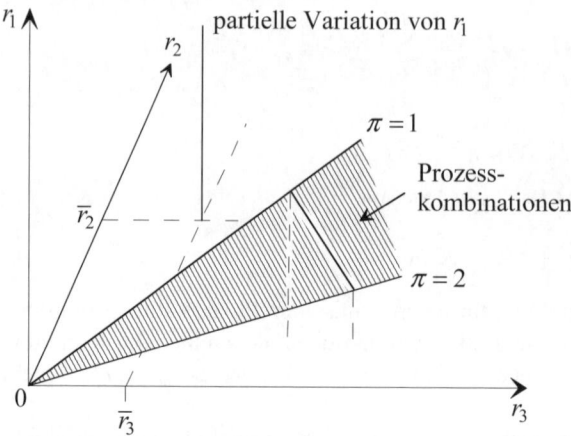

Abb. 10.7. Partielle Faktorvariation bei Leontief-Prozessen

Generiert jedoch die partielle Variation der Einsatzmenge von Faktor 1 bei mischbaren Leontief-Prozessen effiziente Produktionen, so erhält man dadurch eine zunehmend flacher, stückweise linear verlaufende Ertragskurve, wie sie in Abb. 10.8 dargestellt und in den produktionstheoretischen Erörterungen abgeleitet worden ist. An den Knickstellen der Ertragskurve vollzieht sich ein Wechsel in den Prozesskombinationen, die für eine Mischung bei steigender Endprodukt-menge in Betracht kommen, wobei aus der Sicht der Produktivität des variierten Faktors 1 immer ungünstigere Prozesskombinationen zum Einsatz gelangen, da die Konstanz der Einsatzmengen der übrigen Faktoren durch progressiv wach-sende Einsatzmengen des Faktors 1 überkompensiert werden muss. Durch Spie-gelung an der 45°-Linie erhält man aus der Ertragskurve die Inputfunktion $r_1 = g_1(x)$ und hieraus durch Multiplikation mit dem Faktorpreis q_1 die Funktion $K_v(x) = q_1 \cdot r_1$ der variablen Kosten. Sie bildet zusammen mit den Fixkosten

$$K_f = \sum_{i=2}^{I} q_i \cdot \bar{r}_i$$

die Gesamtkostenfunktion

$$K(x) = q_1 g_1(x) + \sum_{i=2}^{I} q_i \bar{r}_i ,$$

wie sie in Abb. 10.9 mit den daraus resultierenden Kostengrößen veranschaulicht ist.

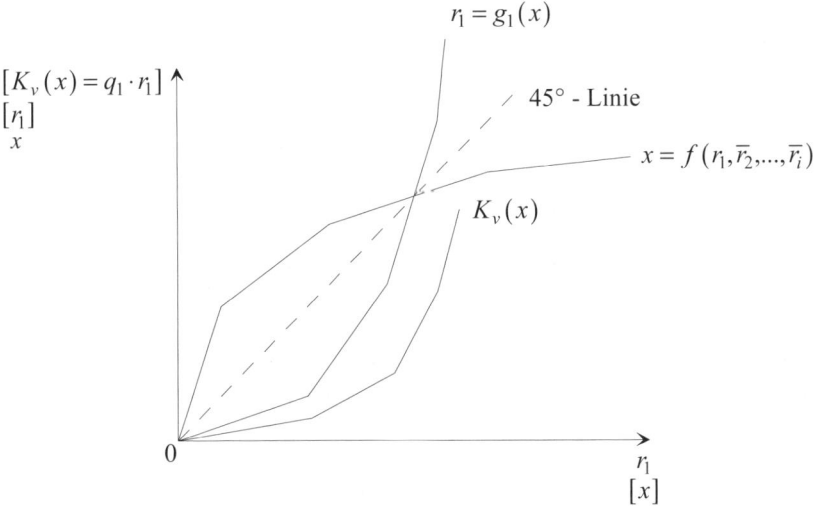

Abb. 10.8. Herleitung der Kostenfunktion einer Leontief-Produktionsfunktion aus der Ertragskurve bei eingeschränkter Kostenminimierung

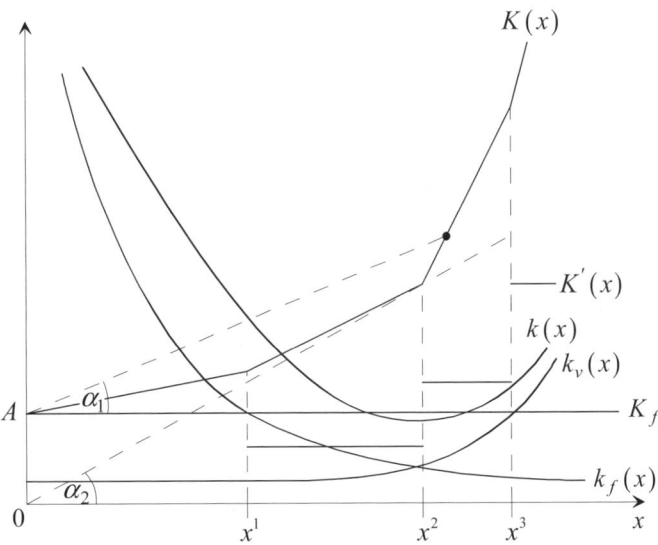

Abb. 10.9. Kostenverläufe der Leontief-Produktionsfunktion bei eingeschränkter Kostenminimierung

Die Gesamtkosten $K(x)$ verlaufen ebenso wie die variablen Kosten $K_v(x)$ stückweise linear mit zunehmender Steigung. Offenkundiger Ausdruck dieser Tatsache ist die Treppenfunktion der Grenzkosten $K'(x)$. Die fixen Kosten pro Stück $k_f(x)$ fallen wie üblich degressiv. Die variablen Kosten pro Stück $k_v(x)$, die durch den Tangens des Winkels α_1, den der Fahrstrahl von Punkt A an die Gesamtkostenkurve mit der Niveaulinie K_f einschließt, zum Ausdruck gebracht werden können, stimmen im Bereich $0 \le x \le x^1$ mit den Grenzkosten $K'(x)$ überein und steigen dann progressiv, bleiben aber stets unterhalb der Grenzkosten. Die Gesamtkosten pro Stück $k(x)$ – sie entsprechen dem Tangens des Winkels α_2, den der Fahrstrahl an die Gesamtkostenfunktion vom Nullpunkt aus mit der x-Achse bildet – fallen zunächst degressiv, erreichen bei x^2 ihr Minimum und steigen dann progressiv. Für $0 \le x \le x^2$ liegen die Stückgesamtkosten über den Grenzkosten, für $x \ge x^2$ darunter.

Wenn auch die skizzenhafte Charakterisierung der Kostenverläufe in solchen Situationen relativ leicht gelingt, so kann doch die numerische Bestimmung der jeweiligen Gesamtkostenfunktion schon für einfache Fälle ziemliche Mühe bereiten. Das soll an dem folgenden Beispiel gezeigt werden.

Ein Unternehmen fertigt ein Endprodukt mit Hilfe zweier Faktoren auf der Grundlage einer linear-limitationalen Leontief-Produktionsfunktion mit zwei effizienten Prozessen, die mischbar sind. Die Produktionsverhältnisse mögen durch Abb. 10.10 illustriert sein. Für die Inputfunktionen der beiden Prozesse gelte

$$r_1^1 = a_1^1 \cdot x^1 \qquad r_1^2 = a_1^2 \cdot x^2$$
$$\text{bzw.}$$
$$r_2^1 = a_2^1 \cdot x^1 \qquad r_2^2 = a_2^2 \cdot x^2.$$

Die durch Prozesskombinationen entstehenden effizienten Produktionspunkte liegen in dem schraffierten Feld zwischen den beiden Prozessen. Die Einsatzmenge des Faktors 2 sei mit $\overline{r}_2$ fest vorgegeben. Faktor 1 werde partiell angepasst.

Abbildung 10.10 macht deutlich, dass nur die effizienten Produktionen $(x, r_1, \overline{r}_2)$ mit $\hat{r}_1 \le r_1 \le \tilde{r}_1$, die auf der gestrichelten Linie zwischen den Punkten A und B liegen, für eine Kostenbetrachtung bei eingeschränkter Kostenminimierung im Sinne einer partiellen Faktorvariation in Frage kommen, da alle anderen Produktionen $(x, r_1, \overline{r}_2)$ ineffizient sind und nicht zur Produktionsfunktion gehören. Mit Hilfe der partiellen Anpassung und einer Prozesskombination kann das Produktionsniveau $x = 10$ erreicht werden, das für $x = 20$ aber schon nicht mehr. Die Kostenfunktion $K(x)$ für alle x mit $(x, r_1, \overline{r}_2)$ und $\hat{r}_1 \le r_1 \le \tilde{r}_1$ bzw. für $x \in \left[\overline{r}_2 / a_2^1, \overline{r}_2 / a_2^2 \right]$ erhält man aufgrund der folgenden Überlegungen. Jedes solche x ergibt sich aus der Mischung der beiden reinen Prozesse, setzt sich also aus den mit den reinen Prozessen produzierten Teilmengen x^1 und x^2 zusammen, so dass gilt

$$x = x^1 + x^2.$$

Dabei werden in beiden Prozessen zusammen r_1 und $\overline{r}_2$ eingesetzt; es müssen also die Beziehungen erfüllt sein

$$a_1^1 x^1 + a_1^2 x^2 = r_1$$
$$a_2^1 x^1 + a_2^2 x^2 = \overline{r}_2.$$

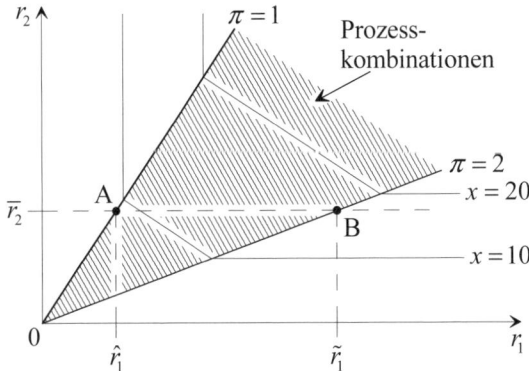

Abb. 10.10. Partielle Faktorvariation bei einer Leontief-Produktionsfunktion

Die Kostengleichung lautet allgemein

$$K = q_1 r_1 + q_2 \overline{r}_2 \,.$$

Durch Umformung der Bilanzgleichung $x = x^1 + x^2$ zu $x^1 = x - x^2$ und Einsetzen in die Inputgleichung bekommt man die Inputfunktion $r_1 = g_1(x, \overline{r}_2) = g_1(x)$, welche die erforderlichen Einsatzmengen von Faktor 1 bei steigendem x und gegebenem $\overline{r}_2$ anzeigt. Im Einzelnen erhält man:

$$a_1^1 \left(x - x^2\right) + a_1^2 x^2 = r_1$$
$$a_2^1 \left(x - x^2\right) + a_2^2 x^2 = \overline{r}_2$$

bzw. aus der zweiten Inputgleichung

$$a_2^1 x - a_2^1 x^2 + a_2^2 x^2 = \overline{r}_2$$
$$a_2^1 x + \left(a_2^2 - a_2^1\right) x^2 = \overline{r}_2$$
$$x^2 = \frac{\overline{r}_2 - a_2^1 x}{a_2^2 - a_2^1}$$

und durch Einsetzen in die erste Inputgleichung

$$a_1^1 x - a_1^1 \frac{\overline{r}_2 - a_2^1 x}{a_2^2 - a_2^1} + a_1^2 \frac{\overline{r}_2 - a_2^1 x}{a_2^2 - a_2^1} = r_1$$

$$a_1^1 x + \frac{1}{a_2^2 - a_2^1} \left(-a_1^1 \overline{r}_2 + a_1^1 a_2^1 x + a_1^2 \overline{r}_2 - a_1^2 a_2^1 x\right) = r_1$$

$$a_1^1 x + \frac{1}{a_2^2 - a_2^1}\left(a_1^1 a_2^1 x - a_1^2 a_2^1 x\right) + \frac{1}{a_2^2 - a_2^1}\left(a_1^2 \bar{r}_2 - a_1^1 \bar{r}_2\right) = r_1$$

$$\frac{a_1^1 a_2^2 x - a_1^1 a_2^1 x + a_1^1 a_2^1 x - a_1^2 a_2^1 x}{a_2^2 - a_2^1} + \frac{a_1^2 \bar{r}_2 - a_1^1 \bar{r}_2}{a_2^2 - a_2^1} = r_1$$

$$cx + d = r_1$$

mit

$$c = \frac{a_1^1 a_2^2 - a_1^2 a_2^1}{a_2^2 - a_2^1} \quad \text{und} \quad d = \frac{a_1^2 \bar{r}_2 - a_1^1 \bar{r}_2}{a_2^2 - a_2^1}.$$

Setzt man die lineare Inputfunktion $r_1 = g_1(x)$ nun in die Kostengleichung ein, so liefert das die gesuchte lineare Kostenfunktion

$$K(x) = q_1 r_1 + q_2 \bar{r}_2 = q_1 cx + q_1 d + q_2 \bar{r}_2, \quad x \in \left[\frac{\bar{r}_2}{a_2^1}, \frac{\bar{r}_2}{a_2^2}\right]$$

mit

$$K_v(x) = q_1 \cdot c \cdot x \quad \text{und} \quad K_f = q_1 c \frac{\bar{r}_2}{a_2^1} + q_2 \bar{r}_2.$$

Diese umständliche numerische Bestimmung der Kostenfunktion ist erforderlich, um die Fixkostengröße zu erhalten, da die Kostenfunktion nicht bei $x = 0$ beginnt und nicht einfach $K_f = q_2 \bar{r}_2$ angenommen werden kann. Die variablen Kosten dagegen würden sich auch aus einer einfacheren Grenzkostenüberlegung herleiten lassen.

Für die Grenzkosten gilt im vorstehenden Fall offensichtlich

$$K'(x) = q_1 \cdot c,$$

wobei c auch folgendermaßen bestimmbar wäre. In Abb. 10.10 wird am Punkt A die entsprechende Outputmenge allein durch Prozess 1 hergestellt, an Punkt B kommt allein Prozess 2 zum Zuge. Die dazwischen liegenden Produktionspunkte sind dadurch charakterisiert, dass die Inputmenge $\bar{r}_2$ zunehmend von Prozess 1 auf Prozess 2 umgelenkt wird. Diese fortschreitende Veränderung führt zu der folgenden Konsequenz. Wird im Prozess 1 von Faktor 2 eine Einheit weniger eingesetzt, was eine Reduktion der Outputmenge von $dx^1 = (1/a_2^1)dr_2^1 = -1/a_2^1$ nach sich zieht, so kann diese Einheit im Prozess 2 eingesetzt werden und bewirkt dort eine Produktionserhöhung um $dx^2 = (1/a_2^2)dr_2^2 = 1/a_2^2$. Der Nettoeffekt ist $dx = dx^1 + dx^2 = 1/a_2^2 - 1/a_2^1$. Mit der Reduktion von r_2^1 um eine Einheit kann gleichzeitig wegen

$$r_1^1/a_1^1 = r_2^1/a_2^1 \quad \text{bzw.} \quad dr_1^1/a_1^1 = dr_2^1/a_2^1$$

im Prozess 1 von Faktor 1 die Menge

$$dr_1^1 = -\frac{a_1^1}{a_2^1}$$

eingespart werden. In Prozess 2 müssen dagegen bei effizienter Produktion mit der Erhöhung der Einsatzmenge von r_2 um eine Einheit wegen

$$r_1^2 / a_1^2 = r_2^2 / a_2^2 \quad \text{bzw.} \quad dr_1^2 / a_1^2 = dr_2^2 / a_2^2$$

von Faktor 1 nun

$$dr_1^2 = \frac{a_1^2}{a_2^2}$$

Einheiten zusätzlich aufgewandt werden. Die Mehrproduktion

$$dx = 1/a_2^2 - 1/a_2^1 = \frac{a_2^1 - a_2^2}{a_2^1 a_2^2}$$

verursacht also netto zusätzliche Kosten für Faktor 1 in der Höhe von

$$dK = dr_1 q_1 = \left(dr_1^1 + dr_1^2 \right) q_1 = \left(\frac{a_1^2}{a_2^2} - \frac{a_1^1}{a_2^1} \right) q_1 .$$

Die hierdurch bedingten Grenzkosten lauten dann

$$\frac{dK}{dx} = \frac{a_2^1 a_1^2 - a_2^2 a_1^1}{a_2^2 \cdot a_2^1} \cdot \frac{a_2^1 a_2^2}{a_2^1 - a_2^2} \cdot q_1 = \frac{a_2^2 a_1^1 - a_2^1 a_1^2}{a_2^2 - a_2^1} \cdot q_1$$

$$= c \cdot q_1 .$$

Die hier auftretende Konstante c stimmt mit der in der Kostenfunktion $K(x)$ überein, was durch die Gedankenführung aufgezeigt werden sollte.

10.5 Kostenfunktionen auf der Basis der Gutenberg-Produktionsfunktion

Kostenfunktionen auf der Grundlage der Gutenberg-Produktionsfunktion besitzen eine diffizilere Struktur, als dies bei den bisher besprochenen Kostenfunktionen der Fall ist. Zum einen ist das dadurch begründet, dass die Gutenberg-Produktionsfunktion mit ihren Anpassungsformen viele Reaktionsmöglichkeiten bei Beschäftigungsschwankungen bereithält und sie deshalb auf eine veränderte Produktion recht flexibel reagieren kann. Ein anderer Grund ist darin zu sehen, dass die Kostenverläufe bei Outputvariationen und dadurch bedingten Anpassungsvorgängen sehr unterschiedlich sind, je nachdem, ob man die Gruppe der Potential- bzw. Gebrauchsfaktoren oder die der Verbrauchsfaktoren betrachtet. Erschwerend kommt hinzu, dass der bewertete Verzehr an Verbrauchsfaktoren nicht unabhängig von den kostenmäßig erfassten Leistungsabgaben der Potentialfaktoren analysiert werden kann, da die Verbrauchsfaktormengeneinsätze nur mittelbar von der Endproduktmenge beeinflusst werden und die Leistungsintensitäten als technische Eigenschaften der Aggregate in die Bestimmung der spezifischen Faktorverbräuche der Verbrauchsfaktoren eingehen. Bei konstanten Leistungsintensitäten aller Aggregate und damit festen Produktionskoeffizienten aller Verbrauchsfaktoren würde die Gutenberg-Produktionsfunktion nur auf die übliche zeitliche und quantitative Anpassung aller Faktoren zurückgreifen können, wie sie auch den bisherigen Kostenbetrachtungen zu anderen Produktionsfunktionstypen implizit zugrunde lag. Die hinzutretende intensitätsmäßige Anpassung ist also verantwortlich für das komplexer gestaltete Beziehungsgefüge in den produktions- und kostentheoretischen Überlegungen. Ansonsten könnte man nämlich hier abschließend auf die Kostenbetrachtungen zur Leontief-Produktionsfunktion verweisen.

Ebenso wie die Leontief-Produktionsfunktion gehört die Gutenberg-Produktionsfunktion zu den limitationalen Produktionsfunktionen. Das bedeutet, dass es keinen Sinn macht, Kostenfunktionen für die Gutenberg-Produktionsfunktion bei eingeschränkter Kostenminimierung im Sinne einer partiellen Faktorvariation herleiten zu wollen. Von einer veränderten Outputmenge sind bei GUTENBERG ebenso wie bei LEONTIEF alle Mengen der eingesetzten Faktoren gleichzeitig betroffen. Daher ist von vornherein nur der Fall der uneingeschränkten Kostenminimierung für die Ableitung der Gutenberg-Kostenfunktion von Interesse. Allerdings ist dabei weiter danach zu unterscheiden, ob von jeder Gebrauchsfaktorart nur jeweils ein Stück zur Verfügung steht oder ob mehrere funktionsgleiche Einheiten desselben Potentialfaktors zum Einsatz gelangen können. Das führt dann für jede Potentialfaktorart, die am Produktionsprozess beteiligt ist, zu der Frage der optimalen kombinierten Anpassung im Hinblick auf die damit verbundenen Verbrauchsfaktorkosten. Erst wenn dieses Problem für jede Potentialfaktorart separat gelöst ist, kann man daran gehen, die Gesamtkostenfunktion faktorweise zusammenzusetzen. Diese Zweistufigkeit der Kostenüberlegungen mit einem schrittweisen Vorgehen ist auf die drei Formen der zeitlichen, quantitativen und intensitätsmäßigen Anpassung mit ihren Kombinationsmöglichkeiten zurückzuführen. So weiß man also erst nach der kostenminimalen Lösung der kombinierten Anpassung, mit welcher Einsatzzahl von Aggregaten desselben Potentialfaktortyps man zu rechnen hat, was für die Ermittlung der fixen Kosten der Betriebsbereitschaft sowie der unter Umständen variablen Gebrauchsfaktorkosten von großer Bedeutung ist. Dagegen darf man in der Regel davon ausgehen, dass die Verbrauchsfaktorkosten, die sich aus den optimalen Anpassungskombinationen aller Gebrauchsfaktoren ergeben, zu den variablen Kosten zählen werden. Probleme der kostenminimalen Anpassungskombinationen bei mehreren funktionsgleichen – kostengleichen oder sogar kostenverschiedenen – Einsatzeinheiten derselben Faktorart werden bei der anstehenden Kostenanalyse zur Gutenberg-Produktionsfunktion vorerst ausgeklammert. Ihnen ist speziell das letzte Kapitel 11 gewidmet. Die dortigen Überlegungen können dann hier später nahtlos eingefügt werden. In diesem Abschnitt wird daher bei den Verbrauchsfaktorkosten nur von isolierten Anpassungen oder der kombinierten zeitlich-intensitätsmäßigen

Anpassung eines einzigen Aggregats desselben Faktortyps ($N_m = 1$ für alle $m = 1, \ldots, M$) ausgegangen. Die Abb. 10.11 soll die vorgetragene Gedankenstruktur zur Einleitung der Kostenbetrachtungen zusätzlich transparent machen.

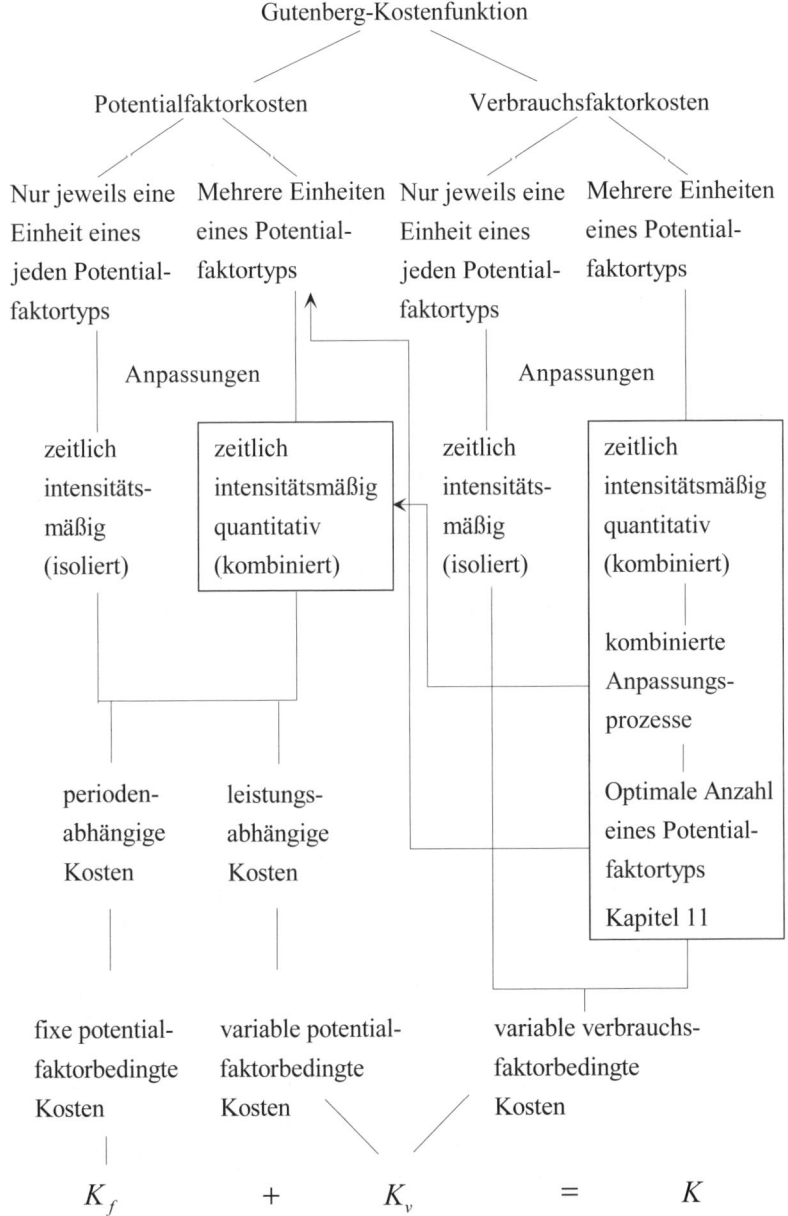

Abb. 10.11. Schematische Darstellung des Aufbaus der Kostenfunktion auf der Grundlage einer Gutenberg-Produktionsfunktion

Aufbauend auf der schematischen Darstellung in Abb. 10.11 und den im fünften Kapitel dargelegten Produktionszusammenhängen lassen sich nun die Kostenabhängigkeiten bei GUTENBERG bezüglich der verschiedenen Anpassungsformen unmittelbar ableiten und diskutieren. Dabei ergeben sich die Gesamtkosten der Produktion aus der Summe aller Kosten, die an den einzelnen Aggregaten anfallen. Sie setzen sich aus den einsatzbedingten Kosten der Betriebsmittel und der Bewertung der an ihnen verursachten Verbrauchsfaktorverbräuche zusammen. Diese Kosten sollen für eine herzustellende Endproduktmenge – bzw. wegen des linearen Zusammenhangs zwischen Endproduktmenge und Leistungsabgabe der Potentialfaktoren – hinsichtlich der vorzunehmenden Werkverrichtungen der Aggregate in Ansehung der wählbaren Anpassungsformen minimal gestaltet werden. Sie lauten formal

$$K(x) = K_f + K_v(x).$$

Die Potentialgüter m tragen durch ihre Leistungsabgaben zur Erzeugung der Ausbringungsmenge bei. Diese Leistungsabgaben sind wegen

$$x = \lambda_m \cdot t_m \cdot \hat{n}_m \quad (d_m = 1)$$

proportional zur Endproduktmenge, so dass die Kosten der zum Einsatz gelangenden Gebrauchsfaktoren in gewissem Sinne als ausbringungsmengenabhängig und damit eben als variabel unterstellt werden können. Beispiele hierfür wären der nutzungsbedingte Verschleiß der in Betrieb genommenen Maschinen oder die Normallöhne und Überstundenzuschläge der in der Fertigung eingesetzten Arbeitskräfte. Im ersten Fall hätte man eine linear verlaufende Kostenkomponente; im zweiten Fall wäre sie linear für die Normalarbeitszeit und progressiv für die Überstunden.

Trotz dieser mitunter geltenden Abhängigkeit der Potentialfaktorkosten von der Ausbringungsmenge wird darin häufig noch kein hinreichendes Argument gesehen, die Kosten der eingesetzten Potentialfaktoren und hier insbesondere der Maschinen als variabel aufzufassen. Dafür werden in der Literatur zwei Gründe aufgeführt. Zum einen existieren für Leistungsabgaben im Gegensatz zu Verbrauchsfaktormengen oft keine Preise, mit denen man sie bewerten könnte. Andererseits ist das Leistungspotential eines über Jahre hinweg einsetzbaren Betriebsmittels unbekannt, so dass die Leistungsabgabe nicht als Schlüssel zur nutzungsorientierten Verteilung der Anschaffungskosten der Maschine auf die hergestellten Endproduktmengen dienen kann. Folglich müssten die bei der Produktion auftretenden Betriebsmittelkosten als rein periodenabhängige Kosten angesetzt werden; sie wären also bezüglich der Endproduktmenge als fixe Kosten der Produktion zu interpretieren. Zu diesen kommen die allgemeinen Kosten der Produktionsbereitschaft des Betriebes hinzu. Sie seien mit K_f^0 bezeichnet.

Stehen dem Unternehmen nun für eine Werkverrichtung wie zum Beispiel Bohrungen einer bestimmten Art mehrere funktionsgleiche Aggregate n_m desselben Potentialfaktortyps m zur Verfügung, die gleich große Kapazitäten aufweisen und deren Inbetriebnahme jeweils fixe Kosten in der Höhe von K_{fn_m} verursachen, so kann der Verlauf der mit der quantitativen Anpassung verbundenen intervall-fixen Kosten durch Abb. 10.12 veranschaulicht werden. Er beinhaltet zugleich die durch den Einsatz der Potentialgüter derselben Art bedingten Kosten bei intensitätsmäßiger und zeitlicher Anpassung, da beide Anpassungsformen innerhalb der Mengenintervalle ebenso wie die Ausbringung keinen Einfluss auf die Betriebsmittelkosten besitzen.

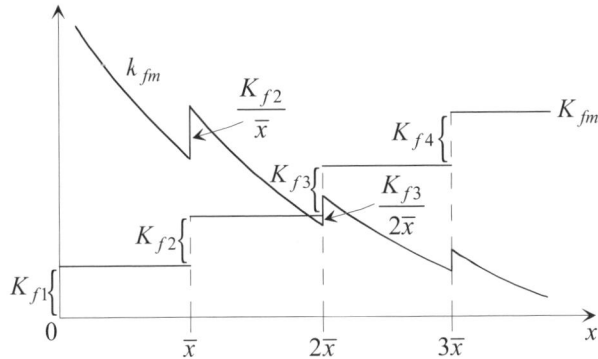

Abb. 10.12. Potentialfaktorkosten einer Potentialfaktorart m, $n_m = 1,...,4$

Bei der Herstellung der Endproduktmenge x, $0 < x \leq \overline{x}$, durch den Einsatz der Maschine 1 erwachsen die fixen Kosten K_{f1}. Sie bleiben konstant, bis durch intensitätsmäßige und zeitliche Anpassung innerhalb der vorgegebenen Produktionsperiode die Kapazitätsgrenze $\overline{x} = \overline{\lambda}\,\overline{t}\cdot 1$ dieses Aggregates erreicht wird. Für Ausbringungsmengen x, $\overline{x} < x \leq 2\overline{x}$, muss dann die Maschine 2 als weiteres Aggregat eingesetzt werden, die mit den Fixkosten K_{f2} verbunden ist. Nun gelten wiederum die fixen Kosten $K_{f1} + K_{f2}$, bis nach Ausschöpfung aller Anpassungsmöglichkeiten beider Maschinen die Höchstmenge $2\overline{x} = \overline{\lambda}\cdot\overline{t}\cdot 2$ produziert wird usw. Die fixen Stückkosten $k_f(x)$ fallen sägezahnförmig, da sich die gesamten Fixkosten mit zunehmender Beschäftigung x auf immer mehr Endprodukteinheiten verteilen. Dabei treten die Sprungstellen an den Übergangsschwellen der quantitativen Anpassung auf. Diese Betrachtungen zum möglichen Verlauf der potentialfaktorbedingten Kosten eines Gebrauchsfaktors innerhalb der Gutenberg-Kostenfunktion mögen hier genügen. Die weiteren Erörterungen konzentrieren sich auf die Verbrauchsfaktorkosten.

Um die an einem Aggregat n_m, $n_m = 1,...,N_m$, des Typs m, $m = 1,...,M$, mit den Einsatzmengen r_{in_m} der Verbrauchsfaktoren i, $i = 1,...,I$, entstehenden Kosten $K_{n_m}(x)$ zu ermitteln, müssen die Inputs r_{in_m} mit den Faktorpreisen q_i bewertet werden. Die Verbrauchsfaktorkosten K_m für den Aggregattyp m lauten unter Verwendung der Verbrauchsfunktionen somit

$$K_m\left(x\right) = \sum_{n_m=1}^{N_m} \sum_{i=1}^{I} q_i r_{in_m} = \sum_{n_m=1}^{N_m} \sum_{i=1}^{I} q_i a_{in_m}\left(\lambda_{n_m}\right) x_{n_m}$$

$$= \sum_{n_m=1}^{N_m} \sum_{i=1}^{I} q_i a_{in_m}\left(\lambda_{n_m}\right) \frac{1}{d_{n_m}} \cdot \lambda_{n_m} \cdot t_{n_m};$$

$$\sum_{n_m=1}^{N_m} x_{n_m} = x_m = x;$$

$$\underline{\lambda}_{n_m} \le \lambda_{n_m} \le \overline{\lambda}_{n_m}, \ \underline{t}_{n_m} \le t_{n_m} \le \overline{t}_{n_m}, \ n_m = 1,\ldots,N_m, \ m = 1,\ldots,M.$$

Der Einfachheit halber soll wieder $d_{n_m} = 1$ gelten. Diese Verbrauchsfaktorkosten sind also mittelbar von der Endproduktmenge x sowie unmittelbar von der Leistungsintensität λ_{n_m} und der Einsatzzeit t_{n_m} – den Anpassungsparametern – der Maschine n_m abhängig und stellen damit variable Kosten der Produktion dar. Addiert man die Verbrauchsfaktorkosten über alle Betriebsmitteltypen auf, so ergeben sich mit

$$K_v\left(x\right) = \sum_{m=1}^{M} K_m\left(x\right)$$

die gesamten variablen Produktionskosten. Sie werden für eine gegebene Ausbringungsmenge minimal, wenn diese mit der kostenminimalen Anpassungskombination hinsichtlich der Anzahl, Betriebszeit und Leistungsintensität der eingesetzten Maschinen produziert wird. Für diesen Fall sind dann auch die Gesamtkosten

$$K = K_v\left(x\right) + K_f = \sum_{m=1}^{M} K_m\left(x\right) + \sum_{m=1}^{M} \sum_{n_m=1}^{N_m} K_{fn_m} + K_f^0$$

minimal.

Sofern für jede am Output vorzunehmende Werkverrichtung nur jeweils eine Maschine verfügbar ist ($N_m = 1$ für alle $m = 1,\ldots,M$) und damit keine quantitative Anpassung innerhalb eines Gebrauchsfaktortyps auftritt – sie wird erst in die Betrachtungen im elften Kapitel mit einbezogen – , bedingt die kostenminimale Produktion, dass die gewünschte Erzeugnismenge x an jedem Aggregat m mit den kleinsten Verbrauchsfaktorkosten K_m hergestellt werden muss, die sich bei optimaler Wahl der Einsatzzeit und Intensität unter der Nebenbedingung $x = \lambda_m \cdot t_m$ erreichen lassen. Diesem Problem soll anhand der Kostenverläufe bei intensitätsmäßiger und zeitlicher Anpassung eines Betriebsmittels im Folgenden nachgegangen werden.

Die variablen Verbrauchsfaktorkosten $K_m\left(x\right)$ am Aggregat m setzen sich aus den Stückkosten multipliziert mit den hergestellten Einheiten des Endprodukts zusammen. Die Stückkosten k_m sind von der Intensität λ_m abhängig und ergeben sich aus der Summe der mit den Faktorpreisen q_i bewerteten Einsatzmengen der

Verbrauchsfaktoren pro Endprodukteinheit, also den Produktionskoeffzienten $a_{im}(\lambda_m)$. Sie lassen sich ebenso als Summe der den einzelnen Verbrauchsfaktoren zurechenbaren Stückkostenanteile k_{im} auffassen, so dass man die Beziehungen hat

$$K_m(x) = \sum_{i=1}^{I} q_i a_{im}(\lambda_m) x = \left[\sum_{i=1}^{I} k_{im}(\lambda_m)\right] x = k_m(\lambda_m) \cdot x = k_m(\lambda_m) \cdot \lambda_m \cdot t_m,$$

$$m = 1,\ldots,M.$$

Die Stückkostenfunktion $k_m(\lambda_m)$ wird auch Kosten-Leistungsfunktion genannt. Sie ist in Abb. 10.13. bei zwei Verbrauchsfaktoren i und i' veranschaulicht und durch die Addition der Stückkostenfunktionen $k_{im}(\lambda_m)$ und $k_{i'm}(\lambda_m)$ für die beiden Verbrauchsfaktoren i und i' erzeugt. Diese Stückkostenfunktion der Verbrauchsfaktoren erhält man, indem man ihre Verbrauchsfunktionen mit den jeweiligen festen Faktorpreisen multipliziert. Dabei bleiben sie konvex und nehmen ihre Stückkostenminima nach wie vor bei den Optimalintensitäten $\lambda_m^*(i)$ und $\lambda_m^*(i')$ an. Aufgrund ihrer Konvexität ergibt sich durch die Addition eine verbrauchsfaktorbedingte Stückkostenfunktion $k_m(\lambda_m)$ am Aggregat m, die wiederum eine konvexe Funktion ist, ihr Minimum jedoch bei der optimalen Leistungsintensität λ_m^* erreicht, die im Allgemeinen von den für die Stückkostenminima der Verbrauchsfaktoren optimalen Intensitäten abweicht, d. h. man wird in der Regel allgemein $\lambda_m^* \neq \lambda_m^*(i)$, $i = 1,\ldots,I$, unterstellen müssen.

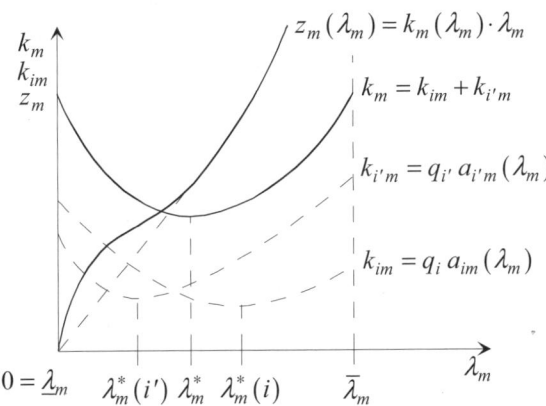

Abb. 10.13. Stückkostenfunktion und Zeit-Kosten-Leistungsfunktion an einem Aggregat

Multipliziert man die Stückkostenfunktion $k_m(\lambda_m)$ mit der Leistungsintensität λ_m, so liefert dies in analoger Definition zur Zeit-Verbrauchs-Leistungsfunktion im fünften Kapitel hier die Zeit-Kosten-Leistungsfunktion

$$z_m(\lambda_m) = k_m(\lambda_m) \cdot \lambda_m = k_m(\lambda_m) \cdot \frac{x}{t_m} = K_m(\lambda_m)/t_m, \quad m = 1,\ldots,M,$$

welche die Kosten pro Zeiteinheit (K_m/t_m) am Betriebsmittel m in Abhängigkeit der Produktion pro Zeiteinheit ($\lambda_m = x/t_m$) anzeigt. Ihr nichtlinearer Verlauf ist ebenfalls aus Abb. 10.13 ersichtlich, wobei die Kommentare zur Zeit-Verbrauchs-Leistungsfunktion im fünften Kapitel hier entsprechend gelten. Insbesondere weist also auch die Zeit-Kosten-Leistungsfunktion zuerst einen streng konkaven und dann einen streng konvexen Verlauf auf.

Auf der Grundlage der durchgeführten Betrachtungen lassen sich nun die Entwicklungen der variablen Verbrauchsfaktorkosten $K_m(x)$ an der Maschine m in Abhängigkeit der zeitlichen und intensitätsmäßigen Anpassung und damit auch indirekt von der Endproduktmenge x ($x = \lambda_m \cdot t_m$) unmittelbar verfolgen. Für eine gegebene Leistungsintensität λ_m^* bzw. $\overline{\lambda}_m$ ($\lambda_m^* \leq \overline{\lambda}_m$) nimmt die Zeit-Kosten-Leistungsfunktion einen konstanten Wert $z_m(\lambda_m^*)$ bzw. $z_m(\overline{\lambda}_m)$ an, so dass die Kosten $K_m(x)$ linear in der Betriebszeit t_m des Aggregats m und damit auch in der Endproduktmenge x bis zur Kapazitätsgrenze $x^1 = \lambda_m^* \cdot t_m$ bzw. $\overline{x} = \overline{\lambda}_m \cdot \overline{t}_m$ steigen. Diese zeitliche Anpassung kann man anhand der linearen Funktionsverläufe $K_m(\lambda_m^*, t_m)$ bzw. $K_m(\overline{\lambda}_m, t_m)$ in Abb. 10.14 nachvollziehen. Ist dagegen die Einsatzzeit mit $\hat{t}_m$ bzw. $\overline{t}_m$ ($\hat{t}_m < \overline{t}_m$) konstant, so verlaufen die Kosten $K_m(x)$ wegen der nichtlinearen Beziehung der Zeit-Kosten-Leistungsfunktion bei Veränderungen der Intensität λ_m und damit auch der Ausbringung x nichtlinear. Zu dieser intensitätsmäßigen Anpassung gehören die nichtlinearen Kostenfunktionen $K_m(\lambda_m, \hat{t}_m)$ bzw. $K_m(\lambda_m, \overline{t}_m)$ in Abb. 10.14. Sie entstehen aus der Abb. 10.13, indem man die dortige Zeit-Kosten-Leistungsfunktion mit der jeweiligen Einsatzzeit $\hat{t}_m$ bzw. $\overline{t}_m$ multipliziert und entsprechend die Abszissen- und Ordinatenwerte korrigiert. Durch diese Achsentransformation gehen die z_m- und λ_m-Achse in die K_m- und x-Achse in Abb. 10.14 mit $z_m \cdot t_m = K_m$ bzw. $\lambda_m \cdot t_m = x$ über.

Aus einem Vergleich der Kostenfunktionen in Abb. 10.14 wird deutlich, dass jede Endproduktmenge x, $0 \leq x \leq x^1$, am Aggregat m dann kostenminimal hergestellt wird, wenn man die Maschine m mit der Optimalintensität λ_m^* rein zeitlich anpasst ($0 = \underline{t}_m \leq t_m \leq \overline{t}_m$). Für x, $x^1 \leq x \leq \overline{x}$ ist die kostenminimale Produktion dagegen dadurch gegeben, dass die Maschine bei maximaler Einsatzzeit $\overline{t}_m$ rein intensitätsmäßig angepasst wird ($\lambda_m^* < \lambda_m < \overline{\lambda}_m$); alle anderen Aktionen sind kostenungünstiger. Der minimale Kostenverlauf in Abhängigkeit der Ausbringung x ist in Abb. 10.14 dick eingezeichnet und mit K_m^* bezeichnet, wobei

$$K_m^*(x) = \begin{cases} K_m(\lambda_m^*, t_m) & \text{für} \quad 0 \leq x \leq x^1 \quad \text{(reine zeitliche Anpassung und} \\ & \hspace{4cm} \text{linearer Kostenverlauf) und} \\ K_m(\lambda_m, \overline{t}_m) & \text{für} \quad x^1 \leq x \leq \overline{x} \quad \text{(reine intensitätsmäßige An-} \\ & \hspace{4cm} \text{passsung und konvexer} \\ & \hspace{4cm} \text{Kostenverlauf)} \end{cases}$$

gilt. Für jede Endproduktmenge x, $0 \leq x \leq \overline{x}$, gibt es damit nur eine kostenminimale Kombination von Leistungsintensität und zugehöriger Einsatzzeit der Maschine m. Insbesondere ist dann auch jede zeitliche Mischung verschiedener

Intensitäten – d. h. ein Intensitätssplitting – zur Herstellung einer Endprodukt-menge x, also

$$x = \sum_{\sigma=1}^{\omega} \lambda_m^{\sigma} \cdot t_m^{\sigma}, \quad \sum_{\sigma=1}^{\omega} t_m^{\sigma} \leq \overline{t}_m, \quad \underline{\lambda}_m \leq \lambda_m^{\sigma} \leq \overline{\lambda}_m, \quad 0 \leq t_m^{\sigma} \leq \overline{t}_m, \quad \omega \geq 2,$$

mit höheren Kosten verbunden. Das veranschaulicht die gestrichelte Linie zwischen den Punkten A und B in Abb. 10.14; sie verkörpert die Kosten aller möglichen zeitlichen Linearkombinationen der beiden Intensitäten λ_m^* und $\overline{\lambda}_m$ für Endproduktmengen x, $x^1 \leq x \leq \overline{x}$, und liegt bis auf die Endpunkte kostenmäßig oberhalb von K_m^*. Dass auch die reine zeitliche Anpassung für Produktionen x, $0 \leq x \leq x^1$, mit fester Leistungsintensität λ_m^* jedem Intensitätssplitting in diesem Bereich kostenmäßig überlegen ist, gilt allerdings allgemein nur so lange, wie die Minimalintensität null ist. Bei Minimalintensitäten größer null kann sich mitunter Intensitätssplitting als vorteilhaft erweisen, wie die Ausführungen im elften Kapitel noch zeigen werden.

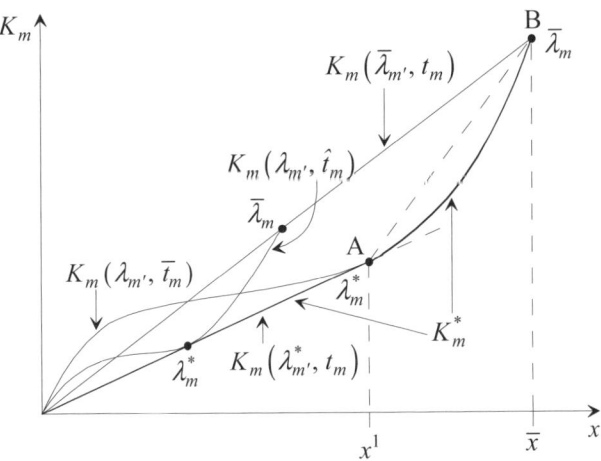

Abb. 10.14. Verbrauchsfaktorkosten bei zeitlicher und intensitätsmäßiger Anpassung eines Aggregats

Folgendes numerische Beispiel diene der Konkretisierung der dargelegten Überlegungen.

Zur Herstellung eines Endprodukts wird an einem Aggregat ein Verbrauchs-faktor eingesetzt, für den die Verbrauchsfunktion

$$a(\lambda) = \frac{1}{4}\lambda^2 - 3\lambda + 12$$

gilt. Die Leistungsintensität λ des Aggregats kann zwischen $\underline{\lambda} = 0$ und $\overline{\lambda} = 10$ Endprodukteinheiten pro Zeiteinheit gewählt werden; die Einsatzzeit t kann zwischen $\underline{t} = 0$ und $\overline{t} = 8$ Zeiteinheiten liegen. Der Verbrauchsfaktorpreis beträgt $q = 2\,€$ pro Stück.

Die Kosten-Leistungsfunktion lautet dann $k(\lambda) = q \cdot a(\lambda) = 1/2 \cdot \lambda^2 - 6\lambda + 24$. Die Optimalitätsintensität liegt bei $\lambda^* = 6$. Hieraus erhält man die Zeit-Kosten-Leistungsfunktion $z(\lambda) = k(\lambda) \cdot \lambda = 1/2 \cdot \lambda^3 - 6\lambda^2 + 24\lambda$. Beide Funktionen sind in Abb. 10.15 graphisch dargestellt.

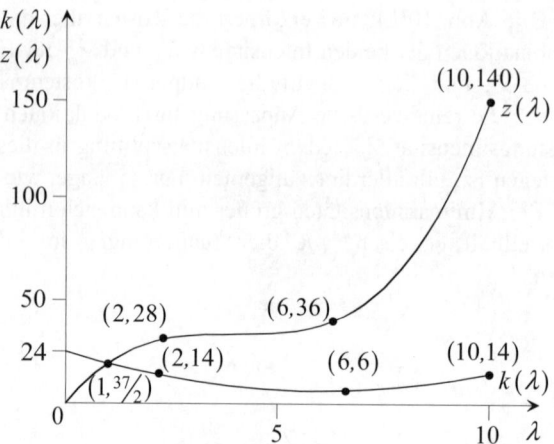

Abb. 10.15. Kosten-Leistungsfunktion und Zeit-Kosten-Leistungsfunktion zum nume-rischen Beispiel

Hieraus gewinnt man dann die folgende Funktion der am Aggregat anfallenden Verbrauchsfaktorkosten

$$K(x) = \begin{cases} K(\lambda^*, t) = k(\lambda) \cdot \lambda^* \cdot t & 0 \le x \le \lambda^* \overline{t} = 48 \\[2mm] \quad\quad = k(\lambda^*) \cdot x = 6x, & \text{zeitliche Anpassung} \\[4mm] K(\lambda, \overline{t}) = k(\lambda) \cdot \lambda \overline{t} = k\left(\dfrac{x}{t}\right)x & 48 \le x \le \overline{\lambda}\overline{t} = 80 \\[2mm] \quad\quad = k\left(\dfrac{x}{8}\right)x = \dfrac{1}{128}x^3 - \dfrac{3}{4}x^2 + 24x, & \text{intensitätsmäßige} \\[2mm] & \text{Anpassung} \end{cases}$$

Diese Funktion ist aus Abb. 10.16 ersichtlich.

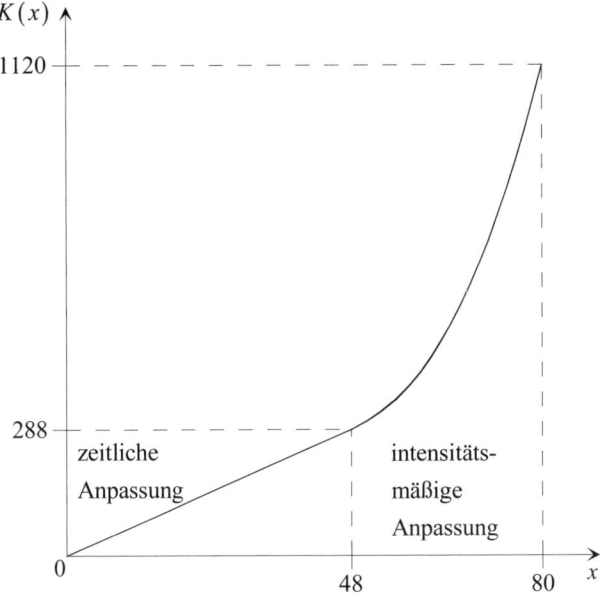

Abb. 10.16. Funktion der Verbrauchsfaktorkosten zum numerischen Beispiel

Die optimalen Anpassungsparameter für die Endproduktmenge $x = 30$ lauten offensichtlich $\lambda^* = 6$ und $t = 5$, die für $x = 64$ aber $\bar{t} = 8$ und $\lambda = 8$. Als Kosten erhält man $K(30) = 180$ und $K(64) = 512$. Ein Intensitätssplitting für $x = 64$ mit $\lambda^1 = \lambda^* = 6$ und $\lambda^2 = \bar{\lambda} = 10$ wäre ungünstiger, wie die folgende Rechnung zeigt. Es müsste dann nämlich gelten

$$x = x^1 + x^2 = \lambda^1 \cdot t^1 + \lambda^2 \cdot t^2 \ \text{bzw.} \ 64 = 6t^1 + 10t^2 \,.$$

Das führt zu den Gesamtkosten

$$\begin{aligned} \tilde{K}(64) &= K(x^1) + K(x^2) = k(6) \cdot 6t^1 + k(10) \cdot 10t^2 \\ &= k(6) \cdot 6t^1 + k(10) \cdot (64 - 6t^1) \\ &= 36t^1 + 14(64 - 6t^1) = 36t^1 + 896 - 84t^1 = -48t^1 + 896. \end{aligned}$$

Damit die Kosten bei dem unterstellten Intenstitätssplitting ebenso günstiger oder besser als bei reiner intensitätsmäßiger Anpassung ausfallen, müsste gelten

$$\tilde{K}(64) \leq K(64) \ \text{bzw.} \ -48t^1 + 896 \leq 512 \ \text{bzw.} \ t^1 \geq 8 \,.$$

Da $t^1 + t^2 \leq 8$ gelten muss und $t^1 = 8$ zur Herstellung von $x = 64$ mit $\lambda^1 = 6$ nicht ausreicht, ist die Kostenvorteilhaftigkeitsbedingung $t^1 \geq 8$ für das Intensitätssplitting nicht erfüllbar. Somit ist die Kombination $\lambda = 8$ und $\bar{t} = 8$ dem betrachteten Intensitätssplitting kostenmäßig überlegen.

Als Fazit der abgehandelten Erörterungen kann man allgemein festhalten, dass sich die Gutenberg-Kostenfunktion in ihrer Aggregation über alle Potential- und Verbrauchsfaktorkosten aus linearen und progressiven Verlaufsstücken zusammensetzt und ihr Aussehen durch Abb. 10.17 typisierbar ist.

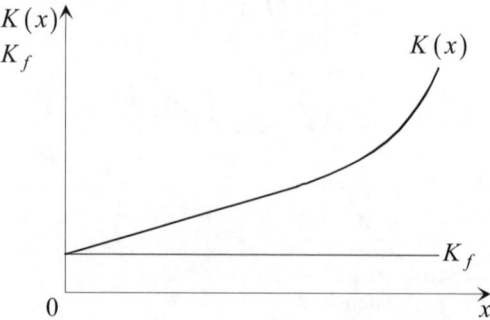

Abb. 10.17. Allgemeine Typisierung der Gutenberg-Kostenfunktion

11 Kombinierte Anpassungsprozesse bei mehreren funktionsgleichen Aggregaten

11.1 Ansätze der kombinierten Anpassung in der Literatur

Die Untersuchungen zum kostenminimalen Anlageneinsatz bei kombinierter Anpassung auf der Grundlage der Gutenberg-Produktionsfunktion stellen einen wichtigen Teil der in der Literatur behandelten Verfahrenswahlprobleme dar. Das Problem, welche Maschinen in einer Produktionsperiode mit welchen Intensitäten und Betriebszeiten zum Einsatz kommen sollen, um eine bestimmte Endproduktmenge mit minimalen Kosten zu erzeugen, wird von den meisten Autoren üblicherweise in zwei Teilschritte zerlegt. In einer ersten Stufe der Voroptimierung geht es zunächst um die Ableitung der Kostenfunktionen für die einzelnen Aggregate im Hinblick auf ihre zeitliche oder intensitätsmäßige Anpassung; die Bestimmung des kostenminimalen Anlageeinsatzes, d. h. die optimale Aufteilung der Endproduktmenge auf die funktionsgleichen, jedoch möglicherweise kostenverschiedenen Aggregate bleibt dagegen in einer zweiten Stufe der Hauptoptimierung vorbehalten. Alternative Problemformulierungen, die oft in engem Zusammenhang mit den jeweils verwendeten Lösungsverfahren stehen, ergeben sich aus den recht unterschiedlichen Annahmen, dass einerseits für die einzelnen Maschinen die einmal gewählten Leistungsintensitäten während der Planungsperiode konstant bleiben müssen oder aber ihre Intensitäten während dieses Zeitraums diskret oder stetig variierbar sind und zum anderen sich die Intensitäten kontinuierlich von null an verändern lassen oder aber für einige oder alle Maschinen Minimalintensitäten größer null vorgegeben sind.

Zur Behandlung derartiger Probleme der kostenminimalen Anpassungsprozesskombination bei mehreren Aggregaten sind mehrere Lösungswege beschritten worden, die sich bezüglich ihrer Praktikabilität stark unterscheiden. So hat JACOB (1962) versucht, die Problemformulierung mit Hilfe eines entsprechenden Lagrange-Ansatzes zu erfassen und daraus die Lösung auf der Grundlage voroptimierter Grenzkostenfunktionen für die einzelnen Aggregate abzuleiten. Diese Vorgehensweise versagt, wenn die Kostenfunktionen der Maschinen aufgrund von Kostensprüngen nicht mehr differenzierbar sind. Für diesen Fall hat ADAM (1972) vorgeschlagen, die Grenzkostenbetrachtung durch den Übergang auf die Gesamtkostenanalyse zu ersetzen und die optimale Anpassungskombination über Verfahrensvergleiche zu ermitteln. SCHÜLER (1973) misst der Grenzkostenmethode nur eine begrenzte Tauglichkeit zu, da sie weitgehend auf graphische Darstellungsweisen angewiesen ist, wodurch ihre Allgemeingültigkeit erheblich eingeschränkt wird, und vertritt die Auffassung, dass sich Programmierungsansätze generell besser zur Lösung des Problems des kostenoptimalen Anlageneinsatzes eignen. Der erste Versuch in dieser Richtung geht auf ALBACH (1962a) zurück, der zur Bestimmung der optimalen Anpassungspolitik an einem Aggregat durch diskrete

Wahl der Intensitäten die Verbrauchsfunktionen in Prozesspunkte auflöst und damit die Voroptimierung der Linearen Programmierung zugänglich macht. Mit der Anwendung der Dynamischen Programmierung auf das Optimierungsproblem der kombinierten Anpassung bei diskreten Beschäftigungsgradvariationen haben sich PACK (1966, 1970) sowie KARRENBERG und SCHEER (1970) beschäftigt. Auf die Notwendigkeit der Modifizierung des dabei benutzten Standardalgorithmus der Dynamischen Programmierung für die Fälle, dass der Definitionsbereich der Gesamtkostenfunktion bei Ausschluss zeitlicher Anpassung und Minimalintensitäten einzelner Aggregate von größer null nicht mehr zusammenhängend ist, hat ALTROGGE (1972) aufmerksam gemacht und zur Bewältigung der sich daraus ergebenden numerischen Schwierigkeiten ein eigenes computergestütztes Verfahren zur kostenoptimalen Anpassung von Aggregatgruppen entwickelt. Unter der Annahme, dass für die verschiedenen funktionsgleichen Maschinen von vornherein aus praktischen Gründen nur jeweils endlich viele Intensitätsstufen wählbar sind, können DELLMANN und NASTANSKY (1969) in Anlehnung an die Idee von ALBACH dieses diskrete Anpassungsproblem im Rahmen eines einstufigen Simultanansatzes mit Hilfe der Linearen Programmierung lösen, da unter diesen Bedingungen nur lineare Kostenabhängigkeiten auftreten. Mit der Möglichkeit, das Anpassungsproblem auch stetig formulieren und dennoch unter Verwendung eines Programmierungsansatzes lösen zu können, beschäftigt sich SCHÜLER (1973) sehr eingehend. Dabei werden auf der ersten Stufe der Voroptimierung die Kostenfunktionen der Aggregate auf der Grundlage notwendiger und hinreichender Optimalintensitätsbedingungen bezüglich der intensitätsmäßigen Anpassung der Maschinen gewonnen. Für die Hauptoptimierung wird dagegen eine Vorgehensweise vorgeschlagen, die an die Dynamische Programmierung bei stückweise linearen Funktionsverläufen angelehnt ist und darauf beruht, die einzelnen Aggregatskostenkurven in ihren nichtlinearen Bereichen durch lineare Teilstrecken hinreichend gut zu approximieren und dann die Gesamtkostenkurve durch die Zusammensetzung dieser Teilstrecken, die zuvor nach dem Prinzip der zunehmenden Steigungen geordnet werden, zu ermitteln. Einen anderen Weg, mit Hilfe der Variationsrechnung zu einer Reihe geeigneter Aggregatsleistungen zu gelangen, die zu geringeren Kosten als bei konstanter Leistungsabgabe führen, hat BOTTA (1974) aufgezeigt. Auf der Grundlage eines Kontrollproblems haben FEICHTINGER et al. (1988) einen dynamischen Ansatz des Intensitätssplittings analysiert. Dabei zeigt sich unter der Annahme nur stetig variierbarer Produktionsintensitäten, dass dann entweder regelmäßig zyklisch schwankende Leistungsintensitäten oder die nachfragesynchrone Fertigung kostengünstiger als Intensitätssplitting sind. Bei den meisten der angesprochenen Lösungsverfahren tun sich jedoch nach wie vor insofern Schwierigkeiten auf, als Sprungstellen der Gesamtkostenfunktion des Anlageeinsatzes im Allgemeinen nicht ohne weiteres erfassbar sind. Eine zufriedenstellende Lösung in diesem Punkt des Anpassungsproblems steht also noch aus.

Mit der interessanten Analogie, die zwischen dem Problem der optimalen Anpassung von Aggregaten und dem des optimalen Einsatzes von Mehrarbeitszeiten für Arbeitskräfte im mehrstufigen Mehrproduktunternehmen existiert, hat sich KILGER (1971) auseinandergesetzt. Ähnlich wie bei der intensitätsmäßigen Anpassung der Maschinen geht hier dieser zeitliche Anpassungsprozess der Arbeitskräfte unter Beachtung der tariflichen Regelungen mit progressiven Lohnstückkosten der Erzeugnisse einher.

Einzelne Problemformulierungen der kombinierten Anpassung sowie hierzu entwickelte Lösungsverfahren sollen im Folgenden etwas eingehender betrachtet werden.

11.2 Zeitliche, intensitätsmäßige und quantitative Anpassung kostenverschiedener Aggregate

11.2.1 Problemformulierung und Annahmen

Einem Unternehmen mögen für eine bestimmte zur Herstellung eines Endprodukts erforderliche Werkverrichtung mehrere funktionsgleiche, kostenverschiedene Maschinen n_m, $n_m = 1,\ldots,N_m$, $m = 1,\ldots,M$, desselben Aggregattyps m zu Verfügung stehen. Für die hier durchzuführende Analyse reicht der Einfachheit halber $M = 1$ und damit $n = 1,\ldots,N$ aus. Es wird also nur ein Aggregattyp betrachtet. Die Erweiterungen der Überlegungen auf mehrere Aggregattypen liegen auf der Hand, sind aber hier nicht erforderlich, da kombinierte Anpassungen nur innerhalb ein und desselben Aggregattyps sinnvoll sind.

Die Aggregate desselben Typs sollen sich in ihren Kosten-Leistungsfunktionen $k_n(\lambda_n)$ voneinander unterscheiden. Dann ist das Problem des kombinierten Anpassungsprozesses durch die Fragestellung charakterisiert, welche Maschinen mit welchen Intensitäten und Betriebszeiten zum Einsatz kommen sollen, um eine gewünschte Ausbringung x bei entsprechender Produktionsaufteilung x_n auf die vorhandenen Anlagen n kostenminimal zu erzeugen. Dabei lassen sich die Überlegungen des zehnten Kapitels insofern unmittelbar verwenden, als sie gezeigt haben, dass jedes solche x_n, falls es positiv ist, auf dem Aggregat n mit genau einer Kombination (λ_n, t_n) der Anpassungsparameter kostenminimal produziert wird. So kann man das Optimierungsproblem der kombinierten Anpassung in Abhängigkeit einer gegebenen Beschäftigung x mit

$$(11.1) \quad 0 \le x \le \sum_{n=1}^{N} \overline{x}_n = \sum_{n=1}^{N} \overline{\lambda}_n \cdot \overline{t}_n = \overline{x}$$

in den Variablen x_n, t_n, λ_n, $n = 1,\ldots,N$, wie folgt formalisieren:

$$(11.2) \quad \min K(x) = \sum_{n=1}^{N} K_n(x_n) = \sum_{n=1}^{N} k_n(\lambda_n) \cdot \lambda_n \cdot t_n$$

unter den Nebenbedingungen

$$(11.3) \quad \sum_{n=1}^{N} x_n = x$$

$$(11.4) \quad x_n = \lambda_n \cdot t_n, \qquad n = 1, \ldots, N,$$

$$(11.5) \quad 0 = \underline{\lambda}_n \leq \lambda_n \leq \overline{\lambda}_n, \quad n = 1, \ldots, N,$$

$$(11.6) \quad 0 = \underline{t}_n \leq t_n \leq \overline{t}_n, \quad n = 1, \ldots, N.$$

Die Zielfunktion (11.2) erfasst die Summe der mit der Produktionsaufteilung an allen Aggregaten eines Typs anfallenden Kosten. Falls dabei keine einsatzbedingten fixen Betriebsmittelkosten auftreten sollten, entsprechen diese den variablen Kosten der Produktion; sie sollen für jedes vorgegebene x minimal sein. Für eine fest gewählte Endproduktmenge x sind daher die bei der Produktionsaufteilung auf die einzelnen Aggregate entfallenden Mengen x_n die mittelbaren und wegen $x_n = \lambda_n \cdot t_n$ die Anpassungsparameter λ_n und t_n die eigentlichen bzw. unmittelbaren Variablen des Modells. Die Nebenbedingung (11.3) verlangt, dass die Produktionsaufteilung gerade mit der herzustellenden Endproduktmenge übereinstimmt. Diese Endproduktmenge kann, wie es (11.1) zum Ausdruck bringt, zwischen null und der maximalen Gesamtkapazität aller einsetzbaren Maschinen liegen. Dabei kann jedoch die jedem Betriebsmittel zugewiesene Teilmenge x_n der Gesamtproduktion x die jeweilige Höchstkapazität $\overline{x}_n := \overline{\lambda}_n \cdot \overline{t}_n$ nicht überschreiten; das gewährleisten die Nebenbedingungen (11.4)-(11.6). Die Nebenbedingungen (11.5) und (11.6) definieren nämlich die zulässigen Intensitäts- und Einsatzzeitintervalle der Aggregate.

Für jede der in (11.2) aufsummierten Kostenfunktionen $K_n(x_n)$ der einzelnen Aggregate n gelten die Ausführungen des zehnten Kapitels. Das heißt, die Produktionsteilmenge x_n wird auf der Maschine n entweder mit der Optimalintensität λ_n^* durch zeitliche Anpassung oder aber bei maximaler Einsatzzeit $\overline{t}_n$ des Aggregats durch rein intensitätsmäßige Anpassung kostenminimal erzeugt, je nachdem ob $x_n \leq \hat{x}_n$ oder $x_n > \hat{x}_n$ erfüllt ist. Hierbei zeigt $\hat{x}_n$ die Höchstmenge an, die auf dem Betriebsmittel n mit der Optimalintensität λ_n^* bei maximaler Einsatzzeit $\overline{t}_n$ erzielt werden kann, d. h. $\hat{x}_n = \lambda_n^* \cdot \overline{t}_n$. Ebenso ist die Kapazitätsgrenze $\overline{x}_n = \overline{\lambda}_n \cdot \overline{t}_n$ des Aggregats durch das Produkt aus maximaler Intensität $\overline{\lambda}_n$ und maximaler Einsatzzeit $\overline{t}_n$ definiert. Entsprechend können die Kostenfunktionen der Aggregate folgendermaßen spezifiziert werden:

$$(11.7) \quad K_n(x_n) \begin{cases} K_n(\lambda_n^*, t_n) = k_n(\lambda_n^*) x_n, \\ x_n = \lambda_n^* \cdot t_n, \quad 0 \le x_n \le \hat{x}_n; \\ K_n(\lambda_n, \overline{t}_n) = k_n\left(\dfrac{x_n}{\overline{t}_n}\right) x_n, \qquad n = 1, \dots, N. \\ x_n = \lambda_n \cdot \overline{t}_n \text{ bzw. } \lambda_n = \dfrac{x_n}{\overline{t}_n}, \quad \hat{x}_n < x_n \le \overline{x}_n; \end{cases}$$

Auf der Grundlage dieser Kostenfunktionen wird nachstehend die Optimierung des kombinierten Anpassungsprozesses bei Variation der Endproduktmenge x diskutiert, wobei die analytischen Untersuchungen anhand eines konkreten Zahlenbeispiels erfolgen sollen. Zu diesem Zweck sind in Tabelle 11.1 die Annahmen und Daten des Modells zusammengestellt.

Tabelle 11.1. Annahmen und Daten des Zahlenbeispiels

n	$\underline{\lambda}_n$	$\overline{\lambda}_n$	$\underline{t}_n$	$\overline{t}_n$	$k_n(\lambda_n) = a_n\lambda_n^2 - b_n\lambda_n + c_n$	λ_n^*	$k_n(\lambda_n^*)$	$\hat{x}_n = \lambda_n^* \cdot \overline{t}_n$	$\overline{x}_n = \overline{\lambda}_n \cdot \overline{t}_n$
1	0	24	0	8	$k_1(\lambda_1) = \frac{1}{36}\lambda_1^2 - \lambda_1 + 15$	18	6	$144 = 18 \cdot 8$	$192 = 24 \cdot 8$
2	0	26	0	8	$k_2(\lambda_2) = \frac{1}{45}\lambda_2^2 - \frac{2}{3}\lambda_2 + 11,5$	15	6,5	$120 = 15 \cdot 8$	$208 = 26 \cdot 8$
3	0	22	0	8	$k_3(\lambda_3) = \frac{1}{17}\lambda_3^2 - 2\lambda_3 + 36$	17	19	$136 = 17 \cdot 8$	$176 = 22 \cdot 8$

Das Zahlenbeispiel geht von drei ($N = 3$) funktionsgleichen, kostenverschiedenen Betriebsmitteln aus, deren maximale Einsatzzeiten jeweils bei $\overline{t}_1 = \overline{t}_2 = \overline{t}_3 = 8$ Zeiteinheiten liegen. Dagegen differieren die Maximalintensitäten $\overline{\lambda}_1 = 24$, $\overline{\lambda}_2 = 26$ und $\overline{\lambda}_3 = 22$ der Aggregate gemessen in Mengeneinheiten/Zeiteinheit. Zur Ermittlung ihrer Optimalintensitäten müssen die unterschiedlichen Kosten-Leistungsfunktionen $k_n(\lambda_n)$ nach den Intensitäten λ_n ($n = 1, 2, 3$) differenziert und diese ersten Ableitungen gleich null gesetzt werden. Aus den Beziehungen

$$(11.8) \quad \frac{dk_n(\lambda_n)}{d\lambda_n} = 0, \ n = 1, 2, 3,$$

folgen die Optimalintensitäten $\lambda_1^* = 18$, $\lambda_2^* = 15$ und $\lambda_3^* = 17$, für die – eingesetzt in die Kosten-Leistungsfunktion – an den Maschinen die minimalen Stückkosten $k_1(\lambda_1^*) = 6$, $k_2(\lambda_2^*) = 6,5$ und $k_3(\lambda_3^*) = 19$ gemessen in €/Stück entstehen. Sie entsprechen nach (11.7) den variablen Stückkosten und zugleich den Grenzkosten der Produktion an den Aggregaten im Bereich der zeitlichen Anpassung. Multipliziert man sie mit den dazugehörigen Produktionsteilmengen x_n, so erhält man die Kostenfunktionen der Betriebsmittel bei zeitlicher Anpassung $K_n = K_n(\lambda_n^*, t_n)$. Als Obergrenzen der zeitlichen Anpassungsbereiche ergeben sich aus dem Produkt der Optimalintensitäten mit den maximalen Einsatzzeiten für die Aggregate die Mengen $\hat{x}_1 = 144$, $\hat{x}_2 = 120$ und $\hat{x}_3 = 136$. Für $x_n > \hat{x}_n$ ($n = 1, 2, 3$) müssen die Maschinen bei maximaler Einsatzzeit $\bar{t}_n$ intensitätsmäßig angepasst werden, wobei jeweils die Maximalkapazitäten $\bar{x}_n = \bar{\lambda}_n \cdot \bar{t}_n$ bei $\bar{x}_1 = 192$, $\bar{x}_2 = 208$ und $\bar{x}_3 = 176$ erreicht werden. Insgesamt lassen sich mit den drei Maschinen also höchstens $x = \bar{x}_1 + \bar{x}_2 + \bar{x}_3 = 576$ Endprodukteinheiten herstellen; dies füllt die Bedingung (11.1) numerisch aus. Ersetzt man in den Bereichen der intensitätsmäßigen Anpassung der Aggregate die Aktionsparameter λ_n in den Kosten-Leistungsfunktionen $k_n(\lambda_n)$ durch die Beziehungen $\lambda_n = x_n / \bar{t}_n$ und multipliziert man dann diese Stückkostenfunktionen mit den Produktionsteilmengen x_n, so erhält man die Kostenfunktionen der Aggregate bei intensitätsmäßiger Anpassung $K_n = K_n(\lambda_n, \bar{t}_n)$. Die Kostenfunktionen K_n der drei Betriebsmittel sind für die verschiedenen Anpassungsbereiche in Tabelle 11.2 aufgeführt.

Tabelle 11.2.   Kostenfunktionen der Aggregate bei zeitlicher und intensitätsmäßiger Anpassung

n	$K_n = K_n\left(\lambda_n^*, t_n\right)$	$0 \le x_n \le \hat{x}_n$	$K_n = K_n\left(\lambda_n, \bar{t}_n\right)$	$\hat{x}_n < x_n \le \bar{x}_n$
1	$K_1 = 6x_1$	$0 \le x_1 \le 144$	$K_1 = \dfrac{1}{36 \cdot 64}x_1^3 - \dfrac{1}{8}x_1^2 + 15x_1$	$144 < x_1 \le 192$
2	$K_2 = 6{,}5x_2$	$0 \le x_2 \le 120$	$K_2 = \dfrac{1}{45 \cdot 64}x_2^3 - \dfrac{1}{12}x_2^2 + 11{,}5x_2$	$120 < x_2 \le 208$
3	$K_3 = 19x_3$	$0 \le x_3 \le 136$	$K_3 = \dfrac{1}{17 \cdot 64}x_3^3 - \dfrac{1}{4}x_3^2 + 36x_3$	$136 < x_3 \le 176$

Bei der Kenntnis dieser Kostenfunktionen $K_n(x_n)$ bieten sich nun zwei Möglichkeiten an, das Optimierungsproblem der kombinierten Anpassung (11.2)-(11.6) bei Variation der Endproduktmenge x kostenminimal zu lösen: der Lösungsansatz der voroptimierten Grenzkostenfunktionen (JACOB 1962) und die Lösungsmethode der Dynamischen Programmierung (PACK 1966). Beide Lösungsansätze sollen in ihrem Ablauf anhand des konkreten Zahlenbeispiels nachfolgend dargestellt werden.

11.2.2 Der Lösungsansatz voroptimierter Grenzkostenfunktionen

Aufgrund der Tatsache, dass bei der Produktion von x nach Problem (11.2) keine einsatzbedingten fixen Betriebsmittelkosten anfallen und die Grenzkosten K_n' der Aggregate mit zunehmender Produktionsteilmenge x_n bei zeitlicher Anpassung zunächst konstant sind und dann wegen der quadratischen Kosten-Leistungsfunktionen bei intensitätsmäßiger Anpassung steigen, ist es unmittelbar einsichtig, dass man zur Kostenminimierung im Anpassungsprozess bei der Produktionsaufteilung zuerst das Aggregat mit den niedrigsten Grenzkosten bei zeitlicher Anpassung heranzieht. Diesem Aggregat werden dann bei zeitlicher und auch noch bei intensitätsmäßiger Anpassung mit steigenden Grenzkosten so lange Endprodukteinheiten $\xi_1, \xi_1 \leq x$, zugewiesen, wie es seine Kapazität erlaubt und die Grenzkosten noch nicht die nächst niedrigen Grenzkosten eines anderen Aggregats bei zeitlicher Anpassung übersteigen. Nimmt man nämlich ohne Beschränkung der Allgemeinheit an, dass die Betriebsmittel bereits nach der Höhe ihrer konstanten Grenzkosten K_n' bei zeitlicher Anpassung indiziert sind, also Aggregat 1 die niedrigsten konstanten Grenzkosten besitzt, dann gilt wegen

(11.9)
$$K_1'(x_1) \leq K_1'(\xi_1), 0 \leq x_1 \leq \xi_1 \leq \bar{x}_1, \text{ und}$$
$$K_1'(\xi_1) \leq K_n'(\xi_n), 0 \leq \xi_n < \min\{\xi_1, \bar{x}_n\}, n = 2, \ldots, N,$$

dass die Produktionsteilmenge ξ_1 durch keine Aufteilung auf die anderen Aggregate $2, \ldots, N$ kostengünstiger hergestellt werden kann als auf dem ersten Aggregat, d. h.

(11.11)
$$K_1(\xi_1) = \int_0^{\xi_1} K_1'(x_1)\, dx_1 \leq \sum_{n=2}^{N} \int_0^{\xi_n} K_n'(x_n)\, dx_n = \sum_{n=2}^{N} K_n(\xi_n)$$

mit $\sum_{n=2}^{N} \xi_n = \xi_1$.

Allgemein erfolgt also beim kostenminimalen Anpassungsprozess die Produktionsaufteilung $x = x_1 + \ldots + x_N$ – Nebenbedingung (11.3) – auf die Aggregate nach der Reihenfolge der niedrigsten Grenzkosten unter Beachtung der jeweiligen Betriebsmittelkapazitäten. Dies setzt voraus, dass die Grenzkostenfunktionen mit Hilfe einer Voroptimierung bereits in die entsprechende Ordnung gebracht sind, also voroptimierte Grenzkostenfunktionen vorliegen.

Für den Fall, dass dabei zwei oder mehrere Aggregate zeitweilig gleiche Grenzkosten aufweisen, wird die Produktionsaufteilung unter diesen Aggregaten bei Gleichheit der Grenzkosten fortgesetzt, bis die jeweiligen Kapazitätsgrenzen erreicht sind. Dies ergibt sich aus der folgenden einfachen Überlegung. Für eine gegebene Endproduktmenge x' sei die Produktionsaufteilung $\tilde{x}_{N-2} = x_1 + \ldots + x_{N-2}$ auf die ersten $N-2$ Aggregate bereits kostenminimal vollzogen. Die Kostenoptimalität des Anpassungsprozesses hängt dann nur noch davon ab, dass die Restmenge $x' - \tilde{x}_{N-2} = x_{N-1} + x_N$ kostenminimal auf die beiden letzten Aggregate $N-1$ und N verteilt wird. Wegen der Konstanz der Mengen x' und $\tilde{x}_{N-2}$ und der Beziehung $x_N = x' - \tilde{x}_{N-2} - x_{N-1}$ kann die Zielfunktion (11.2) unter den Nebenbedingungen (11.3)-(11.6) allein in der Variablen x_{N-1} wie folgt geschrieben werden:

(11.11)
$$\min K(x') = K(x_{N-1}) = \left[\sum_{n=1}^{N-2} K_n(x_n) \right] + K_{N-1}(x_{N-1}) + K_N(x_N)$$
$$= \tilde{K}(\tilde{x}_{N-2}) + K_{N-1}(x_{N-1}) + K_N(x' - \tilde{x}_{N-2} - x_{N-1}).$$

Hieraus erhält man als notwendige Bedingung für die kostenminimalen x_{N-1} bzw. x_N

$$(11.12) \quad \frac{dK}{dx_{N-1}} = \frac{dK_{N-1}}{dx_{N-1}} + \frac{dK_N}{dx_N} \cdot \frac{dx_N}{dx_{N-1}} = \frac{dK_{N-1}}{dx_{N-1}} - \frac{dK_N}{dx_N} = 0,$$

$$0 < x_n < \overline{x}_n, n = N-1, N.$$

Sofern beide Aggregate beschäftigt und noch nicht an ihrer Kapazitätsgrenze angelangt sind, müssen x_{N-1} und x_N so gewählt werden, dass die Grenzkosten $K'_{N-1}(x_{N-1})$ und $K'_N(x_N)$ beider Aggregate stets gleich sind.

Um diese Überlegungen zum Verfahren der voroptimierten Grenzkostenfunktionen für die Bestimmung des kostenminimalen Anpassungsprozesses im vorliegenden Zahlenbeispiel nutzbar machen zu können, sind die Grenzkostenfunktionen $K'_n(x_n)$ der drei Aggregate bei zeitlicher und intensitätsmäßiger Anpassung in Tabelle 11.3 abgeleitet. Rechenungenauigkeiten bei der nachfolgenden Diskussion sind auf Rundungsfehler in der zweiten Dezimalstelle hinter dem Komma zurückzuführen.

Tabelle 11.3.   Grenzkostenfunktionen der Aggregate bei zeitlicher und intensitätsmäßiger Anpassung

n	$K'_n = K_n(\lambda_n^*, t_n)$	$0 \le x_n \le \hat{x}_n$	$K'_n = K_n(\lambda_n, \overline{t}_n)$	$\hat{x}_n < x_n \le \overline{x}_n$
1	$K'_1 = 6$	$0 \le x_1 \le 144$	$K'_1 = \dfrac{1}{12 \cdot 64} x_1^2 - \dfrac{1}{4} x_1 + 15$	$144 < x_1 \le 192$
2	$K'_2 = 6,5$	$0 \le x_2 \le 120$	$K'_2 = \dfrac{1}{15 \cdot 64} x_2^2 - \dfrac{1}{6} x_2 + 11,5$	$120 < x_2 \le 208$
3	$K'_3 = 19$	$0 \le x_3 \le 136$	$K'_3 = \dfrac{1}{17 \cdot 64} x_3^2 - \dfrac{1}{2} x_3 + 36$	$136 < x_3 \le 176$

Aggregat 1 besitzt die niedrigsten Grenzkosten bei zeitlicher Anpassung und wird daher zuerst mit der Optimalintensität $\lambda_1^* = 18$ eingesetzt. Hierbei lassen sich zunehmende Endproduktmengen x bei konstanten Grenzkosten $K'_1 = 6$ durch steigende Einsatzzeit t_1 herstellen, bis diese für $\overline{t}_1 = 8$ ihr Maximum erreicht. So können die Endproduktmenge x, $0 \le x \le \hat{x}_1 = \lambda_1^* \cdot \overline{t}_1 = 18 \cdot 8 = 144$, kostenminimal durch zeitliche Anpassung des ersten Aggregats erzeugt werden. Für $x > 144$ wird Aggregat 1 dann zunächst bei maximaler Einsatzzeit und steigenden Grenzkosten intensitätsmäßig angepasst, bis seine Grenzkosten K'_1 bei der Intensität von $\lambda_1 = 18,48$ und der Endproduktmenge $x = \lambda_1 \cdot \overline{t}_1 = 18,48 \cdot 8 = 147,85$ mit $K'_1(147,85) = 6,5$ den nächst niedrigeren Grenzkosten des Aggregats 2 bei zeitlicher Anpassung $K'_2 = 6,5$ entsprechen. In dem Endproduktmengenbereich $144 \le x \le 147,85$ charakterisiert also die intensitätsmäßige Anpassung des Aggregats 1 den kostenminimalen Anpassungsprozess. Danach kommt bei einer Erhöhung der Ausbringung x, $x > 147,85$, zusätzlich das zweite Aggregat mit der Optimalintensität $\lambda_2^* = 15$ und den festen Grenzkosten $K'_2 = 6,5$ zum Einsatz, bis bei dessen maximaler Betriebszeit $\bar{t}_2 = 8$ die Obergrenze $\hat{x}_2 = \lambda_2^* \cdot \bar{t}_2 = 15 \cdot 8 = 120$ seiner zeitlichen Anpassung erreicht ist. Aufgrund dieser weiteren 120 Mengeneinheiten lassen sich auf dem Aggregat 1 und 2 nun zusammen die Endproduktmengen x, $147{,}85 \leq x \leq 267{,}85$, mit den Grenzkosten $K_1' = K_2' = 6{,}5$ kostenminimal erzeugen. Im Anschluss daran werden für $x > 267{,}85$ das erste und zweite Aggregat bei Gleichheit der steigenden Grenzkosten intensitätsmäßig bis zum Grenzkostenniveau $K_1' = K_2' = 15$ angepasst. Für dieses Grenzkostenniveau gelangt Aggregat 1 mit $\bar{x}_1 = \lambda_1 \cdot \bar{t}_1 = 24 \cdot 8 = 192$ Endproduktmengeneinheiten bei seiner Maximalintensität $\lambda_1 = 24$ und damit an seiner Kapazitätsgrenze an. Aggregat 2 weist dagegen mit $\lambda_2 = 22{,}35$ und $\bar{t}_2 = 8$ erst $\lambda_2 \cdot t_2 = 178{,}79$ Endproduktmengeneinheiten auf, hat also wegen $\bar{x}_2 = 208 > 178{,}79$ seine Kapazitätsgrenze noch nicht erreicht. Durch diese gleichzeitige intensitätsmäßige Anpassung der ersten beiden Aggregate werden folglich die Ausbringungen x, $267{,}85 > x > 370{,}79$, kostenminimal produziert.

Weiter folgt nun für $x > 370{,}79$ eine intensitätsmäßige Anpassung des Aggregats 2, bis dessen Grenzkosten für $\lambda_2 = 24{,}58$ und $x_2 = \lambda_2 \cdot \bar{t}_2 = 196{,}62$ auf das Niveau $K_2'(196{,}62) = 19$ ansteigen und daher mit den konstanten Grenzkosten des dritten Aggregats bei zeitlicher Anpassung $K_3' = 19$ übereinstimmen. Im kostenminimalen Anpassungsprozess werden also die Endproduktmengen x, $370{,}79 \leq x \leq 388{,}62 = 192 + 196{,}62$, durch Vollausnutzung der Kapazität des ersten und intensitätsmäßige Anpassung des zweiten Aggregats hergestellt. Für $x > 388{,}62$ wird dann zudem Aggregat 3 in Betrieb genommen und mit der Optimalintensität $\lambda_3^* = 17$ und den dazugehörigen festen Grenzkosten $K_3' = 19$ zeitlich angepasst, wodurch bis zur maximalen Einsatzzeit $\bar{t}_3 = 8$ weitere $\hat{x}_3 = \lambda_3^* \cdot \bar{t}_3 = 17 \cdot 8 = 136$ Ausbringungseinheiten zu denselben Grenzkosten produziert werden können, so dass diese kostenminimale Anpassung für die Endproduktmengen x, $388{,}62 \leq x \leq 524{,}62$, relevant ist. Soll die Ausbringung x nun 524,62 Einheiten überschreiten, so müssen die Aggregate 2 und 3 bei Gleichheit ihrer steigenden Grenzkosten intensitätsmäßig angepasst werden. Dies kann nur bis zum Grenzkostenniveau $K_2' = K_3' = 21{,}90$ erfolgen, da dort das zweite Aggregat mit der Maximalintensität $\bar{\lambda}_2 = 26$ seine Kapazitätsgrenze $\bar{x}_2 = \bar{\lambda}_2 \cdot \bar{t}_2 = 26 \cdot 8 = 208$ Einheiten erreicht. Aggregat 3 stellt dagegen bei diesen Grenzkosten $K_3' = 21{,}90$ mit der Intensität $\lambda_3 = 18{,}30$ und der maximalen Einsatzzeit $\bar{t}_3 = 8$ erst $\lambda_3 \cdot \bar{t}_3 = 18{,}30 \cdot 8 = 146{,}39$ Einheiten her, ist also wegen $146{,}39 \leq 176 = \bar{x}_3$ noch nicht an seiner Kapazitätsgrenze angelangt. Am Ende dieses Bereichs der gleichzeitigen intensitätsmäßigen Anpassung der Aggregate 2 und 3 können so auf allen Aggregaten insgesamt $x = \bar{x}_1 + \bar{x}_2 + 146{,}39 = 192 + 208 + 146{,}39 = 546{,}39$ Endprodukteinheiten kostenminimal hergestellt werden, so dass der zuletzt diskutierte Anpassungsbereich für die Endproduktmengen x, $524{,}62 \leq x \leq 546{,}39$, gilt. Die Endproduktmengen x, $546{,}39 \leq x \leq 576 = \bar{x}_1 + \bar{x}_2 + \bar{x}_3$, werden schließlich allein durch die nun noch mögliche intensitätsmäßige Anpassung des dritten Aggregats kostenminimal hergestellt, wobei die Grenzkosten K_3' von $K_3'(146{,}39) = 21{,}90$ auf $K_3'(\bar{x}_3) = K_3'(176) = 33{,}41$ steigen, wenn die Kapazitätsgrenze $\bar{x}_3 = \bar{\lambda}_3 \cdot \bar{t}_3 = 22 \cdot 8 = 176$ des dritten Aggregats bei maximaler Intensität $\bar{\lambda}_3 = 22$ und maximaler Einsatzzeit $\bar{t}_3 = 8$ erreicht ist.

Der Verlauf des bislang beschriebenen kostenminimalen kombinierten Anpassungsprozesses der drei Aggregate bei steigender Endproduktmenge x, der sich in acht verschiedene Anpassungsbereiche untergliedert, ist zur besseren Übersicht nochmals in Tabelle 11.4 in aufgelisteter Form und in Abb. 11.1 anhand der Grenzgesamtkostenkurve $K'(x)$ graphisch dargestellt. Sowohl aus der Tabelle 11.4 als auch aus Abb. 11.1 lässt sich nun beispielsweise für $x = 237$ die kostenminimale Produktionsaufteilung ablesen. Bei Grenzkosten von $K'_1 = K'_2 = 6,50$ € werden die Menge $x_1 = 147,85$ Einheiten auf dem Aggregat 1 mit der Intensität $\lambda_1 = 18,48$ Mengeneinheiten pro Zeiteinheit in $\overline{t}_1 = 8$ Zeiteinheiten und die Restmenge $x_2 = 89,15$ Einheiten auf dem Aggregat 2 mit der Optimalintensität $\lambda_2^* = 15$ Mengeneinheiten pro Zeiteinheit bei zeitlicher Anpassung in $t_2 = 5,94$ Zeiteinheiten hergestellt. Die Gesamtkosten $K(x)$ der Ausbringung $x = 237$ entsprechen nach der Integration der Fläche unter der Grenzgesamtkostenkurve $K'(x)$ in Abb. 11.1 im Bereich von 0 bis 237. Diese Gesamtkosten lauten $K(x) = K_1(147,85) + K_2(89,15)$, was nach Tabelle 11.2 den Gesamtwert $888,05 + 579,48 = 1467,53$ ergibt.

Tabelle 11.4.   Tabellarische Darstellung des kombinierten Anpassungsprozesses der Aggregate

Bereich	Ausbringung	Betriebene Aggregate	Anpassungs- formen	Anpassungs- parameter	Grenz- kosten
1	$0 \leq x \leq 144$	1	zeitlich	$\lambda_1^* = 18$; $0 \leq t_1 \leq 8$	6
2	$144 \leq x \leq 147,85$	1	intensitätsmäßig	$18 \leq \lambda_1 \leq 18,48$; $\overline{t}_1 = 8$	$6 - 6,5$
3	$147,85 \leq x \leq 267,85$	1	-	$\lambda_1 = 18,48$; $\overline{t}_1 = 8$	6,5
		2	zeitlich	$\lambda_2^* = 15$; $0 \leq t_2 \leq 8$	
4	$267,85 \leq x \leq 370,79$	1	intensitätsmäßig	$18,48 \leq \lambda_1 \leq 24$; $\overline{t}_1 = 8$	$6,5 - 15$
		2	intensitätsmäßig	$15 \leq \lambda_2 \leq 22,35$; $\overline{t}_2 = 8$	
5	$370,79 \leq x \leq 388,62$	1	-	$\overline{\lambda}_1 = 24$; $\overline{t}_1 = 8$	$15 - 19$
		2	intensitätsmäßig	$22,35 \leq \lambda_2 \leq 24,58$; $\overline{t}_2 = 8$	
6	$388,62 \leq x \leq 524,62$	1	-	$\overline{\lambda}_1 = 24$; $\overline{t}_1 = 8$	19
		2	-	$\lambda_2 = 24,58$; $\overline{t}_2 = 8$	
		3	zeitlich	$\lambda_3^* = 17$; $0 \leq t_3 \leq 8$	
7	$524,62 \leq x \leq 546,39$	1	-	$\overline{\lambda}_1 = 24$; $\overline{t}_1 = 8$	$19 - 21,90$
		2	intensitätsmäßig	$24,58 \leq \lambda_2 \leq 26$; $\overline{t}_2 = 8$	
		3	intensitätsmäßig	$17 \leq \lambda_3 \leq 18,30$; $\overline{t}_3 = 8$	
8	$546,39 \leq x \leq 576$	1	-	$\overline{\lambda}_1 = 24$; $\overline{t}_1 = 8$	$21,90 - 33,41$
		2	-	$\overline{\lambda}_2 = 26$; $\overline{t}_2 = 8$	
		3	intensitätsmäßig	$18,30 \leq \lambda_3 \leq 22$; $\overline{t}_3 = 8$	

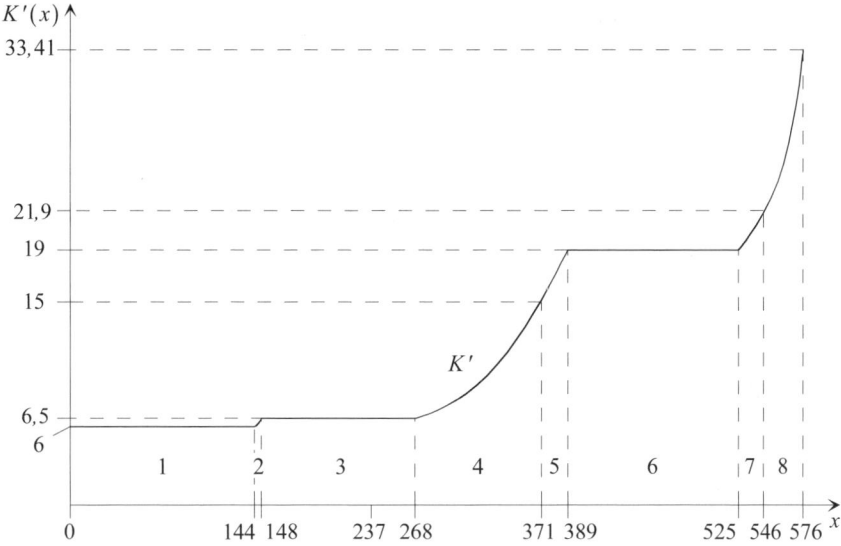

Abb. 11.1.   Graphische Darstellung des kombinierten Anpassungsprozesses der Aggregate

11.2.3 Die Lösungsmethode der Dynamischen Programmierung

Zur direkten Ermittlung des kostenminimalen kombinierten Anpassungsprozesses nach der Problemformulierung (11.2)-(11.6) über die Kostenfunktionen der einzelnen Aggregate kann im Einproduktunternehmen bei diskreter ganzzahliger Variation der Endproduktmenge das Verfahren der Dynamischen Programmierung herangezogen werden, wie PACK (1966) an einer Reihe von Anwendungsbeispielen dargelegt hat. Dabei bedient sich der Dynamische Programmierungsansatz der Kostenfunktionen $K_n(x_n)$, wie sie für die einzelnen Aggregate n, $n = 1,...,N$, und die auf ihnen möglicherweise herstellbaren Produktionsteilmengen x_n, $0 \le x_n \le \overline{x}_n$, bei optimaler zeitlicher und intensitätsmäßiger Anpassung abgeleitet worden und in der Beziehung (11.7) aufgeführt sind. Die Kostenwerte dieser Funktionen werden über die gesamten Definitionsbereiche ebenfalls jeweils nur für ganzzahlige x_n berechnet.

Unter diesen Bedingungen besteht der Grundgedanke der Dynamischen Programmierung bei der Bestimmung der kostenminimalen Anpassungskombination für eine gegebene Endproduktmenge $\overline{x}$ nun darin, diesen Output durch stufenweises Vorgehen so in Produktionsteilmengen $\tilde{x}_n$ den zur Verfügung stehenden Aggregaten n optimal zuzuordnen, dass die gesamten Herstellkosten möglichst klein werden. Dadurch erreicht man die optimale Produktionsaufteilung. Dabei wird auf jeder Berechnungsstufe ein weiteres Aggregat zusätzlich in die Betrachtungen einbezogen. Die Anzahl der Rechenstufen entspricht der Anzahl der vorhandenen Aggregate. Dieses Verfahren gestattet es, das Problem (11.2)-(11.6) mit seinen N Variablen x_n in N zusammenhängende Teilprobleme mit nur jeweils einer Variablen zu zerlegen und anschließend aus den Lösungen der Teilprobleme die optimalen $\tilde{x}_n$ für ein gegebenes $\bar{x}$ rekursiv zu ermitteln. Nimmt man an, dass die N Maschinen in der Reihenfolge $1, ..., n, ..., N$ in den Kalkül einbezogen werden, dann lautet das Rekursionsschema der Dynamischen Programmierung zur Bestimmung der optimalen Produktionsteilmengen $\tilde{x}_n$ formal:

(11.13) $F_1(x) = K_1(x_1)$, $0 \le x = x_1 \le \bar{x}_1$, x ganzzahlig.

Für $n = 2, ..., N$ und

(11.14) $0 \le x \le \sum_{s=1}^{n} \bar{x}_s$, x ganzzahlig,

gilt:

(11.15) $F_n(x) = \min_{x_n} \left\{ F_{n-1}(x - x_n) + K_n(x_n) \right\}$,

wobei x_n folgenden Nebenbedingungen unterliegt:

(11.16a) $0 \le x_n \le \bar{x}_n$

(11.16b) $0 \le x_n \le x$

(11.16c) x_n ganzzahlig.

In dem Rekursionsschema (BELLMAN 1957) werden zunächst auf der ersten Stufe die Lösungen der Kostenfunktion $K_1(x_1)$ des zuerst zu betrachtenden Aggregats (Aggregat 1) für die zulässigen ganzzahligen Produktionsteilmengen x_1, $0 \le x_1 \le \bar{x}_1$ [Bedingung (11.16a)] ermittelt und mit $F_1(x)$ bezeichnet, wobei die ganzzahlig variierte Endproduktmenge x ebenfalls nicht die Kapazitätsgrenze des ersten Aggregats überschreiten darf, also nach (11.13) $0 \le x \le \bar{x}_1$ gelten muss. Die Bedingung (11.16b) versteht sich von alleine. Auf der zweiten Stufe wird dann zusätzlich das zweite Aggregat berücksichtigt und für jede auf beiden Maschinen ganzzahlig produzierbare Endproduktmenge x, $0 \le x \le \bar{x}_1 + \bar{x}_2$ [Restriktion (11.14)] die kostengünstigste Produktionsaufteilung auf diesen beiden Maschinen bestimmt, wobei nach (11.16a) wiederum deren jeweilige Kapazitätsgrenzen zu beachten sind. Dieser Betrachtungsprozess wird analog stufenweise aufbauend nach der Formel (11.15) derart allgemein fortgesetzt, dass auf der n-ten Stufe des Verfahrens das n-te Aggregat neu in die Untersuchungen eingeführt wird ($n = 1, ..., N$). Für jede auf den n Betriebsmitteln ganzzahlig produzierbare Ausbringung x [Erfüllung der Bedingung (11.14)] wird nun entsprechend nach der kostengünstigsten ganzzahligen Produktionsaufteilung [Bedingung (11.15)] zwischen dem neu berücksichtigten Aggregat n mit der Produktionsteilmenge x_n und den bereits in den vorherigen $n-1$ Berechnungsstufen betrachteten übrigen

$n-1$ Aggregaten mit der Restproduktionsmenge $x-x_n$ gefragt. Auch hier garantiert die Zusatzbedingung (11.16a), dass dabei die Kapazitätsgrenzen der n Maschinen beachtet werden. In der Rekursionsformel (11.15) bezeichnet $F_n(x)$ die minimalen Produktionskosten der Menge x beim Einsatz der ersten n der insgesamt N Aggregate; $F_{n-1}(x-x_n)$ ist entsprechend zu lesen. $K_n(x_n)$ drückt die Gesamtkosten des auf der Stufe n neu in die Betrachtung einbezogenen Aggregats n aus, wenn auf ihm die Menge x_n bei optimaler zeitlicher und intensitätsmäßiger Anpassung hergestellt wird. Die Variablen x_n und $x-x_n$ dienen allein der Ermittlung aller möglichen Kombinationen, nach denen die Endproduktmenge x auf die Maschine n und die übrigen $n-1$ Maschinen aufgeteilt werden kann.

Durch die beschriebene Vorgehensweise anhand der Beziehungen (11.13)-(11.16) ergibt sich nach N Berechnungsstufen, wenn also alle zum Produktionseinsatz zur Verfügung stehenden Aggregate in die Kostenüberlegungen eingegangen sind, ein vollständiges Bild darüber, wie eine beliebig vorgegebene Endproduktmenge $\bar{x}$ auf die N Aggregate verteilt werden muss, um ihre Fertigungskosten zu minimieren. Die kostenminimale Anpassungskombination und die damit verbundene optimale Produktionsaufteilung lässt sich für ein solches $\bar{x}$ dann folgendermaßen rekursiv berechnen. Aus $F_N(\bar{x})$ erhält man nach (11.15) mit $\tilde{x}_N$ und $\bar{x}-\tilde{x}_N$ die optimalen Produktionsteilmengen, die auf dem N-ten Aggregat und den übrigen $N-1$ Aggregaten kostenminimal gefertigt werden. Den minimalen Produktionskosten $F_{N-1}(\bar{x}-\tilde{x}_N)$ der $N-1$ Maschinen sind dabei jedoch wiederum optimale Produktionsteilmengen $\tilde{x}_{N-1}$ und $\tilde{x}-\tilde{x}_N-\tilde{x}_{N-1}$ des $(N-1)$-ten Aggregats und der restlichen $N-2$ Aggregate zugeordnet usw. Schließlich erhält man so für das gegebene $\bar{x}$ die auf den einzelnen Aggregaten bei Kostenminimierung zu erstellenden Leistungsmengen $\tilde{x}_1,\dots,\tilde{x}_N$, wobei

$$\tilde{x} = \sum_{n=1}^{N} \tilde{x}_n \text{ gilt.}$$

Wendet man nun die Dynamische Programmierung auf das Zahlenbeispiel des vorangegangenen Abschnitts an, so müssen die in Tabelle 11.2 zusammengestellten Kostenfunktionen bei optimaler zeitlicher und intensitätsmäßiger Anpassung der drei funktionsgleichen, kostenverschiedenen Aggregate den Berechnungen zugrunde gelegt werden. Für beliebige ganzzahlige Ausbringungen x,

$$0 \le x \le \sum_{n=1}^{N} \bar{x}_n,$$

erhält man dann über die Minimalkosten $F_3(x)$ rekursiv die kostenoptimalen Produktionsaufteilungen x_1, x_2 und x_3 auf die drei Aggregate, wie sie aus Tabelle 11.5 für einige Werte von x ablesbar sind. Zugleich sind korrespondierend zu Tabelle 11.4 die jeweilig optimalen Anpassungsformen für die einzelnen Ausbringungsbereiche vermerkt. So zeigt Tabelle 11.5 beispielsweise, dass die Endproduktmenge $x=527$ Einheiten mit minimalen Kosten $K(x)=F_3(x)=5.652{,}41\,€$ produziert wird, wenn die folgende optimale Produktionsaufteilung bzw.

kostenminimale Anpassungskombination gilt. Alle drei Maschinen befinden sich im Einsatz; die Möglichkeiten der quantitativen Anpassung sind also bereits erschöpft. Auf Maschine 2 werden $x_1 = 192$ Einheiten erzeugt; sie arbeitet damit an der Kapazitätsgrenze $\bar{x}_1$. Die Maschinen 2 und 3 stellen $x_2 = 198$ Einheiten und $x_3 = 137$ Einheiten her und befinden sich dabei beide im Bereich der intensitätsmäßigen Anpassung.

Tabelle 11.5. Kostenminimale Aufteilung der Produktion auf die Aggregate mit Hilfe der dynamischen Programmierung

Ausbringung	Produktionsaufteilung			Minimalkosten	Anpassungsformen
x	x_1	x_2	x_3	$F_3(x)$	
1	1	0	0	6,00	Aggregat 1
2	2	0	0	12,00	zeitlich
⋮	⋮	⋮	⋮	⋮	
144	144	0	0	864,00	
145	145	0	0	870,00	Aggregat 1
146	145	0	0	876,25	intensitätsmäßig
147	147	0	0	882,57	
148	148	0	0	889,03	
149	148	1	0	895,53	Aggregat 2
150	148	2	0	902,03	zeitlich
⋮	⋮	⋮	⋮	⋮	
267	148	119	0	1.662,53	
268	148	120	0	1.669,03	
269	148	121	0	1.675,58	Aggregat 1 und 2
270	149	121	0	1.682,16	intensitätsmäßig
271	149	122	0	1.688,78	
272	149	123	0	1.695,49	
273	150	123	0	1.702,22	
⋮	⋮	⋮	⋮	⋮	
366	190	176	0	2.650,15	
367	190	177	0	2.664,68	
368	191	177	0	2.679,30	
369	191	178	0	2.694,04	
370	192	178	0	2.708,92	
371	192	179	0	2.723,86	

Tabelle 11.5.   (Fortsetzung)

372	192	180	0	2.739,00	Aggregat 2
373	192	181	0	2.754,36	intensitätsmäßig
⋮	⋮	⋮	⋮	⋮	
388	192	196	0	3.011,09	
389	192	196	1	3.030,09	Aggregat 3
390	192	196	2	3.049,09	zeitlich
⋮	⋮	⋮	⋮	⋮	
523	192	196	135	5.576,09	
524	192	196	136	5.595,09	
525	192	197	136	5.614,06	Aggregat 2 und 3
526	192	197	137	5.633,19	intensitätsmäßig
527	192	198	137	5.652,41	
528	192	198	138	5.671,79	
⋮	⋮	⋮	⋮	⋮	
545	192	207	146	6.020,94	
546	192	208	146	6.042,71	
547	192	208	147	6.064,64	Aggregat 3
548	192	208	148	6.086,88	intensitätsmäßig
⋮	⋮	⋮	⋮	⋮	
575	192	208	175	6.824,94	
576	192	208	176	6.858,11	

11.3 Kombinierte Anpassungsprozesse ohne zeitliche Anpassung

11.3.1 Vorbemerkungen

Die in den vorherigen Abschnitten behandelte Problemstellung der kombinierten zeitlichen, intensitätsmäßigen und quantitativen Anpassung, also die Einbeziehung aller drei Anpassungsparameter, und die dazu betrachteten Lösungsverfahren lassen sich auch unmittelbar auf die Situation kostengleicher Aggregate anwenden. Das Anpassungsproblem bei kostengleichen Aggregaten ist nämlich insofern ein vereinfachter Spezialfall des Problems (11.2)-(11.6), als dann dort sowohl die Kostenfunktionen $K_n(x_n)$ in der Zielfunktion (11.2) als auch insbesondere die Kapazitäts-, Intensitäts- und Einsatzzeitbereiche in den Nebenbedingungen (11.4)-(11.6) für alle Aggregate n, $n = 1,...,N$, identisch sind. Auf die möglichen Lösungswege für dieses in (11.2)-(11.6) enthaltene Sonderproblem braucht man daher nicht mehr zusätzlich einzugehen; sie laufen entsprechend ab. Ein numerisches Fallbeispiel hierzu folgt ohnehin noch.

Die folgenden beiden Abschnitte sollen im Wesentlichen aber einigen theoretisch wie praktisch interessanten Einzelaspekten gewidmet sein, die sich ergeben, wenn man in Abweichung der Problemformulierung (11.2)-(11.6) unterstellt, dass die funktionsgleichen Aggregate nur intensitätsmäßig und quantitativ angepasst werden können. Der Ausschluss der zeitlichen Anpassung beschränkt dabei die Handlungsalternativen des Unternehmens vorweg auf solche Entscheidungen, bei denen einzelne Aggregate entweder nur über die gesamte Dauer der Produktionsperiode mit ihrer maximalen Betriebszeit eingesetzt oder überhaupt nicht in Betrieb genommen werden. Praktisch lassen sich solche Alternativentscheidungen durch sehr hohe Einschalt- und Anlaufkosten der Betriebsmittel wie z. B. bei Hochöfen oder durch die Forderung eines kontinuierlichen, nur in Grenzen variierbaren Materialflusses wie bei der Fließbandproduktion begründen. Offen bleiben in diesem Zusammenhang dann noch die Fragen, welche Aggregate mit welcher Intensität zur kostenminimalen Herstellung einer vorgegebenen Endproduktmenge x herangezogen werden sollen. Hierbei sind im Vergleich zur vorherigen Problemdiskussion zwei weitergehende Spezifikationen zu berücksichtigen:

– ob eine einmal gewählte Intensität eines Aggregats während der gesamten Produktionsperiode beibehalten werden muss oder aber eine Intensitätsaufteilung innerhalb der Betriebszeit zulässig ist. Der erste Fall ist durch Intensitätskonstanz gekennzeichnet; im zweiten Fall spricht man von Intensitätssplitting.
– ob die Intensitäten einzelner oder aller Maschinen kontinuierlich von null an variierbar sind, also für die Minimalintensitäten $\underline{\lambda}_n = 0$ gilt, oder die Minimalintensitäten oberhalb von null liegen, d. h. $\underline{\lambda}_n > 0$ zu beachten ist.

Mit der Behandlung dieser Fragestellung bei kombinierter intensitätsmäßiger und quantitativer Anpassung haben sich besonders PACK (1966), ADAM (1972), DELLMANN und NASTANSKY (1969) sowie KARRENBERG und SCHEER (1970) beschäftigt. Die wesentlichen Überlegungen und Ergebnisse ihrer Untersuchungen sollen im Folgenden ausgeführt werden. Eine allgemeine Erkenntnis kann hier schon vorweggenommen werden, welche die Lösungsverfahren zu den noch darzustellenden Problemformulierungen betrifft. Die Dynamische Programmierung lässt sich immer zur Bestimmung optimaler Anpassungsprozesse auf der Grundlage ganzzahliger Werte der Gesamtkostenfunktionen der Aggregate heranziehen. Dagegen hängt die mögliche Verwendung der Methode der voroptimierten Grenzkostenfunktionen stark von der jeweiligen Problemstruktur ab. Hierauf wird zur gegebenen Zeit an den entsprechenden Stellen noch hingewiesen.

11.3.2 Anpassungsprozesse bei konstanter Leistungsintensität

Schließt man die zeitliche Anpassung der Aggregate aus, lässt man also nur die intensitätsmäßige und quantitative Anpassung innerhalb desselben Aggregattyps zu, so können die Einsatzzeiten der Betriebsmittel lediglich die Werte $t_n = 0$ oder $t_n = \bar{t}_n$ annehmen. Müssen zudem die einmal festgelegten Leistungsintensitäten der eingesetzten Maschinen über die gesamte Produktionsperiode konstant gehalten werden, so dass während des Planungszeitraums für jedes Aggregat nur eine Intensität vorkommen kann, dann tritt an die Stelle des Problems (11.2)-(11.6) unter Beibehaltung der Bedingung (11.1) der folgende Ansatz zur Optimierung des kombinierten intensitätsmäßigen und quantitativen Anpassungsprozesses:

$$(11.17) \quad \min K(x) = \sum_{n=1}^{N} K_n(x_n) = \sum_{n=1}^{N} k_n(\lambda_n) \lambda_n t_n$$

unter den Nebenbedingungen

$$(11.18) \quad \sum_{n=1}^{N} x_n = x ,$$

$$(11.19) \quad x_n = \lambda_n t_n , \quad n = 1, \ldots, N ,$$

$$(11.20) \quad \underline{\lambda}_n \leq \lambda_n \leq \bar{\lambda}_n , \quad n = 1, \ldots, N ,$$

$$(11.21) \quad t_n = u_n \bar{t}_n , \quad n = 1, \ldots, N ,$$

$$(11.22) \quad u_n \in \{0, 1\} , \quad n = 1, \ldots, N .$$

Nimmt man an, dass für die Minimalintensitäten aller Aggregate in den Nebenbedingungen (11.20) $\underline{\lambda}_n = 0$, $n = 1, \ldots, N$, gilt, so unterscheidet sich diese Problemformulierung von der vorherigen allein in den Nebenbedingungen (11.21) und (11.22). Die Größen u_n in (11.22) stellen Null-Eins-Variablen dar; sie sind gleich eins, wenn die betreffenden Aggregate n zur Herstellung von x verwendet werden, man auf ihnen also die Endproduktteilmengen $x_n > 0$ erzeugt, und sonst gleich null. Entsprechend ergeben sich dann nach (11.21) die Betriebszeiten t_n der Aggregate; sie sind entweder mit der maximalen Einsatzzeit $\bar{t}_n$ (bei $u_n = 1$) identisch oder aber gleich null (für $u_n = 0$). Die zeitliche Anpassung der Betriebsmittel ist also unzulässig.

Zur Untersuchung des Anpassungsproblems (11.17)-(11.22) bei mehreren kostengleichen Aggregaten hat PACK (1966) asymmetrische konvexe Grenzkostenfunktionen $K_n'(x_n)$ der Maschinen vorausgesetzt, die nach dem Minimum $K_n^{*'} = K_n'(x_n^*)$ stärker steigen, als sie bis dorthin fallen (s. Abb. 11.2).

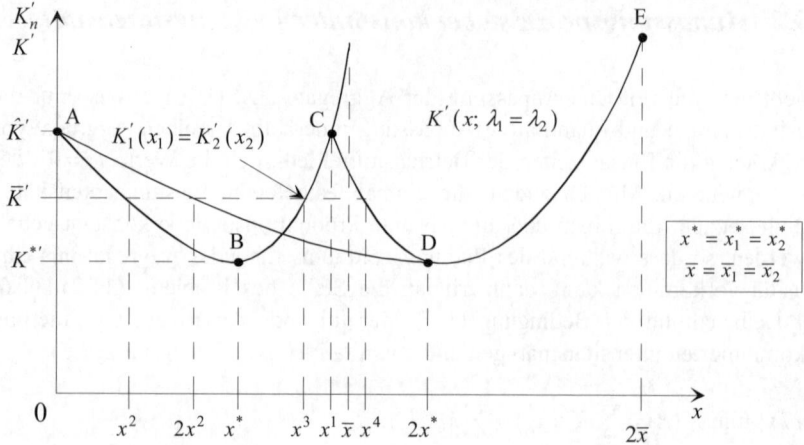

Abb. 11.2. Grenzkostenfunktionen zweier kostengleicher Aggregate bei intensitätsmäßiger Anpassung und Minimalintensitäten von null

Gegeben seien vier funktions- und kostengleiche Aggregate, die jeweils mit den sieben Intensitäten $\lambda_n = 0, 1, 2, 3, 4, 5, 6$ Mengeneinheiten pro Schicht produzieren können. Die intensitätsabhängigen Kosten pro Schicht $K_n(x_n)$, $n = 1, \ldots, 4$, sind bekannt und durch Tabelle 11.6 gegeben. Die Planperiode t betrage eine Schicht. Nicht intensitätsabhängige Kosten sind bei der Bestimmung der kostenminimalen Anpassung ohne Bedeutung; sie bleiben hier deshalb unberücksichtigt.

Tabelle 11.6.   Verbrauchsfaktorbedingte Kosten der Aggregate

$\lambda_n = x_n$	0	1	2	3	4	5	6	[Mengeneinheiten/Schicht]
$K_n(x_n)$	0	18	32	42	48	63	90	[€/Schicht]

Mit Hilfe der Rekursionsformel der Dynamischen Programmierung

$$F_n(x) = \min_{x_n} \left\{ F_{n-1}(x - x_n) + K_n(x_n) \right\},$$

$$0 \le x_n \le \overline{x}_n, \quad 0 \le x_n \le x, \quad x_n \text{ ganzzahlig,}$$

für $n = 2, \ldots, 4$, $\quad 0 \le x \le \sum_{s=1}^{n} \overline{x}_s$, $\quad x$ ganzzahlig, und $F_1(x) = K_1(x)$ wird nun die kostenoptimale intensitätsmäßige und quantitative Anpassung ermittelt.

Angenommen, es sei optimal, nur auf den Aggregaten 3 und 4 zu produzieren. Dann betragen die minimalen Kosten für die Aggregate 1 und 2

$$F_2(0) = \min_{x_2} \left\{ K_1(0) + K_2(0) \right\} = 0,$$

$0 \le x_2 \le \bar{x}_2$, $0 \le x_2 \le 0$, x_2 ganzzahlig.

Wird jedoch mit den Aggregaten 1 und 2 auch eine Ausbringungseinheit herge-stellt, so ist

$$F_2(1) = \min_{x_2} \left\{ K_1(1-x_2) + K_2(x_2) \right\},$$

$0 \le x_2 \le \bar{x}_2$, $0 \le x_2 \le 1$, x_2 ganzzahlig.

Da die Kosten für beide Aggregate identisch sind, soll angenommen werden, dass die Einheit mit dem ersten Aggregat produziert wird, d. h.

$$F_2(1) = K_1(1) + K_2(0) = 18.$$

Ist es unter Kostengesichtspunkten sogar optimal, zwei Einheiten mit den Aggregaten 1 und 2 herzustellen, so ist

$$F_2(2) = \min_{x_2} \left\{ K_1(2-x_2) + K_2(x_2) \right\},$$

$0 \le x_2 \le \bar{x}_2$, $0 \le x_2 \le 2$, x_2 ganzzahlig.

Es bleibt die Möglichkeit, beide Einheiten mit einem (d. h. dem ersten) Aggre-gat oder jeweils eine Einheit mit dem ersten und zweiten Aggregat auszubringen. Die Kostenaufstellung der Tabelle 11.6 gibt jedoch an, dass die Produktion mit nur einem Aggregat günstiger ist. Somit ist

$$F_2(2) = K_1(2) + K_2(0) = 32.$$

Unabhängig von der späteren Entscheidung über die Produktion mit dem drit-ten und vierten Aggregat werden so sukzessive sämtliche kostenminimalen Pro-duktionsaufteilungen für die Aggregate 1 und 2 in Abhängigkeit der von diesen Aggregaten zu erbringenden Leistungen ermittelt. Wird anschließend das dritte Aggregat in die Optimierung mit einbezogen, so heißt die neue Problemstellung: Angenommen es ist optimal, alle Einheiten (bis auf eine, zwei,...) mit dem vierten Aggregat herzustellen. Wie hoch sind die minimalen Kosten $F_3(0)$ ($F_3(1)$, $F_3(2)$,...), wenn keine Einheit (eine Einheit, zwei Einheiten,...) mit den Aggrega-ten 1, 2 bzw. 3 ausgebracht werden soll? Durch diese Vorgehensweise erhält man mit Hilfe der Dynamischen Programmierung die optimalen Produktionsaufteilun-gen auf die vier Maschinen und damit zugleich die optimalen kombinierten inten-sitätsmäßigen und quantitativen Anpassungen, wie sie aus der Tabelle 11.7 ersichtlich sind. Beginnend in der letzten Spalte der Tabelle 11.7 lassen sich rekursiv nach den vorderen Spalten sukzessiv voranschreitend die optimalen Pro-duktionsaufteilungen $\tilde{x}_n$ für ein gegebenes x ablesen. So erhält man für

$x = 10:$ $\tilde{x}_1 = 5$, $\tilde{x}_2 = 5$, $\tilde{x}_3 = 0$, $\tilde{x}_4 = 0$, $K = 126$

$x = 14:$ $\tilde{x}_1 = 5$, $\tilde{x}_2 = 5$, $\tilde{x}_3 = 4$, $\tilde{x}_4 = 0$, $K = 174$

$$x = 17: \quad \tilde{x}_1 = 5, \quad \tilde{x}_2 = 4, \quad \tilde{x}_3 = 4, \quad \tilde{x}_4 = 4, \quad K = 207$$

$$x = 23: \quad \tilde{x}_1 = 6, \quad \tilde{x}_2 = 6, \quad \tilde{x}_3 = 6, \quad \tilde{x}_4 = 5, \quad K = 333$$

Tabelle 11.7.   Optimale kombinierte Anpassung der Aggregate

x	$F_1(x)$	$F_2(x)$	$(x-x_2)$	x_2	$F_3(x)$	$(x-x_3)$	x_3	$F_4(x)$	$(x-x_4)$	x_4
0	0	0	0	0	0	0	0	0	0	0
1	18	18	1	0	18	1	0	18	1	0
2	32	32	2	0	32	2	0	32	2	0
3	42	42	3	0	42	3	0	42	3	0
4	48	48	4	0	48	4	0	48	4	0
5	63	63	5	0	63	5	0	63	5	0
6	90	80	4	2	80	6	0	80	6	0
7		90	4	3	90	7	0	90	7	0
8		96	4	4	96	8	0	96	8	0
9		111	5	4	111	9	0	111	9	0
10		126	5	5	126	10	0	126	10	0
11		153	6	5	138	8	3	138	11	0
12		180	6	6	144	8	4	144	12	0
13					159	9	4	159	13	0
14					174	10	4	174	14	0
15					189	10	5	186	12	3
16					216	11	5	192	12	4
17					243	12	5	207	13	4
18					270	12	6	222	14	4
19								237	15	4
20								252	15	5
21								279	16	5
22								306	17	5
23								333	18	5
24								360	18	6

ADAM (1972) hat solche Betrachtungen zwar auf zwei Aggregate beschränkt, jedoch gleichzeitig um die beiden Fallunterscheidungen erweitert, dass die Minimalintensitäten $\underline{\lambda}_n$ in (11.20) einmal gleich null und zum anderen größer null angenommen werden. Das Zwei-Maschinen-Beispiel möge für die nachstehenden Ausführungen hierzu genügen.

Gelten für die beiden kostengleichen Betriebsmittel Minimalintensitäten von null, d. h. $\underline{\lambda}_n = 0$, $n = 1, 2$, so kann die Bestimmung des optimalen Anpassungsprozesses nach (11.17)-(11.22) außer mit Hilfe der Dynamischen Programmierung auch auf der Grundlage der Grenzkostenfunktionen $K'_n(x_n)$, $n = 1, 2$, der einzelnen Aggregate erfolgen. Dies resultiert unmittelbar aus den in Abschnitt

11.2 dieses Kapitels angestellten Überlegungen. Wegen den von null an kontinuierlich variierbaren Leistungsintensitäten und den bei gegebenen Einsatzzeiten $t_n = \bar{t}_n$ – die Fälle $t_n = 0$ sind hier vorläufig uninteressant – dazu analog verlaufenden Produktionsteilmengen $x_n = \lambda_n \bar{t}_n$ steigen nämlich die Kostenfunktionen $K_n(x_n)$ der beiden Aggregate in (11.17) ebenfalls von null an stetig bis zur Kapazitätsgrenze. Sie weisen daher bei der Inbetriebnahme der Maschinen keine Kostensprünge, also keine sprungfixen bzw. intervallfixen Kosten auf, so dass die kostenminimale intensitätsmäßige und quantitative Anpassung der beiden Maschinen unmittelbar aus Grenzkostenüberlegungen abgeleitet werden kann. Zur graphischen Skizzierung des Lösungsweges sind die für beide Aggregate unterstellten und gleichen asymmetrischen Grenzkostenfunktionen $K_n'(x_n)$, $n = 1, 2$, in Abb. 11.2 veranschaulicht. Sie gelten jeweils bei maximaler Einsatzzeit $t_n = \bar{t}_n$ und intensitätsmäßiger Anpassung eines der beiden Aggregate. Zudem ist in Abb. 11.2 die Grenzkostenfunktion $K'(x; \lambda_1 = \lambda_2)$ eingetragen; sie entsteht aus der Grenzkostenfunktion $K_n'(x_n)$ eines der beiden Aggregate durch Verdopplung der Produktionsteilmengen x_n und gilt demzufolge, wenn beide Aggregate bei gleichen Grenzkosten mit denselben Leistungsintensitäten betrieben werden, also die Endproduktmenge x je zur Hälfte auf beiden Maschinen erzeugt wird.

Aufgrund der nach (11.11) und (11.12) in diesem Kapitel hergeleiteten notwendigen Bedingungen, dass für den optimalen Einsatz beider Aggregate deren Grenzkosten gleich sein müssen, und der Tatsache, dass bei den konvexen Grenzkostenfunktionen $K_n'(x_n)$, $n = 1, 2$, für gewisse Grenzkostenniveaus $K' \in \left(K^{*}, \hat{K}' \right]$ zwei Intensitäten existieren, lassen sich drei mögliche Verfahren zur Herstellung einer vorgegebenen Endproduktmenge x unterscheiden, von denen jeweils das kostenoptimale zu wählen ist:

(1) Einsatz eines Aggregates,
(2) Einsatz beider Aggregate bei gleichen Grenzkosten und verschiedenen Intensitäten,
(3) Einsatz beider Aggregate bei gleichen Grenzkosten und gleichen Intensitäten.

Die variablen verbrauchsbedingten Gesamtkosten $K(x)$ einer Produktion x ergeben sich nun durch Integration über die den einzelnen Verfahren zugeordneten Grenzkostenverläufe. Aus einem unmittelbaren Vergleich der Flächen unter diesen Grenzkostenkurven erhält man mit steigender Erzeugnismenge x den folgenden Verfahrensablauf für den kostenminimalen kombinierten intensitätsmäßigen und quantitativen Anpassungsprozess der beiden kostengleichen Aggregate.

– Für Ausbringungen x, $0 \leq x \leq x^1$, ist Verfahren (1) kostenminimal. Ohne Beschränkung der Allgemeinheit wird zunächst Aggregat 1 eingesetzt. Dann gilt für das Verhältnis von Verfahren (1) zu Verfahren (3) in diesem Bereich

$$\underbrace{K_1(x) \;=\; \int_0^x K_1'(\xi_1)\,d\xi_1}_{\text{Verfahren (1)}} \;\leq\; \int_0^{x/2} K_1'(\xi_1)\,d\xi_1 + \int_0^{x/2} K_2'(\xi_2)\,d\xi_2$$

(11.23)

$$= 2\int_0^{x/2} K_1'(\xi_1)\,d\xi_1 = \underbrace{\int_0^x K'(\xi,\lambda_1=\lambda_2)\,d\xi = K(x;\lambda_1=\lambda_2)}_{\text{Verfahren (3)}}$$

Dies ist für x, $0 \leq x \leq x^*$, ohne weiteres aus Abb. 11.2 ersichtlich, wie man für $x = 2x^2$ und $x/2 = x^2$ dort leicht nachprüft. Für x, $x^* \leq x \leq x^1$, ist die Beziehung (11.23) aufgrund der asymmetrischen Grenzkostenfunktionen $K_n'(x_n)$ ebenfalls erfüllt, so dass in dem gesamten betrachteten Bereich die gleichmäßige Verteilung der Produktion auf beide Aggregate teurer wäre, als sie nur mit einem Aggregat herzustellen. Verfahren (2) ist für x, $0 \leq x \leq x^1$, unzulässig. Gleiche Grenzkosten $K_1'(x_1) = K_2'(x_2)$ bei unterschiedlichen Intensitäten bzw. Produktionsteilmengen $x_1 \neq x_2$ mit $x_1 < x^*$ und $x_2 < x^*$ würden wegen der asymmetrischen Grenzkosten stets eine Gesamtproduktion $x = x_1 + x_2$ auf beiden Maschinen bedingen, welche x^1 überschreitet. So liest man beispielsweise aus Abb. 11.2 für das Grenzkostenniveau $\bar{K}'$ ab, dass $K_1'(x^2) = K_2'(x^3)$ und $x^2 + x^3 = x^4 > x^1$.

– Bei der Menge $x = x^1$ entsprechen die Grenzkosten des ersten Aggregats den Grenzkosten des zweiten bei dessen Inbetriebnahme; man hat also $\hat{K}' = K_1'(x^1) = K_2'(0)$. Da für $x > x^1$ die Grenzkosten des ersten Aggregats $K_1'(x^1)$ bis zur Kapazitätsgrenze $\bar{x}$ weiter progressiv steigen und Verfahren (1) für $x > \bar{x}$ sogar gänzlich unzulässig wird – d. h. Maschine 2 muss dann unbedingt mit eingesetzt werden –, wird bei Ausbringungen x, $x^1 \leq x \leq 2x^*$, Verfahren (2) kostenminimal.

Steigende Endproduktmengen x werden in diesem Bereich bei fallenden gleichen Grenzkosten und verschiedenen Intensitäten beider Aggregate hergestellt. Während dabei die Intensität des ersten Aggregats wieder bis zum Minimum der Grenzkostenfunktion zurückgefahren wird, wird die Intensität des zweiten Aggregats bis dorthin allmählich erhöht. Durch die Addition der jeweils bei gleichen Grenzkosten auf den beiden Maschinen mit verschiedenen Intensitäten erzeugbaren Produktionsteilmengen x_1 und x_2 $(x_1 \neq x_2)$ erhält man den Grenzkostenverlauf zu Verfahren (2), der in Abb. 11.2 durch die Kurve zwischen den Punkten C und D charakterisiert ist. Beim Grenzkostenniveau $\bar{K}'$ kann so beispielsweise die Gütermenge $x = x^4 = x^3 + x^2$ in der Weise auf beiden Aggregaten produziert werden, dass Maschine 1 die Teilmenge x^3 und Betriebsmittel 2 die Teilmenge x^2 herstellt, wobei $\bar{K}' = K_1'(x^3) = K_2'(x^2)$ und $x^3 \neq x^2$ gilt (s. Abb. 11.2). Bei $x = 2x^*$ findet dann erstmals eine gleichmäßige Produktionsaufteilung statt. Bis dorthin ist Verfahren (3) im Bereich x, $x^1 \leq x \leq 2x^*$, ebenfalls Verfahren (2) unterlegen, wie es sich aus Flächenvergleichen in Abb. 11.2 ablesen lässt.

– Ausbringungen x, $2x^* \leq x \leq 2\overline{x}$ können bei gleichen Grenzkosten der beiden eingesetzten Aggregate nur noch mit denselben Intensitäten auf beiden Maschinen erzeugt werden. Für diesen Bereich, der also durch eine gleichmäßige Produktionsaufteilung auf beide Betriebsmittel gekennzeichnet ist, ist das Verfahren (3) kostenminimal. Ihm ist die Grenzkostenfunktion $\overline{K}'(x; \lambda_1 = \lambda_2)$ zugeordnet.

Zum kostenminimalen Anpassungsprozess gehört daher der optimale Grenzkostenverlauf ABCDE in Abb. 11.2 mit der Verfahrensreihenfolge (1), (2), (3). Bezeichnet man diesen Grenzkostenverlauf mit $K'(x)$, so erhält man über das Integral

$$K(x) = \int_0^x K'(\xi)\, d\xi$$

die mit der Herstellung von x verbundenen minimalen Kosten der Produktion nach Problem (11.17)-(11.22), wobei vorausgesetzt war, dass beide Aggregate Minimalintensitäten von null besitzen.

Werden für die beiden betrachteten kostengleichen Maschinen in den Nebenbedingungen (11.20) des Problems (11.17)-(11.22) Minimalintensitäten von größer null unterstellt, d. h. gilt $\underline{\lambda}_n > 0$, $n = 1, 2$, so treten bei der Inbetriebnahme der einzelnen Aggregate infolge sprungfixer bzw. intervallfixer Kosten Kostensprünge in der Höhe $K_f = K_1(\underline{x}_1) = K_2(\underline{x}_2) = \underline{K}$ mit $\underline{x}_n = \underline{\lambda}_n \cdot \overline{t}_n = \underline{\lambda} \cdot \overline{t} = \underline{x}$, $n = 1, 2$, auf (vgl. Abb. 11.3); die Endproduktmenge x kann entgegen dem vorherigen Fall im Bereich $0 \leq x \leq \underline{x}$ nicht mehr stetig variiert werden.

Aufgrund dieser sprungfixen Kosten beim Einsatz der Maschinen lässt sich die Ermittlung des optimalen Anpassungsprozesses nicht mehr auf der Basis von Grenzkostenüberlegungen angehen.

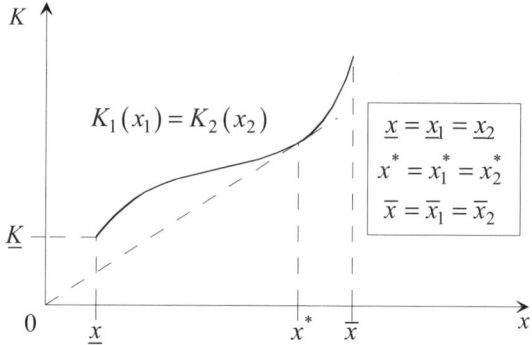

Abb. 11.3. Kostenfunktion zweier kostengleicher Aggregate bei intensitätsmäßiger Anpassung und Minimalintensitäten von größer null

Vielmehr sind nun Gesamtkostenbetrachtungen erforderlich, die am einfachsten mit Hilfe der Dynamischen Programmierung angestellt werden können. Bei der Anwendung dieser Methode zeigt sich dann, dass jetzt im Vergleich zu vorhin bezüglich der Zielfunktion (11.17) nicht nur drei, sondern vier kostenminimale Produktionsverfahren existieren, die bei steigender Endproduktmenge x in der folgenden Reihenfolge zum Einsatz gelangen:

(1) Einsatz eines Aggregats,
(2) Einsatz beider Aggregate bei ungleichen Grenzkosten und verschiedenen Intensitäten, wobei ein Aggregat mit der Minimalintensität gefahren wird,
(3) Einsatz beider Aggregate bei gleichen Grenzkosten und verschiedenen Intensitäten,
(4) Einsatz beider Aggregate bei gleichen Grenzkosten und gleichen Intensitäten.

Besonderes Interesse an diesem Ergebnis verdient der Aspekt, dass Verfahren (2) mit ungleichen Grenzkosten gegenüber den Verfahren (3) und (4) und auch noch vor diesen zum Zuge kommen kann. Das liegt an den positiven Minimalintensitäten bzw. an dem Umstand, dass die Kostenfunktionen $K_n(x_n)$, $n = 1, 2$, im Bereich $0 \leq x \leq \underline{x}$ nicht definiert sind. Daher ist das Verfahren (3) in dem Bereich, in dem Verfahren (2) kostenminimal ist, unzulässig.

11.3.3 Anpassungsprozesse bei Intensitätssplitting

Von Intensitätssplitting spricht man, wenn die Leistungsintensitäten der Aggregate während der Produktionsperiode verändert werden können, also nicht konstant gehalten werden müssen. Geht man davon aus, dass der Planungszeitraum mit der maximalen Einsatzzeit der Aggregate identisch ist und für alle Aggregate n, $n = 1, \ldots, N$, $t_n = \overline{t}_n = \overline{t}$, gilt, dann ist jede in dieser Fertigungszeit auf dem Aggregat n bei Intensitätssplitting herstellbare Produktionsteilmenge x_n durch eine zeitliche Linearkombination von Intensitäten dieser Maschine in der folgenden Form darstellbar:

$$(11.24) \quad x_n = \sum_{\sigma=1}^{\omega} \lambda_n^\sigma t_n^\sigma \ , \ \underline{\lambda}_n \leq \lambda_n^\sigma \leq \overline{\lambda}_n \ , \ \underline{t}_n \leq t_n^\sigma \leq \overline{t}_n \ ,$$

$$(11.25) \quad \sum_{\sigma=1}^{\omega} t_n^\sigma = \overline{t}_n = \overline{t} \ .$$

Hierbei geben die t_n^σ die Teilzeiteinheiten der Produktionsperiode an, in denen das Betriebsmittel n mit der Intensität λ_n^σ gefahren wird; sie müssen sich zur Periodenlänge $\overline{t}_n = \overline{t}$ aufaddieren.

Wie die Überlegungen über die Kostenabhängigkeiten im letzten Abschnitt des zehnten Kapitels anhand der Kostenfunktion $K_n(\lambda_n, \overline{t}_n)$ bzw. $K_m(\lambda_m, \overline{t}_m)$ des Aggregats n bzw. m bei intensitätsmäßiger Anpassung in Abb. 10.14 gezeigt haben, ist jede Produktionsmenge x_n im Bereich $x_n^1 < x_n < \overline{x}_n$ ($x_n^1 = x^1$ und

$\overline{x}_n = \overline{x}$) bei Intensitätssplitting mit höheren Kosten verbunden, als wenn zu ihrer Herstellung nur eine – nämlich die bei maximaler Einsatzzeit erforderliche – Intensität gewählt würde. Die Produktionsmenge x^1 stimmt dabei dort in Abb. 10.14 mit der Menge überein, die in der maximalen Einsatzzeit $t_n = \overline{t}_n$ mit der kostenminimalen Intensität $\lambda_n = \lambda_n^*$ erzeugt werden kann; $\overline{x}_n$ entspricht der Kapazitätsgrenze. Für Produktionsmengen x_n im Bereich $0 < x_n < x_n^1$ ist das günstigere Intensitätssplitting bei einer Minimalintensität von $\underline{\lambda}_n = 0$ und variabler Einsatzzeit dagegen mit der kostenminimalen zeitlichen Anpassung zusammengefallen, wobei x_n entsteht durch:

(11.26) $x_n = \lambda_n^1 \cdot t_n^1 + \lambda_n^2 \cdot t_n^2$ mit

(11.27) $\lambda_n^1 = \lambda_n^*$, $t_n^1 = x_n / \lambda_n^*$, $\lambda_n^2 = \underline{\lambda}_n = 0$, $t_n^2 = \overline{t}_n - t_n^1$.

Während die Maschine also dieses x_n mit der Optimalintensität λ_n^* in der dazu notwendigen Einsatzzeit t_n^1 herstellt, steht sie die restliche Zeit t_n^2 still ($\lambda_n^2 = 0$).

Die Behandlung des Intensitätssplittings in Anpassungsprozessen, in denen die zeitliche Anpassung der Aggregate ausgeschlossen sein soll, d. h. für die Betriebszeiten der Aggregate ausschließlich $t_n = \overline{t}_n = \overline{t}$ oder $t_n = 0$ gelten muss, ist daher unter ökonomischen Gesichtspunkten nur sinnvoll für den Fall, dass die Intensitäten nicht von null an kontinuierlich variierbar sind, sondern die Maschinen vielmehr beim Einsatz Minimalintensitäten von größer null ($\underline{\lambda}_n > 0$ $n = 1, \ldots, N$) aufweisen.

Zur exemplarischen Analyse des optimalen kombinierten intensitätsmäßigen und quantitativen Anpassungsprozesses mit Intensitätssplitting soll der Zwei-Maschinen-Fall beibehalten werden; allerdings seien im Gegensatz zum vorherigen Abschnitt nun kostenverschiedene Betriebsmittel vorausgesetzt. Die Kostenfunktionen $K_n(\lambda_n, \overline{t}_n)$, $n = 1, 2$, der beiden Maschinen bei intensitätsmäßiger Anpassung mögen durch Abb. 11.4 repräsentiert sein. Aufgrund der von null verschiedenen Minimalintensitäten besitzen sie bei der Inbetriebnahme der Aggregate Kostensprünge von 0 auf $\underline{K}_n = K_n(\underline{x}_n)$ mit $\underline{x}_n = \underline{\lambda}_n \cdot \overline{t}_n$, $n = 1, 2$.

In Analogie zu den Überlegungen anhand der Abb. 10.14 im zehnten Kapitel erkennt man, dass unter Kostengesichtspunkten an den beiden Aggregaten für Produktionsteilmengen x_n in den Bereichen $x_n'' \leq x_n \leq \overline{x}_n$ kein Intensitätssplitting in Betracht kommen kann. Dagegen impliziert die kostenminimale Herstellung der Produktionsteilmenge x_n in dem Bereich $\underline{x}_n < x_n < x_n''$ eine zeitliche Linearkombination aus der Minimalintensität $\underline{\lambda}_n$ und der Intensität $\lambda_n'' = x_n''/\overline{t}_n$ der Maschine n (Intensitätssplitting an beiden Aggregaten), wobei für jedes solche x_n mit der Bedingung:

(11.28) $x_n = \mu \cdot \underline{x}_n + (1-\mu)x_n''$, $0 \leq \mu \leq 1$,

auf der Maschine n gilt:

(11.29) $x_n = \mu \overline{t}_n \underline{\lambda}_n + (1-\mu)\overline{t}_n \lambda_n''$,

d. h. die Produktionsteilmenge x_n wird bei zulässigem Intensitätssplitting auf der Maschine n dann kostenminimal erzeugt, wenn das Betriebsmittel n bei der Einsatzzeit $\bar{t}_n$ einmal $\mu\bar{t}_n$ Zeiteinheiten mit der Intensität $\underline{\lambda}_n$ und dann die restliche Zeit $(1-\mu)\bar{t}_n$ mit der Intensität λ_n'' läuft. Wegen der dabei geltenden Kostenbeziehungen

$$(11.30) \quad K_n(x_n) = \mu\underline{K}_n + (1-\mu)K_n(x_n'') < K_n(\lambda_n, \bar{t}_n), \quad \lambda_n = x_n/\bar{t}_n \, ,$$

ist in diesen Produktionsbereichen $\underline{x}_n < x_n < x_n''$, wie Abb. 11.4 anhand der Kostenfunktion $K_1(\lambda_1, \bar{t}_1)$ und der Produktionsteilmenge $\hat{x}_1$ für Aggregat 1 veranschaulicht, das Intensitätssplitting (Punkt A) der reinen intensitätsmäßigen Anpassung (Punkt B) überlegen. Jede andere Linearkombination von zwei oder mehreren Intensitäten an einem Aggregat wäre ebenfalls mit höheren Kosten verbunden. Die für die Intensitätsmischung relevante zweite Intensität λ_n'' stimmt dabei nicht mit der stückkostenminimalen Intensität λ_n^* des Betriebsmittels überein. Während sich letztere durch die Tangente vom Nullpunkt an die Zeit-Kosten-Leistungsfunktion ergibt, resultiert λ_n'' nun aus der Tangente vom Startpunkt der mit positiven Werten beginnenden Zeit-Kosten-Leistungsfunktion (s. Abb. 11.4). Die kostenminimalen Funktionen $K_n(x_n)$ der beiden Aggregate n, $n = 1, 2$, verlaufen also in den Bereichen des Intensitätssplittings $\underline{x}_n < x_n < x_n''$ zunächst linear und dann in den Bereichen der rein intensitätsmäßigen Anpassung $x_n'' \leq x_n \leq \bar{x}$ streng konvex. Die dazugehörenden Grenzkostenfunktionen $K_n'(x_n)$ sind in Abb. 11.5 dargestellt.

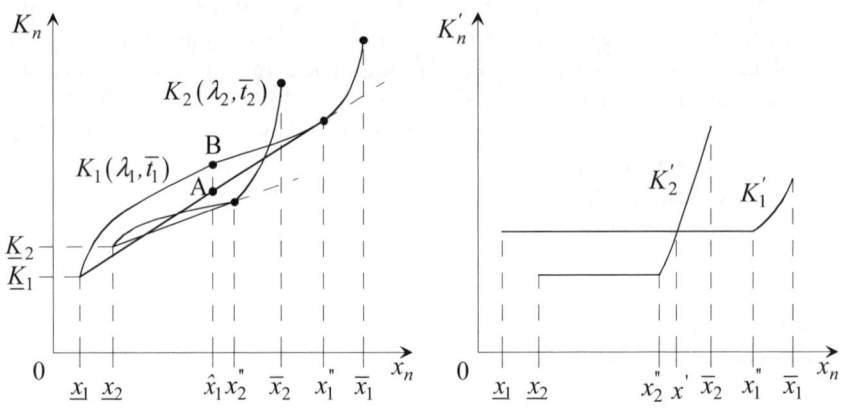

Abb. 11.4.   Kostenfunktionen kostenverschiedener Aggregate mit Minimalintensitäten von größer null

Abb. 11.5.   Grenzkostenfunktionen kostenverschiedener Aggregate mit Minimalintensitäten von größer null

Da bei der Inbetriebnahme der Aggregate Kostensprünge auftreten, kann auch hier die Bestimmung des optimalen Anpassungsprozesses nicht auf der Grundlage von Grenzkostenbetrachtungen durchgeführt werden. Vielmehr müssen Verfahrensvergleiche anhand der Gesamtkosten angestellt und aus ihnen die kritischen

Ausbringungsmengen ermittelt werden. Dabei sind die drei Verfahren zu unterscheiden:

(1) Einsatz des ersten Aggregats,
(2) Einsatz des zweiten Aggregats,
(3) Einsatz beider Aggregate.

Der Verfahrensvergleich vollzieht sich in einem zweistufigen Optimierungsvorgang. In der Voroptimierung sind die Kostenfunktionen $K_1(x_1)$, $K_2(x_2)$ und $K(x)$ der drei Verfahren abzuleiten. Die Kostenfunktionen $K_1(x_1)$ und $K_2(x_2)$ sind bereits durch Abb. 11.4 gegeben und in den Bereichen $\underline{x}_1 \leq x_1 \leq \overline{x}_1$ bzw. $\underline{x}_2 \leq x_2 \leq \overline{x}_2$ definiert. Hier ist an jedem Aggregat der intensitätsmäßigen Anpassung ein Intensitätssplitting vorgeschaltet. Die Kostenfunktion $K(x)$ zum Verfahren (3) ist für Produktionsmengen x, $\underline{x}_1 + \underline{x}_2 \leq x \leq \overline{x}_1 + \overline{x}_2$, definiert. Sie lässt sich, da beide Maschinen dann von Anfang an in Betrieb sind und daher im Definitionsbereich abgesehen vom Anfangswert keine Kostensprünge vorkommen, aus der optimalen intensitätsmäßigen Anpassung beider Aggregate auf der Grundlage von Grenzkostenüberlegungen analog zum Abschnitt 11.2 dieses Kapitels herleiten (s. Abb. 11.6).

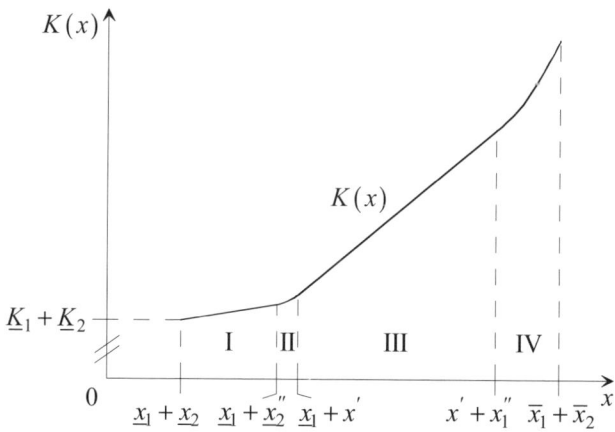

Abb. 11.6. Kostenfunktion beim Einsatz beider Aggregate [Verfahren (3)]

Ein Vergleich der Abb. 11.5 und 11.6 zeigt, wie beide Aggregate, wenn sie sich gleichzeitig im Einsatz befinden, nach dem Kriterium der niedrigsten und möglicherweise gleichen Grenzkosten bei steigender Endproduktmenge x intensitätsmäßig anzupassen sind. Zuerst wird beim Aggregat 2 im Splittingbereich die Einsatzzeit der Intensität $\lambda_2'' = x_2''/t_2$ fortlaufend auf Kosten der Minimalintensität $\underline{\lambda}_2$ erhöht; Maschine 1 arbeitet vorläufig nur mit der Minimalintensität $\underline{\lambda}_1$ (Bereich I in Abb. 11.6). Dann wird Maschine 2 intensitätsmäßig angepasst, bis ihre Grenzkosten mit denen im Splittingbereich der ersten Maschine übereinstimmen (Bereich II). Anschließend wird im Splittingbereich des Betriebsmittels 1 die

Einsatzzeit der Intensität $\lambda_1'' = x_1''/\bar{t}_1$ fortlaufend auf Kosten seiner Minimalintensität $\underline{\lambda}_1$ gesteigert (Bereich III). Letztlich werden beide Aggregate bei Gleichheit der Grenzkosten intensitätsmäßig angepasst (Bereich IV).

Nach dieser Voroptimierung erfolgt im zweiten Schritt die Hauptoptimierung. Hier ist für alternative Endproduktmengen x, $\min\{\underline{x}_1, \underline{x}_2\} \le x \le \bar{x}_1 + \bar{x}_2$, anhand der in der Voroptimierung bestimmten Kostenfunktionen das kostenminimale Verfahren nach der Vorschrift

(11.31) $\min\{K_1(x), K_2(x), K(x)\}$

auszuwählen. Dabei lassen sich gleichzeitig die verfahrenskritischen Ausbringungsmengen ermitteln, bei denen aus Kostengründen der Übergang von einem Verfahren zum anderen angezeigt ist. Für ganzzahlige Endproduktmengen x kann dieses kombinierte intensitätsmäßige und quantitative Anpassungsproblem am einfachsten mit Hilfe der Dynamischen Programmierung gelöst werden. Der Problemansatz lautet verallgemeinert auf N Maschinen formal:

(11.32)
$$\min K(x) = \sum_{n=1}^{N} K_n(x_n, u_n)$$
$$= \sum_{n=1}^{N} u_n \left[K_n(\underline{x}_n) + \int_{\underline{x}_n}^{x_n} K_n'(\xi_n)\, d\xi_n \right]$$

$$\underbrace{\qquad\qquad}_{1} \underbrace{\qquad\qquad}_{2}$$

unter den Nebenbedingungen

(11.33) $x = \sum_{n=1}^{N} x_n$,

(11.34) $u_n \underline{x}_n \le x_n \le u_n \bar{x}_n$, $n = 1, \dots, N$,

(11.35) $u_n \in \{0, 1\}$, $n = 1, \dots, N$,

wobei $\underline{x}_n = \underline{\lambda}_n \bar{t}_n$ bzw. $\bar{x}_n = \bar{\lambda}_n \bar{t}_n$, $n = 1, \dots, N$, gilt. Zur Abgrenzung gegenüber der Problemformulierung (11.17)-(11.22) sollen hier nur gesondert die Zielfunktion (11.32) und die Nebenbedingung (11.34) kurz kommentiert werden, da die übrigen Beziehungen aus den vorherigen Ansätzen bereits bekannt sind.

Die Zielfunktion $K(x)$ ist in den Variablen x_n und u_n definiert, wobei u_n die schon zuvor erläuterte Null-Eins-Variable darstellt. Durch den Ausdruck 1 in der Zielfunktion werden die Kostensprünge in den Kostenfunktionen der Aggregate erfasst, die bei Inbetriebnahme der Maschinen ($u_n = 1$) mit den Minimalintensitäten $\underline{\lambda}_n$ auftreten.

Der Ausdruck 2 spiegelt dagegen die Kosten wider, die zusätzlich anfallen, wenn die Betriebsmittel während der maximalen Einsatzzeit mit einer höheren als der minimalen Intensität arbeiten und folglich Produktionsteilmengen $x_n > \underline{x}_n$

erzeugen. Dabei stellen $K'_n(x_n)$ die Grenzkosten des Aggregats n bei optimaler intensitätsmäßiger Anpassung dar. Diese optimale intensitätsmäßige Anpassung ist bei steigender Produktionsteilmenge x_n zuerst durch Intensitätssplitting und dann durch die Wahl nur einer Intensität charakterisiert. Beide Ausdrücke 1 und 2 ergeben die Gesamtkosten von x_n an Aggregat n.

Nach der Nebenbedingung (11.34) ist x_n gleich null, falls das Aggregat n in der Produktionsperiode nicht in Betrieb genommen wird ($u_n = 0$). Anderenfalls ($u_n = 1$) muss die Produktionsteilmenge x_n zwischen den Mengen liegen, die auf dem Aggregat mit minimaler und maximaler Intensität in der maximalen Einsatzzeit herstellbar sind.

Ausführliche Übungsmöglichkeiten zu der kostenoptimalen Anpassung funktionsgleicher Aggregate bieten FANDEL et al. (2008, S. 329 ff.).

Abbildungsverzeichnis

Tabellenverzeichnis

Literatur

Adam, D.: Quantitative und intensitätsmäßige Anpassung mit Intensitätssplitting bei mehreren funktionsgleichen, kostenverschiedenen Aggregaten, in: Zeitschrift für Betriebswirtschaft, 1972, S. 381 - 400.

Adam, D.: Produktions- und Kostentheorie bei Beschäftigungsgradänderungen, Tübingen 1974.

Adam, D., Backhaus, K., Meffert, H., und Wagner, H. (Hrsg.): Integration und Flexibilität: Eine Herausforderung für die Allgemeine Betriebswirtschaftslehre, Wiesbaden 1989.

Aereboe, F.: Allgemeine landwirtschaftliche Betriebslehre, Berlin 1917.

Albach, H.: Produktionsplanung auf der Grundlage technischer Verbrauchsfunktionen, in: Brandt, L. (Hrsg.): Arbeitsgemeinschaft für Forschung des Landes Nordrhein-Westfalen, Heft 105, Köln-Opladen, 1962a, S. 45 - 98.

Albach, H.: Zur Verbindung von Produktionstheorie und Investitionstheorie, in: Koch, H. (Hrsg.): Zur Theorie der Unternehmung, Festschrift zum 65. Geburtstag von Erich Gutenberg, Wiesbaden 1962b, S. 137 - 203.

Albach, H., Fandel, G., und Schüler, W.: Hochschulplanung, Baden-Baden 1978.

Albach, H., Helmstädter, E., und Henn, R. (Hrsg.): Quantitative Wirtschaftsforschung, Tübingen 1977.

Alchian, A.: Reliability of Progress Curves in Airframe Production, in: Econometrica, 1963, S. 679 - 693.

Allert, R., und Fließ, S.: Blueprinting – eine Methode zur Analyse und Gestaltung von Prozessen, in: Kleinaltenkamp, M., und Ehret, M. (Hrsg.): Prozeßorientierung im Technischen Vertrieb, Berlin et al. 1999, S. 193 - 217.

Altenburger, O. A.: Ansätze zu einer Produktions- und Kostentheorie der Dienstleistung, Berlin 1980.

Altrogge, G.: Der Einfluss von Minimal- und Maximalintensitäten auf die kostenoptimale Anpassung von Aggregatgruppen, in: Zeitschrift für Betriebswirtschaft, 1972, S. 545 - 564.

Anderson, J. L. (ed.): Production Economic Models of Fisheries: Vessel and Industry Analysis, PhD Thesis, The Royal Veterinary and Agricultural University, Frederiksberg 2005.

Anderson, J. L., und Bogetoft, P.: Rational Inefficiency in Fisheries, in: Anderson, J. L. (ed.): Production Economic Models of Fisheries: Vessel and Industry Analysis, PhD Thesis, The Royal Veterinary and Agricultural University, Frederiksberg 2005, S. 93 - 112.

Anderson, J. L., und Bogetoft, P.: Rational Inefficiency in Fisheries, in: Zeitschrift für Betriebswirtschaft, 2009, Special Issue 4: Rational Inefficiencies, S. 7 - 23.

Arendt, M.: Kreislaufwirtschaft im Baubereich: Steuerung zukünftiger Stoffströme am Beispiel von Gips, Dissertation, Ruprechts-Karls-Universität Heidelberg 2000.

Arrow, K. J., Chenery, H. B., Minhas, B. S., und Solow, R. M.: Capital-Labor-Substitution and Economic Efficiency, in: The Review of Economics and Statistics, 1961, S. 225 - 250.

Asher, H.: Cost-Quantity Relationships in the Airframe Industry. Project Rand, R-291, 1956.

Asmild, M., Bogetoft, P., und Hougaard, J. L.: Rational Inefficiencies in Canadian bank branches, Working Paper, University of Copenhagen 2004.

Baloff, N.: Extension of the Learning Curve – Some Empirical Results, in: Operations Research Quarterly, 1971, S. 329 - 340.

Banker, R. D., Charnes, A., und Cooper, W. W.: Some Models for Estimating Technical and Scale Inefficiencies in Data Envelopment Analysis, in: Management Science, 1984, S. 1078 - 1092.

Banker, R. D., Cooper, W. W., Seiford, L. M., und Zhu, J.: Returns to Scale in DEA, in: Cooper, W. W. (ed.): Handbook on data envelopment analysis, Boston et al. 2004, S. 41 - 69.

Bauer, H. H. und Hammerschmidt, M.: Grundmodelle der DEA, in: Bauer, H. H. (Hrsg.): Marketingeffizienz: Messung und Steuerung der DEA – Konzept und Einsatz in der Praxis, München 2006, S. 33 - 59.

Bauer, H. H. (Hrsg.): Marketingeffizienz: Messung und Steuerung der DEA – Konzept und Einsatz in der Praxis, München 2006.

Baur, W.: Neue Wege der betrieblichen Planung, Berlin-Heidelberg-New York 1967.

Baur, W.: Lerngesetze der industriellen Produktion, in: Kern, W. (Hrsg.): Handwörterbuch der Produktionswirtschaft, Stuttgart 1979, Sp. 1115 - 1125.

Bea, F., und Kötzle, A.: Grundkonzeptionen der betriebswirtschaftlichen Produktionstheorie, in: Wirtschaftswissenschaftliches Studium, 1975a, S. 509- 513.

Bea, F., und Kötzle, A.: Ansätze für eine Weiterentwicklung der betriebswirtschaftlichen Produktionstheorie, in: Wirtschaftswissenschaftliches Studium, 1975b, S. 565 - 570.

Bellmann, R.: Dynamic Programming, Princeton 1957.

Berekoven, L.: Der Dienstleistungsbetrieb: Wesen – Struktur – Bedeutung, Wiesbaden 1974.

Biethahn, J.: Die Bestimmung des optimalen und praktikablen Einkaufs- und Produktions-programmes bei variabler Kuppelproduktion und vorgegebenem Absatzprogramm, in: Zeitschrift für Operations Research, 1974, S. B167 - B183.

Bode, J.: Betriebliche Produktion von Informationen, Wiesbaden 1993.

Bogaschewsky, R., und Steinmetz, U.: Effizienzbetrachtungen in der Theorie der betrieblichen Produktion: Eine kritische Analyse, Dresdner Beiträge zur Betriebswirtschaftslehre, Nr. 22/99, Technische Universität Dresden 1999.

Bogetoft, P., und Hougaard, J. L.: Rational Inefficiencies, in: Journal of Productivity Analysis, 2003, S. 243 - 271.

Bogetoft, P., Färe, R., und Obel, B.: Allocative efficiency of technically inefficient production units, in: European Journal of Operational Research, 2006, S. 450 - 462.

Böhmer, E.: Industriebetriebliche Kostenkurven und ihre Bedeutung für die Preispolitik, Dissertation, Mainz 1951.

Botta, V.: Zur Bestimmung von im Zeitablauf optimalen Leistungsschaltungen, in: Zeitschrift für Betriebswirtschaft, 1974, S. 89 - 110.

Brandt, L. (Hrsg.): Arbeitsgemeinschaft für Forschung des Landes Nordrhein-Westfalen, Heft 105, Köln-Opladen, 1962.

Bratschitsch, R., und Schnellinger, W. (Hrsg.): Unternehmenskrisen – Ursachen, Frühwarnung, Bewältigung, Stuttgart 1981.

Bréguet, L. C.: Determination et Calcul du Prix de Revient des Transports Aériens. Librairie Aéronautique, Paris 1927.

Brockhoff, K., und Krelle, W. (Hrsg.): Unternehmensplanung, Berlin et al. 1981.

Bruhn, M., und Meffert, H. (Hrsg.): Handbuch Dienstleistungsmanagement, Wiesbaden 1998.

Busse v. Colbe, W., und Lassmann, G.: Betriebswirtschaftstheorie, Bd. 1, Grundlagen, Produktions- und Kostentheorie, 5. Auflage, Berlin-Heidelberg-New York 1991.

Busse v. Colbe, W., und Meyer-Dohm, P. (Hrsg.): Unternehmerische Planung und Entscheidung, Bielefeld 1969.

Charnes, A., und Cooper, W. W.: Management Models and Industrial Applications of Linear Programming, New York et al. 1961.

Charnes, A., Cooper, W. W., und Rhodes, E.: Measuring the Efficiency of Decision Making Units, in: European Journal of Operational Research, 1978, S. 429 - 444.

Charnes, A., Cooper, W. W., Golany, B., Seiford, L. M., und Stutz, J.: Foundations of Data Envelopment Analysis for Pareto-Koopmans Efficient Empirical Production Functions, in: Journal of Econometrics, 1985, S. 91 - 107.

Charnes, A., Cooper, W. W., Lewin, A. Y., und Seiford, L. M.: Data Envelopment Analysis: Theory, Methodology and Applications, Boston 1994.

Chase, R. B., Aquilano, N. J., und Jacobs, F. R.: Production and Operations Management: Manufacturing and Services, Boston 2000.

Chenery, H. B.: Engineering Production Functions, in: The Quarterly Journal of Economics, 1949, S. 507 - 531.

Chenery, H. B.: Process and Production Functions from Engineering Data, in: Leontief, W., et al. (eds.): Studies in the Structure of the American Economy – Theoretical and Empirical Explorations in Input-Output Analysis, New York-Oxford 1953, S. 297 - 325.

Clement, W. (Hrsg.): Die Tertiärisierung der Industrie, Wien 1988.

Cobb, C. W., und Douglas, P. H.: A Theory of Production, in: American Economic Review, 1928, Supplement, S. 139 - 165.

Cole, R. R.: Increasing Utilization of the Cost-Quantity Relationship in Manufacturing, in: The Journal of Industrial Engineering, 1958, S. 173 - 182.

Conway, R. W., und Schultz, A.: The Manufacturing Progress Function, in: The Journal of Industrial Engineering, 1959, S. 39 - 54.

Cooper, W. W. (ed.): Handbook on Data Envelopment Analysis, Boston et al. 2004.

Corsten, H.: Die Produktion von Dienstleistungen. Grundzüge einer Produktionswirtschaftslehre des tertiären Sektors, Berlin 1985.

Corsten, H.: Zur Diskussion der Dienstleistungsbesonderheiten und ihre ökonomischen Auswirkungen, in: Jahrbuch der Absatz- und Verbrauchsforschung, 1986, S. 17 - 41.

Corsten, H.: Dienstleistungen in produktionstheoretischer Interpretation, in: Das Wirtschaftsstudium, 1988, S. 81 - 87.

Corsten, H.: Betriebswirtschaftslehre der Dienstleistungsunternehmen: Einführung, München-Wien 1990.

Corsten, H., und Gössinger, R.: Produktionswirtschaft: Einführung in das industrielle Produktionsmanagement, München 2009.

Cowell, F. A.: Microeconomic Principles, Oxford 1986.

Dantzig, G. B.: Maximization of a Linear Function of Variables Subject to Linear Inequalities, in: Koopmans, T. C. (ed.): Activity Analysis of Production and Allocation, New Heaven-London 1951, S. 339 - 347

De Alessi, L.: Property Rights, Transaction Costs and X-Efficiency: An Essay in Economic Theory, in: The American Economic Review, 1983, S. 64 - 81.

Debreu, G.: The Coefficient of Resource Utilization, in: Econometrica, 1951, S. 273 - 292.

Debreu, G.: Theory of Value, New Heaven 1959.

Dellmann, K., und Nastansky, L.: Kostenminimale Produktionsplanung bei rein intensitätsmäßiger Anpassung mit differenzierten Intensitätsgraden, in: Zeitschrift für Betriebswirtschaft, 1969, S. 239 - 268.

Deprins, D., Simar, D., und Tulkens, H.: Measuring Labor-Efficiency in Post Offices, in: Marchand, M. et al. (eds.): The Performance of Public Enterprises: Concepts and Measurement, Amsterdam 1984, S. 243 - 267.

Diederich, H.: Zur Theorie des Verkehrsbetriebes, in: Zeitschrift für Betriebswirtschaft, 1. Ergänzungsheft, 1966, S. 37 - 52.

Dieterich, V.: Forstliche Betriebswirtschaftslehre, Bd. 1, Hamburg-Berlin 1941.

Dieterich, V.: Forstliche Betriebswirtschaftslehre, Bd. 2, Hamburg-Berlin 1942.

Dieterich, V.: Forstliche Betriebswirtschaftslehre, Bd. 3, Hamburg-Berlin 1948.

Dinkelbach, W.: Entscheidungen bei mehrfacher Zielsetzung und die Problematik der Zielgewichtung, in: Busse v. Colbe, W., und Meyer-Dohm, P. (Hrsg.): Unternehmerische Planung und Entscheidung, Bielefeld 1969, S. 55 - 70.

Dinkelbach, W.: Zur Frage unternehmerischer Zielsetzungen bei Entscheidungen unter Risiko, in: Koch, H. (Hrsg.): Zur Theorie des Absatzes, Festschrift zum 75. Geburtstag von Erich Gutenberg, Wiesbaden 1973, S. 34 - 59.

Dinkelbach, W., und Rosenberg, O.: Erfolgs- und umweltorientierte Produktionstheorie, 2. Auflage, Berlin et al. 1996.

Dyckhoff, H.: Berücksichtigung des Umweltschutzes in der betriebswirtschaftlichen Produktionstheorie, in: Ordelheide, D. et al. (Hrsg.): Betriebswirtschaftslehre und ökonomische Theorie, Stuttgart 1991, S. 275 - 309.

Dyckhoff, H.: Theoretische Grundlagen einer umweltorientierten Produktionstheorie, in: Wagner, G. R. (Hrsg.): Betriebswirtschaft und Umweltschutz, Stuttgart 1993, S. 81 - 104.

Dyckhoff, H.: Betriebliche Produktion: Theoretische Grundlagen einer umweltorientierten Produktionswirtschaft, 2. Auflage, Berlin et al. 1994.

Dyckhoff, H.: Neukonzeption der Produktionstheorie, in: Zeitschrift für Betriebswirtschaft, 2003, S. 705 - 732.

Engelhardt, W. H.: Dienstleistungsorientiertes Marketing – Antwort auf Herausforderungen durch neue Technologien, in: Adam, D. et al. (Hrsg.): Integration und Flexibilität: Eine Herausforderung für die Allgemeine Betriebswirtschaftslehre, Wiesbaden 1989, S. 269 - 288.

Engelhardt, W. H., Kleinaltenkamp, M., und Reckenfelderbäumer, M.: Leistungsbündel als Absatzobjekte: Ein Ansatz zur Überwindung der Dichotomie von Sach- und Dienstleistungen, in: Zeitschrift für betriebswirtschaftliche Forschung, 1993, S. 395 - 426.

Engelhardt, W. H., Kleinaltenkamp, M., und Reckenfelderbäumer, M.: Leistungstypologien als Basis des Marketing – ein erneutes Plädoyer für die Aufhebung der Dichotomie von Sachleistungen und Dienstleistungen, in: Die Betriebswirtschaft, 1995, S. 673 - 682.

Fabian, T.: A Linear Programming Model of Integrated Iron and Steel Production, in: Management Science, 1958, S. 415 - 449.

Fabian, T.: Process Analysis of the U.S. Iron and Steel Industry, in: Manne, A. S., und Markowitz, H. M. (eds.): Studies in Process Analysis. Economy-Wide Production Capabilities, Proceedings of a Conference 1961, New York-London 1963, S. 237 - 263.

Fandel, G.: Zur Theorie der Optimierung bei mehrfachen Zielsetzungen, in: Zeitschrift für Betriebswirtschaft, 1979, S. 535 - 541.

Fandel, G.: Zum Stand der betriebswirtschaftlichen Theorie der Produktion, in: Zeitschrift für Betriebswirtschaft, 1980, S. 86 - 111.

Fandel, G.: Zur Berücksichtigung von Überschuß- bzw. Vernichtungsmengen in der optimalen Programmplanung bei Kuppelproduktion, in: Brockhoff, K., und Krelle, W. (Hrsg.): Unternehmensplanung, Berlin et al. 1981, S. 193 - 212.

Fandel, G. (Hrsg.): Management Problems in Health Care, Berlin et al. 1988.

Fandel, G.: Analysis of production planning and control (PPC) systems as an efficient combination of information activities, in: Operations Research-Spektrum, 1994, S. 217 - 224.

Fandel, G.: Produktionstheorie, dynamische, in: Kern, W. et al. (Hrsg.): Handwörterbuch der Produktionswirtschaft, 2. Auflage, Stuttgart 1996, Sp. 1557 - 1569.

Fandel, G.: Interdependencies between network and activity-analytical descriptions of production relationships in the implementation of large-scale projects – illustrated by textbook production, in: International Journal of Production Economics, 2001a, S. 227 - 235.

Fandel, G.: Einige produktionstheoretische Überlegungen zur Veröffentlichungstätigkeit eines Universitätsprofessors, Horst Albach zum 70. Geburtstag, in: Zeitschrift für Betriebswirtschaft, 2001b, S. 731 - 742.

Fandel, G.: Stärkung der Disposition als Wettbewerbsfaktor in mittelständischen Unternehmen durch Enterprise Resource Planning (ERP)-Systeme, in: Sadowski, D. (Hrsg.): Entrepreneurial Spirits, Wiesbaden 2001c, S. 203 - 221.

Fandel, G.: On the performance of universities in North Rhine-Westphalia, Germany: Government's redistribution of funds judged using DEA efficiency measures, in: European Journal of Operational Research, 2006, S. 521 - 533.

Fandel, G.: Rational Inefficiencies, Zeitschrift für Betriebswirtschaft, Special Issue 4, 2009.

Fandel, G., und Blaga, S.: Aktivitätsanalytische Überlegungen zu einer Theorie der Dienstleistungsproduktion, in: Zeitschrift für Betriebswirtschaft, Ergänzungsheft 1, 2004, S. 1 - 21.

Fandel, G., Fistek, A., und Stütz, S.: Produktionsmanagement, Berlin et al. 2009.

Fandel, G., und François, P.: Aktivitätsanalyse der Datenverarbeitung, in: Operations Research-Spektrum, 1994, S. 95 - 100.

Fandel, G., und François, P.: IT-gestützte Entscheidungen bei der Einführung von PPS-Systemen, in: Jahnke, B., und Wall, F. (Hrsg.): IT-gestützte betriebswirtschaftliche Entscheidungsprozesse, Wiesbaden 2001, S. 271 - 293.

Fandel, G., und Hegemann, H.: Kapazitätssteuerung im Krankenhaus – Ein Ansatz zur Verbesserung der Kapazitätsauslastung in der klinischen Diagnostik, in: Zeitschrift für Betriebswirtschaft, 1986, S. 1129 - 1147.

Fandel, G., und Lorth, M.: On the Relevance of Technical Inefficiencies, Discussion Paper No. 387, Fachbereich Wirtschaftswissenschaft der FernUniversität in Hagen 2006.

Fandel, G., Lorth, M., und Blaga, S.: Übungsbuch zur Produktions- und Kostentheorie, 3. Auflage, Berlin et al. 2008.

Fandel, G., und Lorth, M.: Technical (In)Efficiency of Production Rate and Time Decisions, in: Zeitschrift für Betriebswirtschaft, Special Issue 4: Rational Inefficiencies, 2009a, S. 99 - 120.

Fandel, G., und Lorth, M.: On the technical (in)efficiency of a profit maximum, in: International Journal of Production Economics, 2009b, S. 409 - 426.

Fandel, G., und Paff, A.: Eine produktionstheoretisch fundierte Kostenrechnung für Hochschulen – dargestellt am Beispiel der FernUniversität Hagen, in: Zeitschrift für Betriebswirtschaft, 3. Ergänzungsheft, 2000, S. 191 - 204.

Fandel, G., und Prasiswa, A.: Zur Planung und Organisation wirtschaftlicher Betriebseinheiten im ambulanten medizinischen Versorgungsbereich, in: Operations Research Spektrum, 1982, S. 15 - 26.

Fandel, G., und Prasiswa, A.: Planning and Organization of Economic Units in the Field of Out-Patient Medical Care, in: Fandel, G. (Hrsg.): Management Problems in Health Care, Berlin et al. 1988, S. 113 - 138.

Farny, D.: Produktions- und Kostentheorie der Versicherung, Karlsruhe 1975.

Farrell, M. J.: The Measurement of productive Efficiency, in: Journal of the Royal Statistical Society, Series A 120, 1957, S. 253 - 290.

Färe, R., und Grosskopf, S.: New Directions: Efficiency and Productivity, Boston 2003.

Feichtinger, G., Kistner, K.-P., und Luhmer, A.: Ein dynamisches Modell des Intensitäts-splittings, in: Zeitschrift für Betriebswirtschaft, 1988, S. 1242 - 1258.

Ferguson, A. R.: Empirical Determination of a Multidimensional Marginal Cost Function, in: Econometrica, 1950, S. 217 -235.

Förstner, K., und Henn, R.: Dynamische Produktionstheorie und Lineare Programmierung, Meisenheim/Glan 1957.

Gälweiler, A.: Produktionskosten und Produktionsgeschwindigkeit, Wiesbaden 1960.

Gerhardt, J.: Dienstleistungsproduktion: Eine produktionstheoretische Analyse der Dienstleis-tungsprozesse, Bergisch Gladbach-Köln 1987.

Grochla, E., und Wittmann, W. (Hrsg.): Handwörterbuch der Betriebswirtschaft, Stuttgart 1975.

Grosse, A. P.: The Technological Structure of the Cotton Textile Industry, in: Leontief, W., et al. (eds.): Studies in the Structure of the American Economy – Theoretical and Empirical Explorations in Input-Output Analysis, New York-Oxford 1953, S. 360 - 420.

Gutenberg, E.: Grundlagen der Betriebswirtschaftslehre, Bd. 1, Die Produktion, Berlin-Göttingen-Heidelberg 1951.

Gutenberg, E.: Einführung in die Betriebswirtschaftslehre, Wiesbaden 1958.

Gutenberg, E.: Grundlagen der Betriebswirtschaftslehre, Bd. 3, Die Finanzen, Berlin-Heidelberg-New York 1973.

Gutenberg, E.: Grundlagen der Betriebswirtschaftslehre, Bd. 1, Die Produktion, 23. Auflage, Berlin-Heidelberg-New York 1979.

Gutenberg, E.: Grundlagen der Betriebswirtschaftslehre, Bd. 1, Die Produktion, 24. Auflage, Berlin-Heidelberg-New York 1983.

Haak, W.: Produktion in Banken, Möglichkeiten eines Transfers industriebetrieblich-produk-tionswirtschaftlicher Erkenntnisse auf den Produktionsbereich von Bankbetrieben, Frankfurt am Main 1982.

Hall, R.: Das Rechnen mit Einflußgrößen in Stahlwerken, Köln-Opladen 1959.

Hasenack, W.: Betriebskalkulation im Bankgewerbe, Berlin 1925.

Haksever, C., Render, B., Russel, R. S., und Murdick, R. G.: Service Management and Operations, New York 1999.

Hegemann, H.: Kapazitäts- und Prozeßplanung in der klinischen Diagnostik, Berlin et al. 1986.

Heidebroek, E.: Industriebetriebslehre – die wirtschaftlich-technische Organisation des Industrie-betriebs mit besonderer Berücksichtigung der Maschinenindustrie, Berlin 1923.

Heinen, E.: Betriebswirtschaftliche Kostenlehre, Bd. 1, Wiesbaden 1965.

Heiss, T.: Theoretische Grundlagen für die empirische Ermittlung industrieller Kosten-funktionen, Dissertation, Saarbrücken 1961.

Hilbert, H.: Technik des Versicherungswesens (Versicherungs-Betriebslehre), Berlin-Leipzig 1914.

Hildenbrand, W.: Mathematische Grundlagen zur nichtlinearen Aktivitätsanalyse, in: Unter-nehmensforschung, 1966, S. 65 - 80.

Hildenbrand, K., und Hildenbrand, W.: Lineare ökonomische Modelle, Berlin-Heidelberg-New York 1975.

Hilke, W.: Dienstleistungs-Marketing, Wiesbaden 1989.

Hirsch, W. Z.: Manufacturing Progress Functions, in: The Review of Economics and Statistics, 1952, S. 143 - 155.

Hirsch, W. Z.: Firm Progress Ratios, in: Econmetrica, 1956, S. 136 - 143.

Holzmann, M.: Problems of Classification and Aggragation, in: Leontief, W., et al. (eds.): Studies in the Structure of the American Economy – Theoretical and Empirical Explorations in Input-Output Analysis, New York-Oxford 1953, S. 326 - 359.

Houtman, J.: Elemente einer umweltorientierten Produktionstheorie, Neue betriebswirtschaft-liche Forschung, Bd. 243, Wiesbaden 1997.

Ihde, G. B.: Lernprozesse in der betriebswirtschaftlichen Produktionstheorie, in: Zeitschrift für Betriebswirtschaft, 1970, S. 451 - 468.

Jacob, H.: Produktionsplanung und Kostentheorie, in: Koch, H. (Hrsg.): Zur Theorie der Unternehmung, Festschrift zum 65. Geburtstag von Erich Gutenberg, Wiesbaden 1962, S. 205 - 268.

Jahnke, B., und Wall, F. (Hrsg.): IT-gestützte betriebswirtschaftliche Entscheidungsprozesse, Wiesbaden 2001.

Kalveram, W.: Bankbetriebslehre, in: Die Handelshochschule, Wiesbaden 1950.

Kalveram, W.: Industriebetriebslehre, Wiesbaden 1960.

Karrenberg, R., und Scheer, A. W.: Ableitung des kostenoptimalen Einsatzes von Aggregaten zur Vorbereitung der Optimierung simultaner Planungssysteme, in: Zeitschrift für Betriebs-wirtschaft, 1970, S. 689 - 706.

Kern, W.: Kapazität und Beschäftigung, in: Grochla, E., und Wittmann, W. (Hrsg.): Handwörterbuch der Betriebswirtschaft, Stuttgart 1975, Sp. 2083 - 2089.

Kern, W.: Die Produktionswirtschaft als Erkenntnisbereich der Betriebswirtschaftlehre, in: Zeitschrift für betriebswirtschaftliche Forschung, 1976, S. 756 - 767.

Kern, W. (Hrsg.): Handwörterbuch der Produktionswirtschaft, Stuttgart 1979.

Kern, W.: Industrielle Produktionswirtschaft, 5. Auflage, Stuttgart 1992.

Kern, W., Schröder, H. H., und Weber, J. (Hrsg.): Handwörterbuch der Produktionswirtschaft, 2. Auflage, Stuttgart 1996.

Kilger, W.: Die optimale Planung kapazitätserhöhender Mehrarbeitszeiten und Zusatzschichten im Industriebetrieb, in: Zeitschrift für betriebswirtschaftliche Forschung, 1971, S. 776 - 802.

Kilger, W.: Optimale Produktions- und Absatzplanung, Opladen 1973.

Kistner, K.-P.: Umweltschutz in der betrieblichen Produktionsplanung, in: Betriebswirtschaft-liche Forschung und Praxis, 1989, S. 30 - 50.

Kistner, K.-P.: Produktions- und Kostentheorie, 2. Auflage, Heidelberg 1993.

Kistner, K.-P., und Luhmer, A.: Ein dynamisches Modell des Betriebsmitteleinsatzes, in: Zeitschrift für Betriebswirtschaft, 1988, S. 63 - 83.

Kleinaltenkamp, M. (Hrsg.): Dienstleistungsmarketing: Konzeptionen und Anwendungen, Wiesbaden 1995.

Kleinaltenkamp, M., und Ehret, M. (Hrsg.): Prozeßorientierung im Technischen Vertrieb, Berlin et al. 1999.

Kleine, A.: DEA-Effizienz: Entscheidungs- und produktionstheoretische Grundlagen der Data Envelopment Analysis, Wiesbaden 2002.

Kloock, J.: Zur gegenwärtigen Diskussion der betriebswirtschaftlichen Produktionstheorie und Kostentheorie, in: Zeitschrift für Betriebswirtschaft, Ergänzungsheft I, 1969a, S. 49 - 82.

Kloock, J.: Betriebswirtschaftliche Input-Output-Modelle, Wiesbaden 1969b.

Knolmayer, G.: Der Einfluß von Anpassungsmöglichkeiten auf die Isoquanten in Gutenberg-Produktionsmodellen, in: Zeitschrift für Betriebswirtschaft, 1983, S. 1122 - 1147.

Koch, H.: Zur Diskussion über den Kostenbegriff, in: Zeitschrift für betriebswirtschaftliche Forschung, 1958, S. 355 - 399.

Koch, H. (Hrsg.): Zur Theorie der Unternehmung, Festschrift zum 65. Geburtstag von Erich Gutenberg, Wiesbaden 1962.

Koch, H. (Hrsg.): Zur Theorie des Absatzes, Festschrift zum 75. Geburtstag von Erich Gutenberg, Wiesbaden 1973.

Koopmans, T. C.: Analysis of Production as an Efficient Combination of Activities, in: Koopmans, T. C. (ed.): Activity Analysis of Production and Allocation, New York-London 1951, S. 33 - 97.

Koopmans, T. C. (ed.): Activity Analysis of Production and Allocation, New Heaven-London 1951a.

Krelle, W.: Produktionstheorie, Tübingen 1969.

Krug, E.: Stochastic Production Correspondences, Meisenheim/Glan 1976.

Kruschwitz, L.: Zur Programmplanung bei Kuppelproduktion, in: Zeitschrift für betriebswirtschaftliche Forschung, 1974, S. 96 - 109.

Küpper, H. U.: Dynamische Produktionsfunktion der Unternehmung auf der Basis des Input-Output-Ansatzes, in: Zeitschrift für Betriebswirtschaft, 1979, S. 93 - 106.

Küpper, H. U.: Dynamische Produktionsfunktionen als Grundlage für eine Analyse von Interdependenzen in der Produktion, in: Bratschitsch, R., und Schnellinger, W. (Hrsg.): Unternehmenskrisen – Ursachen, Frühwarnung, Bewältigung, Stuttgart 1981, S. 225 - 239.

Kurz, M., und Manne, A. S.: Engineering Estimates of Capital-Labour Substitution in Metal Machining, in: The American Economic Review, 1963, S. 662 - 681.

Lamparter, D. H.: Sindelfingen ist überall: Opfer für Mitarbeiter und Manager? Die Entscheidung bei DaimlerChrysler wird bundesweit Nachahmer finden, in: Die Zeit 31, 2004, S. 15.

Lancaster, K.: Consumer Demand – A new approach, New York 1971.

Lancaster, K.: Introduction to modern microeconomics, Chicago 1972.

Lassmann, G.: Die Produktionsfunktion und ihre Bedeutung für die betriebswirtschaftliche Kostentheorie, Köln-Opladen 1958.

Lassmann, G.: Produktionsplanung, in: Grochla, E., und Wittmann, W. (Hrsg.): Handwörterbuch der Betriebswirtschaft, Stuttgart 1975, S. 3102 - 3121.

Lechner, K.: Verkehrsbetriebslehre, Stuttgart 1963.

Leibenstein, H.: Allocative Efficiency vs. ‚X-Efficiency', in: The American Economic Review, 1966, S. 392 - 415.

Leibenstein, H.: X-Inefficiency Xists: Reply to an Xorcist, in: The American Economic Review, 1978a, S. 203 - 211.

Leibenstein, H.: On the Basic Proposition of X-Efficiency Theory, in: The American Economic Review, 1978b, S. 328 - 332.

Leontief, W.: The Structure of the American Economy, 1919 - 1939, New York 1951.

Leontief, W., u. a. (eds.): Studies in the Structure of the American Economy. – Theoretical and Empirical Explorations in Input-Output Analysis, New York-Oxford 1953.

Leontief, W.: Input-Output Analysis, in: Leontief, W. (ed.): Input-Output Economics, New York 1966, S. 134 - 155.

Leontief, W. (ed.): Input-Output Economics, New York 1966a.

Lesourne, J.: Economic Analysis and Industrial Management, translated by Scripta Technica Inc., Englewood Cliffs (N. J.) 1963.

Loll, A.: Wer zuerst geht, der verliert, in: Frankfurter Allgemeine Zeitung 221, C1, 2007.

Lingnau, V., und Schmitz, H. (Hrsg.): Aktuelle Aspekte des Controllings, Heidelberg 2002.

Lu, Y.-C., und Fletcher, L. B.: A Generalization of the CES Production Function, in: Review of Economics and Statistics, 1968, S. 449 - 452.

Lücke, W.: Produktions- und Kostentheorie, Würzburg-Wien 1976.

Maleri, R.: Grundzüge der Dienstleistungsproduktion, Berlin et al. 1973.

Maleri, R.: Grundlagen der Dienstleistungsproduktion, in: Bruhn, M., und Meffert, H. (Hrsg.): Handbuch Dienstleistungsmanagement, Wiesbaden 1998, S. 117 - 139.

Manne, A. S.: A Linear Programming Model of the U.S. Petroleum Refining Industry, in: Econometrica, 1958, S. 67 - 106.

Manne, A. S.: Scheduling of the Petroleum Refinery Operations, Cambridge (Mass.) 1963.

Manne, A. S., und Markowitz, H. M. (eds.): Studies in Process Analysis. Economy-Wide Production Capabilities, Proceedings of a Conference 1961, New York-London 1963.

Marchand, M., Pestieau, P., und Tulkens, H. (eds.): The Performance of Public Enterprises: Concepts and Measurement, Amsterdam 1984.

Markowitz, H. M., und Rowe, A. J.: The Metalworking Industries, in: Manne, A. S., und Markowitz, H. M. (eds.): Studies in Process Analysis. Economy-Wide Production Capabilities, Proceedings of a Conference 1961, New York-London 1963, S. 264 - 284.

Marschak, J., und Andrews, W. H.: Random Simultaneous Equations and the Theory of Production, in: Econometrica, 1944, S. 143 - 205.

Mas-Colell, A., Whinston, M. D., und Green, J. R.: Microeconomic Theory, New York 1995.

Matthes, W.: Dynamische Einzelproduktionsfunktion der Unternehmung, Betriebswirtschaftliches Arbeitspapier Nr. 2/1979, Seminar für Fertigungswirtschaft der Universität zu Köln, Köln 1979.

McFadden, D.: Constant Elasticity of Substitution Production Functions, in: Review of Economic Studies, 1963, S. 73 - 83.

McDougall, G. H. G., und Snetsinger, D. W.: The Intangibility of Services: Measurement and Competitive Persectives, in: Journal of Services Marketing, 1990, S. 27 - 40.

Meyer, M. (Hrsg.): Krankenhausplanung, Stuttgart-New York 1979.

Meyer, A.: Die Automatisierung und Veredelung von Dienstleistungen – Auswege aus der dienstleistungsinhärenten Produktivitätsschwäche, in: Jahrbuch der Absatz- und Verbrauchsforschung, 1987, S. 25 - 46.

Meyer, A.: Dienstleistungs-Marketing, in: Die Betriebswirtschaft, 1991, S. 195 - 209.

Mukerji, V.: A Generalized S.M.A.C. Function with Constant Ratios of Elasticity of Substitution, in: Review of Economic Studies, 1963, S. 233 - 236.

Neumann, K., und Morlock, M.: Operations Research, München 2002.

Ordelheide, D., Rudolph, B., und Büsselmann, E. (Hrsg.): Betriebswirtschaftslehre und ökonomische Theorie, Stuttgart 1991.

Pack, L.: Die Ermittlung der kostenminimalen Anpassungsprozeßkombination, in: Zeitschrift für betriebswirtschaftliche Forschung, 1966, S. 466 - 476.

Pack, L.: Optimale Produktionsplanung als Entscheidungsproblem, in: Zeitschrift für Betriebswirtschaft, 1970, S. 67 - 90.

Patzig, A.: Versicherungsbetriebslehre, Esslingen 1925.

Pichler, O.: Anwendungen der Matrizenrechnung auf betriebswirtschaftliche Aufgaben, in: Ing.-Archiv, 1953a, S. 119 - 140.

Pichler, O.: Anwendungen der Matrizenrechnung zur Erfassung von Betriebsabläufen, in: Ing.-Archiv, 1953b, S. 157 - 175.

Pichler, O.: Probleme der Planrechnung in der chemischen Industrie, in: Chem. Tech. 6, 1954, S. 293 - 300, 316, 392 - 405.

Pirath, C.: Die Grundlagen der Verkehrswirtschaft, Berlin-Göttingen-Heidelberg 1949.

Popper, K. R.: Logik der Forschung, Tübingen 1969.

Prasiswa, A.: Die optimale Betriebsgröße einer Arztpraxis, Hagen 1979.

Préel, B., und de la Rochefordière, C.: Indikatoren einer Symbiose zwischen Industrie und Dienstleistungen in Frankreich, in: Clement, W. (Hrsg.): Die Tertiärisierung der Industrie, Wien 1988, S. 207 - 236.

Pressmar, D. B.: Die Kosten-Leistungs-Funktion industrieller Produktionsanlagen, Dissertation, Hamburg 1968.

Raffée, H.: Der private Haushalt als Forschungsobjekt der Betriebswirtschaftslehre, in: Zeitschrift für betriebswirtschaftliche Forschung, 1966, S. 179 - 195.

Riebel, P.: Kalkulation der Kuppelprodukte, in: Handwörterbuch des Rechnungswesens, Stuttgart 1970, Sp. 994 - 1006.

Riebel, P.: Zur Programmplanung bei Kuppelproduktion, in: Zeitschrift für betriebswirtschaftliche Forschung, 1971, S. 733 - 775.

Rosada, M.: Kundendienststrategien im Automobilsektor: Theoretische Fundierung und Umsetzung eines Konzeptes zur differenzierten Vermarktung von Sekundärdienstleistungen, Berlin 1990.

Rössle, K.: Betriebswirtschaftslehre des Handwerks, Wiesbaden 1952.

Rössle, K.: Allgemeine Betriebswirtschaftslehre, Stuttgart 1954.

Rummel, K.: Einheitliche Kostenrechnung auf der Grundlage einer vorausgesetzten Proportionalität der Kosten zu betrieblichen Größen, Düsseldorf 1949.

Rushton, A. M., und Carson, D. J.: The Marketing of Services: Managing the Intangibles, in: European Journal of Marketing, 1985, S. 23 - 44.

Rück, H. R. G.: Dienstleistungen – ein Definitionsansatz auf Grundlage des „Make or buy"-Prinzips, in: Kleinaltenkamp, M. (Hrsg.): Dienstleistungsmarketing: Konzeptionen und Anwendungen, Wiesbaden 1995, S. 1 - 31.

Rück, H. R. G.: Dienstleistungen in der ökonomischen Theorie, Wiesbaden 2000.

Sadowski, D. (Hrsg.): Entrepreneurial Spirits, Wiesbaden 2001.

Sato, K.: A Two-Level Constant-Elasticity-of-Substitution Production Function, in: Review of Economic Studies, 1967, S. 201 - 218.

Schäfer, E.: Der Industriebetrieb, Betriebswirtschaftslehre der Industrie auf typologischer Grundlage, Band 1, Köln-Opladen 1969.

Schäfer, E.: Der Industriebetrieb, Betriebswirtschaftslehre der Industrie auf typologischer Grundlage, Band 2, Köln-Opladen 1971.

Schaefer, H. F.: Über die Allgemeingültigkeit der Gutenberg-Produktionsfunktion, in: Zeitschrift für Betriebswirtschaft, 1978, S. 315 - 321.

Schär, J. F.: Allgemeine Handelsbetriebslehre, 4. Auflage, Leipzig 1921.

Schär, J. F.: Allgemeine Handelsbetriebslehre, 5. Auflage, Leipzig 1923.

Schätzer, S.: Unternehmerische Outsourcing-Entscheidungen – Eine transaktionskostentheoretische Analyse, Wiesbaden 1999.

Scheer, A.-W.: Wirtschaftsinformatik (Studienausgabe) – Referenzmodelle für industrielle Geschäftsprozesse, Berlin et al. 1995.

Scheper, W.: Produktionsfunktionen mit konstanten Substitutionselastizitäten, in Jahrbücher für Nationalökonomie und Statistik, 1965, S. 1 - 21.

Schmalenbach, E.: Grundlagen der Selbstkostenrechnung und Preispolitik, Leipzig 1925.

Schneeweiss, C.: Zur Erweiterung der Produktionstheorie auf die Dienstleistungsproduktion, in: Lingnau, V., und Schmitz, H. (Hrsg.): Aktuelle Aspekte des Controllings, Heidelberg 2002, S. 199 - 224.

Schneider, D,: „Lernkurven" und ihre Bedeutung für Produktionsplanung und Kostentheorie, in: Zeitschrift für betriebswirtschaftliche Forschung, 1965, S. 501 - 515.

Schneider, E.: Theorie der Produktion, Wien 1934.

Schreiber, W.: Neoklassische und moderne Produktions- und Kostentheorie, in: Zeitschrift für Betriebswirtschaft, 1968, S. 69 - 92.

Schüler, W.: Prozeß- und Verfahrenswahl im einstufigen Einproduktunternehmen, in: Zeitschrift für Betriebswirtschaft, 1973, S. 435 - 458.

Schwarze, J.: Diskussion eines einfachen stochastischen Produktionsmodells, in: Zeitschrift für betriebswirtschaftliche Forschung, 1972, S. 666 - 681.

Schweitzer, M., und Küpper, H.-U.: Produktions- und Kostentheorie der Unternehmung, Reinbek bei Hamburg 1974.

Schweitzer, M., und Küpper, H.-U.: Kosten- und Erlösrechnung, München 2008.

Schweyer, H. E.: Process Engineering Economics, New York-Toronto-London 1955.

Searle, A. D.: Productivity Changes in Selected Wartime Ship Building Programs, in: Monthly Labor Review, 1945, S. 1132 - 1147.

Seng, P.: Informationen und Versicherungen – Produktionstheoretische Grundlagen, Wiesbaden 1989.

Seyffert, R.: Wirtschaftslehre des Handels, Köln-Opladen 1972.

Shephard, R. W.: Theory of Cost and Production Functions, Princeton-New Jersey 1970.

Shephard, R. W., Al-Ayat, R. A., und Leachman, R. C.: Shipbuilding production function, in: Albach, H., Helmstädter, E., und Henn, R. (Hrsg.): Quantitative Wirtschaftsforschung, Tübingen 1977, S. 627 - 654.

Shephard, R. W., und Färe, R.: Dynamic theory of production correspondences, Königstein/Ts. 1980.

Shostack, G. L.: How to Design a Service, in: European Journal of Marketing, 1982, S. 49 - 65.

Stephard, R. W.: Theory of Cost and Production Functions, Princeton/New Jersey 1970.

Smith, V. L.: Investment and Production, Cambridge (Mass.) 1961.

Stackelberg, H. v.: Grundlagen einer reinen Kostentheorie, Wien 1932.

Stackelberg, H. v.: Grundlagen der theoretischen Volkswirtschaft, Bern-Tübingen 1951.

Stein, C.: Zur Berücksichtigung des Zeitaspekts in der betriebswirtschaftlichen Produktionstheorie, Dissertation, München 1965.

Steven, M.: Produktion und Umweltschutz: Ansatzpunkte für die Integration von Umweltschutzmaßnahmen in die Produktionstheorie, Beiträge zur betriebswirtschaftlichen Forschung, Band 71, Wiesbaden 1994.

Stevens, H.: Einflußgrößenrechnung, Düsseldorf 1939.

Stieger, H.: Zur Ökonomie der Hochschule, Gießen 1980.

Stigler, G. J.: The Xistence of X-Efficiency, in: The American Economic Review, 1976, S. 213 - 216.

Stöppler, S.: Dynamische Produktionstheorie, Opladen 1975.

Stuhlmann, S.: Zur Genese des externen Faktors in der Dienstleistungsproduktion, Schriften zum Produktionsmanagement des Lehrstuhls für Produktionswirtschaft der Universität Kaiserslautern, Nr. 22, Kaiserslautern 1998.

Thünen, J. H. v.: Der isolierte Staat: In Beziehung auf Landwirtschaft und Nationalökonomie, Rostock, 1842.

Tintner, G.: The Pure Theory of Production under Technological Risk and Uncertainty, in: Econometrica, 1941, S. 305 - 312.

Tsao, C. S.: und Day, R. H.: A Process Analysis Model of the U.S Steel Industry, in: Management Science, 1971, S. 588 - 608.

Turgot, A. R. J.: Réflexions sur la formation et la distribution des richesses, Paris 1766.

Uzawa, H.: Production Functions with Constant Elasticities of Substitution, in: Review of Economic Studies, 1962, S. 291 - 299.

Vaszony, A.: Die Planungsrechnung in Wirtschaft und Industrie in Wirtschaft und Industrie, Wien-München 1962.

Wagner, G. R. (Hrsg.): Betriebswirtschaft und Umweltschutz, Stuttgart 1993.

Weber, K.: Lernkurven: Modelle und Anwendungsmöglichkeiten, in: Industrielle Organisation, 1969, S. 401 - 405.

Wild, J.: Input-, Output- und Prozeßanalyse von Informationssystemen, in: Zeitschrift für betriebswirtschaftliche Forschung, 1970a, S. 50 - 72.

Wild, J.: Informationskostenrechnung auf der Grundlage informationeller Input-, Output- und Prozeßanalysen, in: Zeitschrift für betriebswirtschaftliche Forschung, 1970b, S. 218 - 240.

Wild, J.: Zur Problematik der Nutzenbewertung von Informationen, in: Zeitschrift für Betriebswirtschaft, 1971, S. 315 - 334.

Wittmann, W.: Grundzüge einer axiomatischen Produktionstheorie, Köln-Opladen 1966.

Wittmann, W.: Produktionstheorie, Berlin-Heidelberg-New York 1968.

Wittmann, W.: Produktionstheorie, in: Grochla, E., und Wittmann, W. (Hrsg.): Handwörterbuch der Betriebswirtschaft, Stuttgart 1975, Sp. 3131 - 3156.

Wright, T. P.: Factors Affecting the Cost of Airplanes, in: Journal of the Aeronautical Sciences, 1936, S. 122 - 128.

Zeleweski, S.: Aktivitätsanalyse und Umweltschutz: Eine Studie zur Reaktion produktionswirtschaftlicher Theoriebildung auf neuartige praktische Herausforderungen, Seminar für allgemeine Betriebswirtschaftslehre, Industriebetriebswirtschaft und Produktionswirtschaft, Arbeitsbericht Nr. 42, Universität zu Köln 1992.

Zierul, H.: Die menschliche Arbeit in einer dynamischen Produktionstheorie, Kölner wirtschafts- und sozialwissenschaftliche Abhandlungen, Band 6, Köln 1974.

Zschocke, D.: Betriebsökonometrie, Würzburg-Wien 1974.

Namensverzeichnis

Sachverzeichnis